济阳坳陷东营凹陷八面河油田勘探开发技术与实践

胡德高 著

中国石化出版社

·北京·

图书在版编目（CIP）数据

济阳坳陷东营凹陷八面河油田勘探开发技术与实践 / 胡德高著 . — 北京：中国石化出版社，2022.12

ISBN 978-7-5114-6924-3

Ⅰ . ①济…　Ⅱ . ①胡…　Ⅲ . ①东营凹陷—砂岩油气田—油气勘探—研究　Ⅳ . ① P618.130.8

中国版本图书馆 CIP 数据核字（2022）第 208542 号

中国石化出版社出版发行

地址：北京市东城区安定门外大街 58 号

邮编：100011　电话：(010)57512500

发行部电话：(010)57512575

http:// www. smopec-press. com

E-mail：press@sinopec. com

北京科信印刷有限公司印刷

全国各地新华书店经销

*

787 毫米 ×1092 毫米 16 开本 27.5 印张 612 千字

2023 年 11 月第 1 版　2023 年 11 月第 1 次印刷

定价：168.00 元

编委会

前言

FOREWORD

八面河油田位于山东省寿光市、东营市境内，属于济阳坳陷东营凹陷，于 1966 年 12 月由胜利油田会战指挥部发现。1986 年 7 月 15 日，按照石油工业部《关于批转江汉石油管理局“在八面河地区进行区块总承包的报告”的通知》精神，胜利石油管理局将八面河油田交给江汉石油管理局承包，随后，清河油田勘探开发指挥部成立，以会战形式进行滚动勘探开发和地面工程建设，至 1988 年基本建成年生产原油能力 100 万吨。1989 年 12 月，经江汉石油管理局与胜利石油管理局共同研究决定，撤销清河油田勘探开发指挥部，成立胜利油田清河采油厂，该名称沿用至今。

八面河油田是全国石油行业最早实行跨地区区块总承包的油田，开了中国石油史上远距离区块承包的先河。实践证明，八面河油田按照中国石油天然气总公司关于区块总承包的政策进行勘探开发，达到了预期的设想和要求，为石油工业体制改革进行了有益的探索，取得了显著的经济效益和社会效益。

截至 2021 年 12 月，八面河油田累计发现油藏单元 22 个，包括普通稠油 Ⅰ 类油藏、普通稠油 Ⅱ 类油藏、断块油藏等多种油藏类型，累计探明石油地质储量由 1986 年的 5405 万吨增加到 17879 万吨，动用地质储量达 13884 万吨，累计产油 2412.54 万吨，采出程度 17.48%。经过长期的摸索和实践，逐步形成了一套适合该油田油藏特点的勘探开发技术体系，为油田建设发挥了技术保障作用。

油藏勘探方面，针对八面河鼻状构造带地质条件复杂、滚动扩边目标准确刻画难度大等问题，形成了以低序级断层精细解释和矛盾筛查法潜力调查为核心的复杂断裂带滚动勘探技术；针对滩坝砂体发育区薄层砂岩储层预测难度大、平面及纵向上综合研究精细程度低等问题，形成了集测井综合解释、控砂机制分析、成藏主控因素研究和砂体分布预测于一体的隐蔽油藏勘探技术。

普通稠油 Ⅰ 类油藏开发方面，针对纵向层系多、层间特征差异大、注水开发进入特高含水期层间矛盾突出、优势流场明显、采液指数大幅提高、剩余油分布复杂等问题，形成了以层系细分重组、提液增效和流场智能优化为主的注采调控技术；开展了三次采油提高采收率技术攻关和矿场试验，主要包括针对地层钙镁含量高特点的悬浮微晶聚合物驱技术，适应层间均衡驱替需求的氮气泡沫调驱和气水交替驱替技术；针对难动用油藏滩坝砂储层平面变化快、油井生产动态差异大、经济有效动用难度大等问题，形成了基于油藏综合分类、潜力区筛选、差异注采调整动用的难采储量有效动用技术。

普通稠油Ⅱ类油藏开发方面，针对多轮次蒸汽吞吐后地层能量下降幅度大、局部出现汽窜、热采整体效果下降等问题，一方面通过系统开展蒸汽吞吐参数优化，提高吞吐后期油汽比，另一方面攻关实施了氮气增能辅助吞吐、泡沫调剖蒸汽吞吐等辅助吞吐技术；同时，积极开展开发方式转换技术攻关，试验了热水驱、活性高分子降黏冷采等技术。

断块油藏开发方面，针对构造复杂、断块小、含油层系多、油水关系复杂、含油宽度小、非均质性强等特点，形成了先期依靠边底水补充能量、后期适时实施边缘注水的主体开发技术；开发进入特高含水期后，系统开展了构造储层精细研究、细分流动单元、人工仿边水、老井回采、水平井挖潜、氮气吞吐等攻关试验，形成了断块油藏特高含水期综合调控挖潜技术。

配套工艺技术方面，针对出砂风险大、油藏物性差、原油黏度高、储层敏感性强等难题，形成了常规防砂、暂堵转向压裂、热采敏感性储层保护、注水系统水质改善、深部低伤害酸化降压增注、注聚、注气等配套工艺技术，保障了油藏开发的顺利进行。

本书共六章，第一章由胡德高、李新文执笔，第二章由胡心玲、梁彤林、同晓山、刘爱武、张亮等执笔，第三章由胡德高、梁文川、李绍杰、曹晨光等执笔，第四章由叶文波、莫云亮、何建华、雷浩等执笔，第五章由胡心玲、彭小明、王建、高中臣等执笔，第六章由荣焕青、邓明坚、吴华、张再昌等执笔，全书由胡德高统稿并审核。

八面河油田的勘探开发始终得到中国石化总部领导的关心和指导，得到胜利油田等单位的鼎力支持，在此表示衷心感谢！中国石油大学（华东）郝永卯老师对本书提出许多建设性意见，并不辞辛苦地对全书进行了校阅，在此表示感谢！

本书可供从事油田开发相关工作的科研人员、管理人员、工程技术人员及有关院校师生参考，为类似油田开发起到参考借鉴作用。由于作者水平有限，编纂内容时间跨度大、涉及面广，书中难免有不足之处，敬请读者批评指正。

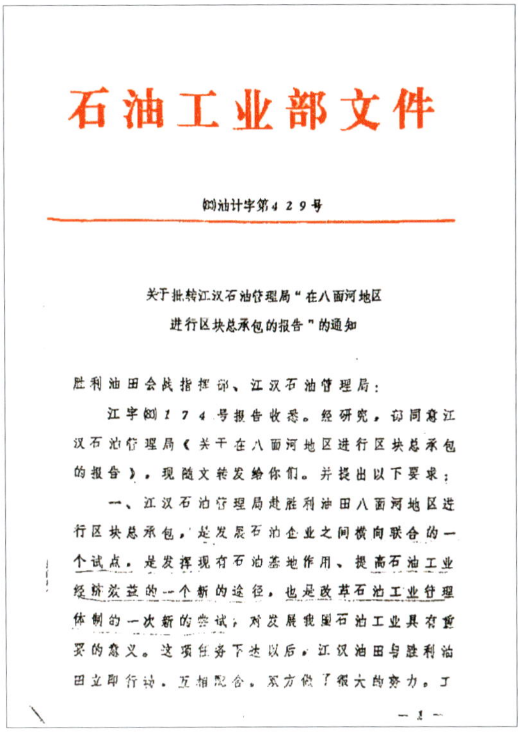

石油工业部文件

(86)油计字第429号

关于批转江汉石油管理局“在八面河地区进行区块总承包的报告”的通知

胜利油田会战指挥部、江汉石油管理局：

江字(86)174号报告收悉。经研究，部同意江汉石油管理局《关于在八面河地区进行区块总承包的报告》，现随文转发给你们。并提出以下要求：

一、江汉石油管理局进胜利油田八面河地区进行区块总承包，是发展石油企业之间横向联合的一个试点，是发挥现有石油基地作用、提高石油工业经济效益的一个新的途径，也是改革石油工业管理体制的一次新的尝试，对发展我国石油工业具有重要的意义。这项任务下达以后，江汉油田与胜利油田立即行动，互相配合，双方做了很大的努力，了

— 1 —

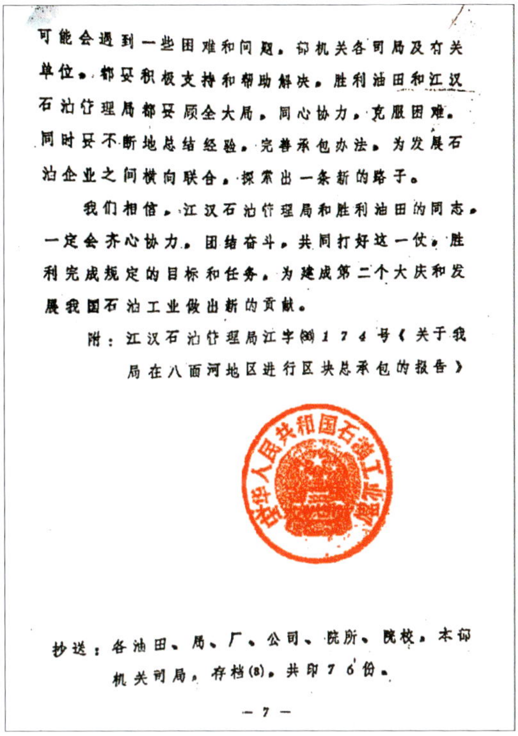

可能会遇到一些困难和问题，部机关各司局及有关单位，都要积极支持和帮助解决。胜利油田和江汉石油管理局都要顾全大局，同心协力，克服困难。同时要不断地总结经验，完善承包办法，为发展石油企业之间横向联合，探索出一条新的路子。

我们相信，江汉石油管理局和胜利油田的同志，一定会齐心协力，团结奋斗，共同打好这一仗，胜利完成规定的目标和任务，为建成第二个大庆和发展我国石油工业做出新的贡献。

附：江汉石油管理局江字(86)174号《关于我局在八面河地区进行区块总承包的报告》

中华人民共和国石油工业部

抄送：各油田、局、厂、公司、院所、院校，本部机关司局，存档(8)。共印76份。

— 7 —

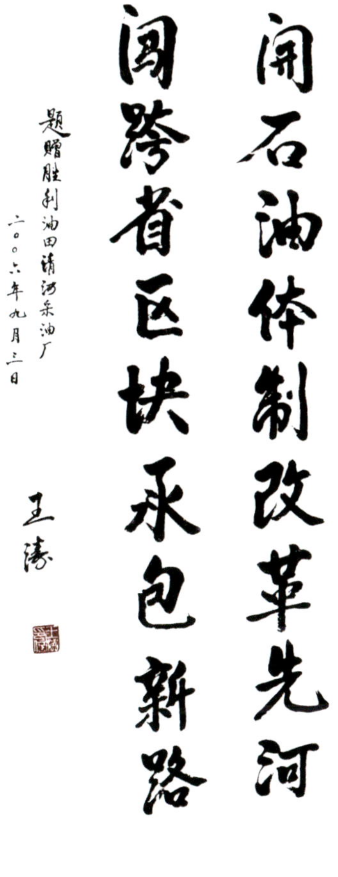

2006 年 9 月，石油工业部部长王涛为八面河油田勘探开发二十周年题词

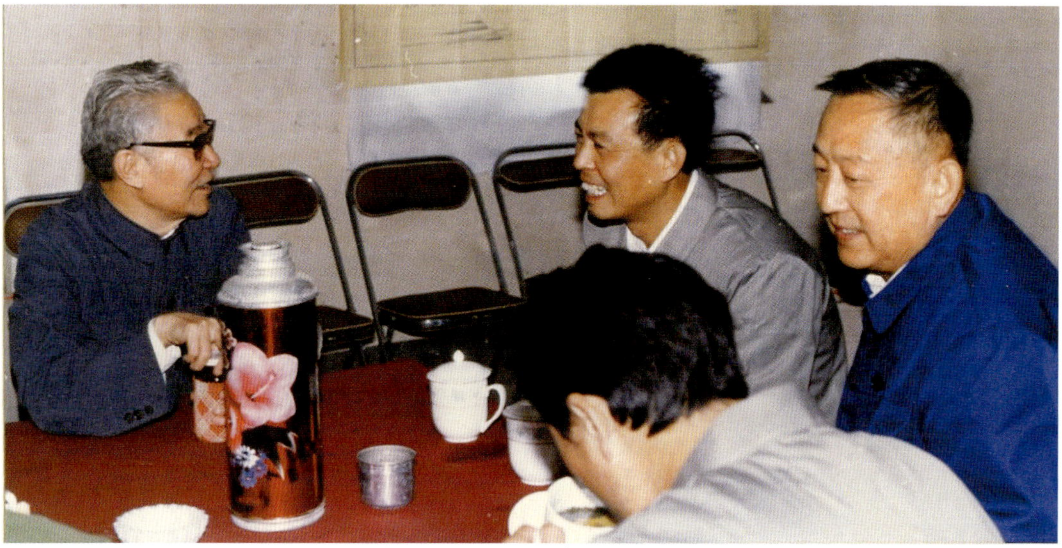

1986 年 10 月，中共山东省委书记苏毅然（左一）在八面河油田听取汇报

1986 年 12 月 7 日，国务委员康世恩（前排右一）听取八面河油田汇报

1988 年 5 月，石油工业部副部长李敬（前排右一）、胜利油田会战指挥部党委书记李晔（前排右二）在八面河油田听取汇报

1990 年 5 月，中国石油天然气总公司总经理王涛（左二）在八面河油田视察

目　录

CONTENTS

第一章　油田概况及发展历程

第一节　油田概况

一、油田自然地理环境

八面河油田位于山东省寿光市、东营市境内，油田主体分布在小清河与新塌河之间，东靠莱州湾，西接广饶县，南为寿光市，北依胜利油田总部东营市（图 1-1-1）。地处北温带，属于暖温带季风性气候，气温适中，气候宜人，春季少雨，风速大，回暖快；夏季降雨多，气候湿热；秋季雨少，秋高气爽；冬季雨雪少，气候干燥。年平均气温 12.6 ℃，年平均降雨量 618.5 mm，每年 7~8 月为雨季。油区内地形平坦，地势低洼，海拔高度仅 1.5~3 m；地面多为盐碱荒滩，树林及植被稀少。该地区渔业资源丰富，区内盐池密布，制盐、制碱等化工产业已具有相当规模。油区内交通便利，沥青公路可达寿光市、东营市、广饶县，与山东省四通八达的公路网相连。

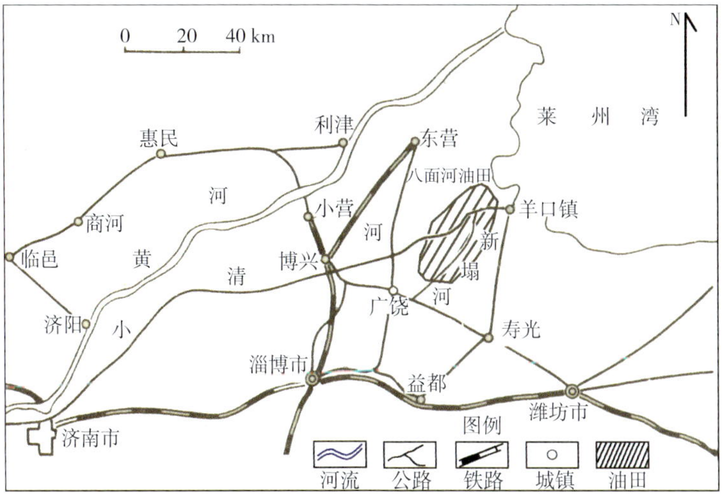

图 1-1-1　八面河油田地理位置图

二、区域地质背景

八面河油田区域构造上位于渤海湾盆地济阳坳陷东营凹陷南斜坡东段，其北为广利洼陷，西北紧邻王家岗断裂构造带，西为纯化草桥断裂构造带，南部以牛头镇断层为界与牛头镇凹陷相接，属于东营凹陷外含油环带（图 1–1–2）。东营凹陷总的特点：北部断裂活动强烈，落差大，南部相对较弱，落差小，凹（洼）陷呈“北断南超、北深南浅”的箕状凹陷特点。八面河地区的沉积背景属陆相断陷湖盆缓坡沉积，可识别出湖泊沉积体系、三角洲沉积体系等，碎屑岩类储层主要为滨浅湖亚相沉积、三角洲前缘亚相沉积。八面河油田主要地质特点：断层发育、构造破碎；储层发育，但横向变化大；含油层系多，含油宽度窄；油藏类型多、油水关系复杂；原油性质和产能差异大。

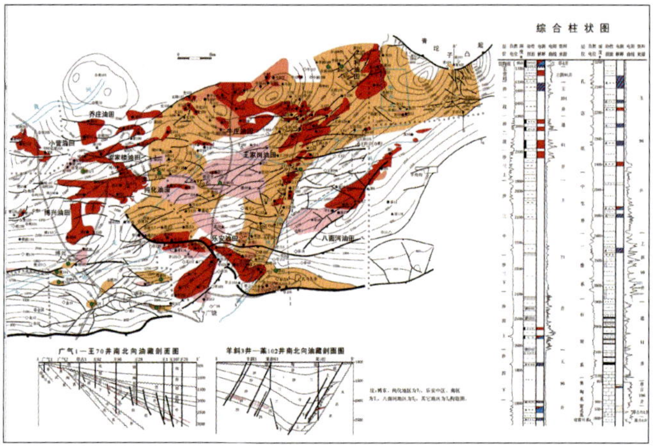

图 1–1–2　八面河油田区域地质背景

三、勘探开发概况

八面河地区油气勘探始于 20 世纪 60 年代。1964 年，通王惠石油会战在东营凹陷南斜坡开始区域勘探。该年在八面河地区开始地震普查，依据地震普查的结果，于 1966 年在八面河地区首钻莱 5 井，次年再钻莱 11 井，均获成功。其中，莱 5 井在沙三段发现油气层，测试日产天然气 26400 m^3 及少量油流；莱 11 井于沙三段、沙四段均见油层，抽吸日产油 4.1 t，是八面河油田第一口工业油流井。1975 年钻探草 23 井、草 11 井于沙河街组地层发现油层。1978 年包括莱 5 井至草 11 井区，预测含油面积 27.01 km^2，石油地质储量 1120×10^4 t。

20 世纪 70 年代末，区内完成地震详查。1980~1985 年，完成数字地震工作，局部测网密度达到 600 m × 600 m。1985 年末，对地震资料进行解释，在莱 5 井与莱 11 井之间，发现了 5 个断鼻小高点，从 1986 年 2 月开始，先后部署并钻探了面 1 井等 5 口探井全部获得成功。同年 4~5 月面 1 井、面 4 井先后在沙河街组油层中试油获自喷高产油流。1986 年 5 月突击完成了数字地震继测工作，测网密度达到 300 m × 300 m，进一步落实了构造形态和断裂系统。1986 年下半年，八面河油田转入滚动勘探开发阶段，编制并实施《八面河地区滚动勘探开发初步方案》，相继钻探了 9 口探井又获成功，共发现了面 1 区、面 2 区、面 4 区、面 12 区、面 14 区等 5 个含油区块。1986 年 7~8 月，先后钻探了 8 口开发准备井，至 1986 年底探明含油面积 20.1 km²，探明石油地质储量 5405 × 10⁴ t。1987 年，在面 22 区、面 23 区、面 120 区部署钻探井及开发准备井 15 口，8 口井试油获得工业油流，探明含油面积 10.0 km²，探明石油地质储量 1161 × 10⁴ t。1988 年 10 月，胜利油田会战指挥部决定将羊角沟油田移交给清河油田勘探开发指挥部实行滚动勘探开发，随着滚动勘探开发进展，陆续发现、开采部分开发区。

截至 2021 年 12 月，八面河油田勘探分为鼻状断裂带、北部斜坡带、南部斜坡带等 3 个区带（图 1–1–3）。共发现油藏单元 22 个，包括普通稠油 Ⅰ 类、普通稠油 Ⅱ 类、复杂断块等多种油藏类型，累计探明石油地质储量 17879 × 10⁴ t，动用地质储量 13884 × 10⁴ t。

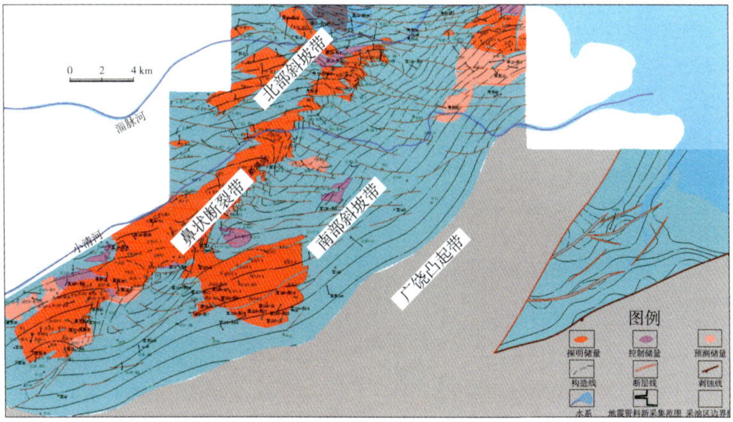

图 1–1–3 八面河油田勘探形势图

八面河油田开发以 1966 年莱 5 井投产为起点，历经上产阶段、稳产阶段、递减阶段、开发调整阶段、二次递减阶段、精细调整阶段等六个开发阶段，峰值产能达到 91.63 × 10⁴ t/a，并逐步形成了滚动开发、特高含水期精细调整、悬浮微晶聚合物驱、活性高分子降黏冷采等具有八面河特色的开发技术模式，配套了防砂工艺、缝内暂堵转向压裂、热采敏感性储层保护、深部低伤害酸化降压增注等工艺技术。

油田共划分为南区、北区、广北区、西区、东区 5 个开发单元（图 1–1–4），总井数 2106 口。其中，油井 1691 口，开井 1317 口，油井开井率 77.9%，核实日产油水平 1291 t，日产液水平 21372 t，综合含水 94.0%，年产油 47.0 × 10⁴ t，采油速度 0.34%；累计产油 2412.54 × 10⁴ t，采出程度 17.48%；注水井 415 口，开井 322 口，水井开井率

77.6%，平均日注水 18691 m³，月注采比 0.85，累计注采比 0.65。

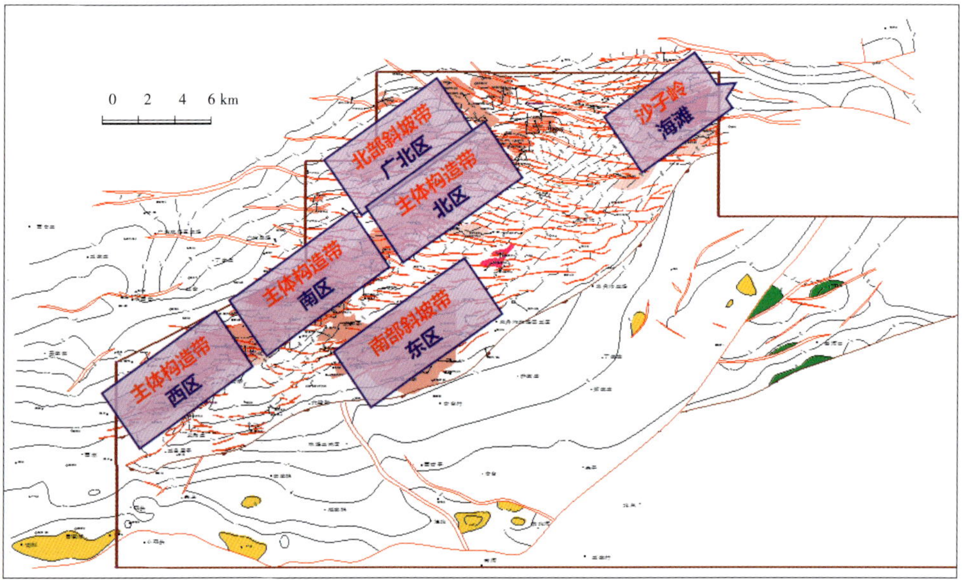

图 1-1-4　八面河油田开发单元划分

第二节　油田地质特征

一、普通稠油Ⅰ类油藏地质特征

（一）地层特征

八面河油田各类油藏地层特征相近，油气集中分布在新生界古近系，沙四段、沙三中、沙三上为主要含油层系。油藏埋深 900~2800 m，多数油层埋藏浅、压实差，在生产过程中出砂严重。八面河油田含油储集层以碎屑岩类储层为主，碳酸岩类储层、火成岩类储层的分布规模很小。储层物性由于其沉积相、埋藏深度、成岩作用不同，物性差别较大，但自上而下变差的趋势明显。

1987 年根据油田钻井、地震资料，八面河油田地层以古生界为底界，向北倾没于牛庄 – 六户洼陷，上覆中生和新生界地层，由凹陷向斜坡逐渐超覆。中生界以上地层自下而上为古近系的孔店组、沙河街组，新近系的东营组、馆陶组、明化镇组，第四系的平原组，中、古生界缺失中奥陶统 ~ 下石炭统及三叠系、新生界缺失沙三下及东营组，其地层层序与东营凹陷基本一致（表 1-2-1）。主要含油层系为沙河街组。

表 1-2-1　八面河油田地层层序表

界	系	统	组	段	砂组	小层	地震层序	主要岩性	厚度 /m
新生界	第四系		平原组					紫红色黏土夹粉砂岩、底为砾状砂岩	229~315.5
	新近系		明化镇组					紫红色及黄色泥岩夹砾状砂岩	353~503
			馆陶组					砂岩、砾状砂岩夹紫红色、黄色泥岩	187~458
			东营组						0
	古近系	渐新统	沙河街组	沙一段			T_0	紫红、绿灰、红色泥岩与粉细砂互层夹薄层泥灰岩及生物灰岩	0~88
				沙二段			T_1	在八面河油田地层已剥蚀	0~302
				沙三上	1 砂组	1-6		灰绿、绿灰、红色泥岩与粉砂岩、细砂岩、含砾砂岩不等厚互层夹碳质页岩	70~380
					2 砂组	1-2			
					3 砂组	1-4			
					4 砂组	1-3			
					5 砂组	1-3			
				沙三中	1 砂组	1-2	T_2	灰岩、绿灰色泥岩夹粉、细砂岩，含砾砂岩	60~230
					2 砂组	1-3			
					3 砂组	1-1			
				沙三下			T_4	深灰色泥岩、灰质泥岩夹灰色泥岩，仅在莱 10 井附近分布	0~100
		始新统		沙四段	1 砂组	1-3		灰绿、绿灰色泥岩、灰质泥岩、油页岩、钙质页岩及粉细砂岩频繁互层夹生物灰岩	80~360
					2 砂组	1-2			
					3 砂组	1-3	T_5		
					4 砂组	1-3	T_6		
					5 砂组	1-3			
					6 砂组	1-2			
					红顶				
			孔店组					紫红、棕红色泥岩	未钻穿
中生界							T_7	绿灰、绿灰色安山质、凝灰岩、安山岩及玄武岩	未揭开
上古生界							T_R	灰色细砂岩、深灰、灰黑色泥岩，夹多层煤层	未揭开
下古生界	奥陶系						T_g	灰色灰岩夹白云岩、泥质白云岩及泥灰岩	未揭开

1. 新生界孔店组

八面河地区孔一段地层是以紫红、棕红色泥岩为主的夹粉砂岩地层，南部及西南部地区则发育喷溢性玄武岩，砂岩西多东少，地层厚度向西北加厚，在草 705– 草 43– 草 15 井一线向南尖灭。根据钻井、录井资料，八面河地区孔一段地层厚 29~629 m，其发育与分布受古地形控制明显，以“填洼”为特征，沟梁相间的古地形条件导致了多个厚度中心的形成。孔一段沉积时期，其物源应来自西南部的广饶凸起。

2. 新生界沙河街组

划分为沙四段、沙三下、沙三中、沙三上（图 1–2–1）、沙二段及沙一段。

1）沙四段

厚度 80~360 m，为灰绿、绿灰色泥岩、油页岩、灰质泥岩、粉砂岩的频繁互层，上部夹鲕状灰岩、生物灰岩。含介形虫及螺化石，水平层理发育，砂岩局部发育交错层理，砂岩厚度和岩性较稳定，底部砂岩是主要含油层系之一，微电极曲线特征清晰，容易对比，与孔店组地层呈不整合或假整合接触。

2）沙三下亚段

厚度 0~100 m，主要为深灰色泥岩、灰质泥岩夹灰色泥岩、粉砂质泥岩，仅在北部的莱 10 井附近分布。

3）沙三中亚段

厚度 60~230 m，上部为灰绿色泥岩夹浅灰色、灰绿色粉细砂岩，是主要含油层系之一，下部为灰绿色、绿灰色泥岩，厚度稳定，是对比标志层。靠近底部常发育 1~2 层砂岩，与沙四段地层呈假整合接触。岩石薄片下可见多种生物碎片——单刺华北介、直刺拱星介、扁平高盘螺、水螺等，是主要含油层系之一。

4）沙三上亚段

厚度 70~380 m，岩性为灰绿、绿灰色泥岩与疏松粉、细砂岩互层夹碳质页岩，顶部遭剥蚀。岩石薄片中可见螺、介形虫碎片和磷质化石，局部见微层理构造：孢粉分析结果是藻类比较丰富。

5）沙二段

厚度 0~302 m，灰绿、棕红、灰色泥岩和灰白色、浅灰色含砾砂岩、砾状砂岩呈不等厚互层，与沙三段呈不整合或假整合接触。

6）沙一段

厚度 0~88 m，岩性为棕红、灰绿色泥岩与灰白色砾状砂岩、含砾砂岩、粉砂岩、细砂岩互层，夹薄层泥灰岩及生物灰岩，顶部剥蚀，与下伏地层呈假整合接触。

根据砂岩和油层发育情况、岩电组合关系及沉积特征，按照旋回特点将沙三上、沙三中、沙四段划分成 14 个砂组 42 个小层。

3. 新生界馆陶组

砾岩、砾状砂岩夹紫红色、黄色泥岩，厚度 187~458 m，与下伏地层呈不整合接触，是主要含气层。

4. 新生界明化镇组

紫红色及黄色泥岩夹砾状砂岩，厚度353~503 m。

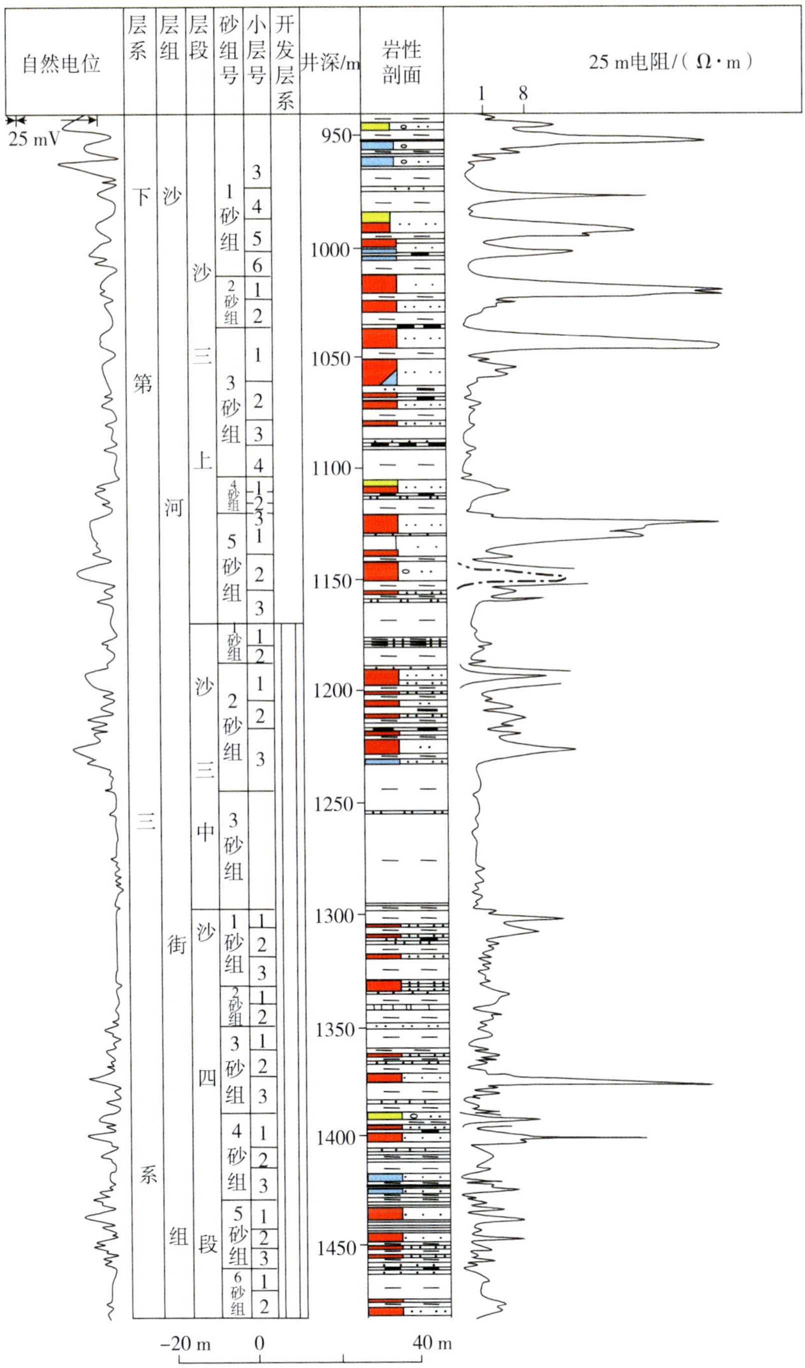

图1-2-1　八面河地区沙河街组地层柱状图

（二）构造

普通稠油Ⅰ类油藏主要分布于主体构造带中部，整个构造呈北东南西向展布，并由北东向南西方向逐渐抬升。整个南区范围内，断层发育：主控断层多达 14 条，断层延伸长度在 1~3 km，断面倾角 45° ~60°，倾向北偏西向，走向近北东南西向。地层倾角 3° ~5°，区内按照断块由北向南分为面 1 区、面 2 区、面 4 区、面 12 区、面 14 区等多个区块。

（三）沉积相

沉积相类型相对较少，主要为湖泊相、三角洲相及冲积平原相。尽管沙四段 – 沙三上段沉积时期古地形背景相似，但由于湖盆升降、古气候和入湖水系及其能量不断在变化，因而各段沉积相类型及展布有所不同。

1. 沙四段沉积期

沙四段沉积时期，气候干热、湿热，植物类型为常绿、落叶、阔叶混合林，麻黄粉属组分含量较高，可达 20% 以上。由于盆地正处于拉张阶段，湖盆不断下陷扩展，八面河地区受其影响也随之下陷。在北东及东部物源的供给下，区内接受了一套由灰绿、绿灰色泥岩、油页岩、灰质泥、页岩、粉砂岩、细砂岩及碳酸盐岩构成的频繁互层沉积物。含介形虫及螺、蚌壳化石，常见鱼鳞及鱼骨。介形虫以浅水坡形玻璃介为主，部分地区碳酸盐岩较发育。砂质岩中碳酸盐常见，含量 22.6%。晚期沉积物中出现较多的鲕粒灰岩、鲕粒白云岩、生物灰岩，表明该时期水体较浅而动荡。沉积相由三角洲相及湖泊相构成，以湖泊相沉积为主，其中的滩坝砂体较发育，尤以滩最发育，见湖湾沉积物。

2. 沙三中亚段沉积期

沙四段沉积末期，盆地构造活动强烈，济阳运动波及八面河地区，使区内沙三下亚段地层大部分缺失。沙三中亚段沉积时期，湖盆再次下陷扩展，气候变得湿热。植物类型为常绿、落叶、阔叶林。北东向不断有碎屑物供给八面河地区，沉积物以砂泥为主，碳酸盐含量少，砂岩中碳酸盐含量仅 1.75%，湖水较淡。沉积早期（沙三中 3 砂组沉积时期）以湖相沉积物为主，主要由大套绿灰、灰色泥岩夹少量粉砂岩、灰质粉砂岩组成，含螺、蚌壳、介形虫等化石，与下伏沙四段地层呈不整合接触。沉积中晚期（沙三中 2 砂组、1 砂组沉积时期），三角洲相较发育并出现冲积平原沉积物；据石英颗粒表面特征分析，机械作用的特征出现的数量及类型都有所增加，如 V 形坑、表面沟槽、直撞击沟、贝壳状断口等。与沙四段相比，水动力条件有所增强。此外，化学作用的特征颗粒也常出现。区内除北东向物源补给外，在西南方向也有碎屑物供给。区内沉积相类型相对较多，有冲积平原相、三角洲相及湖泊相，但仍以三角洲相和湖泊相为主。

3. 沙三上亚段沉积期

本段与沙三中亚段为连续沉积。该时期构造活动较强烈，断层活动在 4~5 砂组沉积时期达到高潮，湖盆逐渐抬升、收缩，凸起逐渐夷平，分隔减弱，河流流域扩大，八面河地区地形更加平缓且逐渐抬升。植物中潮湿组分继续增加，干旱组分不断减少。古气候变得更加湿热，河流源源不断地补给湖盆，使其水体更加淡化，区内以淡水为主。南北两方都有物源补给并有多个入口处。在多物源供给下，形成了一套由疏松粉砂岩、细砂岩、含砾砂岩与灰绿、绿灰、红色不纯泥岩组成的不等厚互层沉积物，并夹较多的碳质页岩，属三角洲沉积物。由于南北物源形成的三角洲在此叠加相汇，致使区内砂岩遍布。从本段石英颗粒表面特征来分析，水动力较沙三中亚段更强，表现在受机械作用影响的特征颗粒增多，不但有 V 形坑，且密集 V 形坑的数量增加，并有许多表面沟槽或蝶形、似蝶形坑伴生，一块石英颗粒上出现几种沟槽的现象较多，平整解理面常见，化学作用的特征相对较少。平面上可划分出两个次级相：三角洲平原亚相及三角洲前缘亚相，前三角洲亚相不发育。三角洲前缘亚相包括水下分流河道、水下分流河道间、河口坝、远砂坝、席状砂等 5 个微相。湖泊相有浅湖和半深湖亚相，浅湖亚相由滩砂、砂坝、浅湖泥组成。

（四）储集层

储层岩性主要为由细砂组成的砂岩，平均含量 68.3%，其次为粉砂、细粉砂和少量的中砂及盆屑。岩石类型以含泥质细砂岩、灰质粉砂岩为主，其次有细砂质粉砂岩等。岩石矿物成分主要有：石英含量 35%~60%，平均 40.5%；长石含量 22%~43%，平均 36.9%；岩屑含量 17%~33%，平均 22.4%，主要为岩屑质长石砂岩，反映其成分成熟度低。

砂岩储层的胶结类型主要为孔隙式胶结，胶结物以方解石和白云石为主，并含有微量的黄铁矿和石英次生加大，反映其结构成熟度中等。岩石骨架结构多呈点状接触，颗粒支撑，磨圆度多为次圆。填隙物主要为泥质和泥晶碳酸盐，泥质含量较高。粒度中值 0.145~0.16 mm，分选系数 0.69~1.60。

物性方面，沙四段 6 砂组总体物性较差，物性分布与砂体展布相似，在厚砂带孔隙度相对较高。相对高值带分别发育在 M4–4–19~M4–3–26~M12–5–13 井区，以及 M14–14–23~M14–8–23 井区，孔隙度均值在 25% 左右，渗透率均值在 $84\times10^{-3}\ \mu m^2$ 左右，为中低渗透油藏。沙四段 2~5 砂组储层物性变好，渗透率均有大于 $500\times10^{-3}\ \mu m^2$ 的区域，为高渗透油藏。在厚砂带孔隙度相对较高，其值在 30% 以上，渗透率值在 $600\times10^{-3}\ \mu m^2$ 以上。沙四段 1 砂组物性再次变差，物性高值带孔隙度值均在 28% 左右，渗透率值在 $300\times10^{-3}\ \mu m^2$ 左右，为中低渗透油藏。

通过上述分析，依据沙四段各砂组砂体的发育好坏，参考其孔、渗的优劣，各砂组的储集性排序如下：沙四段 2 砂组和 4 砂组储层物性最好，3 砂组和 5 砂组储层物性稍差，1 砂组和 6 砂组储层物性最差。沙四段 2~5 砂组渗透率值均有大于 $500\times10^{-3}\ \mu m^2$ 的区域，为高渗透油藏；沙四段 1、6 砂组渗透率值均在（30~500）$\times10^{-3}\ \mu m^2$，且大部分在 $300\times10^{-3}\ \mu m^2$ 以下，为中低渗透油藏。

沙三段砂岩储层平均孔隙度 34.4%~36.3%，平均渗透率（523.9~2017）$\times10^{-3}\ \mu m^2$，

岩心较疏松，属于特高孔高渗油藏。

（五）流体

地面原油黏度 480.0~7660.0 mPa·s，一般小于 2000 mPa·s；地下原油黏度 21.0~305.0 mPa·s。地层水总矿化度多在 2.3×10^4 mg/L 左右，地层水型为 $CaCl_2$ 型。

（六）温度和压力

油层压力属正常压力系统，原始地层压力接近于静水柱压力，压力梯度 0.95~1.03 MPa/100 m。各区块、各层系具有统一的温度系统，地温梯度 3.5 ℃ /100 m 左右，属正常地温梯度。

二、普通稠油Ⅱ类油藏地质特征

（一）构造

普通稠油Ⅱ类油藏主要位于八面河地区南部斜坡带，根据区域地质、三维地震和完钻井资料对构造的研究，总体构造格局是一个受南高北低的中生界基底控制、继承性发育的单向斜坡，下第三系地层由北向南层层超覆。

南部斜坡带由于受油源和圈闭条件的限制，具有油层厚度薄、油层层数少、储量丰度低的特点。以下分东区、西区分别介绍普通稠油Ⅱ类油藏构造特征。

1. 东区构造特征

东区以面 138 区为典型代表（图 1–2–2），该区位于八面河地区南部斜坡带中南段，根据区域地质、三维地震和完钻井资料对构造的研究，工区的总体构造格局是一个受南高北低的中生界基底控制、继承性发育的单向斜坡，下第三系地层由北向南层层超覆。向东南上倾方向地层被剥蚀，西侧为岩性边界封堵，属于“构造—岩性—地层”圈闭，该圈闭长约 10 km，宽 3.9 km，地层西北倾，地层倾角 3° ~10°，圈闭面积 40 km²，高点埋深 –950 m，闭合幅度 180 m。

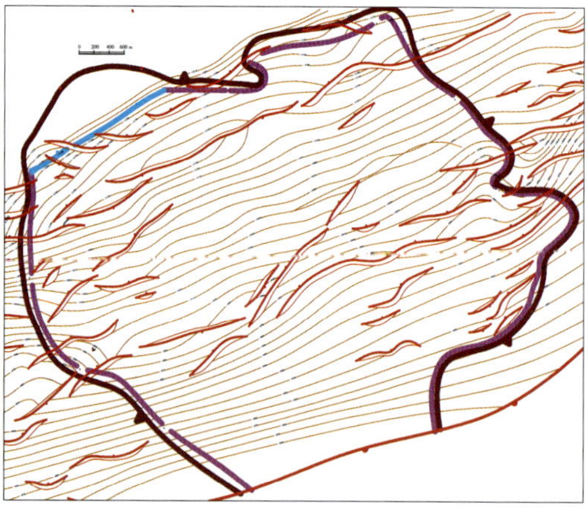

图 1–2–2　面 138 区沙四段顶面构造图

2. 西区构造特征

西区以面 120 区为典型代表（图 1–2–3），该区位于八面河油田鼻状断裂带的西南端，与鼻状断裂带上其他区块相似，发育以北东向为主的张性正断层并伴随其他小断层，切割向东南抬升的地层形成“反向屋脊式”断鼻油藏。沙三段各小层砂体顶面构造形态均是南高北低、向北西倾没的断鼻，其南界被北东—南西走向的草古 4 大断层切割遮挡，东、西两面边界被局部断层遮挡，在此总体构造背景下显示局部的鼻状突起和微小起伏；纵向上具有一定的继承性，仅在局部的井区有较小的陡缓变化，构造变化整体较为平缓，构造倾角 2° ~5°。沙四段整体构造形态为一向北西倾没的断鼻，其南界被北东—南西走向的草古 4 大断层切割遮挡，东、西两面边界被局部断层遮挡，在此总体构造背景下显示局部的鼻状突起和微小起伏。沙四段各单元的顶面构造形态基本一致，均是南高北低、向北西方向倾没的断鼻，纵向上具有一定的继承性，仅在局部的井区有较小的陡缓变化，构造高点位于面 120–1– 斜 14 井 ~ 面 120–1– 斜 15 井一带。构造变化整体较为平缓，构造倾角 2° ~5°。

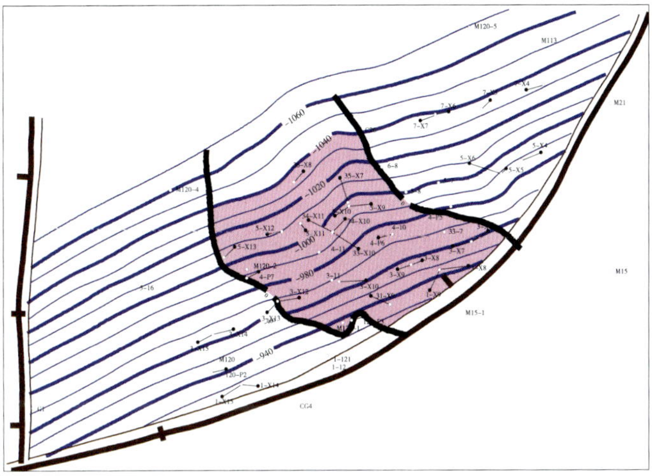

图 1–2–3　面 120 区沙三中 3 砂组顶面构造图

（二）沉积相

八面河沙河街组为淡—半咸水浅湖相、三角洲沉积，砂层北粗南细，北厚南薄。物源主要来自油田东部以及北东的青坨子凸起、北部的陈家庄凸起，南部也有部分物源补给。母岩以中生界的中酸性喷出岩和前震旦系的变质岩为主，少量古生界的碳酸盐岩。受构造活动、物源、古地形、古气候等的影响，河流对沉积建造的影响不断减弱，湖盆由开阔型向半封闭型转化。

沙四段沉积时期物源主要来自东和北东方向，入湖水流能量较小，携带碎屑物不充分，砂体多被湖浪改造，常见波状及波状交错层理，多形成沿岸线排列的条带状滩坝砂体、席状砂及水下分流河道砂体，尤以滩（砂滩、鲕滩及生物灰岩滩）最为发育。滩坝向岸一侧的部分地区形成半封闭型湖湾，砂岩分选中—好，单层厚度一般 1~6 m，砂岩占地层厚度的 20%~42%。

面 120 区砂岩物源主要来自东南距离较近的广饶凸起；从岩石组分上看，面 120 区砂岩主要为岩屑长石砂岩，石英平均含量仅 52.4%，成分成熟度较低，反映出近物源方向的沉积特点。

面 138 区沙四段沉积期间，处于东营凹陷南缘的平缓古斜坡边缘，河流作用较弱，携带的沉积物进入湖盆后，易受到湖浪和岸流的重新改造，使沉积物沿湖岸线方向发生侧向移动，从而在三角洲侧缘形成滩坝沉积。滩坝多由灰绿色泥岩和粉细砂岩构成。粉细砂岩成分和结构成熟度较高，常含有鲕粒，发育波状交错层理和小型槽状交错层理。如面 138 区沙四段 2 砂组主要发育滨浅湖滩坝沉积，坝砂厚度大于 3 m，滩砂厚度一般在 1~3 m。

（三）储集层

岩石薄片鉴定结果表明，储层碎屑成分主要为陆源性的石英、长石和岩屑，岩石类型以岩屑长石砂岩为主。石英平均含量为 43.5%~49.2%，平均值为 46.2%，长石平均含量为 33.0%~39.4%，平均值为 35.4%，钾长石含量多于斜长石；岩屑含量为 10.4%~22.5%，平均值为 18.3%。在碎屑组分中，还可见少量的方解石碎屑和白云石碎屑，平均含量为 0.1%。矿物成熟度指数石英 /（长石 + 岩屑）为 0.77~0.99，平均值为 0.86，反映矿物成熟度较低，岩石类型以长石砂岩占绝对优势。粒度中值 0.144 mm，标准偏差 0.902，偏态 0.245，峰态 1.334，储层主要是含粉砂细砂岩。黏土矿物绝对含量平均为 9.44%，以伊 / 蒙混层为主，相对含量平均为 69%，混层比 75.1% 左右，高岭石 20%，伊利石和绿泥石含量较少。渗透率贡献值分布为偏正态型，单峰态，峰位一般在 6.3~10 μm，峰值 60%~75%，孔喉分布比较集中。平均孔喉半径 2.658~3.527 μm，排驱压力约 0.07 MPa，中值压力一般 0.2 MPa 左右，分选系数 1.818~2.156，孔喉属于中孔中喉，排驱压力和中值压力低，孔喉分选较好。

储层物性方面，面 120 区沙三中 1 砂组孔隙度范围 28.2%~35.2%，平均孔隙度 32.3%，平均渗透率 $228\times10^{-3}\ \mu m^2$；沙三中 2 砂组孔隙度范围 28%~36.6%，平均孔隙度 33.6%，平均渗透率 $245.1\times10^{-3}\ \mu m^2$；沙三中 3 砂组孔隙度范围 29%~37.1%，平均孔隙度 34%，平均渗透率 $285.6\times10^{-3}\ \mu m^2$。面 120 区沙四段 1 砂组 1 小层平均孔隙度 36.8%，一般在 36.3%~37.3%，平均渗透率 $349.1\times10^{-3}\ \mu m^2$；沙四段 1 砂组 2 小层平均孔隙度 36.6%，一般在 35.6%~37.6%，平均渗透率 $350.1\times10^{-3}\ \mu m^2$。面 138 区沙三上平均孔隙度 37.8%，一般在 32.2%~40.1%，平均渗透率 $3953.3\times10^{-3}\ \mu m^2$。面 138 区沙四段平均孔隙度 35.2%，一般在 29.4%~39.6%，平均渗透率 $1572\times10^{-3}\ \mu m^2$。面 37 区储层有效孔隙度 24.7%~41.9%，平均 35%，渗透率（7.6~1010）$\times10^{-3}\ \mu m^2$，平均 $222\times10^{-3}\ \mu m^2$；属特高孔中渗储层。

（四）流体

原油性质较差，具有密度高、黏度高等特点。

东区沙三上 5 砂组地面原油密度 0.959~0.987 g/cm³，平均 0.965 g/cm³；50 ℃时地面脱气原油黏度 4548.4~9783.1 mPa·s，平均 5882.9 mPa·s，凝固点 20 ℃。沙四段脱气原油黏度中部最低，向东西两侧增加，局部大于 10000 mPa·s，最高达到 22000 mPa·s，平均 5700 mPa·s。沙三上 5 砂组地层水氯离子含量 7799 mg/L，总矿化度为 14215 mg/L，水型为 $CaCl_2$ 型；沙四段地层水矿化度为 20574 mg/L，水型为 $CaCl_2$ 型。

西区沙三中 1 砂组高部位原油黏度较低（<3000 mPa·s），低部位黏度逐渐增大，边水附近原油黏度 >10000 mPa·s；沙三中 3 砂组整体黏度相对较低，黏度由高部位向低部位逐渐增大，局部黏度 >5000 mPa·s；沙四段 1 砂组高部位原油黏度较低（<3000 mPa·s），向低部位逐渐增大至 5000~10000 mPa·s，局部大于 10000 mPa·s。沙三中地层水矿化度为 15773 mg/L，钙镁含量 990 mg/L，水型为 $CaCl_2$ 型；沙四段地层水矿化度为 12136 mg/L，钙镁含量 700 mg/L，水型为 $CaCl_2$ 型。

据面 138- 斜 5 井原油（含水 8%）黏温曲线的测定，原油对温度的敏感性较强，当温度由 50 ℃上升到 90 ℃时，基本上是温度每上升 10 ℃，原油黏度降低一半（图 1-2-4）。

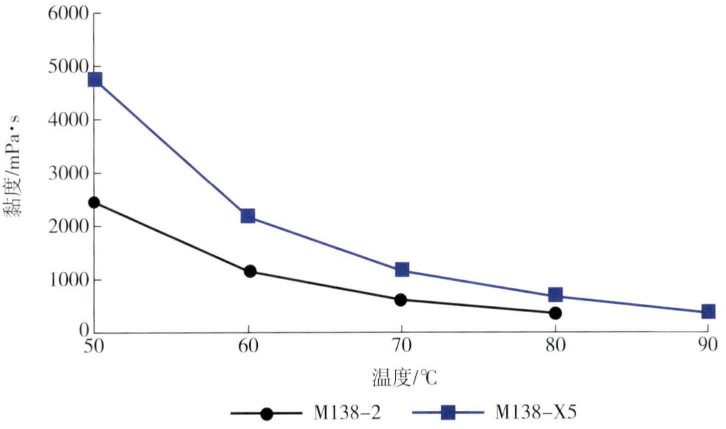

图 1-2-4 面 138 区原油黏温变化曲线

（五）温度和压力

地层压力系数为 0.93~1.00，地温梯度 3.3 ℃ /100 m 左右，属正常温度压力系统。

东区沙三上 5 砂组原始地层压力 8.48 MPa，油层温度 53.78 ℃，压力系数 0.93，属正常压力系统；沙四段原始地层压力 10.45 MPa（基准面深度 1120 m），压力系数 0.93，地温梯度 3.3 ℃ /100 m，属常温常压系统。西区沙三中原始地层压力 10.1 MPa，地层温度 50.4 ℃，压力系数 1.002，地温梯度 3.3 ℃ /100 m，属常温常压系统；沙四段原始地层压力 10.4 MPa，地层温度 51.8 ℃，压力系数 1.005，地温梯度 3.3 ℃ /100 m，属常温常压系统。

三、断块油藏地质特征

（一）构造

八面河断裂构造带隶属东营凹陷南斜坡，为一受基底控制、长期发育的古斜坡。早期的燕山运动奠定了南高北低的古构造形态，新生代济阳运动、东营运动产生的众多断裂又使斜坡进一步被切割，下第三系不断向南抬升、遭受剥蚀。由北至南，划分为3个次级构造单元，即北部斜坡带、中部鼻状构造带、南部斜坡带。复杂断块油藏主要位于北部斜坡带，位于王家岗构造带与八面河鼻状断裂构造带之间，结构比较简单，整体为一北东向展布的单斜构造，断层走向以近东西向和北西向为主，倾向主要为南东以及北西。

纵向上看，不同沉积时期构造特征也有所差异。中生界顶的构造形态总体为北低南高的斜坡结构，中间夹沟谷带，构造走向为北东向，平面上断层走向以北东向、近东西向为主，沙子岭东地区还见南北向断层。

孔店组是在中生代北西倾东南抬的斜坡背景上沉积的，其沉积受控于早期古地貌形态，沉积方式主要有两种：在地势低凹带，充填式沉积在中生界顶剥蚀面之上；在斜坡或地势较高部位，则以超覆式沉积为主。八面河地区以北部斜坡为主，中生界剥蚀面为北低南高的斜坡，孔店组总体由北向南超覆沉积，比较有规律，孔店组内部也有层层超覆的现象。该层构造形态总体表现为北西向东南方向抬升的斜坡，中部夹北东向沟谷，整体构造走向为北东向，被近东西、北西、北东向断层切割。

沙河街组总体为一北低南高的斜坡结构，构造走向为北东向，受新生代右旋扭张构造运动影响，整个斜坡带被一系列北西、近东西、北东向断层切割，鼻状构造带和北斜坡上断层发育，由此形成多个断层控制下的局部圈闭。

断层发育多，且为四级小断层，断层规模小，延伸长度短（一般延伸长度小于5 km），油藏含油面积小，控制井点少（存在单井控制油藏），且大多数断块边水活跃。

（二）沉积相

北部地区主要沉积体系为三角洲和湖泊体系，三角洲体系主要发育扇三角洲前缘亚相、三角洲前缘亚相沉积，湖泊体系主要发育滨浅湖亚相沉积。扇三角洲前缘亚相主要发育水下分流河道微相、分流河道间微相和河口坝微相。

沙四段6砂组：该时期开始进入湖盆的扩张期，水体面积逐渐扩大，但水体较浅。物源分别由面30井区、面143井区及面140井区进入，顺着沟谷带往北东青南洼陷推进。北区－广北区及广南水库北部沉积体系以湖相为主，发育滨浅湖滩、坝，以及前缘席状砂；砂岩厚度较薄，单层厚度小于5 m。

沙四段5砂组：该时期湖盆持续扩大，水体变深。物源经由面143井～面136井区及面140井区进入并往北东青南方向推进，北推距离较沙四段6砂组更远，平面上砂体呈中间厚两边薄的形态，中间厚带位于面143井～面124井～角5井～广斜16井一线及面140井～角斜1井一线，单层厚度大于10 m。该时期沉积相以滨浅湖滩、坝及水下分流河道为主，滩、坝主要分布在广2块、广6块、广9块及莱10块附近，沉积砂体厚度5~10 m。水下分流河道有2支，西边一支为主要河道，沿着3个方向推进：右边分支河道沿着沟谷带古沟槽往北东方向展布，该分支河道只推进到角斜 16 井附近；另 2 分支河道顺着广北古斜坡推进，其中左边一分支推进到面 7 块、面 6 块，中部一分支则沿着莱 5 块 ~ 角 5 块 ~ 广新 1 井往北推进。东部沙子岭地区以滨浅湖滩坝沉积为主，在滩Ⅰ、滩Ⅱ均有分布，最大厚度 30 m。

沙四段 4 砂组：该时期沉积体系以水下分流河道为主，河道顺着广北古斜坡推进到广 9 块北部。物源经由面 143 井、面 140 井进入并往北推进，平面上仍呈中间厚两边薄的形态。砂岩厚带位于面 143 井 ~ 面 136 井 ~ 角 5 井 ~ 广 9 井一线，砂岩最大厚度 15 m 以上，砂岩厚度侧向变化很快，水下分流河道作用明显。北区 – 广北区及广南水库主要发育滨浅湖滩、坝以及前缘席状砂；砂岩厚度较薄，单层厚度小于 5 m。沙子岭地区滩、坝砂岩在滩Ⅰ、滩Ⅱ仍有分布，但砂体范围及厚度均较沙四段 5 砂组有所减少。另外，在广南坡折莱 10 井 ~ 斜 12 井区附近发育小型浊积岩。

沙四段 3 砂组：该时期湖盆开始收缩，整个研究区均有砂体发育。沉积体系与沙四段 4 砂组类似，以三角洲前缘水下分流河道为主。物源经由面 136 块进入并往北推进，河道主体顺着广北古斜坡发育，并倾没于青南洼陷。砂岩厚带位于面 136– 斜 1 井 ~ 莱 5 井 ~ 广斜 16 井一线，中心砂岩最大厚度 20 m 以上，砂岩厚度侧向变化很快。河道两侧广 2 块、广 3 块、广 6 块及角斜 16 块、角斜 30 块以滩砂、席状砂沉积为主，砂体厚度小于 10 m。

沙四段 2 砂组：该时期沉积体系仍以三角洲前缘为主，发育水下分流河道。物源经由面 136 块 ~ 面斜 140 块进入，河道沿着面 136 井 ~ 角 5 井 ~ 广 8 块 ~ 广 9 块往北西方向推进；砂岩分布范围较沙四段 3 砂组更广，但厚度明显减小。受该时期广南同生断层活动影响，水下分流河道沿着断层上升盘展布，下降盘则发育滩、坝相砂体，砂体展布方向平行于同生断层。主干河道西侧面广 2 块、广 3 块、广 6 块以席状砂及小型滩、坝砂沉积为主，砂体展布方向北东向。

沙四段 1 砂组：该时期湖盆持续萎缩，水体面积逐渐缩小，物源供给不足，沉积体系以大范围滨浅湖滩坝相为主。砂坝厚度 2~6 m，有 2 个展布方向：主体构造带及南部斜坡带呈北东向展布；北斜坡受同生断层活动影响，广南断层上下盘附近砂体呈北西向展布。东部沙子岭地区滩Ⅰ块、滩Ⅱ块发育近东西向滩、坝砂体，厚度 2~8 m。

沙三中 3 砂组：受古地形及物源供给影响，砂岩从东南部过来，没有翻过北区南部的陡坡，而是顺着沟谷带古沟槽往北东向推进，经过角斜 20 井 ~ 角斜 23 井的低洼部位直接进入青南洼陷。受水动力推进减弱的影响，广北地区几乎不发育砂岩，仅在主体构造带西侧分布席状砂；角斜 20 块发育坡折台阶，位于角斜 30 块主河道侧沿，形成类似沙四段的滩坝沉积。

沙三中 2 砂组：该时期水体面积逐渐缩小，物源逐渐向北推进，砂岩边界已扩展到广 9 块南部。北区仍以席状砂沉积微相为主，砂岩总厚度一般不超过 20 m。从古地貌图上看，角 12– 斜 40 块发育一古隆起，该隆起把沟谷带古沟槽砂体分隔开，并把广北区与南斜坡连接在一起。该时期古地貌延伸方向与砂岩展布方向基本一致，受古地形控制，南部来的砂岩分别在该古隆起两侧形成巨厚沉积（砂体总厚度大于 20 m）。

沙三中 1 砂组：该时期湖盆持续收缩，沉积环境由滨浅湖亚相逐渐转为三角洲前缘。沙三中 1 砂组仍以滨浅湖滩坝砂沉积为主，北区砂岩集中在广 5 块、广 6 块、广 8 块等微古隆起部位；广南断层下降盘受断层控制作用明显减弱，砂体主要沿着坡折带展布，并在坡折下倾方向形成巨厚沉积。沙三上 5 砂组时期物源往北推进明显加快，北部以水下分流河道沉积及席状砂为主，广南断层控层作用更弱，砂体越过断层直接进入青南洼陷。如前所述，该时期古地貌有 1 个特点：沿着广 2 井～广 6 井～广 8 井～莱 10 井～斜 9 井形成一系列北东向展布的古台阶，特别是广斜 16 井～角 5 井、莱 10 井～斜 9 井区发育较为明显的 2 个古台阶，推测为滩坝砂体的有利发育区。

沙三上分为 5 个砂组：该时期以南东部的物源为主，三角洲面积较小，主要发育辫状河三角洲前缘亚相于滨浅湖沉积，见河口坝砂体和远砂坝砂体，此时水体较深，泥质含量高但单层沉积较厚，水下分流河道砂体发育较好。砂体类型主要表现为水下分流河道－河口坝组合砂体。八面河地区西部发育席状砂河口坝、叠加河口坝等远物源类型。

沙二段：该时期砂体较薄，泥质含量增加。水下分流河道分为两条，一条是研究区东部向广北 8 井区及广北 10 井区延伸；另一条从南部物源向广北 6 井区伸展，河道较宽，伸展距离较远。从区域沉积砂体类型来看，研究区东部以水下分流河道类型为主，广北 10 井区、广北 6 井区此时发育少量水下分流河道－河口坝组合类型，广北 9 井区以河口坝为主，广北 8 井区以河口坝沉积为主，广北 2 井区发育席状砂－远砂坝砂体组合。

沙一段：砂体分布区域变小，砂体变薄，泥质含量变高，主要相变为席状砂。水下分流河道变窄，伸展距离较远，呈条带状分布。广北 6 井区主要发育远砂坝沉积。水下分流河道分布面积减小，广北 10 井区发育薄层的席状砂沉积，广北 8 井区发育河口坝及水下分流河道沉积。广北 9 井区发育席状砂及河口坝组合。广北 2 井区及广北 6 井区以席状砂为主，少量发育远砂坝沉积。

（三）储集层

储层以碎屑岩为主，仅沙四段顶部夹有少量的鲕状生物灰岩。储层岩性以粉细砂岩和细砂岩为主，少量粉砂岩，平均粒度中值 0.13~0.19 mm。储层岩石成分为石英（含量 45%~50%）、长石（含量 30%~40%）、岩块（含量 15%~20%）。

沙三段砂岩发育，厚度大，油层埋藏较浅，压实程度差，砂岩疏松，胶结物以泥质为主，且含量低，胶结类型以接触－孔隙度为主，储层物性较好。沙四段砂层薄，埋藏较深，压实程度强，胶结致密，以灰质胶结为主，储层物性较沙三段差。

油层黏土矿物以蒙脱石为主，次为高岭石、伊利石，绿泥石含量较低。

沙三上平均孔隙度 33.2%，平均渗透率 $1070.8 \times 10^{-3}\ \mu m^2$；沙三中平均孔隙度 32.0%，平均渗透率 $490.1 \times 10^{-3}\ \mu m^2$；沙四段平均孔隙度 28.7%，平均渗透率 $305.4 \times 10^{-3}\ \mu m^2$。

属于高孔、中高渗油藏。

（四）流体

地面原油黏度 20~900 mPa·s，地下原油黏度 13.9~51.4 mPa·s，总体上属稀油油藏。地层水总矿化度为 23000~50581 mg/L，水型为 $CaCl_2$ 型。

（五）温度和压力

油藏压力系数 0.9~1.0，地温梯度 3.2~4.4 ℃ /100 m，属正常压力、温度系统。

第三节 油田开发历程

从 1986 年 8 月编制《八面河油田整体开发方案》开始至 1987 年 7 月，江汉石油管理局开始派出队伍到八面河会战，油田正式投入开发。按照产量变化，八面河油田可划分为上产阶段（1986 年 7 月 ~1989 年）、稳产阶段（1990~1998 年）、产量递减阶段（1999~2000 年）、开发调整阶段（2001~2014 年）、二次递减阶段（2015~2017 年）、精细调整阶段（2018~2021 年）等 6 个开发阶段（图 1–3–1）。

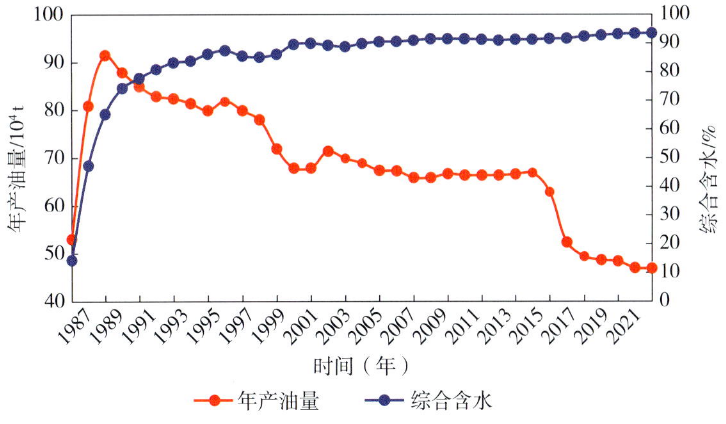

图 1–3–1 八面河油田开发阶段划分

一、上产阶段

1986 年 7 月 ~1989 年。主要部署实施总体开发方案及完善注采井网调整。1986 年，八面河油田在发现并基本控制了面 1 区至面 14 区含油范围的基础上，实施滚动开发布井方案，共完成开发准备井和开发井 189 口，探明含油面积 17.6 km^2，探明石油地质储量 5380×10^4 t。1986 年 8 月编制了滚动勘探开发的布井方案和地面建设方案，分为沙三上、沙三中和沙四段三套层系开发，采用面积注水和边缘加点状注水方式，保持压力开发。按三角形井网布井，井距 300 m，共部署开发井 340 口，其中生产井 246 口，注水井 94 口，设计年生产能力 100×10^4 t。1987 年 12 月，340 口方案设计井全部钻完。1988 年 10 月编制了《八面河油田注采系统完善调整方案》，部署新钻完善井 139 口，至 1989 年 12 月实施完毕，共钻调整井 92 口，其中油井 68 口，注水井 24 口，完成油井转注 14 口，老井调层 28 口。

1988 年 10 月编制了《八面河油田北区开发方案》，至 1989 年，北区探明 7 个含油小块，探明含油面积 3.4 km^2，新增探明石油地质储量 595×10^4 t，新建产能 7×10^4 t，1989 年年产油 8.6×10^4 t。

至 1989 年 12 月，八面河油田共有 443 口井，其中，油井 329 口，开井 313 口，核实日产油水平 2567 t，综合含水 72.7%，年产油 91.6×10^4 t，采油速度 1.64%；注水井 114 口，开井 105 口，平均日注水 8909 m^3，月注采比 0.75。

二、稳产阶段

1990~1998 年。进一步加强南区注采调整，实施北区、广北区断块油藏滚动开发，年产油量保持在 78×10^4 t 以上稳产 9 年。《八面河油田整体开发方案》和《八面河油田注采系统完善调整方案》实施后，油田注水开发中存在含水上升较快、产量递减快、注采系统完善程度低等问题。为加强油田稳产基础，增加水驱动用储量，扩大油井受效范围，调整层间和平面矛盾，进一步完善注采井网，1989 年 12 月编制了《八面河油田整体调整方案》，方案部署钻井 73 口，油井转注 32 口。1990 年方案组织实施，实际钻新井 79 口，其中油井 49 口，注水井 30 口，完成油井转注 29 口，新井投注 4 口。1991 年 1 月编写了《八面河油田 1991 年调整方案》，部署调整井 63 口，油井转注 27 口。1991 年实施新钻井 49 口，新钻注水井 23 口，增加注水层段 46 层，方案调整 83 口 116 层，动态调水 21 井次 22 层，使南区日注水平由 1990 年底的 9727 m^3 提高到 11024 m^3，综合递减、自然递减有所下降，含水上升得到了控制，地层压力保持稳定。1992 年针对油田持续稳产中存在着的低产低液油井比例较大、部分区块注采系统不完善、井下技术状况不良等主要问题继续进行调整。部署调整井 68 口，油井转注 25 口，1992 年实际新钻井 41 口。

八面河油田于 1993 年在主体构造三维地震工作后，对八面河断层有了新的认识，为老区精细滚动勘探开发创造了条件。1994 年在广北农场北部完成三维地震工作的基础上，陆续在北区发现并探明了角 4 块、扬 2 块、莱 5 块、角 12- 斜 40 块、角 10- 斜 6 块、角 10- 斜 8 块，自 1995 年以来在广北区落实广北 6 块、广北 8 块、广北 9 块等高产富集的小而肥的断块。同时，老区滚动扩边也不断有新的发现，有效弥补了老区的产量递减。6

年来共新增探明含油面积 14.3 km^2，新增探明石油地质储量 2112 × 10^4 t。该阶段工作以北区、广北区的大规模钻井、增储上产为主。6 年间共新钻井 341 口，其中探井 51 口、开发井 290 口；从分区来看，中南区 90 口、北区 163 口、广北区 64 口。

至 1998 年 12 月，八面河油田共有总井数 819 口，其中，油井 644 口，开井 499 口，核实日产油水平 2118 t，综合含水 85.4%，年产油 78.1 × 10^4 t，采油速度 1.09%；注水井 175 口，开井 133 口，平均日注水 11709 m^3，月注采比 0.81。

三、产量递减阶段

1999~2000 年。八面河油田在经历了 13 年的滚动勘探开发后，稳产难度越来越大。两年间新发现 9 个含油小块，新增探明石油地质储量 492 × 10^4 t，但新发现的构造圈闭面积小，且幅度低、含油宽度窄、钻井风险大，如广北 10- 斜 1 块、广北 2 块、扬 5- 斜 7 块、广北 6- 斜 18 井区、莱 10- 斜 1 块、面 118- 斜 4 井区 6 块探明地质储量合计仅 133 × 10^4 t；岩性圈闭面积大但因丰度低、产量低而难以动用，如广北 11- 斜 1 井区、广北 12- 斜 1 井区探明含油面积 7.2 km^2，探明石油地质储量 185 × 10^4 t；储量较多的面 14- 斜 1 块因产能低而动用效果差。

由于北区、广北区没有有效接替储量，广北区投入开发后，因地层天然能量不足，油井产量递减大，北区、广北区产量由上升转为下降；南区井下技术状况差、停产井多、新投入工作量不够等原因导致水驱储量控制程度逐年下降、水驱储量动用程度得不到保证，无法实现稳产。诸多因素导致八面河油田产量快速递减，从 1998 年的年产油 78.1 × 10^4 t 快速递减至 1999 年的年产油 72.0 × 10^4 t。

为了在没有高产优质储量有效接替的情况下努力控制产量快速递减，2000 年在《八面河油田南区提高采油速度研究》基础上开始了南区较大规模的调整。

至 2000 年 12 月，八面河油田共有总井数 935 口，其中，油井 745 口，开井 616 口，核实日产油水平 1769 t，综合含水 89.8%，年产油 68.0 × 10^4 t，采油速度 0.78%，累计产油 1110.77 × 10^4 t；注水井 190 口，开井 139 口，平均日注水 14502 m^3，月注采比 0.64。

四、开发调整阶段

2001~2014 年。平均年产油能力保持在 66 × 10^4 t 以上。油田进入特高含水开采期后，针对老油田主力层系高含水、挖潜余地小、稳产难度大的情况，清河采油厂提出“精细地质、精细工艺、精细管理”，以实现控水稳油的目标。

“十五”期间，在精细油藏研究的基础上，根据剩余油分布规律，在八面河油田南区面 14 区开展了储层再认识滚动扩边以及内部面 20 井区井网加密等工作，5 年共计钻开发井 88 口，其中油井 75 口，水井 13 口。通过调整，面 14 区年产油量由 7.2 × 10^4 t 上

升到 11.4×10^4 t，同时开展了面 1 区注氮、面 4 区和面 14 区调剖等工作，实现了南区产油量的稳定；在北区－广北区通过下大泵、电潜泵提液，利用新工艺钻大斜度井、水平井挖掘剩余油，取得一定效果；同时及时调整勘探思路，由构造油藏勘探向岩性油藏勘探转移，使得东、西区石油地质储量大幅增长，动用石油地质储量由 474×10^4 t 上升到 2970×10^4 t，年产油量由 1.5×10^4 t 上升到 10.1×10^4 t，占 2005 年八面河油田总产量的 15.0%。

在开发普通稠油油藏方面，引进了无杆泵采油技术——电潜泵、高压充填防砂、增压注水等新工艺新技术；在开发稠油Ⅱ类油藏方面，推广应用蒸汽吞吐、电加热降黏、空心杆掺水等工艺技术，取得了较好的开发效果。该阶段，水平井钻井技术开始应用，引进砾石高压充填防砂、滤砂管防砂等方式。

五、二次递减阶段

2015~2017 年。受国际低油价影响油田滚动勘探规模压缩，新增控制储量锐减，同时油田开发调整措施也大幅减少，导致油田产量出现快速二次递减，由 67.0×10^4 t 迅速降低到 49.5×10^4 t。

六、精细调整阶段

2018~2021 年。受国际油价回升和国内能源形势影响，隐蔽油藏等滚动勘探新发现使新增控制储量规模回升，同时实施综合精细调整、聚合物驱等三次采油规模应用，油田产量保持稳定在 47×10^4 t 以上。

第二章　油藏勘探技术

第一节　勘探阶段划分

八面河地区油气勘探始于20世纪60年代，按照探明石油地质储量变化，可划分为勘探评价阶段（1964~1992年）、精细构造勘探阶段（1993~1999年）、隐蔽油藏勘探阶段（2000~2021年）等3个勘探阶段（图2-1-1）。

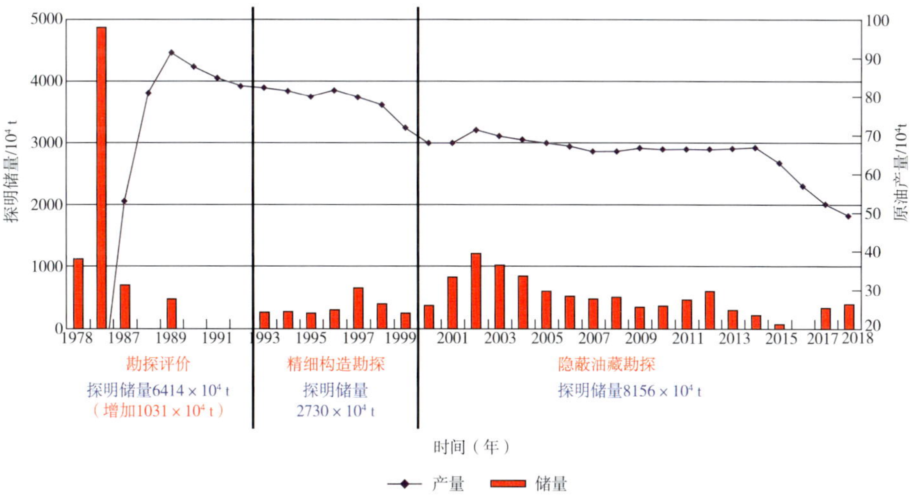

图2-1-1　八面河油田勘探阶段划分（1978~2018年）

一、勘探评价阶段

1964~1992年，油田从发现到主体构造滚动勘探评价。

1964年，通王惠石油会战在东营凹陷南斜坡开始区域勘探。该年在八面河地区开始地震普查，依据地震普查的结果，于1966年在八面河地区首钻莱5井，次年再钻莱11井均获成功。其中，莱5井在沙三段发现油气层，测试日产天然气26400 m³及少量油流；莱11井于沙三段、沙四段均见油层，抽吸日产油4.1 t，是八面河油田第一口工业油流井。1975 年钻探草 23 井、草 11 井于沙河街组地层发现油层。1978 年包括莱 5 井至草 11 井区，预测含油面积 27.01 km^2，石油地质储量 1120×10^4 t。

20 世纪 70 年代末，区内完成地震详查。1980~1985 年，完成数字地震工作，局部测网密度达到 600 m × 600 m。1985 年末，对地震资料进行解释，在莱 5 井与莱 11 井之间，发现了 5 个断鼻小高点，从 1986 年 2 月开始，先后部署并钻探了面 1 井等 5 口探井全部获得成功。同年 4~5 月，面 1 井、面 4 井先后在沙河街组油层中试油获自喷高产油流。1986 年 5 月突击完成了数字地震继测工作，测网密度达到 300 m × 300 m，进一步落实了构造形态和断裂系统。

1986 年下半年，八面河油田转入滚动勘探开发阶段，编制并实施《八面河地区滚动勘探开发初步方案》，相继钻探了 9 口探井又获成功，共发现了面 1 区、面 2 区、面 4 区、面 12 区、面 14 区等 5 个含油区块。1986 年 7~8 月，先后钻探了 8 口开发准备井，至 1986 年底探明含油面积 20.1 km^2，探明石油地质储量 5405×10^4 t。

1987 年，在面 22 块、面 23 块、面 120 区部署钻探井及开发准备井 15 口，8 口井试油获得工业油流，探明含油面积 10.0 km^2，探明石油地质储量 1161×10^4 t。新增动用南区的面 12 区、面 14 区，新增动用含油面积 8.0 km^2，石油地质储量 2387×10^4 t。

1988~1989 年，北区新增动用 7 个含油小块，动用含油面积 3.4 km^2，石油地质储量 595×10^4 t。

1990 年，草 23 块储量投入动用，动用含油面积 2.5 km^2，动用石油地质储量 25×10^4 t。

二、精细构造勘探阶段

1993~1999 年，主要集中在广北区、海滩区进行勘探，以构造 - 岩性油藏为主。

1995 年初，完成了北部斜坡带三维地震资料的野外采集工作，发现了一些圈闭，拉开了北部斜坡带勘探序幕。1995 年 6 月至 1999 年，先后发现了广北 6 块、广北 8 块、广北 9 块、广北 2 块、广北 10 块等 5 个区块，共计探明含油面积 5.0 km^2，探明石油地质储量 662×10^4 t。

海滩区位于山东省广饶县境内小清河和支脉河入海口之间，1995 年 4 月开始对该区实施三维地震 34.65 km^2，发现圈闭 7 个，面积 6.1 km^2。

滩 I 块 1996 年探明石油地质储量 76×10^4 t，含油面积 1.0 km^2；1997 年滩 II 块沙四段探明含油面积 5.9 km^2，探明石油地质储量 286×10^4 t。到 1996 年底，海滩区共完钻探井 5 口、开发井 6 口，其中，滩 I 块 4 口，滩 II 块 6 口，滩 III 块 1 口。

此外 1994~1996 年主体断裂带中部面 3 块沙三上 3 砂组、面 3 块沙三上 5 砂组、面 21 块探明含油面积 0.9 km^2，探明石油地质储量 154×10^4 t。

截至 1999 年 12 月，累计探明石油地质储量 9522×10^4 t，动用石油地质储量 8269×10^4 t。

三、隐蔽油藏勘探阶段

2000~2021 年，以岩性隐蔽油藏勘探为主。

2000 年在新完成三维地震资料解释基础上，勘探重点转向以东区、西区为主的岩性油藏，陆续发现面 120、面 138 等大型区块。

2000 年，面 14 区沙三上 3、4、5 砂组探明含油面积 0.7 km^2，探明石油地质储量 41×10^4 t。

2001~2002 年，面 120 块沙四段 1 砂组、沙三中发现规模较大的构造 – 岩性油藏，合计探明含油面积 14.43 km^2，探明石油地质储量 1299×10^4 t。

2003 年，探明的东区面 138 区油藏类型为地层 – 岩性构造，探明含油面积 17.1 km^2，探明石油地质储量 1014×10^4 t，属于构造 – 岩性复合油藏，储层物性较好。

2004 年，面 138–3 井区沙三上 3、4、5 砂组为地层超覆油藏，合计探明含油面积 3.16 km^2，探明石油地质储量 271.56×10^4 t。

2005 年，面 36 块沙四段 1 砂组新增含油面积 3.55 km^2，探明石油地质储量 609.32×10^4 t。

2006 年，面 15–1 井区、面 33 井区、面 138 沙三上 5 砂组、莱 10– 斜 7 井区陆续发现，合计探明石油地质储量 535.3×10^4 t。

2007 年，面 14 区、面 14–2–119 井区、面 138 沙三上 4+5 砂组、莱 10– 斜 10、莱 10– 斜 11 合计探明含油面积 5.93 km^2，探明石油地质储量 473×10^4 t。

2008 年，面 14– 斜 30 井区沙四段 1、4 砂组合计探明含油面积 9.54 km^2，探明石油地质储量 508×10^4 t。

2009 年，面 27、面 37、面 138 块合计新增探明含油面积 2.52 km^2，探明石油地质储量 335.58×10^4 t。

2010 年，面 138–12 井区沙四段 2 砂组新增探明含油面积 7.35 km^2，探明石油地质储量 358.35×10^4 t。

2011 年，面 19–6 井区、面 22 井区、面 120 井区新增探明含油面积 6.56 km^2，探明石油地质储量 460.93×10^4 t。

2012 年，面 4~ 面 14 多个井区进行扩边，滩Ⅱ扩羊古 5 羊斜 9 扩边和发现新层，当年合计探明含油面积 8.34 km^2，探明石油地质储量 602.68×10^4 t。

2013 年，面 22 沙四段 5、6 砂组探明含油面积 0.79 km^2，探明石油地质储量 45.9×10^4 t。

2014 年，羊 3–6 沙四段探明含油面积 1.26 km^2，探明石油地质储量 69.12×10^4 t。

2015 年以来，受勘探投资大幅度减少影响，探明石油地质储量规模持续减少。

2017 年，面 121– 斜 1 块沙四段 5、6 砂组合计探明含油面积 0.33 km^2，探明石油地质储量 32.23×10^4 t。

2019 年，面 120 沙四段 1 砂组探明石油地质储量 204.32×10^4 t。

2020 年，面 113、面 14–3– 斜 1 井区合计探明含油面积 5.31 km^2，探明石油地质储量 181.96×10^4 t。

2021 年，在面 14–11– 斜 25、面孔斜 9 井区合计探明含油面积 1.73 km^2，探明石油地质储量 123×10^4 t。

截至 2021 年 12 月，共发现油藏单元 22 个，累计探明石油地质储量 17878×10^4 t，动用石油地质储量 13884×10^4 t。

第二节　构造油藏勘探技术

八面河鼻状构造带是八面河油田油气最为富集的区域，但地质条件较为复杂，是一个多层系、多沉积类型、多油藏类型、多控制因素的复式油藏。该构造带经过 30 多年的勘探开发，已整体进入高含水、高采出阶段，其滚动扩边增储主要存在缺乏系统潜力认识与方法、构造解释多解性等问题。针对以上问题，形成了以低序级断层解释和矛盾筛查法潜力调查为核心的复杂断裂带油藏滚动勘探技术。

一、地震资料预处理技术

八面河鼻状构造带东段以复杂断块油藏为主，断层控油作用明显，对断层的精细刻画是研究断块油藏滚动增储的基础和关键。鼻状断裂带在拉张与走滑作用下，发育一系列斜列式的正断层组，而且随着主力区块开发程度的提高，待发现断块油藏面临越来越复杂的地质条件，如低序级断层、浅层剥蚀、沟谷超覆等，因此仅靠单一手段对低序级断层识别和描述会出现很强的多解性，无法提高低序级断层认识的深度和精度，更无法正确认识地下潜力状况。依据“断失、剥蚀、超覆”共存的复杂地质体断裂系统的研究结果，形成了基于地震正演分析与井震结合的低序级断层识别与精细刻画技术：综合利用井震结合重建地层对比模式指导井上小断点的准确识别、地震反射特征与地震正演结合建立断层地震识别标志、井引导地震属性分析断层平面组合规律、井震多层位精细解释刻画断棱断面及多层叠合验证空间组合关系。在“断层、剥蚀、超覆”共存的鼻状带沙河街组，通过该方法的应用，重组了其复杂断裂系统，解决了油水矛盾，发现了潜力。

断层的精细刻画需要高分辨率的地震数据资料。由于地震资料分辨率有限，需对断层成像进行针对性强化预处理。

（一）CRP 道集优化处理

进行常规的数据处理，CRP 道集优化包含超道集、预测剔除去噪、近远道能量补偿、剩余振幅能量补偿、谱平衡、道集拉平以及叠加处理环节，可以满足提高信噪比、提高保真度和宽角度处理三方面的需求。优化处理后 CRP 道集资料质量明显提高（图 2–2–1）。

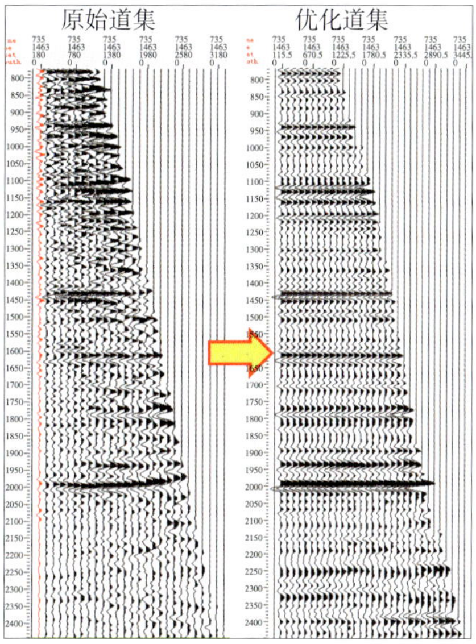

图 2–2–1　CRP 道集优化处理前后对比

（二）断层强化处理

该处理核心思想是在去噪的同时断层边界得到加强。主要通过地震资料相似性分析处理，根据相似性大小设定断层的门槛值，在大于该门槛值（相似性强）时利用倾角导向体中值滤波技术对地震资料进行去噪处理，提高其连续性，在小于该门槛值（相似性差，断层位置）时采用异常赋值处理，从而强调断层的不连续性，达到断层边缘强化处理的目的，其实现过程如图 2–2–2 所示。

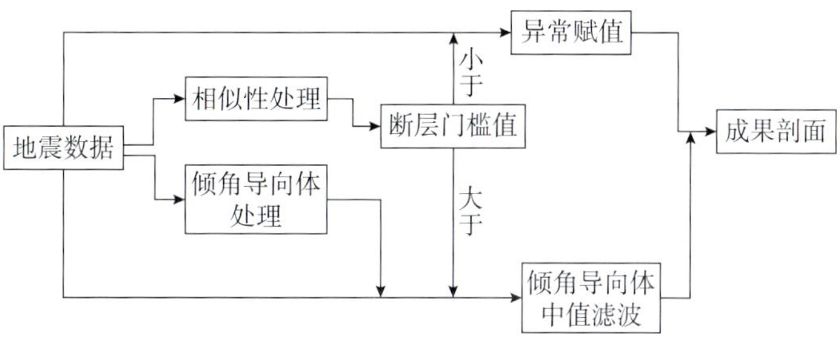

图 2–2–2　断层强化处理实现过程示意图

（三）谱兰化提高分辨率处理

该处理优点是在地震资料没有相位移动的基础上提高分辨率。通过设计一个匹配滤波因子，使得地震数据频谱与对应的测井曲线的频谱类似，降低低频部分振幅能量，高频部分振幅能量得到加强，从而使地震资料中固有的细节信息变得可见，而噪声在可以接受的范围内没有被加强。其实现过程如图 2-2-3 所示。

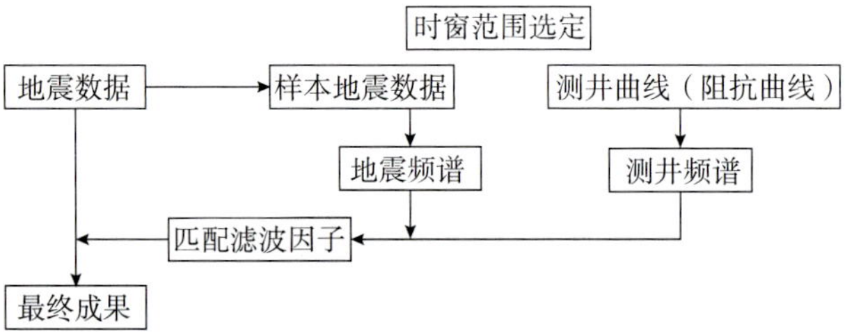

图 2-2-3　谱兰化提高分辨率处理实现过程示意图

从处理前后地震剖面对比图（图 2-2-4）中可以看出，在经过断层强化处理与提高分辨率处理之后，剖面中①、②号断层由同相轴扭动变成了同相轴错动，明显提高了断层识别能力。

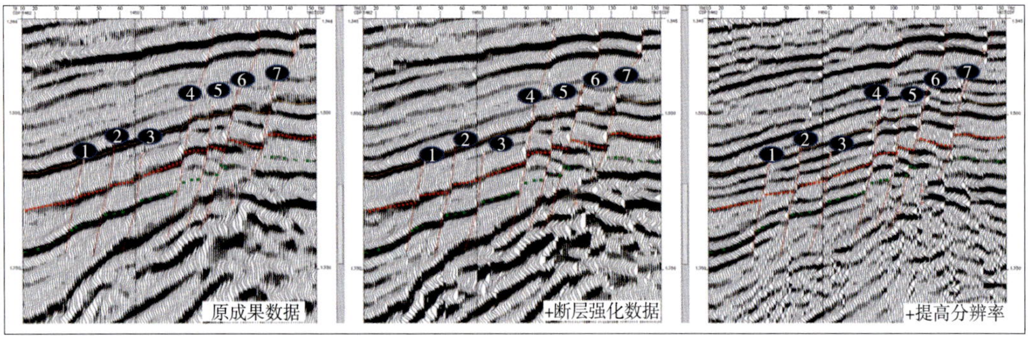

图 2-2-4　处理前后地震剖面对比图

从处理前后相干体平面对比图（图 2-2-5）来看，处理后平面上断层个数明显增多，断层走向与组合更清晰。

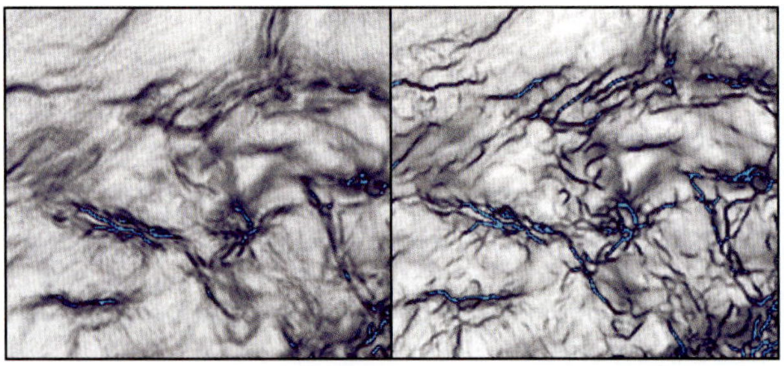

（a）处理前（相干）　　（b）处理后（相干）

图 2-2-5　处理前后相干体平面对比图

二、低序级断层描述技术

从正演断层识别的可行性出发，采用井震模结合、多手段的断层分级识别描述集成技术，形成先大后小、先简单后复杂、井震模组合、多手段精细甄别的构造解释方法。通过断层强化处理和断层识别地震属性技术，进行断层增强和放大等处理，结合测井精细甄别确定断点位置，有效解决密井网油田复杂地质条件下的低序级断层问题。具体思路：利用井点资料纵向分辨率高的优势，井震模结合，从点、线、面、体不同角度引导地震断层解释，充分挖掘低序级断层地震“标志”，并在各个环节井震互相结合，互相校验，最大限度地减小地震断层描述的多解性，实现在复杂地质体内精确描述断层。

（一）井震模结合

测井、地震、地质模型结合识别断层思路：①建立准确的区域地层对比模式，紧密结合沉积特征，应用井震资料，大比例成图，明确“断失、剥蚀、超覆”共存的复杂地质体的地层对比模式，从而准确识别断点及参数；②地震正演分析与井断点地震反射特征综合对比分析，建立断层地震识别标志，指导识别无井钻遇区低序级断层。

采用波动方程正演的方法，对断层成像重点开展了以下研究。

1. 低序级断层落差与地震波主频、埋深以及信噪比之间的关系

由于地震资料分辨率的限制，一些小断距断层在地震记录上不能准确识别，有必要对不同品质的地震资料在不同的深度、不同的速度结构条件下能分辨的断层规模进行定量研究和分析。计算结果表明，浅层速度模型在无噪声情形下，震源主频为 30 Hz 时能分辨的断层断距为 10 m，当主频增大到 45 Hz 时，可以分辨 7 m 断距的断层。考虑到实际生产中所用频率一般为 30 Hz，所以浅层断层的最大识别极限为 10 m。中层速度模型在无噪声情形下，震源主频为 30 Hz 时能分辨的断层断距为 8.3 m，当主频增大到 45 Hz 时，可以分辨 5.5 m 断距的断层。考虑到实际生产中所用频率一般为 30 Hz，所以中层断层的最大识别极限为 8.3 m。

分别对两种埋深速度模型的时间偏移结果加入不同信噪比的随机噪声进行分析。以中层速度模型（图 2–2–6）为例，其震源主频为 30 Hz。从图中可以看出，当 *S/N* 为 6 时，可以分辨断距为 12 m 的断层；当 *S/N* 为 9 时，可以分辨断距为 10 m 的断层。

计算了两种埋深的速度模型在不同震源主频和不同信噪比条件下所能分辨的断层断距，结果表明浅层模型中随着信噪比的降低，断距分辨力由 7 m 增加到 20 m 左右，而实际的浅层地震数据中信噪比约为 9，因此可分辨的小断裂距离约为 10 m。中层模型中随信噪比降低，断距的分辨力由 10 m 增加到 40 m 左右，实际中层地震资料信噪比在 6 左右，因此能分辨的最小断距在 15 m 左右。综上所述，层位所在深度越浅，识别断层尺度越小，识别断层能力越强。

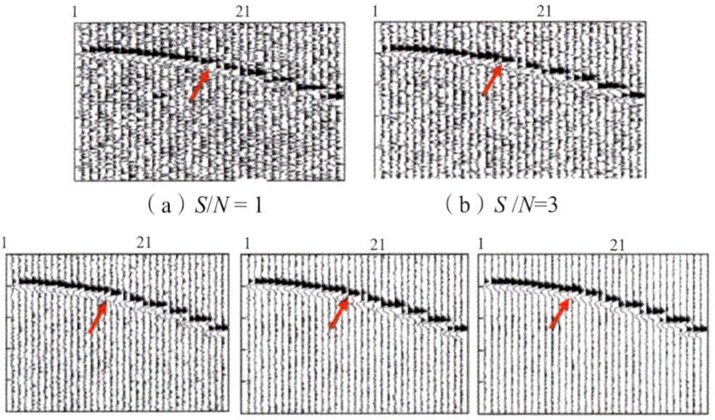

（a）$S/N=1$　（b）$S/N=3$

（c）$S/N=6$　（d）$S/N=9$　（e）$S/N=12$

图 2-2-6　中层速度模型主频为 30 Hz 不同信噪比的时间偏移结果

2. 观测系统对断层识别的影响

地震采集的观测系统中道间距直接关系到横向分辨极限，本次偏移成像中检波点数与道数一一对应，所以检波点距即道间距。图 2-2-7（a）为设计的不同横向延伸长度的速度模型，最大偏移距为 200 m，深度为 300 m，子波主频选为 35 Hz，炮点距设为 6.25 m，分别采用检波点距（道间距）6.25 m、12.5 m 和 25 m 进行正演模拟。由图 2-2-7（b）~ 图 2-2-7（d）中可以看出，当道间距为 6.25 m 时，可以识别横向延伸长度为 10 m 的断层；当道间距为 12.5 m 时，断距小于 15 m 的断层断点不清晰，不易识别；当道间距为 25 m 时，可以识别横向延伸长度为 30 m 的断层，且断距小于 30 m 的断层断点不清晰。由此可知，随着道间距的减小，纵向和横向成像精度均得到提高。

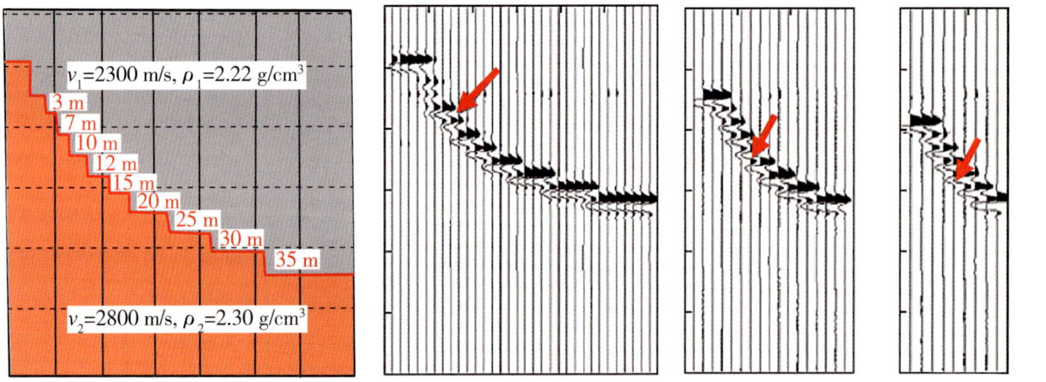

（a）速度模型　（b）道间距为 6.25 m　（c）道间距为 12.5 m　（d）道间距为 25 m

图 2-2-7　不同横向延伸长度的速度模型采用不同道间距的时间偏移结果

为了进一步验证观测系统对成像的影响，设计了如图 2-2-8 的速度模型，最大偏移距为 3000 m，深度为 1500 m，速度参数和密度参数如图所示。图 2-2-8（b）为蓝框中的断层横向延伸长度，子波主频选为 35 Hz，分别采用 6.25 m、12.5 m 和 25 m 的检波点距进行正演模拟。图 2-2-8（c）~ 图 2-2-8（e）为时间域的偏移结果，从正演得到的地震剖面上可以看出，当道间距为 6.25 m 时，小断层断点清晰，可以识别横向延伸长度为 7 m 的断层；当道间距为 12.5 m 时，可以识别横向延伸长度为 10 m 的断层，但断点不清晰；当道间距为 25 m 时，可以识别横向延伸长度为 20 m 的断层，与前文得出的结论基本一致。

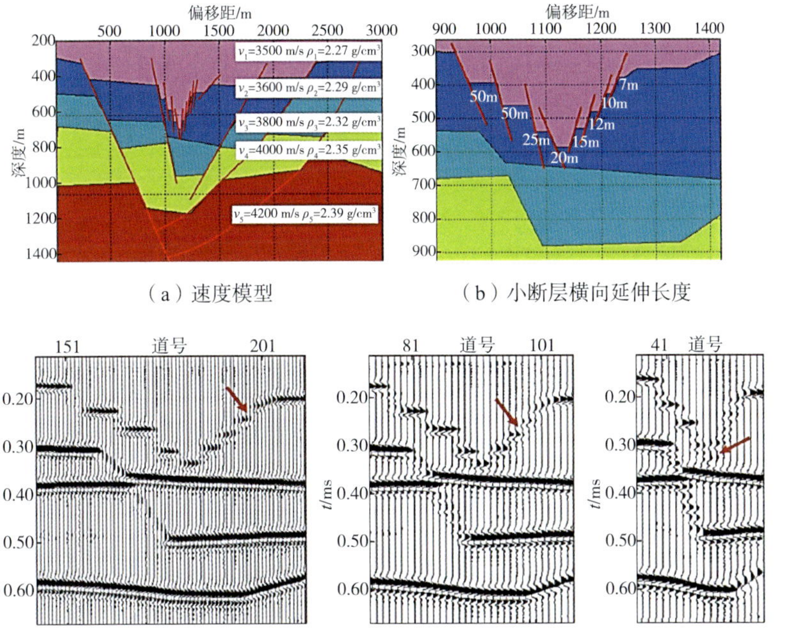

（a）速度模型　（b）小断层横向延伸长度

（c）道间距为 6.25 m　（d）道间距为 12.5 m　（e）道间距为 25 m

图 2-2-8　不同横向延伸长度的速度模型采用不同道间距的时间偏移结果

3. 物性差异产生的假断层问题

在水平地层中，由于储集层物性的差异，设置了泥层速度 $v_{泥}$= 2500 m/s，密度 $\rho_{泥}$= 2.20 g/cm³，干层速度 $v_{干}$=3600 m/s，密度 $\rho_{干}$=2.52 g/cm³，砂岩速度 $v_{砂}$=3000 m/s，密度 $\rho_{砂}$=2.36 g/cm³，中间层的厚度分别设置为 h_1=40 m、h_2=60 m、h_3=80 m，选取震源子波主频为 30 Hz，采样间隔设置为 2 ms，检波点距为 12.5 m，建立地震正演模型［图 2-2-9（a）］。从图 2-2-9 的正演结果来看，当储层厚度分别为 40 m、60 m 和 80 m 时，时间偏移剖面上的同相轴分别产生了 2 ms、2 ms 和 3 ms 的时间落差，而且振幅能量也有明显差别，但同相轴特征基本不变，可解释为低序级断层。由此可知，岩性变化会导致地震剖面上产生细微的时间落差，因此可通过观测波组振幅整体变化来避免当成假小断层。

4. 大断层衍生出小断层的正演问题

图 2-2-10（a）为各层速度和密度，选取数值模拟子波主频为 35 Hz，模型深度为 240 m，最大偏移距为 180 m，炮点距 6.25 m，检波点距 6.25 m，道间距 6.25 m。大断层和小断层之间的横向间隔距离 Δx 不同，大断层落差为 30 m，小断层落差均为 7 m，

建立地震正演模型。讨论横向上的分辨极限。

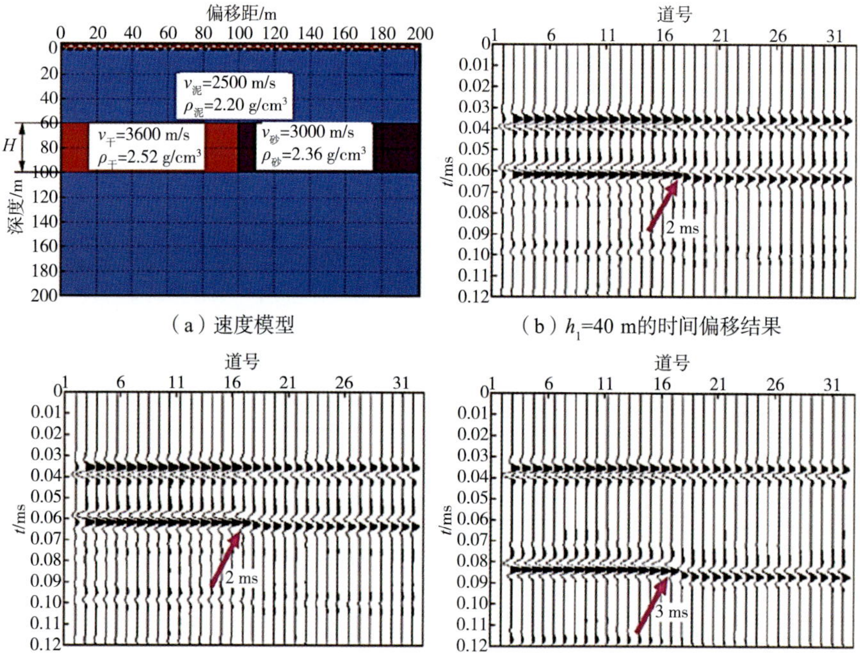

（a）速度模型　（b）h_1=40 m的时间偏移结果

（c）h_2=60 m的时间偏移结果　（d）h_3=80 m的时间偏移结果

图 2-2-9　不同的厚度的储层物性带来的落差问题

图 2-2-10（b）~图 2-2-10（d）分别为 Δ*x* 取 7 m、10 m 和 15 m 的正演结果。从图中可以看出：当 Δ*x*=7 m 时，小断层基本无法识别；当 Δ*x*=10 m 时，小断层处可以看出有时差的存在，但不是很明显；当 Δ*x*=15 m 时，4 个小断层都可以很明显地分辨。由此可知，两个断层的横向间隔距离越大，小断层越容易被识别，也对应了前文讨论观测系统时所得出的结论。

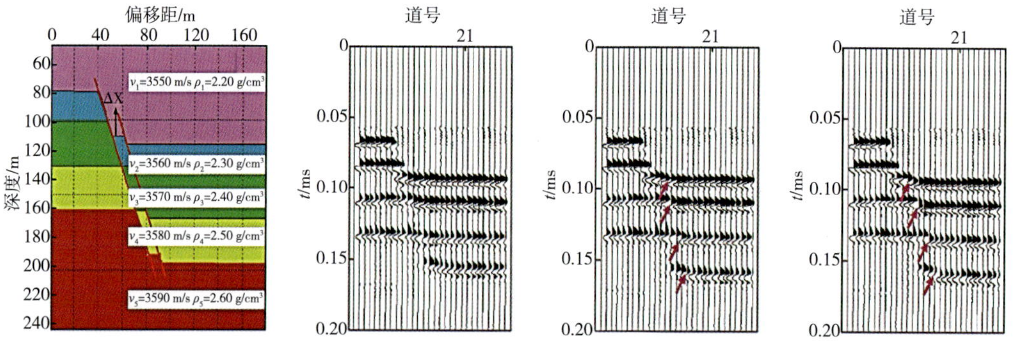

（a）速度模型　（b）Δ*x*=7 m时偏移结果　（c）Δ*x*=10 m时偏移结果　（d）Δ*x*=15 m时偏移结果

图 2-2-10　大断层衍生出小断层的正演模型横向分辨率测试结果

为了研究大断层衍生出小断层时纵向上的分辨率，采用图 2-2-11（a）所示速度模型的速度参数、密度参数建立正演模型，观测系统参数也与图 2-2-10 模型一致，大断层和小断层的横向间隔均设为 10 m，大断层落差均为 30 m，小断层纵向落差分别为 5 m、7 m 和 10 m，正演结果如图 2-2-11（b）~ 图 2-2-11（d）所示。从图 2-2-11（b）~ 图 2-2-11（d）中可以看出：当 Δh=5 m 时，小断层基本无法识别；当 Δh=7 m 时，小断层处可以看出有时差的存在，但不是很明显；当 Δh=10 m 时，4 个小断层都可以很明显地分辨。由此可知，小断层的落差越大越容易被识别。结合上文中对大断层生出小断层的横向分辨率的测试，可以得出，当大断层与小断层在一起时大断层成像很容易误导小断层的成像精度，且两个断层的横向间隔越大，小断层的落差越大越容易被识别。

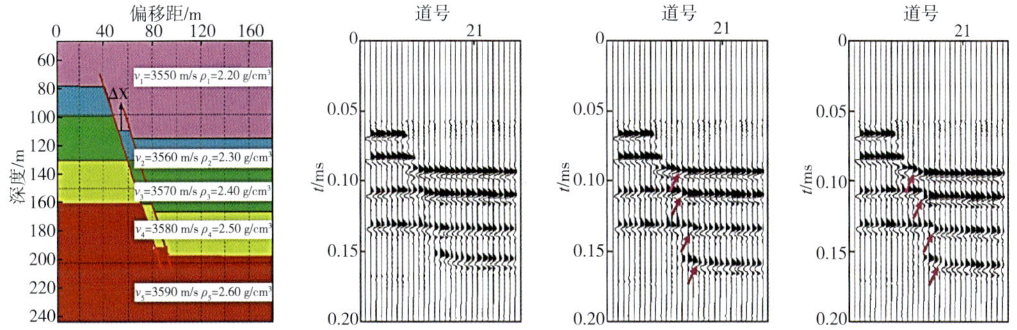

（a）速度模型　（b）Δh=5 m时偏移结果　（c）Δh=7 m时偏移结果　（d）Δh=10 m时偏移结果

图 2-2-11　大断层衍生出小断层的正演模型纵向分辨率测试结果

5. 断层破碎带的影响

为了讨论断层破碎带对断层识别的影响，建立了如图 2-2-12（a）、图 2-2-12（b）所示的速度模型，二者分别为有断层破碎带和无断层破碎带的速度模型。速度参数和密度参数如图所示，其中断层破碎带速度为 3300 m/s。最大偏移距为 500 m，深度为 500 m，检波点距和炮点距均为 12.5 m，震源子波频率为 35 Hz，断层破碎带宽度为 50 m。图 2-2-12（c）、图 2-2-12（d）分别为两个模型的正演结果。从图中可以看出：（1）当断裂面存在诱导裂缝带或填充带的时候，断裂处地震子波就会发生相位变化［图 2-2-12（c）中箭头所示］;（2）包含裂缝带或填充带的断裂面之间地震子波波形变化并不剧烈;（3）裂缝带的存在会使断裂面子波横向振幅出现波动。

6. 断层封堵带含流体的影响

为了讨论断层封堵带含流体对断层识别的影响，建立了如图 2-2-13（a）、图 2-2-13（b）所示的速度模型，二者分别为有断层封堵带含流体和不含流体的速度模型。速度参数如图所示，其中断层封堵带流体速度为 3600 m/s，最大偏移距为 500 m，深度为 600 m，检波点距和炮点距均为 12.5 m，震源子波频率为 35 Hz。图 2-2-13（c）、图 2-2-13（d）分别为两个模型的正演结果。从图中可以看出，断层封堵带流体的存在导致正演剖面上的振幅能量出现异常［图 2–2–13（c）］。

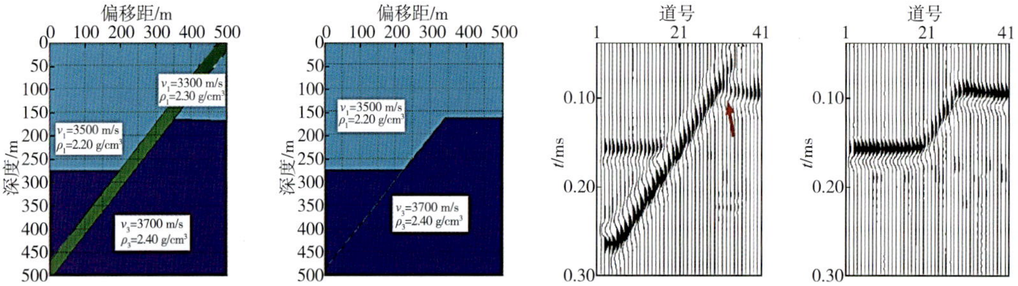

（a）有断层破碎带的速度模型　（b）无断层破碎带的速度模型　（c）有断层破碎带的偏移结果　（d）无断层破碎带的偏移结果

图 2–2–12　断层破碎带的影响研究

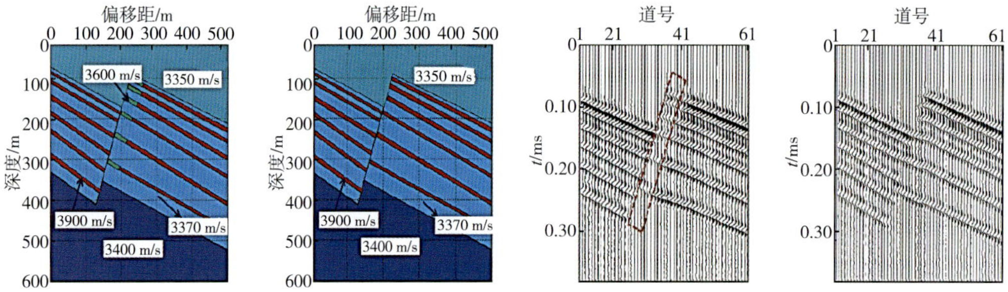

（a）断层封堵带含流体的速度模型　（b）断层封堵带不含流体的速度模型　（c）断层封堵带含流体的正演偏移结果　（d）断层封堵带不含流体的正演偏移结果

图 2–2–13　断层封堵带含流体的影响研究

（二）低序级断层精细描述手段

断层级别是依据断层的发育规模和对油气聚集的控制作用来划分的，在油田开发地质研究中通常将断层划分为六级。本文的低序级断层是指五级断层及部分落差较小的四级断层。低序级断层是局部构造应力场下的产物。局部构造应力场是在区域构造应力场的背景上，可以由高序级断层派生，也可以由岩层弯曲变形派生，依据局部应力场力学性质，可以将低序级断层划分为拉张正断层、挤压逆断层、走滑断层拉张－走滑断层、挤压－走滑断层 4 种类型，主要分布在控制它们的高序级断层的上盘，呈 Y 形、“入”字形、阶梯形、地堑形及地垒形等断层组合，走滑型低序级断层常分布在高序级断层的两侧，多呈羽状、斜列形排列。

针对八面河鼻状构造带复杂断裂研究中，重点对其断层组合关系、低序级断层发育进行了系统研究。

1. 倾角与加强相干融合

常规相干体技术方法是通过三维地震数据体来比较局部地震波形的相似性，用非线性手段综合了相邻道和相邻点的信息成分，能够获得任何一个单独时间切片中见不到的信息，但是面对复杂且信噪比低的地震资料，识别精度低，效果不佳，为此对其进行改进，提出了相干加强方法：利用相干算法特性，对数据采用高斯函数包络面代替原有子波，降低噪声干扰，将原始数据转变为适合目标断裂研究的优化数据。在对地震数据优化处理后再相干，突出断裂特征。

已解释地震反射层的倾角和倾向方位角图（图 2–2–14）已经成为仅次于时间构造图和振幅提取图的三维地震数据解释的重要属性之一，最大用途是解释确定局部的反射层面，能够估算反射层面的不连续性测量值；或者相反，沿这个反射层对数据进行滤波并提取它们的连续分量。将加强相干属性与倾角属性融合，融合图较相干图断层更清晰，对同相轴错动、错断的低序级断层识别准确。

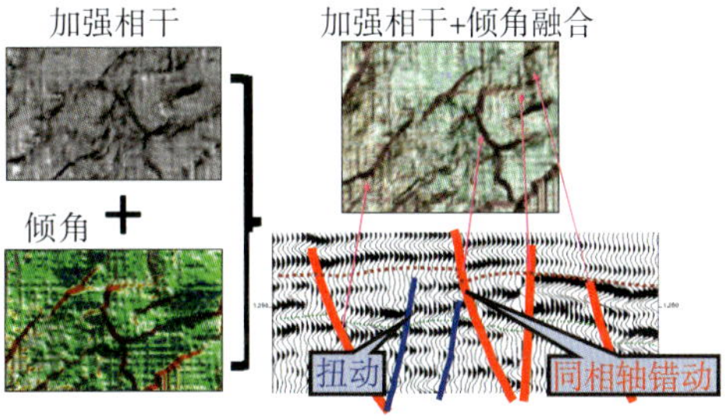

图 2–2–14　倾角与加强相干融合属性形成示意图

2. 顺层相对振幅属性

顺层相对振幅技术理论：是波峰振幅与其之前第一个波谷振幅之差，该参数在分界点处 AMP 曲线异常幅度大，通过验证对波形相似同相轴扭动的低序级断层效果明显（图 2–2–15）。

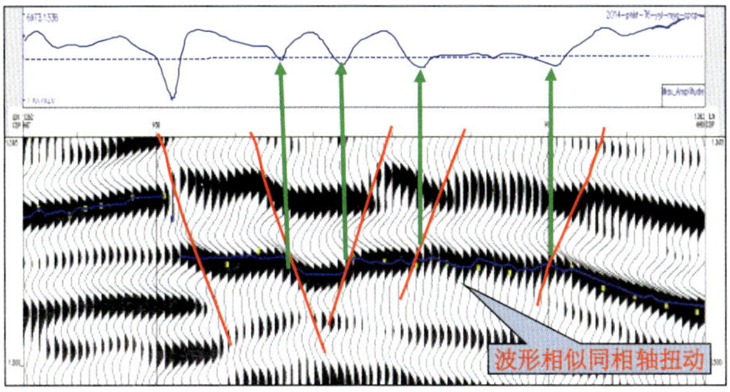

图 2–2–15　波形相似的扭动地震反射特征图（层断波不断）

3. 多次迭代蚂蚁体追踪

根据蚂蚁算法的原理，能够反映断层信息的地震属性体，在断层处表现为属性值的局部极大或极小。鉴于直接利用简单计算的蚂蚁属性进行断层识别无法实现断层的可靠自动追踪问题，基于多次迭代反复校正思想，通过降噪处理降低数据体噪声影响，增强反射特征；初步提取方差体属性，探测不连续点，并对不连续进行强化，进行边界增强，以及断层边缘检测；通过多次迭代蚂蚁追踪，最终获得可靠识别结果。

（三）断层组合

八面河地区鼻状构造带断裂系统复杂，组合形式多样。发育四级以上的低序级断层众多，剖面和平面上都是相当复杂的组合模式。图 2-2-16 为不同构造的典型地震剖面及与之相对应的地质模型。各构造带的主要特征分别为：（1）断层系表现形式多样，发育堑式断层系，如树枝状、似花状、莲花状、耙式、包心菜状和阶梯式等断层系，数量较少的剪切力形成的 X 形断层组合，使得断层的平面、剖面组合样式繁乱、复杂。（2）主要发育伸展构造样式，多发育反向翘倾断块、反向 Y 形组合以及塑性的盐泥拱张形成的底辟构造。（3）以伸展构造样式为主，主要发育 Y 形、多级 Y 形组合、顺向翘倾断块（浅部）和反向翘倾断块（深部），交于主干断层的滑动断阶等构造样式，近断层处发育有滚动背斜。

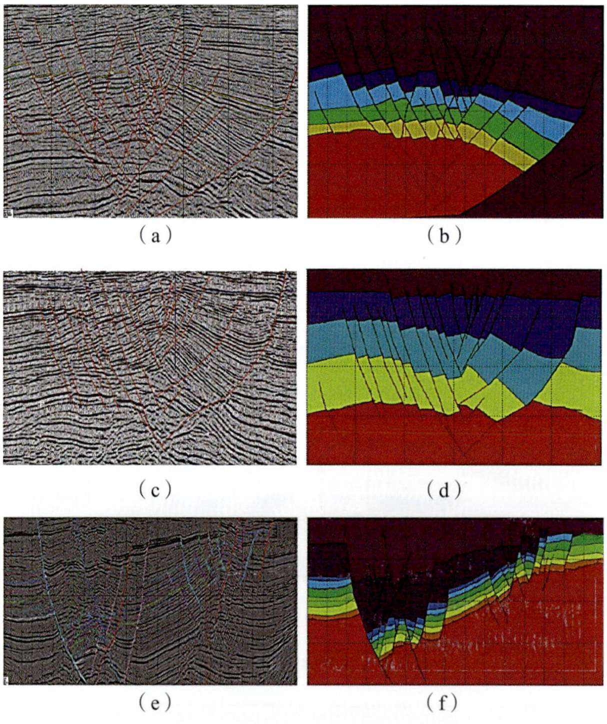

（a）（b）（c）（d）（e）（f）

图 2-2-16 八面河油田典型构造地震剖面及地质模型

采用波动方程有限差分方法对各个构造带模型进行正演模拟（道间距分别设置为

6.25 m、12.5 m 以及 25 m)，得到时间偏移结果（表 2–2–1)，分析不同组合模式的低序级断层正演结果，有以下认识:（1）对于 X 形和“入”字形的花状断层，采用 25 m 道间距基本可以识别，断距在 10 m 以内的断层，道间距减小到 6.25 m 才可以识别（红色箭头所示)；（2）对于 Y 形断层，采用 12.5 m 的道间距可以识别断距在 10 m 以内的小断层（蓝色箭头所示)；（3）多级 Y 形断层，基本无法识别，反射较乱，断点不能区分；（4）对于 Y 形地垒形的断层，采用 25 m 道间距时，断层基本可以识别，某些断层断点不够清晰，当缩小断距后，断层的分辨率得到了明显提高，小断层更易区分（粉色箭头所示)。

表 2–2–1　不同组合模式的断层正演结果

断层组合模式			不同道间距的正演结果		
组合样式	实际剖面	速度模型	道间距 =6.25 m	道间距 =12.5 m	道间距 =25 m
花状断层 X 形	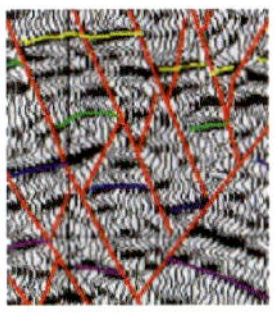		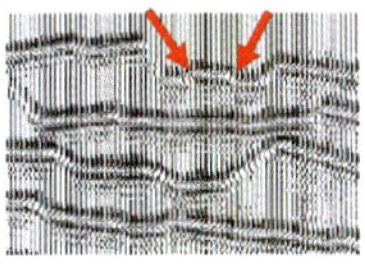	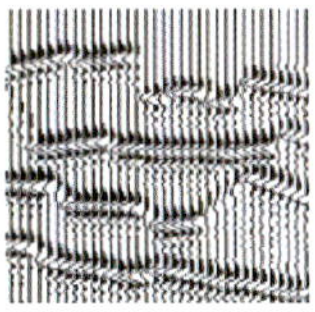	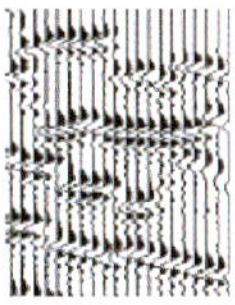
花状断层“入”字形	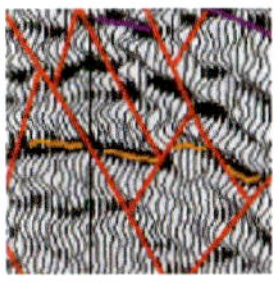	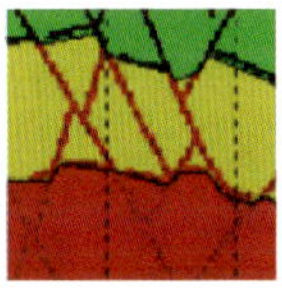	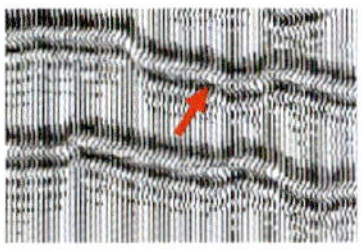	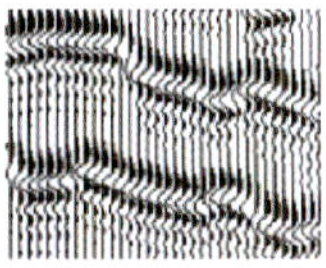	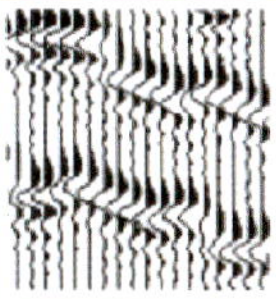
“入”字形		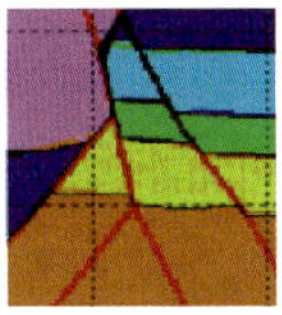	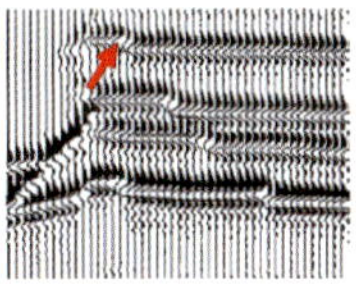	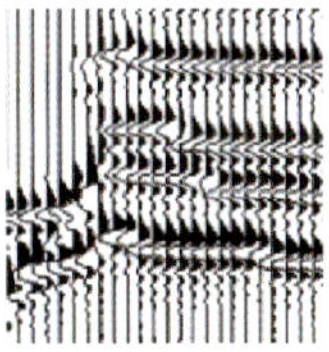	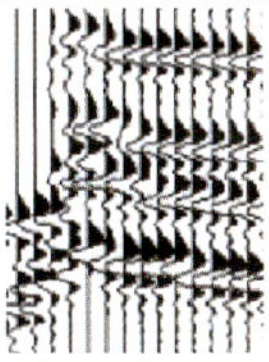
Y 形	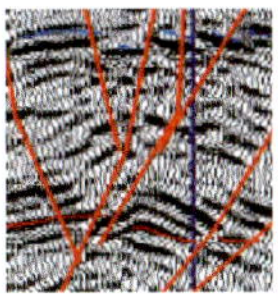	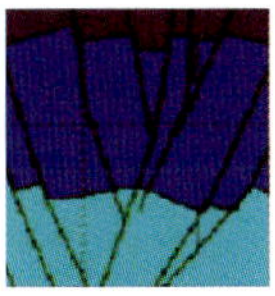	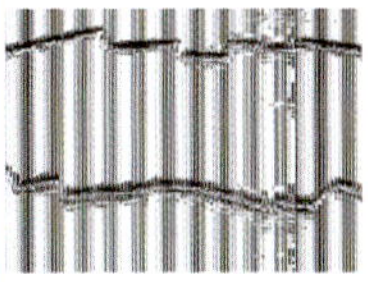	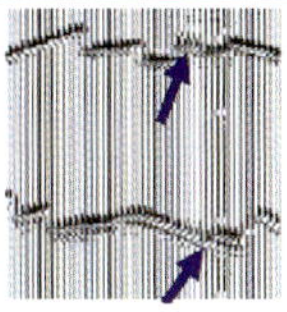	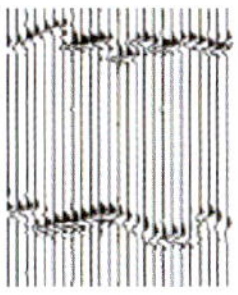
多级 Y 形	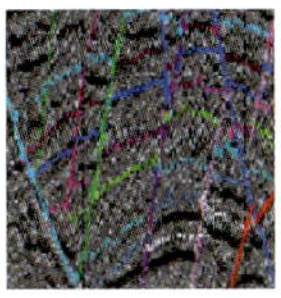	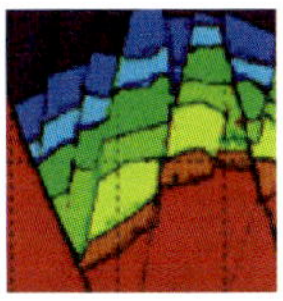	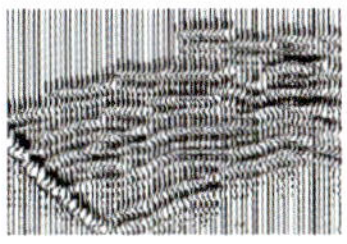	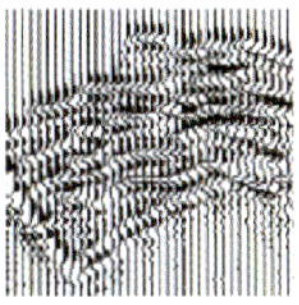	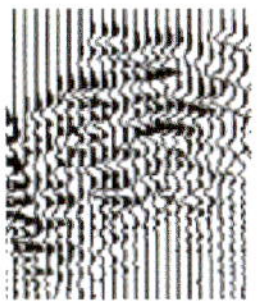
Y 形地垒形	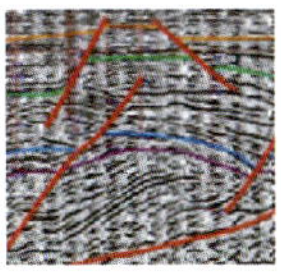	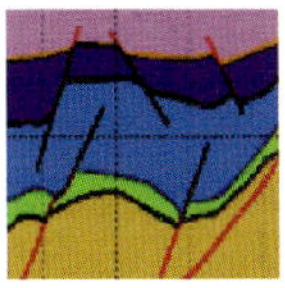	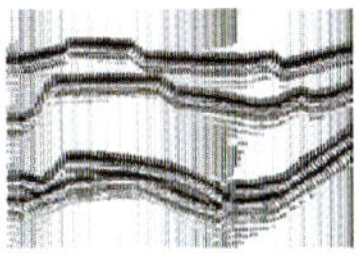	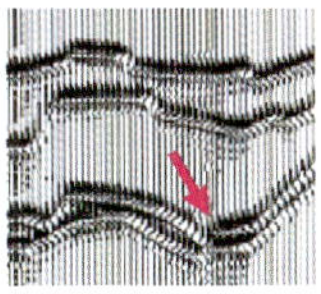	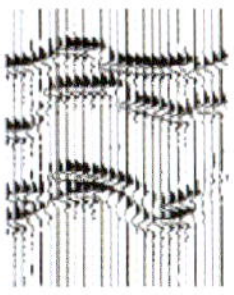

对于纵向上断裂系统变化较大、平面上空白区域的拼接质量控制：地震解释成果与

地质研究成果相结合，确定非研究区断裂系统组合模式。从三维模型的视角梳理断层以精细成果为基准，井震结合，逐条梳理，在空间上具有良好的继承性，变化点符合地质规律。利用可靠的井资料来引导属性分析及筛选，进而利用经过筛选甄别后的属性资料指导低序级断层的准确识别和组合，降低属性分析的多解性。完善断层解释和构造图件编制标准，对于地震上有显示但目前无法用开发资料验证的可疑断层都解释出来，后期再通过开发生产验证。

三、基于矛盾筛查的滚动评价技术

以剩余油认识和滚动增储为核心的开发潜力调查评价是油田老区开发调整部署的基础。为此，形成了基于“矛盾筛查”模式的潜力滚动调查评价新方法。

（一）断块油藏滚动勘探存在主要问题

1. 储量动用程度高，新增商业储量有限，资源接替难度大

八面河油田断块油藏探明储量大部分已经动用，同时勘探程度高，近几年新增商业储量少，且主要分布在产能相对低砂组，资源接替难度大。近年来，新井也逐渐转向物性差、开发效果差的砂组，层系单一、天然能量不足严重制约后期稳产，造成产量接替矛盾大。大部分油井水淹后含水持续上升，后劲不足，导致油井被迫调层、计关，造成部分砂体储量损失。

2. 随着开发深入，老井可补孔层位变少，措施选井难度变大

受地质特征影响，措施类型简单。广北区2010~2014年措施产量构成统计（图2-2-17）表明，措施类型以调层补孔、复射回采、卡堵水和酸化解堵为主。但是，由于纵向上含油层系少，油井生产过程中可补孔次数一般为2~4次。随着开发深入，老井可补孔和回采的层位变少，措施选井难度越来越大，井次、效果下降。

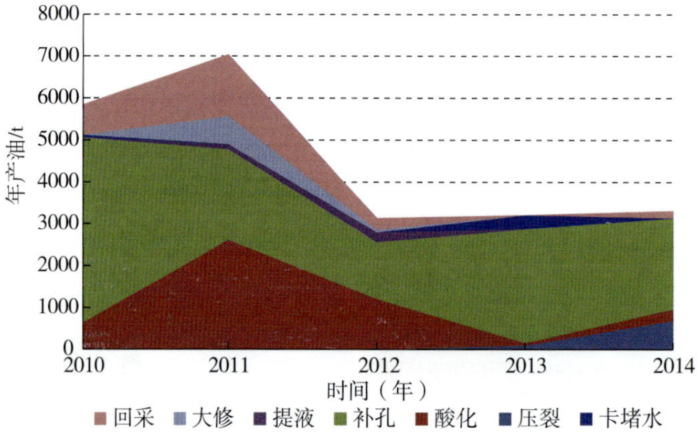

图2-2-17 广北区2010~2014年措施产量构成对比图

3. 砂体水淹程度高或物性差，新井部署难度大

对于投入开发的中高渗透断块油藏，大部分砂体水淹程度高，剩余油分布零散，达不到新井挖潜的标准。对于中低渗透油藏，自 2010 年开始对广北 8 块、广北 9 块和广北 6 块等优选物性好的区域，进行了整体方案部署和零散调整，井网不完善的区域主要分布在物性差、产能低的储层。因此，新井部署难度增大。

（二）“矛盾筛查”模式内涵

常规潜力调查工作模式是“地质研究”工作和“开发调整”工作的单线反复（图 2-2-18），即将地质研究工作完成之后，将其成果用于指导开发调整工作。然而地质研究工作者对动态不熟悉，通常是站在静态研究的角度，以地震资料、测录井资料、岩心资料等为基础，按照常规的、理想的勘探、开发理论来指导油藏潜力论证，编制地质图件。而对于一个特定的研究区，其复杂的地质个性特征及开发过程中投入的各项工作量，均使得在老区的剩余油描述工作更加复杂、多解。例如，对于同一个层的“底水”和“水淹”的两种解释，反映的是静态和动态变化的过程。事实证明，在开发工作者应用地质研究结论的过程中经常会出现其他动静态矛盾。如果按照老的工作模式，开发工作者将新发现的问题再次反馈给地质工作者，再以同样的工作思路完成，结果可能是又出现新的问题。长此以往，单线反复，工作效率低，效果不明显。

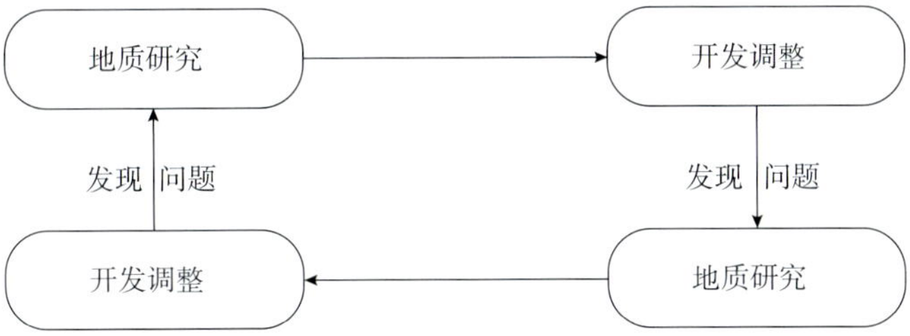

图 2-2-18　常规工作模式流程图

八面河断块油藏发育的断层多为四级小断层，断层规模小，延伸长度短（一般延伸长度小于 5 km），油藏含油面积小，控制井点少（存在单井控制油藏），属于复杂、极复杂断块油藏。然而，目前的地震资料品质和认识技术，对此类油藏的地震解剖和构造刻画存在一定的盲区。因此，单纯的、静态的地质研究工作已经不适合八面河断块油藏老区挖潜，需要创新潜力调查工作模式。

为此，充分考虑研究区复杂的地质特征及老区开发中存在问题的多样性，借鉴相似油藏特征的胜利油田的成功做法，在常规研究方法的基础上进行模式调整，将常规的“地质研究—开发调整”的“单线反复”的工作模式，调整为“地质研究—动静结合—开发调整”的双线集合的“一体化”工作模式（图 2-2-19）。同时，鉴于研究区多样的地质特征、开发现状以及复杂的剩余油分布情况，在“一体化”工作模式的基础上，建立

适合老区挖潜的潜力调查新方法，即“矛盾筛查”模式。

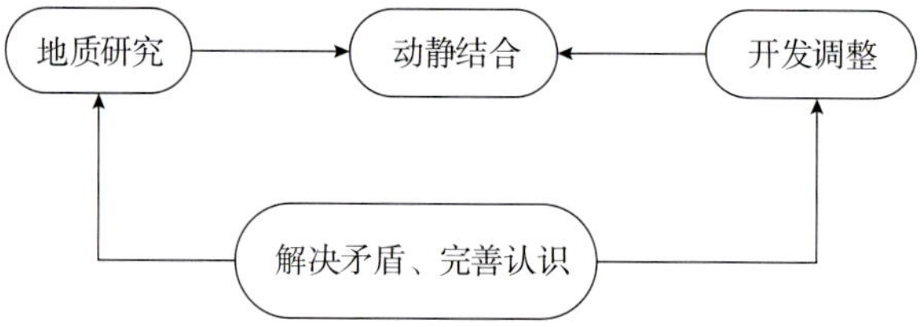

图 2-2-19 “一体化”工作模式流程图

“矛盾筛查”模式是指，结合老区复杂的地质特征和开发中存在的问题，总结在油藏开发后期存在的所有动静态矛盾类型，形成矛盾图版，进而利用该图版对研究区所有砂体进行矛盾筛查，根据筛查结果将砂体分类，以矛盾解决或存在问题分析为突破口，调查不同类型砂体的调整潜力，改善开发效果。

（三）动静态矛盾类型

结合研究区地质特征和开发中存在的问题，总结了断块油藏开发后期存在的 6 大类、12 小类动静态矛盾（表 2-2-2），形成图版。

表 2-2-2 不同动静态矛盾表现形式统计表

序号	矛盾类型	表现形式
1	油井生产矛盾	油井生产特征与地质特征不相符
		同地质条件下的油井生产特征不一致
2	储采矛盾	采出程度高于正常水平
		采出程度低于正常水平
3	能量供给矛盾	封闭单元供液能力好
		强能量单元供液能力差
4	油水关系矛盾	同一油水系统内低油高水
		同一油水系统内边界不统一
5	测井解释矛盾	测井高电阻生产高含水
		测井低电阻生产低含水
6	水淹规律矛盾	水驱主要波及区低水淹
		水驱非主要波及区高水淹

1. 油井生产矛盾

油井生产矛盾包括两种表现形式：油井生产特征与地质特征不相符，同地质条件下的油井生产特征不一致。

油井生产特征与地质特征不相符实例如油井 G2-X3，该井距离边水 15 m，单采累采油 1.1×10^4 t，前两个月综合含水 38%，不符合此类油藏油井生产特征。

同地质条件下的油井生产特征不一致实例如 G9-X2 井与 G9-X29 井（图 2-2-20）。

G9–X2 井距离边水 45 m，1998 年 3 月单采，采油 13000 t，4 个月含水 50% 以下，19 个月含水 80% 以下；相似条件的邻井 G9–X29 井距离边水 95 m，1999 年 6 月单采，在邻井 G9–X27 只采出 1600 t 的情况下，生产 1 个月含水 50% 以下，5 个月含水 80% 以下，单井采油 2750 t，与 G9–X2 差异大。

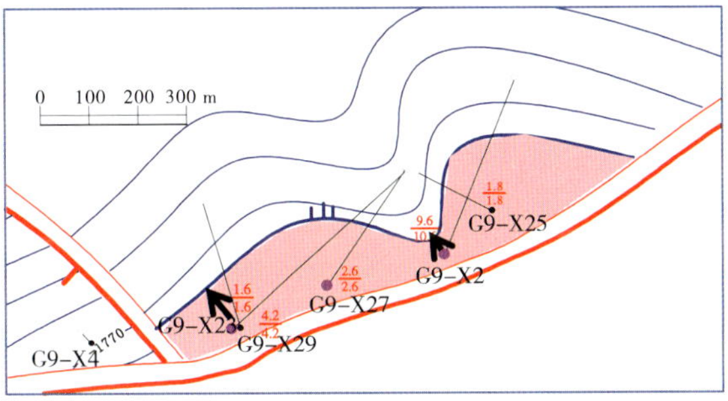

图 2–2–20 G9–X2 井与 G9–X29 井位图

2. 储采矛盾

储采矛盾包括两种表现形式：采出程度高于正常水平，采出程度低于正常水平。

为了排除动态资料误差因素造成的砂体采出程度统计不落实，首先开展了油井生产历程复查、计量误差复算和层间分产比例复查等三个方面的工作。

由于研究区和相似油藏性质的北一、北二区取心井主要存在于 $S_4$1 砂组和沙三段，无理论采收率可参考，因此根据研究区单砂体采出程度散点图分布特征，结合相似油藏性质的胜利油田现河采油厂中高渗透采收率分布状况，确定采出程度评价标准（表 2–2–3）。

表 2–2–3 油藏采出程度评价划分标准表

单位：%

采出程度分类	平均值	过高	正常	过低
中高渗透油藏	40.3	≥70	15~70	<15
中低渗透油藏	12.6	≥20	6~20	<6

需要特别指出的是，散点图是根据已动用的 82 个单砂体生产数据所作，对于采出程度过低砂体，在排除井控、工艺及地层能量导致采出程度异常的情况下，用新标准对砂体进行储采矛盾筛查。

3. 能量供给矛盾

能量供给矛盾包括两种类型：封闭单元供液能力好，强能量单元供液能力差。

封闭单元供液能力好实例如广北 6 块沙三中 1 砂组（图 2–2–21）。G6–X4 井初期日产液量 21.4 t，12 个月后调层，末期液量依然稳定，累采油 6400 t。G6–1–X11 井初期日产液量 26.5 t，4 个月后液量下降到 12.6 t，并长期稳定，累采油 5100 t。

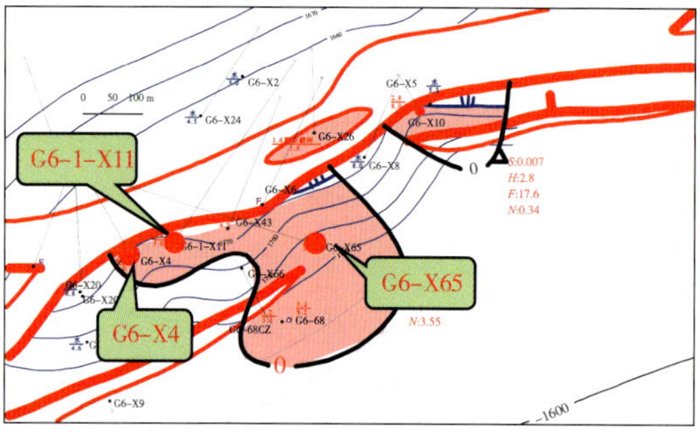

图 2-2-21 广北 6 块沙三中 1 砂组井位图

强能量单元供液能力差实例如广北 6 块 S_42_1 层（图 2-2-22）。G6-X18 井初期日产液量 12.3 t，液量逐渐上升，末期液量 32.8 t，动液面 1200 m，累采油 1600 t。G6-X19 井初期日产液量 19.7 t，液量逐渐上升，末期液量 49 t，动液面 1000 m，累采油 6400 t。G6-X17 井初期日产液量 7.6 t，后期供液不足无法正常生产。

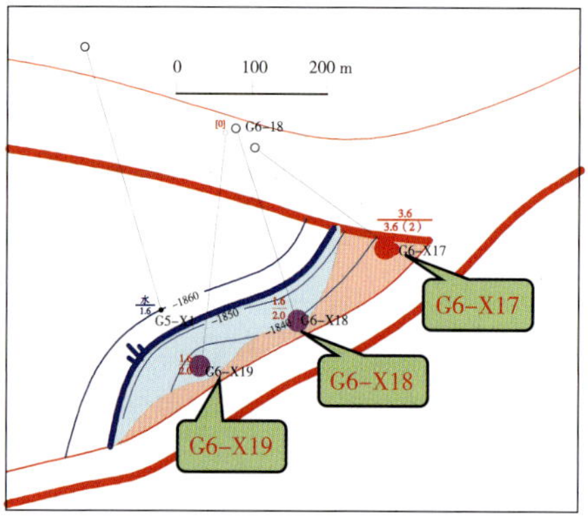

图 2-2-22 广北 6 块 S_42_1 层井位图

4. 油水关系矛盾

油水关系矛盾主要表现在同一油水系统内低油高水，如广北 6 块 S_41_2 层（图 2-2-23），低部位井 G6-2-X11 在 $S_41_2^1$ 层抽汲试油为同层，高部位井 G6-3-X13 求产为水层，高低部位油水关系矛盾。

5. 测井解释矛盾

测井解释矛盾包括两种类型：测井高电阻生产高含水，测井低电阻生产低含水。

测井高电阻生产高含水实例如 G6-3-X13 井，下泵试油 $S_41_1^2$ 层，测井解释显示油层，COND 为 230 mS/m，求产全水。

测井低电阻生产低含水实例如 G2-X38 井，下泵试油 $S_46_1^1$ 层，COND 为 480 mS/m，在未采取措施的情况下，初期日产液量 13.5 t，含水 3%，含水 10% 以下生产 9 个月，试油结论为油层。

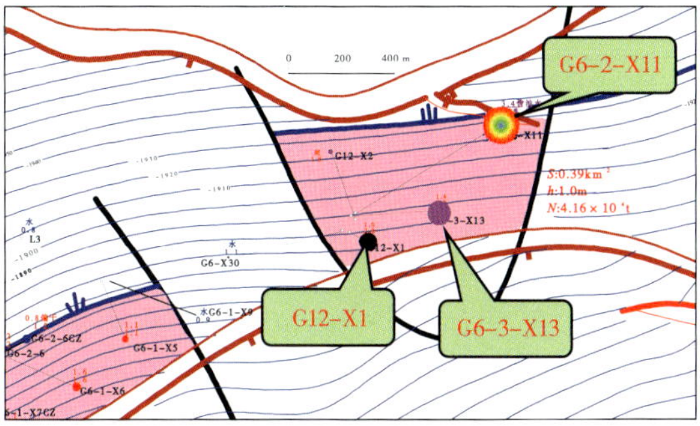

图 2-2-23 广北 6 块 S_41_2 层井位图

6. 水淹规律矛盾

水淹规律矛盾包括两种类型：水驱主要波及区低水淹，水驱非主要波及区高水淹。实例如广北 8 块 $S_42_1^1$ 层（图 2-2-24），水驱主要波及的东部 G8-X9–G8-X20 井区，油井生产表现低水淹，而水驱非主要波及的高部位 G8-X6–G8-X16 井区，油井生产表现高水淹。

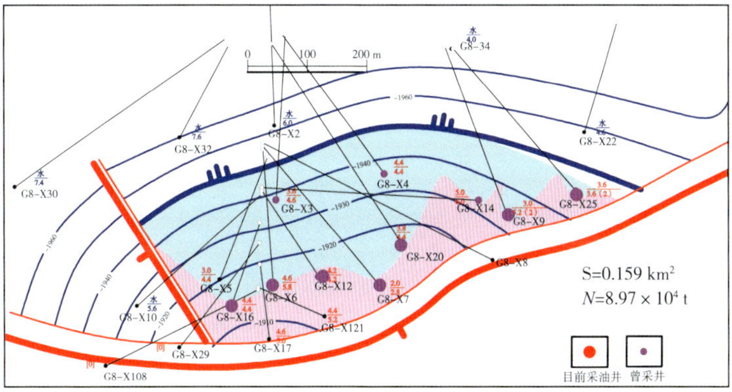

图 2-2-24 广北 8 块 $S_42_1^1$ 层剩余油分布图

（四）矛盾筛查流程

“矛盾筛查”研究模式的关键在于以单砂体为对象，以动静结合为抓手，坚持问题导向，以矛盾的发现和解决为突破口，建立动静结合一体化的地质研究新模式：动态工作者，利用矛盾图版对研究区内单砂体逐一筛查，提出矛盾；静态工作者，根据 6 大类、12 小类动静态矛盾判别图版，通过沉积、储层、构造复查等研究工作，解决矛盾，进而发现隐蔽的油藏潜力。

具体“矛盾筛查”流程为：对于存在动静态矛盾的砂体，通过“矛盾解决”来发现研究区调整潜力，对于筛查后不存在动静矛盾的砂体，通过“存在问题分析”来调查调整潜力，最后综合所有潜力，综合部署（图 2-2-25）。

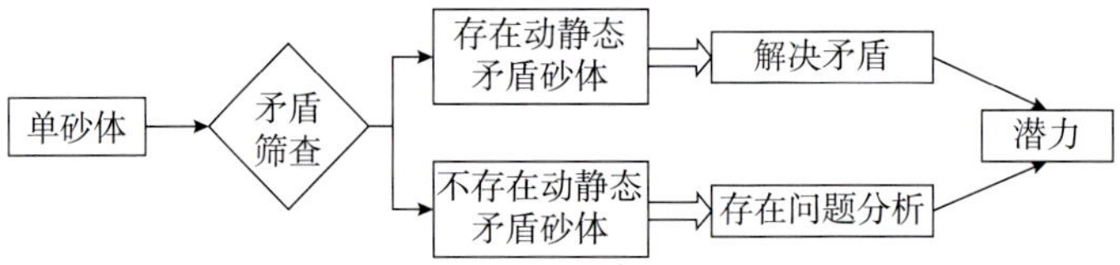

图 2-2-25 “矛盾筛查”流程图

四、矿场实施效果

（一）低序级断层描述技术应用效果

利用鼻状构造带油藏滚动勘探技术，根据各单元地质 - 地震特征，采用“差异化”技术组合应用于各滚动潜力区块，形成滚动勘探策略，指导各区块寻找潜力目标，进行圈闭评价（表 2-2-4）。

表 2-2-4 八面河鼻状构造带细分单元滚动勘探策略

区带	细分单元		油藏类型	潜力层系	重点攻关砂组	对应技术组合	典型区块或圈闭
鼻状带	北区	北一区	构造	沙三上 4~5 砂组、沙三中 3 砂组	沙三上 4~5 砂组	断层强化处理 + 断层描述技术 + 波形结构属性 + 复合属性技术	角 3 块东
				沙四段 2~3 砂组	沙四段 2~3 砂组	断层强化处理 + 断层描述技术	角 15 块南
		北二区		沙四段 2~4 砂组	沙四段 2~4 砂组	断层强化处理 + 断层描述技术	莱 5–4 块东，面 1 块南
	南区	东翼	构造	沙三段	沙三上 4~5 砂组	断层强化处理 + 断层描述技术	面 14– 斜 1 南及东
		中段及西翼	岩性	沙四段 1 砂组	沙四段 1 砂组	子波分解去强轴 + 波形结构储层预测技术	面 14 区西南
				沙四段 2~4 砂组	沙四段 2、4 砂组	波形结构储层预测技术	面 4 区西及面 14 区南
				沙四段 5~6 砂组	沙四段 5 砂组	波形结构储层预测技术 + 复合级联属性	面 14 区南
	西区	面 22–23	岩性	沙三上 3~4，沙四段 1、5 砂组	沙四段 1、5 砂组	子波分解去强轴 + 波形结构储层预测技术 + 复合级联属性	面 22 区北
		面 120		沙三中 1、3 砂组，沙四段 1 砂组	沙四段 1 砂组	波形结构储层预测技术 + 复合级联属性	面 120–4 东
		面 36		沙三中 3 砂组	沙三中 3 砂组	波形结构储层预测技术 + 复合级联属性	面 36 区南

根据圈闭评价结果，在八面河鼻状带东段、中段、西段应用构造、岩性油藏描述技术手段差异化组合精细刻画目标圈闭。2019~2020 年发现圈闭 20 余个，优选 14 个圈闭部署井位 16 口，其中 11 个圈闭获得成功，9 个圈闭已交储量，新增可动用储量

130.61×10^4 t，新增探明储量 386.28×10^4 t，新增控制储量 490.45×10^4 t。

1. 北区应用效果

北区为复杂断裂带发育区，油藏以构造控藏为主，含油区块多。该区的研究图件以各个区块的局部构造图和油砂体图为主，平面上没有形成区域性的整体认识图件（图 2–2–26）；另外，局部地区的小断层识别、微幅构造解释仍不够精细。通过开展进一步的全层系构造精细研究，井震结合形成连片精细构造及砂体展布图等工作，逐层逐块进行滚动目标摸排。

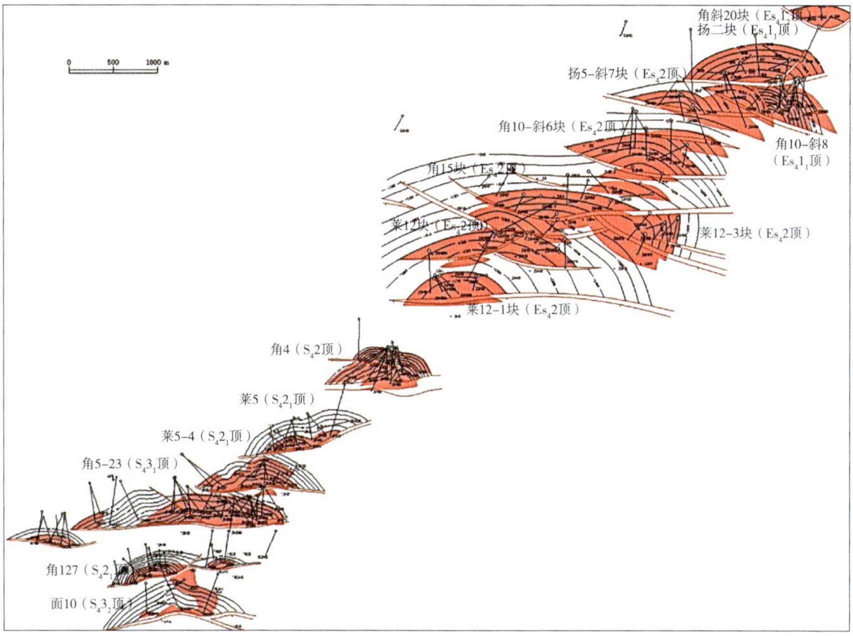

图 2–2–26　八面河北区叠合含油面积图（区块拼图）

1）点 – 断点的准确识别

北区地层厚度变化较大，不同区块之间地层分层存在一些差异，对后续的整体研究和精细研究产生了一定的影响。因此，以地层分层统一且井震对应好的北一区角 12–24 井和北二区角 5 井为标准井，建立地层及储层对比格架，细分至小层进一步统一北区的地层分层（图 2–2–27）。

在统层指导下，井震紧密结合，根据已钻井断点情况，精细刻画断层组合、走向；如图 2–2–28 根据 J12–X301 钻遇情况，西移①号断层与②号断层的交会位置。J12–X301：过①号大断层，断失层位 Es_42_2 上部 ~Es_43_2 底部，Es_43_3 时期进入①号断层上升盘，确定断点位置，J12–X301 沙四段时期只经过一个断层，与地震剖面结合，因此该井在沙四段时期仍位于②号断层下降盘，所以①号断层南移，增加②号断层。

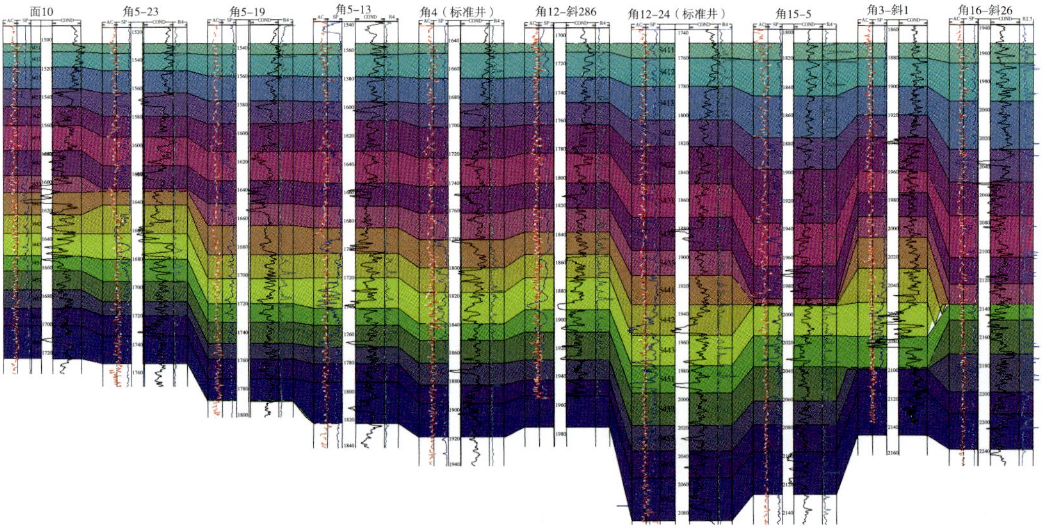

图 2-2-27　八面河北区近东西向地层对比图

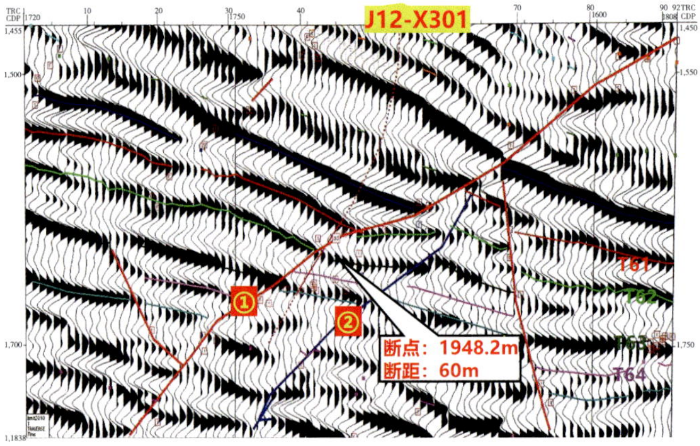

图 2-2-28　过 J12-X301 井轨迹近南北向地震地质解释剖面图

2）线 - 井间断层的识别

（1）断层地震识别标志。由地震正演分析观察不同条件下、不同断距的断层的地震响应特征，发现断层在地震剖面上都是有“标志”可循的。随着落差的增大，断层在地震相上表现为由较模糊的能量突变逐步演化为微错位，直至较清晰错开，这为断层精细描述地震解释提供了依据。依据井上断点地震反射特征结合地震正演分析，可以总结出八面河鼻状构造带沙河街组低序级断层地震识别的 5 个标志：同相轴能量突变、同相轴合并消失（分叉）、同相轴微弯曲（扭动）、同相轴微错位和错开。这些地震识别标志可以初步指导无井控制区断层的地震识别。

（2）井间断层识别。由于无井钻遇、地震反射特征弱，井间小断层有很强的隐蔽性。其识别首先在地震剖面上依据地震识别标志进行逐道筛选，对于初步识别出的疑似断层，结合油水关系、生产动态综合确定低序级断层的分布。

3）面 – 井引导地震属性分析

应用前文所述的各种断层描述结果，采用井引导下对属性进行控制，选取能反映不同断层属性的资料，进而利用经过筛选甄别后的属性资料识别及精细刻画低序级断层。通过构造精细解释，形成本区连片构造图 8 张，北区 $Es_3^{上}$5 砂组构造见图 2–2–29。

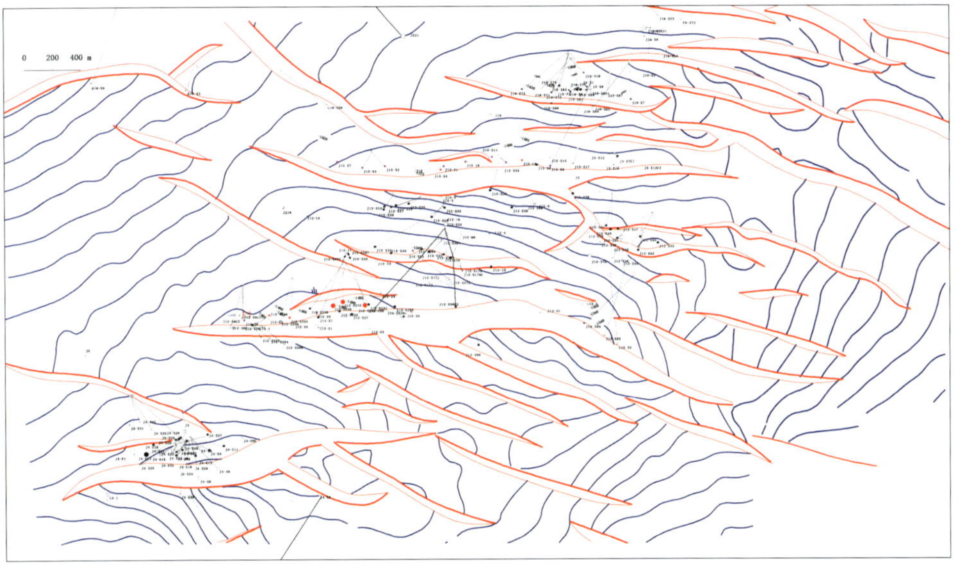

图 2–2–29　北区 $Es_3^{上}$5 砂组构造图

4）体 – 井震结合描述断层空间位置及组合关系

常规解释的测网密度为 50 m × 100 m，这在地质结构不太复杂的地区是适合的。研究区小断层发育，断距小（10~30 m）、圈闭面积小，为控制构造形态、断层展布，针对重点区块，采用 50 m × 25 m 的高密度线网进行精细解释，对于低幅度构造，抽取任意线检查地层产状、纵横剖面的闭合度，同时落实断层组合的可靠性，把握构造形态的变化，从而保证“三小构造”的解释精度。在井震多层位解释的基础上，将各砂组的断层线叠合（图 2–2–30），检查各级次断层空间上发育的继承性以及同一条断层浅、中、深层位在空间上走向的一致性，避免出现上下断层线“交叉打架”的现象。这种方法可以有效地检验断层空间组合的合理性。

5）构造 – 岩性圈闭

结合地层对比研究成果，开展精细储层对比工作（图 2–2–31），刻画重点单砂体储层平面展布，结合断层的精细描述研究结果，寻找构造 – 岩性圈闭。

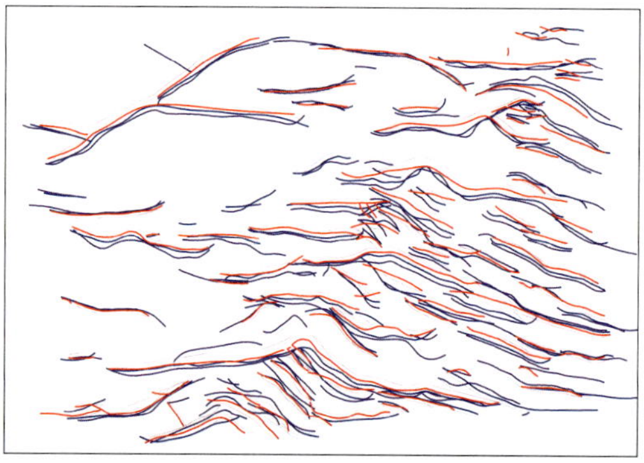

图 2-2-30　北二区 T61、T62、T63 断裂叠合图

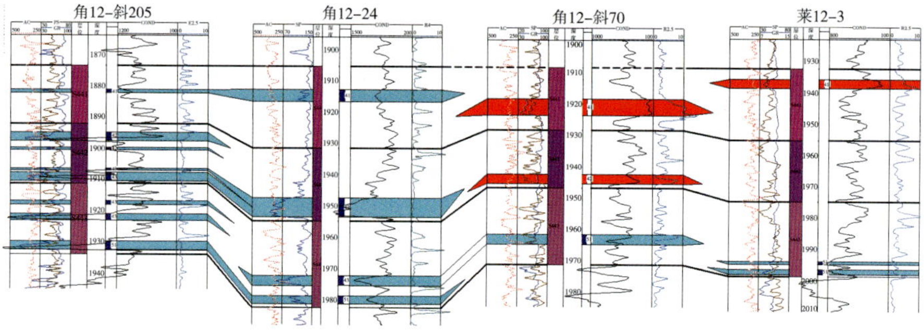

图 2-2-31　八面河北区沙四段砂岩对比图

主要针对鼻状构造带东段（北一区、北二区）开展构造图件的绘制（图 2-2-32），刻画新增低序级断层 16 条，重新组合断层 5 条，新增圈闭 11 个，预计新增地质储量 62.5×10^4 t。

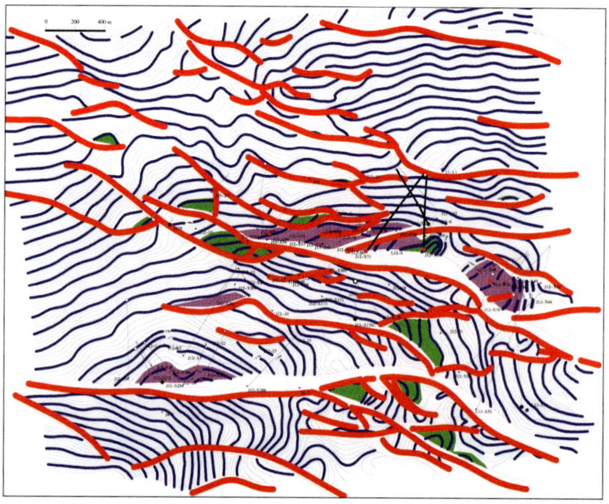

图 2-2-32　北一区 T61 构造等值线图

通过构造精细解释，全区共发现、落实了多个局部圈闭（表 2–2–5）。以角 15 块为例，通过对区域主断层进行重新认识，新构造主断层与伴生断层的交会处往西挪 400 m，从而在其东边发现新的构造圈闭，且通过井震结合落实该圈闭低部位已有角 12– 斜 66 井钻遇，且试油已见油，在高部位部署角 12– 斜 69 井，共钻遇油层 10.8 m/5 层，实施滚评建一体化，整拖角 12– 斜 71 井，共钻遇油层 22.8 m/5 层，新增可动用储量 6.48×10^4 t（图 2–2–33）。

表 2–2–5　北区沙四段各砂组圈闭统计

圈闭类型	圈闭分类	区块	层系	面积 /km²	储量规模 /10^4 t
构造	Ⅰ类	莱 12–3 块南	$Es4_2$	0.05	8.9
		角 12– 斜 54 南	$Es4_2$	0.05	5.7
	Ⅱ类	角 15 块北	$Es4_2$	0.14	1.6
		角 15– 斜 7 南	$Es4_2$	0.015	2
		莱 12–3 块西（J12–X69）	$Es4_2$	0.02	1.9
	Ⅲ类	角斜 19 西侧	$Es4_2$	0.01	0.5
		小计			20.6
	Ⅰ类	莱 12–3 块南	$Es4_3$	0.06	4.2
		角 12– 斜 54 南	$Es4_3$	0.04	2.8
		莱 12–3 块西（J12–X69）	$Es4_3$	0.1	7.9
		角 3 块南（J15–X62）	$Es4_3$	0.1	6.5
	Ⅱ类	角 15 块北	$Es4_3$	0.02	1.4
	Ⅲ类	角斜 19 西侧	$Es4_3$	0.01	0.8
		小计			23.6
	Ⅰ类	莱 12–3 块南	$Es4_4$	0.04	2.4
		莱 12–3 块西（J12–X69）	$Es4_4$	0.05	2.3
		小计			4.7
	Ⅰ类	莱 12–3 块南	$Es4_5$	0.05	3.5
		角 3 块南（J15–X62）	$Es4_5$	0.06	4.2
		小计			7.7
	Ⅰ类	莱 12–3 块南	$Es4_6$	0.04	3.3
		角 3 块南（J15–X62）	$Es4_6$	0.07	2.5
		小计			5.8
合计					62.4

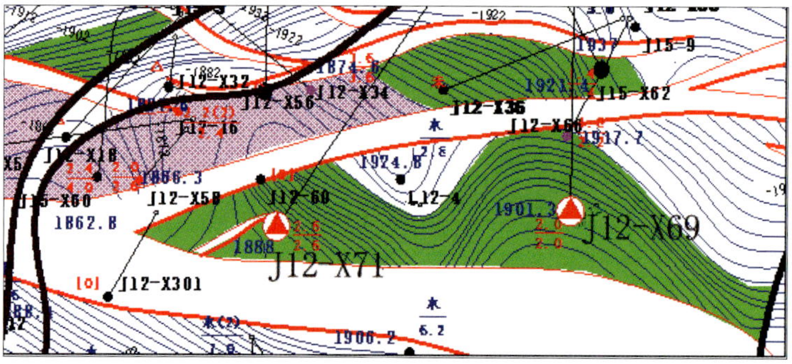

图 2-2-33　角 12- 斜 69 井区 Es_43_1 圈闭图

2. 西南区应用效果

结合西南区的构造、沉积及成藏特点，落实鼻状带东翼构造寻找三小构造油藏为该区重点增储方向之一。

1）地震层位标定

八面河地区新近系和古近系之间的不整合面对应地震层位为 T1 反射层，T1 之上地层以新近系馆陶组为主，其下则以古近系沙一、沙二、沙三、沙四、孔店地层为主，东营地层普遍缺失；T1 在地震剖面上表现为高连续、强振幅反射同向轴，上下地层产状差异明显，在剖面上易识别追踪，为全区标志层之一。其下为清晰的古近系地层被削截的反射结构特征，反射截面倾角大于不整合面之上新近系地层的反射界面倾角。

通过合成地震记录制作，对 T1–Tr 各地震标准层进行了标定，标定结果如下。

T1：馆陶底是个区域剥蚀面，地震剖面上为中频、连续性好的强反射同相轴，易于追踪。

T4：沙三上底对应一中频、反射强度中等的同相轴，在南部有削截现象，易于追踪。

T6：沙三中底对应一中频、反射强度中等的同相轴，在南部有削截现象，易于追踪；在面 121- 斜 1 井区也有削截现象。

T7：沙四底界对应的同相轴本身不是太强，但该同相轴上下的地震特征有较大差别，上部同相轴连续性较好，下部反射频率较高、可追踪性差；南部有削截现象。

将研究区多口井合成记录作出一个综合时深关系，与东营时深关系对比，差别甚微，故用该平均速度进行时深转换。

2）构造精细研究

通过精细刻画八面河断裂带，在面 14 区主体含油区外发现局部小构造圈闭多层（图 2-2-34）。

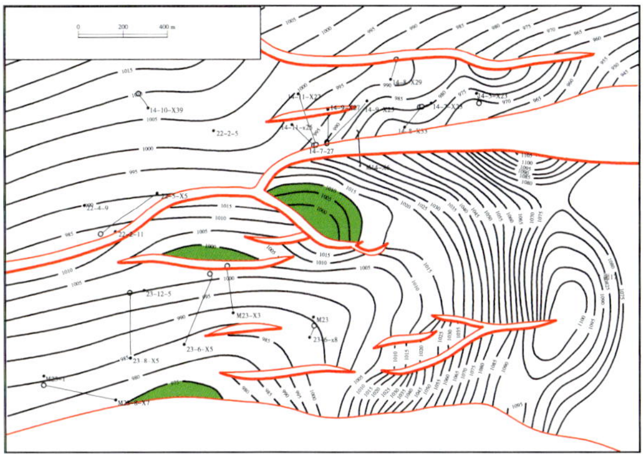

图 2-2-34　西南区沙三上 2 砂组圈闭图

（二）矛盾筛查滚动评价技术应用效果

以广北区为例，以“具有单采价值”为划分准则，对尚未细分的砂体继续细分小层，绘制油砂体图和剩余油分布图，共对 18 个油层进行了细分，单砂体由以前的 71 个细分为 93 个。对 93 个砂体进行矛盾筛查，其中有 38 个砂体存在动静态矛盾（表 2-2-6），以储采矛盾和油井生产矛盾为主，9 个砂体同时具有 2 种以上的矛盾。

表 2-2-6　各类矛盾筛查结果统计表

序号	矛盾类型	断块	砂组	矛盾表现
1	油井生产矛盾	广北 2 块	$S_42_1^1$	油井 G2-X3 井距离边水 15 m，单采累采油 1.1×10^4 t，前两个月含水 38%
2		广北 2 块	$S_45_1^3$	油井 G2-X35 井采出程度 71% 的情况下，日产油 9 t，含水 38%
3		广北 6 块	$S_44_1^2$	采出程度过高，且 G6-X8 井距离边水 50 m，长期生产
4		广北 8 块（3个砂体）	S_2 $S_3^{上}$	老井单井累产油 2000 t，较同类型油藏低
5		广北 9 块	$S_3^{上}2_1^1$	G9-X2 井距离边水 45 m，采 13000 t 油，且长期低含水
6		广北 9 块	$S_3^{上}2_1^{23}$	G9-X27 井、G9-X29 井与邻井 G9-X2 井生产特征差异大
7		广北 9 块	$S_44_1^1$	G9-X22 井距离边水 65 m，累采油 6000 t 后，仍有 3 t 日产水平
8		广北 9 块	$S_44_2^1$	G9-X21 井距离边水 70 m，累采油 5500 t 后，仍有 3 t 日产水平
9	油水关系矛盾	广北 6 块	S_41_2	低部位井 G6-2-X11 井抽汲试油同层，高部位井 G6-3-X13 井求产为水层
10		广北 6 块	$S_44_1^2$	低部位井 G12-X1 井录井含油，高部位井 G6-X2 井为水层
11	能量供给矛盾	广北 6 块	$S_3^{中}1_2^1$	封闭单元，G6-X4 井、G6-1-X11 井液量高，累产量高
12		广北 6 块	$S_42_1^{23}$	邻井 G6-X18 井、G6-X19 井液量 40 m^3 左右，G6-X17 井严重供液不足
13		广北 8 块	$S_43_3^{12}$	G8-X7 井和 G8-X19 井距离尖灭线 15 m，供液能力好

续表

<table>
<tr><th>序号</th><th>矛盾类型</th><th>断块</th><th>砂组</th><th>矛盾表现</th></tr>
<tr><td>14</td><td rowspan="2">测井解释矛盾</td><td>广北 2 块</td><td>$S_45_3^1$</td><td>G2–X35 CZ 井距离边水 70 m，采出程度 70% 时含水 50% 以下</td></tr>
<tr><td>15</td><td>广北 2 块</td><td>$S_46_1^1$</td><td>G2–X38 井 COND：480 ms/m，按解释标准为水层，但全油长期生产</td></tr>
<tr><td>16</td><td rowspan="2">水淹规律矛盾</td><td>广北 8 块</td><td>$S_42_1^1$</td><td>低部位边水主要波及 G8–X9 井、G8–X25 井，后期生产显示低水淹，高部位边水理论上未波及 G8–X6 井、G8–X16 井，生产高含水</td></tr>
<tr><td>17</td><td>广北 9 块</td><td>$S_3^{上}2_1^{23}$</td><td>G9–X27 井、G9–X29 井比距离边水更近的邻井 G9–X2 先水淹</td></tr>
<tr><td colspan="2" rowspan="4">储采矛盾（15 个砂体）</td><td>广北 2 块</td><td colspan="2">过高 $S_42_1^1$、$S_44_1^1$、$S_45_1^3$、$S_45_3^1$</td></tr>
<tr><td>广北 6 块</td><td colspan="2">过高 $S_42_1^2$、S_43_3、$S_44_1^1$、$S_44_1^2$、S_46_{12}，过低 $S_3^{中}1_2$</td></tr>
<tr><td>广北 8 块</td><td colspan="2">过高 $S_42_1^1$、$S_43_2^2$、$S_44_1^3$</td></tr>
<tr><td>广北 9 块</td><td colspan="2">过高 $S_42_1^1$、过低 $S_3^{上}1_22_1$</td></tr>
</table>

根据筛查结果，对存在动静态矛盾和不存在动静态矛盾的砂体分类制定研究对策，全面调查研究区的调整潜力，以指导后期调整部署。

1. 存在动静态矛盾砂体

对于 38 个存在动静态矛盾砂体，针对不同矛盾类型制定出相应研究对策，如图 2–2–35 所示。

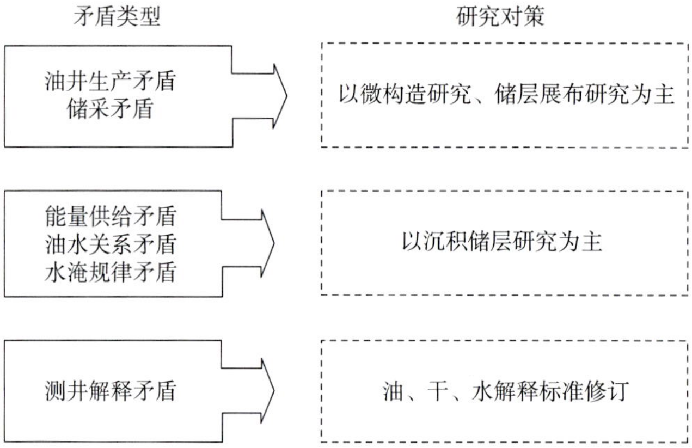

图 2–2–35　研究区的动静态矛盾与研究对策联系图

通过分类研究，取得主要成果认识包括：

（1）通过微构造研究，查明局部构造细节，落实“三小”构造 21 个，精确识别小断层 9 支，发现微幅圈闭 4 个，新增石油地质储量 17×10^4 t；

（2）通过沉积储层研究，发现滚动、增储潜力 3 个，形成了研究区不同层系河道沉积油藏的挖潜思路；

（3）通过油、干、水解释标准修订，建立新的低阻油藏解释图版。

以微构造研究为例，基于矛盾导向，应用多种断层解释方法，通过开展构造精细解释，发现部分构造局部发生变化。其中，广北 2 块构造变化大，$S_4$2、4、5 砂组东部构造形态均发生变化，圈闭面积变大；在 $S_4$6 砂组发现圈闭，面积大概 0.15 km^2。另外，精确识别了以前被遗漏的小断层，以主控断层的伴生断层为主，其中在广北 8 块发现伴生断层 3 支，与主控断层相接，独立成藏，形成微幅潜力圈闭 3 个，有挖潜潜力。同时在广北 6 块、广北 8 块和广北 9 块还发现多支伴生断层，虽然不能单独成藏，但影响砂体剩余油分布，可指导后期砂体的挖潜。

例如广北 8 块 S_43_3 层，G8–X7 井距离尖灭线 15 m，但供液能力好，日产液量 23 t，动液面 905 m，单采累采油 2200 t（图 2–2–36），生产特征与地质特征不相符。

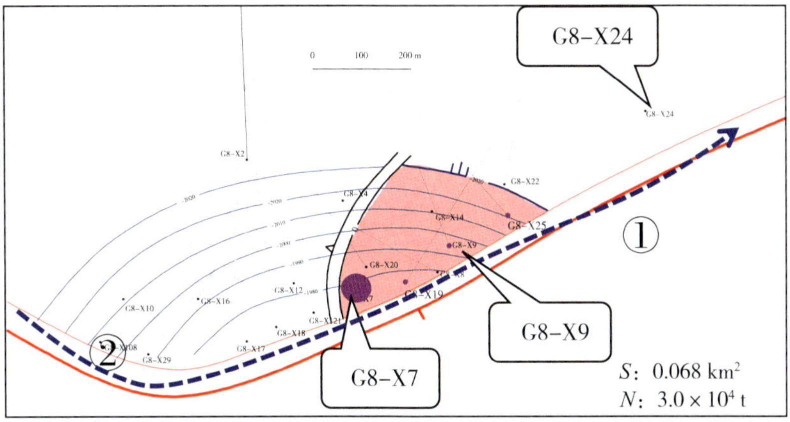

图 2–2–36　广北 8 块 S_43_3 层构造图

通过混沌体、方差体、蚂蚁体等多种技术的综合应用，新发现③号、④号 2 支伴生断层，通过蚂蚁体的切片清晰可见（图 2–2–37），并且从蚂蚁体与地震体融合剖面可以看出，沿广北 8 块断层拉东西向任意剖面可发现小断层（图 2–2–38），证实断层真实可靠。

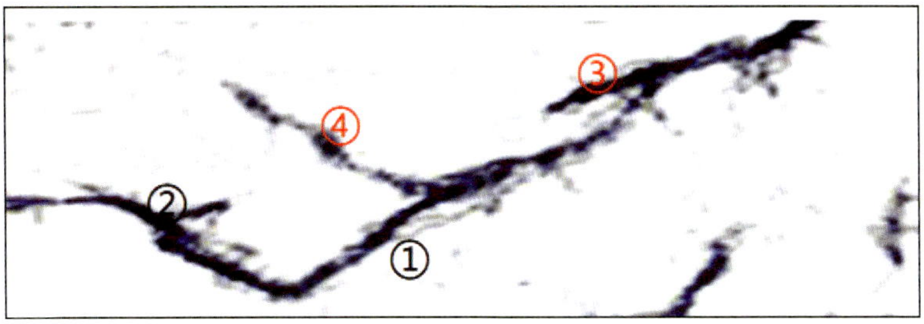

图 2–2–37　广北 8 块 T63 层蚂蚁体沿层切片

通过微构造研究，发现广北 8 块东部有 2 条南北向伴生断层（图 2–2–39），存在于沙四段 2、3、4、5、6 砂组，形成独立圈闭 3 个，其中 2、4 砂组东部发现新的微幅圈闭，圈闭形态相似，共新增优质储量 11.3 × 10^4 t。

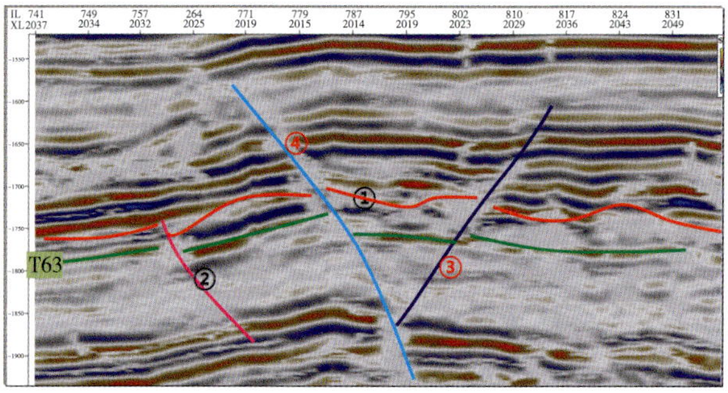

图 2-2-38　广北 8 块 T63 层蚂蚁体与地震体融合剖面

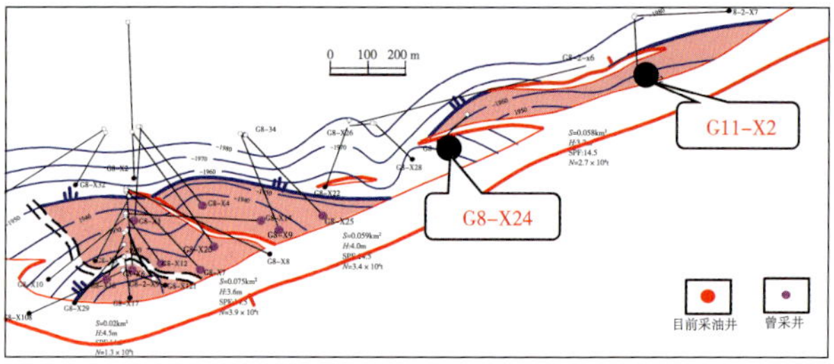

图 2-2-39　广北 8 块 S_42_1 层新构造图

2. 不存在动静态矛盾砂体

55 个无动静态矛盾砂体主要存在以下两个问题：①部分砂体储量控制损失；②广北 6 块、广北 8 块 S_41 砂组由于注水水道已形成，开发效果变差。

针对不同存在问题制定出相应研究对策（图 2-2-40）。

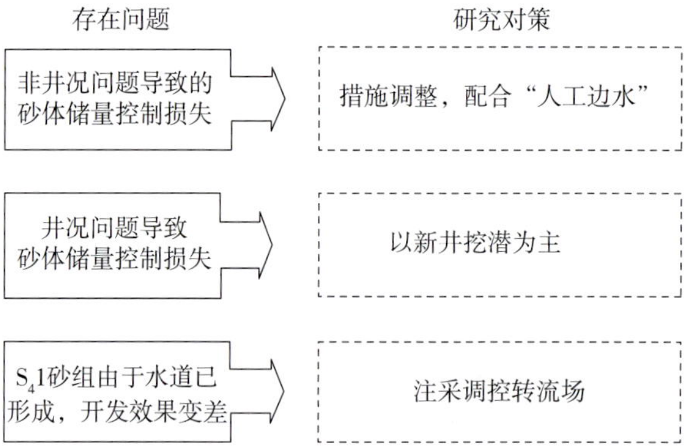

图 2-2-40　不存在动静态矛盾砂体研究对策联系图

1）中高渗透油藏，加强“人工边水”，培育“多元措施”

广北 9 块 S_42、3 砂组注水 15 年，对应油井长期稳产，砂体采出程度较其他区块高，目前生产油井依然保持中含水状态稳定生产。

以广北 6 块 $S_4$3、4 砂组中高渗透油藏为例，砂体水淹后含水持续上升，但边水能量达不到提液要求，后劲不足，与轮采年限长（5 年）相矛盾，导致油井被迫调层、计关，造成部分砂体储量损失。为此，建议对转注井 G6–X2 井注水补充地层能量，同时对 G6–X20 CZ 井、G6–X43 井分别施加调层和回采，提高剩余地质储量控制程度（图 2–2–41）。

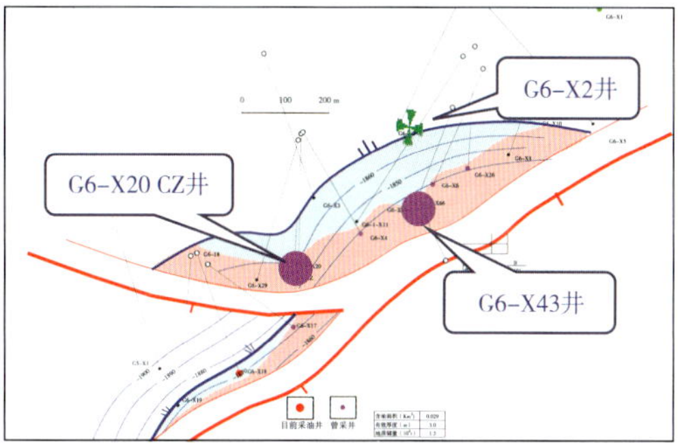

图 2–2–41　广北 6 块 $S_4$3、4 砂组井位图

2）中低渗透油藏，借鉴面 14 区 $S_4$1、6 砂组经验，实施周期注水

周期注水实施基本原则为：油层非均质，润湿性为亲水，原油黏度相对较小，周期注水前常规注水时间较短。

周期注水实施效果影响因素主要包括：①油层非均质性增强，提高采收率的幅度增加，说明纵向非均质性越强周期注水效果越好（图 2–2–42）；②剩余油饱和度越高，周期注水的效果越好，各周期提高的采收率值依次递减。

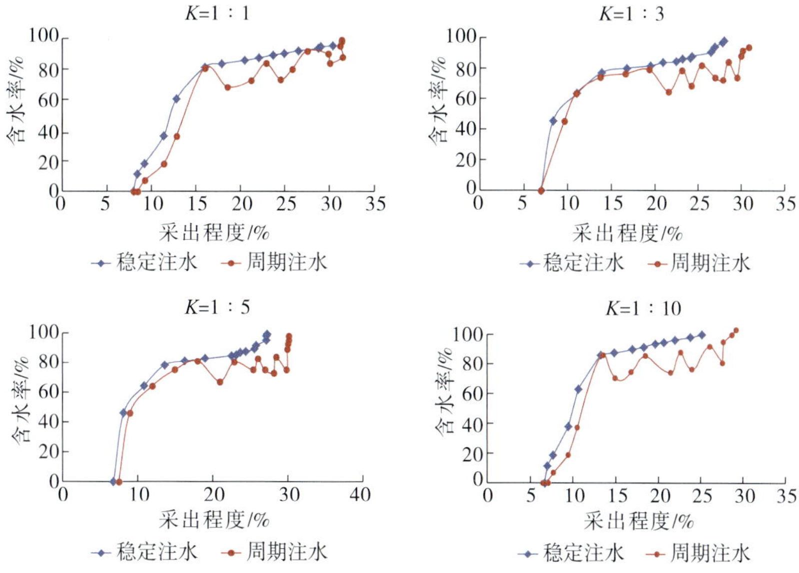

图 2–2–42　不同油层非均质性下周期注水与稳定注水效果对比图

3. 潜力分类汇总

研究区 38 个矛盾砂体，通过以上潜力调查工作，认为 4 个砂体具有滚动增储潜力。分类汇总见表 2–2–7。

表 2–2–7　研究区滚动增储潜力调查结果统计表

序号	断块	砂组	潜力简述
1	广北 6 块	$S_3^{中}1$	经过重新落实 G6–X4 与 G6–X65 不属于同一个圈闭，G6–X65 东部有外扩潜力
2	广北 6 块	S_41_{1+2} 和 4_{1+2} 东部	东部储层展布和储量分布不清，有滚动外扩潜力
3	广北 8 块	S_46_1	根据新低阻油藏解释标准，断层东部 G8–X25 为油层，但油层分布范围待进一步落实

广北 6 块沙四段 1、4 砂组和沙三中亚段，可以作为滚动潜力部署。待进一步落实潜力区主要包括：①广北 6 块在沙四段 4 砂组 1、2 层段的 G6–X8 井区储层展布；②广北 8 块浅层沙二、沙三段储层展布；③广北 9 块沙四段 4 砂组 1、2 层段的储层展布；④广北 9 块沙四段 5、6 砂组的低阻油藏分布范围。

第三节　隐蔽油藏勘探技术

八面河油田进入精细勘探阶段以来，寻找隐蔽油藏逐渐成为勘探的重要目标方向。八面河油田成藏背景优越，滩坝砂体发育，具有较大的挖潜余地，但平面及纵向上系统综合研究不够精细，油水系统复杂，缺少薄层砂岩储层预测技术。通过对砂体储层预测、解剖已知油藏、分析成藏主控因素、总结油藏分布规律，形成了一套隐蔽油藏勘探技术。

一、测井综合解释

（一）储层物性及流体特征

以西区沙四段为例，沉积时期物源主要来自东南方向，主要为滨浅湖滩坝沉积，发育滨浅湖砂坝、滨浅湖滩砂和滨浅湖泥岩微相，砂体较发育。岩性以褐灰色油页岩、深灰色泥岩、砂质泥岩、灰质泥岩为主，夹灰色细砂岩、灰质粉砂岩和泥灰岩薄层，砂体具有储集体层薄（一般 2~5 m，最厚可达 7~11 m）的特点。从取心分析资料来看，沙四段储集层为砂岩储层。岩石薄片鉴定结果表明，储层碎屑成分主要为石英、长石和岩屑。石英含量 33%~45%，平均 38.6%；长石含量 31%~45%，平均 41.1%；岩屑含量 15%~37%，平均 20.6%，为岩屑质长石砂岩，反映矿物成熟度低。据岩石薄片分析，砂岩储层的胶结类型主要为接触 – 孔隙式，胶结物以方解石和白云石为主，并含有微量的黄铁矿和石英次生加大，反映结构成熟度中等。

据沙四段原油分析资料统计，地面原油密度 0.935~1.005 g/cm^3，平均 0.968 g/cm^3；原油黏度 1138.5~19547.9 mPa·s，平均 7897.4 mPa·s；凝固点 5~18 ℃；平均 13 ℃，初馏点 128~182 ℃，平均 163 ℃。据沙四段地层水分析资料统计，地层水氯离子含量 6948.2~12407.5 mg/L，平均 10313.9 mg/L；总矿化度 12937.0~23103.0 mg/L，平均 18421.7 mg/L；水型为 $CaCl_2$ 型。

（二）储层四性关系

在测井时，由于仪器情况及上提情况不同，各次测量时电缆的受力情况也不同，再加上仪器操作不当等原因，使各次测量的曲线，有时甚至是同一次测量的曲线在深度上可能发生不同程度的错动而导致计算错误，因此需要仔细检查曲线的深度并做必要的校正。该区的测井资料跨度时间较长，测井仪器也多种多样，因此在利用测井资料进行油藏描述、储层表征等工作时，必须对测井资料进行标准化，使测井曲线在研究工区内有统一的刻度。原有的测井资料虽然已经做过了这方面的工作，但为了更加准确地进行储层参数评价、地层对比、岩性识别等方面的工作，进一步专门对此做了更加细致的工作，力求准确。

储层的“四性”是指岩石的岩性、物性、含油性及电性，其中岩性是控制因素；岩石矿物成分、颗粒粗细、分选、岩石泥质含量、胶结类型等直接决定着储层物性；电性则是岩石岩性、物性及含油性的综合反映，它是储层参数测井解释模型和流体判别的基础。下面对研究区储层的四性关系进行分析。

1. 岩性

八面河油田西区储集层岩性主要为砂岩，并有少量生物灰岩，而砂岩又主要分为粉砂岩、细砂岩，包括含泥质粉砂岩。

2. 物性及含油性

对于砂岩储集层来说，岩石颗粒越粗，物性越好，含油级别也越高。当储集层岩石由粉细砂岩过渡到粉砂岩再到泥质粉砂岩时，含油级别降到油浸再到油斑，孔隙度、渗透率亦相应减小。在纯油层段内，一般岩性为粉砂级以上者，含油级别均在油浸以上（包括油浸），由试油结果确定，八面河地区储集层岩性为粉砂岩以上，含油级油浸以上定为油层。

3. 电性

西区目前采用一套适合于砂、泥岩剖面的测井系列，测井项目有微电极、4 m 电阻、2.5 m 电阻、自然伽马、自然电位、声波时差、感应、井径等。八面河地区渗透性砂岩储层有如下特征（图 2–3–1）：

（1）微电极曲线相对泥岩为高电阻值并出现正幅度差；

（2）自然电位为负异常，自然伽马为低值；

（3）一般不扩径砂岩的声波时差比泥岩声波时差低。

根据上述测井曲线特征，可划分出渗透性砂岩储集层，渗透层界面用微电极半幅点或转折点参考自然电位、感应曲线半幅点确定。

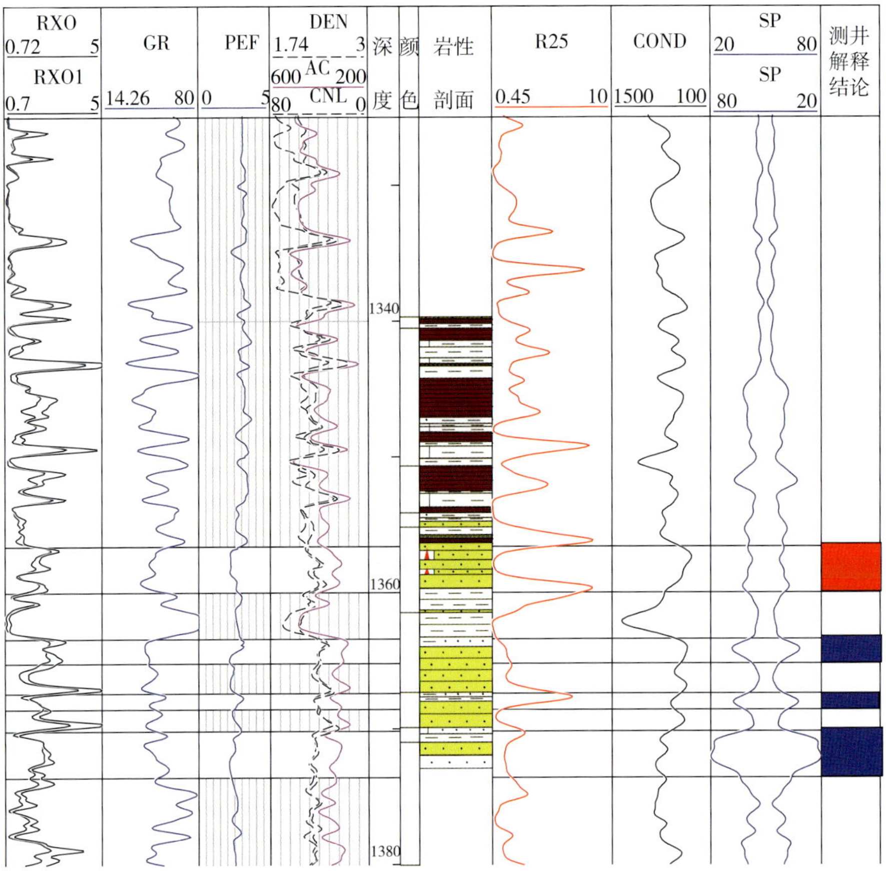

图 2-3-1 八面河油田西区面 16- 斜 18 井四性关系

（三）储层及流体判别

1. 有效储层下限标准

统计沙四段 4、5 砂组的试油试采资料，利用感应电导率和声波时差测井曲线作为研究油、水、干层的依据，用地区标志层对测井曲线进行归一化处理和井眼、围岩校正。采用声波时差与感应电导率交会，建立了面 120~ 面 22 区沙四段 4、5 砂组油、水、干层解释图版和标准（图 2-3-2、表 2-3-1）。油、水、干层分区较明显：油、干界限根据声波时差区分，油层声波时差 AC≥272 μs/m，干层声波时差 AC<272 μs/m；油、水分区趋势线关系式为 $COND=223.011\times e^{(0.0026\times AC)}$ mS/m，则油层的感应电导率 $COND<223.011\times e^{(0.0026\times AC)}$ mS/m，水层的感应电导率 $COND>223.011\times e^{(0.0026\times AC)}$ mS/m。

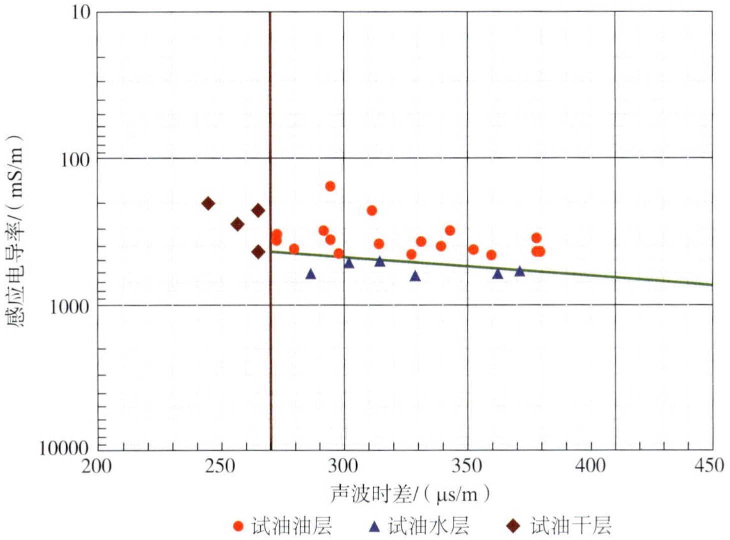

图 2-3-2　面 120~ 面 22 区沙四段 4、5 砂组油、水、干层解释图版

表 2-3-1　面 120~ 面 22 区沙四段 4、5 砂组油、水、干层解释标准

测井响应	流体性质		
	油层	水层	干层
声波时差 /（μs/m）	≥272	≥272	<272
感应电导率 /（mS/m）	$<223.011\times e^{(0.0026\times AC)}$	$>223.011\times e^{(0.0026\times AC)}$	一般 <500

面 120 区夹层主要有泥质和灰质两种，根据取心分析，当夹层厚度大于 0.2 m 时，须扣除夹层厚度。

泥质夹层表现为自然伽马、自然电位、微电极曲线向泥岩基线回返，在不扩径情况下，当微电位电阻率小于微梯度电阻率的主体平均值时，即为夹层。综合参考自然电位、感应、声波时差等参数指标确定夹层，用微电极扣除夹层厚度。

灰质夹层在微电极曲线上表现为明显高值尖峰，出现正幅度差或无幅度差，自然电位幅度小，自然伽马和感应电导率为低值，声波时差为明显低值。当微梯度电阻率不小于微电位电阻率主体平均值时，或自然电位与声波时差二者之一有显示时，即做灰质夹层扣除（表 2-3-2）。

表 2-3-2　八面河油田有效厚度夹层扣除测井解释标准

类型	微电极回返率 /%	自然电位回返率 /%	声波时差回返率 /%	备注
泥质夹层	>50	>30	>40	只要满足一项即扣除
灰质夹层	尖峰显示	>30	>30	

2. 有效孔隙度

1）孔隙度图版

根据八面河油田南区 20 口取心井的 44 个样品点资料编制了沙四段岩心孔隙度与声波时差的关系图版（图 2-3-3），相关关系式为：

$$\varphi_s=-0.0003\ AC^2+0.2664\ AC-23.097 \quad (2\text{-}3\text{-}1)$$

相关系数 R=0.936。

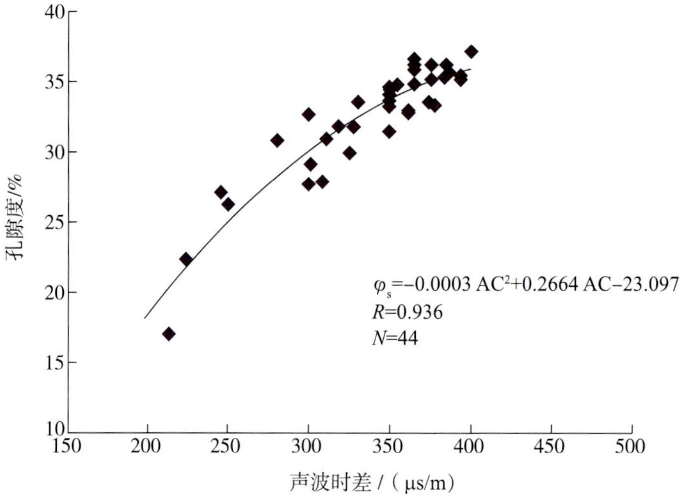

图 2-3-3　八面河油田沙四段岩心孔隙度与声波时差关系图

2）测井解释有效孔隙度

借用八面河油田南区沙四段岩心孔隙度与声波时差关系式对面 120 北沙四段 4、5 砂组油层孔隙度进行解释，单井采用厚度加权平均，计算单元采用算术平均求取，各计算单元测井解释有效孔隙度见表 2-3-3。

表 2-3-3　面 120 北测井解释有效孔隙度数据表

井区	计算单元		测井解释			
	层位	井块	油层井数 / 口	层数 / 层	孔隙度 /%	
					分布范围	算术平均
面 120 北	$Es_4 4$	面 113	20	20	29.4~34.7	32.0
	$Es_4 5$	面 113	10	13	27.5~33.3	30.5
		面 120-4-10	5	5	29.1~31.1	30.6

3）疏松砂岩压实校正

根据八面河地区砂岩覆压试验资料，建立了八面河油田沙四段地层孔隙度（φ_f）与地面孔隙度（φ_s）关系式，对测井解释孔隙度进行压实校正（图 2-3-4）。沙四段砂岩压实校正公式相关关系为：

$$\varphi_f = 0.9804\ \varphi_s + 0.0113 \tag{2-3-2}$$

相关系数 R=0.9981。

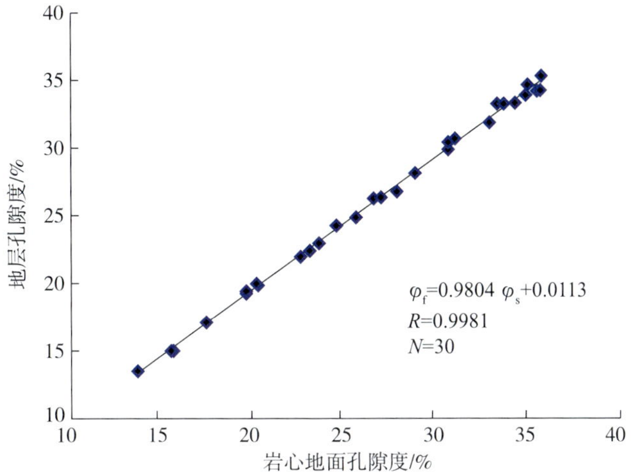

图 2-3-4 八面河油田沙四段孔隙度压实校正图

3. 原始含油饱和度

八面河油田储层为砂岩储集层，根据测井解释的油层电阻率、有效孔隙度和地层水电阻率，利用阿尔奇公式确定原始含油饱和度。

阿尔奇公式中 4 个重要的解释参数 a、b、m、n 通过岩电试验获得，分别为：a=1.0689，m=1.8318，b=0.9813，n=1.6341。

油层电阻率（R_t）为测井获得的感应电阻率，或由感应电导率换算求得。孔隙度（φ）根据岩心孔隙度与声波时差关系式确定或由岩心分析资料确定。地层水电阻率（R_w）由实际水分析资料，在不同 NaCl 当量矿化度和不同温度下的地层水电阻率图版上查得，沙四段 4、5 砂组地层水 NaCl 当量矿化度为 28066 mg/L，地层温度为 63 ℃，查得地层水电阻率为 0.100 Ω·m。

利用阿尔奇公式，油层含油饱和度，单井采用孔隙体积权衡，区块采用算术平均值，含油饱和度取值见表 2-3-4。

表 2-3-4 面 120 北原始含油饱和度取值依据表

井区	计算单元		测井解释				饱和度取值 /%
	层位	井块	油层井数 / 口	层数 / 层	饱和度 /%		
					分布范围	算术平均	
面 120 北	$Es_4 4$	面 113	20	20	46.0~59.7	50.5	50.0
	$Es_4 5$	面 113	10	13	45.5~61.7	50.0	50.0
		面 120-4-10	5	5	45.5~54.3	50.2	50.0

二、控砂机制及展布规律

（一）精细地层格架及沉积微相研究

1. 精细地层格架

1）基准井选取标准

基准井选取主要考虑钻遇下第三系沙四段地层较齐全，测井及录井资料品质良好，且具有代表性，并参考前人的研究成果，选取了面 22 井作为西区沙四段 6 个砂组的分层基准井，并结合地震、测井资料对单井制作合成记录进行层位标定，吻合程度较好（图 2-3-5）。

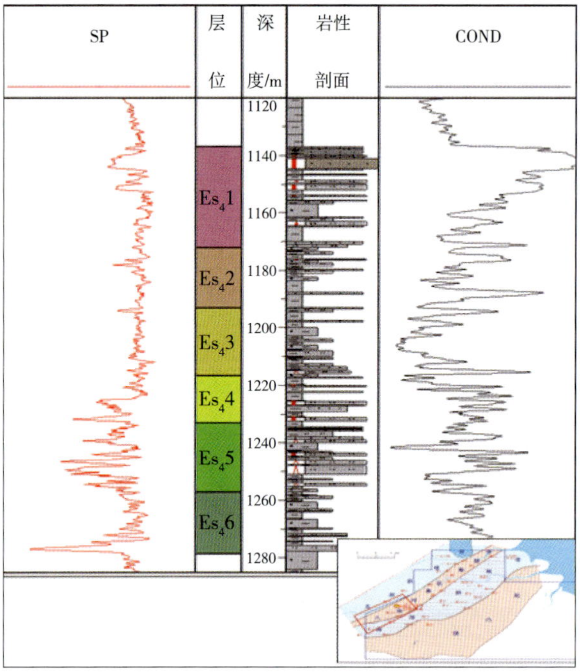

图 2-3-5　面 22 井（基准井）沙四上段地层柱状图

2）地层对比与划分

首先，优选编制了控制西区的 10 条南西 - 北东、北西 - 南东向骨架剖面，并切取和精细解释了相对应的 10 条过井地震剖面，作为确定地层、剥蚀、断层等信息的重要参考资料。然后，以沉积学、层序地层学理论为指导，通过沉积旋回、岩性变化、岩层接触关系，综合利用钻井、录井、三维地震进行全方位地层对比。主要根据各井岩性组合、电性特征、沉积旋回、地震剖面，参考前人的研究成果，以各标志层为依据，从基准井开始，向四周逐井进行沙四段 6 个小层的地层对比，确定各井沙四段内的地层划分方案。

3）地层分层标志特征

东营凹陷沙四段各砂体的地层分层标志确立具有一定的难度，但地层的沉积层序是客观存在的。借助钻井、录井资料及地震剖面特征，确立了沙四段内部砂组的地层分层标志。

沙四段顶界：由于沙四段沉积末期，受济阳运动Ⅰ幕的影响，八面河地区再次抬升，沙四段上部地层遭受不同程度的剥蚀，缺失沙三下地层，区域上形成了沙三中与沙四段地层之间的角度不整合，沙四段与上覆地层沙三中的分界，以 T6 反射层作为标志层（图 2–3–6）。从绝大多数钻井揭示的岩性、电性特征来看，沙四段与沙三中之间的界面较为明显。在下第三系沙三中底部为大套连续泥岩发育段，偶夹薄层砂岩，电阻率值低、曲线平滑，当出现砂泥岩互层，地层电阻率明显增大，曲线呈锯齿状时，即进入沙四段。沙三中底部泥岩地层在西区分布较稳定，厚度多在 9~70 m，其岩性、电性特征与沙四段区别较明显，反映出两者沉积环境不同（图 2–3–7）。

图 2–3–6　面 22 井沙四段地震剖面图

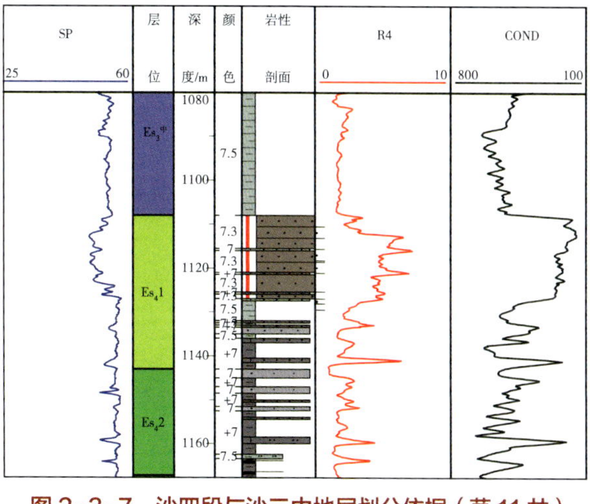

图 2–3–7　沙四段与沙三中地层划分依据（草 11 井）

沙四段6砂组底界：以出现孔店组大套红层为标志分界。沙河街组与孔店组之间区域上为一次大的不整合面，沙四段6砂组的地层岩性主要为粉砂岩，砂岩厚度2~25 m，部分井的沙四段6砂组与红色泥岩之间存在一套以灰色泥岩为主，偶夹少量粉砂岩层的厚度不大的暗色地层。沙四段6砂组的电阻率比沙四下泥地层高（图2-3-8）。

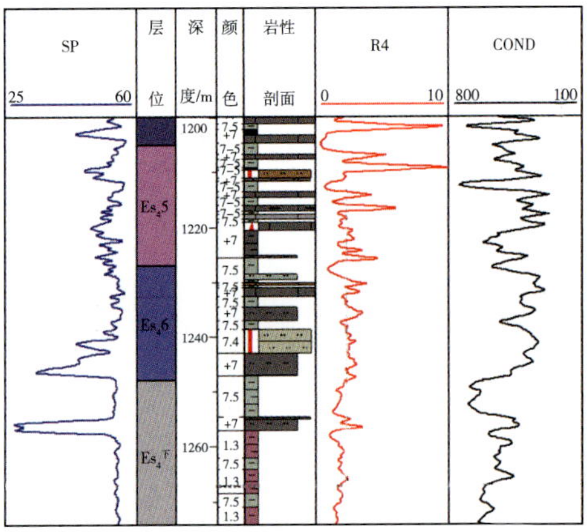

图2-3-8 沙四段6砂组与沙四下地层划分依据（草11井）

沙四段内部划分标志：在东营凹陷沙四段发育沙四上和沙四下。其中，沙四上从上而下依次分为1砂组、2砂组、3砂组、4砂组、5砂组和6砂组。而八面河地区主要发育沙四上。沙四段顶以出现高电阻层顶为界与沙三中分界，底界多以连续出现孔店组红层为标志分界。沙四段最显著的特点是砂泥岩频繁互层，间夹薄层灰岩、灰质砂岩和白云岩。地层电阻率普遍为高阻梳状特征。主要根据自然电位、自然伽马、感应电导率曲线、沉积旋回、岩性组合和颜色等对沙四段上部进一步划分（图2-3-9）。

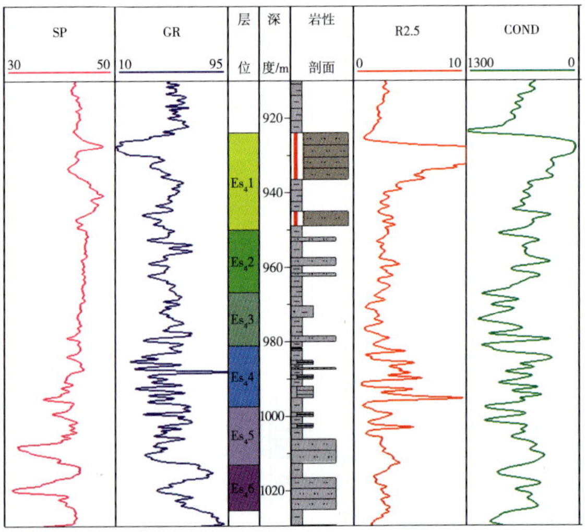

图2-3-9 沙四段1~6砂组沉积旋回特征

沙四段 1 砂组（Es_41）：该砂组顶部多见砂层，上部为灰色泥岩夹薄层砂岩，下部为灰色泥岩夹薄层白云岩；电阻率曲线呈锯齿状、电阻率值在沙四段处于中等。顶部多见一层厚度不大的砂层。偶见自然电位负异常峰，电阻率曲线呈锯齿状，感应电导率值多为上部低、下部高，呈反旋回特征。一般以泥岩底、砂岩顶与 2 砂组分界。

沙四段 2 砂组（Es_42）：该砂组顶部砂岩发育，中下部为泥岩、泥质粉砂岩，夹薄层白云岩、油页岩等，呈反旋回沉积特征。砂岩自然电位负异常明显，地层视电阻率低于 1 砂组（含油例外）；泥岩段自然电位曲线平直，感应电导率值同为上部低、下部高。

沙四段 3 砂组（Es_43）：该砂组泥岩、灰质泥岩、砂质泥岩与粉砂岩互层，有些井基本不含砂岩，沉积旋回性不强；与 2 砂组分界不明显，自然电位曲线平直，电阻率为低值。

沙四段 4 砂组（Es_44）：该砂组粉砂岩、泥岩、灰质泥岩、砂质泥岩与页岩互层，中上部多含泥质或灰质，有些夹油页岩。自然电位曲线多呈指状，电阻率曲线呈不规则梳状，多为"上低下高"。

沙四段 5 砂组（Es_45）：该砂组泥岩、灰质泥岩、泥质粉砂岩与粉砂岩互层，部分井含灰岩；该砂组地层电阻率比 4 砂组低，曲线呈中高峰、梳状，自然电位曲线呈指状。

沙四段 6 砂组（Es_46）：该砂组泥岩、砂质泥岩与粉砂岩互层，多为砂岩；地层电阻率低值，电阻率曲线明显低于 5 砂组，自然电位曲线多为正旋回沉积特征。6 砂组与孔店组红色泥岩顶之间存在一套以灰色泥岩为主的、厚度不大的地层，被划分为"沙四下段"。

4）地层分布特征

地层等厚图上反映出，八面河地区沙四段地层遭受剥蚀少，分布范围最广，基本覆盖到南部斜坡带边缘。区域上由东北向西南地层厚度逐渐减薄，但厚度差变化幅度较小。

沙四段地层厚度总体向西南减薄的背景下，存在局部加厚的地区，如八面河工区西南部的面 17 井区，沙四段累计厚度为 258.76 m，说明面 17 井区沙四段沉积时期受局部洼子控制，导致西区沙四段的地层东南角最厚。

2. 沉积微相研究

八面河西区沙四段沉积时期，以干热 – 湿热气候条件下滨浅湖沉积物为主，其中滩坝砂体较发育。

1）古地形

八面河油田西区沙河街组沙四段沉积时期古地形差异不大，地层累计厚度一般为 100~170 m。总体为一继承性发育、西缓东陡、北东 – 南西走向的宽缓鼻状构造，区内发育多条同走向的微伏隆起带。

2）古气候及古生态

据孢粉资料结合岩性及山东早第三纪植物和气候演化资料分析，沙河街组沉积时期，八面河地区位于亚热带气候的中 – 北部。沙四段沉积晚期，喜温湿的榆科、杉科比较常见，表明气候相对湿热，水生生物极为繁盛。

3）物源方向

区域沉积相研究成果、八面河油田西区沉积微相分析结果表明，面 120 区砂岩物源主要来自东南距离较近的广饶凸起；从岩石组分上看，面 120 区沙四段砂岩主要为岩屑长石砂岩，石英平均含量仅 52.4%，成分成熟度较低，反映出近物源方向的沉积特点。

4）单井相分析

面 120– 斜 7 井、面 120–25– 斜 10 C 井 2 口取心井岩心观察和沉积相分析表明，该区主要微相类型有滨浅湖砂坝、滨浅湖滩砂、滨浅湖泥岩等。

（1）滨浅湖砂坝微相。滨浅湖砂坝是八面河油田西区最重要的微相类型，特点是砂层厚度较大，夹薄层灰岩、生物灰岩，岩性一般为粉砂岩、细砂岩，自然伽马曲线以底部渐变的漏斗形为主，上粗下细的反韵律特征明显，砂地比值大于 0.4 划为滨浅湖砂坝微相。平面组合上，侧向渐变为滨浅湖滩砂微相。

（2）滨浅湖滩砂微相。八面河地区滩砂的沉积特点是砂层薄，与灰岩、生物灰岩互层，岩性一般为粉砂岩、泥质粉砂岩、灰质粉砂岩，含泥质条带，见介形虫化石碎片、黄铁矿，粒度概率图中只有 2 个总体，其中以跳跃总体为主，占 60%~70%，悬浮总体占 30%~40%，为两段过渡式，交切点在 4.0 左右，砂地比值大于 0.2，小于 0.4 的划为滨浅湖滩砂微相。

（3）滨浅湖泥岩微相。以厚层浅灰色、灰绿色粉砂质泥岩为主，泥灰岩次之，具水平层理及块状层理，自然电位曲线平直，自然伽马曲线高值。砂地比值小于 0.2 划为滨浅湖泥岩微相。

5）沉积微相平面展布

沙四段 6 砂组：主要为湖泊相滨浅湖亚相沉积，分别以面 120– 斜 6 井、面 14– 斜 33 井、面 4–15 井为中心形成 3 个滨浅湖砂坝，砂体呈北东 – 南西向、条带状分布，砂岩厚度达 15 m，一般砂岩厚度大于 6 m。

沙四段 5 砂组：主要为湖泊相滨浅湖亚相沉积，分别以面 120– 斜 6 井、面 14– 斜 33 井、面 4–15 井为中心形成 3 个滨浅湖砂坝，砂体面积较沙四段 6 砂组缩小，砂体厚度变薄，部分地区由滨浅湖砂坝沉积变化为滨浅湖滩砂沉积，砂体呈北东 – 南西向、条带状分布。

沙四段 4 砂组：主要为湖泊相滨浅湖亚相沉积，分别以面 120– 斜 6 井、面 14– 斜 33 井为中心形成 2 个滨浅湖砂坝，砂体面积较沙四段 5 砂组缩小，砂体厚度变薄，由滨浅湖砂坝沉积变化为滨浅湖滩砂沉积，以面 4–15 井为中心形成的滨浅湖砂坝砂体面积较沙四段 5 砂组缩小。

沙四段 3 砂组：主要为湖泊相滨浅湖亚相沉积，整体为滨浅湖泥岩沉积，零星有滨浅湖滩砂分布。

沙四段 2 砂组：主要为湖泊相滨浅湖亚相沉积，整体为滨浅湖泥岩沉积，零星有滨浅湖滩砂分布。

沙四段1砂组：主要为湖泊相滨浅湖亚相沉积，在面斜32井~面120–5井~面14–斜33井、面36–1井~面120–斜10井~面22–面24井形成2列滨浅湖砂坝砂体，砂体呈北东–南西向、条带状分布，砂岩厚度达15 m，一般砂岩厚度大于6 m，灰岩夹层较多。

（二）砂体成因机制分析

陆相断陷湖盆中的滩坝砂是一种再沉积产物，滩坝砂体的形成需要有砂质碎屑组分的来源作为物质基础。水动力是形成滩坝沉积体的关键，古地貌是碎屑物赖以沉积的场所，基准面或湖平面的变化控制沉积体的厚度和规模。八面河工区滩坝砂的发育分布主要受控于古地貌、古基准面等两个方面。

1. 古地貌的控制作用

1）精细构造解释

首先，采用合成记录标定、联井剖面多井同时标定、引用以往研究成果标定等3种方法，进行地震地质层位精细标定；其次，利用相关井的checkshot数据和VSP数据，拟合出该区的综合速度曲线进行投井引层；最后，采用双狐软件成图，采取综合速度的方法编制各层深度构造图，并经过各井钻井分层的深度校正，最终得到各层的构造图。八面河地区在沙四段时期构造活动不活跃，断裂较为发育，平面上可分为北西、北东、东西向三组断裂，以东西向为主，这些断层规模小，延伸长度1~4 km，使早期北低南高的构造格局进一步复杂化，控制了八面河地区沙河街组圈闭的形成和油气的分布。

2）古地貌特征

八面河油田西区沙河街组沉积时期是一南高北低的单斜构造，在南部斜坡带东南段上倾方向及主体构造带西南段草18井附近馆陶组地层直接覆盖在沙河街组之上（图2–3–10）。因此，古地貌的研究首先要开展剥蚀厚度恢复，其次则是开展地层视厚度校正。

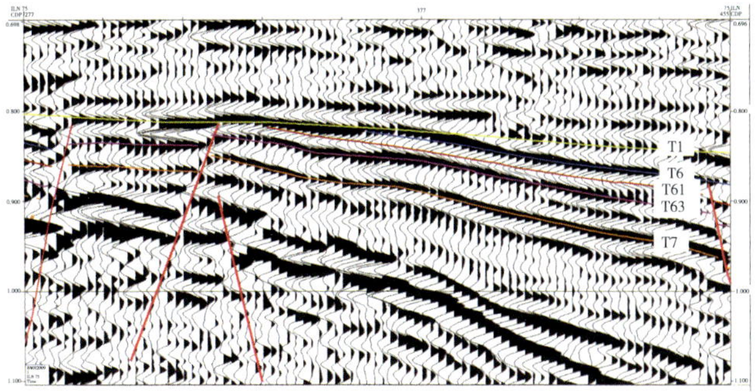

图2–3–10　八面河西部三维75主测线地震解释剖面

八面河地区沙河街组是一个南高北低继承性的古斜坡，地层剥蚀主要分布在南部斜坡带及主体构造带上升盘的局部地区，这些地区沙四段地层厚度变化均一。因此，通过地层对比法开展古厚度恢复工作，具体做法是利用地震剖面上反射波振幅、连续性等变化，分析沉积区域变化的趋势，根据邻近区域残存的地层特征、产状及其变化趋势分析地层剥蚀情况。地层视厚度校正采用三角几何方法进行计算，其中倾斜地层真厚度与钻井揭示地层视厚度的夹角 α 值，可根据地层构造图计算。

沙四段古地貌分布研究结果表明，总体上看，西区沙四段 4~6 砂组沉积时期地形较为平缓，水体较浅，为西缓东陡、西北倾的鼻状隆起；沙四段 1~3 砂组沉积时期古地形具有一定的继承性，当时地形较为平缓，水体较浅，为西缓东陡、西北倾的鼻状隆起。从沙四段地层等厚图可以看出，古地貌单元具有一定的分布规律，即较大规模的古洼地一般与区域沉降中心相吻合。区域上由东北向西南地层厚度逐渐减薄，但厚度差变化幅度较小。沙四段地层厚度总体向西南减薄的背景下，存在局部加厚的地区，如面 17 井区，沙四段累计厚度为 258.76 m，说明面 17 井区沙四段沉积时期受局部洼子控制，导致西区沙四段的地层东南角最厚。

3）古地貌的控制作用

沉积古地貌控制了滩坝沉积的发育分布范围，有利的沉积场所不仅有利于滩坝的形成，同时有利于滩坝的保存。对于典型的断陷湖盆，一般可分为陡坡带、缓坡带和洼陷带。陡坡带为断层控制的高角度断坡，滨浅湖相带窄，导致滨浅湖沉积极不发育，且沉积物在断层面上难以保存；洼陷带一般为波浪难以触及的深湖区，难以形成滩坝沉积；而湖泊缓坡带地形相对平缓，滨浅湖沉积相带发育，最为适合滩坝的发育。

由于构造运动、侵蚀作用、沉积作用等地质作用的影响，滨浅湖地带古地貌特征差异较大，其主要表现在以下两个方面：

其一是沉积岸线的形态。有的地区沉积岸线相对平直，或者呈简单的弧形；有的地区沉积岸线存在明显突出，或者内凹。不同的岸线形态对沉积物的沉积作用、分布特征起到一定的控制作用。

其二是滨浅湖地区内部的地形形态特征。八面河地区为简单的单一斜坡带，斜坡控制下的滨浅湖滩坝沉积砂体多呈席状（以滩为主）、带状（以坝为主）分布，其延伸方向更多受岸线形态、水流方向控制。

2. 古基准面的控制作用

1）层序界面的识别

层序界面代表了一定的沉积间断，因此层序界面上下地层在岩石类型、古生物特征、地球化学、沉积相垂向叠置样式、地震反射特征及测井响应等方面都会产生一定的响应，这些都可以用来作为识别层序边界的良好标志。

（1）地震资料识别层序界面。通过对八面河油田西区沙四段三维地震资料的追踪和对比，在沙四段内部识别出 2 个三级层序界面，其特征如下：层序的顶界面（T6）和底界面（T7）在地震（图 2-3-11）反射层上是一个中等强度、连续性较好的反射同相轴，可以进行全区的追踪和对比，该界面在盆地中也可看到其他反射层上超于该界面。

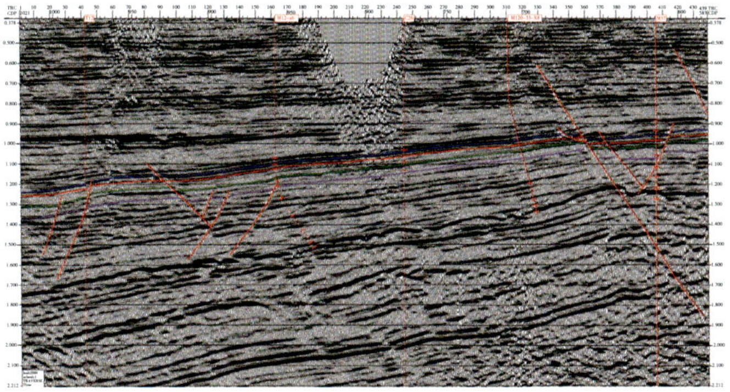

图 2-3-11　通 12~ 草 26~ 面 37 井连井地震地质解释剖面

（2）测井方法识别层序界面。

①声波时差测井法。八面河地区泥岩声波时差反映层序界面相对明显，各层序界面在声波时差回归曲线上发生明显转折。如泥岩声波时差曲线（图 2-3-12），沙四段顶界面处回归曲线发生明显转折，由于沙三段和沙四段之间存在不整合，地层间断面上下沉积物特征不同，导致沉积物压实作用等也存在明显差异；沙四段底界面处回归曲线发生明显转折，由于沙四段和孔店组之间存在不整合，地层间断面上下沉积物特征不同，导致沉积物压实作用等也存在明显差异。

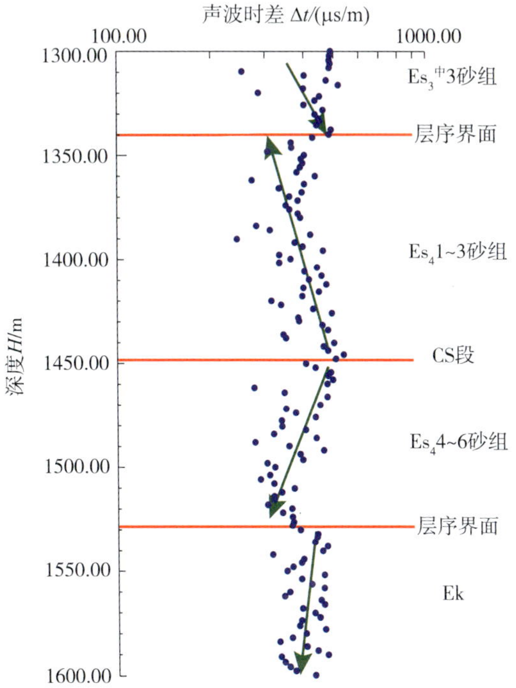

图 2-3-12　面 120- 斜 8 井声波时差（对数刻度）与其深度的关系图

②声波时差曲线和电阻率曲线叠合法。该方法又称 TOC 识别法，该方法主要是通过将电阻率和声波时差曲线以合适的刻度重叠来进行层序界面的识别。由声波时差与电阻率交汇图（图 2-3-13）可以看出：各层序界面处，两条测井曲线幅度差突然降低，$\Delta \log R$ 值迅速变小或者降为 0。

③自然电位和自然电位曲线镜像法。图 2-3-13 右侧为应用自然电位和自然电位曲线镜像进行层序边界识别，可以看出自然电位及其镜像包络线能够较好地反映沉积旋回变化，进行层序划分。各层序界面响应明显，沙四段 1 砂组顶界面下表现为漏斗形，沙四段 6 砂组顶界面上表现为钟形、指形特征。

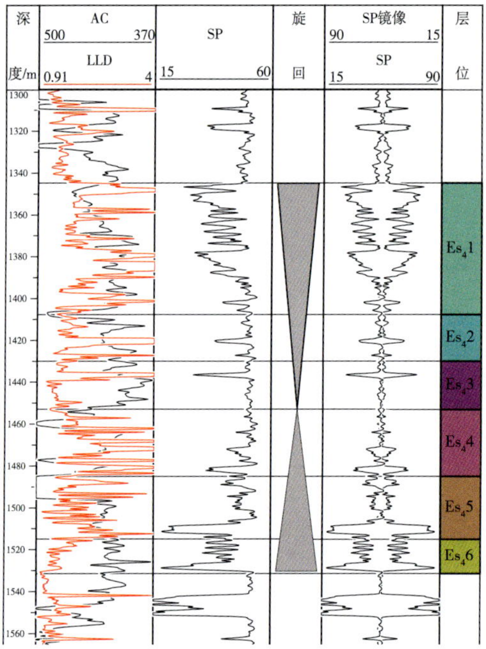

图 2-3-13　面 120- 斜 8 井声波时差与电阻率交汇图

2）体系域划分

在层序界面识别的基础上，体系域的划分则主要通过识别各种湖（海）泛面来进行。湖泛面在地震上、岩性以及电性特征上都有特殊的响应，能够很好地识别来进行体系域划分。

（1）最大湖泛面（mfs）。八面河地区层序内最大湖泛面在地震剖面上表现为强反射、连续性好的特征，向缓坡方向延伸反射特征逐渐变差（图 2-3-14）。此外，层序内最大湖泛面处岩性主要见泥岩、页岩类型，界面之上多表现为进积的特征。

（2）初始湖泛面（fs）。初始湖泛面又称首泛面，为低水位体系域与湖侵体系域的分界面。八面河地区初始湖泛面在地震上特征响应也相对明显，连续性和振幅强度中等偏差。岩石类型主要为泥岩及页岩，颜色见红色、灰色、深灰色、灰绿色等，厚度相对较薄。之下主要表现为退积式特征，之上表现为退积式、加积式特征（图 2-3-15）。

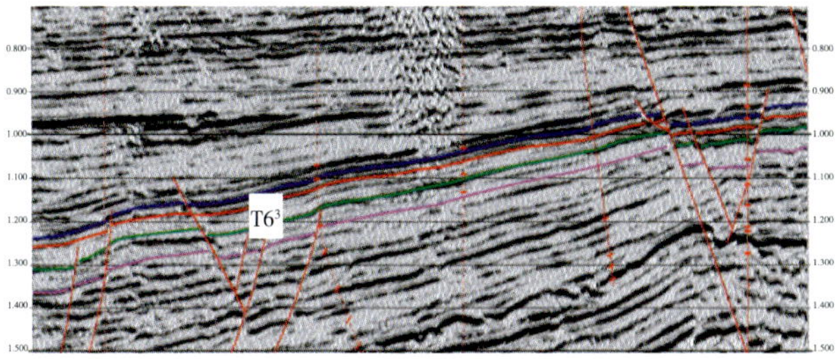

图 2-3-14 T6³ 最大湖泛面地震特征

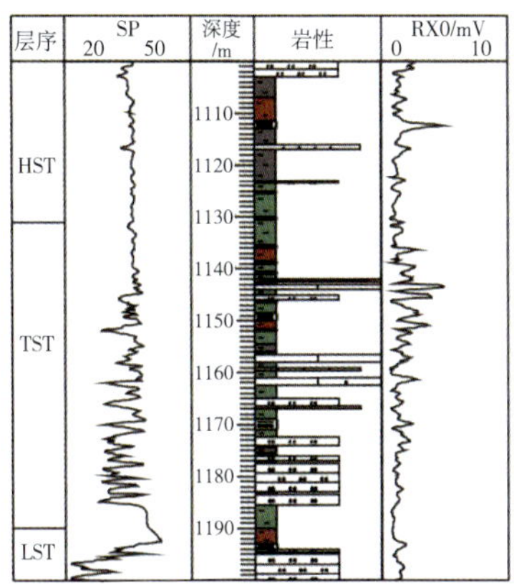

图 2-3-15 草 26 井各层序湖泛面岩电特征

（3）各层序体系域划分。在湖泛面识别的基础上，对八面河地区沙河街组各层序内部体系域进行了划分，其中沙四段 1 砂组、2 砂组、4 砂组、5 砂组、6 砂组初始湖泛面和最大湖泛面在地震和岩电特征上都可以识别，因此将这 5 个层序进行三分，细分为低位体系域、湖侵体系域和高位体系域；层序 3 仅发育最大湖泛面较易识别，初始湖泛面和层序界面重合，因此将沙四段两分体系域（图 2-3-16），其中沙四段 4~6 砂组为湖侵体系域，沙四段 1~3 砂组为湖退体系域。

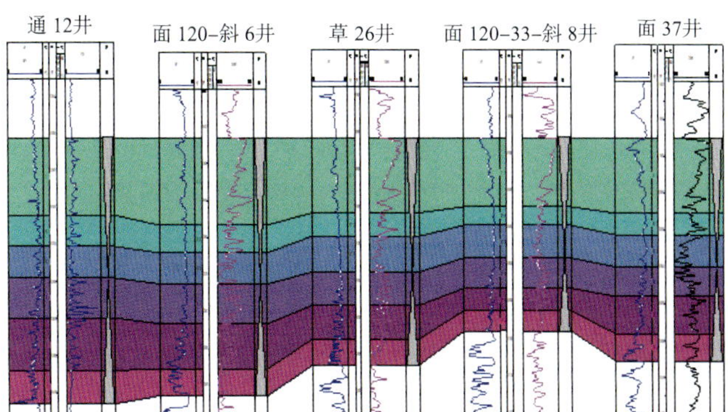

图 2-3-16 通 12 井 ~ 面 120 井 ~ 草 26 井 ~ 面 120-33 井 ~ 面 37 井层序体系域划分

（三）砂体分布模式

八面河油田西区下第三系主要物源来自东部和东南部，西区沙河街组的主要物源为南部和东南部的广饶凸起，砂体分布相对较稳定。西区沙四段 1 砂组、4 砂组、5 砂组为沙四段的主力含油层系。在对各小层砂体展布规律分析的基础上，建立了砂体分布模式。受印支、燕山、喜山等多期构造运动的影响，自中生代以来，八面河地区继承性地发育了 2 个潜山带——八面河断裂 – 鼻状潜山构造带、草桥 – 广饶潜山构造带，基本上控制了沙河街组的沉积。

1. 沉积旋回控制了滩坝砂在纵向上的发育程度

由于滩坝砂主要发育于湖平面相对稳定期的湖岸位置，所以从控制滩坝砂沉积因素和沉积方式来看，可以利用沉积旋回来预测滩坝砂体的纵向分布。通过层序地层分析，我们将八面河油田西区沙四段作为一个三级层序，细分为上升半旋回和下降半旋回（图 2–3–17），反映沙四段 4~6 砂组湖进 – 湖退的特点。八面河油田西区沙四段 4~6 砂组以基准面旋回上升期发育为主，表现出湖侵特点，4~6 砂组发育了大量的滩坝砂岩。随着整个洼陷水体逐步变深，沙四段 4 砂组上部发育大量的页岩、灰质泥岩等沉积，沙四段 1~3 砂组以中期旋回的下降期发育为主。其中，沙四段 2~3 砂组由于湖盆水较深，只有极少量的滩坝砂岩；沙四段 1 砂组由于当时湖盆水体逐步变浅，洼陷的大部分地区为一开阔的滨浅湖带，水动力条件好，沙四段 1 砂组形成了大量的滩坝砂岩。

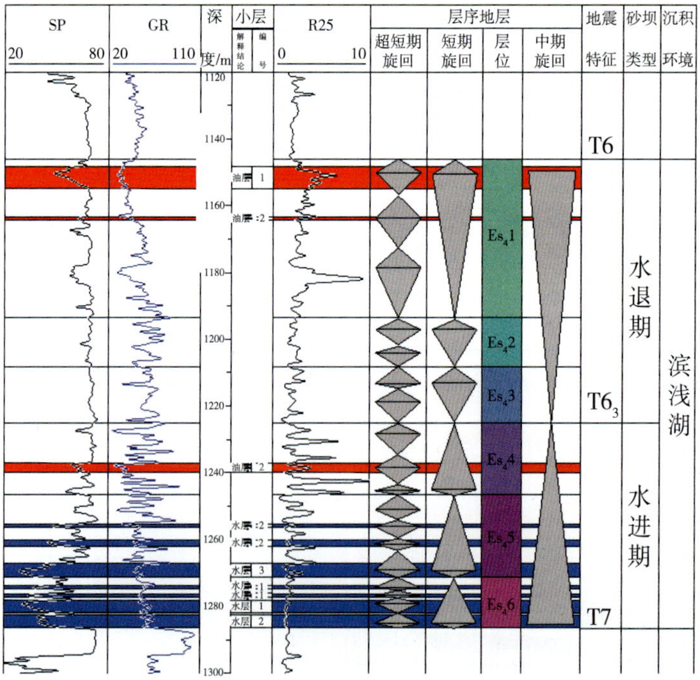

图 2–3–17　八面河油田西区面 120– 斜 6 井综合柱状图

2. 古地形控制了滩坝砂的局部发育

经过精细的砂体对比，将八面河油田西区沙四段的滩坝砂体划分为 16 个厚度在 3~6 m 的单砂层，每个单砂层的平面展布形态均以数量不等、大小不一的条带砂体为主，平行于湖岸。通过对 16 个小层的统计，这些滩坝砂平面上具有如下特征：

该区砂体平面上受古湖岸线（隆起）走向、宏观及微观古地貌控制。由于隆起区坡度转折较大，且水体较浅，易于波浪改造，隆起区坝砂沉积厚度较大，砂体呈北东南西向沿隆首尾相连的带状展布，称为滩连滩模式；平面上随着水进、水退的变化，在相对高或低的古地貌附近形成相似的砂体群，称为滩外滩模式；该区处于湖盆边缘，由于水体频繁升降，纵向上在早期形成砂体的附近，仍然会形成相似的砂体群，称为滩叠滩模式（图 2-3-18）。

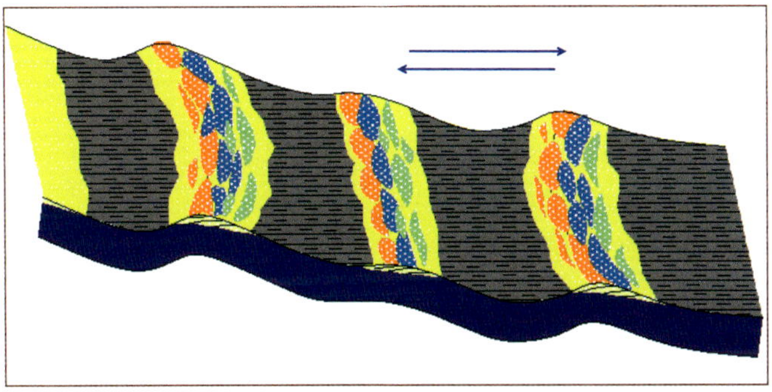

图 2-3-18 八面河油田西区沙四段砂组模式图

三、砂岩分布综合预测

在滩坝沉积特征、控砂机制研究基础上，地质－物探紧密结合，探索建立了针对滩坝砂薄互层储层的预测方法和勘探技术（图 2-3-19）。

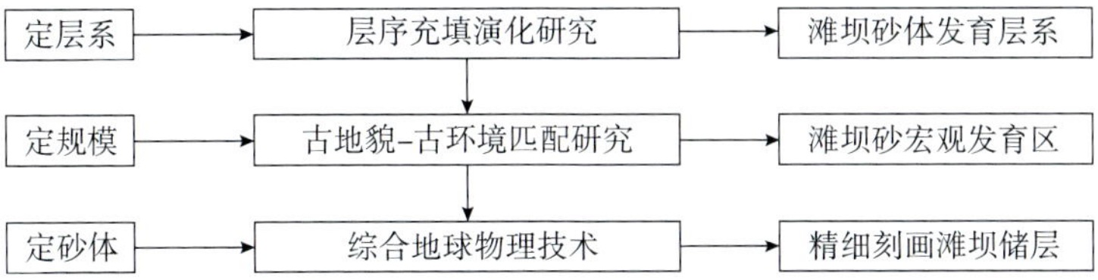

图 2-3-19 砂岩分布综合预测流程图

（一）滩坝砂体地质宏观预测

1. 层序地层研究确定精细层系

八面河油田西区沙四段整体表现为一个较为完整的三级层序，沙四段 4~6 砂组以基准面旋回上升期发育为主，表现出湖侵特点，沙四段 4~6 砂组发育了大量的滩坝砂岩。随着整个洼陷水体逐步变深，沙四段 4 砂组上部发育大量的页岩、灰质泥岩等沉积；沙四段 1~3 砂组以中期旋回的下降期发育为主；沙四段 2~3 砂组由于湖盆水较深，只有极少量的滩坝砂岩；沙四段 1 砂组由于当时湖盆水体逐步变浅，洼陷的大部分地区为一开阔的滨浅湖带，水动力条件好，沙四段 1 砂组形成了大量的滩坝砂岩。总体看来，沙四段 1 砂组、4 砂组、5 砂组、6 砂组砂体较为发育，是主要的勘探层系，沙四段 2 砂组、3 砂组砂体较差，可作为兼顾层系。

2. 古地貌研究圈定滩坝发育区

在整体斜坡面上，砂体主要发育在斜坡上存在隆起的区域，沿古湖岸走向或古地貌高低，砂体呈首尾相连的带状展布。

（二）地震多属性精细预测

在地质预测的基础上，通过系统分析滩坝砂储层的地球物理响应特征，建立了薄互层储层的预测方法技术：首先对八面河地区的地层进行地震属性特征研究，得到基本认识；其次进行薄互层模型正演分析，寻找地质－地震响应规律，为多属性分析奠定理论基础；最后通过测井反演方法提高分辨率，以常规属性结合波阻抗属性进行综合储层预测。

1. 储层精细反演

1）地震资料特殊处理

采用基于 Daubechies（DB）小波变换分频特殊地震处理技术，可将低频窄带的地震资料主频适当提高，频带合理拓宽，压制高频噪声，凸显储层有效信息，使得反演分辨率提高，彰显储层沉积特征，有利于储层精细预测。目的层地震资料处理结果表明，经特殊处理后的地震资料品质得到一定程度改善，主要表现在两个方面。一是地震资料的频谱得到明显提高，主频由原来的 28 Hz 提高到 38 Hz，频带宽度也由原来的 9~45 Hz 拓宽到 9~60 Hz，高频（100 Hz 以上）噪声得到有效压制，中高频（60~80 Hz）的有效信号得到增强，即从地震资料的频谱变化可知得到改善。二是从地震剖面的波组特征及细微变化来看，品质也有所提高；从宏观上看，处理后地震剖面波组特征更清楚，分频效果明显，分辨率得到提高，噪声可有所降低。从分频处理前后地震剖面的细微变化可以看出，原来的复波得到明显分离，原始剖面中的弱相位得到增强，反映薄层细微特征的有效信息（有规律的弱波）被凸显。

综上所述，经处理后的地震资料品质主频有所提高，频带有所拓宽，复波被分离，弱相位增强，有效信息被凸显，分频效果明显，有利于对薄储层的精细反演（图 2-3-20、图 2-3-21）。

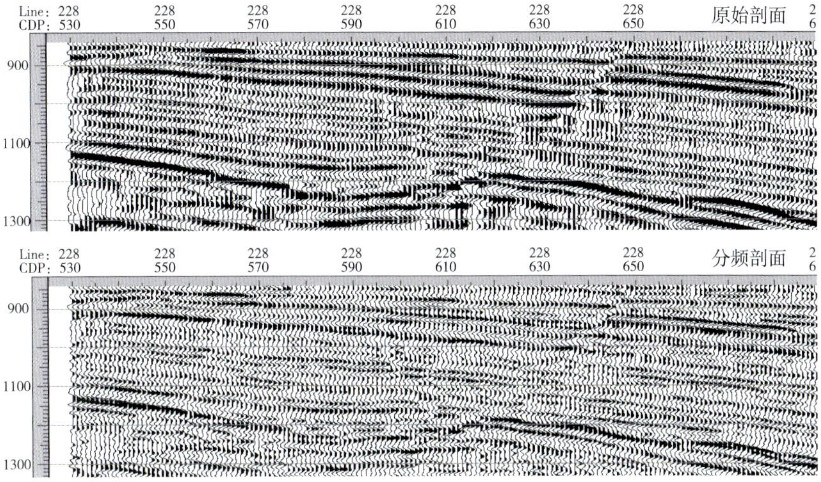

图 2-3-20　分频前后地震剖面对比

图 2-3-21　分频前后对比（局部放大）地震剖面

2）*岩石物理统计分析*

岩石物理统计分析的目的是为提高储层的预测精度打基础，对高精度的储层预测有重要意义。选择沙四段声波、自然电位、自然伽马、电阻率 4 种参数，进行储层与非储层的统计，以了解分析哪些参数对储层与非储层比较敏感，为储层反演参数的选择和曲线重构提供依据。

图 2-3-22 是西区沙四段储层与非储层的速度、自然电位、自然伽马和电阻率的直方图。总体来看，同一层段，与非储层相比，储层具有相对高速、高电阻率和低自然电位、

低自然伽马的二高二低的特征。其中对储层与非储层比较敏感的参数是自然电位，其次是自然伽马和速度，电阻率最不明显。储层与非储层速度重叠部分大，不能直接区分和直接用于储层地震反演；自然电位、自然伽马对储层相对比较敏感，表现为相对低的特点，可作为储层声波曲线重构的依据。

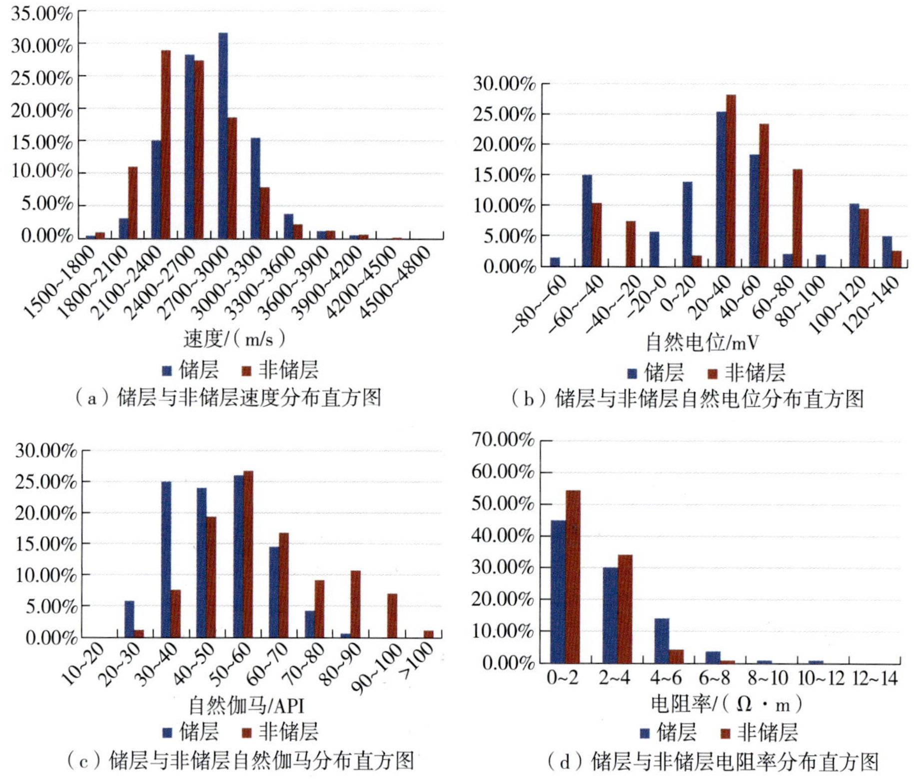

（a）储层与非储层速度分布直方图

（b）储层与非储层自然电位分布直方图

（c）储层与非储层自然伽马分布直方图

（d）储层与非储层电阻率分布直方图

图 2-3-22　八面河油田西区沙四段典型岩石物理参数统计图

3）测井曲线重构

直接用声波速度进行储层的地震反演很难有效预测八面河地区的薄储层，需要对声波曲线进行重构以突出储层特征。结合典型曲线划分储层与非储层界限，并对声波曲线进行块状化处理，就能突出两者速度之间的差异。针对这一点，提出了一种利用多条测井曲线到井旁地震数据的非线性映射方法，结合映射前后合成地震记录与地震道的相关程度，对实测声波曲线进行重构，然后利用重构后的拟声波曲线进行储层约束反演及预测。

依据测井曲线重构的方法原理，对八面河地区目的层的面 37 等 14 口典型井声波时差曲线进行重构。图 2-3-23 是面 37 井重构前后声波曲线对比，由此可知，在 1250~1275 m 段是一套储层段，但原始声波曲线异常不明显，而 SP、GR 异常明显。利用 SP、GR 异常特征时原始声波进行适当重构处理，有效凸显该段储层特征，得到重构后的声波曲线［图 2-3-23（a）］，其储层特征明显，块状化曲线与 SP、GR 异常状态有着良好的对应关系，为储层的高精度预测提供了依据。

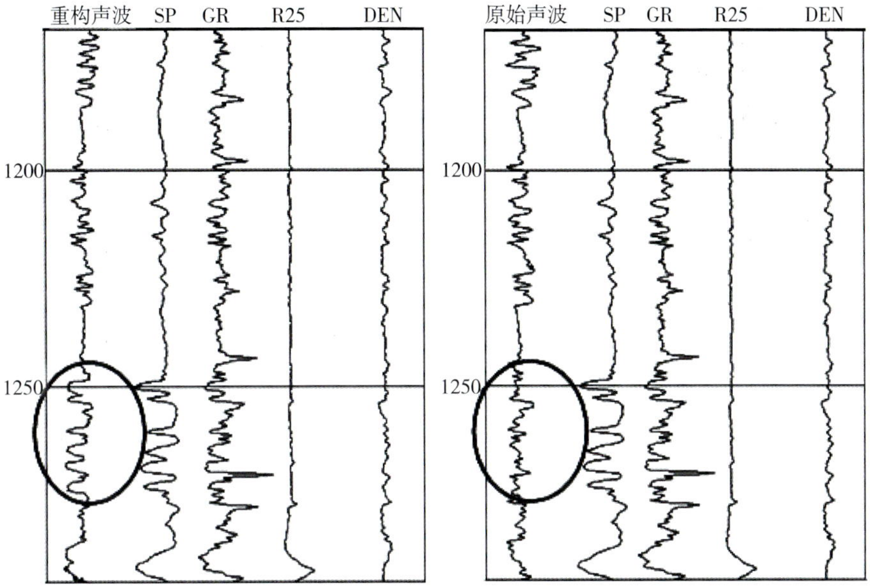

（a）面37井AC曲线重构（沙四段）　　（b）面37井原始测井曲线

图 2-3-23　面 37 井 AC 曲线（沙四段）重构结果对比

4）层位标定与追踪

首先依据典型井进行统计，分别读取各井沙四段顶、沙四段底对应的时间、深度值，得到研究区目的层的时 - 深关系统计图（图 2-3-24）。利用时深关系，可制作各口典型井地震合成记录；依据地震合成记录和井分层数据，可在地震剖面上准确标定各典型井的沙四段顶、沙四段底等地震地质层位，并对各地震地质层位的地震反射特征进行识别和总结，从而在平面上准确标定追踪各地震地质层位，为层控、相控反演奠定准确的层位基础。图 2-3-25 是过草 26 井 ~ 面 120-5 井地震地质层位标定与解释剖面。

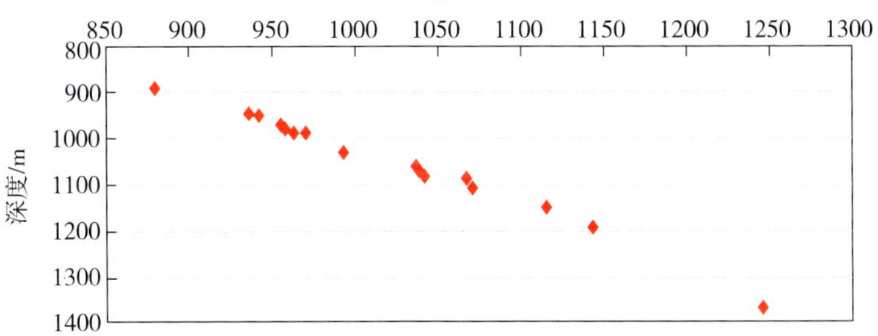

图 2-3-24　八面河油田西区沙四段时深关系统计图

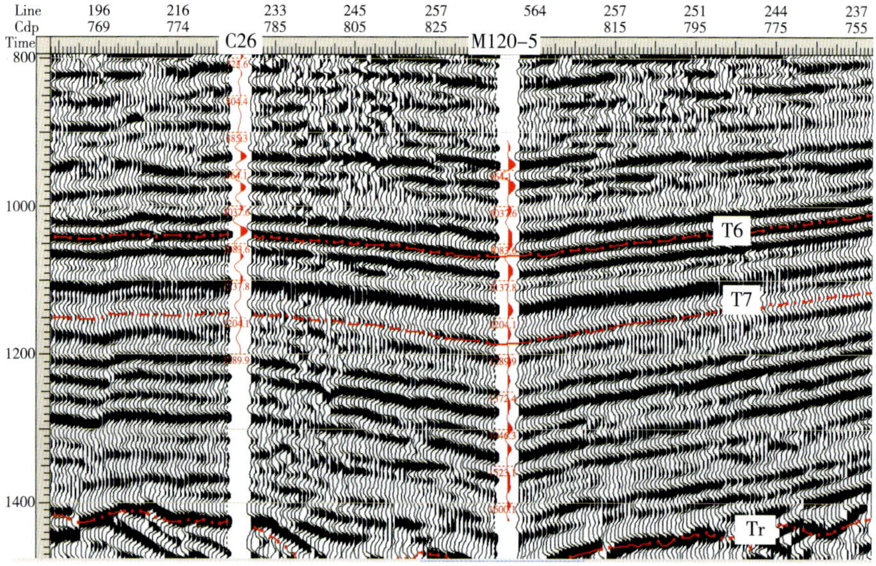

图 2-3-25　过草 26 井～面 120-5 井合成记录制作与地震层位标定剖面

5）储层的精细反演

采用相控非线性随机反演技术进行储层预测。在充分吸取宽带约束反演与模型法反演优点的同时，将标准化或重构之后的测井资料与地震信息有机结合，采用非线性最优化理论、随机模拟算法等，保证了反演结果既具有明确的地质意义又具有较高的纵向分辨率和较好的预测性，使反演理论得到创新和发展。

以 M120-X6 井在 $Es_44_2^1$（1237~1239.8 m）小层预测与描述为例，该小层获得日产 8 t 的工业油流。通过在反演剖面上准确标定 $Es_44_2^1$ 储层段（表 2-3-5），依据储层速度色标范围在横向上展开追踪、对比，依据相控非线性随机反演技术储层厚度算法可得到 $Es_44_2^1$ 目的层储层平面预测分布图。结果表明，M120-X6 井 $Es_44_2^1$ 出油层所在储层主要分布在研究区的西部 C1、M120-5-16 井区和西北部 M120-X6 井区，这两个区分别为一个孤立的砂体；西部的 C1、M120-5-16 井区砂体分布于 M120-5-16 井以西；C1 井以北，向西延伸出工区，呈近东西向席状展布，平均储层厚度 3 m，最厚达 5 m，3 m 以上厚度区相对大面积分布。

表 2-3-5　$Es_44_1^2$ 小层典型井井段

井名	井段 /m	厚度 /m
M120-X6	1237~1239.8	2.8
M120-5-16	1105.6~1109.6	4
C1	1043.8~1046.8	3

西北部的 M120-X6 砂体主要分布在 T700 线以北、M113 井以西、L100 线以东，向

北延伸出工区，M120-X6 在该层日产油 8 t，表明该砂体是一个含油砂体，研究区内该砂体呈东西向延伸，西厚东薄逐渐尖灭，为一不规则呈东西向展布的长条状砂体，平均厚度 2.8 m，最厚可达 5 m，2.8 m 以上区域大面积分布。储层相对发育区位于该条带砂体的中段，是有利的储层发育区。

2. 地震属性分析

八面河地区西部面 120 井区沙四段 1 砂组油层主要集中在顶部一小层，储层标定位于地震 T6 反射层强位上，储层发育，振幅则强，储层预测时窗以 T6 上下各 10 ms。向南部面 30 井区，沙四段 1 砂组储层位置与面 120 块不同，位于 T6 和 $T6_1$ 之间。因此，不同的构造部位储层预测的时窗不同。

面 120 井区沙四段 1 砂组平面上强能量分布广泛，表明该区储层非常发育，能量弱的区域可能存在两种情况：一种情况，如通 11 井区、面 38、面斜 28 井 ~ 面 23 井 ~ 面 17 井一线，该区钻井资料表明沙四段 1 砂组没有储层；另一种情况，如通 12 井一带，预测为储层不发育区，通 12 井区 T6 反射层为中振幅、高频，向南部草 26 井区则变为强振幅、低频，所以，该区可能存在微相变化。

3. 吸收衰减属性分析

面 120 井区沙四段 1 砂组频率衰减梯度平面图，从检测结果来看，面 120 井区整体衰减梯度较高，该区是沙四段 1 砂组油气最为富集的地区，滩坝砂发育，物性好，检测结果与实际钻井较吻合。南部斜坡面 30、面 30- 斜 1 井频率衰减梯度值也较高，但并不能认为该区与北边面 120 井区具有相同的储集条件，因为预测时窗是根据面 120 井区沙四段 1 砂组储层标定确定的，南部面 30 井区储层的位置与面 120 井区不同。

（三）发现落实圈闭

通过对八面河油田西区沙四段精细小层对比、精细构造解释、结合沉积微相研究，总结滩坝砂体的分布规律，并开展地震地质储层预测，指出储层发育有利区。通过解剖已知油藏，结合区域背景，分析成藏主控因素，总结油藏分布规律，结合勘探现状、识别落实圈闭 9 个（表 2-3-6），部署了井位 5 口。

表 2-3-6　八面河油田西区圈闭要素表

序号	圈闭名称	层位	圈闭类型	层位（地震）	地质层位	面积 / km^2	幅度 / m	高点埋深 /m	高点位置（纵 / 横）	可靠程度	发现落实	综合评价
1	面 120- 斜 6 井区岩性圈闭	Es_44_2	岩性	$T6^3$	Es_43 底	3.5	60	1170	379/763	可靠	落实	Ⅰ类
2		Es_45_1	岩性	$T6^3$	Es_43 底	3.2	80	1140	160/744	可靠	落实	Ⅰ类
3	面 120- 斜 32 井区岩性圈闭	Es_44_2	岩性	$T6^3$	Es_43 底	2.5	90	1030	128/640	较可靠	落实	Ⅱ类
4		Es_45_1	岩性	$T6^3$	Es_43 底	1.7	60	1050	128/656	较可靠	落实	Ⅱ类
5	面 120-1- 斜 8 井区岩性圈闭	Es_44_2	岩性	$T6^3$	Es_43 底	3.0	130	1070	224/708	较可靠	落实	Ⅱ类
6		Es_45_1	岩性	$T6^3$	Es_43 底	1.3	60	1010	240/672	较可靠	落实	Ⅱ类

续表

序号	圈闭名称	层位	圈闭类型	层位（地震）	地质层位	面积 / km^2	幅度 / m	高点埋深 /m	高点位置（纵 / 横）	可靠程度	发现落实	综合评价
7	面 113 井区岩性圈闭	Es_45_1	岩性	$T6^3$	Es_43 底	1.0	90	1140	304/800	可靠	落实	Ⅰ类
8	面 16– 斜 18 井区岩性圈闭	Es_45_1	岩性	$T6^3$	Es_43 底	3.0	100	1240	320/914	可靠	发现	Ⅰ类
9	面 14– 斜 33 井区岩性圈闭	Es_46_2	岩性	$T6^3$	Es_43 底	1.0	60	1370	384/1008	可靠	发现	Ⅰ类
合计						20.2	—	—	—	—	—	—

四、油气成藏特征

（一）油气成藏条件

1. 油源条件

八面河地区处在生油气条件极为优越的东营凹陷东南部，西北为牛庄洼陷，北部为广利洼陷，呈两面邻洼之势，有着丰富的油气来源。在东营凹陷牛庄洼陷及其斜坡带，沙三段与沙四段烃源岩为主力烃源岩。其中，沙四段烃源岩有机碳含量平均为 4.12%，氯仿沥青 A 为 1.12%，总烃 4742×10^{-12}，有机质类型以Ⅰ型干酪根为主，占 72%，干酪根中腐泥组占 80% 以上，是一套极好的生油岩。目前，沙四段生油层大部分已进入成熟演化阶段，可提供大量油气。据油源对比，牛庄洼陷及南斜坡、广利洼陷埋深大于 2700 m 的烃源岩是八面河地区油气的主要来源。

该区油气运移主要通道包括：①基底与盖层断裂；②砂岩运载层；③不整合面与沉积间断面等。王家岗、八面河断裂带以深部大断裂、砂岩运载层以及不整合面与油源区沟通，以盖层断裂为主要运移通道形成以断块、断鼻为主的构造油藏类型；八面河断裂带西部斜坡主要形成受岩性控制的油藏，如构造 – 岩性油藏等。八面河探区的油气运移受多种优势通道（如有利砂层、断裂等）立体组合控制。源自牛庄洼陷、广利洼陷的油气经由上述主要油气运移通道运移至王家岗、丁家屋子、广北斜坡带、八面河主断裂带及其南部斜坡带，在途中有利部位，部分成藏，部分通过砂体继续沿斜坡上倾方向运移成藏。

2. 圈闭类型

八面河工区沙四段主要为滨浅湖滩坝沉积，断裂发育，主要存在透镜状岩性圈闭、构造 – 岩性圈闭以及少量的构造圈闭，构造圈闭已经被钻探，目前主要勘探对象为岩性及其复合圈闭。本书共识别落实圈闭 9 个，均为岩性圈闭。

3. 输导体系类型

由于滩坝砂储层变化快、厚度薄、相变快，砂体连通性差，骨架砂岩不发育。八面河工区处于盆地斜坡正向构造带，在重力和区域应力场作用下形成大量盆倾断层和反向调节断层，构造破碎程度较高。厚度大、分布范围大的滩坝砂被断层切割后可充当有效的侧向运移输导体（骨架砂岩），断裂与这些分布范围大的滩坝砂可构成阶梯式输导体系。这种滩坝砂岩的阶梯式输导体系要求构造具有一定的破碎程度，断层间距不能过大。这种阶梯状运移、聚集在斜坡带表现得最为明显，主要分布在缓坡带相对高部位的构造破碎程度较高的断裂带。因此，对于八面河工区滩坝砂岩油气成藏来说，主要发育阶梯形输导体系（图 2–3–26）。

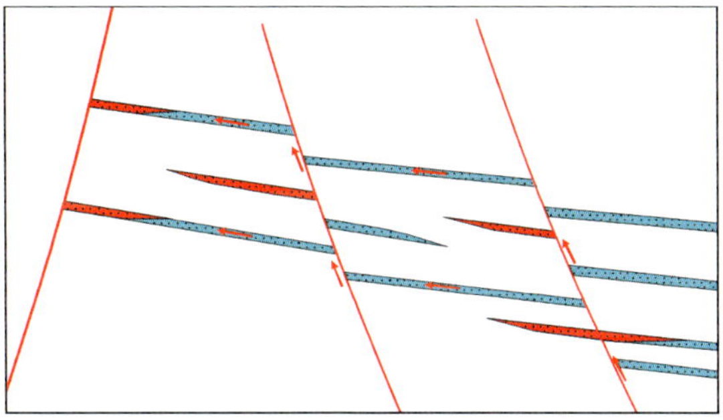

图 2–3–26 阶梯形输导体系模式图

（二）油气分布特征

根据已知油气分布研究，八面河地区沙河街组油气具有如下分布特征：

（1）从纵向上看，油气主要富集于沙河街组，以面式、体式富集为特征，孔店油气以局部富集为特征，中生界、古生界以点式聚集为特征。

沙河街组是八面河主力含油层系，占总储量的 98%，其中：沙四段，0.85×10^8 t，基本占目前探明储量的一半；其次为沙三上，0.56×10^8 t；其三为沙三中，0.29×10^8 t，油气藏类型以地层油藏、岩性油藏、构造油藏为主。孔店组油气以局部富集为特征，集中于面 120~ 面 14 区的孔一下、孔一中段，上交储量 215.59×10^4 t，以地层超覆油藏、构造 – 岩性油藏为主；中生界、古生界以点式聚集为特征，只在广北 2– 斜 6、草古 7 等井侏罗系、面 14–1– 斜 71 等井奥陶系地层零星见到油气显示，以地层不整合油藏、潜山油藏为主。

沙河街组内部，Es_41、$Es_3{}^{中}2$ 油气最富集，其次为 $Es_3{}^{上}5$、$Es_3{}^{上}3$、Es_42^1，其他层位较差。Es_41、$Es_3{}^{中}2$ 油气最富集，探明储量均已超过 2500×10^4 t；其次为 $Es_3{}^{上}5$、$Es_3{}^{上}3$、Es_42^1，探明储量均也超过 1500×10^4 t；其他层位较差，探明储量均小于 1000×10^4 t，而南斜坡的油气则主要集中在 Es_42^1、$Es_3{}^{上}5$、$Es_3{}^{上}3$，合计储量 2156×10^4 t，其他层位零星分布。

（2）从平面上看，斜坡带古隆起上继承性发育的鼻状构造带是油气聚集有利区带。

从油气平面分布来看，主要分布于八面河鼻状断裂带上的面 14~ 面 4 区块，储量为 0.78×10^8 t；其二是面 120~ 面 37 区块（西区），储量为 0.35×10^8 t；其三是面 138 区块（东区），储量为 0.23×10^8 t；其四是北一、北二区块（北区），储量为 0.19×10^8 t；最后是广北区与海滩区，储量为 0.17×10^8 t。

（3）沿鼻状断裂带各砂组油气分布均有由南向北含油幅度、规模变小的现象。

沿鼻状断裂带各砂组的含油面积均呈现出自南向北含油幅度、规模变小的现象，即油气主要富集于断裂带的中段（面 14~ 面 4 区块），纵向上各砂组除沙三中 1 砂组、沙三中 3 砂组因泥岩发育无油气成藏外，均富集油气，而由此向北一区、北二区、广南区过渡时，油气呈现不富集的现象。北区以构造圈闭为主，且砂体发育，这可能与构造圈闭的幅度不大、砂体网毯式分布有关，不利于形成大的圈闭。

（三）油气成藏主控因素

输导体系决定油藏圈闭类型，主力输导体系作为一种地质因素，则圈闭往往类型比较单一，如地层圈闭、构造圈闭；如果输导体系为多种类型，则往往形成复合型圈闭，如构造 – 岩性圈闭、地层 – 岩性圈闭等。每一个地区甚至同一个地区，不同层位的油气成藏都有其特有的主控因素，而且每一种类型的油气藏也有其独特的控制因素。由于八面河地区沙河街组油气藏类型多样，相互之间既有关联又有差别，为了便于描述，本文采用把断层作为主要控制因素的分类法与成因分类法相结合，将区内发育的油气藏分为四类：第一类是构造油气藏的主控因素，它包括断鼻和断块，其油水边界完全受断层和构造线控制；第二类是地层油气藏；第三类是岩性油气藏；第四类是复合油气藏。

1. 断层作用

通过对不同类型油藏解剖发现，八面河地区沙河街组之所以成藏，断层的作用是决定性因素。断层是沙河街组构造和构造 – 岩性油气成藏的主控因素。

一方面，断层带周围的岩石与岩石相互摩擦时，会产生黏土，使断层带充满了厚厚的黏土，形成一个非渗透层，或者使断点附近的砂岩因后期胶结作用而导致孔隙度、渗透率明显降低，方解石、白云石、重晶石含量高，排替压力明显增高，不利于油气输导而利于油气封堵；另一方面，活动断裂带或断层将是油气垂向和侧向运移的良好通道。

1）同沉积断层控制了物源体系和砂体展布

在沉积过程中长期发育、边生长边控制沉积的断层称为同生断层。与同生断层相对应的“后生断层”是沉积、成岩之后形成的断裂构造，它与沉积作用没有直接的制约关系。后生断层通常形成于某一次较强烈的构造运动期，具有典型的脆性破裂性质。

对八面河地区而言，凹陷边缘的八面河断层是沙河街组时期发育的同沉积断层（Ⅲ级），控制了物源体系。该断层在沙四上亚段沉积时期，垂直物源方向发育且掉向与物源方向相向，在其下降盘前缘发育水下分流河道砂体，在其上升盘发育滩坝砂体，表现为储集条件“南好北差”。

2）后生断层控制了圈闭类型和圈闭发育程度

早后生断层是指早于油气生油高峰期，而又在沙河街组沉积期以后形成的断层，主要是指发育于沙三、沙二段的断裂。这期断裂与构造背景配合形成的圈闭，早于沙三段和沙四段烃源岩油气主要生、排烃期（馆陶期和明化镇期），是油气运移聚集的有利场所。

晚后生断层是指在油气生油高峰期之后形成的断裂，主要是指发育于明化镇组晚期的断裂。这期断裂主要作用是破坏前期聚集的油气藏，并造成油气的重新分配，它不利于油气运移聚集。

3）长期活动断层控制了构造背景和次生油藏分布

断层是油气垂向运移的通道。八面河地区沙河街组的油气来自该区西北部牛庄洼陷及北部广利南洼陷的沙三段、沙四段烃源岩；同时，原生油气藏被破坏后沿断裂向馆陶组和明化镇组运移。

断层发育为东营凹陷南斜坡次生油气藏的形成提供了有利条件，该区油气成藏模式从生储盖组合类型可分为新生古储和古生新储两种模式，从成因与成藏主控因素可分为三种：侧向运移式、垂向运移式和复合运移式。

侧向运移式：受断层作用的控制，断裂两盘均已形成了圈闭，且在油气大量生成和运聚期前，储层与烃源层对接关系已经形成，后期的断层活动较弱，对圈闭影响不大，因此具备良好油气侧向聚集条件。

4）断层是构造油气藏聚散的主控因素

在复杂断块油气田，断裂作用是控制油气聚散的主导因素。八面河地区不同断块区油气富集程度差异悬殊，主要是由断层的封闭性及断块圈闭的完整性不同而造成的。断层的封闭性主要受断层性质、落差大小、断面形态及断层两盘地层接触关系、断面能否形成较大排替压力的低渗带等多种因素的影响。

有些断层能阻挡油气的运移，成为油气圈闭与保存的重要条件，断层表现为封闭特征；有些则是油气运移的通道，断层表现为开启特征。断层的封闭性可由断层面及两侧岩性的排驱压力确定，当断层两侧岩层的排驱压力相同或相近时，说明断层是不封闭的，当断层两侧岩层的排驱压力差异较大时，断层是封闭的。断层的封闭性又具有相对性和可变性（可以相互转化）。根据断面的封闭能力可将其分为三类：

纵向完全封闭型：这种断层起遮挡体的作用，油气只能在有油源一侧的储集层内聚集。八面河地区发现少量这种断层，主要分布于南斜坡高部位，可能是由于该区沙河街组埋藏浅，油层压力小，油气通不过断层，使断层表现为纵向完全封闭型。例如，位于南斜坡的面 138–1 井与面 138–12 井之间的断层：在断层上升盘的面 138–1 井的沙四段 4 砂组、6 砂组钻遇油层，虽然断层下降盘的面 138–12 井沙四段 4 砂组、6 砂组与面 138–1 井的沙四段 4 砂组、6 砂组相接触，但在面 138–12 井却发现许多水层并未见任何油气显示（图 2–3–27）。

纵向不完全封闭型：这类断层能遮挡部分油气，当油气聚集达到一定的高度后，油气藏中的部分油气从油气藏中溢出进入断裂带，并沿断层向上运移，进入上升盘的储层中，在断层的上下两盘均发现了许多含油区块。这种类型的断层在断层两侧均可形成油气藏，区内这种断层较多。图 2–3–28 是北区角 12– 斜 286 井 ~ 角 16– 斜 1 井油藏剖面示意图，在多条断层两盘均发现油藏高度不同的油藏，说明它们是纵向不完全封闭型的，它们既是油气运移的通道，又是油气聚集的遮挡体。

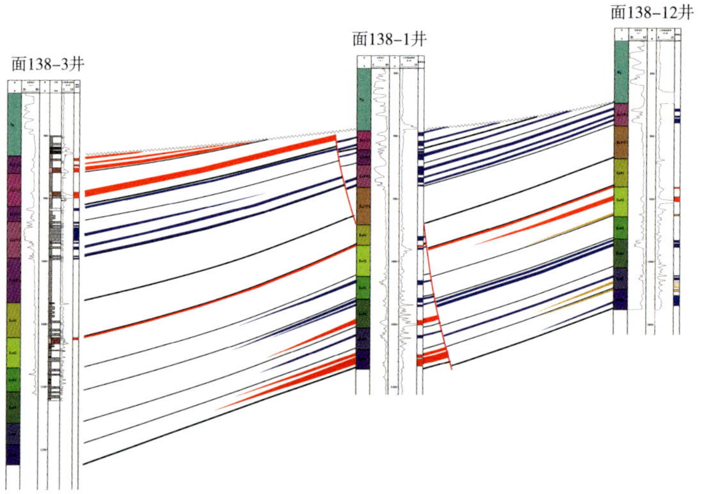

图 2-3-27 面 138-3 井 ~ 面 138-1 井 ~ 面 138-12 井油藏剖面图

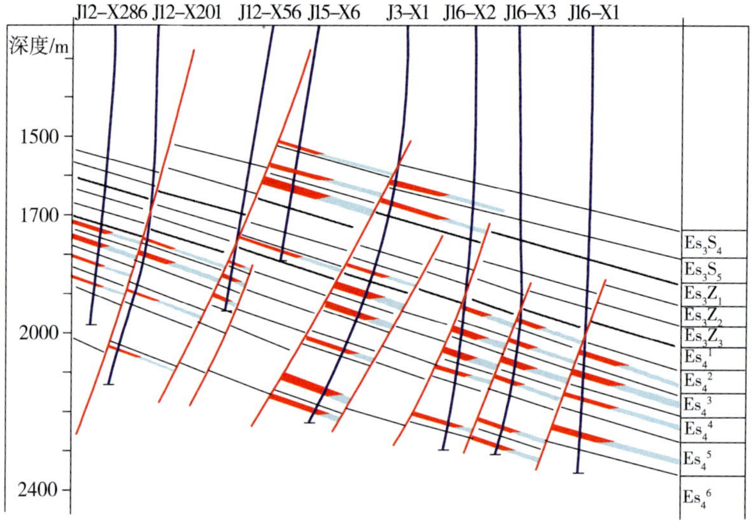

图 2-3-28 北区角 12- 斜 286 井 ~ 角 16- 斜 1 井 Es_4^1 油藏剖面示意图

纵向开启型：油气运移到断层附近后不能聚集，而是沿断层垂向运移，在更高部位聚集成藏。如面 14-18-19 井区内部发育有一条断距为 20 m 左右的断层（图 2-3-29），为区内沙四段油藏的形成提供了通道。在八面河地区，从断距数百米的断层到断距几米的断层，无论大小，在一定的地质条件下均可以为油气运移提供通道。八面河断层为八面河鼻状断裂带上的主干断裂，断距 500 m 左右，由于其下降盘沙河街组烃源岩生烃能力较差或没有生烃能力，而沙河街组油气相对富集，说明该断层在一定时期为沙河街组油藏的形成提供了通道。其下降盘南侧的面 138 块沙河街组的油源对比表明，其油源与上升盘——八面河鼻状断裂带沙河街组原油一致，因为八面河地区南斜坡沙河街组原油的成熟度远高于本地烃源岩的成熟度，而与牛庄生油洼陷及其南斜坡烃源岩的成熟度相当，表明八面河断层为牛庄生油洼陷的油气向八面河地区南斜坡运移提供了通道。

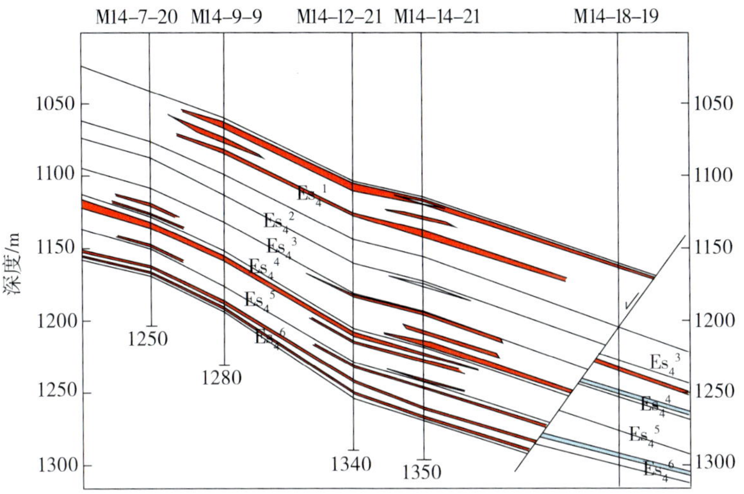

图 2-3-29　面 14-7-20 井～面 14-18-19 井油藏剖面示意图

2. 滩坝相带和古隆起背景是岩性油藏发育的主控因素

岩性油藏主要特点是含油边界受砂岩尖灭线控制，不受构造圈闭形态影响。此类油藏成藏要具备以下几个条件：①油源丰富；②储层不发育，且横向变化大，油层分布完全受砂层尖灭的影响，不受断层影响；③岩性圈闭位于斜坡或正向构造带上。

从沉积相带来看，岩性油藏应位于浅湖滩坝相带的正向构造带；从区域位置分布来看，应位于有利生烃向斜的斜坡或向斜带内。此类油藏需要在地质研究的基础上，指出岩性圈闭发育的有利地区，然后采用地震资料开展储层预测，找出相对砂体发育厚带进行勘探。随着八面河地区的勘探程度逐渐提高，这一领域更加体现出了它的勘探重要性，是未来勘探的方向和目标。油气勘探的思路从构造到构造 - 岩性再到岩性，而勘探的领域也从正向构造带转变到斜坡带。

岩性油藏发育的主控因素是滩坝砂体分布特征和鼻隆构造背景。

3. 不整合面上下岩性配置

不整合的控藏作用主要体现在不整合之下的风化岩石对油气运聚的影响程度。八面河地区发育两个一级不整合（T1、Tr）、三个二级不整合（T7、T6、T2）、一个三级不整合（T4）。而从不整合内部结构的分析可知，一级不整合的纵向结构可以形成双运移通道，二级不整合的纵向结构可以形成单运移通道，三级不整合的纵向结构基本起封堵作用。因此，沙四段、沙三段内部的层序界面更是以封堵作用为主。

从各不整合界面所对应的地震反射轴在剖面上的追踪结果来看，一级不整合在八面河南斜坡广泛发育，但 Tr 界面受八面河断层的影响，在南斜坡的部分并不能与鼻状带的含油气砂组实现有效对接，导致上升盘的油气无法通过 Tr 不整合面向南斜坡输导，因此，此不整合面对南斜坡的输导基本属于无效；而馆陶组底的界面（T1）在南斜坡普遍发育致密的玄武岩，对下伏的沙河街组地层来说是良好的盖层，而对鼻状带的油气向南斜坡输导也基本起不到有效作用，即使能输导也只能使油气向上散失，而不会运移到沙河街组地层。因此，基本可以断定一级不整合面在南斜坡不能起有效输导作用。

二级不整合面中，沙一段和沙二段间的不整合面 T2 在南斜坡只局部发育，大部分被剥蚀掉，并不能对除南斜坡北段以外的其他区域形成输导，因此，它的输导作用有限，但其上伏地层为馆陶玄武岩，可形成地层遮挡油气藏；沙四段与孔店组间的二级不整合面 T7 在南斜坡普遍发育，但从输导剖面来看，八面河断裂带纵向断距太大，南斜坡 T7 所在深度并不能与上升盘含油层系实现良好对接，可能在北段八面河断层倾伏消亡地带会起一定作用，但总的来说，它对油气输导的作用也是有限的；沙三中和沙四段间的不整合面 T6 从剖面来看是可以和八面河断层上升盘的含油层系（沙四段）实现对接的，虽然其属于 I_2 型不整合面，不发育黏土层，但沙三中底部在整合八面河地区发育稳定的厚层泥岩，相当于黏土层的存在，故可形成单运移通道。而沙三中 3 的中上部在南斜坡西段、东段发育三角洲前缘砂岩体，沙三中 2 在南斜坡又普遍发育渗透性砂体。因此，只要有断层将沙三中底部的泥岩错断，沟通沙三中 3 与沙三中 2 的砂体，T6 便可以作为很好的垂向输导层，否则油气将聚集于 T6 界面下的沙四段 1 砂组或 2 砂组。

三级不整合面中的 T4 反射层是沙三上亚段和沙三中亚段的低角度不整合或假整合界面，前已述及属于Ⅱ型不整合面，不发育风化壳，但沙三上亚段各砂组砂体均较发育，可以形成很好的骨架砂体，可以形成对油气的横向输导，如果配以顺向断层，则可以沟通纵向各砂组，形成对油气的纵向输导。

至于更低序级的层序界面，因其相互之间平行不整合，如果渗透性砂体发育，其本身即可作为油气横向运移的骨架砂体，较层序界面更易成为油气运移所在。

但是，也不能一概而论，如果对不整合面的发育和后期的构造运动影响进行综合分析，八面河地区的构造活动与不整合面的形成其实是很复杂的，且经过多期剥蚀的，仅用其形成时期的发育情况来分析，是降低了不整合面遭受后期改造所能带来的转变的。比如说 T4 界面，尽管其在形成时期可能不发育风化岩石层，但受济阳Ⅱ幕的影响呈西南高北东低的格局后，整个八面河沉积的沙二段地层基本剥蚀殆尽，只在北斜坡到海滩一隅略有残余。沙三上亚段地层也普遍遭受剥蚀，使沙三上亚段大部分地层可能“暴露”在此不整合面下的渗流带或潜流带内，完成对 T4 界面的孔隙度或成岩作用的改造，形成一些输导层面也未可知，更何况后期沉积沙一段地层会对其进行二次改造和东营期隆起再次遭受剥蚀的三次改造。

由于八面河地区不整合横向输导范围有限，对于一些圈源距离较远的不整合油气藏，其油气输导不能单独依靠不整合来完成，多数情况下是与断层、骨架砂体一起共同构成组合型输导体系来完成的。

（四）油气成藏模式

东营凹陷生油洼陷沙四上亚段和沙三下亚段烃源岩中的油气生成后，在成藏动力的驱使下（主要为浮力、水动力和异常高压等），沿断层、骨架砂体和不整合面组成的立体输导网络向斜坡高部位运移，并在具备圈闭条件的地方聚集成藏，并且其运聚成藏具有“阶梯式运移，S形控藏”的特点。阶梯式运移体系描述了油气运移要素之间的空间形态和内在联系，指油气自烃源岩生成后，沿活动性断层、骨架砂体、不整合面构成的输导体系运移至圈闭成藏。S形控藏体系描述了盆缘无论是在纵向上还是横向上均呈沟梁相间的S形的古地貌特点和大中型地层油藏之间的内在联系，盆缘S形分布的沟梁古地貌及其坡度变化控制了地层油藏的分布与富集。“阶梯式运移，S形控藏”的东营凹陷南斜坡地层油藏成藏模式是指大中型地层油藏受控于盆缘S形展布的古地貌和阶梯式油气输导体系的有机组合。

八面河沟谷带－南斜坡目前发现以下第三系沙河街组为主要目的层的面138、面19等含油区块，提交探明储量3264×10⁴ t，多井在沙三上亚段、沙三中亚段、沙四段各小层砂组见良好油气显示，成藏地质条件优越。据含油情况分析及典型油藏解剖，八面河地区因距离油源较远，构造脊、对接砂体及断层构成的输导体系成为油气成藏主控因素。

面138块之所以能独树一帜在南斜坡形成油区，关键原因即郭井子潜山控制的构造脊成为油气高效运移的优势通道，其内部发育的渗透性砂体通过八面河断裂与南斜坡同类型砂体形成对接，使北来的油气得以经主体构造带通过对接继续向南斜坡高部位运移。

在区域构造背景及沉积充填环境下，受活动断层、超覆沉积、抬升剥蚀及古地貌等多因素控制，沟谷带－南斜坡可发育构造、岩性、构造－岩性、地层－岩性等多类型复合油藏（图2-3-30），例如：面124-斜1井沙四段1砂组构造－岩性油藏即为反向断层控制的岩性油藏，面138-斜9井沙四段1砂组岩性油藏即为上倾尖灭油藏，而面137-8井沙三上3砂组削截型地层－岩性油藏即为剥蚀面控制的岩性油藏。

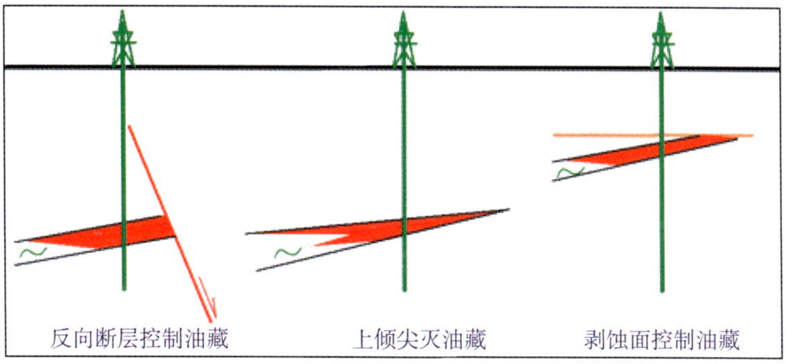

图2-3-30　沟谷带－南斜坡油藏类型模式图

其成藏模式为：北部生烃洼陷生成的油气于馆陶组沉积时期沿不整合面、断层及骨架砂体运移至八面河地区北斜坡及主体鼻状构造带，经构造脊及其内部发育的渗透性砂体通过八面河断裂与南斜坡同类型砂体形成对接，继续向沟谷带－南斜坡高部位运移至沙河街沉积期发育、东营期定型的岩性、构造－岩性、地层－岩性等类型复合圈闭中，由馆陶组区域盖层封盖成藏（图 2–3–31），具备良好的时空配置关系，形成构造搭桥控制输导、油－储对接控制含油层系、地层及岩性控制含油范围的成藏特征（图 2–3–32）。

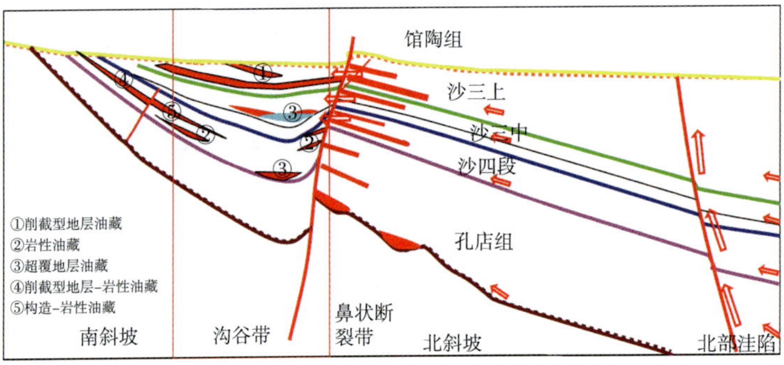

图 2–3–31　八面河南斜坡成藏模式图

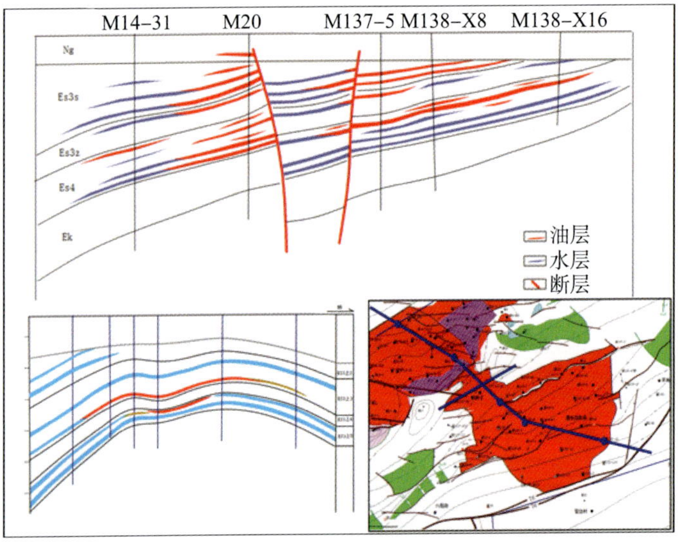

图 2–3–32　沟谷带－南斜坡成藏特征模式图

五、矿场实施效果

（一）西区实施效果

1. 勘探目标优选

应用隐蔽油藏勘探技术，对面 120- 斜 6 圈闭、面 14- 斜 33 圈闭等进行了勘探目标优选。

以面 120- 斜 6 圈闭为例，该圈闭位于八面河鼻状断裂带西南端，面 120 含油区块北部，沙四段 4 砂组 2 小层岩性圈闭面积 3.5 km^2，圈闭幅度 60 m；沙四段 5 砂组 1 小层岩性圈闭面积 3.2 km^2，圈闭幅度 80 m。

圈闭较低部位面 120- 斜 6 井钻遇沙四段 4 砂组 2 小层油层 2.8 m/1 层，试油初期日产油 12.7 t，日产油 1.4 t，累计产油 1315.7 t；高部位草 26 井沙四段 4 砂组 2 小层试油见油花，高部位面 120–5 井沙四段 4 砂组 2 小层复查试油初期日产油 6.8 t，日产油 2.7 t，累计产油 214.9 t；说明该区是油气有利聚集区，圈闭含油性好。

圈闭较低部位面 120–25- 斜 10 井钻遇沙四段 5 砂组 1 小层油层 3.2 m/1 层，试油初期日产油 11.2 t，后期日产油 3.6 t，累计产油 1095.2 t；高部位面 120–5 井沙四段 5 砂组 1 小层复查试油见油花（由于与下部水层发生水窜），说明该区是油气有利聚集区，圈闭含油性好。

从东西、南北向两条连井小层对比图来看（图 2-3-33、图 2-3-34），砂体以薄互层的砂组形式存在，纵向多层发育砂体，是岩性圈闭发育的有利区。

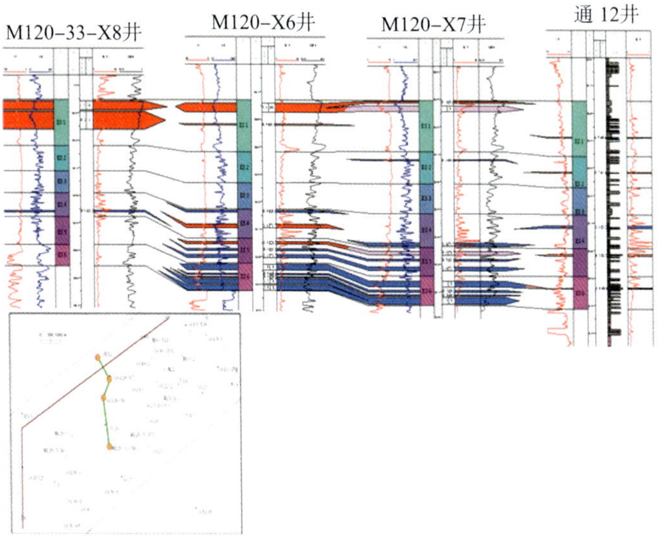

图 2-3-33　面 120-33- 斜 8~ 面 120- 斜 6~ 面 120- 斜 7~ 通 12 井沙四段渗透性砂岩对比图

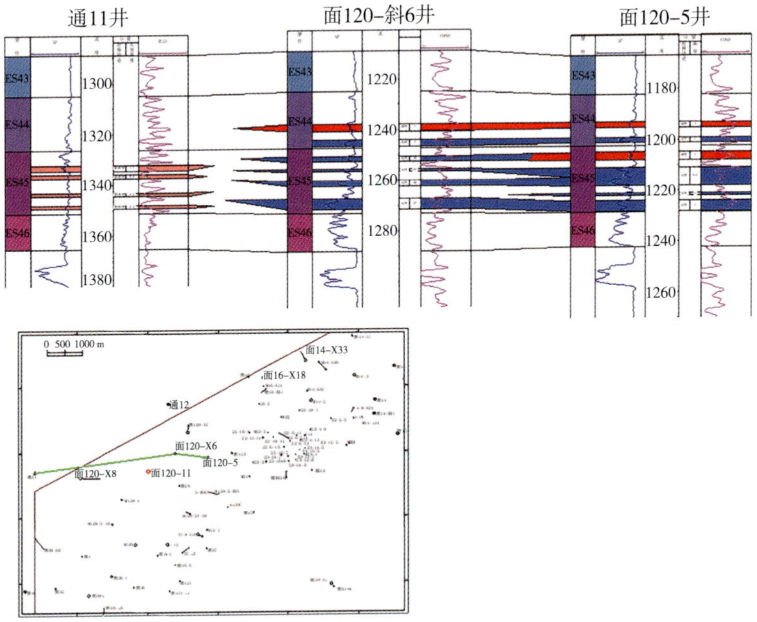

图 2-3-34 通 11~ 面 120- 斜 6~ 面 120-5 井沙四段渗透性砂岩对比图

从沙四段 4 砂组 2 小层渗透性砂岩等值线图、沙四段 5 砂组 1 小层渗透性砂岩等值线图来看，面 120 块砂体以北东 - 南西向滩坝形态展布。八面河地区沙四段 1 砂组、4 砂组、5 砂组储层为滨浅湖滩坝砂体，其外缘发育的滨浅湖泥滩为有利的遮挡条件，形成岩性圈闭。从面 120-8 井预测油藏剖面示意图来看（图 2-3-35），面 120-8 井可能为上倾尖灭类型的岩性圈闭。探索面 120 北沙四段 4 砂组、5 砂组岩性圈闭的储层展布情况和储量规模，以及沙四段 1 砂组的储层展布及圈闭含油气性。为了落实沙四段 5 砂组圈闭含油性部署面 120- 斜 8 井，为了落实圈闭范围，在滩坝的主体部署面 120- 斜 11 井（图 2-3-36）。

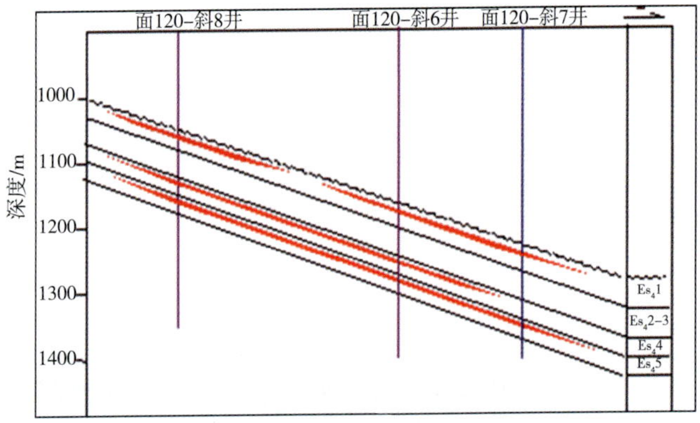

图 2-3-35 八面河西区面 120- 斜 8 井预测油藏剖面示意图

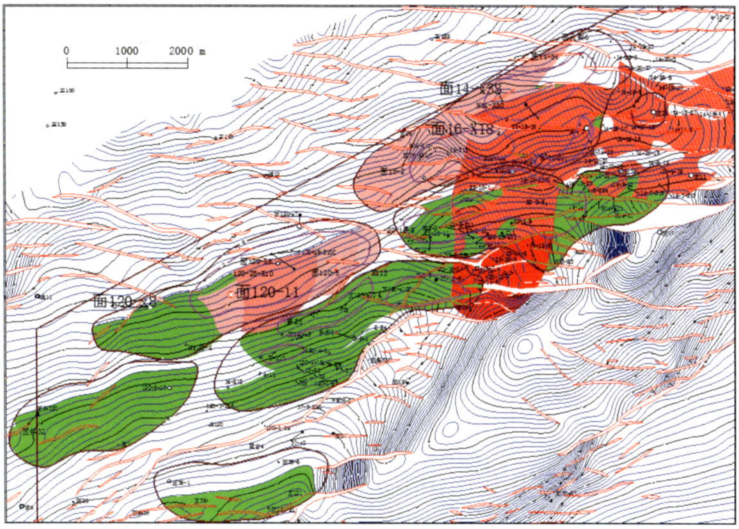

图 2-3-36　八面河西区沙四段叠合圈闭面积图

2. 实施效果

通过构造精细落实及沉积储层展布研究，分析油气成藏主控因素，总结油气分布特征，针对发现落实的 9 个圈闭，部署钻井 5 口（面 120- 斜 8 井、面 120-11 井、面 16- 斜 18 井、面 14- 斜 33 井、面 14- 斜 35 井），目前完钻 4 口（面 120-11 井待钻），其中面 16- 斜 18 井钻遇沙四段油层 4 层 11.0 m，面 14- 斜 33 井沙四段钻遇油层 19.6 m/7 层，沙四段 6 砂组 2 小层试油 1.6 t/d，累计产油 15.88 t。面 14- 斜 35 井沙四段钻遇油层 11.2 m/6 层，沙四段 5 砂组 1 小层试油 0.3 t/d。老井复查试油 3 口（面 120-5 井、面 113 井、面 120-1- 斜 8 井），面 120-5 井沙四段 4 砂组 2 小层试油 5.0 t/d，面 113 井沙四段 5 砂组 1 小层试油 2.9 t/d，面 120-1- 斜 8 井沙四段 5 砂组 1 小层、沙四段 4 砂组 3 小层试油 11.1 t/d。

2011 年面 22 井区沙四段 4 砂组新增含油面积 3.51 km^2，上报探明石油地质储量 84.01 × 10^4 t（表 2-3-7）；面 120- 斜 6 井区沙四段 4 砂组新增含油面积 1.32 km^2，上报探明石油地质储量 55.47 × 10^4 t。2012 年面 113 井区沙四段 4 砂组新增含油面积 3.66 km^2，控制石油地质储量 80.3 × 10^4 t；面 113 井区沙四段 5 砂组新增含油面积 4.1 km^2，控制石油地质储量 121.69 × 10^4 t；面 120-1- 斜 8 井区沙四段 5 砂组新增含油面积 1.17 km^2，控制石油地质储量 24.24 × 10^4 t；面孔斜 6 井区沙四段 1 砂组新增含油面积 1.22 km^2，探明石油地质储量 86.73 × 10^4 t；沙四段 5 砂组新增含油面积 2.33 km^2，控制石油地质储量 59.18 × 10^4 t；面 14- 斜 33 井区沙四段 6 砂组新增含油面积 0.71 km^2，预测石油地质储量 41.89 × 10^4 t。

表 2-3-7 八面河油田西区石油储量数据表

储量级别	上报年份	井区	计算单元	层位	含油面积 /km^2	地质储量 /10^4 t
探明	2011	面 22 区	面 22	$Es_4$4	3.51	84.01
	2012	面 4~14 区	面孔斜 6	$Es_4$1	1.22	86.73
			面孔斜 6	Es_45_1	0.43	13.22
			面 14- 斜 33		1.55	35.74
			面 14- 斜 33	Es_45_2	0.35	10.22
			面 14- 斜 33	$Es_4$6	0.71	41.89
	小计				7.77	271.81
控制	2011	面 120 北	面 120- 斜 6	$Es_4$4	1.32	55.47
	2012		面 113	$Es_4$4	3.66	80.3
			面 113	$Es_4$5	4.1	121.69
			面 120-1- 斜 8		1.17	24.24
	小计				6.74	281.70
合计					14.51	553.51

（二）东区实施效果

1. 有利目标带

1）南斜坡西段：地层油藏

南斜坡西段西至八面河面 30 块，东至面 19 块，为一继承性发育的古斜坡。沙河街组地层由北往南逐层剥蚀，是地层圈闭发育的有利区。该区沙四段沉积时期主要发育滨浅湖泥沉积，储层欠发育。沙三上段为三角洲沉积，水下分流河道砂体发育，与地层剥蚀线匹配能够形成地层圈闭。构造及沉积研究表明，沙三上段 3 砂组沉积晚期，沟谷带基本填平补齐，八面河地区在该时期表现为一个大的单斜，主体带油气通过砂体向西南段运移，有利于油气成藏。低部位邻井面 30- 斜 1 井在沙三上 3 砂组顶部发现可疑层 12.0 m，录井见油迹显示。因此，面 30- 斜 1 井西南是沙三上地层油藏勘探有利区带，综合评价为 I 类。

2）南斜坡中段：岩性、地层油藏

南斜坡中段主要是八面河面 138、面 19 块，为一继承性鼻状隆起。沙河街组地层由北往南逐层剥蚀，主要发育沙四段、沙三中亚段、沙三上 3 砂组、4 砂组、5 砂组地层，地层圈闭发育。区内构造研究表明，面 138 块至鼻状带存在一构造脊，是油气运移的有利通道，鼻状带油气通过构造脊运移至面 138 块；同时从鼻状带至面 138 块砂体对接研究分析，鼻状带沙河街组油气主要与面 138 沙四段 2 砂组以上地层对接，因此南斜坡中段成藏有利层位是 $S_4$2 砂组及其以上层位，其下地层油气进入较难。沙四段 2 砂组沉积时期区内沙四段主要发育滨浅湖滩坝砂沉积，滩坝砂主要受古地貌及沉积旋回控制，平面上早期至晚期，由南向北逐步推进，目前在南部已发现面 138 千万吨级区块，根据砂体分布规律，其北部岩性圈闭发育，还具有勘探潜能。沙三上段沉积时期主要为三角洲前缘沉积，河道砂、河口坝、席状砂类沉积发育，主要是地层岩性复合圈闭。目前，低位沙三上段内部沙三上 1 地层圈闭已在面 137- 斜 9 井发现，通过精细描述尖灭线及砂体，有望发现浅层地层油藏，综合评价为 I 类。

3）南斜坡东段：地层油藏

南斜坡东段西至八面河面 138 块，东至角斜 25 块。沙河街组地层由北往南逐层剥蚀，在南部高位地区发育大量地层圈闭。沉积相研究表明，该区位处三角洲入口，沙四段、沙三段主要发育河道、河口坝类沉积，储层发育。区内东侧，发育大量切沟谷断层，是主体带油气侧向运移的有利通道，目前区内面 124、面 136 等块均已成藏。其东南高位地层油藏是油气运移的有利指向，是下步勘探的有利区带，但由于区内馆陶组玄武岩不发育，盖层主要为局部泥岩封盖，盖层条件相对较差，因此综合评价为Ⅱ类。

4）南斜坡北段：岩性、地层油藏

南斜坡北段地区，为一继承性隆起，地层由北向南抬升剥蚀，地层圈闭发育（图 2-3-37）。区内东西向断裂发育，将北段块切割成为滩 1、滩 2、滩 3 块。沙四段沉积时期主要发育滩坝砂沉积，岩性圈闭发育。由于沉积时期水体较深，水动力较弱，距物源较远，整体上沙四段储层不发育，砂岩泥质、灰质含量重。油气主要来自北部青南洼陷，距离生油中心较近，成藏较为有利。断裂是该区运移的主要通道，油气主要沿断裂向南运移，目前在羊斜 16、羊斜 10 等井发现油气，其东南具备勘探潜力，但由于储层条件相对较差，综合评价为Ⅱ类。

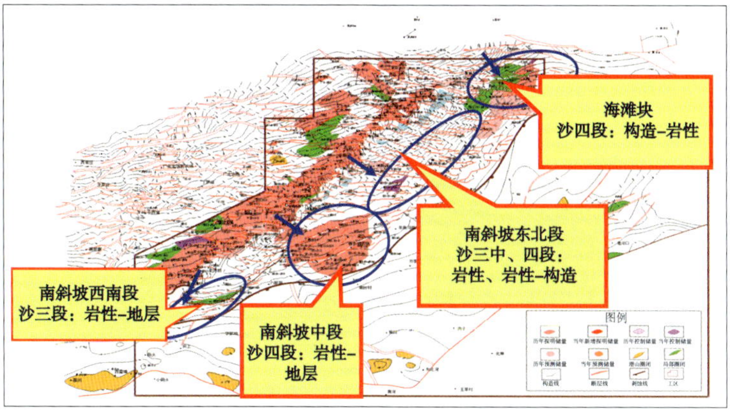

图 2-3-37　南斜坡各段油藏类型及分布

2. 目标优选

通过新一轮的地层对比、沉积相研究认为，该区沉积体系来自南部和东南部，在砂体展布和构造等值线匹配的地区容易形成构造 - 岩性圈闭。通过综合研究发现和落实构造－岩性圈闭 6 个层圈闭（表 2–3–8），圈闭面积 16.8 km^2，圈闭总资源量 498.8 × 10^4 t。通过综合评价，角斜 25 东、面 136 东、面 36 南等 3 个圈闭成藏条件较好，可以作为近期勘探的重点目标。

表 2–3–8　圈闭要素表

圈闭名称	层位	类型	闭合度 /m	高点埋深 /m	面积 /km^2	可靠程度	油层厚度 /m	资源量 / 10^4 t
面 138 西岩性	$Es4_2$	岩性	85	910	1.55	较可靠	3.0	50
面 138 西地层	Es3、Es4	地层	40	880	0.55	可靠	8	55
面 138 南岩性	$Es4_6$	岩性	250	820	6.4	较可靠	2	128
面 138 北岩性	$Es4_2$	岩性	90	1230	1.3	较可靠	2.0	33.8
面 124 南岩性	$Es4_1$	构造－岩性	180	1430	2.4	较可靠	3.0	72
面 30 地层岩性	Es3	地层－岩性	80	880	4.6	较可靠	6	160
合计					16.8			498.8

以面 138 块 $Es4_6$ 地层圈闭为例，该圈闭位于面 138–斜 13 井区，通过对地震反射层位 T65（地质层位沙四段 6 砂组）的追踪，往南 $Es4_6$ 砂组被 T1（馆陶组底界）剥蚀，发现落实了该地层圈闭。该圈闭为一地层－岩性圈闭，南东部受馆陶底部火成岩封堵，两侧受河道侧缘尖灭控制，草 15 井以及面 139–19 井该层皆为干层。该圈闭面积 6.4 km^2，圈闭幅度 250 m，高点埋深 –820 m。从油气主运移期对接剖面（图 2–3–38）可以看到：郭井子地区孔店组已经成藏，油气通过八面河断层以及郭井子构造脊运移，在尖灭部位受馆陶组盖层封堵成藏。圈闭低部位面 138–12 井 $Es4_6^{1+2}$ 小层原解释水层，COND 为 300，AC 为 350，R4 为 2.5，现解释油层；往南面 138–13 井原解释水层，COND 为 200，AC 为 320，R4 为 3，含油性变好，现解释油层。建议在该圈闭东南高部位部署探井 1 口，预测资源量为 300 × 10^4 t。

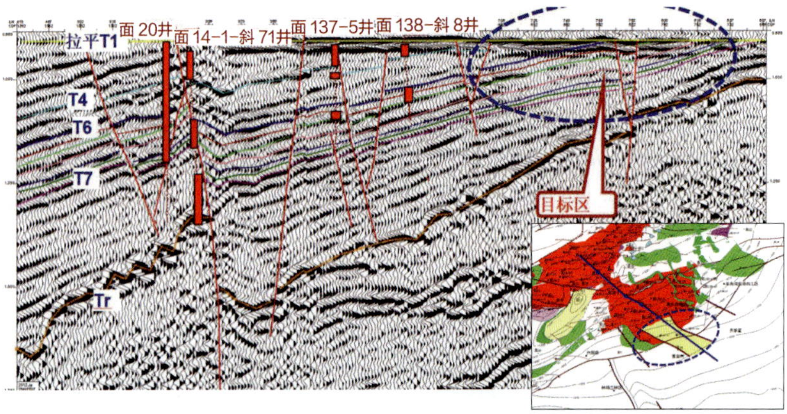

图 2–3–38　面 20 井～面 14–1–斜 71 井～面 137–5 井～面 138 井－斜 8 井～目标区油气主运移期对接剖面图

3. 井位部署及效果

以面 138- 斜 29 井为例，部署区位于面 138 块北高部位八面河断裂带的东侧，其南部的面 138 块和北部的面 14~ 面 12 块是八面河的主力含油区块，作为两区的衔接地带是可挖潜的有利区域。

该区沙四段 2 砂组主要发育滨浅湖滩坝砂沉积，储层物性相对较好，且横向分布稳定。精细地层对比结果表明，沙四段 2 砂组 1 小层可划分为 3 套砂体，纵向上分布具有明显的水退特征，平面上具有砂体堆积中心由面 138 向面 4 区呈北东向迁移，且东部储层好于西部的特征，并可推测本区Ⅱ、Ⅲ号砂体较为发育（图 2-3-39）。从油层对比图上可以看出，面 12 区至面 138 区存在高部位水低部位油的特征，推测中间应存在岩性尖灭线，且面 12~ 面 14 区与部署区也存在明显的砂体尖灭线，圈闭落实较为可靠。部署区位于油气运移优势通道构造脊的两侧，是油气聚集的场所。

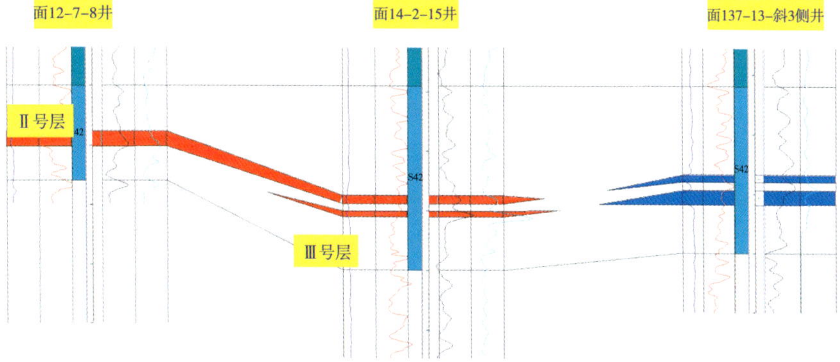

图 2-3-39　面 12-7-8 井 ~ 面 14-2-15 井 ~ 面 137-13- 斜 3 侧井沙四段 2 砂组砂岩对比图

综合评价该构造 - 岩性圈闭可靠，建议钻探。预计新增面积 2.0 km^2，新增储量规模 71×10^4 t。

第三章　普通稠油Ⅰ类油藏开发技术

第一节　普通稠油Ⅰ类油藏开发概况

普通稠油Ⅰ类油藏是八面河油田主要油藏类型之一，至2021年包括面1、面4、面14等12个开发区块，探明地质储量8055×10⁴ t，动用7257.8×10⁴ t。根据产量变化，可分为钻探上产阶段（1986~1989年）、快速递减阶段（1990~1999年）、特高含水期综合调整阶段（2000~2021年）等三个开发阶段（图3-1-1）。

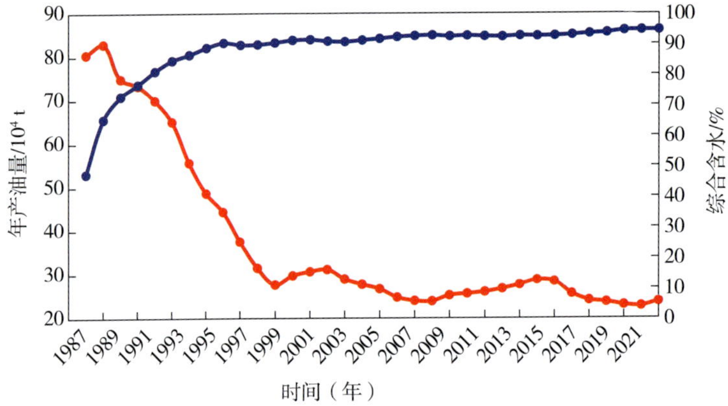

图3-1-1　八面河油田南区开发阶段划分图

一、钻探上产阶段

1986~1989年。1986年5月突击完成了数字地震监测工作，进一步落实了构造形态和断裂系统。1986年下半年，八面河油田转入滚动勘探开发阶段。1986年7~8月，先后钻探了8口开发准备井。按照先打沙四段开发井网，再打沙三段开发井网的顺序，截至1986年底，全年在油田区内已完成开发准备井和开发井189口。按《八面河油田总体开发方案》分3套层系，采用三角形井网，300 m井距，四点法面积注水和边缘注水开发。1988年7月~1989年12月，对面4区沙三上等10个主力单元实施细分层系、加密完善井网、油井转注等综合调整，整体产能保持在80×10⁴ t以上。

二、快速递减阶段

1990~1999 年。受稠油本身开发规律影响，同时基础井网井况不断恶化，而南区总体调整工作量较少影响，油水井开井数由 505 口下降到 392 口，年产油量由 1989 年的 83.1×10^4 t 下降到 27.8×10^4 t，产量年均总递减率为 12.3%。其间，主要调整措施包括加密完善面 4 区沙三中稠油热采井组、面 14 区沙三上行列切割注水井网等。

三、特高含水期综合调整阶段

2000~2021 年。油田开发进入特高含水期，通过实施整体及局部综合调整，年产油量在 22.9×10^4~31.2×10^4 t 波动，保持了产量的基本稳定。1999~2000 年，南区实施整体提高采油速度措施，实施后产量逐步回升，年产油由 27.8×10^4 t 上升到 29.8×10^4 t。2001~2007 年，南区实施局部调整，面 14 区扩、面 14 区沙四段 6 砂组投入开发、面 4 区沙四段、面 14–1– 斜 8 井区进行井网完善。经过局部井区调整，南区产量快速递减的趋势得到遏制，年产量递减率由 13.4% 下降到 3.0%。2008 年以来陆续以面 4 区沙三上、沙三中油藏为突破口，开展层次调整、井网重组和注采调整等优化工作，编制了南区综合调整方案，实施了面 5 块方案增油 1.4×10^4 t，区块开发指标向好。2014~2017 年受低油价影响，普通稠油Ⅰ类油藏基本未做调整，自然递减率达到 17.3%，年产油量降至 23.7×10^4 t。2018 年以来持续对面 4 区、面 14 区进行层系细分和井网完善工作，取得显著效果，截至 2021 年 12 月，年产油量稳定在 23.9×10^4 t，自然递减率降至 9.7%，综合含水稳定在 94.8%。

第二节　稠油流变性与非线性渗流规律

稠油流变性与非线性渗流规律是了解稠油生产动态、确定合理开发策略的基础，为此针对八面河稠油特征，系统开展了流变性与非线性渗流规律试验研究。

一、稠油流变性特征

（一）稠油流变性概述

稠油的流变性是指黏性流体的流动特征，它主要受石油的组分特别是沥青质和结晶石蜡等含量的影响，对一定黏度的原油来说又受剪切速率、温度、压力的影响。流体按流变特性可分为牛顿型流体和非牛顿型流体。通常，牛顿型流体的黏度与剪切速率（或流速）无关，而非牛顿型流体的黏度则随着剪切速率（流速）的变小而增大。除此之外，非牛顿型流体在渗流过程中的黏度会大大高于地面测定条件下的黏度。所谓剪切，包括剪切应力和剪切速度两方面，剪切应力是平行于流动方向的平面内的单位面积上的内摩擦力；剪切速度是垂直于剪切平面的速度梯度。稠油属于典型的非牛顿型流体，这主要是因为其具有结构力学的特征。

目前，国内外有关非牛顿型流体的流变模式主要有两参数模式、三参数模式和四参数模式，常用于非牛顿型稠油的仍是两参数流变模式。近年来，三参数流变模式已在不断发展和应用，并初步地显示了它的优越性，而四参数流变模式只是在讨论之中。现对几种常用的非牛顿型流体流变模式做简要的介绍和分析。

两参数流变模式：

宾汉模式（Bingbam）：

$$\tau = \tau_0+\eta_{cp}\gamma \tag{3-2-1}$$

幂律模式（Power Low）：

$$\tau = K\gamma^n \tag{3-2-2}$$

三参数流变模式：

H–B（Herschel-Bulkley）模式：

$$\tau = \tau_0+ K\gamma^n \tag{3-2-3}$$

H–B 模式，在特定条件下能够反映牛顿型流体、宾汉流体、幂律流体、H–B 流体的特性：

当 $\tau_0=0$，$n=1$ 时，液体为牛顿液体；当 $\tau_0\neq0$，$n=1$ 时，液体为宾汉液体；当 $\tau_0=0$，$n\neq1$ 时，液体为幂律液体；当 $\tau_0\neq0$，$n\neq1$ 时，液体为 H–B 液体。

实际上，判断流变模式最重要的标准，就是看理论流变曲线与实际流变曲线的吻合程度。H–B 模式不具有初始黏度（η_0）和极限黏度（η_∞），但其精度比多项式和其他流变模式好得多；幂律模式同样不具有初始黏度（η_0）和极限黏度（η_∞），其精度一般也比具有极限黏度（η_∞）的宾汉模式好。

在所有流变模式中，高、中剪切速率下的精度都较好，主要差在 150 s^{-1} 下的低剪切速率区。在低剪切速率下，两参数流变模式远不如三参数流变模式好。主要原因在于：有些模式不存在静切应力（如幂律模式）或缺乏控制流速曲线形状的流变参数（如宾汉模式）。另外，流变参数越多，流变模式的误差可能越小，但各参数的物理意义却不会太明显，计算也很复杂，而三参数模式相对就简便很多。

综上所述，三参数模式（H–B 模式）不论从适用范围（还适用于幂律模式、宾汉模式和牛顿模式）上，还是从计算的简便性和精确程度上，都具有明显优势。

研究稠油流变性最常用的方法就是利用流变仪等试验仪器对稠油流变参数之间的关系进行试验或理论研究，但该方法所考虑的问题并不是很全面。为此，张跃雷利用德国 RV20 型电流变仪对油样进行静态流变性测试，之后将用流变仪进行的试验研究与常温常压下建立的物理评价模型相结合，从动态和静态两种角度测量了不同条件下稠油的流变特性，分析了稠油塑性黏度、屈服应力、启动压力梯度等参数对稠油流变性规律的影响。张凯利用 Brookfield DV-Ⅲ+ 型流变仪，研究在某一剪切速率下稠油的流变特性，随后采用宾汉、幂律及广义宾汉本构方程对试验数据进行分析，结果都能较好地反映稠油的非牛顿流变特性。赵法军则利用旋转流变仪进行稠油黏温及流变特性的试验研究。结果表明，稠油的黏度对温度非常敏感，在温度小于拐点温度时，随温度升高黏度大幅度降低；在温度大于拐点温度时，对黏度影响不大。随着温度升高，原油流变性表现为牛顿流体特性。刑义良、郎兆新等利用 RV20 旋转黏度计、地层毛细管流变仪，对稠油在温度 30~80 ℃下进行了流变性的测量，其结果表明：温度对稠油的流变性有决定性的影响，在一定剪切速率范围内随温度的不同，流变性有明显差别。对每一种稠油存在一个临界温度 T_c，当 $T > T_c$ 时表现为牛顿型流体，当 $T < T_c$ 时表现为非牛顿型流体，其流变模式可用宾汉流体的本构方程表示。认为所研究稠油（地面脱气原油黏度 1206.3 mPa·s）本身属于牛顿型流体，没有松弛特性，其流动的非线性特征是由稠油在多孔介质中渗流引起的，表现为拟塑性特征，无黏弹性。

（二）流变性试验方法

稠油的流变性主要用于描述黏性流体的流动特征，体现在其运动过程中的黏度变化上。一般来说，温度是影响稠油黏度的主要因素，同时剪切速率、压力、沥青质和石蜡含量也是重要因素。在油气田开发研究中，常把原油作为牛顿流体进行研究，导致与实际油藏的渗流规律不符，影响开发方案的制订，因此有必要对稠油进行流变性规律研究，明确稠油的流变性特征，以更好地认识稠油油藏的渗流规律。

通过对八面河油藏不同黏度油样开展不同温度及不同剪切速率下的黏度测定，明确目标油藏黏度随温度的变化关系及剪切应力和黏度与剪切速率的关系，认识目标油藏稠油流变性特征。

试验采用 Brookfield DV-2 T 黏度计及配套的 Thermose 电子数控加热装置。Brookfield DV-2T 黏度计可测定较广范围的流体黏度，可测定黏度范围与选取的转子大小、形状及设定的转速有关，配套加热装置 Thermose 电子数控加热保温套，辅助不同温度的流体黏度测定。

试验原油样品采用取自现场 4 口井的地面脱气原油油样，试验温度分别为 50 ℃、60 ℃、70 ℃、80 ℃，试验压力为常压。

稠油流变性测定试验步骤：取适量待测油样放入样筒中，样品量应控制在转子没入样筒的 3/4 深度处（未充满或过分充满都会造成较大的误差），调节加热套温度至所需测量温度，待油样温度达到后，取合适的转子（63 号转子）进行黏度测定，通过改变转速测不同转速下的原油黏度；每组试验结束后继续升温至所需温度后，调节不同转速重复进行原油黏度测定，直至试验结束。

（三）流变性特征

1. 剪切应力与剪切速率关系

具有不同物理化学性质的流体，其剪切应力与剪切速率的相关系数是不相同的。对于稠油这种多相混合物液体，大分子固体颗粒（如沥青质）的大小、分布情况、在液体中的浓度以及胶质含量、饱和烃成分等相互间的动量交换、缔结长大、排列方式对其黏度影响较大。大多数原油是一种比较稳定的胶体分散体系，其分散相以沥青质为核心，以附于它的胶质为溶剂化层而构成胶团、胶束，其分散介质则主要由油分和部分胶质组成。从胶团、胶束中心到分散介质，其组成是逐渐变化过渡的。这些胶团、胶束的连接或被拆开是稠油黏温关系变化的实质。

从各油样剪切速率与剪切应力变化关系曲线（图 3-2-1~ 图 3-2-4）可以看出，各油样在不同温度下的剪切速率与剪切应力的关系曲线为一条不过坐标原点的曲线，表现出

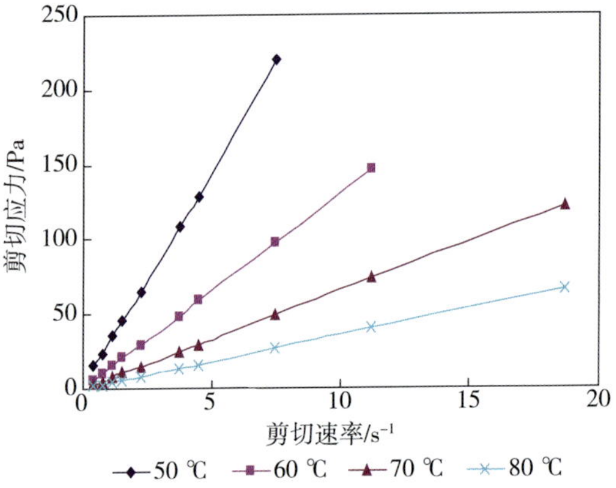

图 3-2-1　1 号油样剪切速率与剪切应力关系曲线

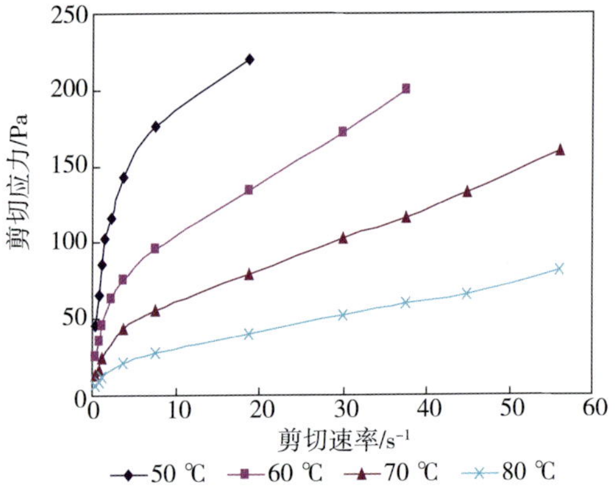

图 3-2-2　2 号油样剪切速率与剪切应力关系曲线

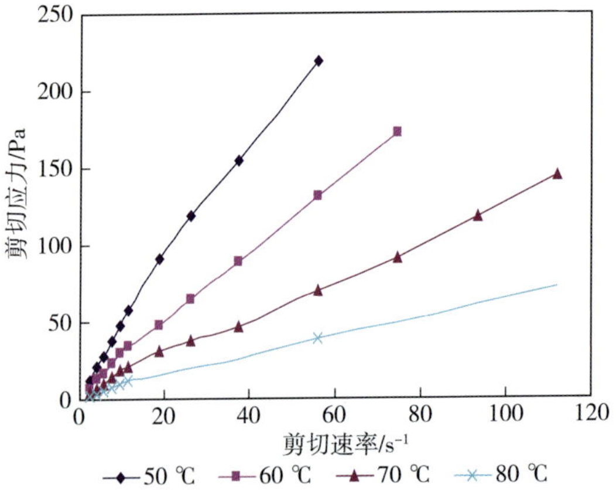

图 3-2-3　3 号油样剪切速率与剪切应力关系曲线

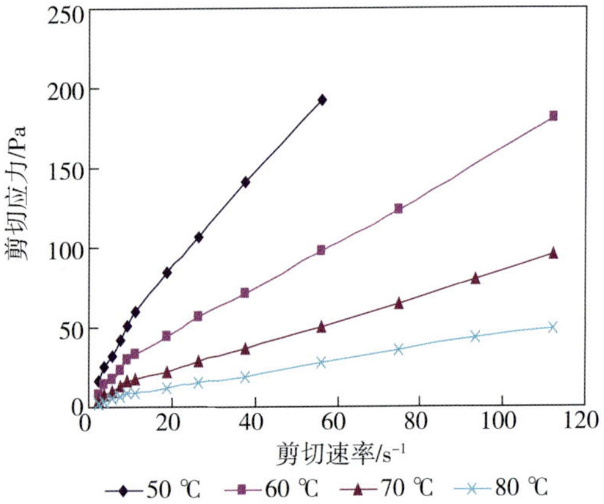

图 3-2-4　4 号油样剪切速率与剪切应力关系曲线

非牛顿流体特征，且随着温度升高，曲线斜率逐渐减小，说明稠油黏度随着温度升高而降低。在比较低的温度范围内，稠油黏度与温度有很强的依赖关系，随着温度降低，黏度大幅度增加，流动性变差。

2. 黏度与剪切速率的关系

黏度是反映流体在流动过程中内摩擦阻力的大小，原油的黏度直接影响它在地下的流动和渗流能力，所以原油黏度是反映原油的流动性能的重要参数之一。原油的黏度与胶质、沥青质的含量密切相关，通常原油含胶质、沥青质越多，其密度越大、黏度越高，并且原油的黏度对原油的流变行为模式有很大的影响。

分析 4 种原油的黏度特征曲线（图 3-2-5~ 图 3-2-8）可归纳出如下规律：

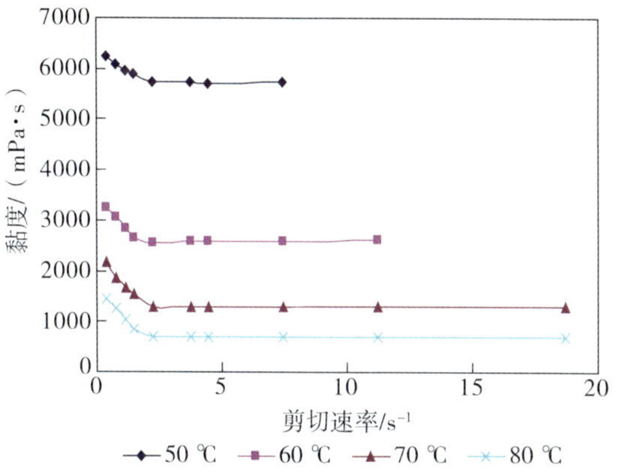

图 3-2-5　1 号油样剪切速率与黏度关系曲线

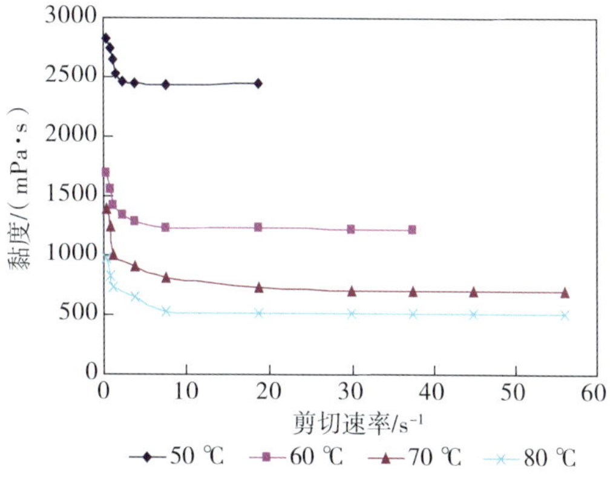

图 3-2-6　2 号油样剪切速率与黏度关系曲线

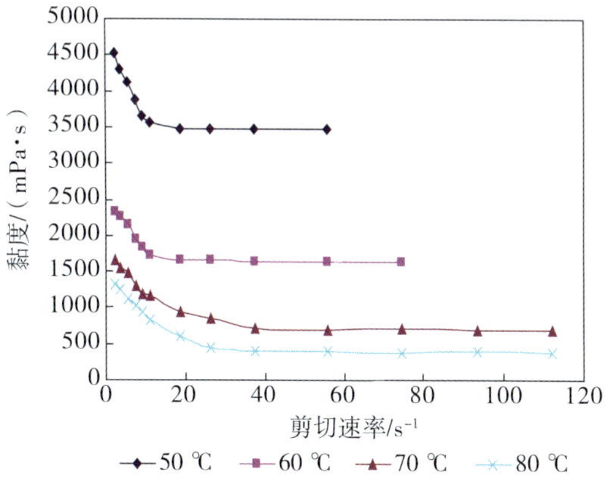

图 3-2-7　3 号油样剪切速率与黏度关系曲线

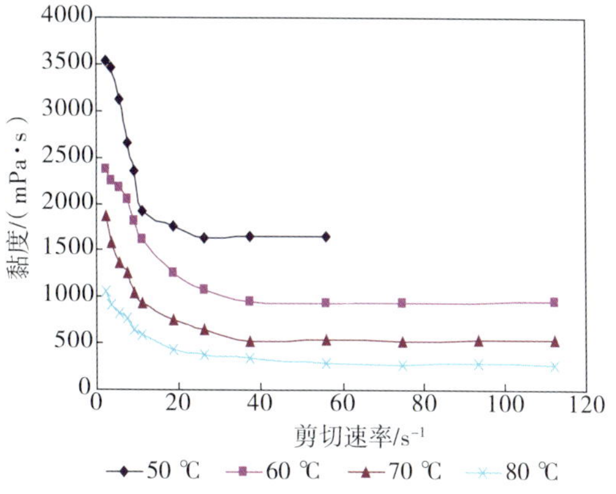

图 3-2-8　4 号油样剪切速率与黏度关系曲线

（1）原油黏度随剪切速率变化。从图中可以看出，随着剪切速率的增大，稠油黏度变小最后趋于稳定，这种现象称为剪切变稀特性。剪切变稀是非牛顿流体的特性，对于牛顿流体，其黏度是不随剪切速率的变化而变化的。

（2）稠油黏度在不同剪切速率范围内表现出不同的规律。从图中可以看出，在低剪切速率条件下，随着剪切速率的增加，黏度急剧下降；在高剪切速率条件下，随着剪切速率的增大，黏度下降变缓；当剪切速率大到一定值后，黏度基本不随剪切速率的变化而变化。造成这种现象的原因是，稠油在毛细管和岩心中流动时，随着剪切的进行，呈杂乱卷曲状的长链分子的细长纤维沿剪切方向有序排列起来，黏度下降。当剪切速率或渗流速度足够大时，这些杂乱卷曲分子已经最大限度地伸展和定向，黏度也达到了平衡，此时再加大剪切速率或渗流速度也不能改变黏度了。

（3）温度对原油流变特性的影响。在同一剪切速率下，稠油黏度随测定温度的增加而减小，温度越低，稠油黏度变化越大，稠油的非牛顿流体特征表现越显著。当温度增加到一定程度时，稠油的黏度与剪切速率的关系表现为近似牛顿流体，这是由于随着温度的升高，稠油中的重质组分，如沥青质、胶质等组分的溶解度增大，分子间作用力减小，分子相互运动时的内摩擦力减小。而当温度降低时，稠油中重质组分的分子间形成三维网状结构，阻碍分子间的相对运动，摩擦力较大，稠油流变性变差，黏度增大。

3. 黏度与温度的关系

温度对原油黏度影响很大，从 50 ℃升高到 80 ℃，1 号油样黏度从 5750 mPa·s 降低到 705.6 mPa·s，2 号油样从 2440 mPa·s 降低到 511 mPa·s，3 号油样从 3470 mPa·s 降低到 382 mPa·s，4 号油样从 1642 mPa·s 降低到 275 mPa·s（图 3-2-9~ 图 3-2-12）。随着温度的降低，原油黏度增大，温度越低，原油流变特征曲线的斜率变化幅度越大，非牛顿型流体特征越明显。当温度升到一定程度时，稠油的黏度随温度的升高缓慢减小。出现该种现象的原因是，随着温度的升高，原油中的石蜡、胶质、沥青质充分熔解，相互作用减弱，内摩擦力减小，当温度高于析蜡温度时，原油表现为近似牛顿流体或非牛顿流体较弱的流体；而当温度降低，特别是当原油温度低于其析蜡温度时，原油中析出的石蜡及沥青质微小颗粒分散在原油中，颗粒之间的相互作用形成具有一定强度的结构体，表现为黏度迅速增加。

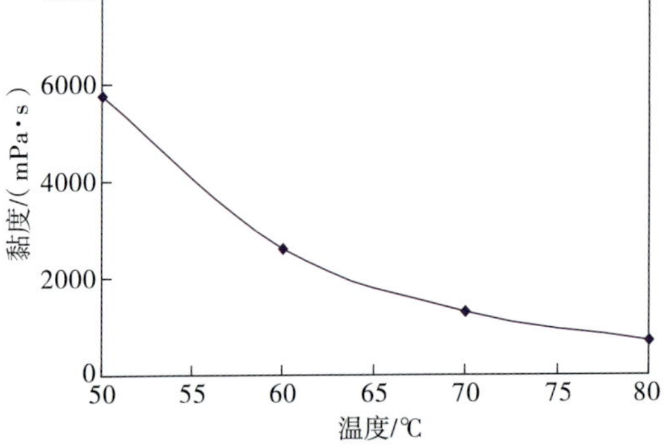

图 3-2-9　1 号油样黏度与温度关系曲线

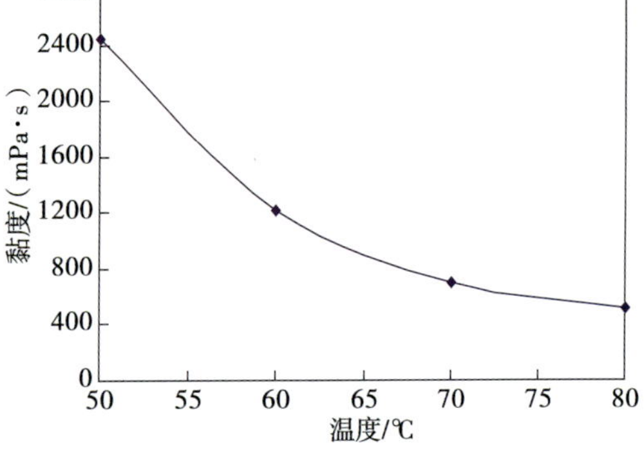

图 3-2-10　2 号油样黏度与温度关系曲线

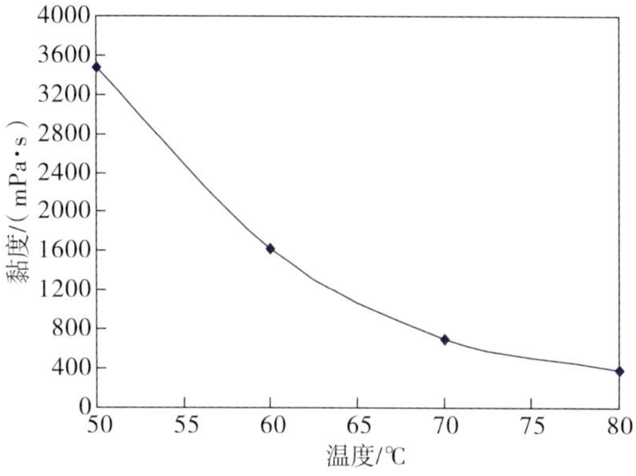

图 3-2-11　3 号油样黏度与温度关系曲线

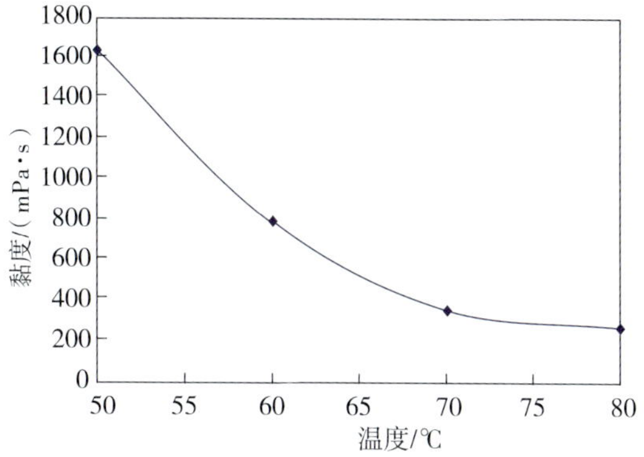

图 3-2-12　4 号油样黏度与温度关系曲线

二、稠油非线性渗流特征

(一)稠油非线性渗流概述

含胶质、沥青质稠油在地下渗流过程中，由于具有结构性这一特点，导致稠油在孔道内形成边界层，因此在较小的压力梯度范围内，稠油的结构尚未发生破坏而仅仅发生蠕动。当压力梯度增加至稠油结构开始发生破坏到完全破坏之间，其渗流规律表现出非线性渗流的特点。随压力梯度的不断增加，达到结构极限的破坏时，渗流速度与压力梯度呈现拟线性关系。

据我国多个非牛顿原油油田的原油渗流流变特性测试研究结果，归纳起来主要渗流特征有 3 种类型(图 3-2-13)。

Ⅰ型曲线是带有初始压力梯度的渗流类型，这一类型原油在地层中渗流时，其压力梯度必须大于所谓的“启动压力梯度”，且渗流速度随着压力梯度增大而增加，表现为拟线性渗流。这是因为稠油因富含胶质、沥青质、蜡等高分子聚合物而表现出非牛顿性。在不流动时，具有三维网状空间结构(流动时可能保留三维网状空间结构，可能被部分破坏，也可能被完全破坏)，它起到牵制流体流动的作用。当打开井进行生产时，压力梯度必须大于某一值时，才能破坏原油的三维网状空间结构，使原油流动起来。

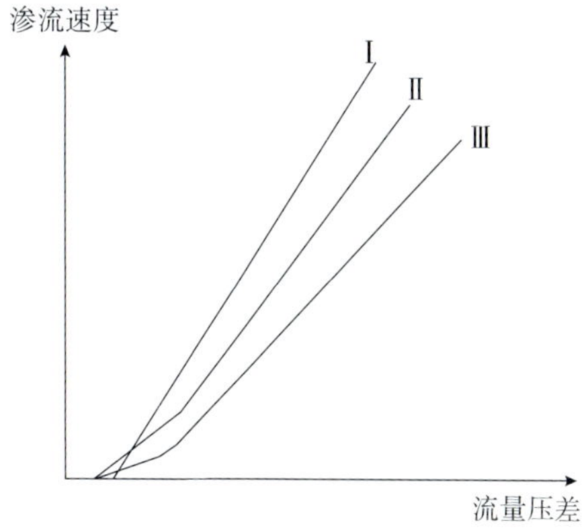

图 3-2-13　非牛顿原油非线性渗流特征曲线示意图

Ⅱ型曲线为可分为两段线性渗流类型。这一类型原油在地层中渗流时，其压力梯度小于某一值时，原油的三维网状空间结构未被破坏，原油渗流速度随着压力梯度增大而缓慢增加。当其压力梯度大于某一值时，原油的三维网状空间结构被完全破坏，渗流速度随着压力梯度增大而较快增加，表现为拟线性渗流。这一类型原油的渗流方程可以用分段线性（或拟线性）方程来表示。

Ⅲ型曲线为可分为三段线性渗流类型。这一类型原油在地层中渗流时，其压力梯度小于某一值时，原油渗流速度随着压力梯度增大而缓慢增加；当其压力梯度大于某一值时，渗流速度随着压力梯度增大而较快增加，表现为拟线性渗流；当其超过另一压力梯度值后，原油的三维网状空间结构被完全破坏，渗流表现为达西渗流。这一类型原油渗流方程也可以用三分段线性（或拟线性）方程来表示。

稠油非线性渗流的影响因素主要包括以下方面。

1. 温度

随着温度的升高，原油的渗流特征曲线越来越靠近渗流速度轴，原油在岩心中渗流的非线性段变短，原油的初始剪切应力和初始启动压力梯度变小。这些都说明随温度升高原油的黏度降低，其流动性变好。

2. 岩心的渗透率

随着渗透率的增大，原油的渗流特征曲线的非线性段变短，非线性段进入线性段的初始剪切应力和初始启动压力梯度变小，因而非达西流特性表现得越来越弱。

3. 胶质、沥青质和蜡含量

随着原油中胶质、沥青质和蜡结晶含量增多，原油的结构力学性质加强，原油在岩心中渗流需要较大的压力梯度才能破坏已经形成的结构力学。而随着所需压力梯度的增大，原油在多孔介质中的渗流能力降低，这主要是由于岩心具有复杂的孔隙孔道结构，随着原油结构力学性质的加强，原油仅仅在较大的岩石孔隙通道里才能渗流，这里的压力梯度足以破坏结构；而在相对较小的岩石孔道通道里，在该压力梯度下，原油结构或者部分被破坏，或者没有被破坏，因此原油在岩心中的渗流能力降低。

非线性渗流存在启动压力梯度，只有当压力梯度大于启动压力梯度时，原油才会流动，系统研究启动压力梯度对稠油砂岩油藏的高效开发具有重要意义，也为之后建立数学模型提供可靠的依据。目前确定启动压力梯度的方法主要有室内物理试验模拟、数值试验和试井解释 3 种。

1）物理试验模拟

（1）渗流曲线拟合法：利用稳态法测量渗流曲线，然后对曲线进行拟合得到启动压力梯度。稳态法包括恒压法与恒流法。恒压法是通过设定岩心入口端的压力，测量该压力下岩心出口端的液体流量，直至流量达到一稳定值；然后逐渐增加岩心入口端的压力，测量不同压力下的稳定流量，根据稳定时的流量与压差，绘制渗流曲线。恒流法则是通过设定岩心入口端的流量，记录稳定时岩心出口端的流量，绘制渗流曲线。之后，利用曲线在压差坐标轴上的截距来求取岩心的启动压力梯度。利用该方法得到的启动压力梯度并非岩石的真实启动压力梯度，且不能对流体进行正确的描述。

（2）非稳态法：非稳态法是在非稳态渗流中测量压力的试验方法，该方法在研究非线性渗流规律时，主要用于确定启动压力梯度。通过建立不稳定渗流方程，并用有限差分方法进行数值求解，得到岩心封闭端的不稳定无量纲压力曲线。在双对数坐标图上，用实测压力数据和理论无量纲压力曲线拟合，求出岩心的启动压力梯度。非稳态法是通过试井解释的方法来确定启动压力梯度的，测出的启动压力梯度被认为是拟启动压力梯度，要大于岩石的真实启动压力梯度。

（3）毛细管平衡法：毛细管平衡法测量启动压力梯度是采用连通器原理，测量启动压力梯度时在岩心进出口端连接毛细管，重力的作用会使进口端流体通过岩心流向出口端，两端液面经过充分平衡后，最终会保持一个高度差，该高度差即是该样品的最小启动压力值。这种方法测量过程耗时，明显降低了试验的效率。

（4）非稳态驱替－毛细管法："非稳态驱替－毛细管计量法"是通过在岩心夹持器出口端充满液体，然后以微流量注入液体，待岩心出口端液面开始移动，此时的压力即为最小启动压力。李爱芬建立了一种新的"毛细管平衡法"，以小流速进行驱替至岩心出口端液面开始流动，关闭进液开关，记录不同时刻汞柱压差计上的液柱高度，直至液柱高度稳定，由此计算岩心的启动压力及启动压力梯度。也有研究人员认为，观测毛细管中液面向前移动瞬间难度很大，因此，通过记录液面发生单位刻度位移来判断岩心中流体的流动。当液面发生单位位移时，停泵并关闭入口端阀门，最终通过平衡法求出最小启动压力，即当毛细管中液面不再移动且精密仪表读数不变时，此时读取的仪表压力值就是此岩心最小启动压力。该方法能够明显缩短测量启动压力梯度的时间，但对于微流量的选择并没有一定的说明，驱替流量很可能会直接影响测量得到的启动压力梯度的结果。

2）数值试验

数学模型则是通过考虑影响启动压力梯度的各种因素，建立数学方程式，从而间接求解最小启动压力梯度。V.Kadet 与 D.Polonsky 通过考虑大、小速率下宏观流动定律的渐进性，研究宏观最小启动压力梯度与微观介质非均质性参数间的相关关系。设计了考虑惯性损失的宾汉塑性非线性渗流定律，进而求出非牛顿流体驱替的最小启动压力梯度。柴振华提出基于格子 Boltzmann 的方法研究非线性渗流，格子 Boltzmann 方法起源于格子气自动机，与以连续微分方程为基础的宏观计算流体力学方法有着本质的不同，根据流体微观模型和细观流动理论方程的方法，其不受连续假设的限制。Meijuan Yun 在多孔介质孔隙性质和毛细管压力效应的基础上，提出了多孔介质宾汉流体的启动压力梯度的不规则模型。模型中的每一个参数具有明确的物理意义，并且这个模型把多孔介质的结构参数、屈服应力、毛细管压力参数和多孔介质的分维数与宾汉流体的启动压力梯度联系起来。

数值试验方法从另一个角度研究了启动压力梯度，但该方法仍然有许多问题值得研究人员解决：①非线性渗流不符合达西流，这就要求在进行数值求解过程中需加以考虑非达西流这一问题，由于影响渗流的因素很多，目前还没有一个解决此类问题的标准；②数值方法虽然有简便快捷、参数范围变化大等优点，但是该方法必须依赖地层的孔喉分布规律和一定的对比试验。

3）试井解释

刘曰武等人根据前人的经验，提出了试井解释方法来解决启动压力梯度的问题，通过提出与常规油藏不同的控制方程、流动速度方程、内外边界条件来建立模型。试井解释方法是现场动态的、原位的测试，它动态地反映了储层的变化规律，因此用试井方法确定的启动压力梯度有着积极的现实意义。这种方法的缺点在于，现场施工时间较长且费用较高。

4）其他

徐德敏等人根据非达西流线性段的渗流特点，提出“二次平均法”和改进后的“三次平均法”推算拟启动压力梯度：首先统一调整实测渗透系数值，然后确定绝对渗透系数值，再根据该值确定 K 值，3 次取平均推算拟启动压力梯度。该方法计算工作量大且精确度低，同样不适用于实际应用过程中启动压力梯度的确定。

（二）全流度范围稠油启动压力梯度特征

由于储层非均质性的存在，储层层间和层内各部渗透率差异明显，且各储层间稠油黏度差异较大，稠油在储层中的渗流规律不能通过单一储层描述，因而需开展目标油藏全流度范围内的启动压力梯度试验，以明确全油藏的启动压力梯度特征。

根据八面河稠油油藏渗透率与黏度范围，选取与目标油藏渗透率级别相同的人造岩心，配制符合目标油藏黏度范围的模拟油，以涵盖全油藏流度范围，通过进行单相油驱替试验，测定不同岩心在不同黏度原油不同流速驱替下的稳定压差，绘制流量与压力梯度的关系曲线，曲线直线段的延长线在压力梯度坐标上的截距即为岩心拟启动压力梯度值，从而确定稠油启动压力梯度，认识全目标油藏的稠油启动压力梯度特征。

全流度范围内稠油启动压力梯度试验流程见图 3-2-14，试验仪器主要包括 ISCO 泵（流速范围 0.001~30 mL/min；压力范围 0~70 MPa）、岩心夹持器、手摇泵、活塞式中间容器、压力表（量程 0.1 MPa、1.6 MPa、4 MPa、10 MPa，精确度 0.4 级）和毛细管等。

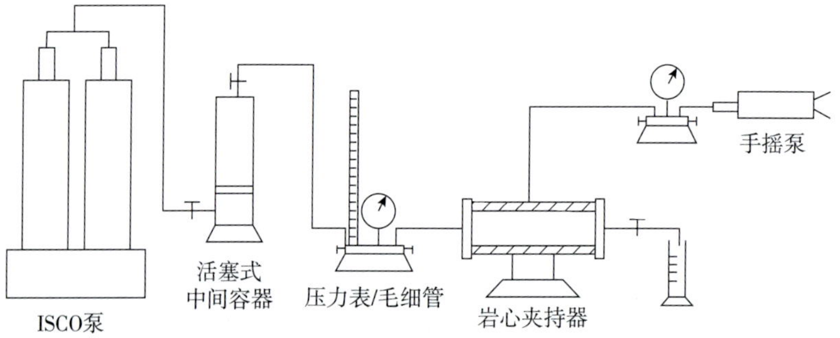

图 3-2-14 单相流体渗流试验流程示意图

试验原油样品采用模拟地层原油，取现场井口落地油样根据地层资料在试验室与航空煤油复配所得，黏度范围 437.6~2385.5 mPa·s。岩心样品采用与目标油藏渗透率范围相近的直径为 25 mm 的人造岩心柱，渗透率范围（238.45~878.6）× 10^{-3} μm²。因此，试验流度范围（0.100~1.948）× 10^{-3}μm²/（mPa·s）。试验温度为常温，试验压力为常压。

试验时先将选取的试验岩心放入抽真空饱和试验装置中抽真空并加压饱和模拟地层油，并静置老化 24 h；将老化完毕的试验岩心放入岩心夹持器中，排空入口管线，以泵的最小流速 0.001 mL/min 用模拟油驱替岩心，当出口端流体刚开始动时记录此时的毛细管高度，计算压力，此时的压力即为真实启动压力。继续用泵分别以 0.003 mL/min、0.005 mL/min、0.01 mL/min、0.03 mL/min、0.05 mL/min、0.07 mL/min、0.1 mL/min、0.3 mL/min、0.5 mL /min 的流速驱替岩心至压力稳定，记录不同流量下的稳定压差，计算压力梯度，直至流速与压力梯度的关系符合线性规律即可停止试验，绘制流量与压力梯度关系曲线，确定拟启动压力梯度。

1. 拟启动压力梯度、真实启动压力梯度与流度关系

拟启动压力梯度、真实启动压力梯度与流度的变化关系曲线如图 3-2-15、图 3-2-16 所示。可以看出，拟启动压力梯度和真实启动压力梯度与流度之间呈幂指数关系。流度较小时，随流度的增加启动压力梯度下降较快，随着流度的不断增加，启动压力梯度下降幅度减缓。由于随着原油黏度的不断减小，原油中胶质、沥青质以及高分子烃类含量减少，造成原油结构特性变弱；在多孔介质中流动时，分子间作用力变小，减小了流动阻力，并且随着渗透率的增加，这种阻力减小的速度变快，从而导致原油启动压力梯度随流度的增加逐渐减小。

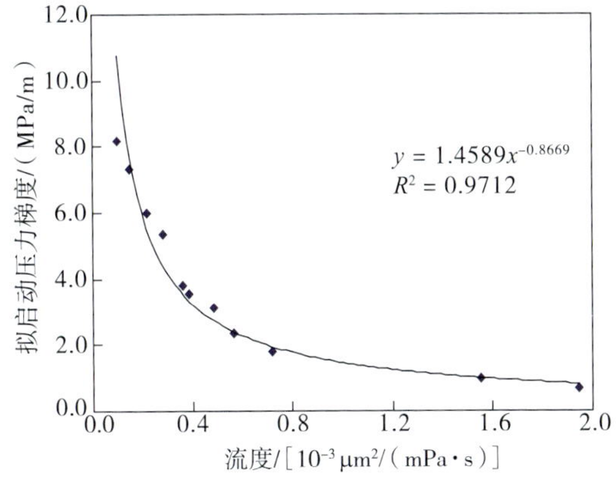

图 3-2-15 拟启动压力梯度与流度关系曲线

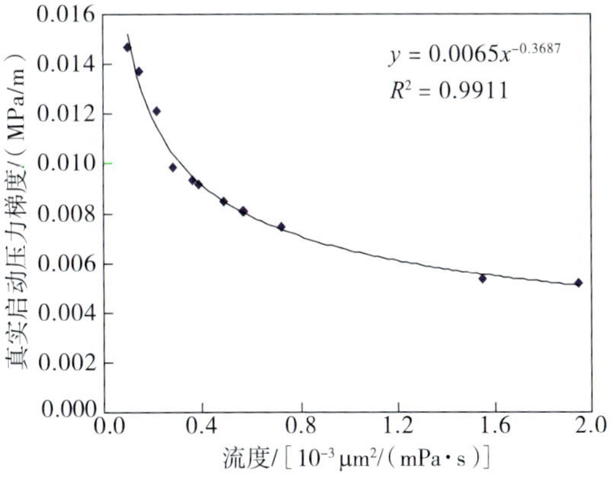

图 3-2-16 真实启动压力梯度与流度关系曲线

2. 拟启动压力梯度、真实启动压力梯度与气测渗透率关系

拟启动压力梯度、真实启动压力梯度与气测渗透率的关系曲线如图 3-2-17、图 3-2-18 所示。可以看出，气测渗透率越低，真实和拟启动压力梯度越大，且真实和拟启动压力

梯度随气测渗透率的增加，刚开始下降较快，超过一定值后下降趋势变缓。岩心渗透率越低，岩石孔喉越细，固体表面对边界层流体作用力越大，流体流动所需克服的阻力越大，使得启动压力梯度越大。

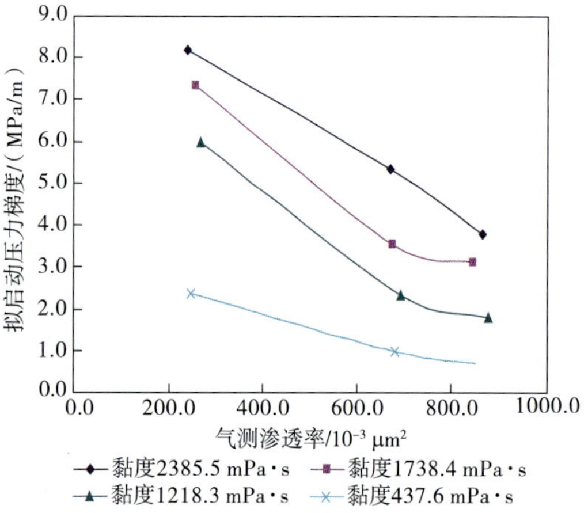

图 3-2-17　拟启动压力梯度与气测渗透率关系曲线

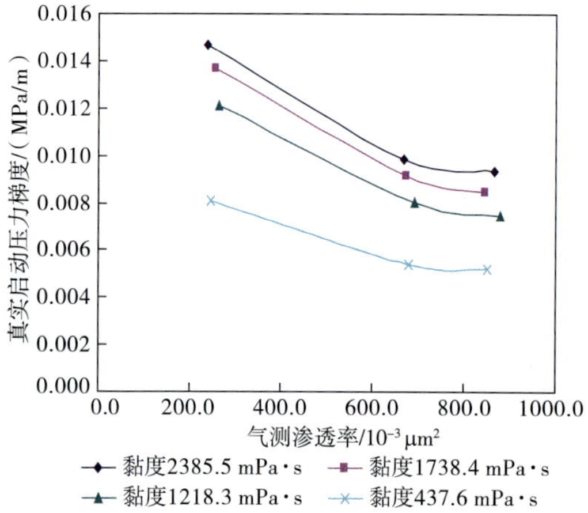

图 3-2-18　真实启动压力梯度与气测渗透率关系曲线

3. 拟启动压力梯度、真实启动压力梯度与黏度关系

拟启动压力梯度、真实启动压力梯度与黏度的关系曲线如图 3-2-19、图 3-2-20 所示。可以看出，在同一气测渗透率条件下，真实和拟启动压力梯度均随着黏度的增加逐渐增大，其中真实启动压力梯度随黏度的增加刚开始增加较快，后续增加幅度变缓，拟启动压力梯度在 680×10^{-3} μm^2 气测渗透率下随着黏度的增加保持上升趋势，其余渗透率范围在黏度超过 1738.4 mPa·s 后上升趋势变缓。

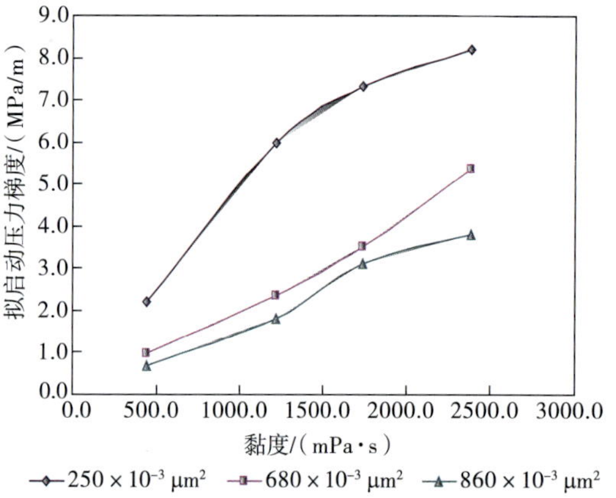

图 3-2-19　拟启动压力梯度与黏度关系曲线

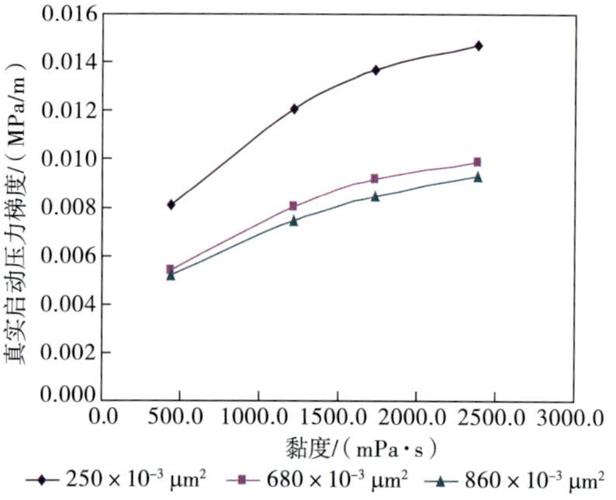

图 3-2-20　真实启动压力梯度与黏度关系曲线

（三）束缚水条件下稠油启动压力梯度特征

进行不同渗透率岩心在束缚水状态下的原油驱替试验，测定岩心在不同流速驱替下的稳定压差，绘制流量与压力梯度的关系曲线，曲线直线段的延长线在压力梯度坐标上的截距即为岩心拟启动压力梯度值，从而确定稠油启动压力梯度，明确目标油藏原油在束缚水条件下的启动压力梯度与渗透率的关系。

试验地层水样根据目标油藏地层水矿化度（27000 mg/L）配制标准盐水，试验前用 0.45 μm 滤膜经砂芯漏斗过滤；原油样品采用模拟地层原油，取现场井口落地油样根据地层资料在试验室与航空煤油复配所得；岩心样品采用与目标油藏渗透率范围相近的直径为 25 mm 的人造岩心柱；试验温度为常温，试验压力为常压。

试验时首先将选取的试验岩心放入抽真空饱和试验装置中抽真空并加压饱和地层水；将饱和地层水的岩心称湿重后放入岩心夹持器中，用氮气驱的方式建立束缚水饱和度，通过称量气驱前后的岩心质量计算束缚水饱和度；气驱完毕，将岩心进行抽真空加压饱和试验用模拟地层油，饱和完毕老化 24 h；将老化完毕的试验岩心放入岩心夹持器中，排空入口管线，以泵的最小流速 0.001 mL/min 用模拟油驱替岩心，当出口端流体刚开始动时记录此时的毛细管高度，计算压力，此时的压力即为真实启动压力。继续用泵分别以 0.003 mL/min、0.005 mL/min、0.01 mL/min、0.03 mL/min、0.05 mL/min、0.07 mL/min、0.1 mL/min、0.3 mL/min、0.5 mL/min 的流速驱替岩心至压力稳定，记录不同流量下的稳定压差，计算压力梯度，直至流速与压力梯度的关系符合线性规律即可停止试验，绘制流量与压力梯度关系曲线，确定拟启动压力梯度。

1. 拟启动压力梯度、真实启动压力梯度与气测渗透率关系

拟启动压力梯度、真实启动压力梯度与气测渗透率的变化关系曲线如图 3-2-21、图 3-2-22 所示。可以看出，在同一黏度原油驱替下，拟启动压力梯度和真实启动压力梯度均随气测渗透率的增加逐渐减小；在刚开始时，随着气测渗透率的增加，启动压力梯度下降明显，在气测渗透率高于 $600 \times 10^{-3}\ \mu m^2$ 后，启动压力梯度下降趋势变缓。随着岩心渗透率的增大，稠油在多孔介质中的渗流阻力减小，稠油易于流动，启动压力梯度减小。在同一气测渗透率条件下，黏度越高，启动压力梯度越大。

2. 单相渗流拟启动压力梯度、真实启动压力梯度与流度关系

全流度范围内和束缚水下单相渗流拟启动压力梯度、真实启动压力梯度与流度的对比关系曲线如图 3-2-23、图 3-2-24 所示。可以看出，在相同流度条件下，束缚水条件下的真实和拟启动压力梯度要小于无束缚水状态下纯油相的真实和拟启动压力梯度，这是由于水的存在降低了边界层的相对厚度，边界层的黏滞阻力和固液界面的吸附阻力减小，使得启动压力梯度小于无束缚水状态下的启动压力梯度。

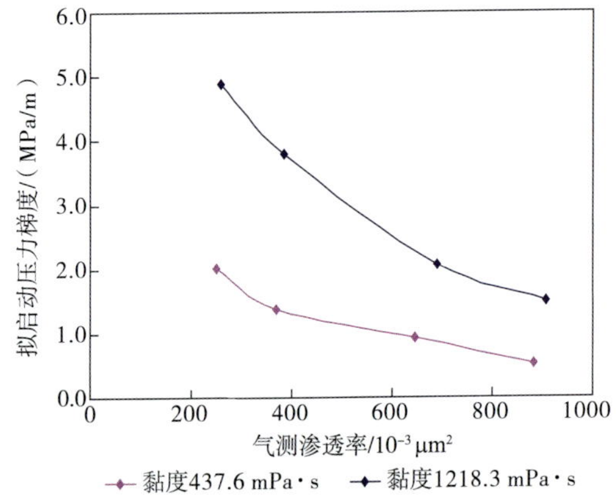

图 3-2-21　束缚水下拟启动压力梯度与气测渗透率关系曲线

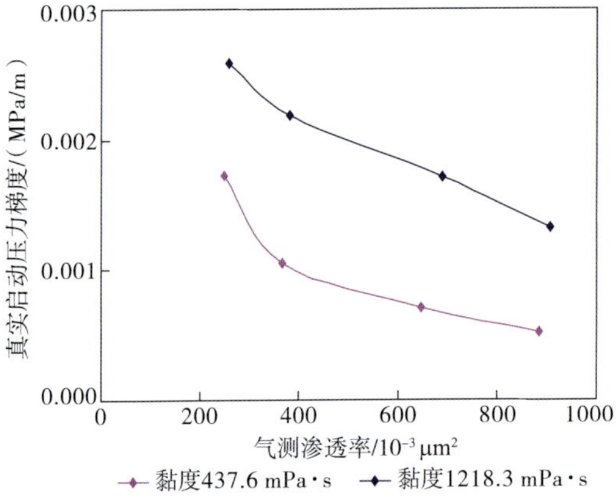

图 3-2-22　束缚水下真实启动压力梯度与气测渗透率关系曲线

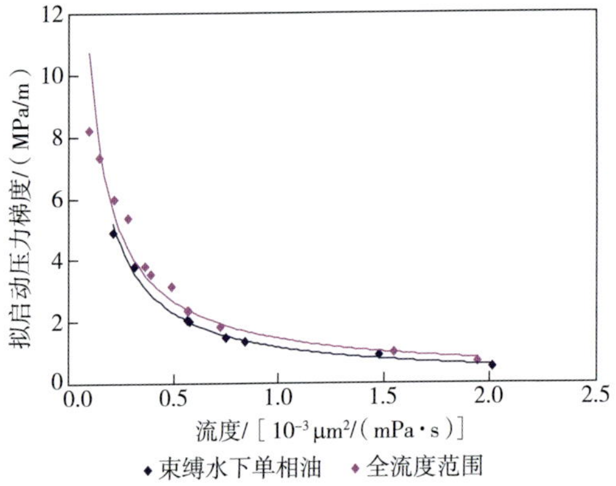

图 3-2-23　拟启动压力梯度与流度关系曲线

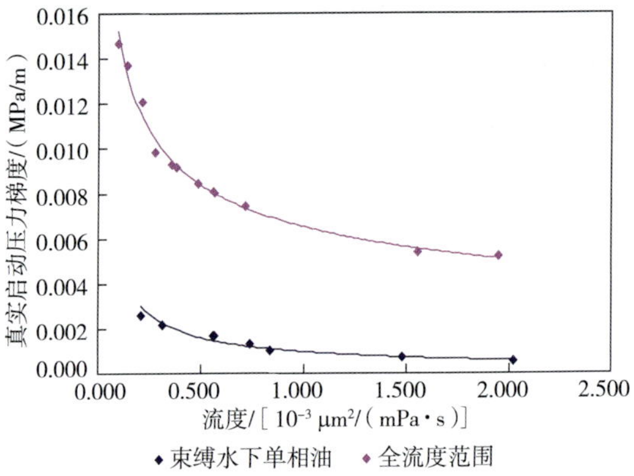

图 3-2-24　真实启动压力梯度与流度关系曲线

第三节　水驱开发基本规律

一、采油采液指数变化规律

采油、采液指数的大小受油层性质、厚度、流体性质、完井条件及泄油面积等影响。对于每一个油田，其采油、采液指数随含水的上升都有其一定的变化规律。

（一）相对渗透率曲线计算无因次采油采液指数

选取面 4 区代表井 M4–7–25 井的相对渗透率曲线（图 3–3–1）计算其理论无因次采油采液指数，根据计算结果绘制理论无因次采油采液指数曲线（图 3–3–2）。结果表明，随着含水上升，其无因次采油指数逐渐减小，无因次采液指数逐渐增大。

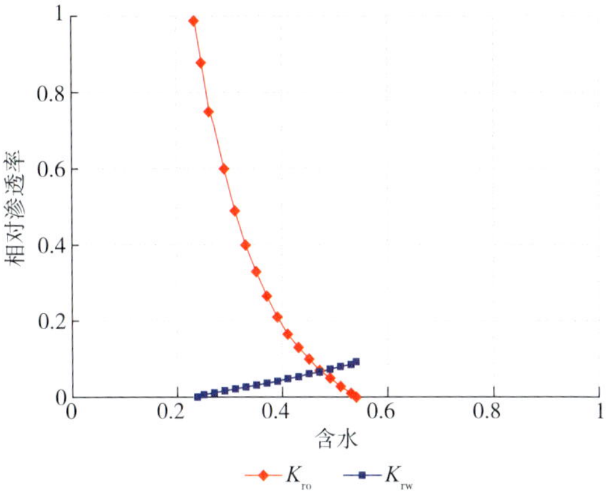

图 3–3–1　M4–7–25 井相对渗透率曲线

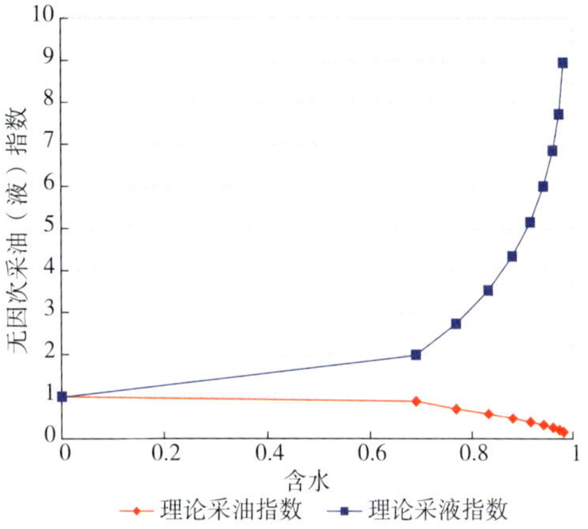

图 3–3–2　理论无因次采油采液指数曲线

（二）开发数据统计无因次采油采液指数

统计实际生产数据，计算南区各开发单元无因次采油采液指数（图 3–3–3）。结果表明，随着含水上升，无因次采油指数逐渐减小，无因次采液指数逐渐增大。

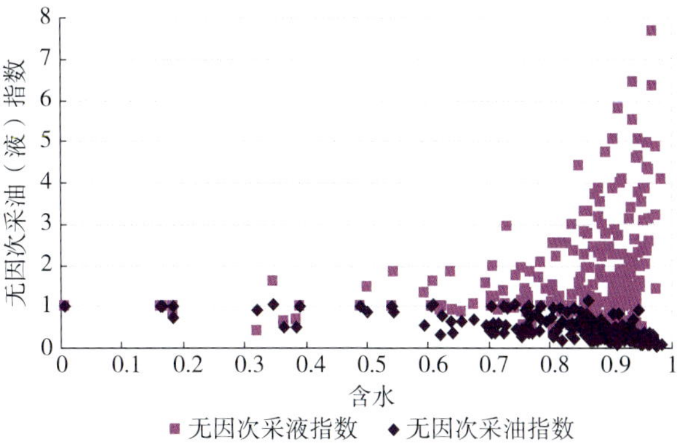

图 3–3–3　八面河南区无因次采油采液指数与含水关系曲线

（三）无因次采油采液指数变化规律

综合相渗曲线和生产数据所得无因次采油采液指数结果，随含水上升，无因次采油指数逐渐减小，无因次采液指数逐渐增大。进入高含水期后，无因次采液指数大于2。含水大于90%以后，无因次采液指数增速加大。

因此，油田进入高含水期后，只要保持稳定的生产压差，产液量会不断提高；同时高含水期含水上升率低，合理提液有助于减缓产油量递减。

二、产量递减规律

（一）水驱稠油油藏理论递减模型

稠油油藏具有较强的非牛顿流体渗流特征，即幂律性，根据刘慈群《非牛顿流体弹性径向渗流近似解》可以得到稠油的产油量公式：

$$q_o = 2\pi h \left[\frac{\Delta p}{\frac{1}{KK_{ro}} \cdot \frac{C\left(3+\frac{1}{n}\right)^n}{4\left(\sqrt{8KK_{ro}\varphi}\right)^{n-1}} \cdot \frac{\left(r_e^{1-n} - r_w^{1-n}\right)}{1-n}} \right]^{\frac{1}{n}} \tag{3-3-1}$$

式中：K为油层渗透率，μm²；$K_{ro}(S_w)$为油相相对渗透率；h为油层厚度，m；Δp为生产压差，Pa；r_e为供油半径，m；r_w为油井半径，m。C为幂律指数。

投产初期，油相相对渗透率为1，油井初始产量为：

$$q_{oi} = 2\pi h \left[\frac{\Delta p}{\frac{1}{K} \cdot \frac{C\left(3+\frac{1}{n}\right)^n}{4\left(\sqrt{8K_{ro}\varphi}\right)^{n-1}} \cdot \frac{\left(r_e^{1-n} - r_w^{1-n}\right)}{1-n}} \right]^{\frac{1}{n}} \tag{3-3-2}$$

把式（3-3-2）代入式（3-3-1）得

$$q_o = q_{oi} K_{ro}^{\frac{n+1}{2n}} \tag{3-3-3}$$

室内试验表明：稠油油藏的油相相对渗透率与含水饱和度主要呈指数关系，即油相相对渗透率与含水饱和度关系式为

$$K_{ro}(S_w) = a\mathrm{e}^{-bS_w} \tag{3-3-4}$$

把式（3-3-4）代入式（3-3-2），整理积分代入式（3-3-3）得

$$q(t) = q_{oi}\left(\frac{q_{oi}B_o}{V\varphi} \cdot \frac{n+1}{2n} bt + 1\right)^{-1} \tag{3-3-5}$$

式中：B_o为原油体积系数。

令初始递减率V表达式为：

$$D_i = \frac{q_{oi}B_o}{V\varphi} b \quad m = \frac{2n}{n+1} \tag{3-3-6}$$

得
$$q(t)=q_{oi}\left(1+\frac{D_i}{m}t\right)^{-1}$$

不考虑稠油的幂律性，即 n=1，则可简化为
$$q(t)=q_{oi}\left(1+D_i t\right)^{-1} \tag{3-3-7}$$

即常规 Arps 公式中的广义调和递减方程。

选取八面河南区 M4-7-8 等 4 口井相渗曲线进行归一化处理，得出八面河南区的相渗归一化曲线（图 3-3-4），拟合结果证明油相相对渗透率与含水饱和度呈幂函数关系。结合理论公式可以得到，油藏的递减类型为调和递减。

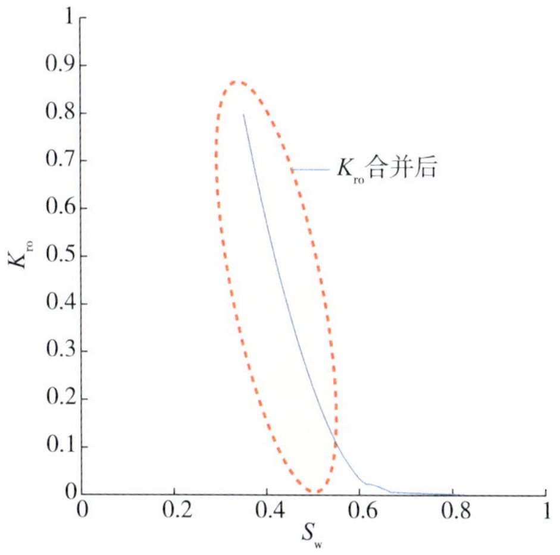

图 3-3-4 八面河南区的相渗归一化曲线

（二）产量递减类型分析

以面 4 区为例，建立了 16 个井组的递减模型，从整体上看为调和递减，但递减率存在差异，受井网条件、注水时机、层系特征等影响。

不同井网条件下，初始递减率特征（图 3-3-5）：天然能量（5.13%）> 单向注水对应（3.71%）> 多向注水对应（3.28%）。

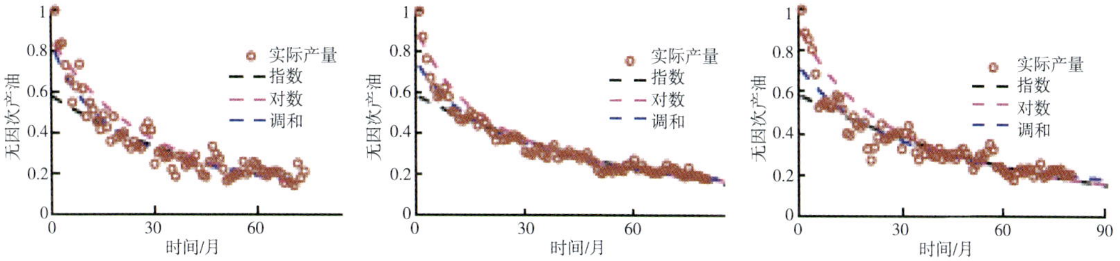

（a）天然能量生产油井递减曲线 （b）单向对应下生产油井递减曲线 （c）多向对应下生产油井递减曲线

图 3-3-5 沙三上不同井网下产量递减模型图

不同注水时机下，初始递减率特征（图 3-3-6）：滞后注水（5.74%）> 同期注水（5.61%）> 超前注水（4.17%）。

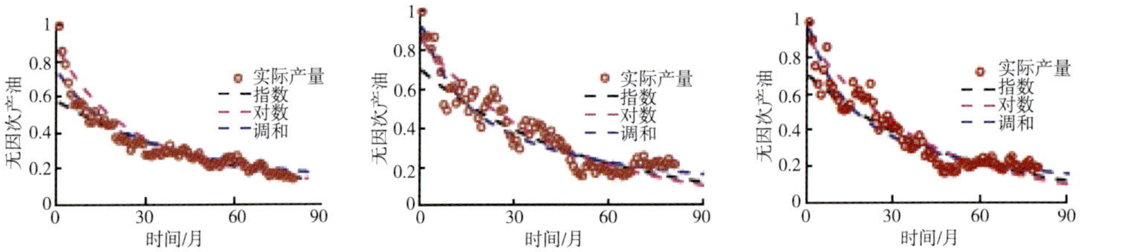

（a）超前注水下生产油井递减曲线 （b）同期注水下生产油井递减曲线 （c）滞后注水下生产油井递减曲线

图 3-3-6 沙三上不同注水时机下产量递减模型图

不同层系产量递减规律差异主要包括：

（1）初期递减率随储层流动系数的增大而减小（图 3-3-7）。

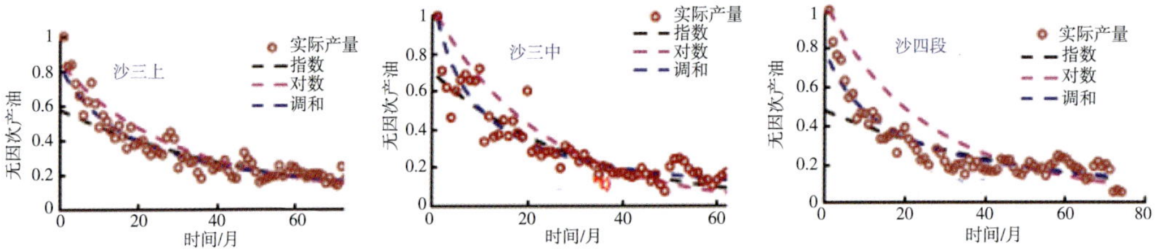

图 3-3-7 不同层系天然能量产量递减模型图

（2）不同开发层系单向对应对比：沙三中（8.95%）> 沙四段（4.67%）> 沙三上（3.71%）。多向对应对比：沙四段（4.01%）> 沙三中（3.68%）> 沙三上（3.28%）。通过开发方式的调整，能有效减缓递减（图 3-3-8）。

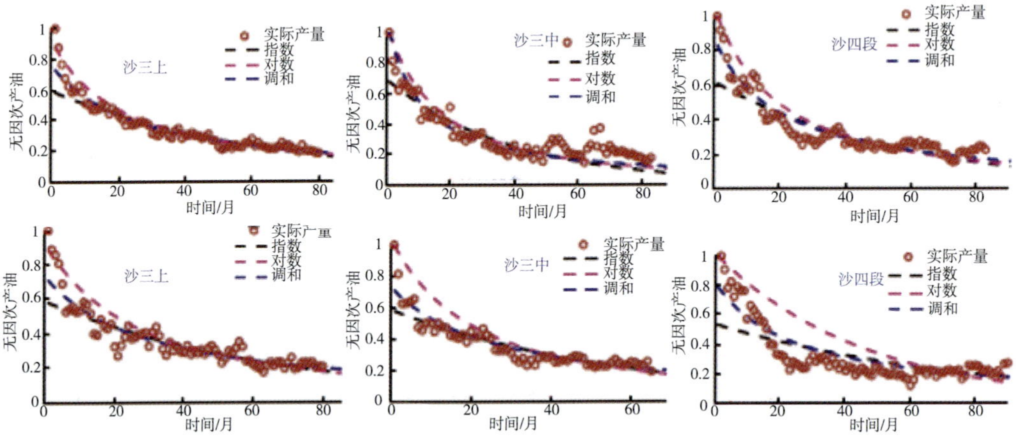

图 3-3-8 不同层系不同井网下产量递减模型图

（3）不同开发层系同期注水对比：沙四段（6.93%）> 沙三上（5.61%）> 沙三中（4.17%）。滞后注水对比：沙四段（7.32%）> 沙三上（5.74%）> 沙三中（5.53%），见图 3-3-9。

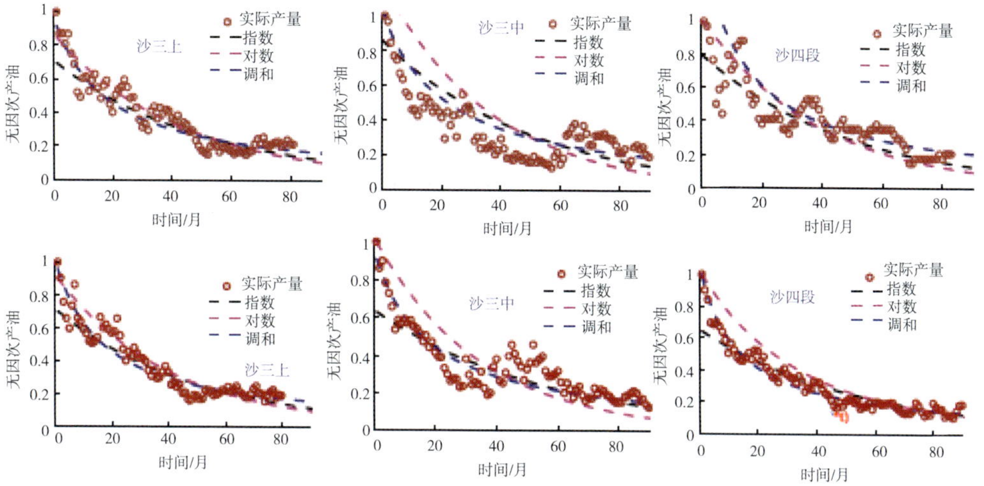

图 3-3-9　不同层系不同注水时机下产量递减模型图

三、含水上升规律

统计含水与采出程度关系曲线呈凸形（图 3-3-10），各开发阶段含水上升速度不同。

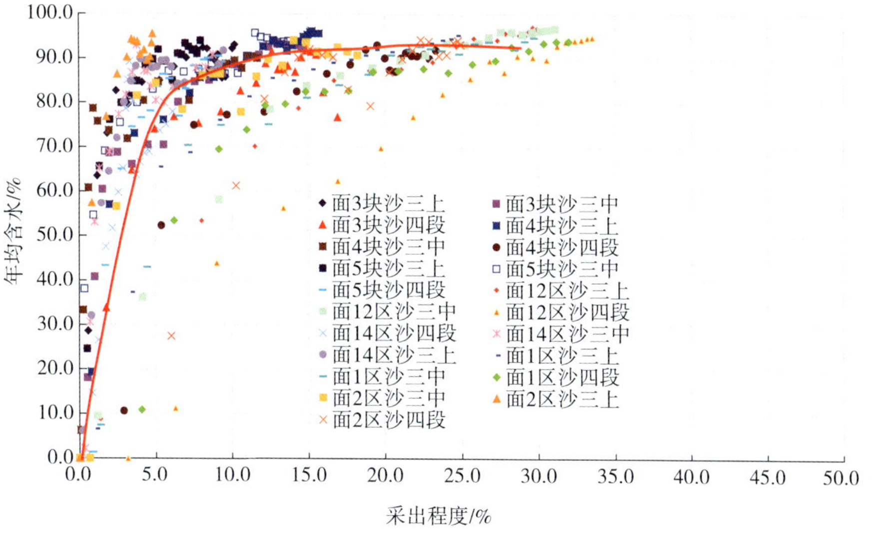

图 3-3-10　八面河南区地质储量采出程度与年均含水关系曲线

（一）无水采油期短，无水采油量低

南区 1986 年 5 月投入开发，1987 年 7 月投入注水开发，注水后油井见水早，无水采油期短，甚至没有无水采油期。面 4 区 1987 年 12 月前投产的 115 口油井中有无水采油期的井为 107 口，平均无水采油期 245 天，平均无水采油量 1995 t。

（二）中低含水期采出程度低，含水上升速度快

南区中低含水期采出程度低，含水达到 60.8% 时总采出程度仅为 2.8%。投产初期含水上升速度快，含水上升率在 10% 以上。原油黏度较高的面 4 区沙三上和沙三中，含水 60% 时采出程度分别为 1.23% 和 1.40%，平均含水上升率分别为 50% 和 43%。

（三）高 / 特高含水期含水上升速度慢，是主要的采油阶段

进入高含水期后含水上升速度变缓、含水上升率逐步下降，含水大于 80% 后含水上升率一般小于 5%。进入特高含水期后，含水上升率基本上小于 2%。2007 年南区含水 92.7%，采出程度为 14.54%，含水上升率为 0.8%。高含水期是南区主要的采油阶段。

四、吸水指数变化规律

统计整个南区注水井的视吸水指数，绘制南区视吸水指数与含水关系变化曲线（图 3-3-11），结果表明：视吸水指数主要受含水率影响，总体上视吸水指数随含水上升而增大，且含水 90% 以后增速加大，但其间受注入水水质及井网井况等因素影响会产生一定幅度的下降。南区视吸水指数在含水 75%~88% 区间有较大幅度的波动，这个区间对应的时间为 1991~1995 年，这个区间内，1992 年注水井井况差的比例由，1991 年的 15% 上升

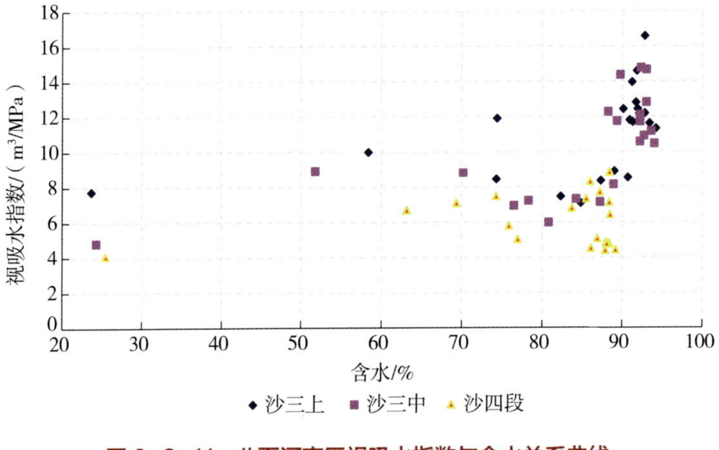

图 3-3-11　八面河南区视吸水指数与含水关系曲线

到 23%，之后的几年南区油水井数不断减少，总井数由最高的 503 口减少到 454 口，这表明南区吸水能力受井网井况影响较大。因此，在油田高含水期开发调整中要注重井网完善，以满足油田开发能力的需要。

五、注水利用率变化规律

将南区分层系实际存水率、水驱指数随含水率的变化关系绘制在理论曲线上进行对比，并利用理论存水率、水驱指数、地层压力保持水平及油田目前注采比对存水率指标进行对比分析（表 3-3-1）。总体上看，南区含水率在 85% 以前，各单元地下存水率、水驱指数相对稳定，水驱效果较好，之后注水利用率逐步下降。这是由于层间出力状况不均，加之近几年南区部分单元由于井况原因致使注采井网不完善，油田注采比下降，严重影响了地下存水率，导致注水利用率逐步下降，注入水驱油效率明显变差。

表 3-3-1 南区存水率与水驱指数效果评价表

序号	单元	原始地层压力 /MPa	目前地层压力 /MPa	压力保持水平	注采比	存水率	注采比对应理论存水率	水驱指数	注采比对应理论水驱指数
1	面 1 区沙三上	12.4	9.8	0.79	0.87	0.04	高	0.22	高
2	面 1 区沙三中	13.0	10.7	0.82	0.68	–0.26	高	–1.16	高
3	面 1 区沙四段	14.4	9.2	0.64	0.56	–0.48	接近	–1.59	高
4	面 4 区沙三上	11.3	10.5	0.93	0.70	0.31	高	2.47	高
5	面 4 区沙三中	12.0	10.4	0.87	1.88	0.44	接近	4.51	低
6	面 4 区沙四段	13.2	10.4	0.79	1.05	0.27	高	1.42	高
7	面 12 区沙三上	10.8	9.2	0.85	0.75	–0.14	接近	–0.74	高
8	面 12 区沙三中	11.3	9.8	0.87	1.05	0.16	高	1.46	接近
9	面 12 区沙四段	12.8	8.9	0.70	1.07	0.27	高	1.34	接近
10	面 14 区沙三上	10.7	10.3	0.96	1.14	0.30	高	1.69	低
11	面 14 区沙三中	10.8	9.4	0.87	1.16	0.29	高	1.96	接近
12	面 14 区沙四段	12.1	10.7	0.88	1.58	0.59	高	2.70	低

从表 3-3-1 看出，南区各开发单元存水率与目前注采比对应理论存水率相比，均接近或高于理论值，说明南区整体注水利用率较好。其中面 1 区沙三上、面 1 区沙三中、面 1 区沙四段、面 12 区沙四段有变差的趋势；面 4 区沙三上、面 4 区沙四段、面 12 区沙三上、面 14 区沙四段有变好的趋势；其他单元保持相对稳定（图 3-3-12）。

根据以上分析，结合单元目前地层压力保持水平，应采取下列措施提高南区存水率、优化水驱指数。

（1）提高潜力区域、井层的动用程度：完善注采关系，提高潜力井层的注水量，控制无效注水量和强淹层产水量，提高存水率及水驱指数，增加注入水波及体积，改善油藏开发效果。

（2）搞好注水动态调配，实施产液结构调整，结合油层细分注水、细分改造等措施改善油层动用状况，提高油层存水率和水驱指数，增加注入水波及体积，改善单元开发效果。

（3）关、停部分高含水油井。随着油田进入特高含水开发阶段，低效井逐年增多，这部分产油井产油少、产水多，造成注入水无效循环，可采取有效措施或关闭部分井，提高相邻低含水井的生产压差，降低无效排水，改变液流方向，提高注水波及体积。

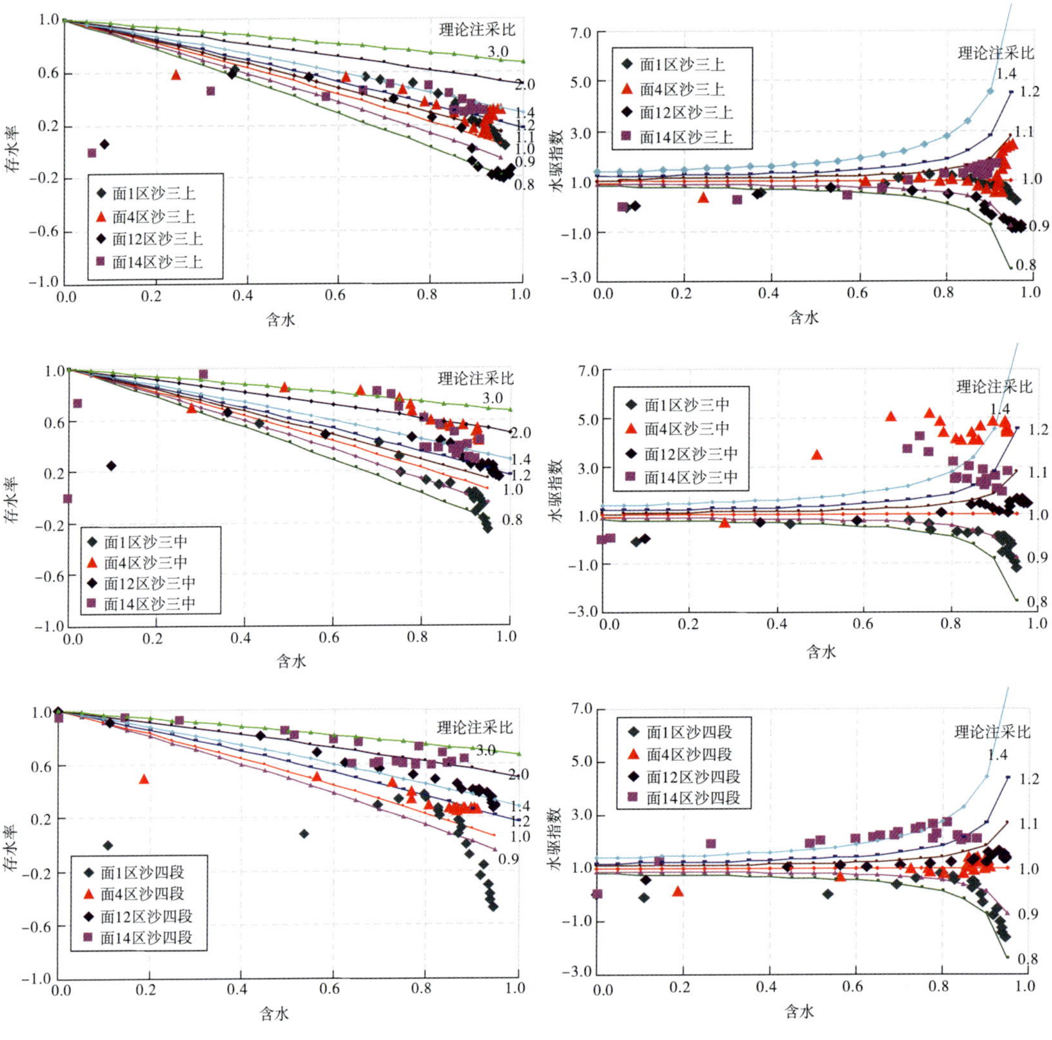

图 3-3-12　八面河南区存水率与水驱指数变化曲线

六、水驱油效率变化规律

（一）室内水驱油试验研究

八面河南区储层中存在着较强的层间非均质性和较大的流体性质的差异，其中面 4 区沙三上的平均渗透率为 $559\times10^{-3}\ \mu m^2$，地层原油黏度为 119 mPa·s；沙三中的平均渗透率为 $1116\times10^{-3}\ \mu m^2$，地层原油黏度为 204 mPa·s。因此对储层的合理开发需要进行室内模拟试验的研究，从而提供科学有效的开采方式。

采用的模型有三种，即天然砂充填模型、人造单管模型和人造双管模型；试验用流体为沙三上和沙三中的采出油，分别对其进行地下黏度的模拟，驱替水为该区精细处理后的回注污水。

1. 水驱速度对驱油效率影响

图 3-3-13 为沙三上储层水驱速度与驱油效率的关系曲线，可以看出，随着水驱速度的增加驱油效率逐渐增加，折算 2 m/d 的线速度下，驱油效率达到了 41.7%。图 3-3-14 为沙三中储层的水驱速度与驱油效率的关系曲线，可以看出，沙三中储层虽然渗透率较高，但是地层原油黏度也高，随着水驱速度的增加驱油效率不再单调上升，而是存在一个最佳水驱速度值。当沙三中储层以最佳水驱速度 0.1 mL/min（0.9 m/d 的线速度）进行水驱时，驱油效率达到最大值 30.7%。

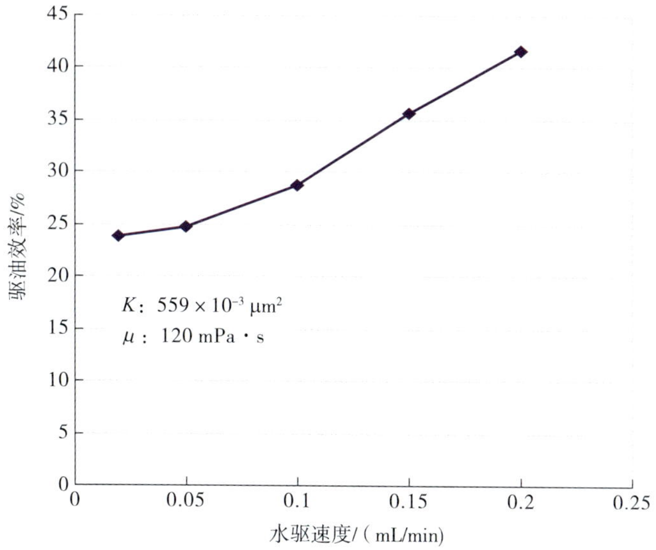

图 3-3-13　沙三上储层水驱速度与驱油效率的关系曲线

2. 渗透率对驱油效率的影响试验

设计三组不同渗透率的岩心水驱替试验，结果表明，无论原油黏度高低，渗透率对驱油效率都有明显的影响，渗透率越高，其驱油效率越高。

3. 原油黏度对驱油效率的影响试验

设计两组不同原油黏度的驱替试验，结果表明，无论渗透率高低，原油黏度对驱油效率都有明显的影响，驱油效率随原油黏度增大而减小。

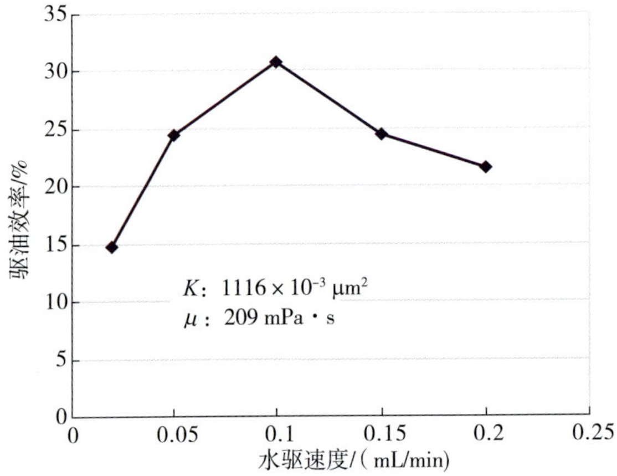

图 3-3-14　沙三中储层水驱速度与驱油效率的关系曲线

（二）生产数据回归计算驱油效率

根据南区开发数据，进行分段回归，得到丙型水驱曲线直线段斜率 b，计算水驱油效率，绘制出南区三套层系水驱油效率（图 3-3-15）。从图中可以看出，目前沙四段水驱油效率高于沙三中，沙三中高于沙三上，总体上是随着采出程度的增加、含水率的上升，南区各层系的驱油效率增大。但沙三段从 2004 年开始水驱油效率持续下降，沙三上水驱油效率由 2004 年的 30.2% 下降到 22.8%，沙三中水驱油效率由 2005 年的 32.5% 下降到 30.6%，表明南区沙三段水驱效果持续变差，沙四段显示了较高驱油效率水平，但目前有变缓的趋势。试验室沙三上水驱岩心试验测得最大驱油效率为 41.7%，而根据计算得到目前驱油效率为 22.8%，驱油效率还有进一步提高的余地。

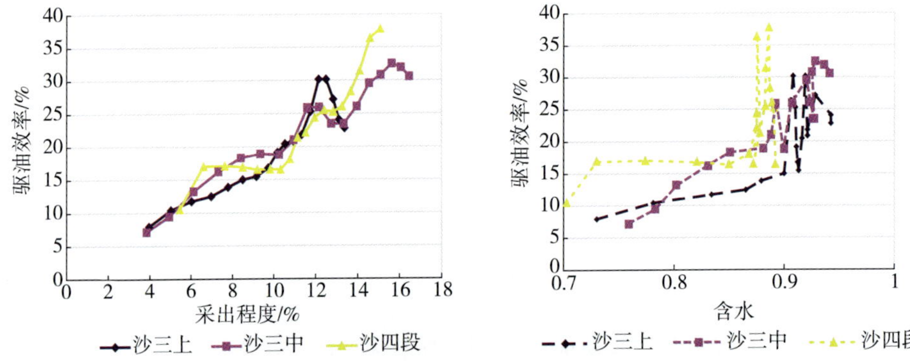

图 3-3-15　八面河南区水驱油效率变化曲线

利用开发数据计算及水驱油试验研究表明，南区水驱油效率变化具有以下规律：

（1）沙三上储层随着水驱速度的增加驱油效率是逐渐增加的，当水驱速度为 0.2 mL/min（2 m/d 的线速度）时，驱油效率达到了 41.7%。沙三中储层随着水驱速度的增加驱油效率不再单调上升，而是存在一个最佳水驱速度值 0.1 mL/min（0.9 m/d 的线速度），此时驱油效率达到最大值 30.7%。

（2）原油黏度和渗透率对驱油效率均有显著的影响，渗透率越高，其驱油效率越高；原油黏度越高，其驱油效率越低。

（3）南区各层系的驱油效率总体上是随着采出程度的增加、含水率的上升而增大，且目前驱油效率还有进一步提高的余地。

第四节　剩余油分布规律

八面河南区 1989 年 2 月含水达 60.8%，油田进入高含水阶段；1996 年 1 月含水达 90.8%，油田进入特高含水阶段。目前油田开发中已经过多次调整，油层总体上水淹严重，剩余油分布复杂。确定储层剩余油分布是高含水期特高含水期各项挖潜增效措施的基础。

一、剩余油研究方法

研究剩余油分布规律的方法有多种，常见的主要有动态分析法、动态监测法、数值模拟法等。八面河南区开展了大量剩余油研究工作，各种剩余油研究方法贯穿油田开发的各个阶段，形成了系统的剩余油研究技术（图 3-4-1）。

（一）动态监测与动态分析法

油田开发中常应用油井产液剖面与注水井吸水剖面、示踪剂测试及剩余油测井资料来判断分层产量状况、水线推进方向、剩余油饱和度分布状况。合理利用动态监测资料结合油田动态分析方法能够定性或半定量地分析油田剩余油分布状况。

1. 动态监测资料分析法

主要应用油井产液剖面、注水井吸水剖面及饱和度测井资料（如硼中子测井、PND 测井、RST 测井）等来认识剩余油纵向分布特征。根据产液剖面可以直接确定纵向上各小层产液产油及含水状况，根据吸水剖面可以定性判断主要出力层及主要产水层，根据饱和度测井资料一般可以定量计算出全井纵向上含油饱和度。图 3-4-2 是 M4-4-X171 井 C/O 测井解释成果，从中可以看出 S_45_1 较其他层水淹程度低，而 S_44_1 为高水淹层，二者合采含水高达 98% 以上。根据测井解释成果挤堵高水淹层 S_44_1 后含水降到 80% 以下，日产油由 0.8 t 上升到 2.8 t（图 3-4-3）。动态监测资料录取过程受井况等因素影响，资料准确度仍存在一定问题，具体应用时需多种资料综合应用，结合动态分析方法进行分析，相互验证。

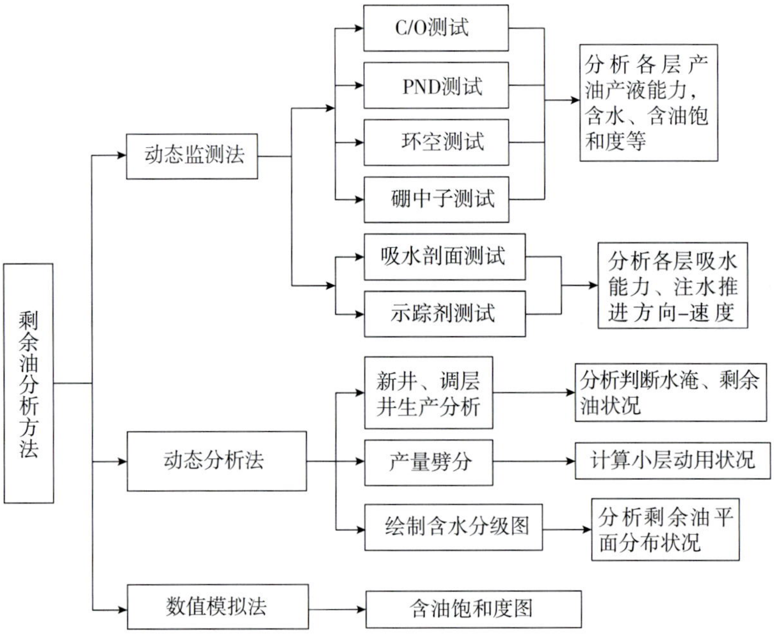

图 3-4-1　南区剩余油分布规律分析方法

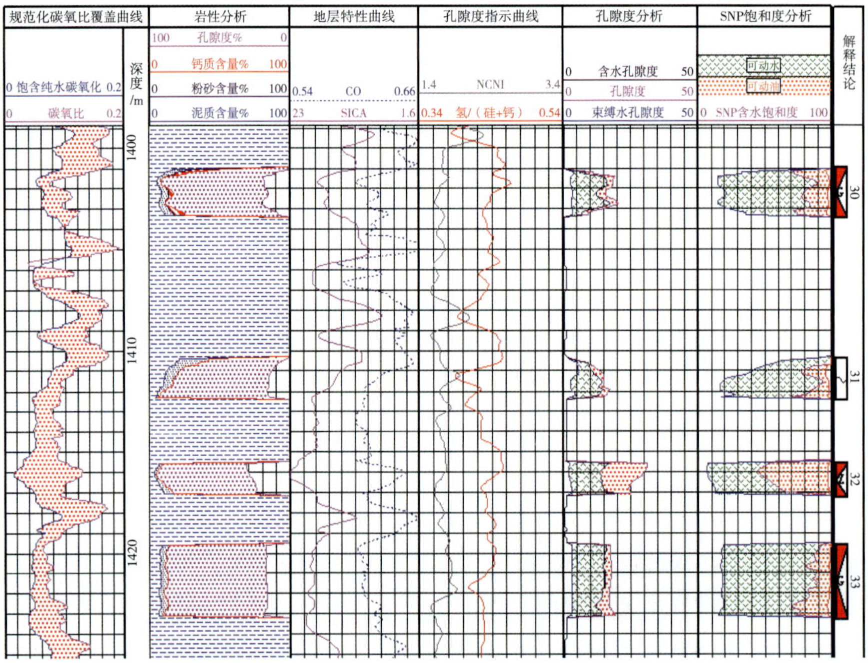

图 3-4-2　M4-4-X171 井 C/O 测井解释成果图

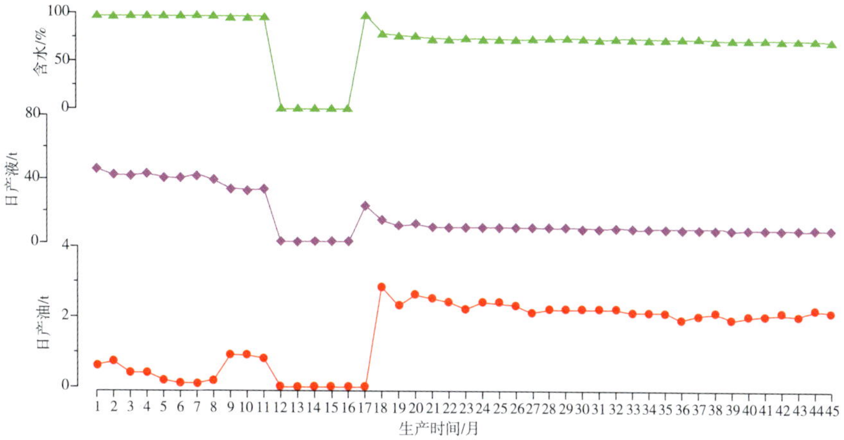

图 3-4-3　M4-4-X171 井开采曲线图

2. 动态分析法

一般采用注水主流线图或水淹图直观地反映各小层平面剩余油分布状况。

1）注水主流线图分析法

根据历史注采井网，综合地质特征、累计注采量及其他动态监测资料（示踪剂、吸水剖面、产液剖面等），作出各小层的注水主流线图，可以直观判断注入水的主要流向及平面水淹状况。由于大多数井是多层合采，需要判断各小层的累计采出量，因此要对合采井进行劈产。劈产的依据：一是通过邻近单采井的资料，二是通过动态监测资料如油井的产液剖面、饱和度测井及对应注水井的吸水剖面等，综合利用各类资料来确定合采井中各小层的贡献状况。

2）水淹图分析法

在注水主流线图基础上，根据单元油井含水率，作出各小层水淹状况图，可以直观反映油层平面上各部位含水率的高低。由于大多数井是多层合采，其含水率反映的是主要贡献层的含水，因此在作各小层的水淹图时，首先判断各小层的含水状况。各小层含水的判断方法与劈产相同。

（二）油藏数值模拟法

油藏数值模拟法是定量分析研究油藏剩余油的重要方法，根据地质模型粗化后输出的网格数据，对油藏开发历史进行拟合研究，掌握油藏的油水运动规律及剩余油的分布规律。

二、平面剩余油分布规律

面 5 块以及南区其他区块历年剩余油研究结果表明，平面剩余油分布主要受构造、井网控制程度、注水 – 边水推进影响，致使平面剩余油分布较为零散。

（一）断块高部位及断层边角地带无井控制区剩余油富集

如面 5 块 $S_4 2_1$、面 14 区 $S_4 6_1$ 层系剩余可采储量大于 5.0×10^4 t 的剩余油大都分布在断块高部位、断层边角地带。测井、数模、动态分析结果表明，在井网不完善地区和水井吸水较差、水驱动用程度低的区域剩余油较富集。

（二）储层物性较差的区域剩余油富集

如面 12–12– 斜 33 井，投产层为 $S_4 5_1$，储层空隙度 25.2%，渗透率 $85.5 \times 10^{-3}\ \mu m^2$，泥质含量 16.4%，物性较差，投产后最高日产油 11.6 t，平均日产油 5.4 t，平均含水 21.3%，挖潜效果显著。

（三）注水主流线间剩余油富集

南区油水黏度比高、注水波及范围有限，注水井与采油井易形成指状水道，在注水流线无法波及的井间易形成剩余油富集区。如面 4–8– 斜 271 井，该井投产层位 $S_3^{中} 2_1$，其 4 口邻井含水均大于 90%。通过对邻井生产状况、注水受效方向、含水变化等生产资料进行分析，认为该井位于主流线间，部署区域未被水淹，因此于 2008 年钻投该井，投产后日产油 4.8 t，含水 67.4%，证实水线主流线间剩余油富集。

三、纵向剩余油分布规律

纵向剩余油分布规律研究主要采取从层系到油砂体再到细分小层的方式进行。

（一）层系剩余油分布规律

南区按现有标定采收率计算，剩余可采储量 373.6×10^4 t，层系剩余可采储量大于 15×10^4 t 的有 8 个单元，共剩余可采储量 296.92×10^4 t，占总剩余可采储量 83.5%，其中沙四段剩余可采储量 157.4×10^4 t，占剩余可采储量的 42.1%，主要分布在面 4 区、面 14 区沙四段，剩余油分布集中；沙三上剩余可采储量 159.0×10^4 t，占剩余可采储量的 42.6%，主要分布在面 1、面 4、面 14 区沙三上；沙三中剩余可采储量 57.2×10^4 t，占剩余可采储量的 15.3%，主要分布在面 4 区沙三中。从层系剩余油分布规律来看，沙四段剩余油分布最为集中，其次为沙三上，沙三中最少（图 3–4–4）。

（二）油砂体剩余油分布规律

南区油砂体众多，剩余可采储量差异大，如果油砂体石油地质储量剩余可采储量太低，则该油砂体挖潜难度大。以面 4 区为例，该区含油砂体多达 377 个，能形成完善注采井网进行挖潜的油砂体仅有 19 个，因此按剩余可采储量大于 2×10^4 t 的标准对油砂体剩余油进行分析。结果表明，南区剩余可采储量大于 2×10^4 t 的油砂体有 35 个，剩余可采储量 216.3×10^4 t，其中主力砂体 25 个，剩余可采储量 181.7×10^4 t，非主力砂体 10 个，剩余可采储量 34.7×10^4 t，由此说明主力砂体中剩余可采储量仍大于非主力砂体。主力砂体中如面 14 区 S_45_1、面 14 区 S_46_2、面 4 块 S_45_1 等砂体剩余油富集，是调整挖潜的主要对象。

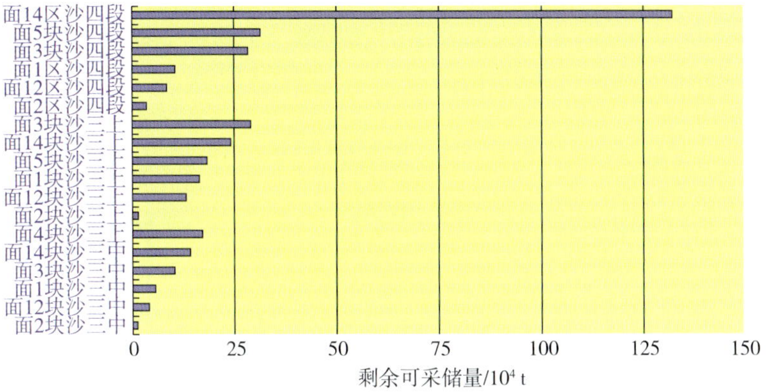

图 3-4-4　南区分层系剩余可采储量分布图

（三）厚层层内剩余油分布规律

南区沙三上 5_1 为分布较广的正韵律大厚油层，大面积分布于面 1 区、面 5 块、面 12 区、面 14 区。沙三上 3_1 厚油层主要分布在面 4 区。其剩余油主要分布在物性较差的顶部。

面 5 块沙三上 3_1 与沙三上 5_1 均为正韵律大厚油层，层内有较为稳定的隔夹层，根据地质上的细分结果进行数值模拟，结果显示各小层的剩余油分布差异明显。位于韵律下部的 31（2）、51（2）小层由于油层物性相对较好，采出程度相对较高，剩余油饱和度较低，而位于韵律顶部的 31（1）、51（1）由于物性较差，剩余油饱和度明显高于下部层。面 12 区沙三上 5 砂组细分小层（流动单元）已见到显著效果，其做法值得面 5 块及其他相似的区块借鉴。

第五节　高含水期注采调控技术

一、层系细分重组技术

（一）层系细分的必要性

1. 南区层间差异大

南区三套开发层系包括 14 个砂组 40 个含油小层，在开发初期主要根据地层层序、流体性质等因素将其分为沙三上、沙三中、沙四段 3 套层系开采。随着开发的不断深入，层间干扰、分层出力状况不均的矛盾日益突出，开发效果逐步变差。

南区目前各层系含油小层多，纵向上储层物性、流体性质等均存在较大差异。其中面 4 区沙三上渗透率级差 51.0，原油黏度级差 4.8，最大流度比为 5.1；沙三中渗透率级差 13.3，原油黏度级差 2.1，最大流度比为 1.9；沙四段渗透率级差 14.1，原油黏度级差 3.3，最大流度比为 17.4（图 3-5-1）。原有开发层系一个层系中多个砂组、小层共用一套井网开发的现象较多，层间干扰较大。

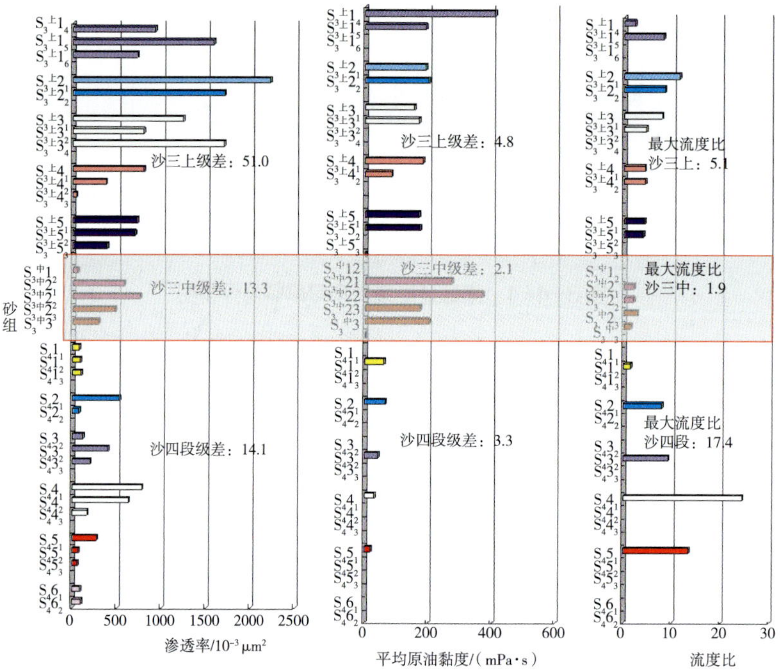

图 3-5-1　面 4 区纵向差异对比图

2. 合采对低渗层采收率影响大

面 4 区水驱油双管试验结果表明，单管试验的低渗岩心水驱采收率为 21.5%~41.7%，而双管试验中的低渗岩心水驱采收率为 5.7%~18.6%，采收率平均降低 19.0%。实际生产剩余油分析结果也表明，多层合采时低渗层出力差甚至不出力。多层合采对低渗层采收率影响大，不利于油田开发。

3. 细分开采先导试验取得较好开发效果

在油藏精细描述和老区剩余油分布规律研究的基础上，将由以砂组为单元划分层系转变到以单砂层为单元细化开发层系，并在面 3 块沙四段进行了先导试验。2005 年开始细分加密调整，沙四段由原来的一套开发层系细分为 1~2 砂组、3 砂组、4 砂组 3 套层系，独立进行加密完善，日产油由最高 20 t 上升到 2006 年的 56 t，增加可采储量

13.2×10^4 t，提高采收率 5.9%（图 3-5-2、图 3-5-3）。南区开发现状及细分开采的先导试验证明了细分开采的可行性及必要性，也为后期的细分层开发调整提供了经验。

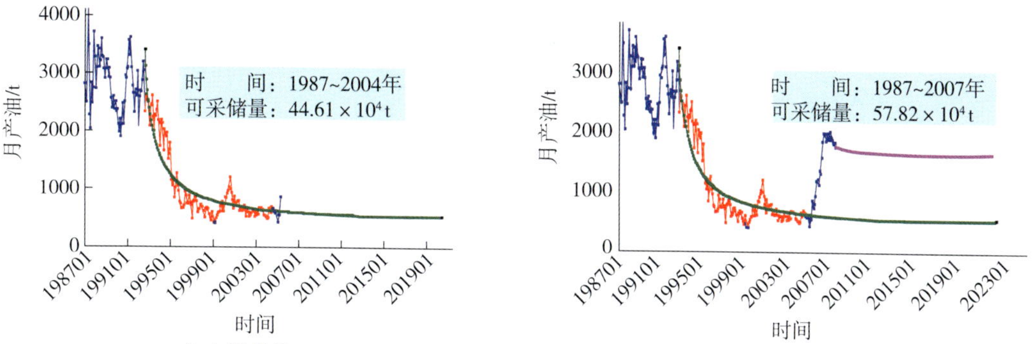

（a）调整前 （b）调整后

图 3-5-2 面 4 区面 3 块可采储量变化图

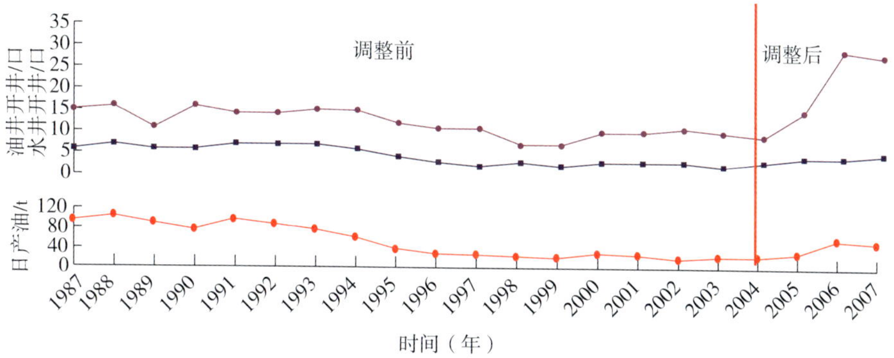

图 3-5-3 面 4 区面 3 块调整前后产量对比

（二）细分开发层系的基本原则

1. 储层渗透率与原油黏度

物模和数模结果表明，两层合采时，随着渗透率级差的增大，高渗层的采收率有所增大，而低渗层的采收率大幅减小（图 3-5-4）。渗透率级差大于 3 后低渗层的采收率下降幅度大于 30%，平均采收率下降幅度大于 10%。因此，两层合采时渗透率级差不能过大，建议控制在 3 以内。

两层合采时，随着两层原油黏度级差的增大，低黏层的采收率有所增大，而高黏层的采收率大幅减小（图 3-5-5）。黏度级差大于 3 时平均采收率下降幅度超过 10%。面 4 区 3 个层系原油黏度级差分别为 4.8、2.1、3.3，原油黏度级差相对较小，根据生产实际，细分后层系内原油黏度级差可以控制在 2.5 以内。

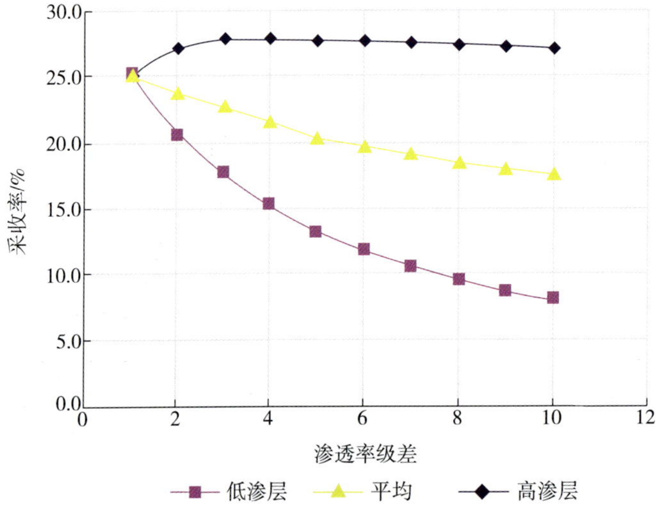

图 3-5-4　采收率与渗透率级差关系

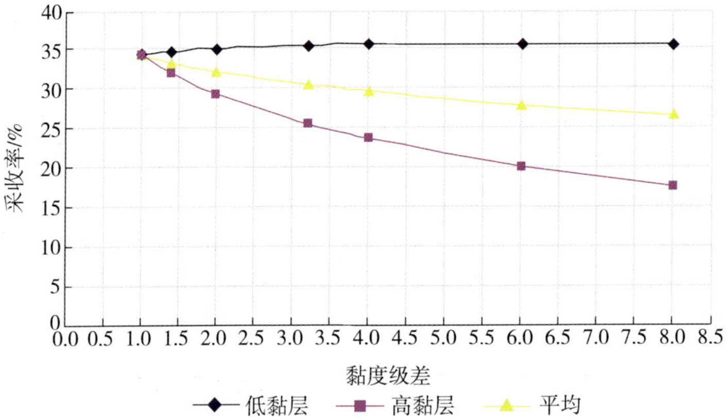

图 3-5-5　采收率与原油黏度级差关系

2. 层系内单井有效厚度

从南区有效厚度 - 采油强度关系曲线（图 3-5-6）可以看出，采油强度随油井生产厚度的增大而减小，当生产厚度大于 8 m 以后，采油强度小于 0.2 t/（d·m）。从国内外相似油田的研究来看，像南区这样的中高渗透普通稠油油藏，平均单井生产厚度应该在 4~8 m。

综上所述，南区层系细分的原则：一套层系内储层渗透率级差小于 3.0，原油黏度级差小于 2.5，平均单井生产厚度 4~8 m。

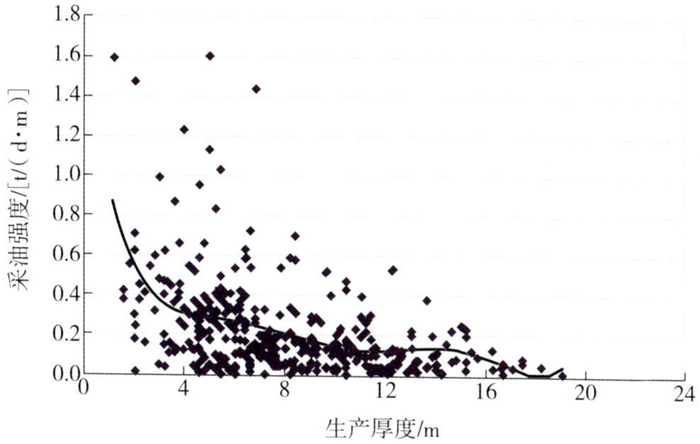

图 3-5-6　南区有效厚度 - 采油强度关系曲线

（三）层系细分潜力

南区沙三上 5_1 为分布较广的正韵律大厚油层，沙三上 3_1 厚油层主要分布在面 4 区，其剩余油主要分布在物性较差的顶部。厚油层层内剩余油通过细分开采能够取得较好开发效果，面 12 区沙三上 5 砂组细分小层（流动单元）挖潜已经取得了显著效果。

面 12 区沙三上 5 砂组 1 小层含油面积 1.01 km^2，石油地质储量 166.1×10^4 t。调整前，沙三上 5 砂组 1 小层有油井 12 口，日产油 13.5 t，含水 97.7%，采出程度 28.1%，采油速度 0.15%，常规挖潜已难见成效，因此在该区实施细分流动单元挖潜。

在储层精细研究、剩余油分布研究的基础上，结合沉积微相成果绘制 $S_3^{上}5_1^2$ 剩余油分布图（图 3-5-7），部署水平井 4 口，侧钻水平井 1 口。面 12- 平 2 井投产初期日均产油 8.3 t，含水 36.3%；目前日均产油 7.4 t，含水 56.8%。面 12- 平 1 井与邻井面 12-13- 斜 31 井距离仅 32 m，投产后含水 25%，远低于面 12-13- 斜 31 井的 97.5%，挖潜取得成功。

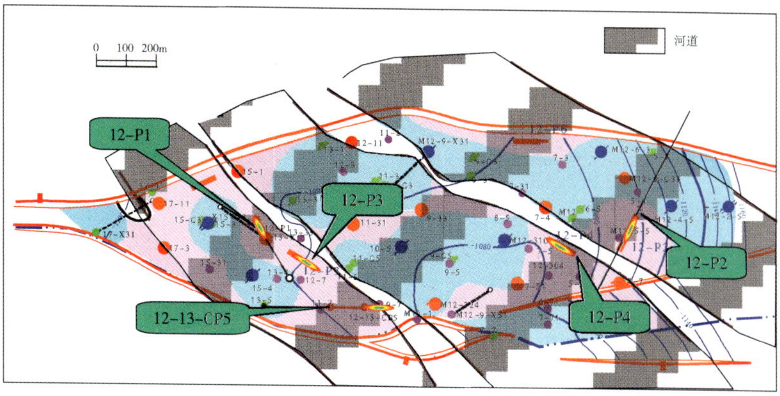

图 3-5-7　面 12 区 $S_3^{上}5_1^2$ 剩余油分布及部署图

上述井的成功证明，特高含水单元内挖潜也可以获得高产；结合沉积微相实施细分小层（流动单元）挖潜是特高含水单元的主要挖潜手段。

（四）层系细分重组实施效果

2009 年以来，面 4 区面 5 块开展了层系细分重组试验，取得了较好调整效果。

1. 开发调整部署

1）调整思路

（1）通过层系重组实施分层系开发。

（2）通过井网加密以及换向注水方式进行注采井网调整。

（3）通过细分小层，充分利用水平井、侧钻井等新技术新工艺实施精细挖潜。

2）井网重组原则

以剩余油富集油砂体为主，兼顾其他油砂体，其主要调整对象为沙三上 1 砂组、沙三上 4 砂组、沙三上 5 砂组和沙四段 5 砂组。

（1）对大厚油层实施单层系开发，并通过细分小层（流动单元）实施精细挖潜，如沙三上 5 砂组。

（2）物性差异不大、隔层小于 2 m 的砂组合并作为一套层系开发，如沙三上 2 砂组和 3 砂组之间隔层只有 0.8 m。

（3）对于油层厚度相对较小、构造特征相似、流体性质相近的砂组采用一套井网开发，如沙三上 1 砂组和 4 砂组。

（4）沙四段西部薄层与老区物性差异大，1 砂组单独作为一套井网开发。

根据面 5 块调整思路及井网重组原则，将沙三上、沙四段 2 套层系重组为 5 套层系，沙三中保持不变，其中沙三上 5 砂组采用细分小层（流动单元）开发，其余砂组采用常规调整加密方式进行井网完善（表 3–5–1）。

表 3–5–1　面 5 块井网重组表

层系	沙三上			沙三中	沙四段	
砂组	沙三上 1、4 砂组	沙三上 2、3 砂组	沙三上 5 砂组	沙三中 2_{12} 砂组	沙四段 1 砂组	沙四段 2、4、5 砂组

3）单井生产能力的确定

根据面 5 块的单井投产和生产历史情况，确定本区的单井产能为 3.0 t/d，水平井为 6 t/d。

4）调整部署

根据数模研究成果，结合动态分析提出开发调整潜力区，进行开发调整部署。方案部署新钻井 32 口，其中油井 25 口、水井 7 口，新建产能 3.06×10^4 t。通过调整，井网密度由 16.3 口 /km^2 上升到 23.2 口 /km^2。

2. 开发调整实施效果

根据方案部署，面 5 块已完钻投产新井 27 口，投转注水井 7 口，油井补层 4 井次。

日产油量由调整前的 63 t 上升到 136 t，含水率由调整前的 93.2% 下降到 90.4%。开发调整效果主要体现在剩余油富集区挖潜、细分小层开发、差层动用 3 个方面。

1）剩余油富集区挖潜效果

以 $S_3^{上}1_5$ 为目的层、兼顾 $S_3^{上}4_1$ 部署一套井网开发，以单层投产。在物性较差井区部署 1 口水平井 M5-P3 单采挖潜，平均日产油 4.4 t（图 3-5-8），是相似物性区域定向井产能 2 倍。在储层相对单一、剩余油富集区部署 1 口水平井 M5-P4，投产初期平均日产油 11.8 t（图 3-5-9）。

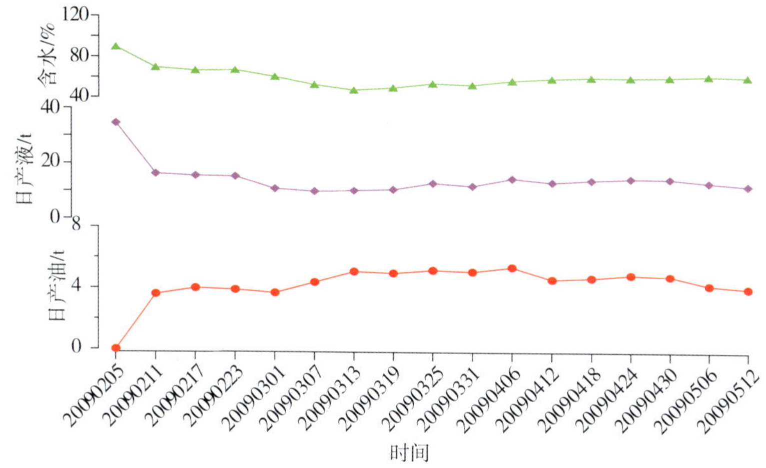

图 3-5-8 M5-P3 井采油曲线

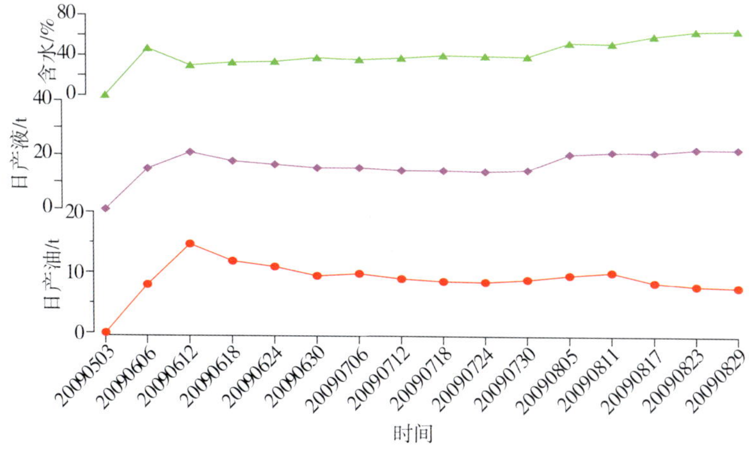

图 3-5-9 M5-P4 井采油曲线

2）细分小层开发效果

（1） $S_3^{上}3_1$ 有稳定隔层，利用水平井挖潜油层顶部剩余油，取得较好效果。$S_3^{上}3_1$ 油层厚，利用隔层将 $S_3^{上}3_1$ 细分为 3 个小层，其中 1 号为主力油层，2 号小层含油面积较小，与 1 号隔层薄，3 号为水层（图 3-5-10）。利用隔层细分小层后，针对 $S_3^上3_1$ 1 号小层部署水平井挖潜剩余油，避免钻穿底水，实施热采开发。M5-P2 井投产后日产油 13.1 t，与邻井生产情况相对比单井产能有效提高。

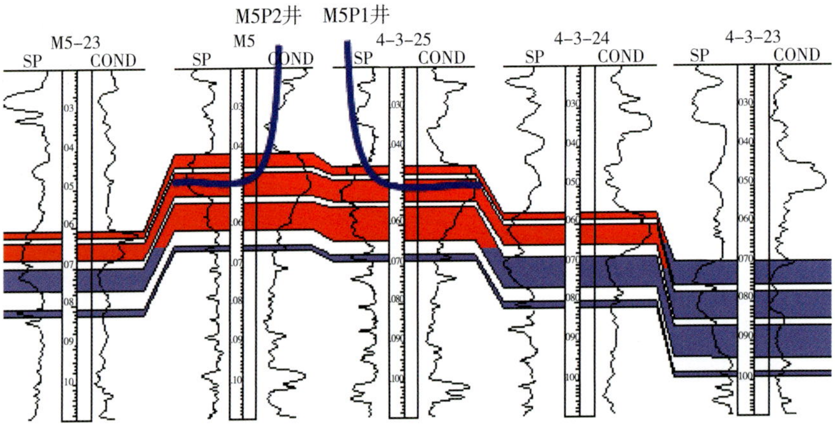

图 3-5-10　$S_3^上3_1$ 采用水平井挖潜油层顶部剩余油示意图

（2）$S_3^上5_1$ 隔层不稳定，利用水平井和大斜度井细分小层挖潜。完钻水平井 M5-P5、大斜度井 4-3-X273，投产情况较好，其中 M5-P5 日产油 9.0 t。

3）差层动用效果

S_45_1 整体物性差，采出程度低。以 S_45_1 为目的层部署水平井，兼顾 $S_42_14_1$ 部署定向井。投产后水平井 M5-P10 日产油 4.1 t，定向井日产油 1.4~4.8 t。

沙四段新井实施效果证明：

（1）S_45_1 储层整体物性差，定向井投产单井产能较低；

（2）在物性较差井区利用水平井可提高单井产能；

（3）S_45_1 与储层物性较好的 S_44_1 砂体合采有效提高了单井产能。

在面 5 块新井投入的同时，加深对储层的认识，利用老井措施挖潜。例如 4-6-X30，2009 年 4 月挤堵补孔 $S_3^中2_1$ 高压充填，日产油从 0.3 t 增加到目前的 4.5 t，取得了较好的效果。

4）总体效果分析

面 5 块经过一年的调整，区块水驱开发效果明显改善。

（1）开发指标趋于变好。经过精细调整，采油速度从 0.25% 增加到 0.59%，井网密度从 18.3 口 /km² 增加到 28.4 口 /km²，注采井数比由 1∶3.9 增加到 1∶3.1。

（2）日产油量翻番，含水率下降。日产油量由调整前的 63 t 上升到 136 t，产量实现了翻番，含水率由调整前的 93.4% 下降到 90.4%（图 3-5-11）。

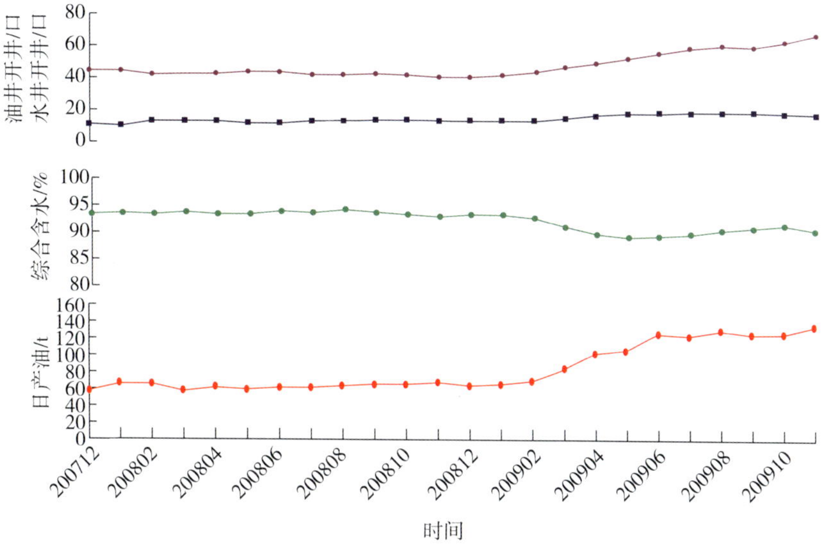

图 3-5-11　面 5 块开发曲线

（3）开发趋势整体好转。调整后水驱特征曲线整体向下偏移，预测水驱采收率由 17.1% 提高到 23.5%，表明调整后水驱开发效果得到改善，整体趋势好转（图 3-5-12）。

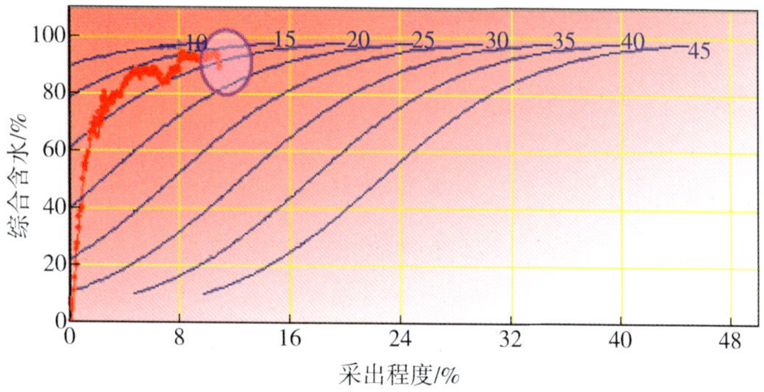

图 3-5-12　面 5 块调整后综合含水与采出程度曲线变化

二、提液开发技术

八面河常规注水开发的稠油油田高含水期含水上升慢、采液指数大幅上升，合理提高排液量有利于改善开发效果，提高采收率。

（一）提液效果试验模拟

为评价提液开发技术效果，采用平板模型开展不同提液速度、提液时机下水驱油试验模拟，为高含水期普通稠油油藏提液技术政策研究提供参考。

1. 试验模拟方法

水驱油藏提液物理模拟测试试验流程见图 3-5-13，试验仪器主要包括恒速驱替泵（流速范围 0.001~200 mL/min；耐压 5 MPa）、活塞式中间容器、压力表、平板模型（尺寸：30 cm × 30 cm × 5 cm）、量筒、六通阀、电阻率测定仪等。

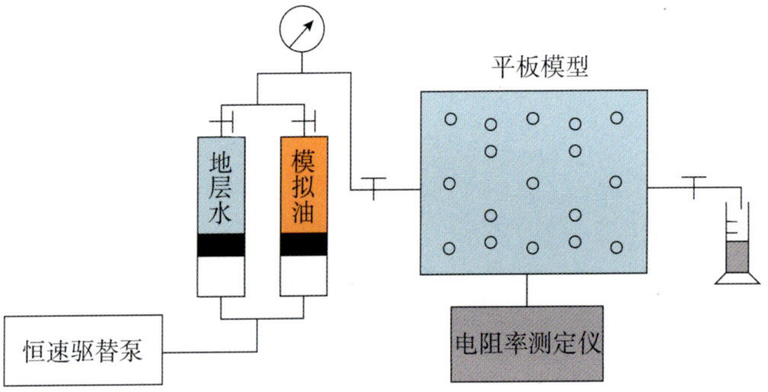

图 3-5-13 水驱油藏提液物理模拟测试试验流程示意图

地层水样取自目标油藏现场水样或按现场水样离子成分在试验室进行复配水样，试验前用 0.45 μm 滤膜经砂芯漏斗过滤；原油样品取自现场井口落地油样，根据目标储层原油在地下油水黏度比条件设定原油黏度，并在试验室通过添加白油复配成不同黏度的原油；模型制作时将不同目数的石英砂按不同比例混合填入平板模型达到试验所需渗透率，渗透率大小根据采用相同配比石英砂在填砂管中填制后的测定结果确定；试验温度为室温，试验压力为常压。

试验步骤主要包括：

（1）平板模型井网布置：先根据设计的井网情况在平板模型封盖上设计并布置注采井。

（2）石英砂模型填制：利用填砂管模型（Φ2.5 cm × 30 cm）将不同目数的石英砂以一定比例混合填入填砂管中，压实程度根据平板模型填制要求，记录不同目数石英砂的加入比例，并称重，测其气测渗透率，计算视密度；依据相似准则，在平板模型中布置井模型，以该视密度和比例按照平板模型的尺寸称取对应目数的石英砂，混合后填入平板模型中压实，填制成所需渗透率的平板模型。

（3）饱和地层水：对平板模型进行抽真空饱和地层水，根据进泵量计算其孔隙体积。

（4）建立束缚水饱和度：用模拟油驱地层水建立束缚水，计量驱替过程中驱出水量，计算束缚水饱和度。

（5）水驱油：注入水驱替原油，计量采出井采出油量，直至采出井综合含水率达 98% 后结束试验，计算水驱采收率。

（6）试验完成之后，用石油醚清洗平板模型，并用酒精、氮气吹干，改变试验条件重复以上步骤。

2. 不同提液速度下水驱油效果评价

采用反九点井网平板模型，渗透率 2 μm²，饱和模拟油黏度 180 mPa·s，进行 3 种驱替速度下的水驱油效果评价：①采用 1 mL/min 的驱替、采液速度进行水驱油试验，直至综合含水达 98%；②采用 1 mL/min 的驱替、采液速度进行水驱油试验至含水 60%，然后提液直至 3 mL/min，进行驱替至综合含水达 98%；③采用 1 mL/min 的驱替、采液速度进行水驱油试验至含水 60%，然后提液直至 5 mL/min，进行驱替至综合含水达 98%。

各油井水驱油试验结果见图 3-5-14。结果表明，在驱替方式①条件下，8 口采油井随水驱时间的增加，采收率逐渐增加并趋于稳定，在驱至综合含水率为 98% 时总体采收率为 42.17%；在驱替方式②条件下，8 口采油井最终总体采收率为 45.89%；在驱替方式③条件下，8 口采油井最终总体采收率为 47.19%。因此，在水驱油至综合含水 60% 后进行提速可提高水驱油效率，速度越高，采收率越高，在综合含水达 60% 后提速至 5 mL/min 的采收率比 3 mL/min 的高 1.3%。

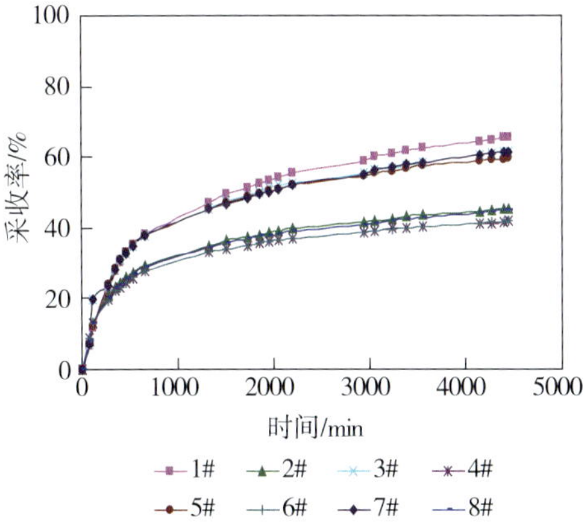

（a）1 mL/min连续驱替

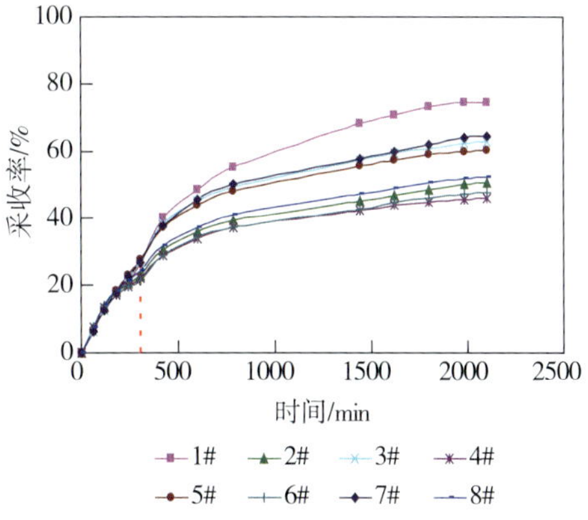

（b）提液至 3 mL/min

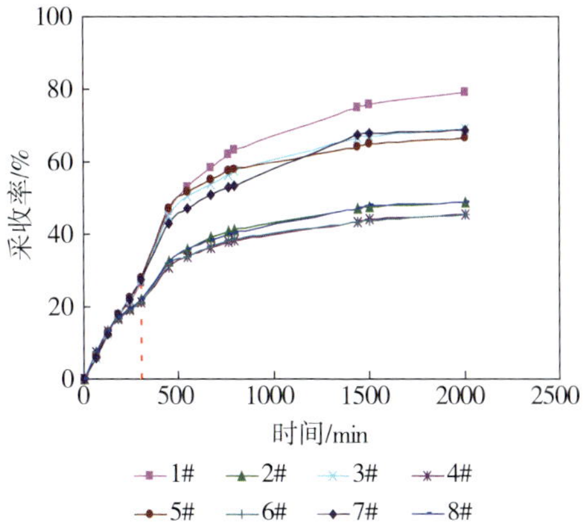

（c）提液至 5 mL/min

图 3-5-14 不同提液速度下各井采出程度随时间变化曲线

3. 不同提液时机下水驱油效果评价

采用反九点井网平板模型，渗透率 2 μm²，饱和模拟油黏度 180 mPa·s，进行 2 种提液时机下的水驱油效果评价：①采用 1 mL/min 的驱替、采液速度进行水驱油试验至含水 80%，然后提液直至 3 mL/min，进行驱替至综合含水达 98%；②采用 1 mL/min 的驱替、采液速度进行水驱油试验至含水 80%，然后提液直至 3 mL/min，进行驱替至综合含水达 98%。

各油井水驱油试验结果见图 3-5-15。结果表明，在驱替方式①条件下，8 口采油井随水驱时间的增加，采收率逐渐增加并趋于稳定，最终总体采收率为 45.89%；在驱替方式②条件下，8 口采油井最终总体采收率为 45.59%。因此，在水驱油至综合含水 60% 后进行提速和驱至综合含水 80% 后进行提速对采收率的结果影响不大，驱至含水 60% 后进行提速采收率比驱至含水 80% 高 0.3%。

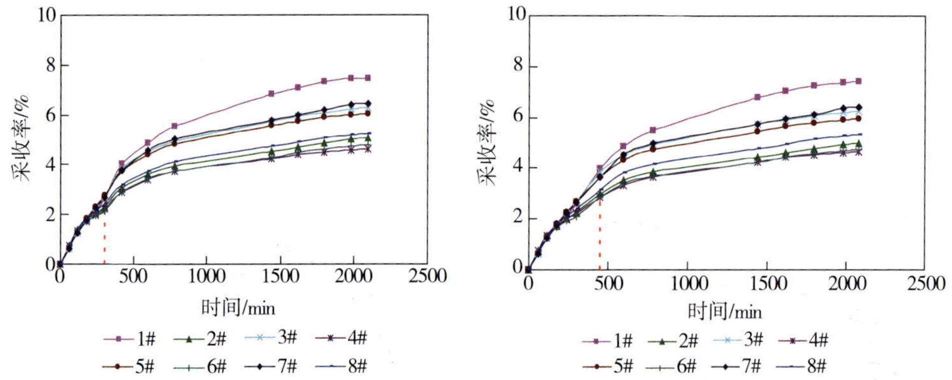

（a）含水 60%后提液　　（b）含水 80%后提液

图 3-5-15　不同提液时机各井采出程度随时间变化曲线

（二）提液技术政策研究

建立沙三上均质概念模型，设计 4 套不同压力水平、6 套不同注水时机、6 套不同提液倍数共 144 个提液方案，对比各方案不同时期采出程度与最终采收率。模拟结果表明，提液开发提高采收率范围为 3.3%~3.6%。下面从压力水平、提液时机、提液倍数等方面分析影响提液效果的主要因素。

1. 压力水平

压力水平保持在原始地层压力的 80%~90% 时最有利于提液，这是因为沙三上水油流度比高，低压低驱替速度不利于提高水驱油效率，而高压高驱替速度易造成注入水指进，进而会降低水驱波及体积，驱替压力、驱替速度达到一个合理值就能使水驱油效率和水驱波及体积之积达到最大值，从而获得最大水驱采收率。

2. 提液时机

中低含水期提液效果更好，在相同提液倍数下，含水 60% 以前提液效果较好；高含水期提液仍有一定效果，提液 2 倍以上仍可提高采收率 3% 以上。

3. 提液倍数

从前期采出程度来看（图 3-5-16），提液倍数在大于 5 以后，相同开采时间采出程度不再随提液倍数增大而增加。从最终采收率来看，提液倍数在 2.5~4 时，采收率较大，采收率峰值对应液量为 3 倍液量左右。综合分析认为，提液倍数在 2.5~5 时，有利于油田开发。沙三上无水采油期平均液量为 20 m^3/d，因此提液后其最佳液量为 60 m^3/d 左右。对比不同液量最终采收率可以看出，采收率随着液量增大而提高，在液量为 55 m^3/d 时达到峰值，液量大于 55 m^3/d 以后，采收率增幅很小甚至减小（图 3-5-17）。

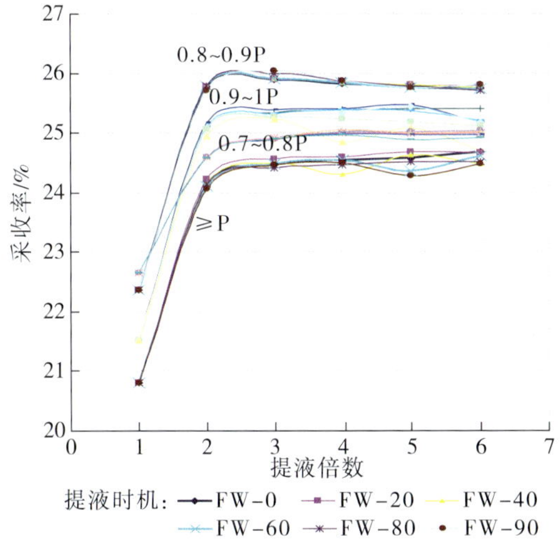

图 3-5-16　不同提液条件下采收率对比

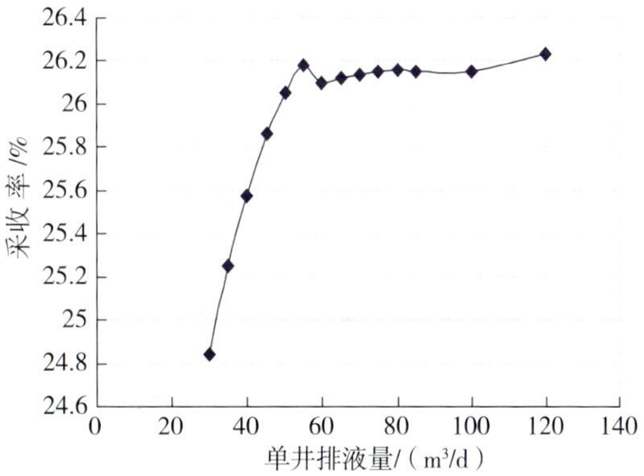

图 3-5-17　高含水期不同排液量采收率曲线

4. 合理注采比

由不同注采比的含水率与采出程度对比曲线（图 3-5-18）可以看出，年注采比大于 1.0 时，区块含水率高，采出程度低；当年注采比在 0.7~0.9 时，含水率低，采出程度高。到预测期末，注采比在 0.9 时，采出程度最高，注采比在 0.7 时，区块含水与累计产液量最低，但其累计产油低于注采比为 0.9 时的产油。总体上，注采比在 0.9 时开采效果较好。

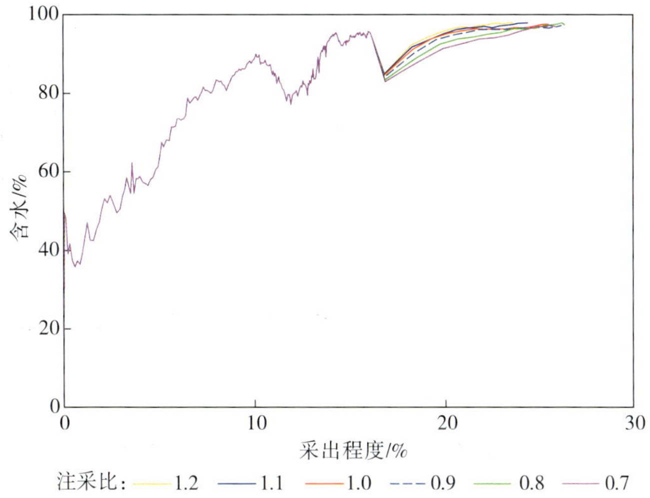

图 3-5-18　不同注采比含水与采出程度对比曲线

（三）提液潜力评价

1. 南区总体上地层压力保持较好

从历年的地层压力变化趋势（图 3-5-19）来看，开发初期（1987~1988 年）地层能量下降较为明显，1987 年南区开始注水，地层能量逐步恢复，1989 年达到最大值，之后地层能量逐渐下降，2001 年以后保持平稳，平均地层压力 10.47 MPa，保持原始地层压力的 85.9%，地层能量保持较好。2001 年后，南区年均注采比 0.99，注水、采液基本平衡。

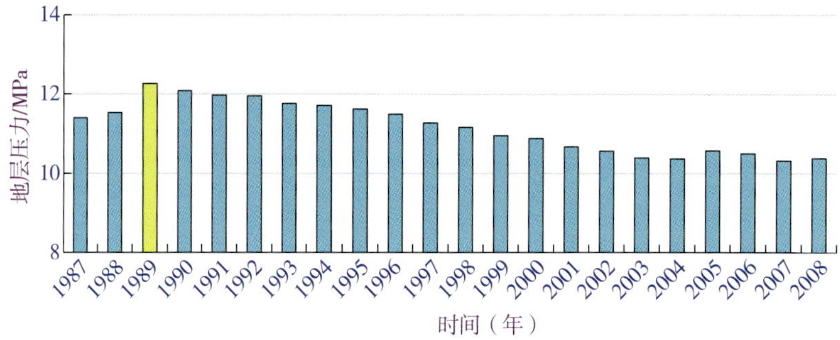

图 3-5-19 南区地层压力变化

从南区各区块及层系压力保持情况来看，区块、层系间差异均较大（图 3-5-20）。12 个主力开发单元中有 8 个地层压力保持水平大于 80%，其中沙三上和沙三中保持水平较高，有利于后期提液。沙四段地层压力下降幅度大，4 个开发单元中有 3 个低于 80%。

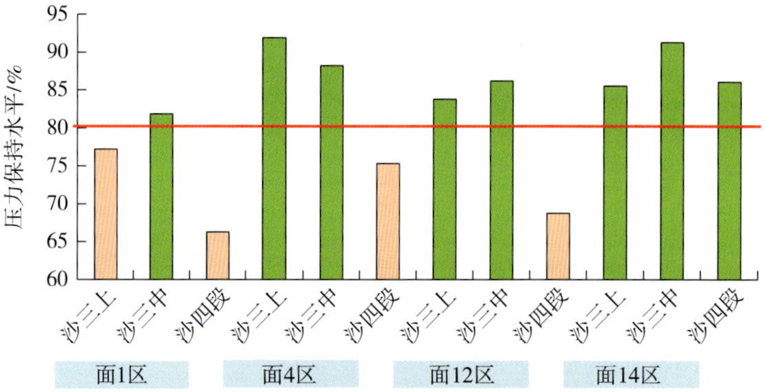

图 3-5-20 南区分单元压力保持水平对比

2. 抽油井流压有进一步降低的潜力

南区主力开发单元中除面 14 区沙四段外目前平均流压均高于最低合理流压，其中面 1 区、面 4 区沙三段和面 12 区沙三中目前平均流压均与最低合理流压差值接近或大于 2 MPa，有较大降低的余地。

3. 南区整体上单井日产液量较低

南区主力开发单元目前平均单井液量仅 24 m³/d，除面 1 区沙三中和面 12 区沙三上平均单井液量大于 55 m³/d，其余单元平均单井液量均小于合理单井液量。

4. 南区提液试验增油效果较好

八面河油田从 1990 年开始就在探索提液开发改善油田开发效果，尤其是 2000 年在整个油田针对不同区块的开发特点分别实施大泵、深抽、调大生产参数等放差手段，取得了较好的效果。共实施放差 350 口，年产液由 1999 年的 597×10^4 m³ 上升到 2000 年的 705×10^4 m³，上升幅度为 18%；日产液水平由 1999 年的 1.6×10^4 m³ 上升到 2000 年的 1.9×10^4 m³；采液速度为 9.46%，放差提液核实增油 5.32×10^4 t。

总之，南区总体上地层压力水平保持较好，抽油井井底流压有进一步降低的潜力，整体上单井日产液量较低，目前具备放差提液的潜力。从提液增油效果来看，要优选能量足、含水较低、剩余油饱和度较高的井进行提液。综合压力保持水平、含水、目前单井日产液量、井底流压等指标，面 4 区沙三上、沙三中为提液首选单元。

（四）矿场实施效果

1. 面 12 区

该区提液前面临的问题主要包括：井控程度低，储量失控严重，储量控制程度 30.5%；采出程度高（24.8%），综合含水高（96%），剩余油分布零散；压力保持水平低，仅 75%。

为此，实施了以“抽稀注采井网、整体完善、逐步提液生产”为原则的综合调整，充分利用老井，构建 300~350 m 井距矢量化井网，对失控区域进行流线修复，逐步提液生产。

提液调整实施 1 年后，区块整体日产液量由 430 m³ 上升至 630 m³，日产油量由 10 t 上升到 16 t，采油速度由 0.16% 上升至 0.26%，且开发形势保持向好态势（图 3–5–21）。

2. 面 4 区

2021 年以来面 4 区沙四段单井液量呈下降趋势，平均动液面有所加深，主要是因为地层能量偏弱，需强化注采调整。根据井组注采比筛选沙四段共 36 个井组，平均注采比为 0.93，其中小于平均注采比的井组有 15 个，大于平均注采比的井组有 21 个，注采比小于平均值的砂组中 2 砂组占比最高。

2021 年针对 2 砂组 5 个井组开展增加产液量、提高注采比后，日注水平由 282.1 m³ 上升到 577.0 m³，注采比由 0.87 上升到 1.74，井组日产液量由 283.1 t 上升到 331.4 t，井组日产油量由 10.1 t 上升到 14.5 t，开发效果得到明显改善（图 3–5–22）。

以 M4–10–X193 井组（图 3–5–23）为例，该井组 2020 年底以来液量下降比较明显，2021 年对该井进行两次调水，放大注水量至 200 m³，井组有明显的见效反应，液量由 29.5 m³ 上升至 44.9 m³，日产油由 1.9 t 上升至 3.8 t，井组调整效果显著。

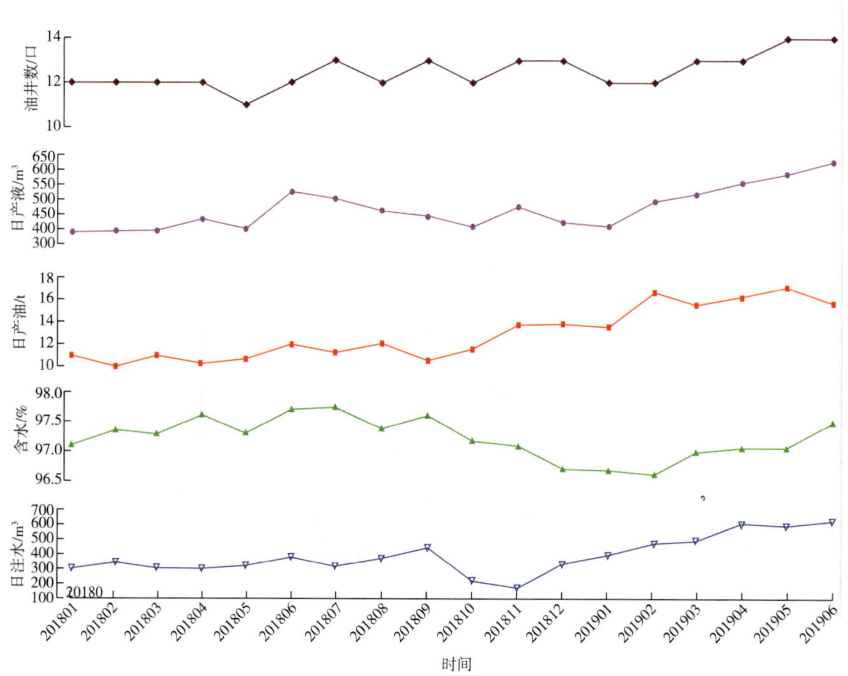

图 3-5-21　面 12 区综合开发曲线

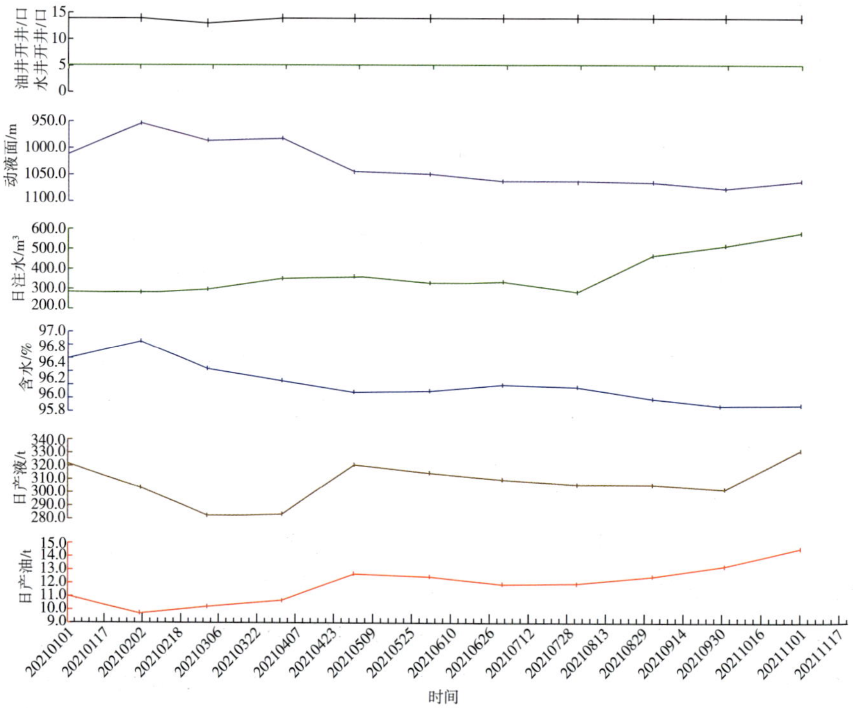

图 3-5-22　2021 年面 4 区沙四段提液井组生产曲线

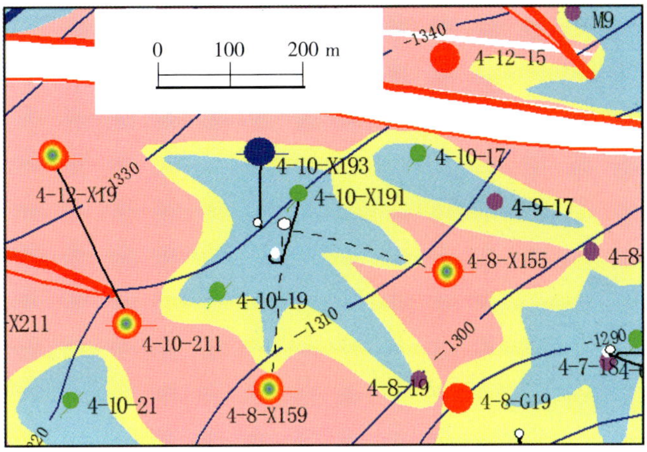

图 3-5-23　M4-10-X193 井组井位图

三、流场智能优化技术

对油藏流场的形成、分布和变化规律进行深入研究，以获得准确的优势流场规律，进而提出相对应的开发技术政策，形成水驱油藏特高含水期流场智能优化技术。

（一）流场表征与评价方法

1. 流场表征方法

油藏流场在演变过程中受到众多静态、动态因素影响，静态因素包括沉积相、孔隙度、渗透率及非均质性等，动态因素包括累计冲刷强度、井的累计注采量、流体流速及含水率等。针对水驱开发油藏，多使用流场强度来表征水驱的强弱及方向性水窜的过程。根据流场强度的分布可以明确整体水驱开发状况，分析生产井的受效情况及注采井的连通关系。在用数值模拟方法计算流场时，流体所经过路径的饱和度、波及体积、泄油面积等都同时得到计算，辅助计算机绘图，流场强度可以得到可视化和量化展现。

2. 优势通道形成机理及影响

1）优势通道与优势流场

优势通道是与优势流场相对应的一个概念，优势通道一般是指在油田注水开发中后期，储层岩石孔隙在注入流体的长期冲刷作用下，加上油水的重力分异作用，局部多孔介质体内的流场强度明显高于邻近介质体内的流场强度。简单地讲，优势流场在时间上的积累形成了优势通道，即优势流场在某个条带或较小的区域形成了一定时间后，其流线所经的路径就相对固定了。它往往具有流体流速快、过水倍数大、含水率高和剩余油饱和度较低等特点，这时优势流场已经转化成优势通道。但在优势流场形成初期，并不具备上述特点，因此优势流场又有别于优势通道。在判断优势通道时，需要将优势流场的表征参数（流体强度指数）与PV指数、采出程度及注水效率等参数结合，才能判断优势通道的形成及所处阶段。总的来讲，优势流场能更好地反映平面、纵向上的非均质性，还能反映由油品性质或注采强度等造成的动态非均质性和方向性，在空间上有一定的延展范围。

2）优势通道的形成机理

优势通道是由于砂岩油藏渗透率存在层内和层间差异性以及不同流体重力分异作用，导致注入地层的水顺着砂岩底部优先向油井突进，加上注入水的长期冲刷，于是生产井和注水井之间便形成互相连通的高渗透性的水流通道。优势通道的存在使得正韵律地层的层内矛盾异常突出，导致底部高渗透性条带渗流阻力越来越小而注入水流通道越来越通畅。因此，优势通道成为流场重整前的一项重要工作，而影响优势通道发育的因素主要有储层非均质性、注采强度、胶结程度、流体黏度等。

3）优势通道对水驱开发效果的影响

（1）平面优势通道对水驱开发效果的影响。

①渗透率级差导致的优势通道对采收率的影响。数模结果表明，当优势通道的渗透率级差由1增加到2时，采收率由57.33%增加到59.14%，说明在优势通道的形成初期，当优势通道的渗透率级差较小时，处于优势通道上的井对整个油藏的控制面积增加，提高了整个油藏的注水利用率，采收率明显增高；但是继续注水，渗透率级差继续增大，当渗透率级差大于10以后，优势通道使得生产井含水上升快，控制体积大大降低，注入水主要沿着高渗透条带移动，导致注水效率低，整体上原油采收率降低。当优势通道的级差增加到100倍时，采收率降低到55.79%。

②油水黏度比导致的优势通道对采收率的影响。在高渗透条带的渗透率级差为10时，生产井见水时间随着油水黏度比的增加而越来越短，结合流线变化分析，油水黏度比越大，见水时间越早。同时，相同含水率条件下，油水黏度比越大，采出程度越高。另外，见水时的采收率随着油水黏度比的增加而减小。说明油水黏度比越大，加重水的指进现象，注入水更容易沿着优势渗流通道移动，水向其他方向推进较慢，这就加剧了平面非均质性，使水驱采收率大大降低。

③不同通道宽度对水驱采收率的影响。随着优势通道宽度的增加，采收率逐渐上升，但都低于基础井网（均质模型）。这说明随着高渗条带的加宽，优势通道上的生产井水淹时的采出程度逐渐降低，并且优势通道宽度越大，优势通道上的注水井向周围生产井区波及的体积越大，提高了注水利用率，采收率增加。在相同含水率条件下，随着优势通道宽度的增加，采出程度逐渐降低，说明高渗带宽度增加时，含水上升速度也变快。

（2）纵向优势通道对水驱开发效果的影响。

①纵向渗透率级差的影响。随着优势通道的渗透率级差的增大，逐渐形成了优势通道向垂直方向上波及的流线。而当优势通道的渗透率级差小于50时，这种流线不明显；当优势通道的渗透率级差大于50时，这种流线明显。当高渗带渗透率级差增加到2时，

注入水能够在非优势区波及，其水驱采收率达到最高为57%。但是，随高渗带渗透率级差越大，水快速进入优势通道，在突破前已形成垂向上的平行流场，导致垂向水淹过快，采收率又逐渐降低。当高渗带渗透率级差增加到100时，采收率降至51%。

②纵向油水黏度比的影响。由于纵向上考虑了重力的影响，油水黏度比越大，相同含水率条件下的采出程度越低，这是由于油水流度比越大，水的指进现象越严重，优势通道的产生更加剧了这种矛盾，明显地降低了水驱控制体积和原油采收率。

总的来看，无论是平面上还是纵向上，形成优势渗流通道之后，水驱开始没有驱动的小孔隙中的油到后期更无法驱动了，会对采收率产生很大的影响。同时，数模研究表明，优势通道的渗透率级差越大、油水黏度比越高，优势通道的宽度越宽越不利于采收率的提高。

3. 流场评价指标筛选

以油藏工程为基础，在考虑可操作性的基础上，根据指标的定义，重点分析指标间的相关关系，相关性较强的指标尽量保留一个指标，这样就排除了指标之间的直观两两相关性。然后综合考虑各种因素，再通过逻辑分析法产生最终指标间比较独立、能够描述油藏流场的指标体系。

根据以上思路，确定指标的筛选原则：①保证各指标对油藏流场有较为准确的表征；②各指标之间具有较强的独立性；③选择在生产上能大量获取和较易获取的资料建立指标。

基于以上原则，尽量用最少的指标和最优指标来描述流场强度，最终确定主要静态指标选择孔道半径，主要动态指标选择过水倍数、含水率、流体流速。

4. 流场强度综合评价方法

指标选取和评价、指标权重值的确定是指标综合评价方法的两个重要方面。由于影响油藏流场的因素往往是众多而复杂的，仅从单指标上对油藏流场进行综合评价不合理，因此需要将能够反映油藏流场的多项指标的信息加以综合评价，得到一个综合指标，以此在整体上对油藏流场进行评价。

首先选择层次分析法进行指标权重值的确定；其次选择合适的隶属函数，确定各个指标的隶属度；最后用模糊数学的方法进行综合评判，得到表征油藏流场的综合指标，进而对油藏流场进行综合评价。

5. 流场强度的确定

首先利用层次分析方法和模糊数学综合评判方法确定静态流场强度、动态流场强度，然后归一化静态和动态流场强度，再利用层次分析法和模糊数学方法求得静态流场强度和动态流场强度的权值，分别与各自的值相乘再相加，归一化后最终得到总流场强度的大小。

其次根据筛选出的指标和层次分析法，建立油藏流场的评价矩阵，建立层次结构模型，对于同一个层次的目标，可以进行两两比较，以1~9标度法来求每个指标的权重值，如图 3-5-24 所示。

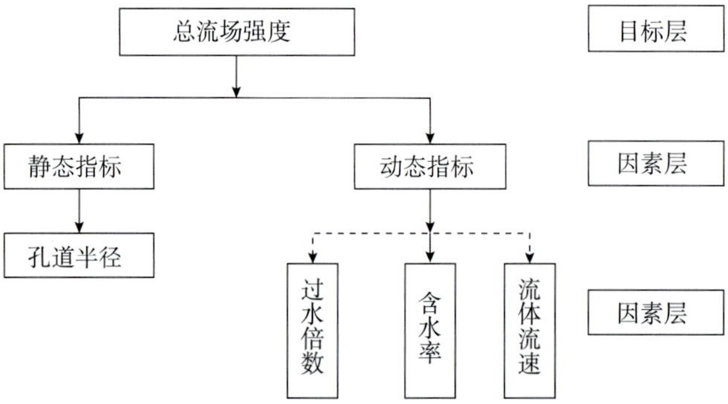

图 3-5-24　油藏流场的层次结构模型

最终确定综合流场强度为：

$$F_Z = F_D \cdot \omega_D + F_J \cdot \omega_J \tag{3-5-1}$$

根据模糊综合评判，将被评判对象总流场强度分为如表 3-5-2 所示的 4 个评价等级。

表 3-5-2　总流场强度分级统计结果

级别	名称	范围
1	绝对优势流场	>0.6
2	优势流场	0.4~0.6
3	非优势流场	0.2~0.4
4	绝对非优势流场	<0.2

（二）流场智能优化调整方法

1. 流场优化提高水驱开发效果机理

1）流场转向，提高水驱波及体积

通过对井网的优化，补充新井或关闭无价值高含水井，改变区域渗流场，导致井区内渗流方向发生变化，动用原本不在流体驱替方向上的高剩余油饱和度区，达到提高波及体积的目的，提高采出程度。

2）流场强度调整，提高水驱波及体积，降低含水率

通过对原有井点注采参数的调整，强化由于储层非均质导致的低强度流场，提高流场强度，动用难驱动储量。流场强度调整兼具辅助流场方向调整的作用。

3）综合运用强度、方位调整，实现均衡驱替

对流场的调整，需要根据油田注采井组具体情况有针对性地实施，进行流场调整的最终目标是提高注入水利用效率，提高水驱波及体积，实现均衡驱替，提高最终水驱采收率。

2. 流场优化方法与调整目标

1）流场优化方法

流场调整的最终目的是实现均衡驱替，提高水驱采收率。总结水驱油藏实际流场不均衡性主要是由以下因素造成的：层间非均质、平面非均质、流体密度差、优势流场、优势通道。也就是说，流场调整针对的问题主要为以上5个方面。

具体的解决方法有射孔调整、井网调整、注采参数调整、封堵与调剖措施，各调整手段与所针对的问题之间的联系见图3-5-25。

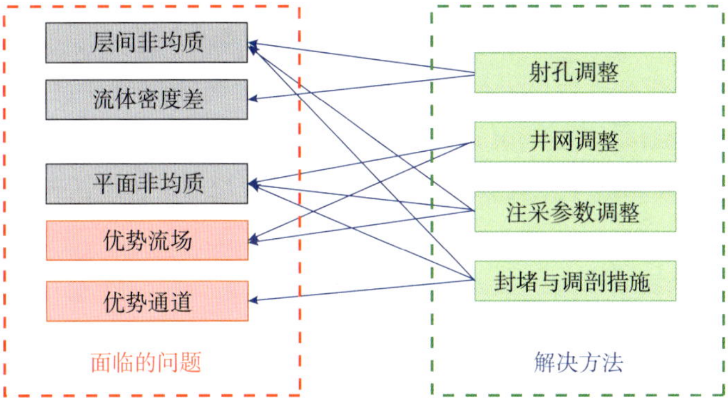

图3-5-25　流场优化问题与解决方法关系示意图

2）流场优化目标

流场优化目标，即如何评价流场最优，可以从技术最优和经济最优两个方面考虑。

技术最优：一般开发方案或调整方案研究，即以累计产油量或采出程度最高为最优。这种单考虑技术条件的最优方案评价指标，常用的有采收率、体积波及系数、累计产油量；涉及流场强度的评价，基于均衡驱替的原则来看，流场强度变异系数也可作为评价指标。

经济最优：考虑了调整方案成本、实施步骤、油藏经营成本和原油销售收入等经济参数评价得到的最优方案。在强调方案经济可行的某些条件下，需要综合考虑。

本文研究过程中方案优化目标函数基于技术最优，包括累计产油量、含水率、采出程度与综合含水比值、流场强度变异系数。

3）最优化数学模型

井网优化是通过调整油田区块内油水井的井位、注采参数，使得油藏流场分布均匀，进而改善水驱开发效果，获得更高的经济效益，是一个典型的最优化问题。与单井组优化不同，在井网整体优化过程中，井组之间相互制约、相互影响，减小某口井在某井组的井距，可能导致其在另一井组的井距增大。因此，优化时，不能孤立出单个井组进行优化，而应把井网看成一个整体，对每口井进行优化。

（1）目标函数。

井网及注采参数优化就是通过井网中各口井的井位、注采参数调整，匹配油藏的非均质性，使得油藏流场分布均匀，从而最大化地实现均衡驱替。在统计学上用变异系数来衡量一组数据离散程度的大小，通过定义油藏流场变异系数来表征油藏流场分布的均匀程度，油藏流场变异系数越大，表示油藏流场分布越不均匀；油藏流场变异系数越小，表示油藏流场分布越均匀，因此将油藏流场强度变异系数最小作为井网优化的目标。

结合前文关于流场优化目标的说明，此处也将累计产油量、含水率、采出程度与含水率比值纳入可选目标函数范畴。

（2）约束条件。

井位约束：优化过程中需要结合油藏实际情况对井位优化变量进行必要的约束。在井位优化过程中，对于新钻井，各口井的位置不可超出油田边界，且任意两口井之间的距离不可太小，否则在经济上不可行；对于老井，井位作为常量锁定。

井别约束：结合油藏实际情况，对于新钻井，井别可按需设置，即定义为油井、水井或“自动”（井别可根据优化需要自动调整）；对于老井，可以按需锁定井别，也可设置为“自动”。

注采约束：结合油藏单井产能水平，设定油水井最大注入能力与采液强度界限。根据需要可选择为单井设定参数范围。

（3）数学模型求解。

目前求解大型多维优化模型的方法主要有梯度类算法和搜索类算法。根据井网优化数学模型，井别、井位、射孔、注采参数优化是一个多变量、大尺度、多峰值、有约束的优化问题，梯度的获取很困难。通常采用伴随方法和离散极大值原理来求取梯度，但是该方法需要将伴随矩阵嵌入油藏数值模拟计算中，求解过程非常复杂。因此，梯度类算法目前仍无法较好地应用于实际方案优化问题的求解。通过对比各种优化算法的优缺点，选取遗传算法（GA）作为数学模型的求解算法。遗传算法在求解井网优化数学模型时，根据优化模型规模选择适当的种群数量和迭代步数，避免搜索过程陷入局部最优解，同时根据个体适应度值选择合适的交叉与变异概率，使井网在优化过程中，能更好地确定最优的井位调整方向和位置。遗传算法求解井网优化数学模型的流程见图 3-5-26。

3. 流场优化软件编制

软件基于完整的油藏数值模拟模型，在模型完成历史拟合后，读取模型拟合参数，计算指定时间点的流场强度，用于流场强度分析。

针对调整方案，软件基于指定的基础预测方案模型，提供用户录入方案约束条件。基于基础预测方案，模型自动生成初始种群，并在约束条件内完成遗传算法优化，给出遗传中间解及最优解。

软件主要模块包括 ECL 数据接口、流场表征模块、约束条件设置模块、遗传算法模块等。软件基于 VS2013 平台，采用 wpf 界面设计方式，C# 编程语言。基于完成历史拟合的区块模型或基础预测方案模型，软件可实现的功能有：

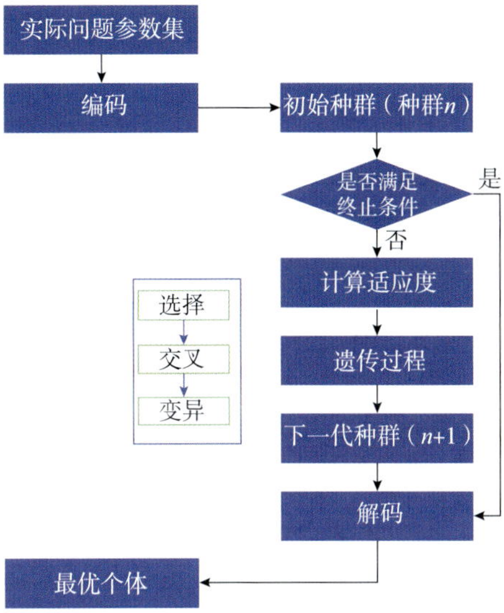

图 3-5-26　遗传算法基本流程示意图

（1）设置流场表征参数，评价指标判断矩阵，确定隶属度计算方法，载入并计算给定时刻流场强度、流场变异系数，导出计算数据；

（2）设置方案约束条件、遗传算法优化参数，自动优化调整方案。可实现新区井位部署方案优化、老区调整井方案优化、老区注采参数优化。直接生成优化方案预测文件，可由 Eclipse 数值模拟软件加载运行。

由于利用流场计算数学模型的人工计算，只能实现油水井之间宏观的流场强度计算，每个网格的流场强度计算量过大难以通过人工计算实现。因此编制了基于数值模拟的流场强度计算辅助软件（图 3-5-27），通过调取数值模拟数据体中的相关参数，在软件中进行层次分析法的运作，以实现微观上每个网格流场强度的计算，更真实地定量表征工区的流场展布，最后达到均匀驱替的目的。

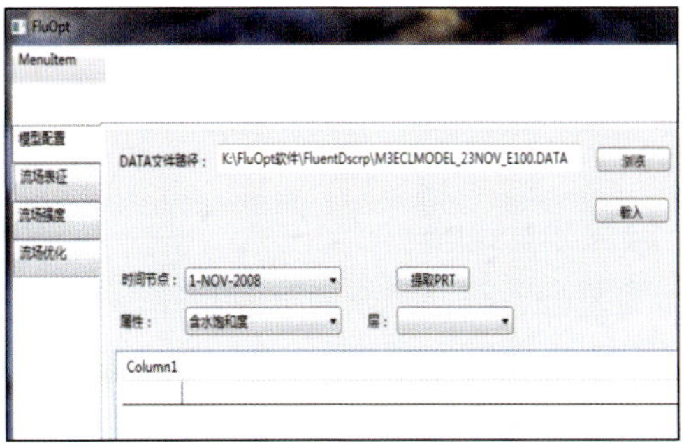

图 3-5-27　流场表征描述软件

（三）矿场实施效果

1. 面 3 块概况

面 3 块 1987 年投入开发，先后经历过基础井网建设、注采井网完善、产量递减、零星调整等阶段，2000 年开始进入低速开发、局部调整阶段，该阶段自 2006 年在沙四段进行一次井网加密后，近 10 年未进行过系统调整。

截至 2016 年 10 月，面 3 块共有油水井 107 口，日产液 1528 t，日产油 63 t，综合含水 95.8%，采油速度为 0.19%，采出程度 15.9%，注采井数比 1∶3.17，累计注采比 1.36。油井平均动液面 764 m，地层压力 10.83 MPa，保持原始地层压力的 86.8%。水驱开发曲线呈上扬趋势，开发效果变差。

2. 流场定量评价

利用流场评价软件计算面 3 块沙四段 1 砂组流场强度分布，结果表明，主力层沙四段 1_2 流场强度变异系数为 0.78，分布不均衡性强，井网不完善区域流场强度弱、剩余油富集。

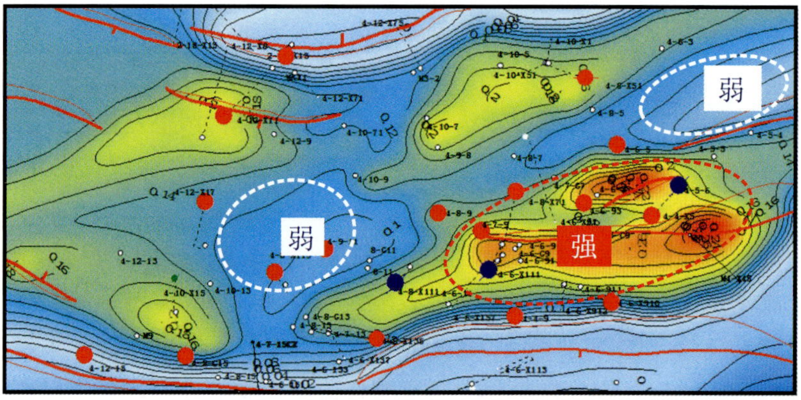

图 3-5-28　面 3 块沙四段 1_2 流场强度分布图

3. 流场智能优化实施效果

针对面 3 块存在问题，基于流场分布与剩余油分布相结合，建立了多种流场调整模式，形成了优化调整方案。

1）现井网控制区：注采不完善区

以目前流场强度分布为基础，结合剩余油分布规律，根据不同注采井间优势通道的位置，以调整注采关系、完善注采井网为主要方式，达到整体提高开发效果的目的。

面 3 块沙四段 1 砂组在 2016 年转注 4 口油井，新增注采流线 9 条，增加油井受效方向，动用采油井之间滞留区剩余油。转注之后流场强度增强（图 3-5-29、图 3-5-30），新增水驱控制储量 24.6×10^4 t，地层压力由 9.46 MPa 上升至 9.86 MPa，在开井数减少的情况下日产油基本稳定，甚至变好（图 3-5-31）。

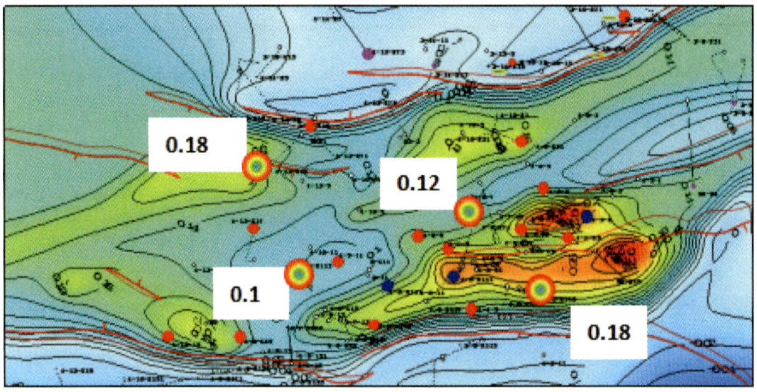

图 3-5-29　面 3 块措施前流场分布图

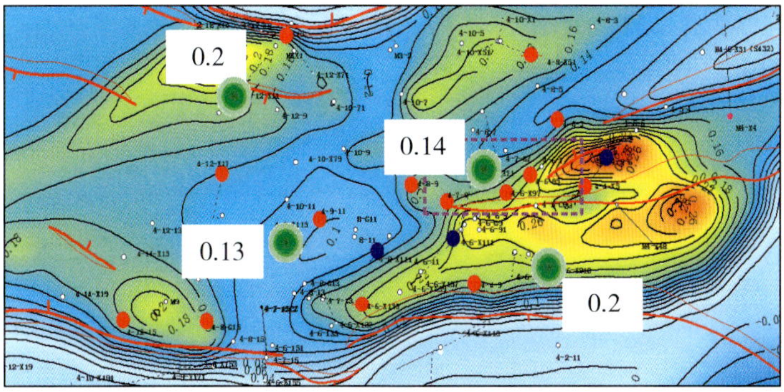

图 3-5-30　面 3 块措施后流场分布图

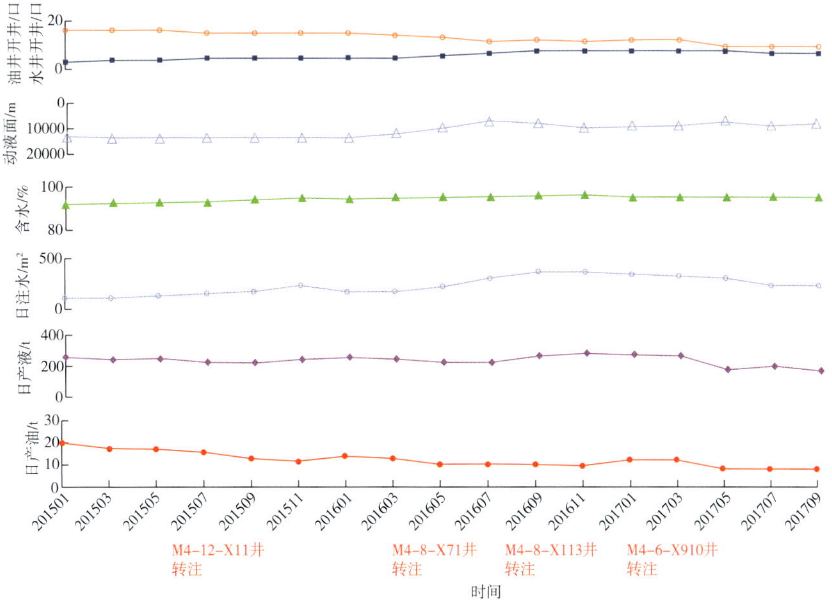

图 3-5-31　面 3 块沙四段月度开采曲线

2）现井网控制区：注采完善区

在流线识别的基础上，结合剩余油分布，应用“控、推、拉、压”操控模式控强提弱，控制优势方向注水，提高弱势方向注水，致使弱势流线由弱变强，扩大水驱波及系数，动用弱流线方向的剩余油。

强驱方向控制减无效：“控”主要水井降注控流线，“压”强势受效油井降液压流线。

弱驱方向强化增动用：“推”主要水井提注推流线，“拉”弱势受效油井提液拉流线。

以 M4-8-X131 井组为例，其主要问题是如何控制水驱方向。具体调整措施：下调 M4-10-11 井配注（120 m^3→30 m^3），高液井 M4-9-12 实施周期采油（停产 3 个月开抽）；上调弱流线方向 M4-7-144（冲次 3→4）、M4-9-14 参数（冲次 4→6）。调整之后，日产油能力提高了 3 t（图 3-5-32）。

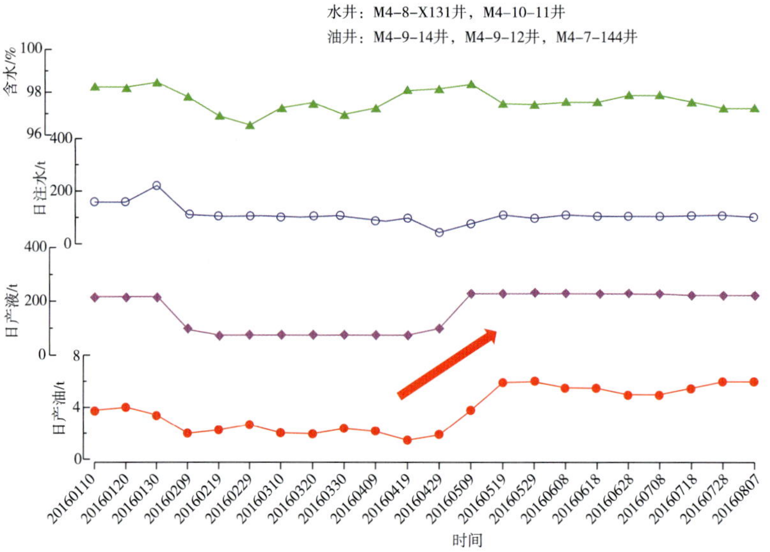

图 3-5-32　M4-8-X131 井开采曲线

3）现井网未控制区

针对现井网未控制区，以油藏动态分析为基础，结合流场强度分布图和数值模拟剩余油，对油藏潜力分布进行研究，在剩余油比较富集的区域补钻调整完善井网。

主要在有效厚度大于 2 m 的区域进行部署，包括 5 口油井、1 口水井，提高储量动用程度。通过数值模拟优选出最佳方案：油井配产 30 m^3/d，水井配注 40 m^3/d。预测平均单井日产油量 2.9 t，15 年累计产量 3.82×10^4 t。

第六节 悬浮微晶聚合物驱技术

一、八面河聚合物驱概况

八面河首次聚合物驱矿场试验于 1998 年在面 12 区实施。面 12 区位于东营凹陷南斜坡八面河断裂构造带西南端，构造平缓，受断层和岩性控制，形成近三角形的断层 – 岩性普通稠油油藏。沙四段属于淡 – 半咸水滨浅湖滩坝相沉积，共有 5 个小层发育油层，其中主力油层为 21、41、51。含油面积 2.20 km^2，有效厚度 6.8 m，地质储量 206×10^4 t，可采储量 69.0×10^4 t（采收率 33.7%）。到 1998 年 9 月，采出程度 20.56%，综合含水高达 91.1%，进入特高含水期开采阶段。聚合物驱先导性试验区含油面积 0.47 km^2，有效厚度 6.5 m，地质储量 65.26×10^4 t。油藏深度 1270 m，油层温度 65~70 ℃。储层物性较好，孔隙度 33.8%，空气渗透率 759×10^{-3} μm^2，原始含油饱和度 60%，非均质性严重。地下原油黏度 21.1 mPa·s；地层水矿化度 25764.4 mg/L，二价离子含量达 1200 mg/L 左右，水型为 $CaCl_2$ 型。先导性试验区于 1987 年 3 月投入开发，1987 年 12 月开始注水，共有油井 7 口，注水井 3 口，采出程度 24.5%，综合含水 91.7%，中心井 12–5–6 井综合含水 90.5%。1998 年 10 月建成撬装式注聚站 1 座，10 月 6 日开始注入一个国产 PAM 聚合物前缘段塞对地层进行预处理，累计注入 PAM 聚合物溶液 5539 m^3，浓度为 701~3079 mg/L，黏度为 5~8 mPa·s。11 月 10 日开始注入主段塞，至 1999 年 9 月 30 日累计注入聚合物溶液 55252 m^3，浓度为 564~4175 mg/L，黏度为 0.5~26.5 mPa·s，其中主段塞 49673 m^3。实施后注聚井注入压力明显上升，注采压差增大；油井含水先升后降，产油量先降后升，产液量最终下降；1999 年 4 月 20 日聚合物驱开始见效，油井产量逐步回升，含水下降。至 1999 年 9 月 30 日，与注聚前相比已取得明显效果，整个试验区日增油 12.4 t，平均单井日增油 1.8 t，提高了 58%，含水下降 8.6%，取得明显的增油降水效果。中心井 12–5–6 井日增油 4.4 t，提高了 119%，含水降低 24.5%。另外，注聚见效也使得整个面 12 区沙四段开发水平得到了较大幅度的提高。1999 年 9 月与 1998 年 9 月相比，日增油 14 t，含水降低 1.6%，采油速度从 0.53% 提高到 0.83%。不考虑自然递减整个井组累计增油 3010 t，折算吨聚合物换油 61 t；中心井 12–5–6 井增油 638 t。通过采收率标定，从 1998 年 10 月到 1999 年 9 月注聚提高采收率 4.92%，整个注采井组的产液量降低 62.4 t/d。聚合物溶液在油层中的运动变得均匀、缓慢，油藏的平面矛盾得到改善，提高了平面波及系数。1998 年 9 月整个试验井组水驱耗水量为 11.2 m^3/t，而聚合物驱见效后，1999 年 5 月耗水量为 4.2 m^3/t，表明聚合物驱每采出 1 t 原油比水驱少耗水 7 m^3，聚合物驱明显节省了注水量，提高了注水利用率。总之，该次注聚试验基本上达到了预期的目标。

2003 年，研究了单一聚合物在油层条件下的结构与性能变化规律，开展了提高单一聚合物耐温抗盐性能的方法研究，研制出的 800~1000 mg/L HPAM+150 mg/L DQ-1 交联聚合物体系具有良好的耐温抗盐性能，主要指标为：耐温 80 ℃；耐盐 30000~50000 mg/L；长期热稳定性好，地层条件下放置 180 天黏度达到 30 mPa·s；具有较好的抗剪切性及良好的注入性。

2005 年，针对八面河油田地层水矿化度较高，特别是钙镁含量高达 1400 mg/L 的特点，形成了一套从室内评价、储层建模与数值模拟到配套工艺研究的一系列耐温抗盐（交联）聚合物驱油技术。研发了两种聚合物增黏体系在矿化度 $0\sim5\times10^4$ mg/L、二价离子 0~1500 mg/L 的盐水中黏度可达到 200~600 mPa·s，满足研究工区油藏要求。聚合物增黏体系在 80 ℃恒温老化 200 天复黏度可达 410~450 mPa·s，黏度保留率在 77.5%~88.3%。数模预测最佳实施方案提高采收率 7.1%，吨聚换油 120 t 以上。通过注聚配套工艺研究，筛选了配套助剂，提出了可行的配制工艺、防窜调剖工艺、解堵工艺及提液方案。

2016 年，依托股份公司项目《高钙镁油藏悬浮微晶聚合物驱技术研究》，开始进行高钙镁油藏悬浮微晶聚合物驱技术研究与矿场试验。以八面河面 1 区沙三上油藏为研究对象，研制出用于聚合物驱的悬浮微晶聚合物体系，2018 年完成现场试验方案编制，2019 年完成注聚井网完善，2020 年开展单井试注，2021 年完成流程改造后开展全面井组试验，取得了较好的应用效果。

二、聚合物体系研究

高钙镁油藏产出污水中钙镁离子含量一般较高，配制聚合物溶液时会显著降低聚合物的黏度，限制了聚合物驱技术的推广应用。近年来，针对高钙镁离子含量条件下的聚合物溶液增黏问题，研究思路主要包括：合成耐温抗盐丙烯酰胺系聚合物，络合螯合剂增黏，成晶剂除钙镁增黏。从成本、增黏效果综合考虑，成晶剂除钙镁方法最佳，但存在絮凝沉淀问题。为此，提出了一种新的除钙镁增黏方法——悬浮微晶聚合物体系，既提高溶液的黏度，又保证微晶的悬浮稳定性，注入地层时不会在管线和近井地带沉淀形成堵塞，而进入地层深部沉淀还可以产生一定的流体转向作用。江汉油田与中国石化总院开展合作研究，研发出了悬浮微晶聚合物体系，可以在高钙镁离子条件下，以较低的聚合物浓度达到较高黏度。该体系的基本原理：先利用高钙镁离子含量的油田注入水配制聚合物溶液，再向聚合物溶液中加入成晶剂和分散剂，将钙镁离子转变成微晶并控制微晶尺寸使其完全悬浮从而能保持长期稳定，最终制备形成一种悬浮微晶聚合物体系，降低钙镁离子含量，同时具备多重增效机理，大幅度提高聚合物溶液的黏度。

（一）聚合物体系筛选

1. 抗钙镁聚合物优选

由不同驱替黏度比下聚合物驱提高采收率曲线（图 3-6-1），考虑采收率提高幅度及成本因素，聚合物驱的黏度比合理范围应在 0.1~0.3。面 1 区沙三上油藏原油黏度为 79.2 mPa·s，因此确定聚合物溶液黏度要达到 16.2 mPa·s。针对面 1 区沙三上 5 砂组的油藏温度、矿化度及钙镁含量等条件，筛选评价了 3 种具有一定抗盐性的聚合物黏浓关系（图 3-6-2）。结果表明，3 种聚合物在相同浓度下 NY-1 黏度最高，MM2364 次之，KYPAM-6 最低。

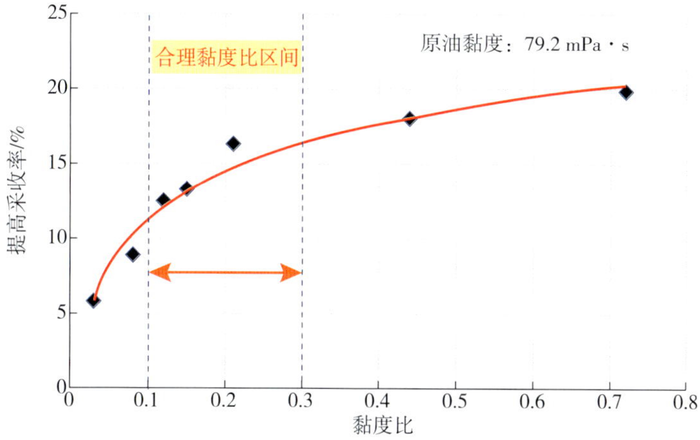

图 3-6-1　驱替黏度比对提高采收率的影响

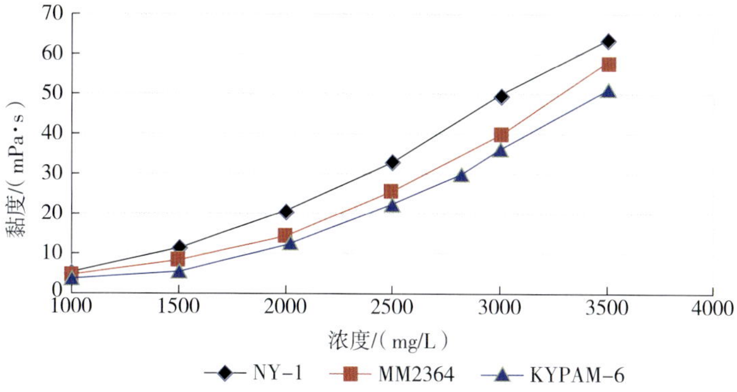

图 3-6-2　三种聚合物的黏浓曲线

2. 聚合物对悬浮微晶聚合物体系性能影响研究

用上述 3 种聚合物开展悬浮微晶聚合物体系调配试验，结果表明，只有采用先配聚合物溶液再加入分散剂和成晶剂的配制方法，才能制备出稳定均匀的悬浮微晶聚合物体系，但体系的性能与聚合物类型关系密切，3 种聚合物中 MM2364 配制的微晶体系性能最优：用模拟盐水配制 2000 mg/L 的聚合物 MM2364 溶液，搅拌溶解 2 h，溶解性比较好，溶液黏度 16.1 mPa·s；在聚合物溶液中加入 0.2% 分散剂 B，再加入 0.3% 成晶剂，搅拌 5 min 就可以分散均匀，此体系黏度为 35.4 mPa·s。

配制好聚合物溶液后以不同的顺序加入成晶剂和分散剂，可以制备出性能差异很大的两种悬浮微晶聚合物体系：纳米级微晶聚合物体系和微米级微晶聚合物体系。

纳米级微晶聚合物体系：在聚合物溶液中，先加分散剂后加成晶剂，先加的分散剂抑制了微晶的生长，形成的微晶粒径较小，多数为纳米级。

微米级微晶聚合物体系：在聚合物溶液中，先加成晶剂后加分散剂，后加的分散剂对微晶生长的抑制减弱，形成的微晶粒径较大，多数为微米级。

3. 成晶剂对悬浮微晶聚合物体系性能影响研究

1）成晶剂的筛选

62 ℃下，测定加入不同成晶剂 A、B 形成的聚合物体系的黏度与钙离子浓度（表 3-6-1），表明加入成晶剂 B 体系的钙离子含量较高、增黏幅度明显较成晶剂 A 小。成晶剂 A 与钙镁离子反应速度快，生成的固相沉淀量大，降低钙离子的幅度也大，更适合用于微晶体系制备。

表 3-6-1 成晶剂对悬浮微晶聚合物体系黏度及钙离子含量的影响

成晶剂	空白	成晶剂 A			成晶剂 B		
成晶剂浓度 /%	0	0.1	0.2	0.3	0.3	0.4	0.5
体系黏度 /（mPa · s）	18.5	21.4	24.0	30.2	19.7	20.4	21.1
钙离子浓度 /（mg/L）	1200	830	530	258	1156	947	870

2）成晶剂加入量优化

用现场水与模拟盐水开展成晶剂 A 用量对体系黏度影响的试验研究，结果表明，随加入成晶剂浓度增加，碳酸钙沉淀量增多，钙离子浓度降低，增黏幅度亦增加，但超过一定浓度，黏度反而降低。用现场水配制悬浮微晶体系成晶剂加入浓度以 0.5% 为佳（图 3-6-3）。

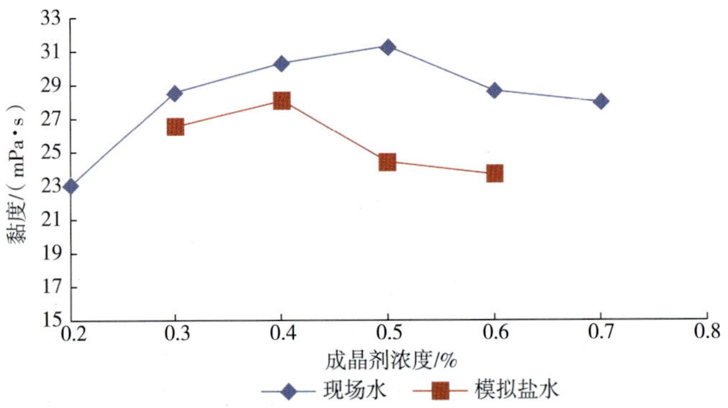

图 3-6-3 成晶剂加入量对溶液黏度影响

4. 分散剂对悬浮微晶聚合物体系性能影响研究

开展 MM2364 与分散剂配伍性试验研究，试验结果表明，单独加入分散剂时，H 对黏度有增大作用，C、D、E、F、G 持平，A、B、I、J 会引起黏度的大幅降低；分散剂与碳酸钠复合使用时，H、B 增黏效果最好（图 3-6-4）。

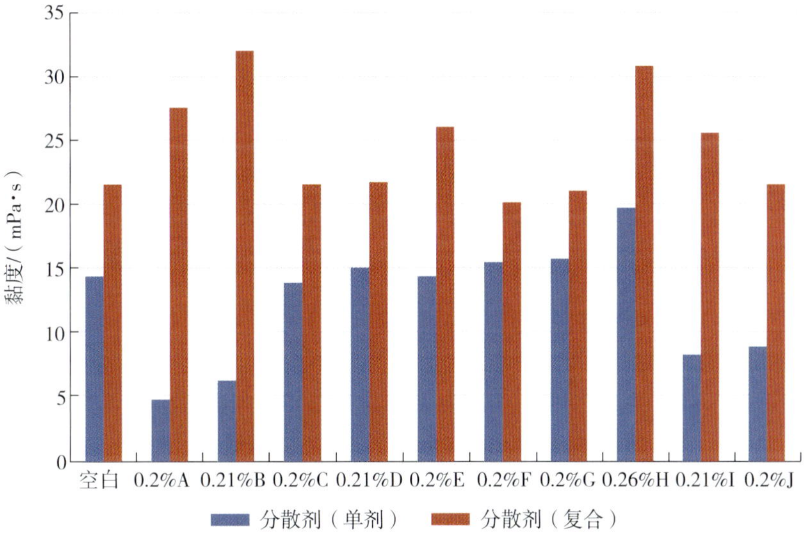

图 3-6-4　不同分散剂对 MM2364 聚合物溶液（2000 mg/L）黏度的影响

试验测定了两种水配制聚合物加入不同浓度分散剂条件下的体系黏度，结果表明，模拟盐水配制聚合物，随分散剂浓度增加聚合物黏度亦相应增大；现场水配制聚合物，成晶剂浓度 0.5% 下，聚合物黏度随分散剂浓度增加而降低，成晶剂浓度 0.3% 下，聚合物黏度随分散剂浓度增加先增加后降低，存在浓度拐点，分散剂加入浓度以 0.1% 为宜（图 3-6-5）。

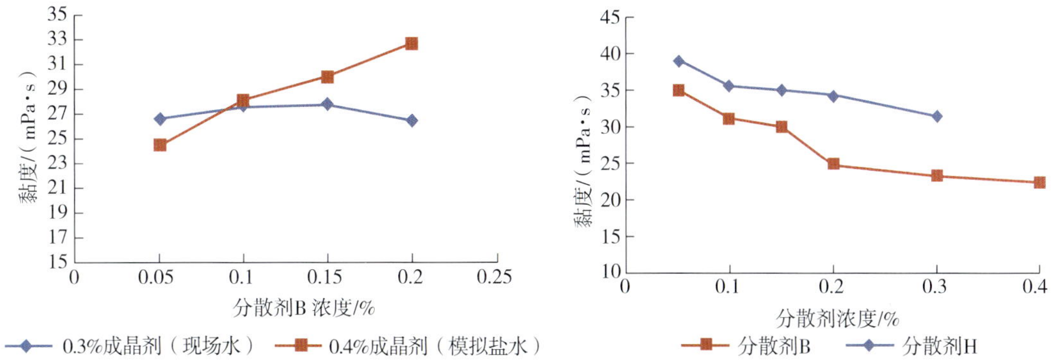

图 3-6-5　分散剂浓度对悬浮微晶聚合物体系黏度的影响

5. 温度对悬浮微晶聚合物体系性能影响研究

开展不同温度下的微晶体系老化试验，结果表明，纯聚合物溶液随着老化黏度明显降低，高温条件下降低幅度更加显著；纳米级悬浮微晶体系随着老化黏度明显增加，高温条件下尤其在 85 ℃下黏度增加异常显著，老化 60 天后黏度能增大 1000% 以上（图 3-6-6）。

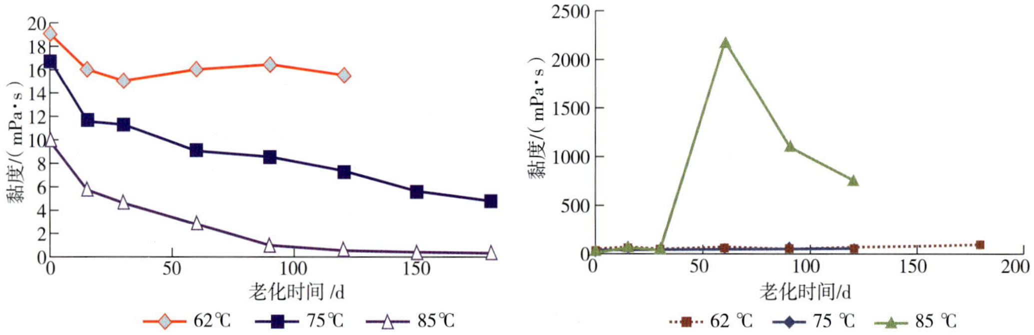

（a）聚合物溶液

（2000 mg/L MM2364）

（b）纳米级微晶体系

（2000 mg/L C1205 + 0.2%B + 0.3%成晶剂）

图 3-6-6　不同温度下长期热稳定性

（二）悬浮微晶聚合物体系理化性能评价

1. 稳定性

采用近红外光稳定性分析测试仪对 MM2364 微晶体系进行试验，结果表明，纳米级微晶体系有很好的稳定性，而微米级微晶体系不稳定，在最初 3 h 内变化幅度最大，在 3~42 h 变缓，42 h 后变化很小（图 3-6-7）。纳米级悬浮微晶聚合物体系中颗粒的大小始终保持比较稳定，为 236 nm，而微米级悬浮微晶聚合物体系中颗粒大小随着时间的延长而逐渐增大，从开始的 1.1 μm 增大到最后的 3.2 μm，大致在 1 天半后颗粒粒径变化趋缓。

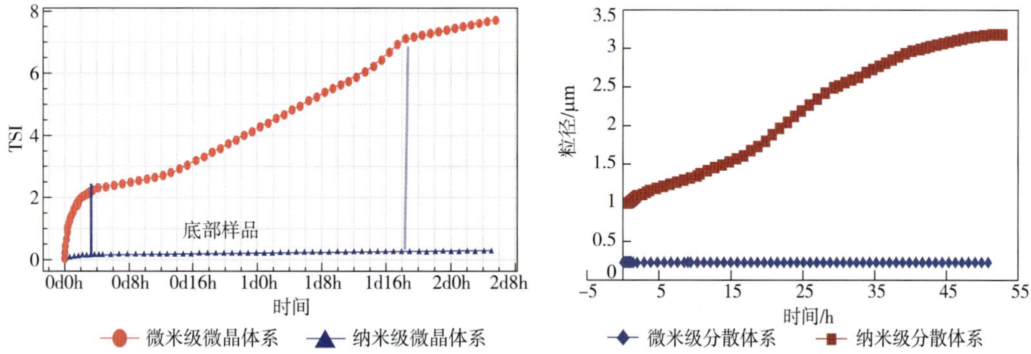

（a）动力学曲线

（b）颗粒粒径

图 3-6-7　纳米级微晶体系与微米级微晶体系稳定性对比

2. 黏弹性

黏弹性测试结果（图 3-6-8）表明，纳米级微晶体系的黏弹曲线与纯聚合物的几乎平行，并且没有相交，说明纳米级微晶体系是一种类似聚合物溶液的黏性体系。

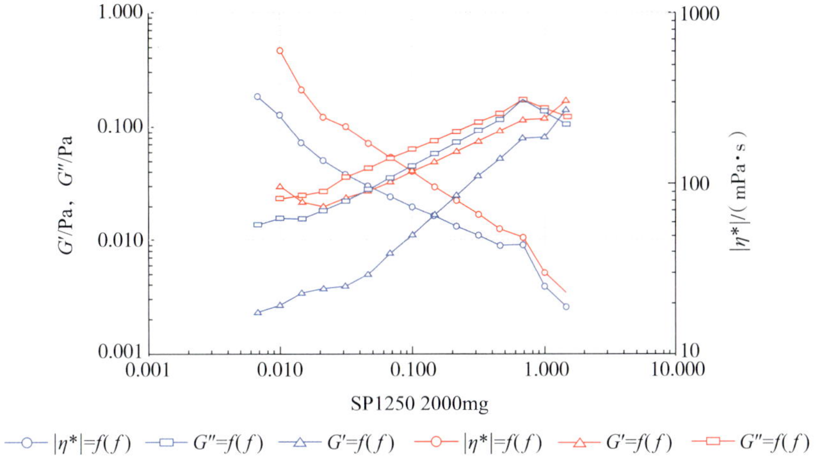

图 3-6-8　MM2364 纳米级微晶体系的黏弹性曲线

3. 过滤性

纳米级悬浮微晶聚合物体系尽管黏度较大，但仍有较好的过滤性能，接近纯聚合物溶液。微米级悬浮微晶聚合物体系的过滤性能较差。

4. 抗钙能力

不同钙离子浓度下纳米级微晶体系的黏度见图 3-6-9，可以看出，钙离子含量在 3000 mg/L 以内黏度降低幅度不大，有较高的黏度。

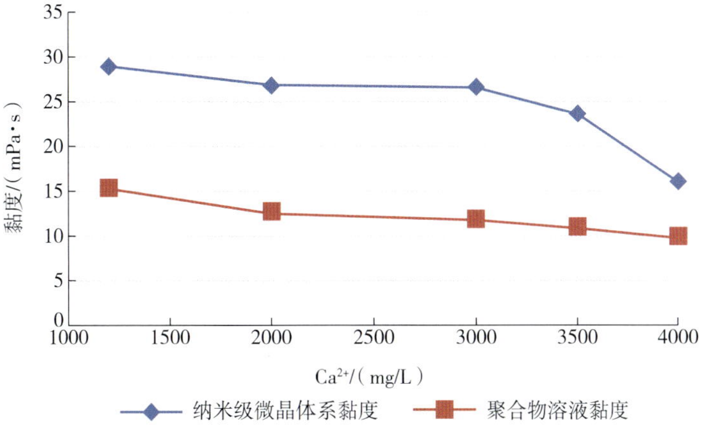

图 3-6-9　纳米级微晶体系的抗钙能力

5. 黏浓关系

随着聚合物浓度的增加，其黏度呈指数级快速递增，说明体系浓度达到一定值以上时，其黏度产生“突变现象”，使得在较低浓度下既能满足油藏条件对聚合物驱的要求（图 3–6–10）。

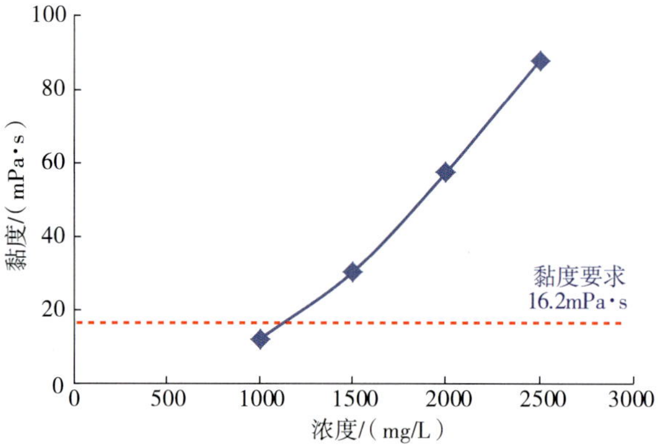

图 3–6–10　纳米级悬浮微晶聚合物体系黏度与浓度的关系曲线

6. 热稳定性

悬浮微晶体系黏度随时间增加而增加，这是由于水中的 Ca^{2+} 形成微晶后，与纳米级聚合物分子结合形成了稳定的混合体系（图 3–6–11）。

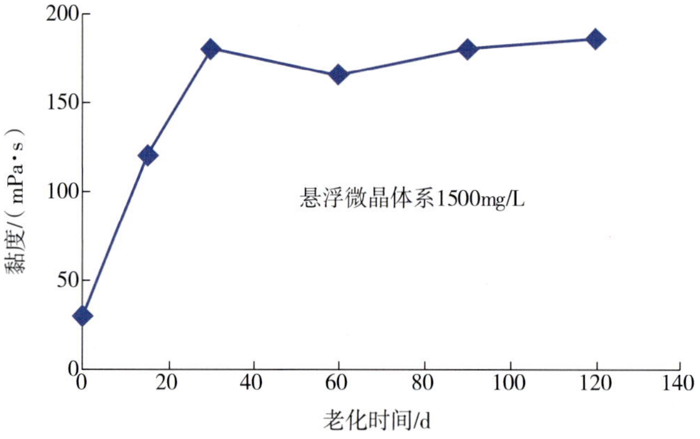

图 3–6–11　聚合物热稳定性测试结果

7. 黏温性能

随着温度的增加，聚合物溶液黏度逐渐降低（图 3–6–12）。

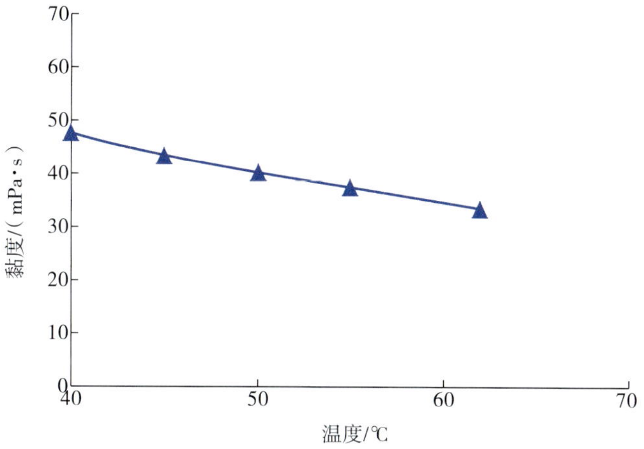

图 3-6-12 聚合物黏温性能测试结果

8. 吸附性

聚合物体系在经砂样吸附后，溶液黏度仍保持在初始状态的 90% 以上。

（三）悬浮微晶聚合物体系流动性能评价

1. 注入性能

采用 30 cm 长岩心开展了纳米级和微米级悬浮微晶聚合物体系的注入性试验，结果表明，2000 mg/L 聚合物溶液有较高的阻力系数，但残余阻力系数不高；纳米级悬浮微晶聚合物体系在 325×10^{-3} μm^2 渗透率岩心中有较合适的阻力系数和残余阻力系数；微米级悬浮微晶聚合物体系在 180×10^{-3} μm^2 渗透率岩心中有较大的阻力系数和残余阻力系数，有一定的堵塞；微米级悬浮微晶聚合物体系在 1350×10^{-3} μm^2 渗透率岩心中有较适合的阻力系数和残余阻力系数。微米级悬浮微晶聚合物体系中微晶粒径较大，对中低渗透率岩心会发生堵塞，因此不宜采用。纳米级悬浮微晶聚合物体系对中低渗透率岩心较适应（表 3-6-2）。

表 3-6-2 不同体系的阻力系数和残余阻力系数

试验编号	渗透率 /10^{-3} μm^2	体系名称	阻力系数	残余阻力系数	备注
M1	185	聚合物溶液	7.83	1.86	
M 2	325	纳米级微晶体系	5.48	2.91	
M 3	180	微米级微晶体系	12.53	10.16	堵塞
M 4	1350	微米级微晶体系	4.14	3.22	

2. 驱油性能

岩心驱替试验表明，水驱采出程度 48.66% 后进行悬浮微晶聚合物体系驱替，采出程度提高 16.53%，达到 65.19%（图 3-6-13）。

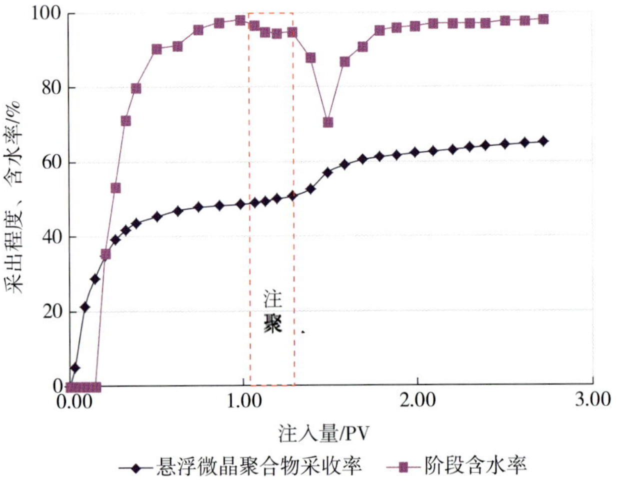

图 3-6-13　纳米级悬浮微晶聚合物体系驱油性能评价试验结果

3. 剪切性能

剪切后悬浮微晶聚合物体系黏度有所下降，但黏度保留率仍高达 91.3%，符合要求（标准要求 >80%）。

三、聚合物驱方案研究

（一）面 1 区概况

面 1 区总体上是一个浅层、高孔、高渗、常温常压、普通稠油 I 类岩性 - 构造油藏，沙三上探明含油面积 1.62 km²，石油地质储量 400.67 × 10⁴ t，标定采收率 28.45%，可采储量为 113.99 × 10⁴ t。

面 1 区于 1987 年 5 月投入试采，1987 年 5 月分沙三上、沙三中、沙四段 3 套层系投入开发，其中沙三上 5 砂组 1987 年 12 月采用边缘加点状方式投入注水开发。截至 2017 年 12 月，面 1 区沙三上 5 砂组共有油水井 30 口，日产油 15 t，综合含水 95.3%，采油速度 0.15%；累计注采比 0.94，地层压力 9.68 MPa，保持原始地层压力的 78%；累产油 111.7 × 10⁴ t，采出程度 32.1%。

水驱开发效果整体评价认为，面一区沙三上 5 砂组整体水驱开发处于较好水平，水驱控制程度 75.61%，水驱动用程度 66.35%，层系基本适应，井网较完善，能量状况良好。同时，由于油水黏度比较大，含水率上升较快，目前处于特高含水阶段，经过几次水驱调整后，水驱效果在短期有一定程度的改善，但是没有从根本上解决高含水的问题，要想继续依靠水驱大幅提高采收率难度较大，必须采用其他三次采油手段提高采收率。

数模结果表明，沙三上剩余油饱和度较高的区域主要分布在注采井网不完善区域、物性差且非均质强区域、断层附近和构造高部位。总体上，东部剩余储量丰度较高，适合开展聚合物驱（图 3-6-14）。

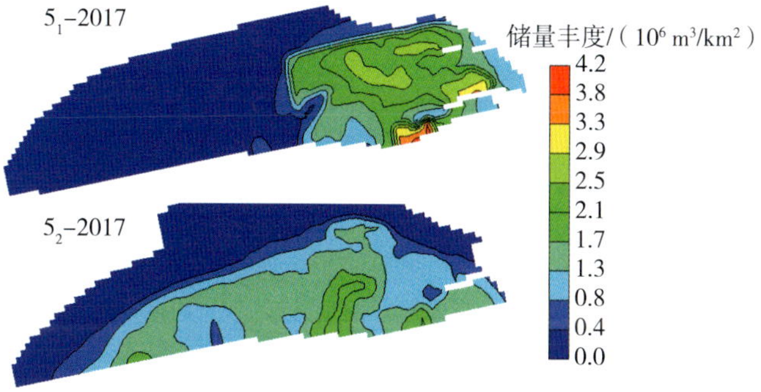

图 3-6-14　面 1 区沙三上 5 砂组剩余储量丰度分布图

综合以上研究结果，为最大限度地发挥聚合物体系扩大波及体积和提高洗油效率作用，考虑储层的有效厚度，确定八面河油田面 1 区沙三上合理的井网密度为 22.5~27.5 口 /km^2，合理井距为 150~250 m。

（二）聚合物驱调整部署

按照整体部署、分步实施的原则，降低聚合物驱试验风险，选择主力油层沙三上 $5_{1、2}$ 小层东南部厚度较大的剩余油富集区进行聚合物驱先导试验（图 3-6-15）。井组控制面积 0.328 km^2，平均油层厚度 21 m（5_1+5_2），地质储量 129.8 × 10^4 t。聚合物驱井网共计 4 口注入井，10 口采油井，其中新钻井 2 口，利用 10 口油井、2 口水井，形成 4 注 9 采井网，1 个中心井组（中心井 1-9-X63）。

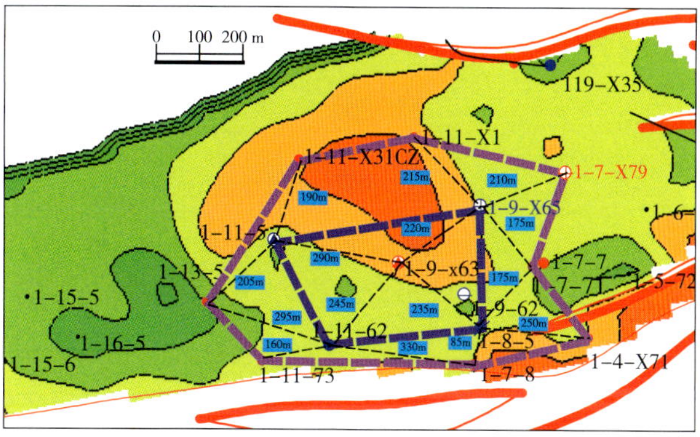

图 3-6-15　面 1 区沙三上 5 砂组聚合物驱先导试验部署图

注聚前按照井网部署要求进行井网调整，注入井和采油井原则上应在注聚前一次性全部完成钻井及射孔工作量，对于要求封堵原生产层位后再补孔新层位的井，补孔前必须验证已封堵层位封死。为减少炮眼对驱剂的剪切降解，射孔要求大孔径深穿透。要求水井转注聚合物驱井在注入前洗井，采油井转注入井要求在注聚合物驱前 2 个月转注水进行水驱预冲洗，根据历史吸水剖面情况，对长期不吸水潜力层应实施分层增注措施。

（三）聚合物驱参数优化

1. 注入速度

数模优化结果（图 3-6-16）表明，注入速度为 380 m^3/d（0.070 PV/a）时，累产油效果最好。

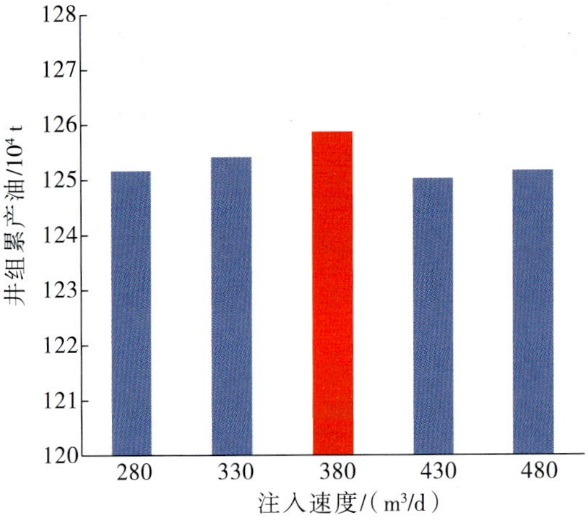

图 3-6-16 注入速度优化结果

2. 注入浓度

数模优化结果（图 3-6-17）表明，随着聚合物浓度增加，累产油量呈上升趋势。当悬浮微晶聚合物体系浓度大于 1500 mg/L 时，增油幅度趋缓。

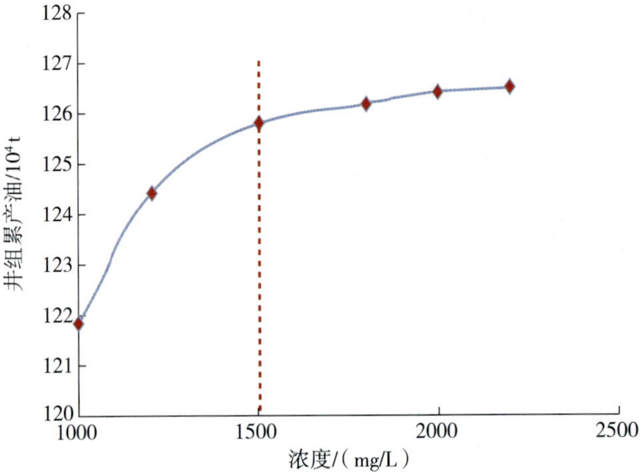

图 3-6-17 悬浮微晶聚合物注入浓度优化结果

3. 注入量

数模优化结果（图 3-6-18）表明，随着注入量增加，累产油量呈上升趋势，但增幅逐渐减小，聚合物成本上升。结合经济效益考虑（按油价 60 美元 / 桶），选取悬浮微晶聚合物体系最佳注入量为 0.5 PV。

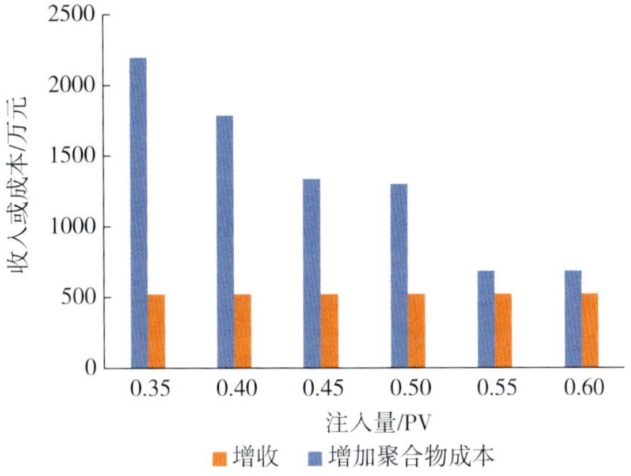

图 3-6-18　悬浮微晶聚合物注入量优化结果

4. 注入段塞

结合数模优化结果（图 3-6-19）与现场注入经验，确定悬浮微晶聚合物体系最佳注入段塞为：前置段塞浓度 2000 mg/L，注入量 0.06 PV；主体段塞浓度 1500 mg/L，注入量 0.42 PV。

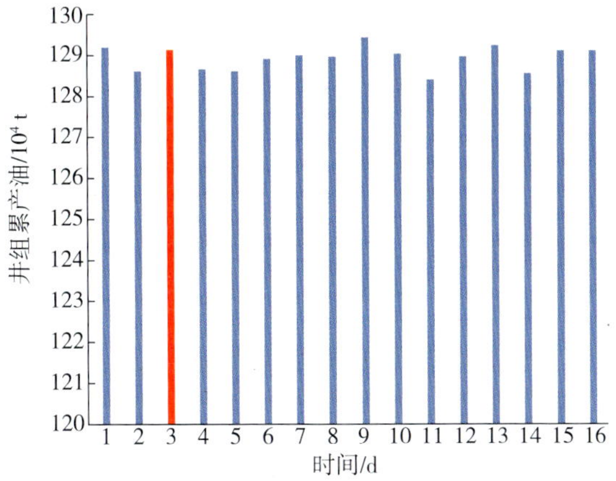

图 3-6-19　悬浮微晶聚合物注入段塞优化结果

5. 配产配注

配产配注原则：

（1）试验区内外总体上保持注采平衡。

（2）初期按地质条件、剩余油分布、注采能力进行匹配，后期结合生产实际调整。

（3）各井尽可能达到同步开发。

（4）既要在工艺上具可操作性，也要符合油层实际能力。

根据以上配产配注原则对聚合物区注入井进行了单井配产配注设计：聚合物注入速度 380 m^3/d，单井配注在 80~100 m^3/d，平均单井日注 95 m^3，注入速度 0.070 PV/a；受效油井 10 口，日产液量根据目前生产状况以及后期能量变化进行调整，总体保持注采平衡，单井配产在 30~100 m^3/d。

根据方案优化结果，采用全密闭撬装注入设备，污水配置母液、污水混合注入的两段塞注入方式（表 3-6-3），先期注入前置段塞，再注入主体段塞，然后进行水驱。由于悬浮微晶聚合物体系存在微晶晶核等因素，导致体系存在一定注入风险，因此需要开展单井试注验证实际注入能力。其中，悬浮微晶聚合物体系需要在聚合物溶液中加入 1% 的成晶分散剂，通过混配器混合后再注入地层。

悬浮微晶聚合物总量按 0.5 PV × 1500 mg/L 设计，其中：

前置段塞：0.06 PV × 2000 mg/L。

主体段塞：0.42 PV × 1500 mg/L。

注入速度：0.070 PV/a。

表 3-6-3　矿场注入方案设计

段塞		注入量 /PV	聚合物溶液 / 10^4 m^3	浓度 /（mg/L）	干粉 /t	成晶分散剂 /t	注入时间 / d
悬浮微晶聚合物	前置段塞	0.06	11.94	2000	265	1194	314
	主体段塞	0.42	83.60	1500	1393	8360	2200
	合计（实际）	0.48	95.54	—	1659	9554	2514

各段塞的浓度为平均浓度，在矿场注入过程中，可针对各井的实际情况进行微调，主体段塞根据前置段塞的注入情况调整，整体上要保证平均的注入浓度达到方案设计。

悬浮微晶聚合物驱方案共需注入溶液 95.54 × 10^4 m^3，聚合物干粉用量 1695 t（有效含量 90%），成晶分散剂 9554 t。化学剂分年度设计用量见表 3-6-4。

表 3-6-4　化学剂分年度投入

项目		第 1 年	第 2 年	第 3 年	第 4 年	第 5 年	第 6 年	第 7 年	合计
悬浮微晶聚合物	注入液量 /10^4 m^3	13.87	13.87	13.87	13.87	13.87	13.87	12.32	95.54
	聚合物干粉 /t	298	231	231	231	231	231	205	1659
	成晶分散剂 /t	1387	1387	1387	1387	1387	1387	1232	9554

（四）聚合物驱指标预测

按照聚合物驱井网，预测 12 年井组累产油 15.00 × 10^4 t，相比目前井网水驱增油 11.89 × 10^4 t，提高采收率 9.16%（图 3-6-20）。

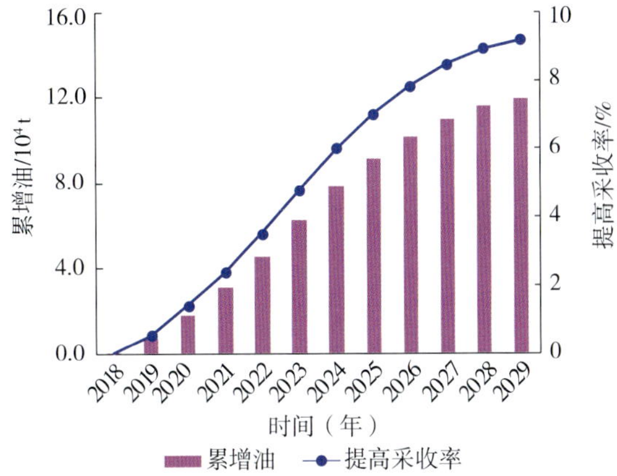

图 3-6-20 悬浮微晶聚合物驱累增油与提高采收率曲线

四、矿场实施效果

面 1 区在 2019 年完成注聚井网完善、2020 年开展单井试注、2021 年完成流程改造后，于 2021 年 4 月正式开展注聚工作，截至 2021 年 12 月，4 口井已累计注入聚合物溶液 6.68×10^4 m^3（聚合物干粉 151 t，增黏剂 730 t），整体初步取得了较好的实施效果。

（一）井口黏度达到方案要求

通过连续取样测试，当注入配比为 2000×10^{-12} 干粉 +1% 增黏剂时，井口黏度≥60 mPa·s，达到方案要求设计值（≥50 mPa·s），说明现有药剂体系与所配工艺符合方案要求（图 3–6–21）。

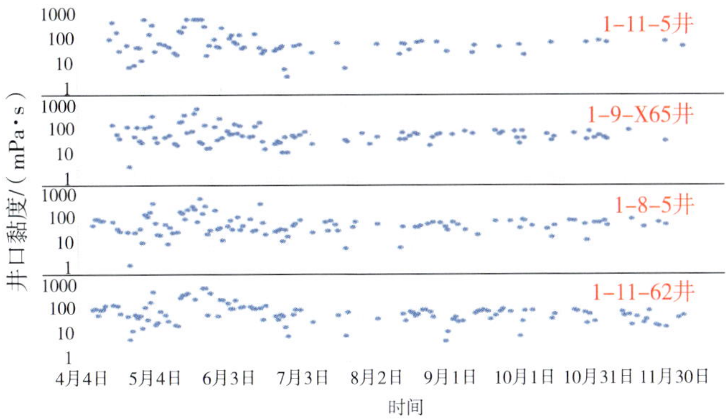

图 3-6-21 注聚井井口黏度曲线

（二）注入井压力变化

对比注聚前，在注入量下降的情况下，4 口注聚井注入压力上升 0.7~1.5 MPa（图

3-6-22)，符合方案目标。

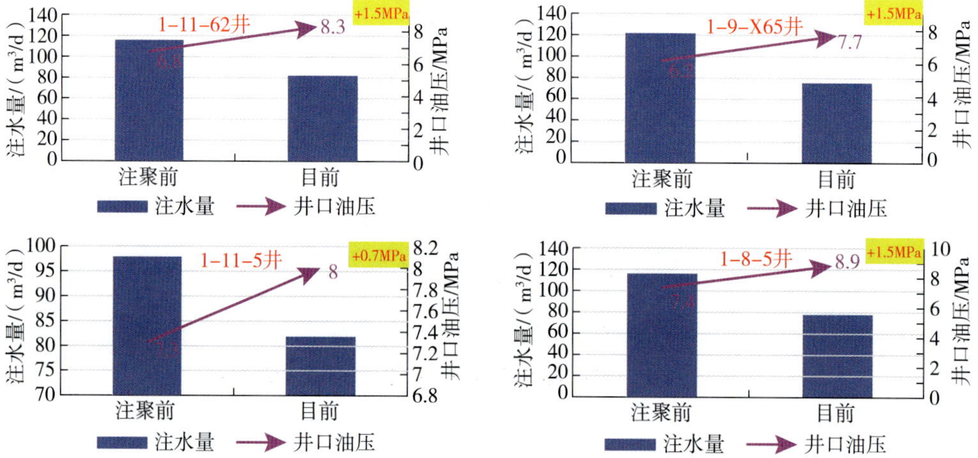

图 3-6-22　注聚井注水量、井口油压变化

评价结果显示，前置段塞的阻力系数达到 1.43~2.25，表明聚合物溶液在油层中持续增加渗流阻力，有效改善了油水流度比（图 3-6-23）。

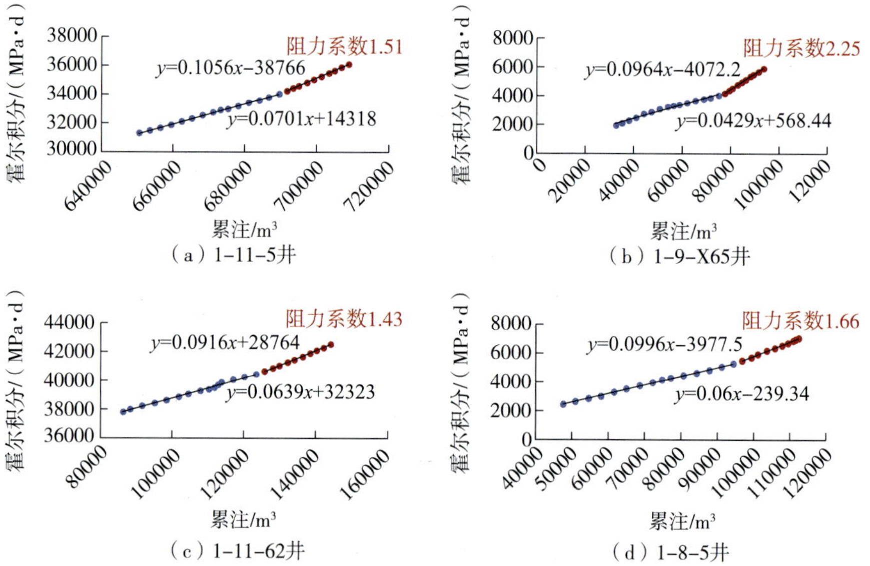

图 3-6-23　注聚井霍尔曲线

（三）井组综合生产情况

目前注聚已见到初步效果，井组日产油量由初期的 6.5 t 上升到 9.4 t，多数油井呈现含水下降趋势，井组平均含水由初期的 98.2% 下降至 97.6%（图 3-6-24）。

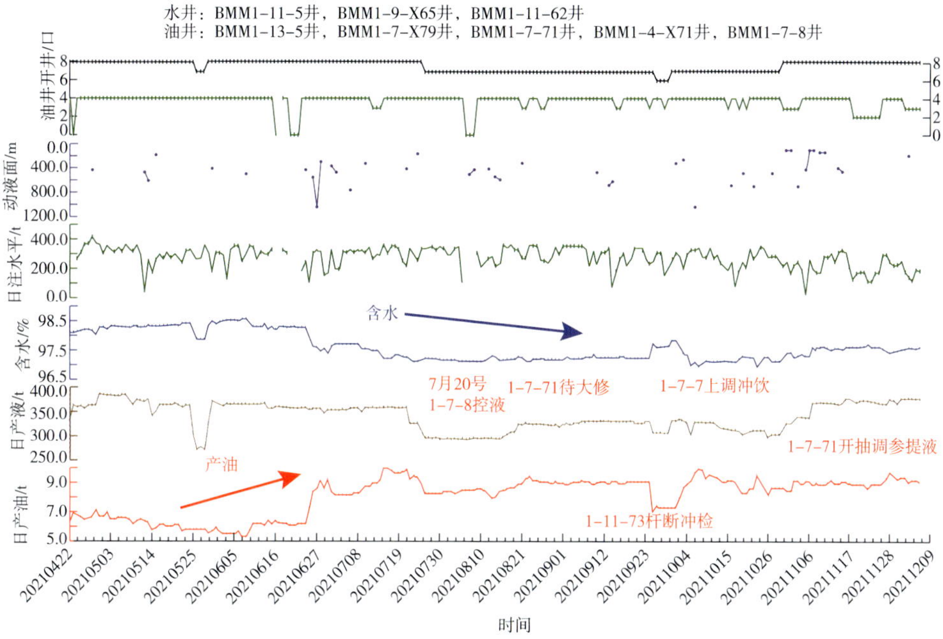

图 3-6-24　注聚井组日度生产曲线

（四）单井生产情况

1. 1-9-G63 井

该井为中心井，合采 5_{1+2}，注聚后含水由 100% 下降至 95.1%，目前日产油 0.9 t，初步见到了效果。同时，历年的示踪剂见剂情况表明，该井与周围注聚井间均已形成明显优势通道，注聚效果有待继续观察（图 3-6-25）。

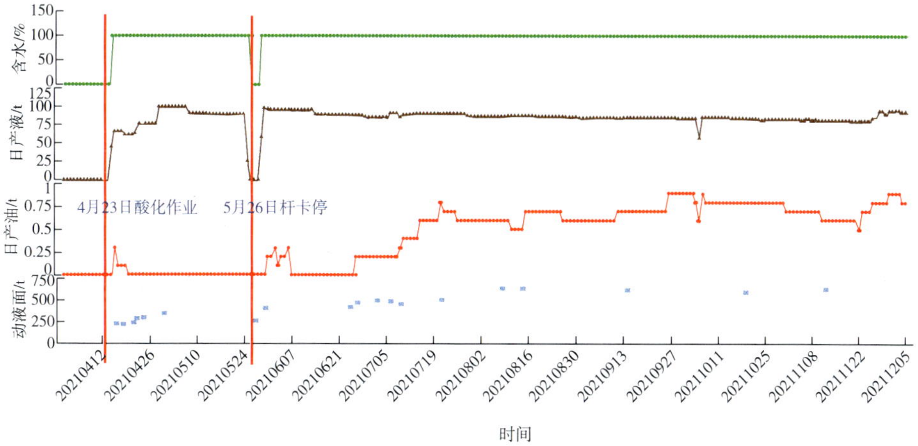

图 3-6-25　1-9-G63 井日度采油曲线

2. 1-4-X71 井

该井单采 5_1，初期日产液 24.5 t，日产油 0.4 t，含水 98.5%，注聚后整体上含水下降，2021 年 11 月 2 日开始提液生产，目前日产液 34.0 t，日产油 1.7 t，含水 94.5%（图 3-6-26）。

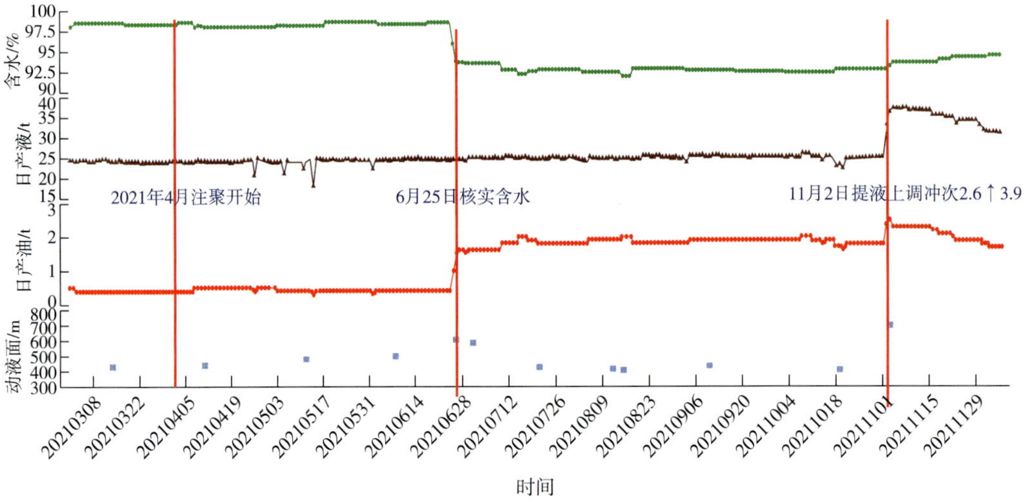

图 3-6-26　1-4-X71 井日度采油曲线

（五）水井吸水剖面改善情况

综合各水井吸水剖面监测情况，除 1-8-5 井外，注聚后层间吸水差异变小，水驱效果均得到改善（图 3-6-27）。

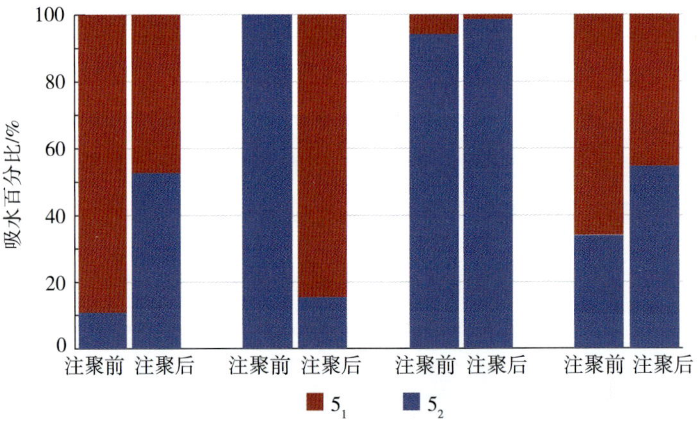

图 3-6-27　注聚井吸水剖面变化

第七节　氮气非混相驱技术

一、稠油油藏注氮气提高采收率机理

注氮气提高采收率可分为氮气混相驱和氮气非混相驱 2 种类型。氮气混相驱要求具有较低的混相压力，一般油藏特别是原油黏度、密度较高的油藏难以实现氮气混相驱。所以，大多数油藏开展注氮气提高采收率都是氮气非混相驱。对八面河油田就其地层压力水平而言，注氮气提高采收率只可能采用氮气非混相驱。氮气非混相驱提高采收率的机理可归纳为以下几个方面：

（1）氮气压缩系数大，注入氮气可有效补充地层能量和保持油藏压力，且由于氮气有良好的膨胀性，使其具有良好的驱替、气举和助排等作用；氮气能进入水难以进入的低渗透层段和小孔道，水驱后留在油层中的不可动残余油随氮气进入而替换出小孔道，使残余油饱和度变小。

（2）氮气对原油有限量的蒸发和抽提作用。注入的氮气在与油藏原油接触过程中导致组分质量交换，原油中的中间烃产生蒸发、氮气产生抽提作用，气相不断被富化，注入气体更易产生近混相作用，提高驱油效率。

（3）氮气部分溶解于原油，可促进原油膨胀和原油黏度的降低，有一定的使原油膨胀作用和降低原油黏度作用。氮气溶解使原油体积膨胀，膨胀油将水挤出孔隙空间，使排驱的油相相对渗透率高于吸吮时的水相相对渗透率，发生相对渗透率转换，形成有利的油流动环境；形成游离气饱和度使水相相对渗透率的降低，使油井含水降低。

（4）注入氮气后，氮气在开采压力下降过程中产生溶解气驱作用。

对于气水交替注氮气提高采收率，除以上氮气非混相驱提高采收率机理外还有其特殊性，主要体现在：

（1）气水交替方式注氮气把水驱和气驱的优点有效地结合在一起，不仅可以改善由于气水黏度差异造成的黏性指进，使驱替前沿相对均匀，而且由于渗吸作用，对低渗透层剩余油的驱替更有利。水相主要驱扫油层中下部，注入的氮气气相由于重力分异作用向上超覆主要驱扫油层上部，气液交替驱扫不同含油孔道。以上几方面同时作用，可有效地提高驱油效率。

（2）气水交替注氮气比水驱有更好的微观驱替效率。物理模拟试验研究表明，包括气体捕集、减小的相流度和在三相层带中较低的残余油饱和度，可以影响储层中气水交替带（三相带）的范围，并且导致较高的原油采收率。

（3）气水交替注氮气可提高垂向驱替效率。垂向波及效率主要受储层性质影响，包括油藏倾角、渗透率、孔隙度等。通常正韵律油层对气水交替注入是有利的，因为这种组合增加了驱替前缘的稳定性。

调节注入水和气的比例对于达到最好的驱替效率是非常重要的。水太多将导致微观驱替效率差，气太多将导致垂向波及效率和水平波及效率变差；气水注入比的优化可取得最好的宏观驱替效率和微观驱替效率配合，取得最高的原油采收率。

二、氮气非混相驱筛选标准

标准制定是一个试验研究—选井—现场试验—选井标准探索—选井—现场试验—总结再认识的过程。在广泛调研国内外开展氮气非混相驱现场试验情况基础上，参照J.J.Taber 制定的非混相驱筛选标准和 KLINS 制定的二氧化碳非混相驱筛选标准，结合氮气非混相驱室内试验研究成果，综合制定了氮气非混相驱的油藏筛选标准（表 3–7–1）。

表 3–7–1　氮气非混相驱油藏筛选标准

油藏地质流体参数		推荐标准Ⅰ	推荐标准Ⅱ
原油	密度 /（g/cm^3）	≤0.8498	≤0.8498
	黏度 /（mPa·s）	≤100，最好≤10	≤100，最好≤10
	成分	轻烃的高百分比	轻烃的高百分比
油藏	含油饱和度 /%	≥40	≥40
	地层类型	砂岩或碳酸盐岩，允许有少量裂缝	砂岩或碳酸盐岩，允许有少量裂缝
	有效厚度 /m	比较薄，除非地层是倾斜的	比较薄，除非地层是倾斜的
	平均渗透率 /10^{-3} μm^2	≤500，最好≤100	500<K<2000
	深度 /m	>550	>550
	温度 / ℃	不重要	不重要
	地层倾角 /（°）	倾角较大有利，最好≥10	≥20
	地层韵律	以正韵律或复合韵律为好	以正韵律或复合韵律为好
	裂缝	无大裂缝	无大裂缝
备注	倾斜陡的油层驱替过程中往往出现重力分异作用，但是具有不利的流度比，对非混相驱强化重力泄油来说，倾斜油层是成功的关键		

推荐的氮气非混相驱筛选标准Ⅰ、标准Ⅱ是针对渗透率高低不同的油藏而言的。对渗透率小于 500×10^{-3} μm^2 的油藏，要求其倾角相对小；对渗透率大于 500×10^{-3} μm^2 的油藏，要求其倾角相对大些。

三、注气室内试验研究

（一）油气水相对渗透率

开展了 4 组面 1 区沙三上亚段岩心油气、油水两相相对渗透率测试，结果表明，水驱最终采收率平均为41.43%，无水采收率平均为12.68%，最大含水饱和度平均为60.44%，交点饱和度平均为49.56%，两相共渗饱和度范围32.48%~60.44%。反映出无水期采收率低、见水快、黏性指进强，储层岩石润湿性特征呈中性，两相共渗饱和度范围窄。气驱最终采收率平均为33.11%，无气采收率较低，平均仅为3.12%，最大含水饱和度平均为54.16%，交点饱和度平均为37.60%，两相共渗饱和度范围31.88%~51.16%。与水驱相比，气驱时无气采收率更低，这说明出口端见气比见水早，气比水突破快，黏性指进更明显；气驱比水驱最终采收率低，两相共渗饱和度范围窄（图3-7-1、图3-7-2）。

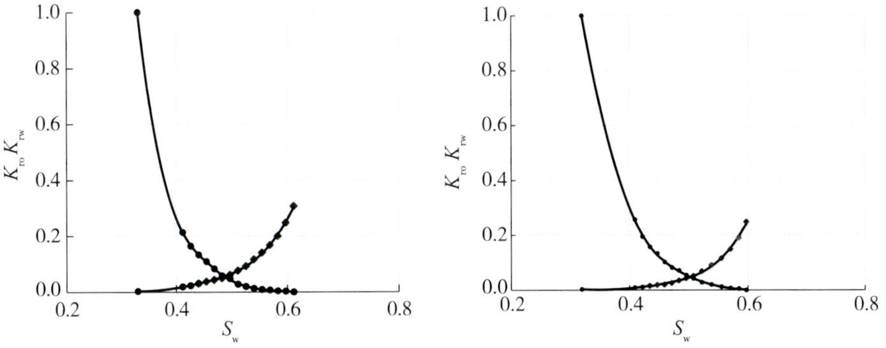

图3-7-1　面1区充填砂模型油水相对渗透率曲线

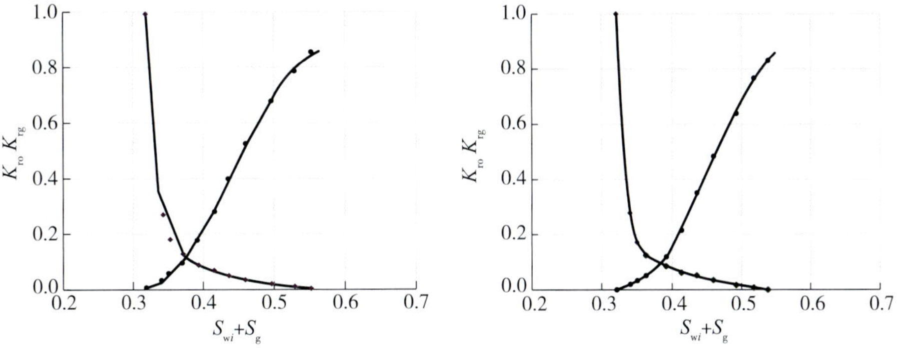

图3-7-2　面1区充填砂模型油气相对渗透率曲线

（二）平面模型驱替试验

设计均质平面模型、平面非均质平面模型、纵向非均质平面模型，试验研究不同条件下氮气非混相驱提高采收率效果。

1. 地层韵律对气水交替注氮气效果的影响

试验结果表明，在水驱基础上，均质平面模型气水交替驱提高采收率16.98%，平面非均质平面模型气水交替提高采收率10.13%。对于正韵律和反韵律纵向非均质平面模型，无论采用高渗层注低渗层采、低渗层注高渗层采，还是合注合采形式，正韵律油藏均比反韵律油藏气水交替注氮气开采效果要好（表 3–7–2）。

表 3–7–2　纵向非均质平面模型试验数据

模型韵律类型	空气渗透率 / $10^{-3}\mu m^2$	注采形式	水驱试验			气水注入试验	
			采出程度 /%	含水率 /%	注入倍数	采出程度 /%	注入倍数
正	20/160	低注高采	18.29	96.67	0.642	22.28	0.827
反	160/20	低注高采	38.96	98.00	1.879	15.54	1.521
正	22/213	高注低采	28.60	98.99	1.141	21.19	1.043
反	213/22	高注低采	29.85	98.88	0.750	14.04	0.909
正	41/208	合注合采	33.72	99.47	1.775	20.99	2.905
反	22/230	合注合采	26.13	96.30	0.728	14.60	1.587

备注：高代表高渗层；低代表低渗层；合代表高低渗层同时进行。

对于正韵律纵向非均质平面模型，稳定注水时，注入水容易首先进入下部的高渗透层，使上部低渗透层水的波及程度低。当后续进行气水交替注入时，一方面，因重力分异作用，气体将进入油藏上面的低渗透层，将上部低渗透层未动用或动用程度低的原油驱出，从而较多提高原油采收率；另一方面，对于反韵律纵向非均质平面模型，稳定注水时，注入水易首先进入上部的高渗透层，后续进行气水交替注入时重力分异作用造成注入气仍然进入上部的高渗透层，对下部的波及程度较低的低渗透层仍然未得到充分动用和改善。因此，正韵律油藏比反韵律油藏气水交替注氮气提高采收率效果要好。

2. 注气位置对气水交替注氮气效果的影响

采用低渗透平面模型，在倾角 30° 的情况下开展了气水交替方式注氮气驱油试验，研究构造倾角较大的油藏利用气体重力分异作用的开采机理。试验结果表明（表 3–7–3），在水驱油基础上采用高部位、低部位气水交替 2 种方式注氮气提高采收率差值为 7.75%，说明高部位注氮气有比较明显优势。因在高部位注氮气可在构造高部位形成次生气顶，低部位形成剩余油富集区，使低部位的采油井油量增加，获得较好的采收率。

表 3–7–3　倾角平面模型不同位置注氮气试验数据

空气渗透率 / $10^{-3}\mu m^2$	水驱试验		气水注入试验	
	类型	采出程度 /%	类型	采出程度 /%
36	低注高采	34.68	高注	17.44
33	低注高采	33.38	低注	9.69

3. 气液比对气水交替注氮气效果的影响

采用非均质平面模型进行不同气液比的气水交替注氮气试验，结果表明气液比 1∶1 能最大限度地提高原油采收率。这是由于，气水交替注入时，在地层产生了油气水三相流动，甚至产生了泡沫，可有效改善气水推进前缘的稳定性，避免过度指进现象产生。

气液比过大或过小，都不利于泡沫的稳定产生和控制前缘稳定性；气液比过小，调节能力有限；气液比过大，可能形成比较连续的气体驱替现象，产生气窜；气液比处于最佳比时，能产生稳定的微小泡沫、前缘稳定性较好，提高了波及体积，能够最有效、最大限度地提高原油采收率（图 3-7-3）。

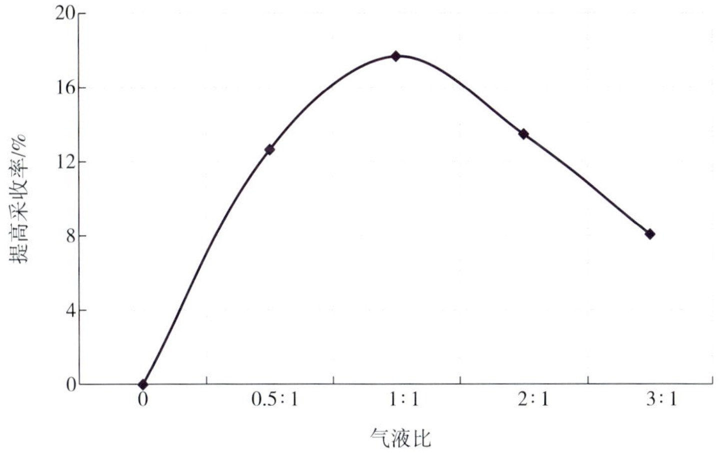

图 3-7-3 气液比与提高采收率关系曲线

（三）起泡剂筛选试验

针对面 1 区地层水钙镁离子含量较高的特点，筛选适用于面 1 区注气用抗盐抗二价离子、半衰期长的起泡剂，并进行性能评价。

试验评价了 OCL19 XW、B-18、8908、HFS、JHF、LG-2、HPS、CYF、PCF-2 系列等国内外多种泡沫剂，主要评价在地层温度条件下起泡剂与地层水配伍性、泡沫质量、半衰期等指标，评价结果见表 3-7-4。结果表明：起泡剂 OCL19 XW 和 PCF-2 抗盐抗二价离子性能好，比较适合该区。

表 3-7-4 起泡剂性能指标

序号	项目		OCL19 XW	PCF-2
1	密度 /（g/cm^3）		1.04~1.06	1.05~1.07
2	外观		浅黄色黏稠液体	淡黄色黏稠液体
3	pH 值		8~10	7.0 ± 1.0
4	配伍性（62 ℃、面 1 区地层水）		清澈、透明	清澈、透明
5	发泡性能（62 ℃）半衰期（min）	清水	>60	65
		面 1 区地层水	45	50
6	起泡剂黏度 /（mPa · s）		>25	>35
7	表面张力 /（mN/m）		<25.0	<25.0

注：起泡剂使用浓度为 0.5%。

（四）长岩心驱替试验

利用面 1 区的砂粒，根据面 1 区储层的物性，充填出适用的试验用物理模型，水驱油至含水 98%，最后开展气水交替或氮气泡沫驱油。试验结果如图 3-7-4~ 图 3-7-6 所示。

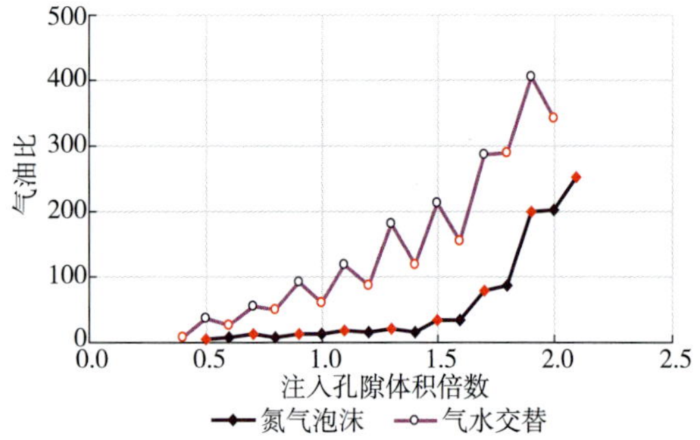

图 3-7-4　气油比与注入孔隙体积倍数关系曲线

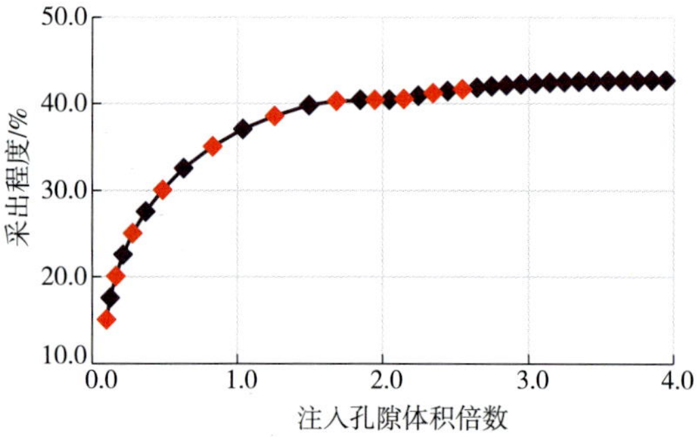

图 3-7-5　气水交替驱采出程度曲线

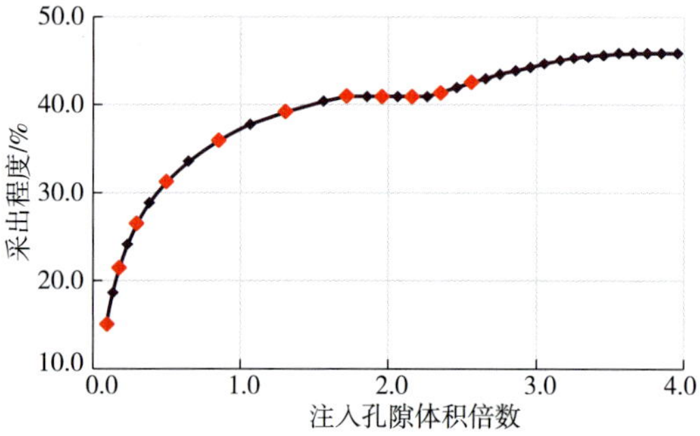

图 3-7-6　氮气泡沫驱采出程度曲线

（1）氮气泡沫驱提高采收率的幅度比气水交替驱高，气水交替驱可提高采收率 2.27%，氮气泡沫驱可提高采收率 5.08%。

（2）气水交替驱在第二个周期即见气，此时氮气注入孔隙体积 0.1 PV，气水累计注入 0.2 PV；氮气泡沫驱在第三个交替周期见气，此时氮气注入孔隙体积 0.2 PV，气水累计注入 0.3 PV。

（3）气水交替和氮气泡沫驱的气油比随注入倍数增加，注气周期和注水周期的气油比交替上升，气水交替时气油比上升速度明显比氮气泡沫驱快。

（4）气水交替和氮气泡沫驱的采出程度随注入倍数增加不断增大，11 个周期后达到最大，氮气泡沫驱的增油幅度比气水交替大。

（5）从驱替压力资料来分析，在气水交替过程中，驱替压力缓慢上升，当达到一定压力后趋于稳定；氮气泡沫驱的压力先是快速上升，后又慢慢下降，当达到一定压力时稳定。这反映了气水交替时，随着氮气的注入，注水压力会因气体在孔隙喉道处的气锁而增大，当注入的氮气达到一定数量，基本波及注入水推进的沿线时，注入压力基本稳定。氮气泡沫驱过程中，由于起泡剂的先期注入，氮气注入时会产生大量的泡沫，形成一个氮气泡沫带，氮气泡沫的黏度要比单纯的氮气大得多，这样会使注入压力快速上升；当大量氮气采出时，会减少岩心内的氮气泡沫，使注入压力有所下降，但会稳定在一定压力状态。

四、注气开发参数优化

（一）数值模拟模型建立

建立了八面河油田面 1 区沙三上亚段的构造模型、砂体骨架模型、储层物性（孔隙度、渗透率）模型，最后经过网格粗化技术形成油藏数值模拟所需的储层参数场文件。

组分模拟器 GEM 所需的 PVT 参数场，采用相态模拟分析软件 Winprop 对面 1 区面 1 井的原油高压 PVT 试验数据进行拟合计算，优化组分模型中状态方程参数，改善面 1 区原油性质预测精度。模拟相态特征和油气藏流体性质，确定油气藏特征和流体组分变化，形成完整的 PVT 拟合数据，包括流体重馏分特征化、组分归并、试验室数据回归拟合、相图计算等。各种拟合参数均达到精度要求。

面 1 区沙三上亚段从 1987 年投产以来，由于作业措施频繁，根据油田开发的实际，按半年一个时间段建立动态模型，模拟到 2004 年 2 月。对区块含水率、单井含水率进行拟合，保障模拟模型的可靠性。

（二）注入周期优选

不同的注入周期对面 1 区沙三上亚段气水交替注氮气效果的影响较小，其中周期为 30 天的注入效果最好（图 3–7–7）。

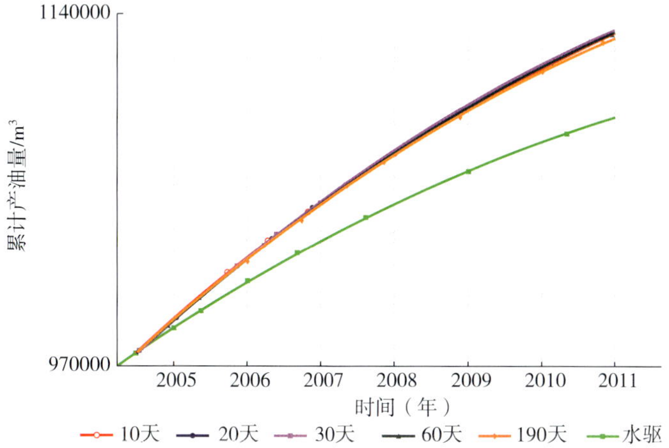

图 3–7–7　周期优化累计产油量曲线

（三）注入量优化

注入量为目前注水量的 1.0 倍较好，即气水交替注入井的注入量为目前注入量（图 3–7–8）。

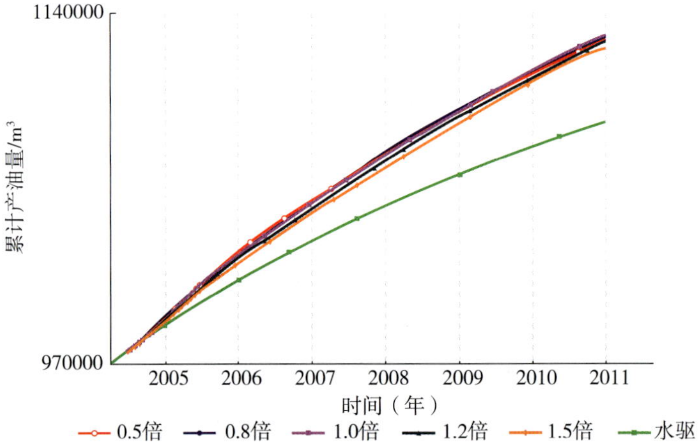

图 3-7-8　注入量优化累计产油量曲线

（四）注入气水比优化

模拟结果表明，气水比为 1.0∶1.0 时增油效果最好（图 3-7-9）。

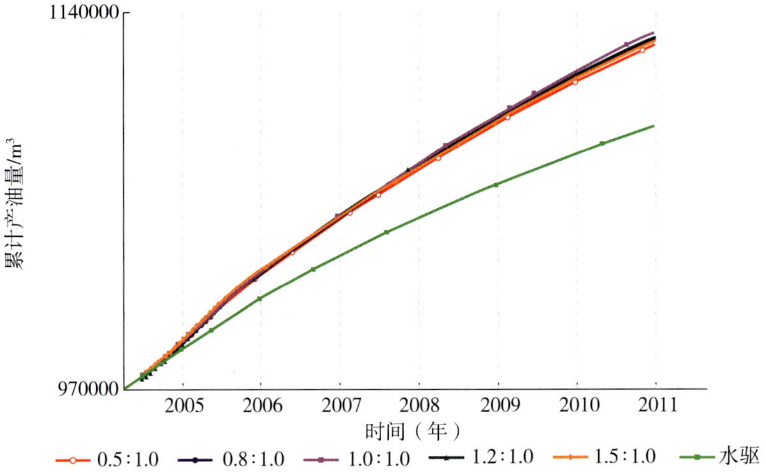

图 3-7-9　气水比优化累计产油量曲线

（五）油井排液量优化

排液量增加，产油量增加，但后期由于地层供液不足，地层压力低于饱和压力，出现脱气现象，结合目前现场一些油井排液量较高的情况，因此后面方案预测取目前油井的实际排液量（图 3-7-10）。

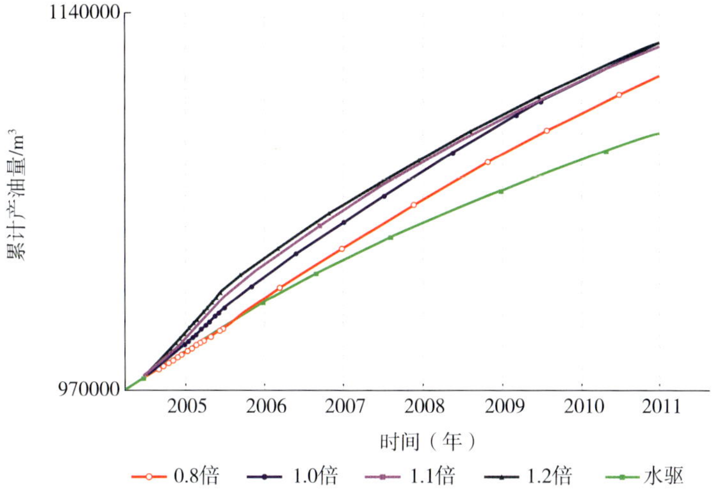

图 3-7-10 油井排液量优化累计产油量曲线

五、矿场实施效果

（一）前期矿场试验效果

八面河油田 1997~2001 年注氮气矿场试验共实施了 13 个井组，累计增油 31399 t。其中 11 个井组具有明显的增油效果，效果最好的是面 1 区沙三上亚段的 3 个井组，截至 2001 年底已累计增油 27488 t；面 4 区沙三上亚段的 2 个井组效果不明显。

面 1 区沙三上亚段的 3 口水井注氮试验开始于 1999 年 5 月，注氮井组位于断层附近高渗带，双向受效 7 口油井。2000 年对部分油井适时放差生产，多数油井表现出含水下降、产油量上升，增油效果十分显著。截至 2001 年 11 月，面 1 区沙三上亚段注氮井组已累计增油 27488 t。2000~2001 年，面 1 区沙三上亚段在其他调整措施很少的情况下，产量仍然保持了较高水平，成为八面河油田注氮成功的范例。

注氮效果取决于油藏特征（密封性、渗透率大小、非均质程度等）、流体性质（原油黏度、密度）、注入方式、注入量和注入时机等。分析面 1 区沙三上亚段注氮增油较多的原因，主要是原油黏度小、油层厚度大、对应油井多，氮气扩散较为均匀，驱油效率高；通过注氮气使地下压力和油水系统重新分布，提高了储量动用程度，从而提高了原油采收率。

（二）面 1 区矿场实施效果

有针对性地选择两种原油黏度、层间非均质、采出程度不同的油藏开展氮气泡沫驱，面 1 区沙三上亚段、面 12 区沙三上亚段地面原油黏度分别为 759 mPa·s、1940 mPa·s，采出程度分别为 24.7%、15.0%，相同的是都进入了特高含水期开发阶段，分别为 94.3% 和 96.1%。2004 年 9 月在面 1 区和面 12 区进行了氮气泡沫调驱试验，注水井井组 7 个，对应油井共计 29 口。

面 1 区现场实施部署 4 口注水井注氮，注氮后及时注水，共对应油井 15 口，占面 1 区沙三上亚段总油井数的 60%。通过实施氮气非混相驱 12 口油井不同程度见到效果，截至 2005 年 12 月累计增油 2285 t，单元采收率由 34% 提高至 36%。

1. 注入井动态变化

1）增大注水井注氮初期注入压力，解除地层堵塞，有效实现增注

面 1 区面 1–16–5 井在注氮前注水压力最高达到 13.5 MPa，日配注水量 80 m³，而实际日注水量只有 22 m³，该井注水层位 $S_3^{上}5_{1、2}$ 堵塞严重，基本上注不进水。在该注水井注氮时采用连续注入方式，初始注氮压力为 19 MPa，采用高注入压力来解除近井地带污染及堵塞，压力扩散缓慢最后压力下降到 14 MPa，累计注氮 367 h，注氮量 20.5×10^4 Nm³。注氮后 20 天对该井又进行酸化，日注水量达 80 m³，注水压力稳定在 7 MPa，通过注氮、酸化结合解除了地层堵塞，实现增注。

2）控制注水井注氮过程的压力变化，调整吸水剖面

在注水井压力较低注入氮气时，注入氮气沿高渗透带突进，较易产生气窜，氮气较难进入低渗透层，达不到驱油的目的，因此在注入工艺方案上采用多段塞泡沫 + 氮气注入、气水交替注入方式。由于泡沫的封堵作用不是永久性的，需要不断补充起泡剂，而连续注入大剂量起泡剂不经济，因此采用多段塞注入起泡剂。注水井面 1–11–51 井注氮前注水压力只有 3 MPa，在该井注氮时采用多段塞泡沫 + 氮气注入、气水交替注入方式，共计 4 个段塞，累计注氮 386 h，注氮量 22.14×10^4 Nm³。每个段塞泡沫 + 氮气注入时间 4~6 天、连续注入起泡剂（浓度约 0.5%），4 个段塞共计注入 3180 kg，注入平均压力稳定在 10 MPa，使氮气均匀推进，防止过早发生气窜。完成注氮后，该井注水压力保持在 7 MPa 左右，且日注水量保持配注要求，对应油井含水有所降低，达到提高采收率的目的。

2. 采油井动态变化

1）多数油井能量恢复

面 1 区井组在注氮过程中和注氮结束后，对应油井 7 口井口套压升高，动液面由注氮前 –721 m 上升到 –413 m。2 口井发生井喷进行了压井。对发生井喷的井取套管气样做含氮量的分析，均见到了氮气。分析气窜原因主要有两个方面：一是这两口井是处在断层附近的高渗透带油井，而且注气过程中双向受效；二是注采井间长期强采，油层连通好，因此氮气易向此方向推进。基于上述原因，气窜注氮井第二周期注气时起泡剂量加大，未发生气窜。

2）有效抑制井组产量下降趋势

面 1–11–51 井组注氮前，多数油井产量下降、含水上升，井组日产油量由 2003 年 5 月的 28.7 t 下降到注氮前 2004 年 9 月的 11.3 t。采用多段塞泡沫 + 氮气注入 4 个段塞后，注水压力由 3 MPa 上升到 7 MPa，井组日产油量上升到 14.2 t，目前稳定在 11 t 左右。

3）典型见效井

面 1–11–51 井注氮结束后改为正常注水，对应油井面 1–9–52 井效果明显。动液面

由 1036 m 上升至 194 m，动液面最大差值 842 m，注氮完后动液面上升最为明显。后调整工作参数，冲次上调为 6 次，动液面仍保持在 350 m 左右，日产液由注氮前 43.5 t 上升到 107.9 t，含水由注氮前 90.3% 上升到 93.9%，日产油量由 4.3 t 上升至 6.6 t，目前日均产油 5.5 t，累计增油 389 t。

面 1–5–72 井组注氮后，对应面 1–6–5 井动液面由 –420 m 上升至 –234 m，含水由 94.8% 下降至 93.3%，日产油量由注氮前的 2.7 t 上升到 4.9 t，目前日均产油 3.4 t，累计增油 357 t。

（三）面 12 区矿场实施效果

面 12 区沙三上亚段现场实施部署 3 口注水井注氮，对应油井 14 口，占面 12 区沙三上亚段总油井数的 82.4%。注水井依次注氮，注氮后及时注水。根据面 12 区沙三上亚段的油藏物性，按照每米注氮量为 2.5×10^4~3.0×10^4 m^3 计算，确定面 12 区沙三上亚段 3 口注水井的注氮量。

在注氮气前实施捞油井转抽 4 口、注氮井补孔 1 口，完善注采井网。注氮过程中采用气水间歇脉冲采油方式，即在注氮气期间，对部分与注水井连通好、产液量高、含水高的油井实施关井或下调生产参数等措施。对发生气窜压井井组，将原方案设计的泡沫 + 氮气连续注入方式更改为泡沫 + 氮气多段塞注入方式抑制气窜。注氮气后对 3 口停产井进行恢复，对 4 口油井实施调参等措施。

矿场实施后，11 口油井不同程度见到效果，截至 2005 年 12 月累计增油 938 t，单元日产油量呈现稳中有升态势，目前日产油量稳定在 20 t 以上。

（四）气水交替提高采收率试验认识

气水交替提高采收率现场试验共注入氮气 131.8706×10^4 Nm^3，累计增油 3223 t。其中，面 1 区沙三上亚段 4 个井组注入氮气 78.4386×10^4 Nm^3，累计增油 2285 t；面 12 区沙三上亚段 3 个井组注入氮气 53.432×10^4 Nm^3，累计增油 938 t。说明气水交替非混相驱是可行的、有效的提高采收率技术。

从 7 个井组注入方式与对应油井反应分析，稠油高渗单元采用泡沫 + 氮气多段塞注入方式优于泡沫 + 氮气连续注入方式，对应油井不易发生气窜，能有效提高驱油效率及波及系数。

注水井注氮气与其他措施配套综合实施，如注水井分注、油井放差、堵水、酸化等，可提高油井增油量，延长注氮有效期。如面 12 区沙三上亚段应用后，目前单元日产油量稳中有升，综合含水下降，达到了控水稳油的目的。

7 个井组的气水交替注氮气提高采收率先导试验共计费用约 241.9 万元，增油 3223 t，新增产值 547.91 万元（按油价 1700 元 /t 计算），新增利润 306.01 万元，投入产出比 1∶2.3，取得较好的经济效益和社会效益。

气水交替注氮提高采收率选井要本着整体调整的原则，调整的单元必须有一定的物质基础，尽量选择中低采出程度、低采油速度、中高含水期的单元进行调整。面 1 区沙三上亚段首次注氮成功，说明稠油高渗、构造缓的油藏气水交替能有效提高采收率。面 1 区沙三上亚段二次注氮与面 12 区沙三上亚段注氮也取得了一定的经济效益，但效果不如面 1 区沙三上亚段首次注氮效果，这主要是与注气时机有关。面 1 区沙三上亚段首次注氮是在中采出程度、低采油速度、特高含水期初期进行的，而二次注氮是在高采出程度、中采油速度、特高含水期中期进行的；面 12 区沙三上亚段在高采出程度、特高含水期中期进行气水交替，此开发阶段物质基础差、油水井之间形成水窜通道，影响注气效果。

第八节　难动用储量有效动用技术

八面河普通稠油 I 类油藏除常规水驱和聚合物驱储量以外，近年来还陆续发现了部分难动用滩坝砂油藏，主要特征表现为储层平面变化快、油井生产动态差异大、储层条件与产能匹配关系不明确，储量经济有效动用难度大。为此，在油藏综合分类研究基础上，开展潜力区筛选、开采特征分析和有效开发动用对策研究，形成了难动用储量有效动用技术。

一、油藏地质特征与开发难点

（一）地质特征

以南区沙四段 1 砂组为例，构造上位于东营凹陷南斜坡八面河断裂构造带西南端，主要包括面 4 区、面 12 区、面 14 区三个区块。上报地质储量 816×10^4 t，其中已动用储量 411×10^4 t。整体构造形态为继承性发育的向北西倾的单向斜坡，油藏顶面埋深 1070~1420 m，地层倾角 3° ~8°，区域内发育一系列近西东向的正断层。主要岩石类型为粉砂岩、细砂岩。孔隙度在 24.8%~33.7%，平均为 29.7%；渗透率在 70×10^{-3}~421×10^{-3} μm^2，平均为 256.2×10^{-3} μm^2，属高孔、中渗油藏。地面原油黏度为 840~3160 mPa·s，平均 1870 mPa·s，地面原油密度 0.924~0.979 g/cm^3，平均为 0.945 g/cm^3，属普通稠油油藏。南区沙四段 1 砂组为滩坝砂油藏，储层平面变化快，不同油藏条件下油井生产动态差异大，部分储量现阶段并不具备经济开发的潜力。

（二）开发难点

1. 油井生产动态差异大，储层条件与产能匹配关系不明确

八面河油田南区沙四段 1 砂组为水体较浅、能量较弱的滨浅湖沉积环境下形成的滩坝沉积，单层厚度小，储层变化快。在平面上，面 3 块至面 14 区均有分布。受物源方向

影响，储层平面变化快。整体表现为自西向东储层物性逐渐变差。面 4~ 面 14 区西部沙四段 1 砂组有效厚度达 7 m 以上，储层物性好，平均渗透率 $280 \times 10^{-3}\ \mu m^2$ 左右，而向东储层物性逐渐变差，面 14 区东部储层尖灭。

受储层平面非均质影响，区域内油井生产动态差异较大。通过对预充填投产的油井生产动态进行跟踪分析，沙四段 1 砂组单采油井大致可分为 3 类：第一类为生产情况较好的高产井，投产初期平均日产油达 4 t 以上，一年后日产油水平仍可稳定在 3 t 左右；第二类为生产情况较差的低产井，投产初期平均日产油 1.1 t，1 年后平均单井日产油仅 0.5 t，年平均单井累产油量仅 200 t；第三类为年平均日产油量在 1.5~3 t 的中产井。

受油藏条件差异影响，产量相近油井的生产动态也存在很大差异。如日产油量大于 3 t 的高产井中，部分油井投产初期即液量、含水较高，平均单井日产液达 16 t，综合含水接近 80%；部分油井则表现为液量含水较低，平均日产液仅 8.2 t 左右。低产井中油井生产动态差异更为明显，部分油井投产初期平均日产液即达到 15 t 以上，综合含水超过 90%，而部分油井则表现为低产液，平均日产液量仅 3 t 左右。

油井的生产动态表明，八面河油田南区沙四段 1 砂组不同油藏条件下油井生产特点差异大，部分储量现阶段并不具备经济开发的潜力，需要开展油藏综合分类研究，找出潜力区域，根据其油藏特点制定相应的开发对策进行调整挖潜。

2. 开采特征认识待深化，开发对策待完善

八面河油田南区沙四段 1 砂组为中低渗透稠油油藏，边底水不活跃。依靠天然能量开发时，初期油井有一定产能（3 t 左右），因能量得不到补充，液量、产量递减快。投产一年后平均日产液 2.1 t，日产油 1.2 t，开发效果较差。

为改善南区沙四段 1 砂组开发效果，2012~2013 年借鉴面 14 区沙四段 6 砂组中低渗油藏开发经验，结合沙四段 1 砂组地应力方向及配套充填工艺情况，采用定向井与大斜度井相结合的矩形井网进行注水开发，配套油井预充填引效，取得较好效果。油井投产初期平均日产油达 3 t 以上，且稳产效果相对较好，投产 2 年后平均日产液 10 t，平均日产油稳定在 1.5 t 左右，开发效果得到较明显的改善。但随着开发的深入，这种开发方式仍存在一些问题有待研究。

1）大斜度井产能优势不明显，井型有待进一步优化

南区沙四段 1 砂组物性相近区域、预充填投产的单采油井生产情况显示，大斜度井与定向井投产初期平均日产油均在 4 t 左右，投产 18 个月后平均日产油分别为 2.5 t、2.3 t，平均单井累采油（前 18 个月）均为 1450 t 左右，大斜度井产能优势并不明显。但考虑到油井产能不仅受储层物性、配套工艺影响，还受到流体性质、注水状况等多种因素影响，且大斜度井井数较少，不能认定南区沙四段 1 砂组不适合采用大斜度开发，最优井型有待进一步研究。

2）油井注水见效特点差异大，影响因素有待进一步研究

南区沙四段 1 砂组注水开发时，70 口单采油井中未见效油井 18 口，占比 26%，52

口见效油井中，不同油井注水见效特点存在明显差异。通过对2012年以来见效油井生产情况进行跟踪分析，南区沙四段1砂组注水见效特点大致分为两类：一类表现为注水见效后液量、产量上升，油井生产情况明显好转；另一类则表现为油井见水后液量、含水快速上升，产量明显下降。造成注水见效差异明显的主要原因尚不明确。如同一井组中两口注水见效油井面4-9-斜39、面4-10-斜39，储层物性相近，注采井距相当，均为预充填投产，施工参数基本一致，但面4-9-斜39井注水见效后，日产油由2 t上升至4 t，且长期保持稳定；而面4-10-斜39井见水后快速水淹，含水由40%快速上升至85%，日产油由5 t下降至1.5 t，生产情况明显变差。对于这种现象的原因难以得出合理解释，需要进一步针对南区沙四段1砂组开展水驱规律研究，确定其注水见效的主要影响因素，指导制定合理的调整挖潜对策。

3. 配套工艺适应性不足，有待进一步优化

2012年以来，结合沙四段1砂组储层特点，借鉴面14区沙四段6砂组开发经验，确立预充填为南区沙四段1砂组的主导工艺。油井实施预充填投产后，第一年平均单井日产油3.1 t，单井年产油量达1130 t，整体上取得较好效果。但油井充填后，出砂现象较为严重，工艺适应性仍显不足。

2012~2013年，南区沙四段1砂组预充填投产油井24口，其中13口充填后出砂，实施重防后油井产能下降明显：出砂井重防后平均单井日产油2.1 t，日产液5.3 t，与未出砂井相比，分别下降36%和40%。如面4-9-斜35井，预充填投产初期平均日产油8 t，生产10天后出砂，随后先后采用滤防、固砂、绕防等多项防砂措施进行防砂，效果均不理想，目前日产液4 t、日产油仅1.3 t。

预充填工艺虽然在一定程度上提高了单井产能，但尚未达到储层改造兼顾防砂的要求，未能完全满足南区沙四段1砂组开发需要，需继续进行试验研究，进一步优化配套工艺。

二、储层分类评价研究

开发实践表明，南区沙四段1砂组内部不同储层条件下油井生产状况差异较大，为了更好地认识储层与产能的匹配关系，制定切实可行的调整挖潜对策，有必要开展储层分类研究。

（一）评价参数选择

影响中低渗油藏产能的因素众多且复杂，通过不断筛选并在油田实际生产中验证和比较，认为油藏方面影响产能的主要因素为储层物性、储层发育程度、流体性质及地层压力特征。考虑到面4区西南部沙四段1砂组大部分储量处于未动用状态，部分动用储量也为2012年以后动用，地层压力基本保持在原始水平附近，平面上压力状况差异小。故本文进行储层评价研究时，暂不考虑压力因素影响，主要通过物性、厚度、原油黏度3个易量化操作的指标及其彼此相互组合形成的复合指标（地层系数、流动系数）分别

与产能的关系进行分析，进而优选合适的指标对储层进行分类（表 3-8-1）。

表 3-8-1　评价参数筛选

产能影响因素		本次评价选用指标	
参数分类	评价参数	单项指标	复合指标
物性参数	孔隙度	渗透率、有效厚度、原油黏度	流动系数、地层系数
	渗透率		
储层发育程度	有效厚度		
	夹层频数		
	连通系数		
流体特征 地层压力特征	原油黏度		
	压力水平		

（二）储层分类方法

为了认识和评价不同油藏参数对产能的影响程度，我们此次分别利用八面河地区内生产动态资料结合测井资料标准化后所得的最新物性、有效厚度等参数，开展了不同参数指标与油井产能的相关性研究。其中，有效厚度依据测井标准解释对标准化处理后的测井资料重新解释获得，地层原油黏度依据八面河南区沙四段地面、地层原油黏度经验公式转化获得，渗透率依据八面河油田物性计算经验公式对标准化处理后的测井资料计算获得。

通过对比分析可以看出，油井产能与有效厚度、渗透率及地层原油黏度等单项参数指标均具有不同程度的相关性。按相关性强弱依次为渗透率、有效厚度和原油黏度，但单个指标对产能均不能构成主导因素（图 3-8-1～图 3-8-3）。

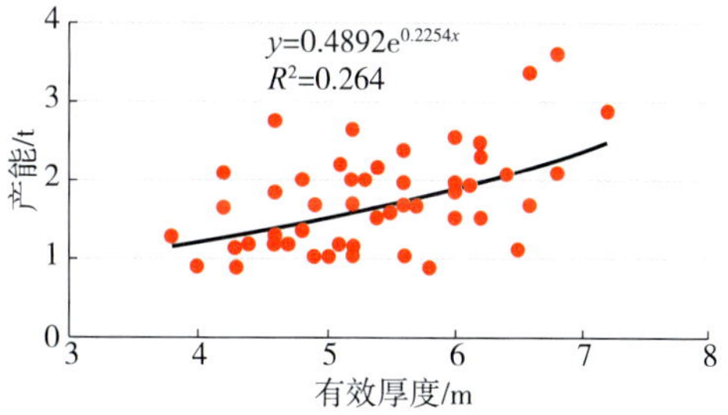

图 3-8-1　南区沙四段 1 砂组有效厚度与产能关系

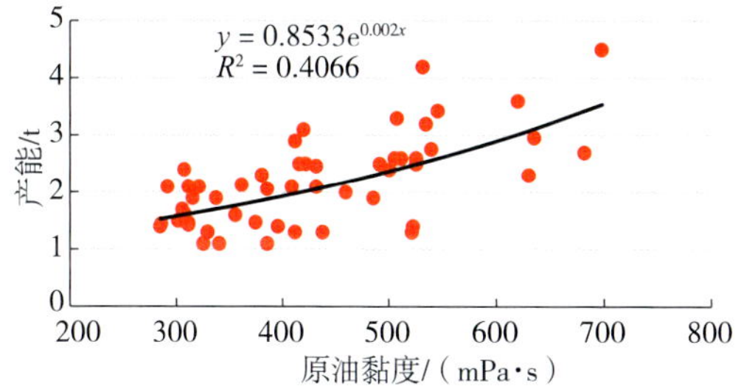

图 3-8-2　南区沙四段 1 砂组地层原油黏度与产能关系

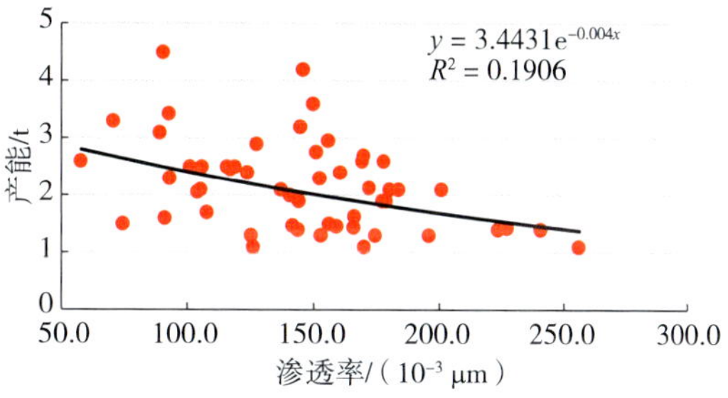

图 3-8-3　南区沙四段 1 砂组渗透率与产能关系

进一步对地层系数和流动系数两个复合指标与油井产能的相关性进行统计分析，可以看出，上述两个复合指标与产能的相关性明显增强，其中流动系数与产能的相关性最强，因此，最终选择流动系数作为储层分类的标准（图 3-8-4、图 3-8-5）。

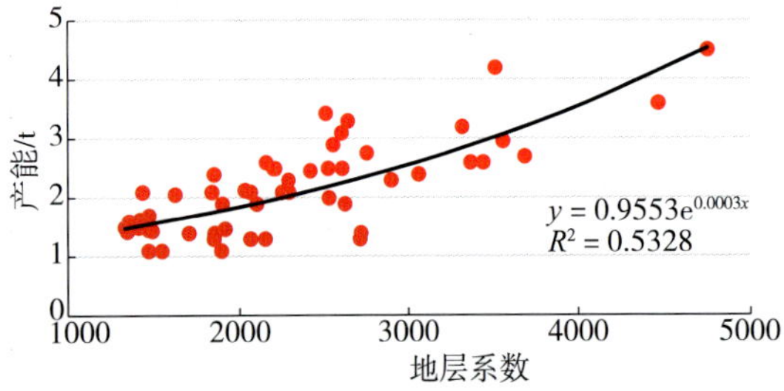

图 3-8-4　南区沙四段 1 砂组地层系数与产能关系

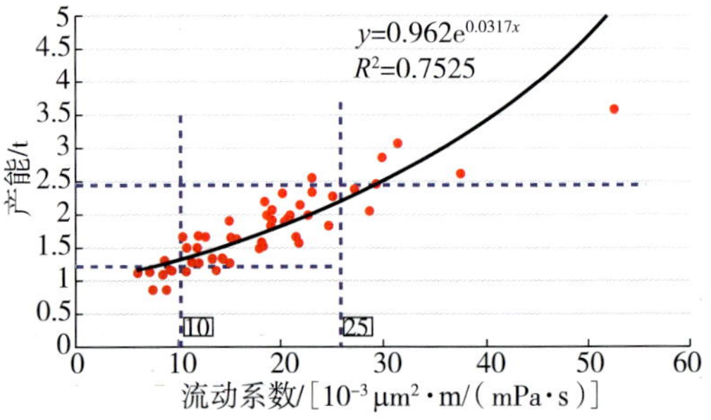

图 3-8-5　南区沙四段 1 砂组流动系数与产能关系

（三）储层分类

1. 流动系数与产能关系

从流动系数与产能关系图中可以看出（图 3-8-5），多数井产能分布在流动系数（10~25）$\times 10^{-3}$ μm²·m/(mPa·s)，其对应产能 1.2~2.3 t；而流动系数小于 10×10^{-3} μm²·m/(mPa·s) 时产能较低，小于 1.2 t；流动系数大于 25×10^{-3} μm²·m/(mPa·s) 时，产能大于 2.3 t，但井数较少。因此，选择 3 个区间油井分别建立产量递减模型，对相应产能和累产油量进行测算评价（图 3-8-6~ 图 3-8-8）。可以看出，流动系数大于 25×10^{-3} μm²·m/(mPa·s)，平均产能较高，可以达到 2.4 t；流动系数介于（10~25）$\times 10^{-3}$ μm²·m/(mPa·s)，平均产能 1.8 t；流动系数低于 10×10^{-3} μm²·m/(mPa·s)，平均产能仅 1.15 t。

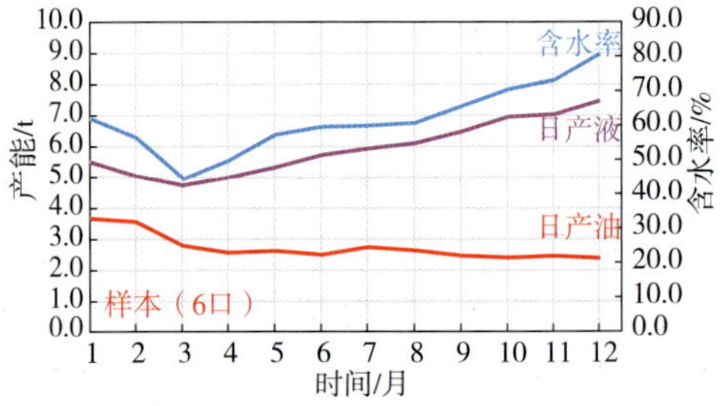

图 3-8-6　流动系数≥25×10^{-3} μm²·m/(mPa·s) 时油井生产情况归一化曲线

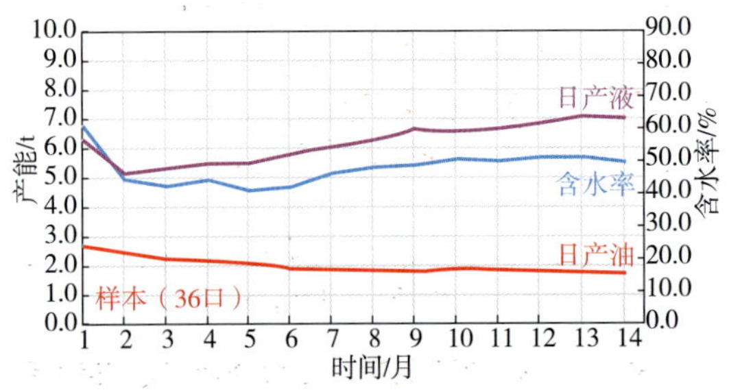

图 3-8-7　流动系数（10~25）$\times 10^{-3}$ μm²·m/(mPa·s) 时油井生产情况归一化曲线

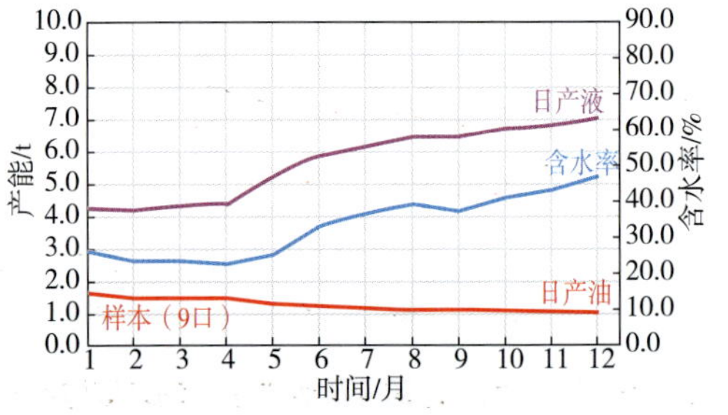

图 3-8-8　流动系数≤10×10^{-3} μm²·m/(mPa·s) 时油井生产情况归一化曲线

2. 流动系数与单井累产油关系

进一步分别选取流动系数在上述 3 个区间的油井作为样本，各自建立产量递减模型，对相应区间油井 15 年评价期内累产油逐一测算（图 3–8–9~ 图 3–8–11），寻找流动系数与单井累产油关系。据模型测算结果，流动系数大于 25×10^{-3} μm^2·m/(mPa·s)，油井 15 年累产油 7300 t；流动系数处于 $(10\sim25)\times10^{-3}$ μm^2·m/(mPa·s)，15 年累产油 6250 t；流动系数低于 10×10^{-3} μm^2·m/(mPa·s)，15 年累产油 4550 t。

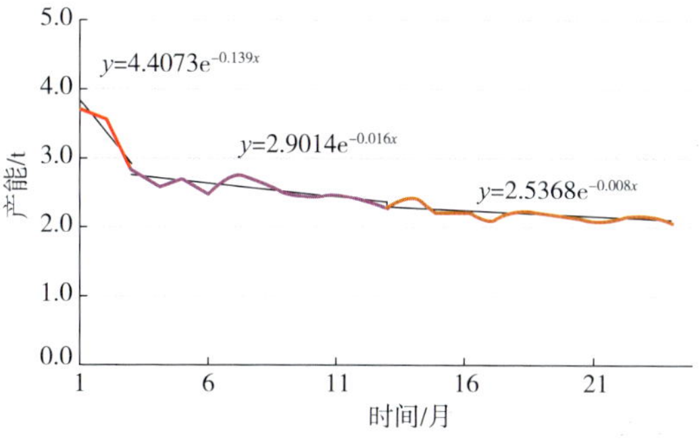

图 3–8–9 流动系数 ≥ 25×10^{-3} μm^2·m/(mPa·s) 时油井产量递减模型

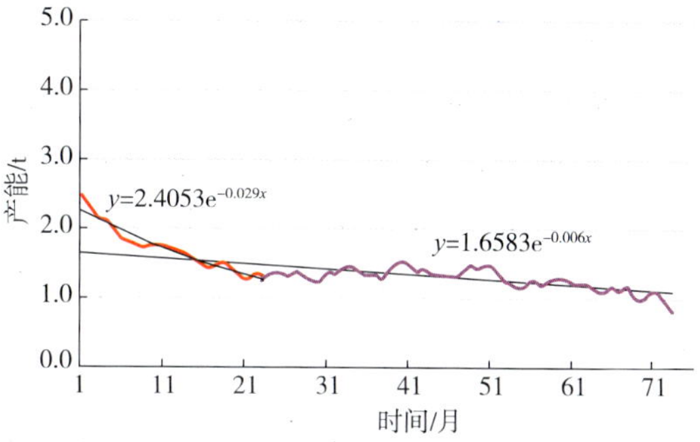

图 3–8–10 流动系数 $(10\sim25)\times10^{-3}$ μm^2·m/(mPa·s) 时油井产量递减模型

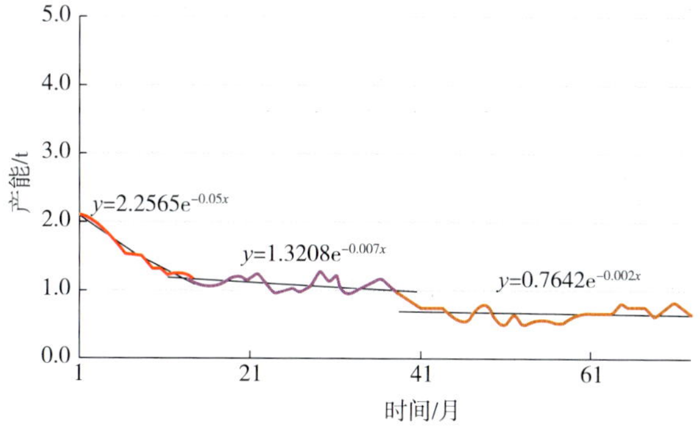

图 3–8–11 流动系数 ≤ 10×10^{-3} μm^2·m/(mPa·s) 时油井产量递减模型

3. 储层分类

根据流动系数与产能、单井累产油对应关系，以流动系数 10×10^{-3} μm^2·m/(mPa·s)、25×10^{-3} μm^2·m/(mPa·s) 为界，将面 4 块西南部沙四段 1 砂组划分为 3 类（表 3–8–2）。其中Ⅰ类区地质储量 29.62×10^4 t，主要分布在条带块及面 4– 平 1 处，目前均已实现经济动用。Ⅲ类区地质储量 83.18×10^4 t，均处于研究区的周边，厚度小，物性差，动用难度大。Ⅱ类区地质储量 462.5×10^4 t，占总储量的 80.7%，储量大，分布范围广，包括面 4~ 面 14 区的大部分区域，是下一步研究的主要对象。

表 3-8-2　沙四段 1 砂组储量分类统计及经济评价测算

储量类别	流动系数 / [$10^{-3}\mu m^2$·m/(mPa·s)]	对应油井产能 /t	15 年测算累采油 /t	面积 /km^2	厚度 /m	储量 /10^4 t
Ⅰ类	≥25	2.4	7300	0.408	5.3	29.62
Ⅱ类	10~25	1.8	6250	6.62	5.1	462.5
Ⅲ类	≤10	1.2	4550	2.53	2.4	83.18

（四）经济开发界限

通过模型测算的各类储层区油井产能及评价期累采油量数据，结合优化后的最新钻井、地面等投资成本，进行效益状况评价。确定了 3 类储层对应的经济开发临界值。依据评价结果，在税后内部收益率 12% 的前提下，Ⅰ类、Ⅱ类储层分别在国际油价 60 美元 / 桶、80 美元 / 桶时可实现有效动用，而Ⅲ类储层在 90 美元 / 桶以下时无法实现经济动用（表 3-8-3）。

表 3-8-3　沙四段 1 砂组不同类别储量经济评价测算

储量类别	流动系数 / [$10^{-3}\mu m^2$·m/(mPa·s)]	对应油井产能 /t	15 年测算累采油 /t	内部收益率 12% 油价基准平衡点 /（美元 / 桶）
Ⅰ类	≥25	2.4	7300	57.32
Ⅱ类	10~25	1.8	6250	75.16
Ⅲ类	≤10	1.2	4550	93.90

三、开采特征研究

南区沙四段 1 砂组为中低渗薄层滩坝砂油藏，开发中油井生产动态存在较大差异，通过对该类油藏开采特征进行系统研究，掌握其规律特点及主要控制因素，是制定相应的开发对策的前提条件。

（一）开发方式评价

评价油层天然能量是否充足，最直观、成熟的方法是依据采出 1% 地质储量地层压力下降值和弹性产量比进行判断。八面河油田面 4 块西南部沙四段 1 砂组压降系数 1.34 MPa，弹性产量比 3.9。对照天然能量评价标准，面 4 块西南部沙四段 1 砂组天然能量不足，需要进行注水开发。

南区沙四段 1 砂组的开发实践也表明，注水开发效果好于天然能量开发。注水开发时，油井投产初期日产油达到 3.5 t，半年后液量、含水逐步上升，产量基本保持稳定，一年后平均单井日产油仍在 2 t 左右；天然能量开发时，油井初期日产油 2.5 t 左右，液量、产量逐渐下降，投产 1 年后日产油仅 0.5 t（图 3-8-12）。

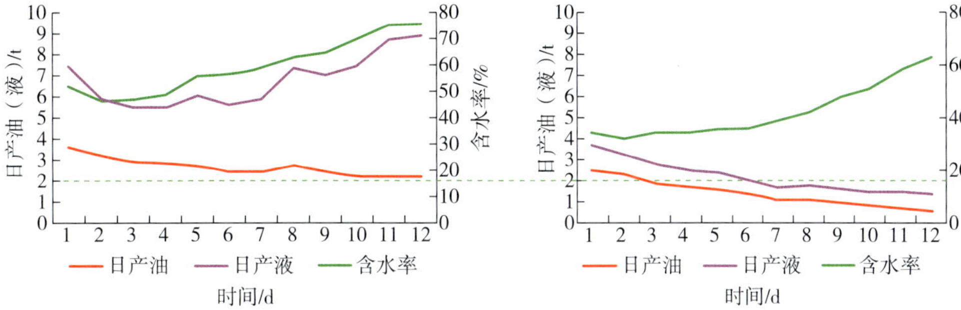

（a）注水开发日度曲线 （b）天然能量开发日度曲线

图 3-8-12 不同开发方式下油井生产情况对比

（二）合理注水时机及注采比

根据沙四段 1 砂组净有效覆压 – 覆压渗透率交会图（图 3-8-13）可知，中低渗油藏一旦压力下降后，渗透率恢复不可逆转。因此，该类储层需要实施先期注水补充地层能量，缓解能量快速下降对渗透率造成的影响。

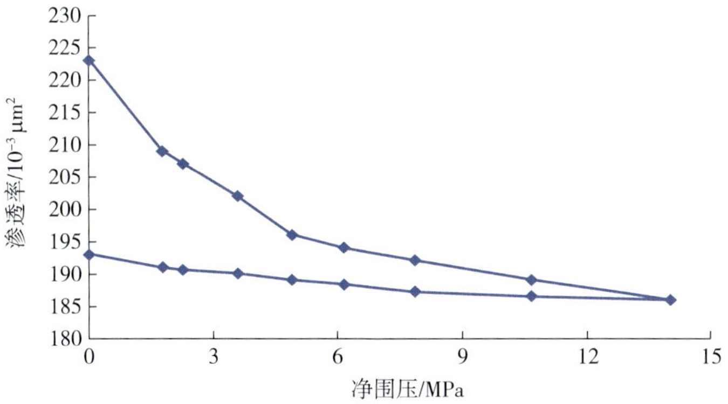

图 3-8-13 南区沙四段 1 砂组净有效覆压 – 覆压渗透率交会图

根据南区沙四段 1 砂组不同注水时机下采出程度变化曲线可以看出，与同期注水和滞后注水相比，先期注水开发采出程度最高（图 3-8-14）。不同注水时机下投产油井的生产情况也显示，先期注水开发油井稳产效果较好，投产 180 个月平均单井采油量 2120 t；而滞后注水开发油井产量下降相对较快，投产前 180 个月平均单井采油量仅 1390 t。因此，选择先期注水作为南区沙四段 1 砂组的注水时机。

为进一步确定最佳注水时机及合理注采比，数值模拟了不同注水时机下采出程度状况，模拟结果显示，提前 9 个月实施先期注水，注采比控制在 1.1~1.2，采出程度最高。

由研究区的实际生产情况来看，注采比为 1.1~1.2 时，油井含水上升较缓，稳产效果较好，投产第一年年末，平均单井日产油 2.1 t，日产液 7.0 t，综合含水率 70%；注采比

1.2 以上时，油井含水上升速度较快，投产第一年年末，平均单井日产油 1.7 t，日产液 13.5 t，综合含水率达到 87%。

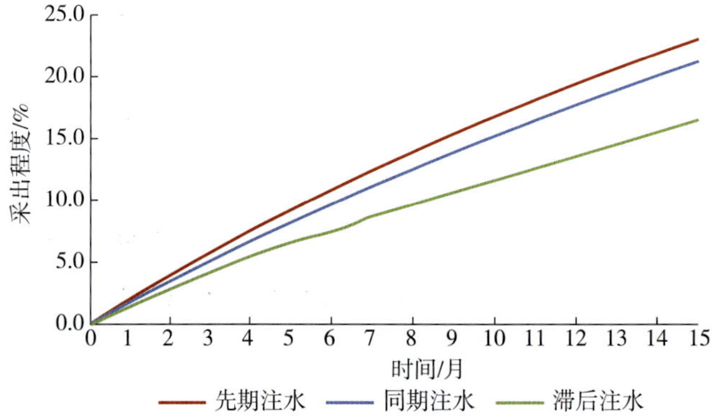

图 3-8-14　不同注水方式采出程度曲线

（三）注水推进特征

南区沙四段 1 砂组为中低渗油藏，监测资料显示该区存在较明显地应力。据 2011 年所测面 4-15 井、面 14-12- 斜 35 井两口井的地应力测试资料显示，沙四段 1 砂组地层最大地应力方向为东西向（图 3-8-15）。

由于沙四段 1 砂组油井投产时需配套预充填进行储层改造，受地应力及充填改造影响，平面上注入水主要沿近东西向推进。沙四段 1 砂组Ⅱ类区见效油井 38 口，其中东西向见效 18 口，占见效总井数的 47.4%。该区 3 个井组示踪剂监测资料表明，见到示踪剂响应的油井多为近东西方向。

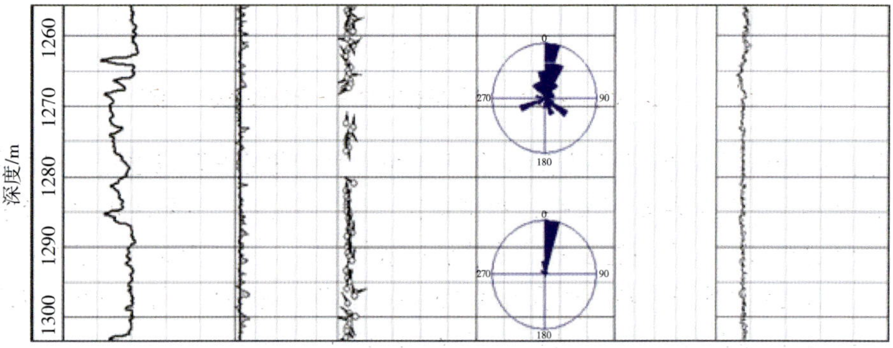

图 3-8-15　面 4-15 井地层倾角资料地应力分析图

（四）注水见效特征

通过对 2008 年以来Ⅱ类区 38 口注水见效油井生产情况进行跟踪分析，不同方向上油井注水见效特点不尽相同，其中油水井对应方向与最大应力方向夹角 30º~60º 时，油井开发效果最好。

东西向见效油井：投产初期平均日产油达到 3.6 t，半年后注水见效，日产液由 7 t 逐步上升至 10 t 以上，日产油稳定在 2 t 左右；注水见效 6 个月以后，含水液量逐步缓慢上升，产油量下降，投产 2 年后平均单井日产油 1.5 t，含水达到 87.5%，平均单井阶段采油量（投产前两年）1338 t。

夹角方向（与最大应力方向夹角 30º~60º）注水见效油井：投产初期单井日产油 3.7 t，平均 7 个月后注水见效，日产液由 4 t 逐步上升至 8 t，日产油由 2 t 上升至 2.3 t。投产 12 个月后液量、含水率基本保持稳定，日产油稳定在 2 t 左右，投产 2 年后平均单井日产油 1.9 t，综合含水 76%，平均单井阶段采油量（投产前两年）1726 t（图 3-8-16、图 3-8-17）。

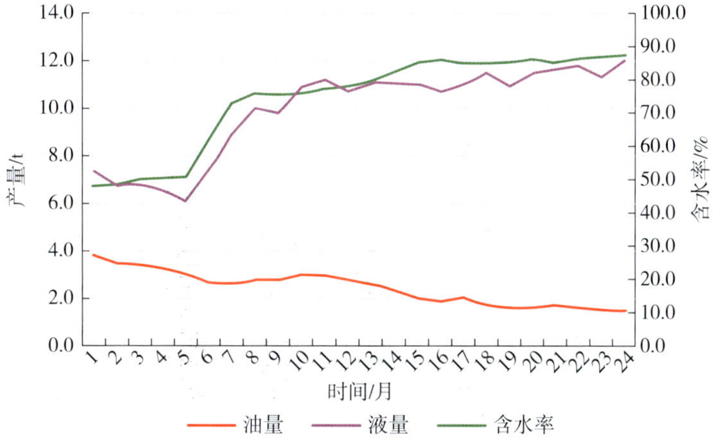

图 3-8-16　东西向注水见效井归一化曲线

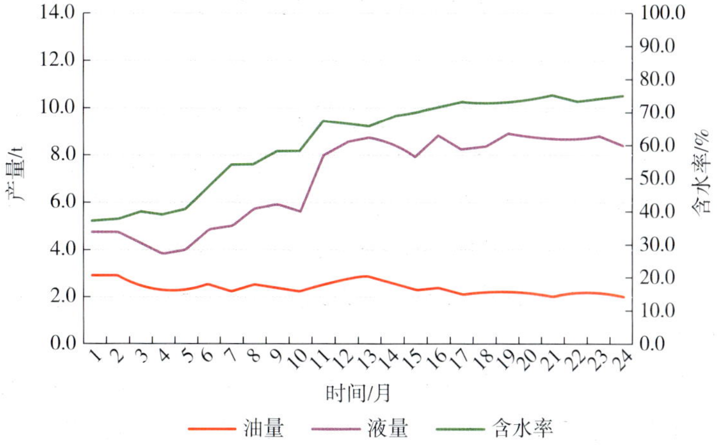

图 3-8-17　夹角方向注水见效井归一化曲线

四、开发技术对策研究

南区沙四段 1 砂组为中低渗薄层稠油油藏，具有天然能量不足、注入水主要沿最大应力方向推进的特点，通过室内试验与现场实践相结合，针对面 4 块西南部沙四段 1 砂组制定了“采用交错排状井网、立足定向井开发、配套多段塞复合充填改造”的开发对策；对面 3 块已开发老区，制定了部署矢量井网配套差异注采的调整挖潜对策。

（一）面 4 块西南部沙四段 1 砂组开发对策

1. 井网井距

1）合理井网

应用数值模拟法对南区沙四段 1 砂组合理井网进行研究，结果表明，交错排状井网泄油面积大，采收率最高，达到 22.3%（图 3–8–18）。

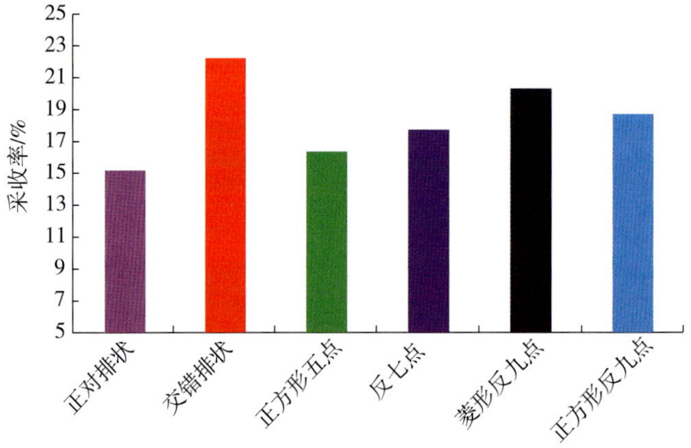

图 3–8–18　不同井网方式采收率效果

2）合理排距

排状井网中合理排距为油水井极限控油半径之和，即排距= $r_{油井极限}+r_{水井极限}$。结合取心资料，进行模拟试验，建立了在单层厚度 1.3 m、地下原油黏度 176 mPa·s 油藏条件下，油、水井极限控制半径与渗透率的关系（图 3–8–19）。结合南区沙四段 1 砂组渗透率状况（240×10^{-3} μm²），确定其油井理论极限控制半径 64 m，水井极限控制半径 88 m，即理论油水井极限控制半径 152 m。因此确定南区沙四段 1 砂组交错排状井网合理井距为 150 m。

3）合理井距

合理井距以能够实现经济有效开发为前提，在此基础上尽量提升油田最终采收率。井距确定原则：在满足经济合理井距的情况下，尽量满足技术极限井距。

南区沙四段 1 砂组模拟试验显示，油井自然渗流半径 65 m，充填改造施工时，充填半缝长约 80 m，由此确定南区沙四段 1 砂组技术极限井距为 290 m（图 3–8–20）。

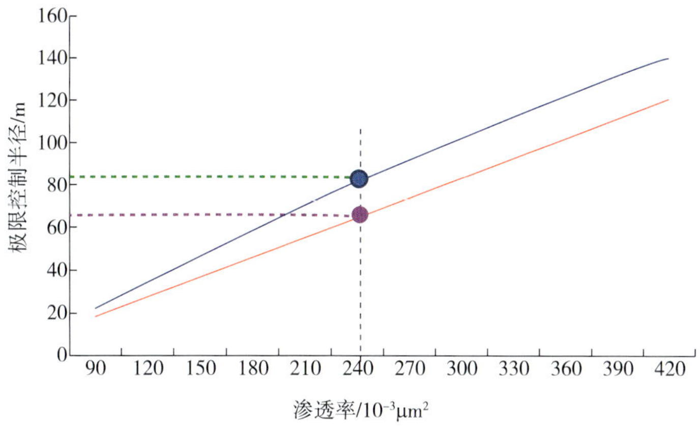

图 3-8-19 极限控制半径与渗透率关系

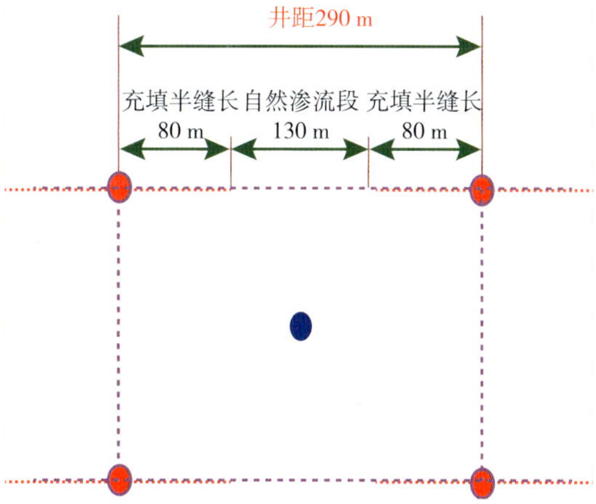

图 3-8-20 南区沙四段 1 砂组技术极限井距模式示意图

利用经济合理井网密度公式计算，当油价为每桶 70 美元以下时，沙四段 1 砂组合理井网密度 21 口 /km^2，单井控制可采储量 0.6×10^4 t，利用井网密度与井距关系计算合理注采井距为 218 m，经济合理井距为 296 m。

沙四段 1 砂组经济极限井距（296 m）大于技术极限井距（290 m），故确定其经济极限井距为其合理井距，为便于操作部署实施井距取 300 m。

八面河地区近年投产油井生产情况同样表明，150 m × 300 m 井距下油井产量递减速度较慢，开发效果相对较好。注采井距在 130 m × 260 m 时，油井投产第一年年底平均日产油 1.8 t，日产液 8.5 m^3，综合含水率 81.7%；注采井距在 150 m × 300 m 时，油井投产第一年年底平均日产油 2.2 t，日产液 6.2 m^3，综合含水率 64.5%；注采井距在 170 m × 340 m 时，油井投产第一年年底平均日产油 1.5 t，日产液 3.4 m^3，综合含水率 53.8%。

2. 井型优化

南区沙四段 1 砂组纵向上包含 5 个主力小层，其单层厚度、储层物性差异较小，平均隔层均为 1~2 m。通过近几年产建工作，沙四段 1 砂组共钻遇大斜度井 12 口，其他为定向井。对不同井型的投产油井生产情况进行归一化处理（图 3-8-21、图 3-8-22）发现：虽然定向井平均单井射孔厚度较小，仅 7.9 m，但投产 2 年后平均单井仍能达到日产油 1.7 t，日产液 8.0 t，阶段单井采油量 1512 t；大斜度井平均单井射孔厚度 25.7 m，投产 2 年后平均单井日产油 1.6 t，日产液 7.2 t，阶段单井采油量 1486 t。大斜度井产能与定向井相比并无明显优势，确定沙四段 1 砂组合理井型为定向井。

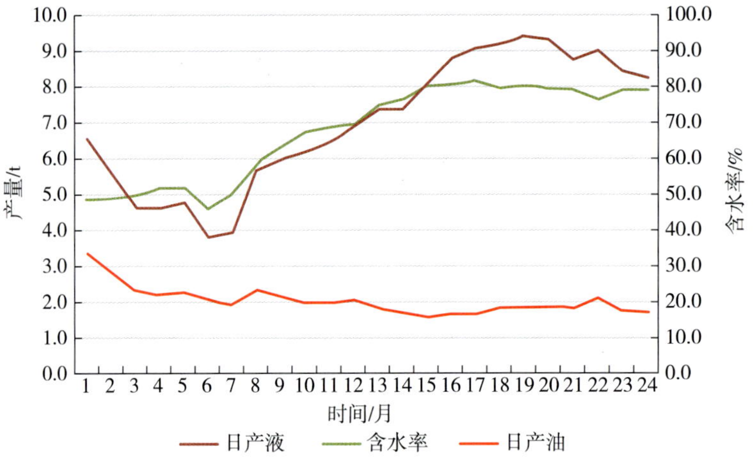

图 3-8-21　定向井生产情况归一化曲线

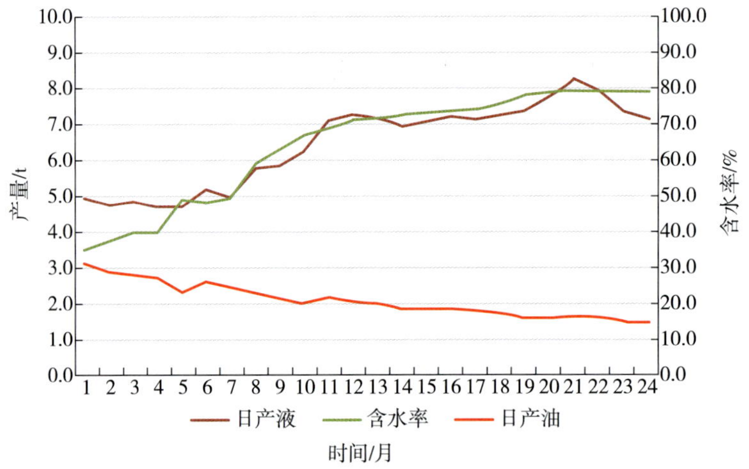

图 3-8-22　大斜度井生产情况归一化曲线

（二）面 3 块开发老区开发对策

面 3 块沙四段 1 砂组地质储量 285.3×10^4 t，全部于 1987 年投入动用。截至 2013 年底，采出程度达到 18.7%，注水对应率 52.7%，井网完善程度、水驱开发效果较差。针对该区目前存在的问题，通过开展相应研究，制定了部署矢量井网配套差异注采调整的开发对策。

1. 矢量井网确定

特高含水开发阶段的已动用区进行调整治理，不能采用中低含水期整体加密的调整方式，也不能进行一个简单的井网局部完善来达到提高储量控制程度的目的，要以各向有效驱替为目标，充分考虑剩余油分布状况，部署矢量井网进行精细挖潜。

为实现老区矢量井网部署由之前的高水淹区抽稀井网、低采出程度区缩小井距这种粗线条部署转为井距可以准确定量确定，本书在充分考虑经济效益状况的前提下，深入研究了油价、剩余油、厚度、渗透率对部署的影响，建立了考虑储层物性、剩余油饱和度差异的矢量井网部署方法。

面 3 块沙四段 1 砂组储层平均厚度 5 m，平均渗透率 $320\times10^{-3}\ \mu m^2$，平均剩余油饱和度为 45%。通过开展多控制因素下数值模拟，建立油价 70 美元 / 桶、剩余油饱和度 45% 时井距随厚度和渗透率变化关系曲线图版（图 3-8-23）及厚度为 5 m、渗透率 $320\times10^{-3}\ \mu m^2$ 下井距随油价、饱和度变化图版（图 3-8-24）。

根据面 3 块沙四段 1 砂组特高含水开发老区不同区域具体的厚度大小、渗透率高低及剩余油分布状况，寻找其在图版中相应的井距大小，进而确定不同区域部署井的合理注采井距。

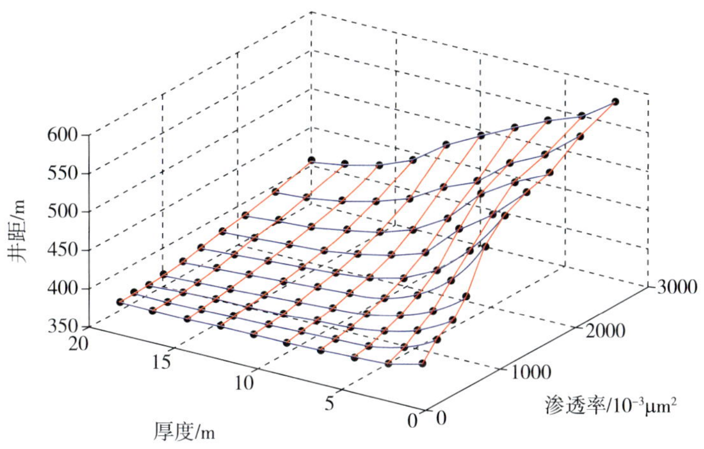

图 3-8-23 油价 70 美元 / 桶、剩余油饱和度 45% 时井距随厚度、渗透率变化关系

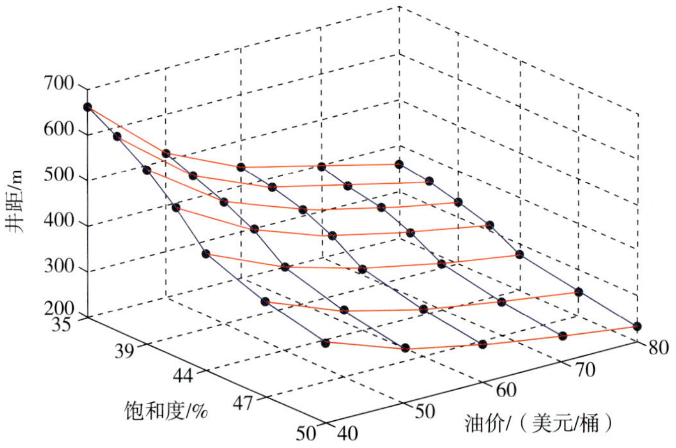

图 3-8-24　厚度为 5 m、渗透率 $320\times10^{-3}\ \mu m^2$ 下井距随油价、饱和度变化关系

2. 差异注采调整

受储层平面非均质性及油水井投产时间不同的影响，面 3 块沙四段 1 砂组水线推进不均衡，驱油效果变差的现象日趋明显。高含水低效井不断增加，注采结构调整困难，堵水措施效果变差，高渗方向注水效率低，低渗透弱势方向动用状况差，平面上驱油“盲区”和非主流向剩余油一直得不到有效动用。为此，针对性地应用液流转向技术，扩大注水波及体积，提高注水效率。

通过改变注入水在油层中原来稳定注水时形成的固定水流方向，把高含油饱和度区的原油驱出，或在微观上改变渗流方向引起水相渗透率的变化来提高可流动油饱和度，达到改善水驱油效果的目的。

为保证流线分析的正确性及分析方法可以推广应用，2015 年通过系统研究，制定流线分析“四步法”技术规范（图 3-8-25）。

根据面 3 块沙四段 1 砂组实际开发状况，将已开发区划分为非主流线区、强主流线区及正常流线区 3 类，针对不同的流线区，制定了“提、控、护”相结合的液流转向调整对策。

（1）非主流线区：提液引效，稳定增油态势。

针对注水未有效波及、油井长期低产低液的非主流线区，通过实施转注、对应水井上调配注、措施增注等手段，提升注水强度。在此基础上，对油井实施措施引效，通过油水井“挤、拉”结合，达到增大波及面积、提升驱替效果的目的。

（2）强主流线区：下调参数控液，促使邻井见效。

针对油水井间已形成或快形成注水通道的强主流线区，通过实施水井下调配注、间歇注水等方式，适当降低地下存水量，同时对主流线方向上油井通过开展降参、堵水甚至计关等，来控制单井排液量，达到控强扶弱目的，实现弱势方向油井注水见效。

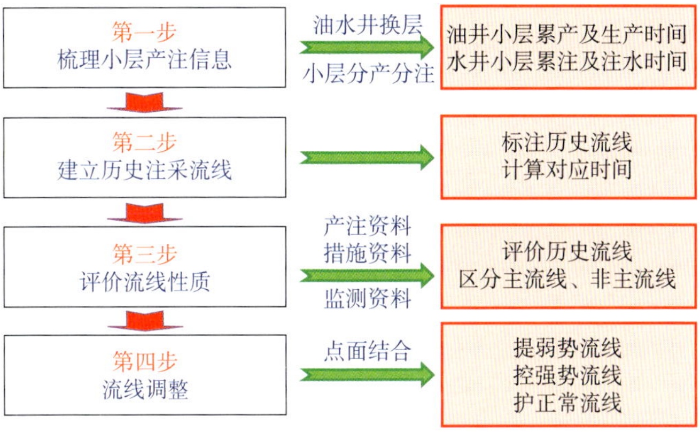

图 3-8-25 流线分析“四步法”技术流程图

（3）正常流线区：维护措施保障正常生产。

针对目前驱替效果较好的正常流线区，强化油水井生产动态跟踪分析，根据相应变化情况对油水井生产参数及时调整治理，尽量维持好当前良好的注水驱替状态。

五、矿场实施效果

（一）面 4 块西南部沙四段 1 砂组实施效果

运用沙四段 1 砂组开发对策研究成果，2014 年以来立足先期注水，采用交错排状注采井网，多段塞复合重填工艺先后于面 109 井区、面 14-48- 斜 13 井区实施产建，先后动用石油地质储量 152×10^4 t。

经过开发方式、配套工艺的优化，沙四段 1 砂组产建区单井产能由研究前的 1.8 t 上升至 2.0 t，开发成本由 20.8 美元 / 桶下降至 15.7 美元 / 桶，实现了 70 美元 / 桶下经济有效动用（图 3-8-26）。

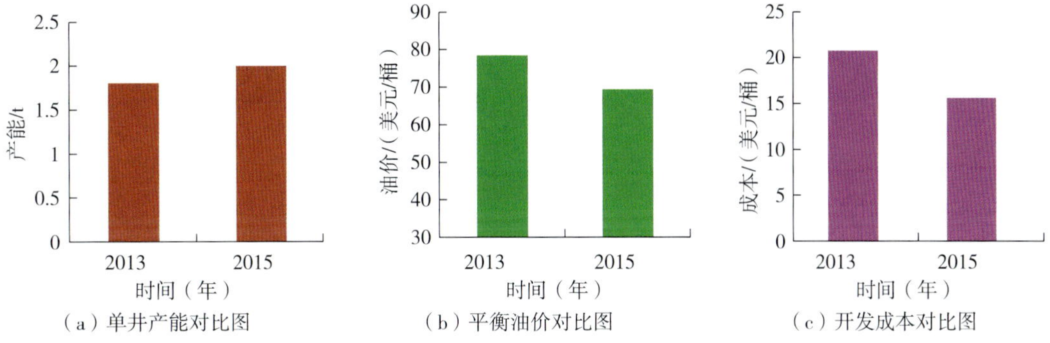

图 3-8-26 南区沙四段 1 砂组产建效果对比图

（二）面 3 块开发老区调整效果

2014 年以来，已开发老区沙四段 1 砂组按照部署矢量井网配套差异注采调整进行治理，共部署新井工作量 8 口，实施注采调整工作量 17 口，其中长停井复产 3 口，转注 2 口，动态调配 3 口，油井配套治理 11 口（图 3-8-27）。经过调整，已开发区地层压力由治理前的 9.2 MPa 上升至目前的 9.7 MPa，采油速度、水驱控制程度明显提高。截至 2015 年 11 月，采油速度由调整前的 0.46% 上升至 0.61%，水驱控制程度由原来的 63.2% 上升至 71.1%，达到了预期的调整目的（图 3-8-28）。

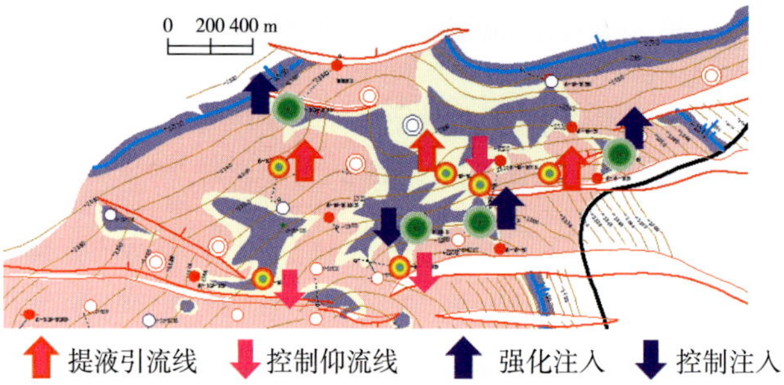

图 3-8-27 已开发区注采调整实施情况图

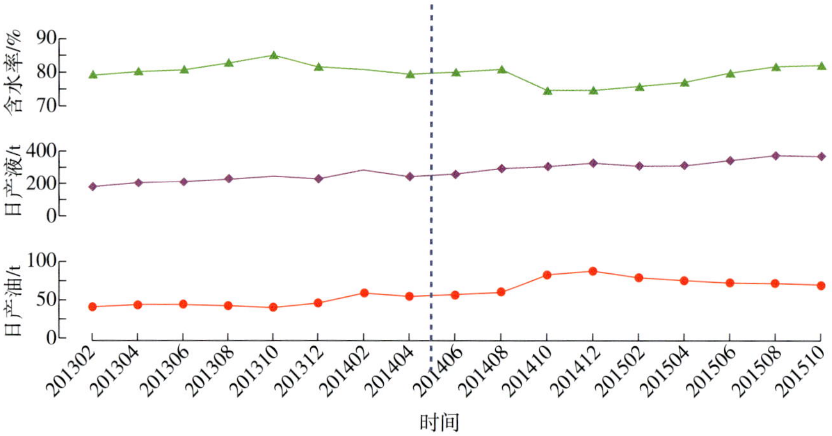

图 3-8-28 已开发区油井月度生产曲线

第四章　普通稠油Ⅱ类油藏开发技术

第一节　普通稠油Ⅱ类油藏开发历程

普通稠油Ⅱ类油藏是八面河油田重要油藏类型之一，主要分布于西区、东区，截至2021年包括面138、面120、面22等6个开发区块，探明地质储量6103×10^4 t，已动用3929.7×10^4 t。根据产量变化，可分为钻探试采阶段（1990~1999年）、上产稳产阶段（2000~2013年）、产量递减阶段（2014~2018年）、综合调整阶段（2019~2021年）等4个开发阶段（图4-1-1）。

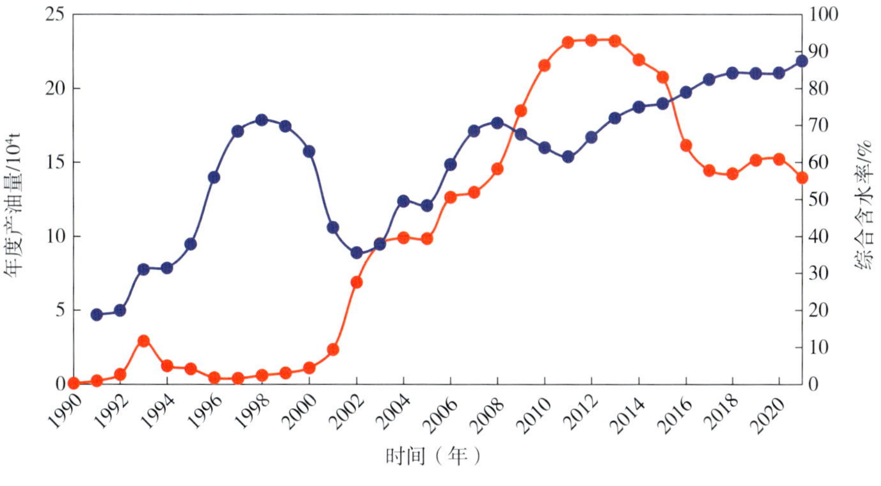

图4-1-1　八面河油田普通稠油Ⅱ类油藏开发历程图

一、钻探试采阶段

1990~1999年。该阶段主要是对西区普通稠油Ⅱ类油藏的钻探和试采评价，前期为天然能量开发，当时由于薄层稠油油藏蒸汽吞吐工艺技术尚未突破，导致试采效果普遍较差，1993年最高产达到2.9×10^4 t后迅速递减，整体处于无法有效动用状况，1994年开展了注水开发试验。

二、上产稳产阶段

2000~2013 年。该阶段除西区外，东区也开始投产，整体上实施以蒸汽吞吐为主体开发技术的攻关应用，实现了普通稠油Ⅱ类油藏的有效动用。2001 年在面 120 区沙四段进行了热采评价，之后随着热采工艺逐渐配套完善，热采工作量不断增加，热采井次从 2001 年的 3 井次增加到 173 井次，核实年产量由 2001 年的 3.4×10^4 t 上升到 23.2×10^4 t。截至 2013 年 12 月，油田共实施热采井 380 口，572 个周期，累计注汽量 149.21×10^4 t，累产油 94.48×10^4 t，累产水 96.98×10^4 m^3，累计油汽比 0.63，累计回采水率 0.65。

热采产量占总产量的比例逐年上升，为八面河油田可持续发展发挥了重要作用。从 2005 年八面河薄层稠油热采规模进一步扩大，动用储量、热采井次、热采产量不断上升，热采效果不断改善。

三、产量递减阶段

2014~2018 年。随着蒸汽吞吐轮次的增加，热采整体效果呈下降趋势，含水上升、回采水率上升、周期注汽量上升、注汽压力下降、油汽比下降。局部出现汽窜，地层能量下降幅度大，影响热采增油效果。同时，新增普通稠油Ⅱ类油藏储量有限，后备资源不足。整体年产油量由 2013 年的 23.2×10^4 t 下降到 14.2×10^4 t，产量年均总递减率为 7.8%。

同时，热采区块蒸汽吞吐也暴露出一些问题，主要是动液面下降快，油井生产 1~2 个月后动液面很快下降到 900 m 以下。一是因为原油较稠（50 ℃地面脱气原油平均黏度 561~7718 mPa·s），储层岩石传导性差，造成原油在油层的流动能力差，从而影响油井开发效果；二是根据测压资料，两轮蒸汽吞吐后压力由原始压力 10.45 MPa 下降至 8.44 MPa，四轮后下降至 6.90 MPa，预测五轮次蒸汽吞吐后压力降到 5.00 MPa。

四、综合调整阶段

2019~2021 年。该阶段针对蒸汽吞吐后期面临的问题，一方面开展辅助吞吐调整增效攻关措施，另一方面实施了注热水驱、降黏冷采等提高采收率试验，有效抑制了产量递减趋势，整体产量稳定在 14×10^4 t 左右，改善了开发效果。

第二节　蒸汽吞吐技术

一、蒸汽吞吐必要性和可行性

（一）蒸汽吞吐开采机理

蒸汽吞吐一般包括 3 个阶段：

（1）注汽阶段：此阶段将高温蒸汽快速注入油层，通常注入蒸汽的数量按水当量计算，注入蒸汽干度要高，井底蒸汽干度要求达到 50% 以上。

（2）焖井阶段：注汽完成后关井，使蒸汽携带的热量在油藏中有效交换，从而加热油层。

（3）采油阶段：此阶段包括自喷和抽油两个阶段。因高温高压注汽使得井底附近压力较高，为自喷提供了能量。当不能自喷时，立即下泵转抽。

当采油阶段的产量接近经济极限产量时，开始下一个吞吐周期。

由于第一周期的预热和解堵作用，第二周期的峰值产量往往高于第一周期的峰值产量，从第三周期开始峰值产量逐渐下降直至若干周期后达到周期经济极限产量，蒸汽吞吐方式完成。

稠油油藏蒸汽吞吐增产的主要机理包括以下几种：

（1）加热降黏作用。稠油的突出特性是对温度非常敏感，当向油层中注入高温高压蒸汽后，稠油和水的黏度都降低，但稠油黏度下降幅度要大得多，因此油水流度比大大降低，驱油效率和波及系数都得到改善，原油流向井底的阻力大大减少，油井产量也大幅上升。加热降黏是蒸汽吞吐开采稠油的主要机理。

（2）加热后油层弹性能量的释放。当高温蒸汽注入油层后，油藏中的流体和岩石骨架产生热膨胀，孔隙体积缩小，油层的弹性能量充分释放出来，成为驱油能量，而且受热后原油膨胀，原来油层中如果存在少量的游离气，也将溶解在热原油中。即使一般的稠油油藏的原始汽油比很低，加热后溶解气驱的作用也会很大。

（3）重力驱作用。对于厚油层，热原油流向井底时，除油层压力驱动外，还受到重力驱作用。

（4）回采过程中吸收余热。当油井注汽后回采时，蒸汽加热的原油及蒸汽凝结水在较大的生产压差下采出过程中，带走了大量热能，但加热带附近的冷原油将以极低的速率流向近井地带，补充到降压的加热带。由于吸收油层、顶盖层及夹层中的余热而将原油黏度降低，因而流向井底的原油数量可以延续很长时间。尤其对于普通稠油（黏度在 10000 mPa·s 以内），在油层条件下本来就具有一定的流动性，当原油加热温度高于原始油层温度时，在一定的压力梯度下，流向井底的速度加快。但是，对于特稠油（黏度为 10000~50000 mPa·s），非加热带的原油进入供油区的数量要少，超稠油（黏度在 >50000 mPa·s）则更难。

（5）地层的压实作用。委内瑞拉马拉开波湖岸重油区，实际观测到蒸汽吞吐开采 30 年以来，由于地层压实作用，产生严重的地面沉降，产油区地面沉降达 20~30 m，驱出的油量高达 15%左右。

（6）蒸汽吞吐过程中的油层解堵作用。注入蒸汽加热油层及原油大幅度降黏后，在开井回采时改变了液流的方向，油、蒸汽及凝结水在放大生产压差条件下高速流入井筒，将近井眼地带的堵塞物排出，大大改善了油井渗流条件。

（7）蒸汽膨胀的驱替作用。注入油层的蒸汽回采时就有一定的驱替作用。分布在蒸汽加热带的蒸汽，在回采降低井底压力过程中，蒸汽将大大膨胀，部分高压凝结热水则由于突然降压闪蒸为蒸汽。这些都具有一定的驱替作用。

（8）溶剂抽提作用。油层中的原油在高温蒸汽作用下产生某种程度的裂解，使原油轻馏分增多，起到一定的溶剂抽提作用。

（9）改善油相渗透率的作用。在非均质油层中，注入湿蒸汽加热油层后，在高温下，油层中油与水的相对渗透率发生变化，砂粒表面的沥青胶质性油膜破坏，润湿性改变，油层由原来为亲油或强亲油，变为亲水或强亲水。在同样水饱和度条件下，油相渗透率增加，水相渗透率降低，束缚水饱和度增加。另外，热水吸入低渗透率油层，替换出的油进入渗流孔道，增加了流向井筒的可动油。

（10）预热作用。在多周期吞吐中，前一次回采结束时留在油层中加热带的余热对下一个周期吞吐将起到预热作用，有利于下一个周期的增产。

从总体上讲，蒸汽吞吐开采属于依靠天然能量开采，只不过在人工注入一定数量蒸汽并加热油层后，产生了一系列强化采油机理，而起主导作用的是原油加热降黏。

（二）蒸汽吞吐必要性

1. 原油黏度高，常规冷采产能低

面 138-6 井于 2003 年 3 月完钻，钻遇沙四段 2 砂组油层有效厚度 4.2 m/2 层，2003 年 4 月投入试采，采用常规开采方式，初期日产油 2 t 左右，2004 年 1 月因低产关井。累计产油 287 t，累计产水 467 m^3。面 138-P1 井为 2007 年 8 月新完钻的 1 口水平井，钻遇水平段长度 80 m，投入常规开采，初期产量 2.7 t/d，表现为常规开采效果差。

面 138-6 井 50 ℃地面脱气原油黏度为 20538.5 mPa·s，原油性质较稠，常规试采产能低，平均日产油 1.2 t，仅生产 9 个月因油稠无法生产关井。面 138-P1 井 50 ℃地面脱气原油黏度为 10135.36 mPa·s，常规开采日产油量仅 2.5 t 左右。

2. 注水开发效果不明显

已开发区的注水试验表明，投入注水开发后日产油量、日产液量基本保持稳定，个别井水窜较快，注水效果不明显。

3. 数模预测，弹性开采采收率低

利用面 138–6 井区井组模型进行预测，八面河地区采用弹性开发，截止到日产油量小于 1 t，井组累计产油量为 0.72×10^4 t，采收率为 4.8%；而采用蒸汽吞吐，开发采收率可达到 10.6%。

（三）蒸汽吞吐可行性

1. 与稠油吞吐筛选标准对比，具有热采可行性

通过与稠油吞吐筛选标准对比，除了油层纯厚度处于标准的下限外，其余参数均符合一等 1 类稠油吞吐筛选标准（表 4–2–1）。而针对油层薄这一问题，国内已在河南等一些油田薄层热采方面取得了一定的成功开采经验，另外也可通过在该区钻水平井增加出油厚度改善热采效果，说明本区进行热采是可行的。

表 4–2–1　稠油吞吐筛选标准

油藏地质参数	一等		二等			面 138 区沙四段扩
	1	2	3	4	5	
原油黏度 / mPa · s	50~10000	<50000	<100000	<10000	<10000	>8000
相对密度	>0.9200	>0.9500	>0.9800	>0.9200	>0.9200	0.9786
油层深度 / m	150~1600	<1000	<500	1600~1800	<500	1090
油层纯厚度 / m	>10	>10	>10	>10	5~10	4~6
纯厚 / 总厚比	>0.4	>0.4	>0.4	>0.4	>0.4	0.7~1
孔隙度	≥0.2	≥0.20	≥0.20	≥0.20	≥0.20	0.336
原始含油饱和度 S_{oi}	≥0.50	≥0.50	≥0.50	≥0.50	≥0.50	0.63
渗透率 / 10^{-3} μm^2	≥200	≥200	≥200	≥200	≥200	1623.6

2. 室内研究热采可行

据面 138 区和面 120 区原油黏温变化曲线（图 4–2–1）的测定，面 138 区和面 120 区原油对温度的敏感性较强，随着温度的增加原油黏度降低，当温度由 50 ℃上升到 100 ℃时，原油黏度急剧下降。在此区间，温度每升高 10 ℃，原油黏度大约下降一半。当测试温度升至 100 ℃，原油黏度降至 272 mPa·s。面 120 区原油流变曲线测试结果（图 4–2–2）表明：原油具有宾汉塑性，随温度的升高，剪切应力值、结构黏度值降低，流体的非牛顿特性减弱。稠油在多孔介质地下渗流时表现特征：表现为非线性渗流，压力梯度较小时，稠油基本上不流动或渗流速度极小；当压力梯度增大到某一值后，稠油才开始流动。随着压力梯度增加，渗流速度增大，呈拟线性关系，存在启动压力梯度。流变性测试显示，原油在较低温度下表现为较高屈服值的宾汉流体，随着温度的升高，这种特性逐渐减弱，到达 60 ℃时可转化为牛顿流体，而原始油层温度为 55 ℃，其流变性较差，只有升高原油温度，才能降低原油黏度，改善其流变特性。

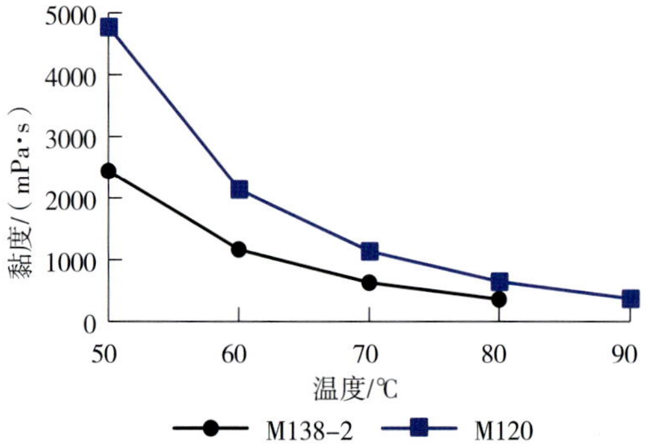

图 4-2-1　面 138 区、面 120 区原油黏温变化曲线

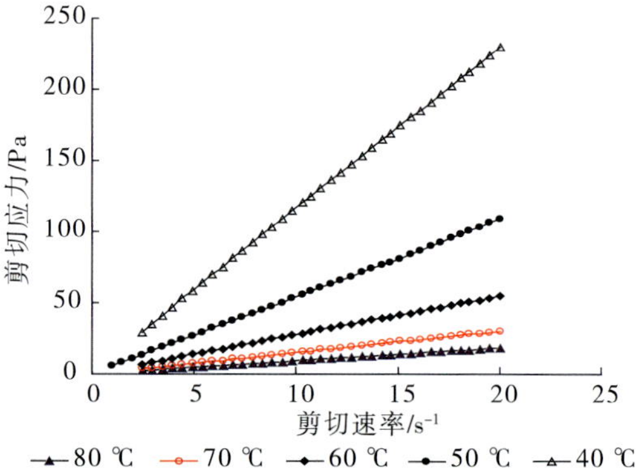

图 4-2-2　面 120 区原油流变曲线

3. 热力试采表明热采可取得较好效果

从 2006 年起，有目的地在东北部稠油井区先后开展 5 口井的单井蒸汽吞吐试验（表 4-2-2），增油幅度较为明显，开发效果明显得到改善。通过对该井区 2 口井 M138-6 井和 M138-P1 井常规与热采的效果进行对比，常规开采日产油量仅在 2 t 左右，而热采后油量可达到 6~9 t，说明热采效果要好于常规开采。

表 4-2-2　面 138 区沙四段热采效果统计

序号	井号	注汽前			注汽后												备注
					下泵日期	初期			稳定			目前（或停前）			有效期/d	增油/t	
		日产油/t	日产水/m^3	动液面/m		日产油/t	日产水/m^3	动液面/m	日产油/t	日产水/m^3	动液面/m	日产油/t	日产水/m^3	动液面/m			
1	M138-5-X9	1.2	0.7	933	2006 年 4 月 22 日	9.1	3.0	830	4.4	0	905	2007 年 6 月 30 日停产			420	1130	
		0.3	0.4	518	2007 年 10 月 22 日	8.9	5.0	630	8.2	5	586	9.2	5.0	630			仍有效
2	M138-6-X4	1.2	0.6	750	2006 年 10 月 10 日	3.1	5. 9	610	1.5	2.1	610	2007 年 6 月 16 日停产			75	62	
					2007 年 8 月 24 日	7.5	2.6	388	6.5	2.2	492	6.3	1.9	523	85	992	仍有效
3	M138-X5	1.2	1.1	852	2006 年 11 月 2 日	7.3	8.5	1000	4.4	5.0	1011	2.7	3.0	980	368	825	仍有效
4	M138-6	低产计关			2007 年 6 月 14 日	6	15.8	512	6	15.8	785	2007 年 9 月 9 日停产			76	479	第一轮
					2007 年 11 月 3 日	4.4	4.5										仍有效
5	M138-P1	2.5	1.0	1050	2007 年 10 月 21 日	8.6	3.9	105									第一轮

二、蒸汽吞吐热效率研究

蒸汽吞吐采油机理的研究证明，蒸汽吞吐过程中起主导作用的是加热降黏，蒸汽吞吐的最终效果取决于蒸汽携带的热能的利用效率，从地面、井筒到底层，热损失是客观存在的。通过热损失的计算，提出减少热损失的措施是热力采油的一个重要课题。

（一）地面管线热损失

地面管线可以看作一个稳定的传热过程，主要由 4 部分组成：蒸汽与管内壁之间的热对流、管内外壁之间的热传导、隔热层的热传导、隔热层外壁与大气层之间的热对流（图 4–2–3）。

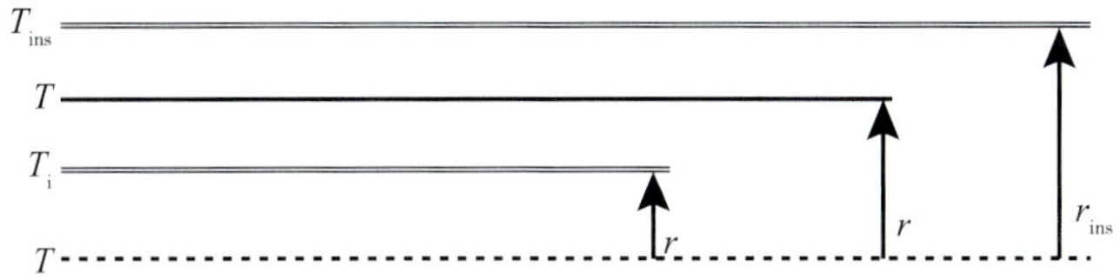

图 4–2–3　地面注汽管线示意图

地面管线热损失计算基于热量传递 3 种方式——导热、对流、辐射的计算公式。

管线热损失：

$$q_L=4186.8\ (T_s-T_{ins})/R \qquad (4\text{–}2\text{–}1)$$

式中，q_L 为单位时间、单位长度管线中的热损失；T_s 为蒸汽温度；T_{ins} 为大气温度；R 为单位长度管线上的热阻。

从式（4–2–1）分析，地面管线热损失与蒸汽温度、环境温度和管线热阻有关，其中在注汽设备和环境一定的情况下，蒸汽温度和环境温度为一定值，影响地面管线热损失的是管线的热阻，R 为蒸汽与管内壁之间的热对流热阻（R_1）、管内外壁之间的热传导热阻（R_2）、隔热层的热传导热阻（R_3）、隔热层外壁与大气层的热对流热阻（R_4）之和。R 越大，地面管线热损失越小。

（二）井筒热损失

为了确定井底蒸汽的压力和干度，必须计算井筒中的压力损失和蒸汽干度的变化，可归结于井筒热损失的计算。

1. 井筒热传导机理

从蒸汽发生器产生的蒸汽携带热量经过地面管线到达油井从井口注入加热，地下油层经过加热的稠油黏度降低，可以改善稠油在井筒中的流动性。井筒的一种径向结构如图 4–2–4 所示。

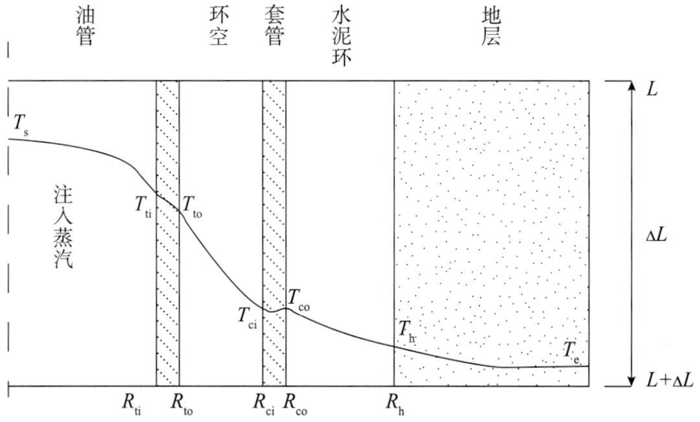

图 4-2-4　井筒结构及径向温度分布示意图

井筒由油管、套管、水泥环组成，环空中经常填充隔热介质，称为环空介质，比如空气、氮气、天然气。有时为了获得更好的绝热效果，在油管、套管之间下入隔热管。在注蒸汽开采稠油的过程中关键的技术之一是，必须最大限度地减少注入蒸汽在井筒中的热量损失，保证注入井底的蒸汽干度较高，并且套管温度不超过极限安全温度，以防止套管因热应力损坏及管外水泥环超高温变质。注汽过程中井筒中径向热流量 Q_s，即由油管柱径向流向井筒周围地层的热流量。

根据传热学机理在稳定热流状态下井筒单元径向热流量 Q_s（kcal/h）与油管中蒸汽温度 T_s 和套管外水泥环和地层交界面之间的温度 T_h 的差值（T_s-T_h）成正比，也与该单元段长度 ΔL 形成的注入油管外表面积 $2\pi r_{to}\Delta L$ 成正比可知：

$$Q_s=2\pi r_{to}U_{to}(T_s-T_h)\Delta L \tag{4-2-2}$$

式（4-2-2）是在稳定情况下井筒径向传热的热流速度方程式，式中 U_{to} 是由油管外表面至水泥环外表面间的总传热系数。

实际上，在注蒸汽井筒条件下是不稳定热流，即径向热流速度随注入时间的延长而变化，可根据 Ramey 的近似公式计算：

$$Q_s=\frac{2\pi K_e(T_h-T_e)}{f(t)}\Delta L \tag{4-2-3}$$

通过井筒井壁套管壁及水泥环的热流是以热传导方式发生的，根据多层圆筒壁传热原理，通过每个圆筒壁的热流速度与圆筒壁介质中的温度梯度成正比。此比例常数 K_h 就是介质的导热系数。因此，在井筒径向系统中径向热流速度 Q_s 为：

$$Q_s=2\pi rK_h\frac{\mathrm{d}T}{\mathrm{d}r}\Delta L \tag{4-2-4}$$

将上式积分可以得出通过油管壁的热流速度为：

$$Q_s = \frac{2\pi K_{tub}\left(T_{ti} - T_{to}\right)}{\ln \frac{r_{to}}{r_{ti}}} \Delta L \quad (4\text{-}2\text{-}5)$$

通过套管壁的热流速度为：

$$Q_s = \frac{2\pi K_{cas}\left(T_{ci} - T_{co}\right)}{\ln \frac{r_{co}}{r_{ci}}} \Delta L \quad (4\text{-}2\text{-}6)$$

通过水泥环的热流速度为：

$$Q_s = \frac{2\pi K_{cem}\left(T_{co} - T_h\right)}{\ln \frac{r_h}{r_{co}}} \Delta L \quad (4\text{-}2\text{-}7)$$

在油套环空中存在 3 种传热方式，即热传导、热辐射和热对流。当环空中是气体时，辐射热占很大比重，甚至是主导的，其辐射热量的大小取决于油管外壁和套管内壁的表面状况及散热与吸热特性。当环空中是液体时，除传导热外，热对流是主要的，这是由于油套管壁间温度差引起的液体密度差产生的自然对流很激烈。为使用方便，将环空中的传热速率看成传热系数 h_c（自然对流及传导热）和 h_r（辐射热）之和。由于通过环空的径向热流速度 Q_s 与油管外表面积 $2\pi r_{to}\Delta L$ 和油管外壁与套管内壁温差（$T_{to}-T_{ci}$）成正比，即：

$$Q_s = 2\pi r_{to}\left(h_c + h_r\right)\left(T_{to} - T_{ci}\right)\Delta L \quad (4\text{-}2\text{-}8)$$

2. 井筒总传热系数计算

在计算井筒热损失时，最关键的是如何确定在井筒结构条件下的总传热系数 U_{to}。

当井筒中仅有光油管，下端有封隔器油套，环空为液体或气体时，总传热系数为：

$$U_{to} = \left[\frac{r_{to}}{r_{ti}h_f} + \frac{r_{to}\ln\frac{r_{to}}{r_{ti}}}{K_{tub}} + \frac{1}{h_c + h_r} + \frac{r_{to}\ln\frac{r_{co}}{r_{ci}}}{K_{cas}} + \frac{r_{to}\ln\frac{r_h}{r_{co}}}{K_{cem}}\right]^{-1} \quad (4\text{-}2\text{-}9)$$

括号内各项分别为油管内壁强迫对流传热热阻，油管壁热阻、环空液体或气体的热阻、套管壁热阻及水泥环的热阻。

由于油管内热水及蒸汽的强迫对流传热系数 h_f（水膜传热系数）高达 2400~9600 kcal/（m²·h·℃），钢材的导热系数 K_{tub}、K_{cas} 高达 3740 kcal/（m²·h·℃），因此它们的热阻很小，可忽略不计，故上式可简化为：

$$U_{to}=\left[\frac{1}{h_c+h_r}+\frac{r_{to}\ln\frac{r_h}{r_{co}}}{K_{cem}}\right]^{-1} \quad (4-2-10)$$

当井筒中油管柱是双层隔热管，下端有封隔器，环空是液体或气体时，总传热系数为：

$$U_{to}=\left[\frac{r_{to}}{r_{ti}h_f}+\frac{r_{to}\ln\frac{r_{to}}{r_{ti}}}{K_{tub}}+\frac{r_{to}\ln\frac{r_i}{r_{to}}}{K_{ins}}+\frac{r_{to}}{r_i\left(h_c'+h_r'\right)}+\frac{r_{to}\ln\frac{r_{co}}{r_{ci}}}{K_{cas}}+\frac{r_{to}\ln\frac{r_h}{r_{co}}}{K_{cem}}\right]^{-1} \quad (4-2-11)$$

括号内第三项是隔热管的热阻，对总传热系数的影响最大。其余同上式一样也可以简化为：

$$U_{to}=\left[\frac{r_{to}\ln\frac{r_i}{r_{to}}}{K_{ins}}+\frac{r_{to}}{r_i\left(h_c'+h_r'\right)}+\frac{r_{to}\ln\frac{r_h}{r_{co}}}{K_{cem}}\right]^{-1} \quad (4-2-12)$$

式中：h_c、h_c' 为环空气体的热传导和自然对流的传热系数，kcal/（m²·h·K）；h_r、h_r' 为环空气体的辐射传热系数，kcal/（m²·h·K）；K_{cem} 为水泥环导热系数，kcal/（m·h·℃）；K_{ins} 为隔热油管的导热系数，kcal/（m·h·℃）；r_{to}、r_{co} 分别为油管及套管外半径，m；r_i 为隔热油管外半径，m；r_h 为井眼半径，m。

不同的隔热方案有不同的井筒总传热系数，井筒总传热系数大小对井底参数如井筒热损失率、套管最高温度及井底蒸汽干度、井底蒸汽压力、蒸汽温度都有极大的影响。总的来说，井筒总传热系数增加，井筒的热损失率随之增加，井筒总传热系数越大，套管温度上升越大，井底蒸汽的干度就越小。因此，评价隔热油管和隔热方案时它们的主要技术指标应该是实际生产中总的传热系数。理论上要求总传热系数越小越好，才能保持井底各项注热参数在最好的水平。在深井注蒸汽过程中，不同的总传热系数对井底注热参数的影响也极大，油井深度越大井筒热损失越高。

3. 井筒热损失速度计算

确定 U_{to} 后，根据 Ramey 方程，可以计算井筒热损失率和井底蒸汽干度。

（1）井筒热损失速度：

$$Q_s=\frac{2\pi r_{to}U_{to}K_e}{K_e+r_{to}U_{to}f(t)}\left[\left(T_s-b\right)L-\frac{aL^2}{2}\right] \quad (4-2-13)$$

式中，K_e 为井筒周围地层导热系数，kcal/（m²·h·℃）；T_s 为蒸汽的温度，℃；b 为地表恒温层温度，℃；a 为地温梯度，℃/m；L 为油管柱注汽管柱总长度，m。

（2）井筒热损失率计算：

$$\eta=\frac{100Q_s}{M_s\left[X_iC_s+\left(1-X_i\right)C_w\right]} \quad (4-2-14)$$

式中，M_s 为注蒸汽质量流速，t/h；C_s 为井口蒸汽的汽化潜热，kcal/kg；X_i 为井口蒸汽干度，%；C_w 为井口湿饱和蒸汽的显热即水相的比热焓，kcal/kg。

（3）井底蒸汽干度的计算：

先求出井底蒸汽干度是否大于 0，其判别式为：

$$Q_s < M_s \times X_i \times C_s \qquad (4\text{-}2\text{-}15)$$

如果上式成立，则井底蒸汽干度的计算式为：

$$X_j = X_i - Q_s / (M_s \cdot C_s) \qquad (4\text{-}2\text{-}16)$$

按上述计算方法，计算不同 U_{to}、注汽速度对井筒热损失和井底蒸汽干度的影响，如图 4-2-5~ 图 4-2-8 所示。

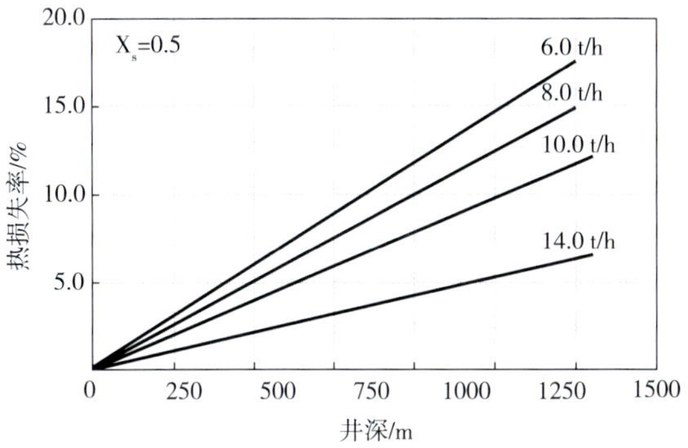

图 4-2-5　注汽速度对井筒热损失的影响

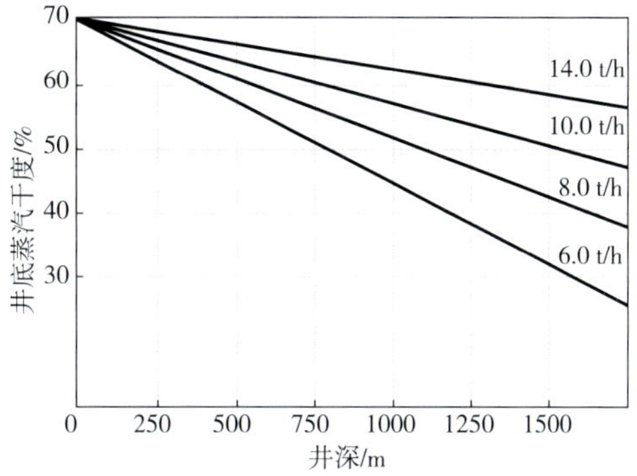

图 4-2-6　注汽速度对井底蒸汽干度的影响

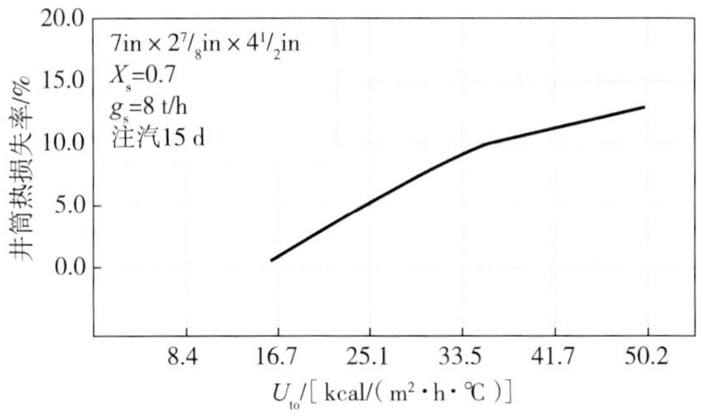

图 4-2-7　U_{to} 对井筒热损失的影响

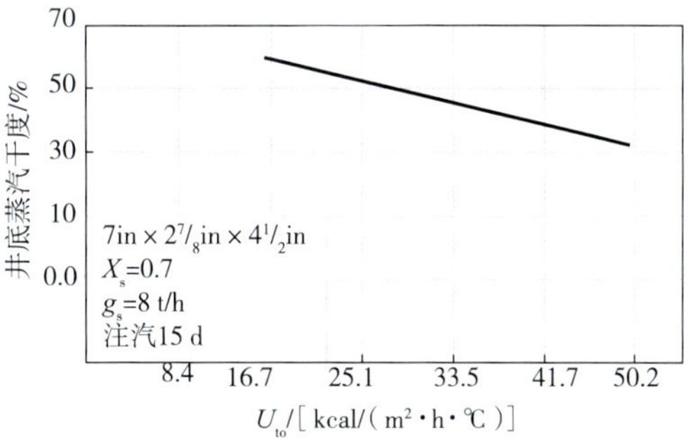

图 4-2-8　U_{to} 对井底蒸汽干度的影响

计算结果表明，在其他条件相同的情况下，注汽速度越高，井筒热损失越小，井底蒸汽干度越高。面 138 区沙四段油层厚度在 1200 m 左右，为了保证井口在干度 70% 的情况下，井底蒸汽干度大于 60%，必须采用高效的隔热注汽管柱，将总传热系数降低到 15 kcal/(m²·h·℃) 以下。

（三）地层热损失计算

注入蒸汽的过程中，当一定干度的饱和蒸汽进入油层后，蒸汽加热油层，在井筒附近蒸汽驱走了油层中的可流动的油和水，形成了蒸汽带。蒸汽前沿释放能量形成热水带，受到加热的油层形成加热带，未加热的油层则为未受热带，其剖面如图 4-2-9 所示。

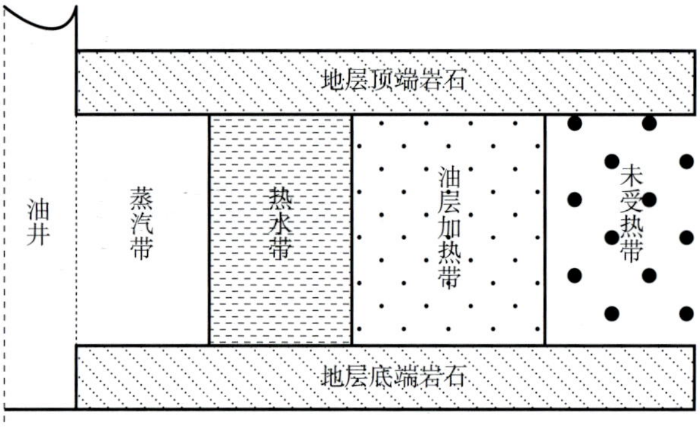

图 4-2-9　蒸汽加热油层剖面

在计算向围岩的热损失大小时，用热损失率表示，即在注入时间为 t 时向围岩的总热损失量占累计注入热量的百分数，用 η_1 表示。

根据马克斯 – 兰根海姆法：

$$\eta_1 = 1-\frac{\pi\lambda}{t_D}\left[\sqrt{\frac{t_D}{\pi}}-\frac{\lambda}{2}\ln\left(1+\frac{2}{\lambda}\sqrt{\frac{t_D}{\pi}}\right)\right] \tag{4-2-17}$$

式中：

$$\lambda=\frac{M}{M_{ob}}\text{（油层热容与顶底层热容之比）} \tag{4-2-18}$$

$$t_D=\frac{4Dt}{h^2} \tag{4-2-19}$$

$$D=\frac{K_{ob}}{M_{ob}}\text{（顶底层的散热系数）} \tag{4-2-20}$$

热容单位体积物质升高 1 ℃所吸收的热量，也称体积热容。热容和比热的关系：

$$M=\rho C \tag{4-2-21}$$

随着温度的升高，岩石的比热增大，用近似公式计算：

砂岩：$C_r=0.813+9.797\times10^{-4}T$

页岩：$C_r=0.771+1.055\times10^{-3}T$

对于饱和流体的岩石，其热容由下式给出：

$$M=\Phi S_o\rho_o C_o+\Phi S_w\rho_w C_w+(1-\Phi)\rho_r C_r \tag{4-2-22}$$

式中，o 为油相；w 为水相；r 为岩石相。

1. 油层厚度对地层热损失的影响

通过计算，地层的热量损失率与油层厚度的平方呈反比关系。不同油层厚度热损失率的影响见表 4-2-3、图 4-2-10。

表 4-2-3 油层厚度与蒸汽吞吐热损失率

油层厚度 h /m	2	5	10	30	50
热损失率 η_1/%	57	35	21	15	10

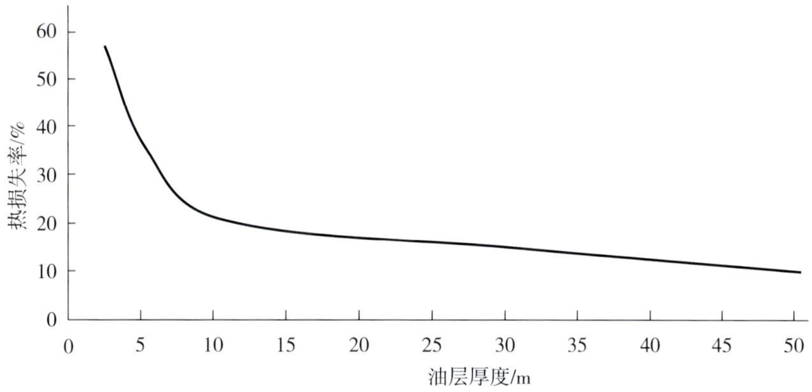

图 4-2-10 油层厚度与蒸汽吞吐热损失率关系图

从图 4-2-10 可以看出，当油层厚度小于 10 m 时，热损失明显增加；当油层厚度小于 5 m 时，蒸汽吞吐热损失显著增加，2 m 油层的蒸汽吞吐热损失率达到了 57%。

应用数值模拟方法研究油层厚度对蒸汽吞吐过程中地层温度场的变化，其地质流体基本参数参照面 138-12 井区生产井 138-43-X15 的平均参数。模拟结果见图 4-2-11~图 4-2-13。

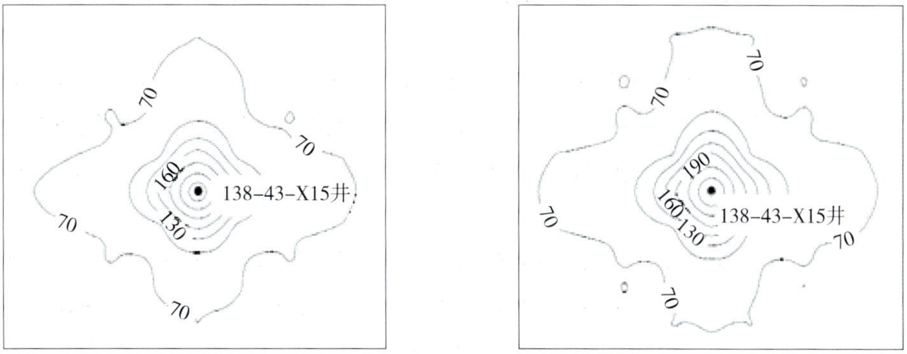

（a）5 m （b）10 m

图 4-2-11 油层厚度对注气结束时油层温度场的影响（单位：℃）

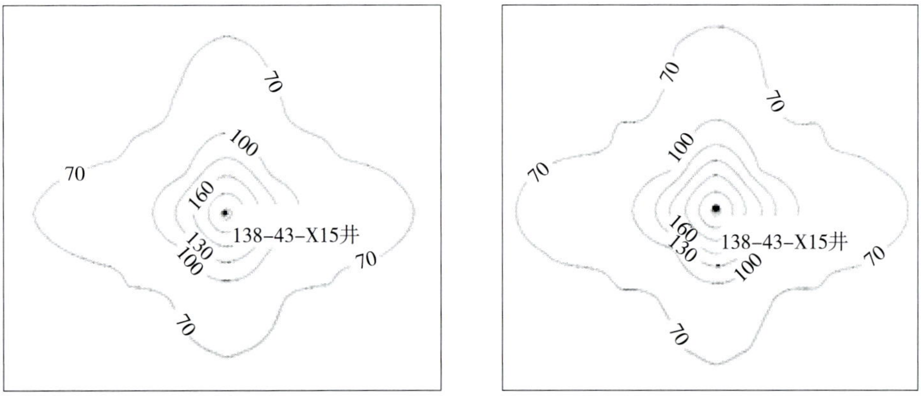

（a）5 m　　（b）10 m

图 4–2–12　油层厚度对焖井结束时油层温度场的影响（单位：℃）

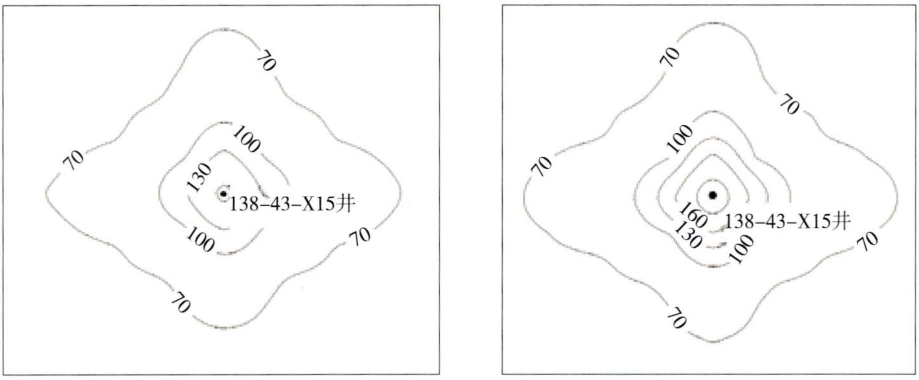

（a）5 m　　（b）10 m

图 4–2–13　油层厚度对开井生产 15 天油层温度场的影响（单位：℃）

模拟结果表明，油藏厚度越大，蒸汽吞吐的热利用率越高。油层厚度对油层的热损失有较大影响，10 m 油层温度场在注汽、焖井、开采的各阶段均比 5 m 油层高 30 ℃左右。

2. 注汽速度对热损失的影响

为了考察注汽速度对面 138 区薄油层热损失的影响，以 138–43–X15 井为例，应用实际的油藏地质条件，相同的注采工艺参数，井底蒸汽干度为 0.5，总注汽量为 2000 m^3，注汽温度为 350 ℃。分别模拟注汽速度为 150 m^3/d、200 m^3/d 的温度分布情况，见图 4–2–14~ 图 4–2–16。

从所模拟的温度分布图来看，两种情况下的温度分布基本一致，注汽速度大小对油层温度分布影响较小。但提高注汽速度不仅可以加大受热半径，降低薄层稠油油藏的系统热损失，而且可以缩短因注蒸汽而停产的时间，利于增油。但在注汽参数设计时必须考虑到蒸汽发生器的能力、油层注入能力的限制。

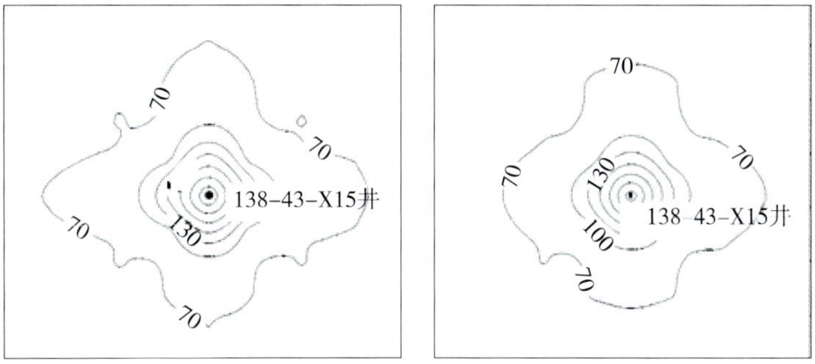

（a）150 m³/d　　（b）200 m³/d

图 4–2–14　注汽速度对注汽结束时油层温度场的影响（单位：℃）

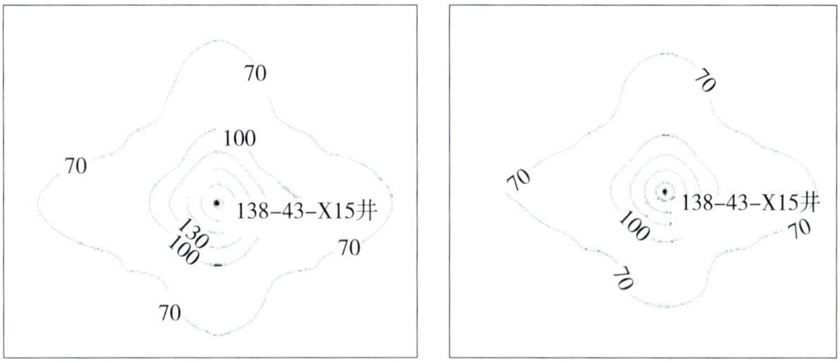

（a）150 m³/d　　（b）200 m³/d

图 4–2–15　注汽速度对焖井结束时油层温度场的影响（单位：℃）

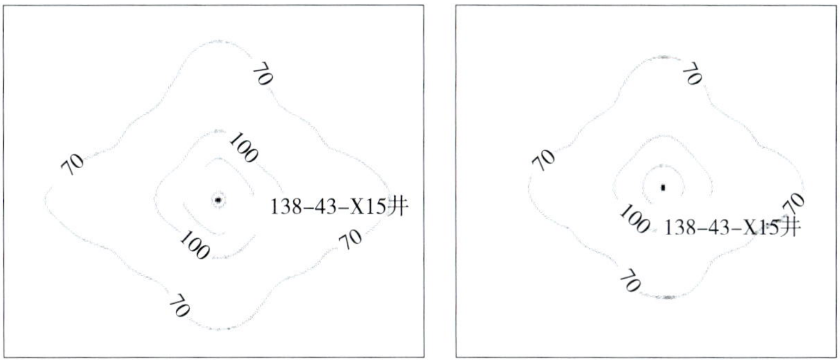

（a）150 m³/d　　（b）200 m³/d

图 4–2–16　注汽速度对开井生产 15 天油层温度场的影响（单位：℃）

3. 含水饱和度对热损失的影响

为了考察含水饱和度对面 138 区薄油层热损失的影响，计算油层含水饱和度 0.3 的情况，与真实情况（平均 0.5）相比较见图 4–2–17~ 图 4–2–19。

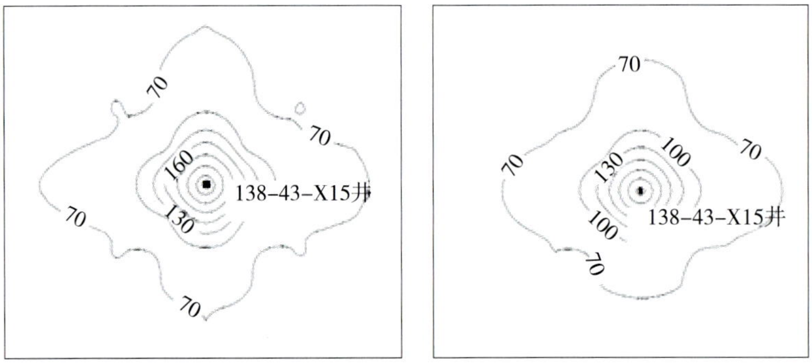

（a）平均含水 50%　　（b）平均含水 30%

图 4-2-17　含水饱和度对注汽结束时油层温度场的影响（单位：℃）

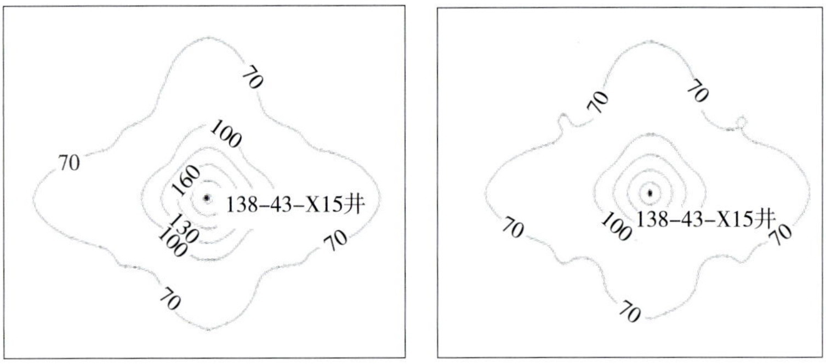

（a）平均含水 50%　　（b）平均含水 30%

图 4-2-18　含水饱和度对焖井结束时油层温度场的影响（单位：℃）

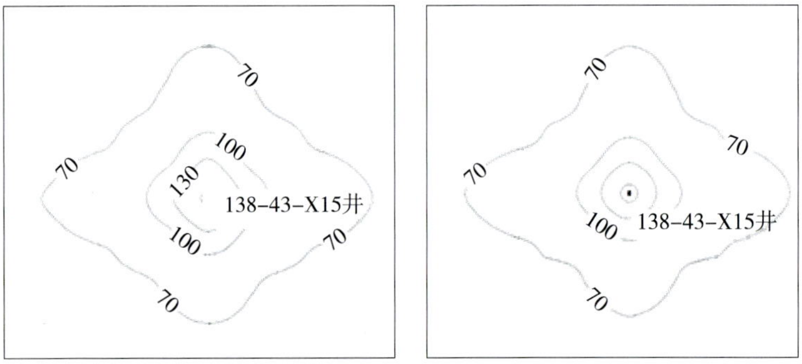

（a）平均含水 50%　　（b）平均含水 30%

图 4-2-19　含水饱和度对开井生产 15 天油层温度场的影响（单位：℃）

由模拟出的温度场分布对比图可以看出，含水饱和度较高时，温度影响区域要大些，但最高温度有所下降，这是由于水的热传导率比油和气的热传导率要大些，更有利于热量的传导。当原始含水饱和度大于 0.5 时，影响到油层的最高温度，热量更容易传导，从而增加了热量的损失。

通过对面 138 区薄层稠油油藏蒸汽吞吐过程中热效率的研究，可以得出以下结论：

（1）当油层厚度小于 5 m 时，加热油层的热损失显著上升，同时，5 m 油层的温度场在注汽、焖井、开采的各阶段均比 10 m 油层低 30 ℃左右。而面 138 区薄层稠油油藏的油层平均厚度不足 5 m，因此油层厚度是影响面 138 区薄层稠油油藏蒸汽吞吐热效率的主要因素。

（2）提高注汽速度，可以降低地面和井筒的热损失，提高蒸汽到达井底的干度。

（3）原始含水饱和度大于 0.5 时，影响油层的最高温度，热量更容易传导，从而也会增加热量的损失。

三、蒸汽吞吐影响因素与油藏分类

油藏的地质参数和注汽参数是影响稠油蒸汽吞吐效果的主要因素，对于特定的油藏，地质参数是一定的，注汽参数的优化必须以地质参数为基础。以面 138 区块为例，在开发沙四段油层的过程中，发现射开厚度、层数和注汽量均相当的油井，其生产效果差异明显，如 M138–5–X2 井和 M138–12–X25 井，具体见表 4–2–4、表 4–2–5。

表 4–2–4　热采井效果统计对比

井号	层位	厚度 / m	注汽参数						热采效果			
			注汽强度 /（t/m）	注汽量 /t	井口干度 /%	注汽速度 /（t/h）	注汽压力 /MPa	焖井时间 /d	产油量 /t	产水量 /m^3	油汽比	回采水率
M138–5–X2	S_42_1	3.8	328	1247	67	8.5–9.0	17.4–20.6	4	2462	2217	1.97	1.78
M138–12–X25	S_42_1	3.4	348	1184	72.6	8	19.0–20.0	4	1072	213	0.91	0.18

表 4–2–5　热采井地质流体参数对比

井号	渗透率 / $10^{-3}\mu m^2$	孔隙度 /%	饱和度 /%	原油黏度 /（mPa·s）	储量系数	流动系数
M138–5–X2	412	36.4	64.7	16603	23.55	0.94
M138–12–X25	211	32.5	51.1	11524	16.61	0.62

分析表明，上述油井间的开发效果差异，是油藏的综合地质参数所致，M138–5–X2 井的流动系数和储量系数均高于 M138–12–X25 井，因此蒸汽吞吐效果较好。

不同的油藏，其地层参数对蒸汽吞吐的影响是不同的，面 138 区沙四段砂体平面上有厚度相间的分布特征，存在多个局部厚带，最厚的 9.1 m，最薄的小于 2 m。确定影响面 138 区沙四段薄层稠油油藏蒸汽吞吐效果的主要地质影响因素是，数值模拟是否符合油藏地质条件的基础。为了确定面 138 区沙四段薄层稠油油藏地质因素对蒸汽吞吐开发效果的影响，在分析大量实际生产数据的基础上，通过油层有效厚度、测井解释渗透率和含油饱和度等地质参数对蒸汽吞吐效果的影响规律，对面 138 区沙四段薄层稠油油藏进行分类，是蒸汽吞吐参数优化和跟踪模拟的关键。

（一）地质因素对蒸汽吞吐效果的影响

采用数值模拟和数据统计分析相结合的方法研究地质因素对蒸汽吞吐效果的影响。地质模型采用 CMG 软件的 BUILDER 模块，以面 138 区沙四段薄层稠油油藏地质流体参数为基础，建立 20×20×20 网格的均质模型。

数据统计分析以面 138 区沙四段薄层稠油油藏至 2009 年底热采井的注汽参数、地质参数和生产动态为基础，共统计 64 井次，其中一轮次井 48 口，二轮次井 15 口，三轮次井 1 口，水平井 2 口。为了尽可能减少相关因素的影响，使统计分析的结果更具有可比性，数据采集选取面 138 区沙四段薄层稠油油藏热采井中仅射开单层的热采井共计 14 口的统计数据进行研究。

1. 地层倾角影响

随着地层倾角的增大，蒸汽超覆增大，使得蒸汽吞吐效果变差。根据面 138 地层倾角的实际情况，地层倾角分别为 0°、5°、10°、15°、20°、25°，进行模拟计算，不同地层倾角蒸汽吞吐累计产油对比曲线见图 4-2-20。

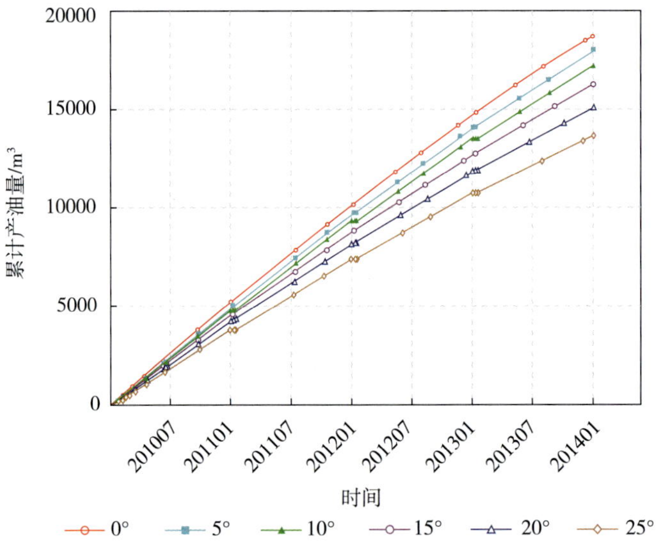

图 4-2-20 不同地层倾角累计产油对比曲线

计算结果表示，倾角变大，累计油量减少，倾角大于 10°时，累计产油量减少幅度加大，面 138 区地层倾角为 3° ~10°，地层倾角变化不大，对蒸汽吞吐效果的影响较小。

2. 油层厚度影响

前面对蒸汽吞吐热效率的研究证明，油层厚度对蒸汽吞吐的热效率有着显著影响。采用数值模拟方法，研究油层厚度对蒸汽吞吐效果的影响，模拟油层厚度分别为 2 m、3 m、5 m、7 m、10 m、15 m、20 m、25 m、30 m 的开发效果。不同油层厚度的累计产油对比曲线见图 4-2-21。

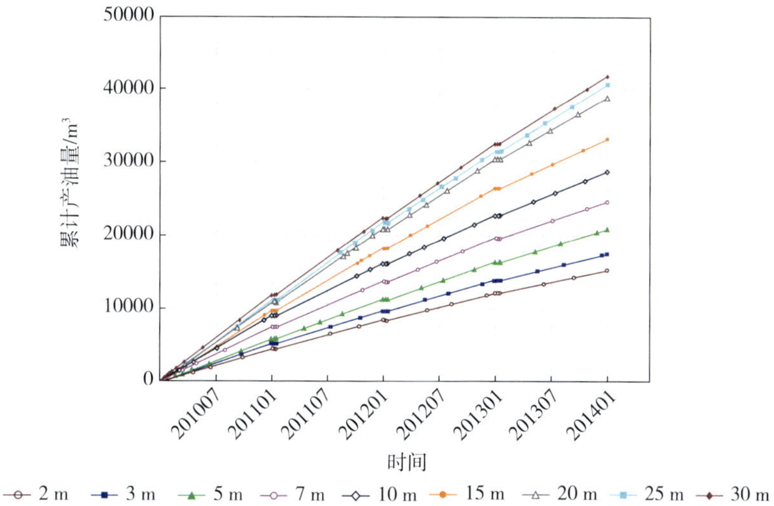

图 4-2-21　不同油层厚度累计产油对比曲线

随着油层厚度增大，对应的累计产油量逐渐增加。当油层厚度大于 20 m 时，增加趋势变缓，这与前面研究的油层厚度与地层热损失的规律相吻合。这是因为，油层厚度与热采效果的敏感关系在厚度小于 20 m 时较明显，当油层厚度大于 20 m 后，继续增加油层厚度，油汽比和产油能力增加的幅度变小，单位厚度产油量下降。

面 138 区沙四段油层薄，顶底盖层热损失率大，图 4-2-22 是面 138 区沙四段蒸汽吞吐油汽比与油层厚度关系图。可以看出，随着油层厚度的增加，周期油汽比相应提高。将 14 口井按油层厚度进行分类统计，结果见表 4-2-6。

可以看出，油层厚度对蒸汽吞吐效果的影响十分明显，但 4~5 m 油层 2 口井的统计结果出现差异的主要原因是：一口井 138-13-X23 生产过程出砂，另一口井 138-3-X5 的原油黏度大于 15000 mPa · s，流动系数小于 0.10，说明原油在地层的流动性对蒸汽开采的影响较大。油层厚度小于等于 2 m 时，不能达到经济产量，不适宜进行蒸汽吞吐。

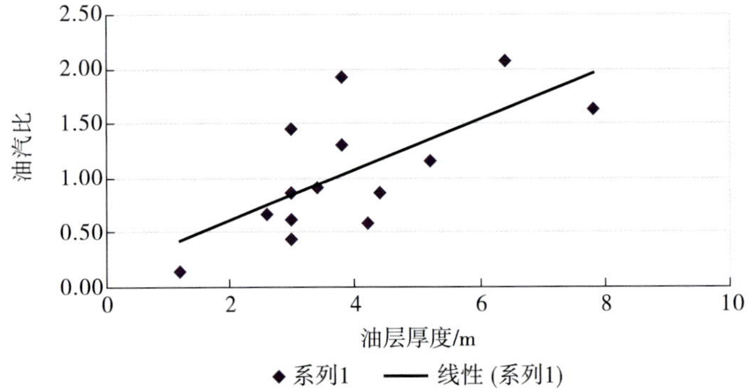

图 4-2-22　油层厚度与周期油汽比关系图

表 4-2-6　面 128 区沙四段蒸汽吞吐效果统计（按油层厚度分类）

厚度区间 /m	井数	平均厚度 /m	注汽强度 /（t/m）	生产周期 /d	周期产油量 /t	周期产水量 /t	油汽比	回采水率
$h \leq 2$	1	1.2	669	173	121	2815	0.15	3.51
$2<h \leq 3$	5	2.92	475	144	932	920	0.67	0.66
$3<h \leq 4$	3	3.67	366	302	1770	1001	1.32	0.75
$4<h \leq 5$	2	4.3	326	221	787	713	0.56	0.51
$h>5$	3	6.47	217	250	2005	1488	1.40	1.04

3. 渗透率影响

地层渗透率越高，油层流动系数越大，油层吸气能力也越强。模拟结果表明，随着地层渗透率的增大，流体在地下的渗流阻力变小，井间热连通时间变小，蒸汽吞吐的开发效果变好。不同渗透率累计产油对比曲线见图 4-2-23。可以看出，地层渗透率增大，对应的累计产油量逐渐增加，增加幅度逐渐增大。分析认为：油层渗透率越大，地层流体渗流阻力越小，流动能力越强，开发效果越好。

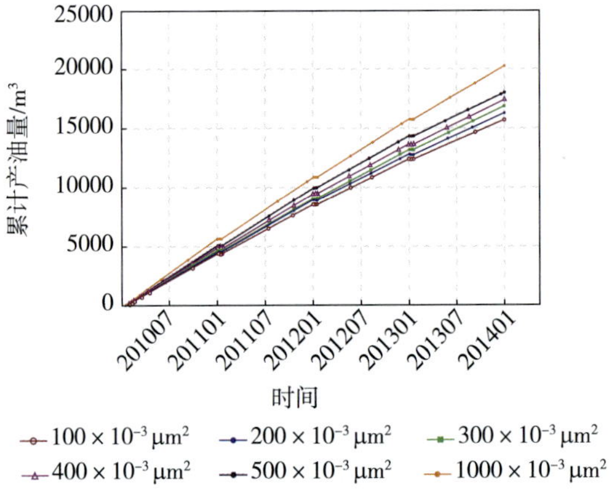

图 4-2-23　不同渗透率累计产油对比曲线

图 4-2-24 是面 138 区沙四段蒸汽吞吐油汽比与渗透率关系图，表 4-2-7 是面 138 区沙四段蒸汽吞吐效果统计（按渗透率分类）。从统计结果来分析，面 138 区沙四段油层渗透率主要分布在 200×10^{-3}~$400\times10^{-3}\ \mu m^2$，占热采井的近 80%，当油层渗透率小于 $400\times10^{-3}\ \mu m^2$ 时，回采水率逐渐提高，油汽比差别不大；当油层渗透率大于 $400\times10^{-3}\ \mu m^2$ 时，生产周期、周期产油量、油汽比和回采水率都显著上升，说明油层渗透率对蒸汽吞吐效果的影响十分明显，这也与数值模拟的结果相符。

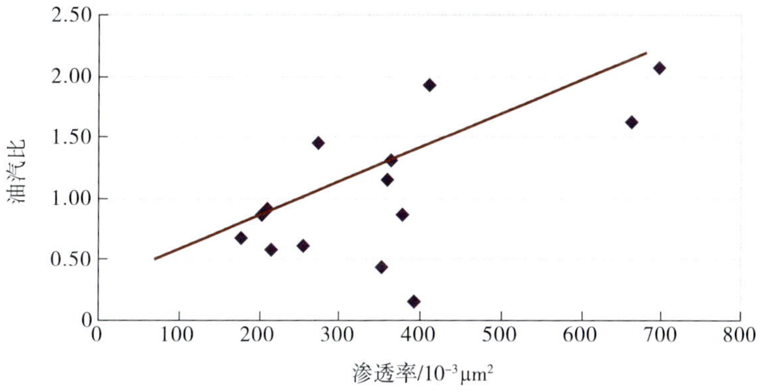

图 4-2-24　渗透率与周期油汽比关系图

表 4-2-7　面 138 区沙四段蒸汽吞吐效果统计（按渗透率分类）

渗透率 / $10^{-3}\mu m^2$	井数	平均渗透率 / $10^{-3}\mu m^2$	注汽强度 /（t/m）	生产周期 /d	周期产油量 /t	周期产水量 /t	油汽比	回采水率
<200	1	178	438	141	803	424	0.71	0.37
200~300	5	232	418	185	1056	606	0.77	0.44
300~400	5	370	448	171	945	1353	0.68	0.98
400~500	1	412	328	450	2429	2156	1.95	1.73
>500	2	679	175	311	2221	1968	1.63	1.45

4. 原油黏度影响

不同原油黏度下模拟计算结果显示，原油黏度增大，流体在地下渗流的阻力增大，蒸汽吞吐效果变差。不同原油黏度累计产油量对比曲线见图 4-2-25，可以看出，原油黏度从 2000 mPa·s 增加到 20000 mPa·s 时，对应的累计产油量递减。分析认为：原油黏度越大，使其具有流动性需要的热量越多，开采越困难，并且原油黏度越大，地层流体渗流阻力越大，渗流能力越差，开发效果越差。

图 4-2-26 是面 138 区沙四段蒸汽吞吐油汽比与原油黏度关系图，表 4-2-8 是面 138 区沙四段蒸汽吞吐效果统计（按原油黏度分类）。分析结果表明，原油黏度对开发效果的影响并无明显的规律可循，当原油黏度小于 15000 mPa·s 时，甚至出现与计算结果相反的情况。模拟计算是在其他因素相同的情况下得出的结论，说明在原油黏度小于

15000 mPa·s 时，其他因素的变化对蒸汽吞吐效果的影响比原油黏度更大。

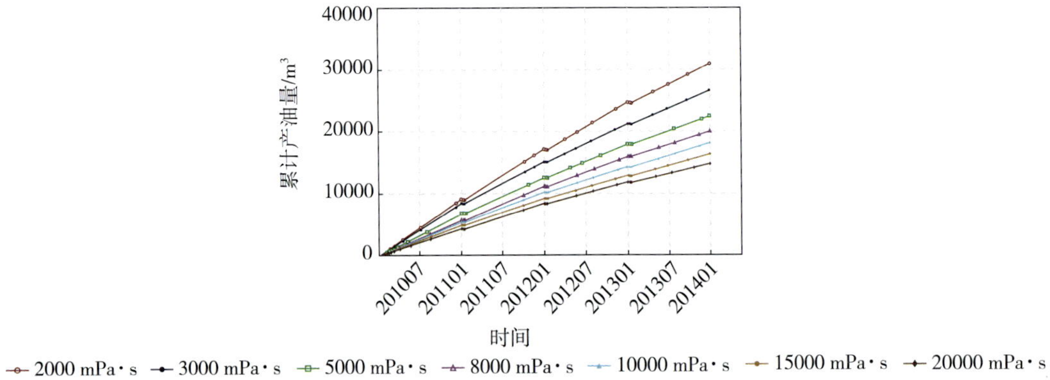

图 4-2-25　不同原油黏度累计产油量对比曲线

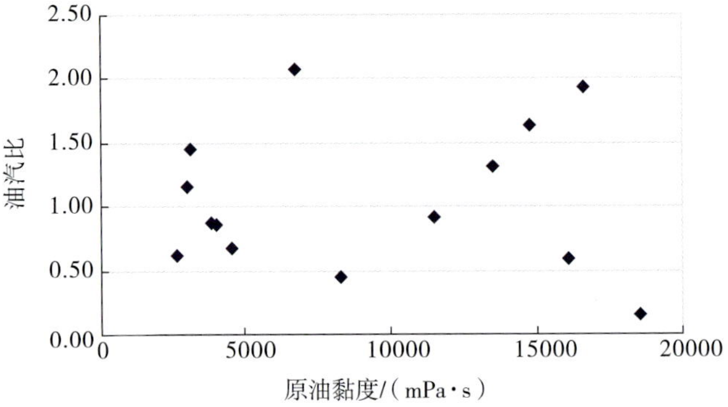

图 4-2-26　原油黏度与周期油汽比关系图

表 4-2-8　面 138 区沙四段蒸汽吞吐效果统计（按原油黏度分类）

原油黏度 /（mPa·s）	井数	平均黏度 /（mPa·s）	注汽强度 /（t/m）	生产周期 /d	周期产油量 /t	周期产水量 /t	油汽比	回采水率
<3000	1	2668	487	152	989	379	0.68	0.26
3000~5000	5	4033	389	156	1130	809	0.84	0.60
5000~10000	2	7531	336	270	1027	1482	0.79	1.13
10000~15000	3	13253	331	215	1893	1189	1.25	0.79
>15000	3	17082	450	292	1103	1786	0.94	1.52

5. 流动系数影响

油层厚度、地层渗透率和原油黏度是影响原油在地层流动的主要因素，因此综合上述三因素研究了流动系数对蒸汽吞吐效果的影响，见图 4-2-27、表 4-2-9。可以看出，原油在地层的流动性与蒸汽吞吐效果具有明显的正相关关系。

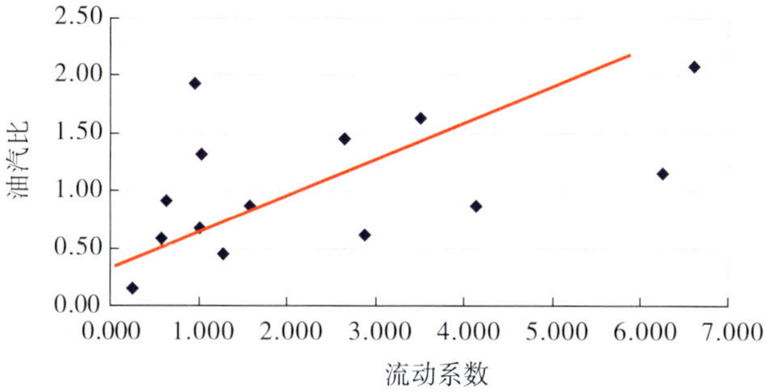

图 4-2-27　流动系数与周期油汽比关系图

表 4-2-9　蒸汽吞吐效果统计（按流动系数分类）

流动系数	井数	平均流动系数	注汽强度 / （t/m）	生产周期 /d	周期产油量 /t	周期产水量 /t	油汽比	回采水率
<0.5	1	0.25	669	173	121	2815	0.15	3.51
0.5~1.0	3	0.59	350	226	916	300	0.69	0.22
1.0~2.0	4	1.22	455	145	944	1113	0.67	0.79
2.0~3.0	2	2.76	489	198	1349	393	0.92	0.27
>3.0	4	4.74	217	250	2005	1488	1.40	1.04

6. 孔隙度影响

不同孔隙度下模拟结果表明：随着孔隙度的增大，蒸汽吞吐的开发效果变好。不同孔隙度条件下热采累计产油对比曲线见图 4-2-28。可以看出，随着孔隙度增大，相应的累计产油量逐渐增加。分析认为：孔隙度增加，储油能力越大，蒸汽注入地层后，蒸汽热利用率提高，蒸汽吞吐热损失减小，开发效果变好。

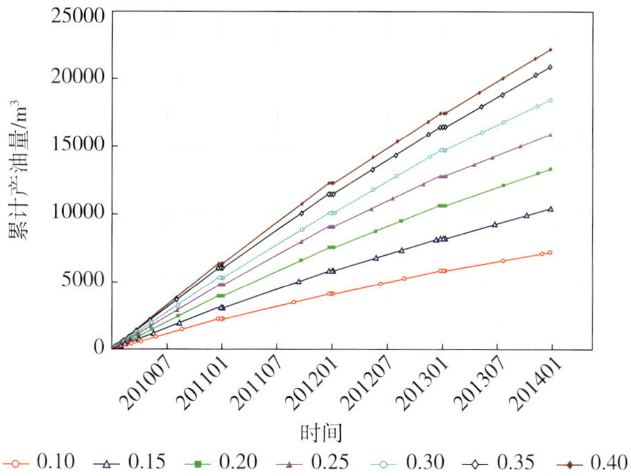

图 4-2-28　不同孔隙度累计产油对比曲线

图 4-2-29 是面 138 区沙四段蒸汽吞吐油汽比与孔隙度关系图，表 4-2-10 是面 138 区沙四段蒸汽吞吐效果统计（按地层孔隙度分类）。可以看出，在注汽强度相差不大的情况下，孔隙度越大，热采开发效果越好。

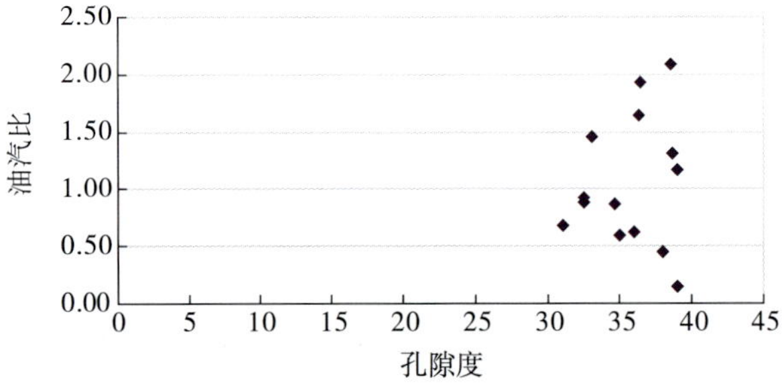

图 4-2-29 孔隙度与周期油汽比关系图

表 4-2-10 面 138 区沙四段蒸汽吞吐效果统计（按地层孔隙度分类）

孔隙度	井数	平均孔隙度	注汽强度 /（t/m）	生产周期 /d	周期产油量 /t	周期产水量 /t	油汽比	回采水率
<0.3	0	—	—	—	—	—	—	—
0.30~0.35	5	0.327	398	170	1030	745	0.80	0.59
0.35~0.40	9	0.374	384	238	1392	1398	1.00	1.15
>0.40	0	—	—	—	—	—	—	—

7. 初始含油饱和度影响

在蒸汽吞吐过程中，油层初始含油饱和度对采收率影响较大。不同初始含油饱和度累计产油对比曲线见图 4-2-30。可以看出，初始含油饱和度从 0.4 增加到 0.7 时，对应的累计产油递增。分析认为：含油饱和度增加将降低蒸汽吞吐的热损失，大部分热量将用于加热原油，蒸汽利用率提高，且初始含油饱和度越低，初始含水饱和度越高，从而使注入的热量过多地消耗在对地层水的加热上，热利用效率降低。

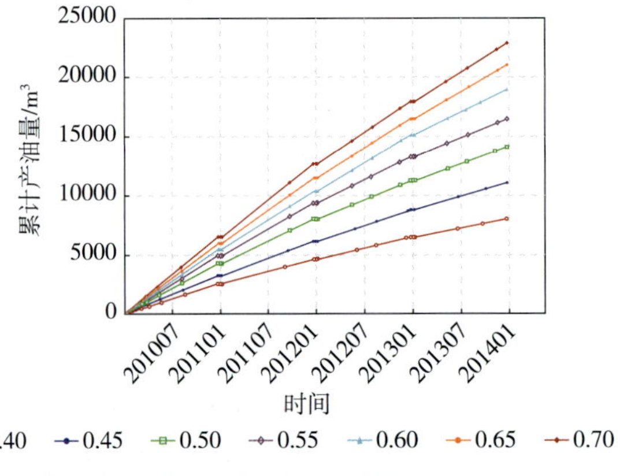

图 4-2-30 不同初始含油饱和度累计产油对比曲线

图 4-2-31 是面 138 区沙四段蒸汽吞吐油汽比与初始含油饱和度关系图，表 4-2-11 是面 138 区沙四段蒸汽吞吐效果统计（按初始含油饱和度分类）。可以看出，地层初始含油饱和度越高，蒸汽吞吐效果越好。当初始含油饱和度低于 40% 时，蒸汽吞吐达不到经济产量。

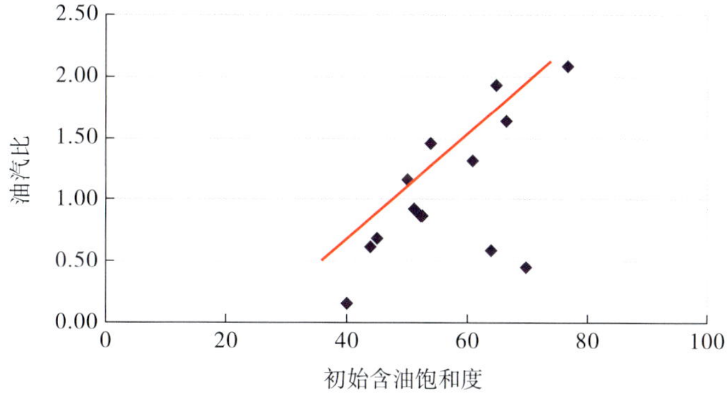

图 4-2-31　初始含油饱和度与周期油汽比关系图

表 4-2-11　面 138 区沙四段蒸汽吞吐效果统计（按初始含油饱和度分类）

含油饱和度	井数	平均含油饱和度	注汽强度 /（t/m）	生产周期 /d	周期产油量 /t	周期产水量 /t	油汽比	回采水率
<0.40	1	0.390	669	173	121	2815	0.15	3.51
0.4~0.50	3	0.463	409	140	1122	444	0.81	0.32
0.5~0.60	4	0.555	388	177	1087	826	0.83	0.63
>0.60	6	0.671	333	281	1641	1477	1.13	1.02

8. 储量系数的影响

为了研究地层孔隙度和初始含油饱和度的综合影响效果，分析研究了储量系数对蒸汽吞吐效果的影响，见图 4-2-32 和表 4-2-12。可以看出，随着储量系数的增加，油汽比和回采水率上升，大于 0.25 的统计结果出现异常是因为统计的两口井中，138-5-X5 井的油汽比只有 0.25，分析认为主要有两方面的影响因素：一是 138-5-X5 井的流动系数只有 0.12，处于较低的水平；二是 138-5-X5 井的注汽强度为 547 t/m，注汽强度偏大，降低了注入蒸汽的热效率。

9. 地质综合因素影响

油藏地质因素主要包括两个方面，一是由孔隙度和初始含油饱和度决定的油藏储量系数，这是蒸汽吞吐的物质基础；二是由渗透率、原油黏度和油层厚度决定的原油在地层中的流动性能。只有具有一定储量的油藏并且能够在地层条件下流动的流体才能被采出。油藏储量系数和流动系数与蒸汽吞吐效果均具有正相关关系。

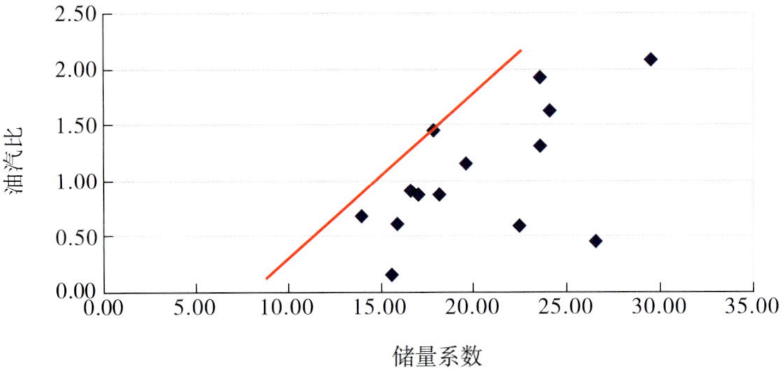

图 4-2-32　储量系数与周期油汽比关系图

表 4-2-12　蒸汽吞吐效果统计（按储量系数分类）

储量系数	井数	平均储量系数	注汽强度 /（t/m）	生产周期 /d	周期产油量 /t	周期产水量 /t	油汽比	回采水率
<0.15	1	0.14	438	141	803	424	0.71	0.37
0.15~0.20	7	0.18	430	166	1004	1004	0.78	0.78
0.20~0.25	4	0.23	332	287	1949	1474	1.28	0.97
>0.25	2	0.28	336	270	1027	1482	0.79	1.13

图 4-2-33、图 4-2-34 和表 4-2-13 分析了地质综合因素（储量系数和流动系数的乘积）对蒸汽吞吐效果的影响。可以看出，油藏条件好的蒸汽吞吐效果较好。周期产油量斜率明显高于油汽比的斜率，说明一定地质油藏条件下的周期产油量是有限的，提高蒸汽吞吐强度并不能同步提高油汽比。当地质综合因素从 1.0~3.0 增加到 3.0~5.0、注汽强度从 384 t/m 提高到 508 t/m 时，蒸汽吞吐效果反而变差。因此针对油藏地质条件，选择恰当的蒸汽吞吐强度对提高蒸汽吞吐效果具有十分重要的意义。

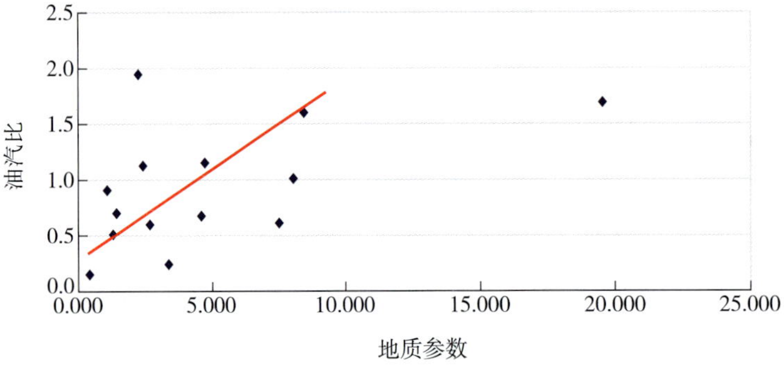

图 4-2-33　地质综合因素——油汽比

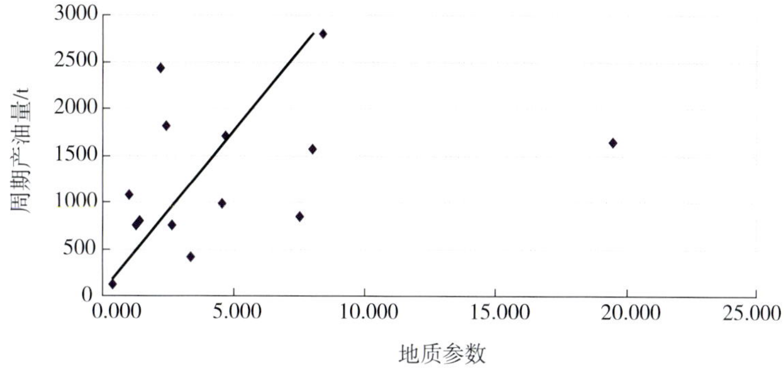

图 4-2-34 地质综合因素——周期产油量

表 4-2-13 蒸汽吞吐效果统计（按地质综合因素分类）

地质综合因素	井数	平均地质综合因素	注汽强度 /（t/m）	生产周期 /d	周期产油量 /t	周期产水量 /t	油汽比	回采水率
<1.0	1	0.40	669	173	121	2815	0.15	3.51
1.0~3.0	6	1.83	384	229	1271	909	0.97	0.69
3.0~5.0	3	4.22	508	168	1035	845	0.68	0.55
>5.0	4	10.86	217	250	2005	1488	1.40	1.04

（二）地质因素敏感性分析

概率统计、模糊数学和灰色系统理论是 3 种最常用的不确定系统研究方法。对于一个系统，常常包含多种因素。工程应用中往往希望知道众多的因素中，哪些是主要因素，哪些是次要因素。数理统计中的回归分析、方差分析、主成分分析等都是用来进行系统特征分析的方法。但数理统计中的分析方法往往需要大量数据样本，且服从某个典型分布。灰色关联分析方法弥补了采用数理统计方法进行系统分析所导致的缺憾，它对样本量的多少和样本有无规律都同样适用，而且计算量小，十分方便，更不会出现量化结果与定性分析结果不符的情况。采用灰色关联分析研究地质因素对蒸汽吞吐效果的影响程度。

1. 灰色关联分析理论基础

灰色系统理论提出了关联度分析，是依据各个因素数列的曲线形状的接近程度做发展态势的分析。其目的就是通过一定的方法厘清系统中各因素间的主要关系，找出影响最大的因素，把握矛盾的主要方面，因此，灰色关联分析对于一个系统发展变化态势提供了量化的度量，非常适合动态的历程分析。

对两个系统或两个因素之间关联性大小的量度，称为关联度。它描述系统发展过程中因素间相对变化的情况，也就是变化大小、方向及速度等指标的相对性。如果两者在系统发展过程中相对变化基本一致，则认为两者关联度大；反之，两者关联度就小。可见，灰色关联度分析是对一个系统发展变化态势的定量描述和比较。

关联度分析一般包括下列计算和步骤：①原始数据变换；②计算关联系数；③求关联度；④排关联序；⑤列关联矩阵。在应用中是否进行所有步骤，可视具体情况而定。

2. 地质因素对蒸汽吞吐效果的敏感度分析

根据灰色关联分析原理对影响稠油蒸汽吞吐的 5 个地质参数进行定量关联度分析，以确定各个参数对开发效果的影响大小。

计算不同原油黏度、油层厚度、孔隙度、渗透率、含油饱和度等地质参数数据组合下的蒸汽吞吐效果（周期产油量），利用灰色关联理论对各个样本数据点进行灰色关联度分析，得到各个参数对周期产油量的影响关联系数如表 4–2–14 所示。可以看出，各个参数对蒸汽吞吐开发效果的影响大小排序为：渗透率、油层厚度、含油饱和度、原油黏度（50 ℃）、孔隙度，这个影响大小排序也验证了前面对各个单因素的影响规律分析。从地质敏感性分析的结果来看，影响面 138 区沙四段薄层稠油油藏蒸汽吞吐效果的主要地质因素是油层渗透率和油层厚度。

表 4–2–14　各地质参数对周期产油量的影响关联系数

地质参数	油层厚度	原油黏度（50 ℃）	含油饱和度	渗透率	孔隙度
关联系数	0.7057	0.5777	0.6152	0.7173	0.5535

（三）油藏分类

地质条件是蒸汽吞吐方案优化的基础，包括油藏的物质条件和流动性两方面。油藏的物质条件对蒸汽吞吐的效果影响较大，但对于特定的油藏，其物质条件是相对不变的，且蒸汽吞吐参数的变化对其影响也很小。因此，蒸汽吞吐参数的优化主要与油藏流动性的改变有关。研究表明，蒸汽吞吐改善油藏的流动性主要有外因和内因两方面的作用：外因是注入蒸汽携带的热能降低原油的黏度即蒸汽吞吐的热效率；内因是油藏本身所具有的渗流通道即油藏渗透率。因此，面 138 区沙四段薄层稠油油藏的分类主要以油层厚度和渗透率为基础。

1. 经济界限的确定

要研究蒸汽吞吐油藏分类，首先要明确各种经济界限指标。根据投入与产出平衡原理，参照现场实际操作中的费用分类与计算，确立单井周期油气比经济界限和单井吞吐周期产油量经济界限。

随着周期数的增加，蒸汽吞吐周期油汽比不断降低，当降到某一数值时，再继续吞吐下去，经济上将是不合算的。该点为周期油汽比的极限，即周期收入与周期投入达到平衡时的油汽比，是判别是否继续进行蒸汽吞吐的依据。

周期投入为：

$$M=P_sQ_s+C_w+Q_oC_o+Q_sC_s+Q_oER \tag{4–2–23}$$

周期收入为：

$$Y=Q_{o}RP_{o} \tag{4-2-24}$$

当收支平衡时求出极限油汽比：

$$OSR=\frac{C_{w}/Q_{s}+C_{s}+P_{s}}{RP_{o}-C_{o}-ER} \tag{4-2-25}$$

根据八面河油田注汽及采油成本计算，单井蒸汽吞吐的周期极限产油量为485 t，周期极限油汽比为0.24。

2. 油层厚度分类

根据数值模拟结果，当油层厚度小于2 m时，其周期产油量和油汽比为375 t和0.19，矿场统计结果仅为121 t和0.15，远低于蒸汽吞吐的经济周期产油量和经济油汽比的极限，因此对于油层厚度小于2 m的稠油油藏不适合进行定向井蒸汽吞吐开发。

面138区薄层稠油油藏的油层厚度大部分在5 m以下，蒸汽吞吐热效率的研究结果表明，油层厚度小于5 m时，对蒸汽吞吐热效率的影响显著，根据面138区沙四段薄层稠油油藏油层厚度的具体情况，将油层厚度分类指标划分为$h\geqslant5.0$ m、$4.0\leqslant h<5.0$ m、$3.0\leqslant h<4.0$ m、$2.0\leqslant h<3.0$ m四类。

3. 渗透率分类

在油层深度为1000 m，油层厚度为3 m，地面脱气原油黏度为10000 mPa·s的地层条件下，模拟了渗透率对蒸汽吞吐开发效果的影响，模拟分析结果如下：

当渗透率为150×10^{-3} μm²时，周期产油量和油汽比为300 t和0.15，低于极限经济周期产量，因此面138区薄层稠油油藏蒸汽吞吐的渗透率应大于150×10^{-3} μm²。

面138区沙四段薄层稠油油藏渗透率在200×10^{-3}~700×10^{-3} μm²，大部分集中在300×10^{-3}~400×10^{-3} μm²。根据模拟结果将渗透率分类指标划分为$K\geqslant500\times10^{-3}$ μm²、300×10^{-3} μm²$\leqslant K<500\times10^{-3}$ μm²、150×10^{-3} μm²$\leqslant K<300\times10^{-3}$ μm²。

综合油层和渗透率分类指标，将面138区沙四段薄层稠油油藏细分为以下8类（表4-2-15）。

表4-2-15　面138区沙四段薄层稠油油藏分类表

油藏类型	油层分类指标		油井分类指标	
	油层厚度 /m	油层渗透率 /10^{-3} μm²	油层累加厚度 /m	平均渗透率 /10^{-3} μm²
Ⅰ	$h\geqslant5.0$	$K\geqslant500$	≥8	$K\geqslant500$
Ⅱ	$h\geqslant5.0$	$150\leqslant K<500$	≥8	$150\leqslant K<500$
Ⅲ	$4.0\leqslant h<5.0$	$K\geqslant300$	≥5	$K\geqslant300$
Ⅳ	$3.0\leqslant h<4.0$	$K\geqslant300$	≥4	$K\geqslant300$
Ⅴ	$2.0\leqslant h<3.0$	$K\geqslant300$	≥3	$K\geqslant300$
Ⅵ	$4.0\leqslant h<5.0$	$150\leqslant K<300$	≥5	$150\leqslant K<300$
Ⅶ	$3.0\leqslant h<4.0$	$150\leqslant K<300$	≥4	$150\leqslant K<300$
Ⅷ	$2.0\leqslant h<3.0$	$150\leqslant K<300$	≥3	$150\leqslant K<300$

注：油层厚度是指射孔对应层位的全层解释厚度，平均渗透率是该层位的加权平均值。

四、蒸汽吞吐开发方案

下面以面 138–6 井区为例来探讨蒸汽吞吐开发方案。

（一）钻井类型

八面河井区油层厚度较薄，采用水平井开采有利于提高单井产能，改善开发效果；同时考虑后期开发方式的转换，采用直井与水平井相结合的布井方式。

（二）开发方式论证

利用面 138–6 井井组概念模型，分别计算了弹性开发、蒸汽吞吐开发两种开发方式的开发效果。如进行弹性开发，截止到日产油小于 1 t 时止，井组累计产油量为 0.720×10^4 t，井组采收率为 4.8%；如进行蒸汽吞吐开发，井组吞吐 11 个周期，累计产油量为 1.587×10^4 t，采收率为 10.6%（表 4–2–16），采收率大幅度提高。所以，面 138–6 井区合理的开发方式是热采。

表 4–2–16　不同开发方式效果对比

开发方式	井组控制储量 /10^4 t	吞吐周期	累计注汽量 /10^4 t	累计产油量 /10^4 t	累计油汽比	采收率 /%	结束条件
弹性	15.01	—	—	0.720	—	4.8	日产油小于 1 t
蒸汽吞吐		11	3.96	1.587	0.40	10.6	末周期油汽比等于 0.13

（三）吞吐井距优化

稠油注蒸汽吞吐开发，由于蒸汽加热半径不大，一般采用较小的吞吐井距以获得较高的采收率。但随着井距缩小，投产井数增多，单井采油量下降，经济效益变差。考虑单井极限经济累计产油量，利用井组概念模型对吞吐井距进行了优化，结果表明（表 4–2–17），随着吞吐井距的增加，单控储量增大，单井产油量增加，但采出程度降低，而累计油汽比增加。考虑单井经济极限产油量，为取得较高的采出程度，推荐八面河地区合理的吞吐井距为 200 m。

表 4–2–17　不同井距开发效果对比表

井距 /m	井组控制储量 /10^4 t	井组					单井平均
		吞吐周期数	累计注汽量 /t	累计产油量 /t	采出程度 /%	累计油汽比	累计产油量 /t
100	3.75	4	14400	4925	13.1	0.34	1231
150	8.44	8	28800	9993	11.8	0.35	2498
200	15.01	11	39600	15873	10.6	0.40	3968
250	23.45	14	50400	22635	9.7	0.45	5659
300	33.77	15	54000	27607	8.2	0.51	6902

（四）吞吐阶段注汽强度

注汽强度是蒸汽吞吐的一个重要参数，一是它可直接决定吞吐开发效果，二是它可影响吞吐油汽比这个经济指标。利用井组概念模型进行注汽强度优化。结果表明（表 4–2–18），随着注汽强度增加，注汽量增加，生产周期变少，累计产油量增加，油汽比降低。从获得较高油汽比和较高采出程度来看，本区合理的注汽强度为 30 t/（d·m）左右。

表 4–2–18　不同注汽强度开发指标对比

注汽强度 / [t/（d·m）]	注汽量 /（t/d）	周期数	累计采油量 /t	累计注汽量 /m^3	累计采水量 /m^3	采出程度 /%	累计油汽比
20	100	12	15626	28800	25919	10.4	0.54
30	150	11	15873	39600	34744	10.6	0.40
40	200	9	15158	43200	39921	10.1	0.35
50	250	7	13193	42000	42640	8.8	0.31
100	500	6	13533	72000	47899	9.0	0.19

（五）排液量优化

考虑面 138–6 井区热采井的开采动态，结合本油藏的生产特点，利用优化出的 200 m 井距井组模型、单井按 30 t/（d·m）注汽强度，进行不同排液量蒸汽吞吐模拟。结果表明（表 4–2–19），排量超过 30 t/d 后，不同排液量对开发效果影响不大，说明在大采液量条件下，油藏不具备足够的供液能力，反映吞吐初期单井排液量合理取值为 30 t/d。

表 4–2–19　不同排液量对开发效果影响对比

单井排液量 /（t/d）	注汽量 /t	井组模型		
		累计产油量 /t	油汽比	采出程度 /%
10	39600	15624	0.39	10.41
20	39600	15760	0.40	10.50
30	39600	15873	0.40	10.57
40	39600	15883	0.40	10.58
50	39600	15891	0.40	10.59
100	39600	15903	0.40	10.59

（六）极限经济产量

为便于热采方案优化，根据清河采油厂实际经济参数，预测热采单井经济极限产油量及极限油汽比。

1. 单井经济极限累产计算

八面河地区直井钻井成本 2300 元 /m，直井进尺 1250 m，单井钻井投资 278.5 万元；

地面建设及投产费 100 万元；热采吨油成本 1510 元；原油价格分别取 1785 元 /t（35 美元 / 桶）、2654 元 /t（52 美元 / 桶，1~6 月平均油价）；在 1785 元 /t 油价下直井吞吐经济极限累产为 28037.4 t，在 2654 元 /t 油价下直井吞吐经济极限累产为 3909.1 t。

水平井钻井成本 3600 元 /m，水平井进尺 1400 m，单井钻井投资 504 万元；地面建设及投产费 100 万元；热采吨油成本 1510 元；在 1785 元 /t 油价下水平井吞吐经济极限累产为 45158.9 t，在 2654 元 /t 油价下水平井吞吐经济极限累产为 6296.3 t。

2. 经济极限油汽比确定

对于注蒸汽开发的热采稠油油藏，开采成本费用为材料费、燃料费、动力费、生产工人工资、职工福利费、测井试井费、井下作业费、油田维护费、热采费、管理费、油气处理费、财务费等。为了计算方便，将其开采成本看成由注汽费用和其他费用组成。根据投入产出平衡原理，推导出经济极限油汽比计算公式。

投入为：

$$T=qR_{\mathrm{C}}+q_{\mathrm{o}}Q_{\mathrm{T}} \tag{4-2-26}$$

式中：T 为投入，万元；q 为年注汽量，t；q_{o} 为年产油量，t；R_{C} 为注汽的热采费用，元 /t；Q_{T} 为除热采费用以外的其他费用，元 /t。

产出为：

$$X=q_{\mathrm{o}}(aP-S_{\mathrm{j}}) \tag{4-2-27}$$

式中，X 为产出，万元；a 为原油商品率，%；P 为原油价格（不含税），元 /t；S_{j} 为原油税金（城建税、教育费附加、资源税），元 /t。

根据投入产出平衡：

$$qR_{\mathrm{C}}+q_{\mathrm{o}}Q_{T}=q_{\mathrm{o}}(aP-S_{\mathrm{j}}) \tag{4-2-28}$$

整理得经济极限油汽比为：

$$OSR=\frac{R_{\mathrm{C}}}{aP-S_{\mathrm{j}}-Q_{\mathrm{T}}} \tag{4-2-29}$$

式中，OSR 为经济极限油汽比。

根据上面公式，代入面 138-6 井区相关经济参数，在 1785 元 /t 油价下，吞吐极限油汽比为 0.3；油价为 2654 元 /t 时，经济极限油汽比为 0.13。

五、蒸汽吞吐实施效果

（一）现场实施情况

根据清河采油厂热采整体规划，选择面 138 区沙四段薄层稠油油藏不同井区、不同类型油藏和不同注汽周期的热采井进行现场试验。共选择了 14 口井进行了单井优化设计，优化设计按清河采油厂《面 138 区沙四段蒸汽吞吐优化设计规范》执行。

截至 2011 年 10 月底，已有 11 口井完成现场注汽，其中一轮次井 4 口，2 轮次井 3 口，

3 轮次井 4 口。现场注汽参数见表 4-2-20。

表 4-2-20　蒸汽吞吐试验井注汽参数

井号	油层厚度	油藏类型	注汽周期	蒸汽干度	注汽速度 /（t/h）	注汽压力 /MPa	周期注汽量 /t	焖井时间 /d
138-X7	3.6/1	Ⅵ	1	0.72	9.0	12.6~14.0	1242	5
138-9-X1	3.8/2	Ⅳ	1	0.72	8.5~9.0	18.0~20.5	1343	5
138-45-X7	5.4/2	Ⅴ	1	0.72	8.0	20.0	1704	5
138-12	4/1	Ⅱ	1	0.72	9.0	18.4~19.4	1098	5
138-5-X5	3.0/1	Ⅳ	2	0.71	9.0	16.4~19.3	1673	5
138-43-X15	4.6/3	Ⅵ	2	0.72	8.0	16.0~19.6	1680	5
138-7-X18	5.6/2	Ⅱ	2	0.70	9.0	13.2~17.1	1734	5
138-4-X7	4.0/2	Ⅵ	3	0.71	9.0	18.0~20.6	1704	5
138-17-X27	4.0/2	Ⅵ	3	0.72	9.0	15.2~20.0	1700	5
138-19-X25	5.8/2	Ⅵ	3	0.70	9.0	14.4~18.4	1781	5
138-2-X4	6/2	Ⅴ	3	0.72	9.0	13.6~19.3	2159	5

（二）现场试验效果

表 4-2-21 是 2006 年面 138 区沙四段薄层稠油油藏热采以来到 2010 年底蒸汽吞吐效果统计。从统计结果来看，从 2008 年正式开始蒸汽吞吐以来，热采效果逐年变差，到 2010 年，平均油汽比为 0.63，回采水率仅为 0.30，其中第 1 轮次蒸汽吞吐定向井平均油汽比 0.55，回采水率 0.27。

表 4-2-21　2006~2010 年面 138 区沙四段薄层稠油油藏蒸汽吞吐效果统计

年份	井次	累计注汽量 /t	累计产油量 /t	单井产油量 /t	累计产水量 /t	油汽比	回采水率
2006	3	2746	2561	854	2289	0.93	0.83
2007	8	13145	6331	791	6857	0.48	0.52
2008	21	31786	24322	1158	21080	0.77	0.66
2009	35	56421	41402	1183	27409	0.73	0.49
2010	44	71940	45322	1030	21350	0.63	0.30

表 4-2-22 是面 138 区沙四段薄层稠油油藏第 1 轮次蒸汽吞吐参数优化试验井的生产效果统计表。可以看出，4 口第 1 轮次吞吐井的平均油汽比和回采水率与 2010 年第 1 轮次吞吐井相比分别提高 74.55% 和 14.81%。

表 4-2-22　蒸汽吞吐试验井效果统计（第 1 轮次吞吐周期井）

井号	注汽周期	注汽强度 /（t/m）		冷采		热采					备注
		实际	优化	日油 /t	日水 /t	生产周期	周期产油 /t	周期产水 /t	油汽比	回采水率 /%	
137-X7	1	1242	1224	2.1	0.7	120	1420	526	1.14	42	目前日产油 7.0 t
138-9-X1	1	1343	1330	1.5	0.3	86	878	253	0.65	19	目前日产油 2.7 t

续表

井号	注汽周期	注汽强度 / (t/m)		冷采		热采					备注
		实际	优化	日油 / t	日水 / t	生产周期	周期产油 /t	周期产水 /t	油汽比	回采水率 /%	
138-45-X7	1	1704	1620								焖井阶段
138-12	1	1098	1120	0.5	0.2	140	1198	342	1.09	31	吞吐周期完成
平均							1165	374	0.96	31	

表 4-2-23 是面 138 区沙四段薄层稠油油藏截至 2010 年底优化前已完成第 2 轮次蒸汽吞吐的 14 口井不同吞吐轮次效果对比。可以看出，第 2 轮次的产油量、产水量和油汽比均好于第 1 轮次，但由于第 2 轮次注汽量比第 1 轮次大幅增长 26%，回采水率下降，影响蒸汽吞吐的整体开发。

表 4-2-23　面 138 区沙四段薄层稠油油藏不同吞吐轮次效果对比

轮次	井数	累计注汽量 /t	累计产油量 /t	累计产水量 /t	油汽比	回采水率
1	14	19749	16589	16194	0.84	0.82
2	14	24873	21155	20318	0.85	0.80

表 4-2-24、表 4-2-25 是面 138 区沙四段薄层稠油油藏第 2 轮次蒸汽吞吐参数优化试验井的生产效果统计。可以看出，参数优化后，第 2 轮次注汽量比第 1 轮次减少 39 t，注汽量减少 0.76%，单井周期油汽比和回采水率都有较大提高。平均周期油汽比和回采水率分别提高 3.85% 和 6.06%。

表 4-2-24　蒸汽吞吐试验井效果统计（第 2 轮次吞吐周期井）

井号	注汽周期	周期注汽量 /t		冷采情况		热采情况							备注
		实际	优化	日产油 / t	日产水 /t	生产周期	周期产油 /t	周期产水 /t	油汽比	油汽比提高①/%	回采水率	回采水率提高①/%	
138-5-X5	1	1641	1310	1.7	2.6	107	409	478	0.25	180	0.29	—	日油 2.2 t
	2	1673	1455			144	1169	478	0.70		0.29		
138-43-X15	1	1746	1610	未采		125	1064	706	0.61	6.6	0.40	—	
	2	1680	1772			108	1092	624	0.65		0.37		日油 11.2 t
138-7-X18	1	1739	1567	2.3	0.4	317	2531	505	1.46	—	0.29	31.03	
	2	1734	1724			153	1882	662	1.09		0.38		日油 7.0 t

注：①第二周期比第一周期提高百分比。

表 4-2-25　2 轮次吞吐试验井累积效果统计

轮次	井数 / 口	累计注气量 /t	累计产油量 /t	累计产水量 /t	油气比	回采水率
1	3	5126	4004	1689	0.78	0.33
2	3	5087	4143	1764	0.81	0.35

表 4-2-26 是面 138 区沙四段薄层稠油油藏截至 2010 年底优化前已完成 3 轮次蒸汽吞吐的 4 口井不同吞吐轮次效果对比。可以看出，第 2 轮次注汽量增长 35.5%，油汽比提高并不大，回采水率降低；第 3 轮次，注汽量仅增长 8%，油汽比和回采水率仍保持较高水平。

表 4-2-26　面 138 区沙四段薄层稠油油藏不同吞吐轮次效果对比

轮次	试验井数 / 口	累计注气量 /t	累计产油量 /t	累计产水量 /t	油气比	回采水率
1	4	5623	5634	4071	1.00	0.72
2	4	7620	7886	4601	1.03	0.60
3	4	8205	7757	4769	0.95	0.58

表 4-2-27、表 4-2-28 是面 138 区薄层稠油油藏第 3 轮次蒸汽吞吐参数优化试验井的生产效果统计。可以看出，参数优化后，实际累计注汽量比原设计明显降低，周期油汽比和回采水率都有较大提高，已完成吞吐周期的两口井，第 3 轮次周期油汽比和回采水率比上一吞吐周期分别降低 38% 和 14%。

表 4-2-27　蒸汽吞吐试验井效果统计（第 3 轮次吞吐周期井）

井号	注汽周期	周期注汽量 /t			冷采		热采							备注
		实际	优化	原设计	日产油 / t	日产水 /t	生产周期	周期产油/t	周期产水 /t	油汽比	油汽比提高①/%	回采水率	回采水率提高①/%	
138-4-X7	1	1648	1400	1650	0.5	6.4	123	514	374	0.31	40.54	0.23	131.82	
	2	1683	1540	1900			230	621	363	0.37		0.22		
	3	1704	1680	2000			175	876	861	0.52		0.51		日油 2.2 t
138-17-X27	1	1255	1350	1250	1.5	0.3	172	964	537	0.77		0.43		
	2	1603	1485	1600			195	508	520	0.32		0.32		
	3	1700	1632	1840										放喷
138-19-X25	1	1476	1500	1500	2.5	1.1	143	1129	331	0.76		0.22		
	2	1676	1650	1700			234	1500	826	0.89		0.49		
	3	1781	1815	1950			16	42	328					日油 11 t
138-2-X4	1	1853	1800	1850	1.1	2.2	244	731	605	0.34	30.61	0.33	16.33	
	2	1968	1980	2100			157	957	800	0.49		0.41		
	3	2159	2178	2400			125	1437	1054	0.64		0.49		

注：①第三周期比上一周期提高百分比。

表 4-2-28　3 轮次吞吐试验井累积效果统计

轮次	试验井数	原设计累计注汽量 /t	优化累计注汽量 /t	实际累计注汽量 /t	累计产油量 /t	累计产水量 /t	油汽比	回采水率
1	4	6250	6050	6232	3338	1847	0.54	0.30
2	4	7300	6655	6930	3586	2509	0.52	0.36
3	4	8190	7305	7344	2355	2243	0.32	0.31

表 4-2-29 是面 138 区实施蒸汽吞吐参数优化后试验井整体效果统计。可以看出，薄层稠油油藏蒸汽吞吐参数优化后，周期油汽比和回采水率都有较大提高，与 2010 年相比，分别提高 25.40% 和 36.67%。优化后的蒸汽吞吐效果明显提高。

表 4-2-29　面 138 区薄层稠油油藏蒸汽吞吐参数优化试验井效果统计

累计注汽量 /t	累计产油量 /t	累计产水量 /t	油汽比	回采水率
12633	9994	5128	0.79	0.41

六、吞吐后期面临问题与辅助吞吐技术

（一）吞吐后期面临主要问题

1. 随着轮次的增加，热采整体效果呈下降趋势

截至 2011 年底，热采总井数达 358 口，其中进入 3 轮以上的有 59 口，占热采总井数的 16.5%。进入 3 轮以上的热采井的平均油汽比对比见图 4-2-35。

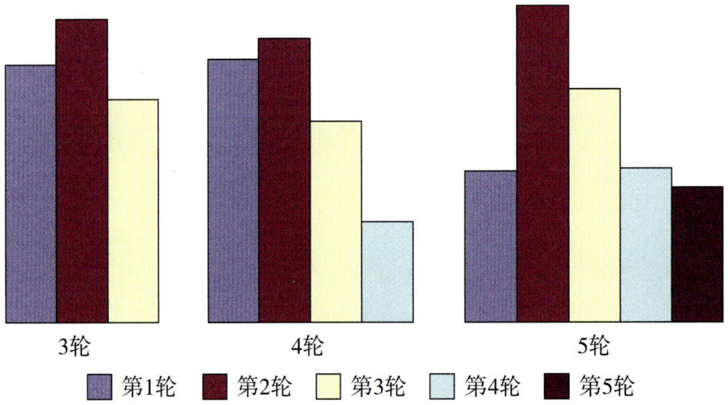

图 4-2-35　3 轮以上热采井平均油汽比对比

如面 138-6 井区从 2003 年开采至 2012 年底，部分井进入多周期，具体热采周期生产情况见表 4-2-30。

表 4-2-30　面 138-6 井区热采周期生产情况统计

热采周期	热采井数 / 口	热采情况						
		注汽压力 / MPa	周期注汽 /t	周期产油 /t	周期产水 /m^3	周期含水 /%	油汽比	回采水率
1	32	15.8	1534	1048	840	44.49	0.68	0.55
2	29	14.1	1719	1032	729	41.40	0.60	0.42
3	7	18.1	1984	1552	1179	43.17	0.78	0.59
4	4	16.2	2022	1270	2013	61.32	0.63	1.00
5	1	16.0	1820	1252	919	42.33	0.69	0.50

2. 局部出现汽窜，影响热采增油效果

由于蒸汽吞吐时的注汽压力高（15 MPa 以上），使地层产生微裂缝，很容易使注入蒸汽沿裂缝发生汽窜；并且随着新井的大规模部署，加大了区块的井网密度，井距较小，个别井距只有 70~80 m，导致汽窜。

尤其是 2012 年汽窜问题更加突出，已达到 17 口井，导致注汽井大量热量损失，热采效果下降。与上一轮对比，累计产油量减少 8139 t，油汽比由 0.71 下降到 0.38。

如面 138-6 井区采用 200 m 九点法面积井网，投产至今，部分井进入多周期蒸汽吞吐后，暴露出汽窜现象，影响吞吐效果（表 4-2-31）。

表 4-2-31　面 138-6 井区汽窜井统计

序号	注汽井							汽窜井			井距 /m
	井号	轮次	油层厚度 /m	注汽压力 /MPa	上轮油汽比	本轮油汽比	本轮注汽前累产油 /t	井号	油层厚度 /m	累计产油量 /t	
1	M138-3-X3	4	6.4	9.5~16.4	0.67	0.31	5925	M138-4-X2（5）	7.8	12803	230
2	M138-3-X7	2	3.6	14.5~15.5	1.43	0.50	5752	M138-40-X11（2）	3.8	2860	180
3	M138-39-X2	1	4.3	19.2~19.5		0.23		M138-2-X4（3）	3.4	3866	145

分析原因认为：

（1）随着吞吐轮次的增加及吞吐半径的增大，在井距较小的情况下，多个周期后，井与井之间形成热水通道，发生汽窜。

（2）注汽压力高，蒸汽吞吐时，由于注汽压力高（15 MPa 以上），使地层产生微裂缝，很容易使注入蒸汽沿裂缝发生汽窜。

3. 地层能量下降幅度大，影响热采产能

稠油Ⅱ类油藏多数天然能量不足，随着蒸汽吞吐轮次增加，储层能量下降幅度大。如面 138 区原始地层压力为 10.45 MPa，随着历年热采的实施，地层压力逐渐下降，2017 年下降至 6.55 MPa，下降幅度达 37.3%（图 4-2-36），地层压力下降较快，对热采产能产生重要影响。2018 年对注水区恢复注水，实施间歇注水，先期注水补充地层能量，待地层压力恢复后，再对井组中的见效油井实施热采，注水区域内压力有所回升，2019 年注水区域内平均地层压力为 7.8 MPa。

（二）吞吐后期剩余油分布

至蒸汽吞吐后期，稠油Ⅱ类油藏采出程度普遍较低。如面 138-6 井区，2006 年开始蒸汽吞吐，至 2019 年底累计动用含油面积 5.3 km^2，石油地质储量 378.42 × 10^4 t，采出程度只有 7.3%。从面 138-6 井区沙四段 2 砂组剩余油饱和度场图可以看出，剩余油饱和度分布在 50%~65%，整体上含油饱和度仍达 60% 以上，物性较好的井层，井与井之间仍然有大片的剩余油，这也为后期挖潜奠定了丰富的资源基础（图 4-2-37）。

图 4-2-36　面 138 区 2004~2019 年压力变化曲线

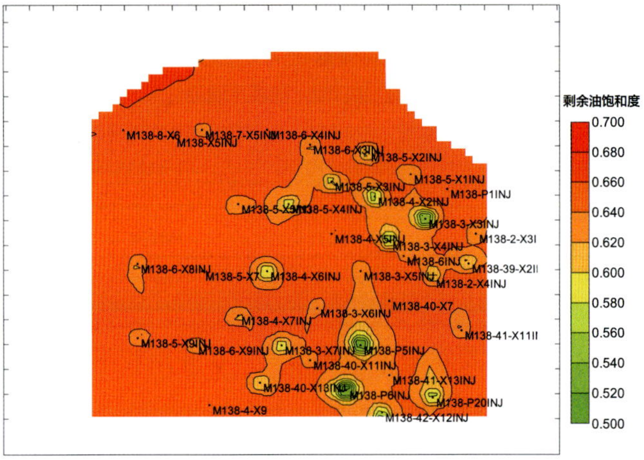

图 4-2-37　面 138-6 井区沙四段 2 砂组 1 小层剩余油饱和度场图

（三）辅助蒸汽吞吐热采技术

1. 氮气增能辅助吞吐

氮气辅助蒸汽吞吐可以隔热、提高蒸汽的波及效率、补充能量、提高返排，是多轮次吞吐有效的增产工艺技术。室内双管岩心试验表明，氮气增能辅助吞吐相比于常规蒸汽吞吐采收率可提高 12.36%（表 4-2-32）。

表 4-2-32　双管岩心试验结果

驱替方式	单管采出程度 /%		波及效率 /%	采收率 /%
	低渗管	高渗管		
蒸汽	16.42	43.64	68	30.04
蒸汽 +N_2	26.51	58.29	73.4	42.4

数值模拟结果表明（图 4-2-38~ 图 4-2-40），氮气辅助蒸汽吞吐油层厚度越小，受热半径越大；原油黏度越小、储层渗透率越高，增油效果越好。

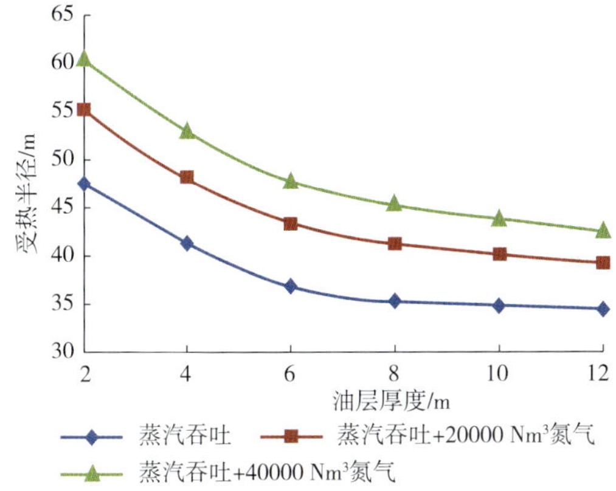

图 4-2-38 氮气辅助蒸汽吞吐不同油层厚度的受热半径

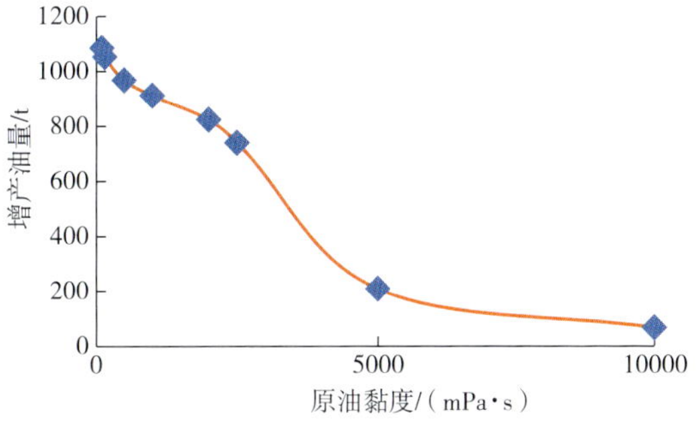

图 4-2-39 氮气辅助蒸汽吞吐原油黏度敏感性分析

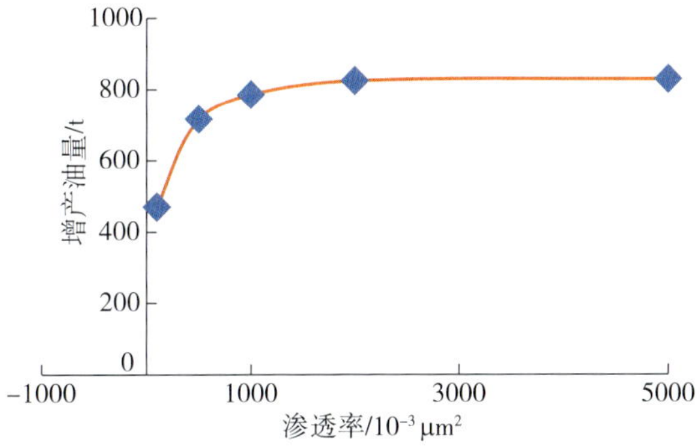

图 4-2-40 氮气辅助蒸汽吞吐渗透率敏感性分析

氮气辅助吞吐主要应用于 3 轮次以上的热采井，2011 年以来共实施 34 井次，去掉套损、出砂重防等影响 5 口井，可对比井 29 口，有效井 22 口，有效率达到 75.9%。注氮前后对比，注汽压力上升 0.6 MPa，有效期延长 68 天，产油量增幅 14%，油气比增幅 9.3%，效果较好（图 4-2-41）。目前采油厂采用柴油驱注氮设备，注氮量 900 m^3/h，费用 1.17 元 /m^3。按单井平均增油量 106 t 计算，50 美元油价下创效 16.4 万元。

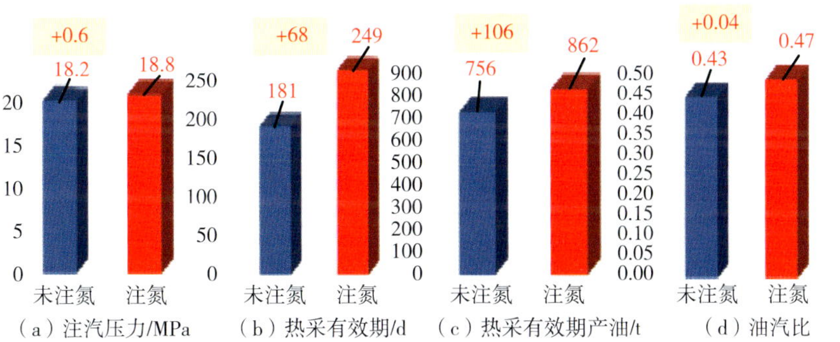

图 4-2-41 氮气辅助吞吐效果统计

2. 泡沫调剖蒸汽吞吐

薄层油藏热采多轮次后，平面上蒸汽持续向物性好的区域突进，或与邻井发生汽窜，造成平面上出力动用不均衡，实施配套泡沫调剖，可调节平面矛盾，提高蒸汽利用率。

数值模拟表明，蒸汽吞吐时蒸汽将首先流到边井，井之间蒸汽窜槽。在氮气泡沫调剖中，蒸汽热量均匀，蒸汽的波及效率得到有效改善（图 4-2-42）。

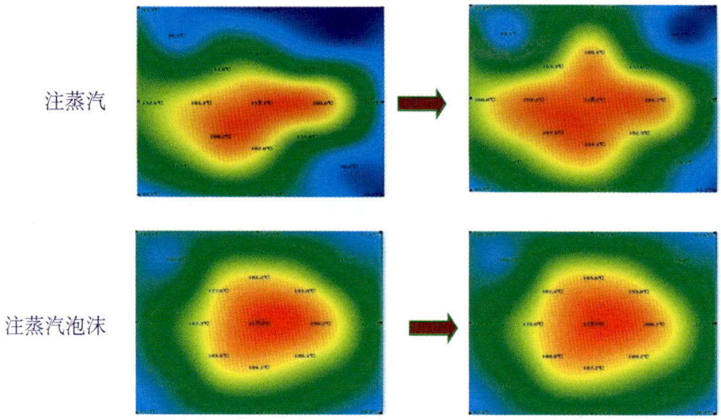

图 4-2-42　泡沫调剖蒸汽吞吐温度场分布

八面河油田 2020 年以来实施泡沫调剖蒸汽吞吐 6 井次，注汽压力上升 1.4 MPa，有效期产油量增加 192 t，油气比增加 0.11，效果较好。按起泡剂价格 8000 元 /t、氮气价格 1.17 元 /m^3、单井氮气用量 5 × 10^4 m^3、起泡剂用量 6 t 计算，单井费用约 10.7 万元。按单井平均增油量 192 t 计算，50 美元油价下创效 31.3 万元（图 4-2-32）。

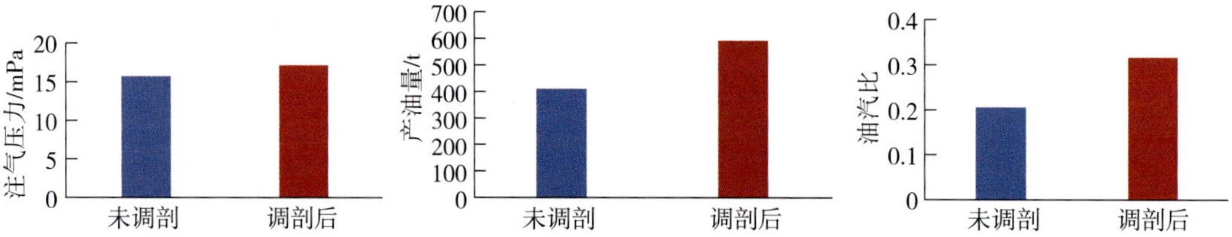

（a）注汽压力　（b）热采有效期产油　（c）油汽比

图 4-2-43　泡沫调剖蒸汽吞吐效果统计

以小井距更新井 M138-56-X11 应用井为例：该井原套损井采出程度高，更新井与其距离较近，井间剩余油基本被采出，存在固定通道，属于无效注汽。更新井采用高温泡沫热采，封堵高采出度区域，调节平面矛盾，措施实施后油汽比由 0.38 上升到 0.81。

以高轮次汽窜井 M138-6-X3 应用井为例：该井多轮次热采后，平面上蒸汽持续向物性好的区域突进，与邻井发生汽窜，造成平面上出力不均衡，本井热采效果差。采用高温泡沫热采，封堵汽窜通道，迫使蒸汽进入未波及区，扩大蒸汽波及范围，措施实施后油汽比由 0.33 上升到 0.48。

第三节 热水驱技术

一、热水驱可行性

（一）热水驱机理

无论是蒸汽吞吐、氮气 + 蒸汽吞吐还是蒸汽驱，因为需要较高的蒸汽温度和较大的蒸汽干度（>70%），所以能耗大，地面设备要求高，注入工艺复杂。为了简化注入工艺，提高经济效益，有必要探索经济有效的开采方式。

热水驱基本上是一种热水和冷水非混相驱替油的驱替过程。注热水比注常规水提高稠油采收率的主要原因是提高地层温度、降低原油黏度。

提高采收率的机理在于：

（1）降低黏度和改善流度比。温度升高一般会引起油水黏度比减小，对于稠油该比值降低更加显著，贝克莱 – 列维勒特理论清楚地表明，即使在含油饱和度和相对渗透率没有改变的情况下，升高温度也能引起水的前沿推进速度降低，提高水突破时油田的采收率。

（2）残余油饱和度的变化及相对渗透率的改变。试验证明，当温度增加时，残余油饱和度显著降低。在一般情况下，温度增加会引起相对渗透率向有利的方向改变。

（3）液体和岩石的热膨胀。注热水必定会引起地下原油和岩石的热力学膨胀，这对地层压力的恢复起到一定的作用，从而提高原油采收率。

（4）可以防止高黏油带的形成。蒸汽驱替高黏原油一个突出的技术难题是，被高温蒸发降黏的原油不断积聚，地层中形成一个特殊的高含油饱和度“油带”。这个“油带”在向油井流动过程中逐渐冷却，原油黏度升高，形成不流动油带，导致地层正常驱替渗流通道被堵塞，蒸汽驱方案失败。热水驱对油层加温比较缓慢平和，不形成高含油饱和度油带堵塞地层。近年来，国外通常利用热水驱在油层中建立正常的驱替油流和热流通道，然后逐步提高注入温度，由热水驱平稳过渡到蒸汽驱。因此，对于采出程度较低的稠油油藏，采用热水驱作为油藏热力驱的起点是稳妥的油田开发政策。

（二）能量补充是改善热采效果的有效手段

在面 138 区沙四段注水区（中部低黏度区）开展了间歇注水试验：先期注水补充地层能量，待地层压力恢复后，井组中优选见效井热采。

实施原则：

（1）优选原油黏度小于 5000 mPa·s 区域开展试验；

（2）注水周期为半年，注水量 5000 m^3 左右；

（3）停注后，优选对应油井实施热采。

效果如表 4-3-1、图 4-3-1 所示。

表 4-3-1　注水后热采与注水前效果对比

序号	井号	有效厚度 /m	热采时间	热采轮次	注汽情况		热采效果					末期生产情况		
					注汽量 /m^3	注汽压力 /MPa	热采有效期 /d	产油量 /t	产水量 /t	回采水率	油汽比	油量 /t	水量 /t	含水率 /%
1	M138-7-X121	2.2	2018.2	1	1265	18.5	116	857	936	0.74	0.68	2	3.9	64.6
			2019.5	2	1317	17.5	188	992	1319	1	0.75	2.4	3.6	60.4
2	M138-X8	4.2	2015.7	3	1682	19.3	148	872	996	0.59	0.52	3.1	5	61.6
			2019.5	4	1741	20.2	168	950	1671	0.96	0.55	3	5.1	62.9
3	M138-6-X17	4	2015.2	3	1705	20.2	181	580	1013	0.59	0.34	1.8	2.1	51.3
			2018.1	4	1712	17. 5	181	517	1775	1. 04	0.3	1.5	3.8	71.7
4	M138-5-X11	5	2015.12	4	1989	18. 6	154	629	1022	0.51	0.32	2. 2	3	57. 3
			2018. 5	5	2034	19.2	172	726	2005	0.99	0.36	2.1	6.9	76. 6
5	M138-8-X17	5	2012.6	1	1672	15.6	115	429	596	0.36	0.26	1. 3	0.6	30.5
			2020. 1	2	1807	18.9	115	886	1846	1.02	0. 49	4	7.7	65.8

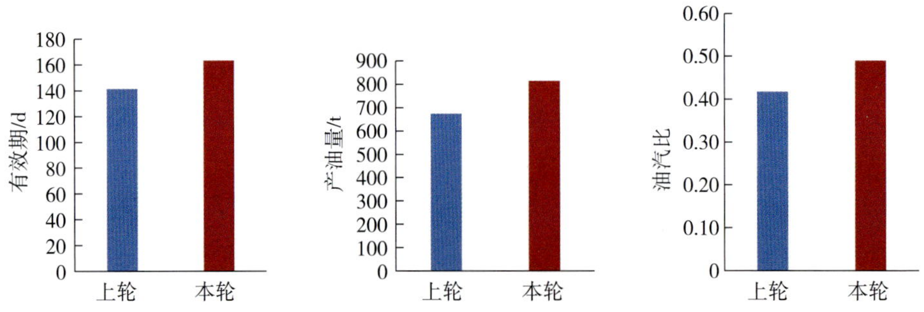

（a）有效期　（b）产油量　（c）油汽比

图 4-3-1　注水后热采与注水前效果综合对比

注水后热采主要在第 4 轮热采以后，与区块正常规律对比，第 4 轮、第 5 轮热采油汽比递减明显减缓（图 4-3-2、图 4-3-3）。

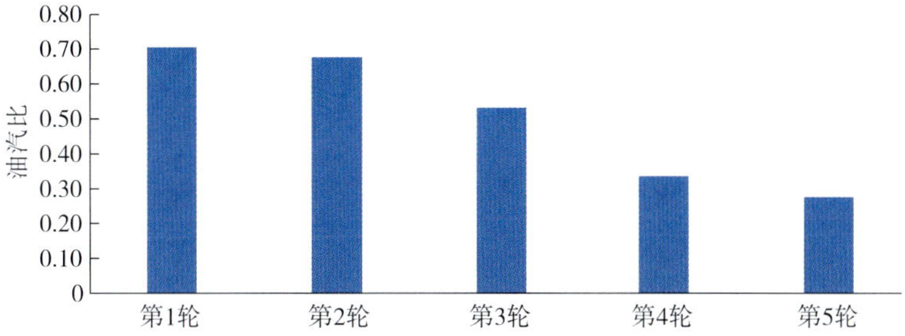

图 4-3-2　区块未注水油汽比变化规律

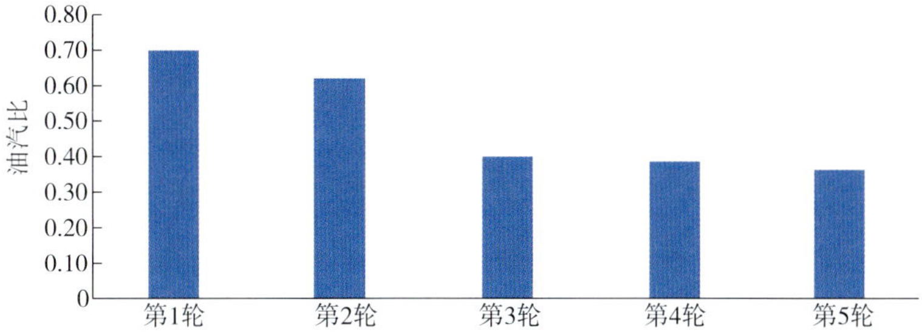

图 4-3-3　注水后油汽比变化规律

二、热水驱试验研究

（一）黏温曲线

1. 原油黏度

从现场选择具有代表性的、不同黏度的脱气原油样品，先进行脱水处理，要求含水小于 0.5%，然后进行原油、黏度测试。从表 4-3-2 测试结果可以看出，面 138 区沙四段注水区原油性质较差，具有黏度高的特点，地层原油黏度远大于常规注水油藏原油黏度（小于 200 mPa · s），属于普通稠油Ⅱ类。

表 4-3-2　面 138 区原油黏度测试结果

取样井号	取样层位	原油黏度 /（mPa·s）
M138-10-X121	沙四段	1220
M138-11-X15	沙四段	1770
M138-X8	沙四段	2640
平均		1877

注：测试温度为 59 ℃，原油黏度为 MCR300 流变仪在剪切速率 7.3/s 下测试。

2. 原油组分

对八面河原油的饱和烃、芳烃、非烃、沥青质进行了分析。从表 4-3-3 分析结果来看，沙四段原油中总烃含量 53.37%，非烃（胶质）含量 31.02%，沥青质含量 10.04%，胶质沥青比为 3.0896。根据前人研究结果，原油中黏度与胶质沥青比成正比，表明了沙四段原油黏度高是由胶质沥青质形成结构所造成的。另外，从分析的原油组成来看，原油中沥青质在目前状态下不会出现沥青质沉积，如果注入轻质原油到地层中改变原油组成，可能造成沥青质的沉积。

表 4-3-3　面 138 区块原油族组分分析结果

取样井号	原油层位	饱和烃 /%	芳烃 /%	非烃 /%	沥青质 /%	总烃 /%
M138-11-X15	沙四段	27.46	25.91	31.02	10.04	53.37

利用 Agilen6890 N 气相色谱仪对原油进行了全烃色谱分析，色谱图定性分析表明，所取原油样品生物降解严重，重质组分较高。

3. 原油黏温曲线测试

由于黏度相对较低，面 138 区沙四段中部区域在开发初期曾经采用注水开发的方式，取得了一定效果，后期转为蒸汽吞吐开发。但由于油层薄，多轮次吞吐后地层能量下降快，油井液量快速下降。为了补充地层能量，近年来在原注水区试验性地选择了几口井恢复注水。试验中发现常规注水由于水温相对较低，可能导致近井地带地层温度下降，从而使原油黏度升高，为此开展了原油黏温变化规律研究。

从现场选择具有代表性的、不同黏度的脱气原油，经过 50 ℃脱水后用 MCR300 流变仪测试了面 138 区沙四段注水井区 3 口井原油的黏温曲线（图 4-3-4）。结果表明，面 138 区沙四段注水井区对温度的敏感性较强，当温度由 50 ℃上升到 90 ℃时，温度每上升 10 ℃，原油黏度降低一半，并且在低温时原油黏度下降程度更大。

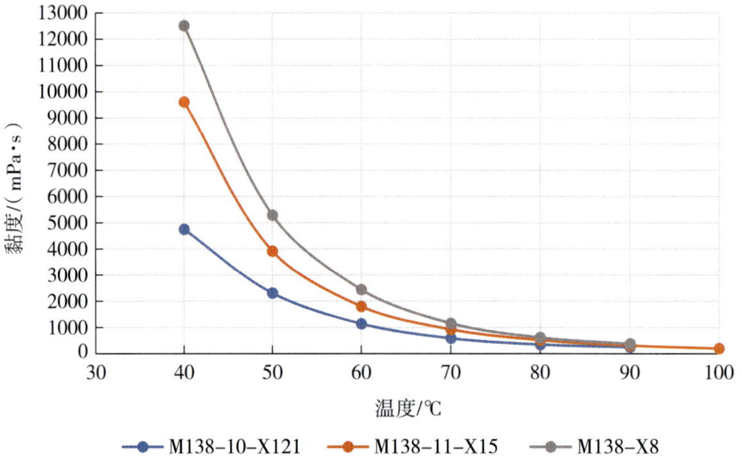

图 4-3-4　八面河面 138 区沙四段注水区原油黏温曲线

（二）原油渗流流变性

1. 旋转黏度计测试

为了模拟地层原油黏度值，将脱水后的脱气原油加入一定量的煤油配成模拟油，试验室测试了面 138 区脱气原油和模拟油在不同温度下的流变性。从表 4-3-4 和图 4-3-5 的测试结果来看，用 MCR300 流变仪测试脱气原油和模拟油的流变性都为弱拟塑性（近似牛顿性），随着剪切速率的增加，原油黏度略有降低；随着温度的增加，原油稠度系数降低。对脱气原油而言，温度每升高 10 ℃，原油黏度值将降低一半。

表 4-3-4　原油流变参数测试结果

油样	温度 / ℃	稠度系数 /（$mPa\cdot s^{n-1}$）	牛顿特性指数 n	备注
脱气原油	50	5265.6	0.9555	MCR300 流变仪
	55	3458.9	0.9726	
	60	2415.8	0.9768	
模拟油	50	869.1	0.9675	
	55	742.5	0.9449	
	60	532.7	0.9695	
模拟油	55	1095.1	1.0355	毛细管渗流装置
	60	899.1	0.9726	
	65	588.4	0.9786	

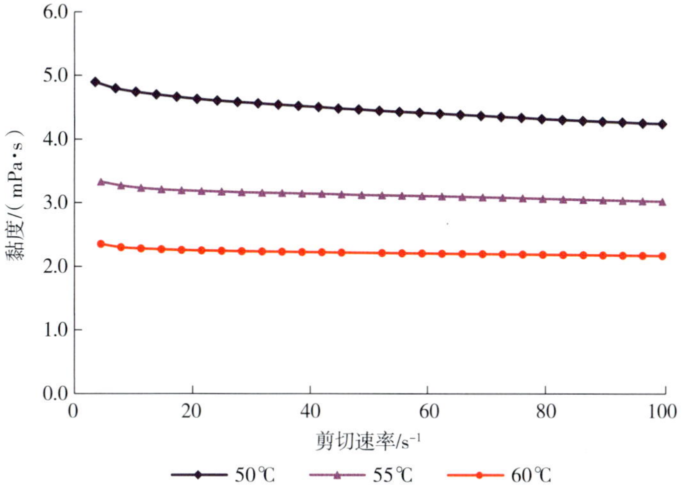

图 4-3-5　面 138 区沙四段脱气原油不同温度黏度特征曲线（以 MCR300 流变仪测试）

2. 人造岩心渗流测试

模拟油在 0.958 μm^2 人造岩心内渗流时，不同温度下都近似表现为牛顿流体，面 138 区沙四段模拟油在岩心内渗流速度与压力梯度表现为线性关系，见图 4-3-6。根据试验数据建立了不同温度下模拟油的渗流方程（压力梯度与渗流速度的关系），由试验测试的流度值与理论计算的流度值相比两者相近，见表 4-3-5。

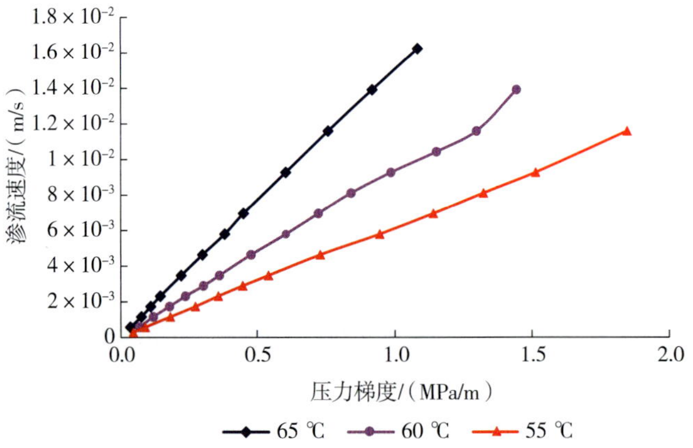

图 4-3-6　面 138 区沙四段模拟油在岩心内渗流速度与压力梯度关系曲线

表 4-3-5　面 138 区块模拟油在岩心内渗流时参数

温度 / ℃	渗流方程	流度 / [μm²/（mPa·s）]	
		测试	计算
65	V=1.459×10^{-4}·（ΔP/L）$^{0.9910}$	1.459×10^{-3}	1.628×10^{-3}
60	V=9.354×10^{-5}·（ΔP/L）$^{0.9718}$	9.354×10^{-4}	1.065×10^{-3}
55	V=6.235×10^{-5}·（ΔP/L）$^{0.9818}$	6.235×10^{-4}	8.749×10^{-4}

注：V 为渗流速度，cm/s；P/L 为压力梯度，MPa/m。

3. 充填模型渗流

面 138 区沙四段脱气原油在充填模型内渗流时，模型渗透率随渗流速度的增加而降低，最高降低程度达 10%，在渗流速度小于 0.5 m/d 时渗透率降低幅度较大（图 4-3-7）。

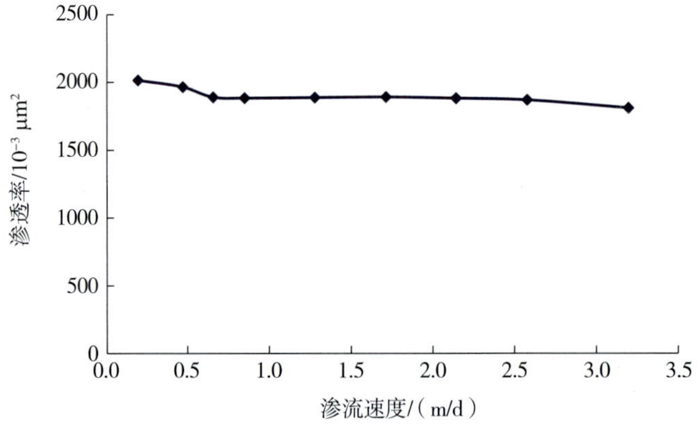

图 4-3-7　面 138 区沙四段模拟油在岩心内渗流速度与渗透率关系曲线

（三）储层水敏性评价

岩石薄片鉴定结果表明，面 138 区沙四段 2 砂组储层碎屑成分主要为陆源性的石英、长石和岩屑。石英含量 46%~51%，平均 48%；长石包括钾长石和斜长石两种，含量 32%~41%，平均 38%；岩屑主要是变质岩成分，火成岩和沉积岩成分也占一定比例，含量 8%~24%，平均 15%。填隙物中胶结物含量少，杂基为泥质，含量 3%~15%，表明成分成熟度中等。

黏土矿物 X 射线衍射研究资料表明，沙四段黏土矿物绝对含量平均 1.7%，以伊 / 蒙混层为主，相对含量 55%~84%，混层比 70%~80%，高岭石 5%~45%，伊利石和绿泥石含量较少。

目前研究结果表明，离子交换、离子移动或临界盐度引起黏土分散，地层中黏土引起渗透率的变化取决于黏土矿物的数量、位置和类型。黏土的排列、黏土接触时刻的化学状态和位置是引起渗透率变化的主要原因，最常见的膨胀黏土是蒙脱石和蒙脱石混层。蒙脱石通过吸水而膨胀，能使其体积增加到 600%，严重降低渗透率。如果蒙脱石黏土只占据极少量的孔隙喉道和通道，它将不会是一个严重问题；然而，如果它占据较大孔隙，特别是孔喉，那么如果它膨胀，它就能够产生一个几乎不渗透的遮挡层以阻挡流体流动。由于沙四段储层中伊 / 蒙混层的含量相对较高，因此容易产生岩心渗透率下降的现象。

采用现场取回的产出水、沙四段天然岩心进行水敏感性评价。由于取回的沙四段岩心松散，已经破碎不成形，试验全部采用储层松散砂充填的岩心。试验结果见图 4-3-8、图 4-3-9。用产出水、次产出水、蒸馏水注入岩心进行的水敏性试验，结果表明，沙三上岩心呈中等偏强水敏，沙四段岩心呈中等偏弱水敏。注水过程中要注意水敏性伤害，避免清水等不配伍性流体进入地层。

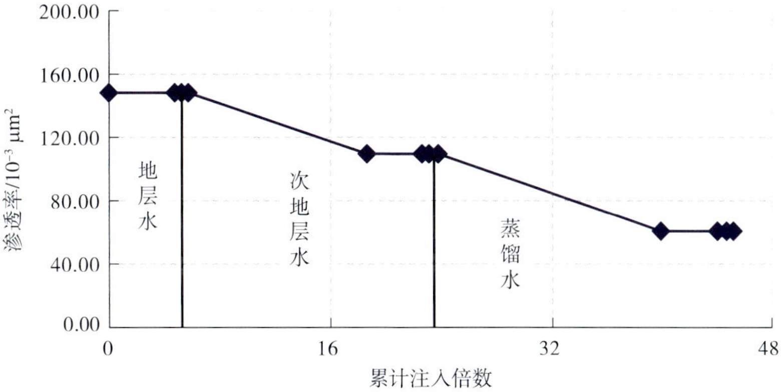

图 4-3-8　面 138 区沙三上充填岩心水敏性试验

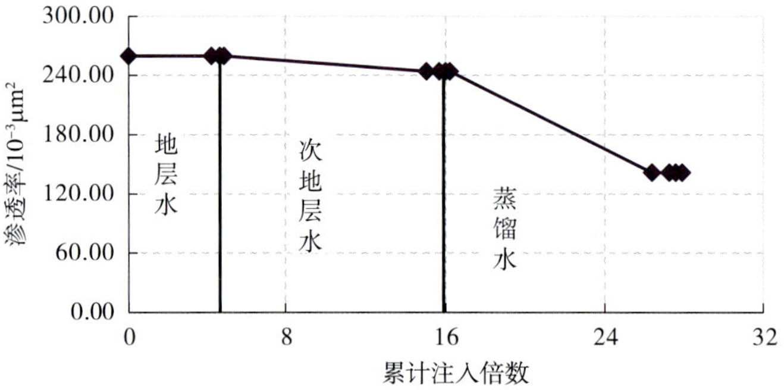

图 4-3-9　面 138 区沙四段充填岩心水敏性试验

（四）储层高温水敏感性评价

高黏原油在注蒸汽或热水开发过程中，由于地层中含有易水化膨胀的伊 / 蒙混层，注入的低矿化度热水或注入蒸汽在地层中凝析成的低矿化度水会造成水敏性伤害，因此需要评价岩心在高温下的水敏感性。

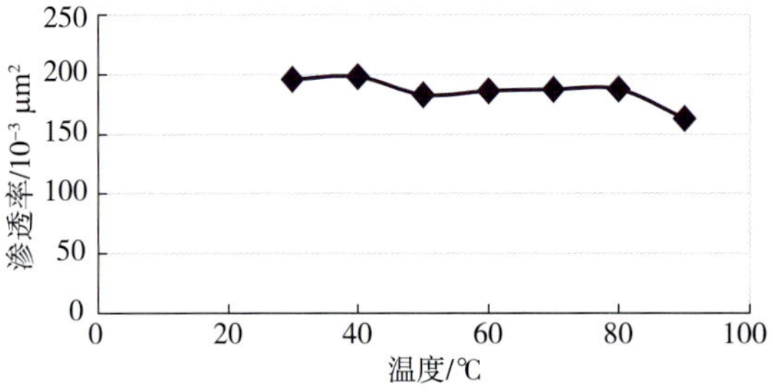

图 4-3-10　面 138 区沙四段充填岩心渗透率与温度关系曲线

试验使用沙四段填充岩心，盐水选用现场取回的产出水。试验温度从 30 ℃逐渐升温至 90 ℃，测得渗透率变化见图 4-3-10。试验结果显示，随着温度升高，岩心的渗透率基本不变化，只是在温度高于 90 ℃时才略有下降，下降幅度约为 16.81%，说明向地层注入热的产出水对储层的伤害较小。

（五）不同温度水驱效果

采用石英砂充填岩心管，开展了不同温度的热水驱试验。试验步骤如下：

（1）采用石英砂充填岩心管一根，渗透率采用面 138 区沙四段平均渗透率；

（2）将岩心管抽空饱和模拟地层水，然后采用驱替的方式饱和模拟油，最终控制含油饱和度在 65% 左右，老化 24 h；

（3）在不同的温度下，恒速进行驱替，记录产油量、产水量等；

（4）试验结束后，将岩心管重新饱和油，恢复含油饱和度至 65% 左右，老化 24 h 后重复进行试验。

试验开展了 8 个温度的热水驱试验。结果表明，温度越高，相同驱替倍数下的采出程度越高，即采油速度越高，最终的采出程度也越高，说明提高驱替液的温度可以有效起到增油作用。在开始注入 0.2 PV 时，驱替温度为 35 ℃时的含水达到了 81.11%，驱替温度为 60 ℃时含水为 73.11%，驱替温度为 90 ℃时的含水仅为 62%，表明温度越低，原油黏度越高，水驱指进越严重，相同注入倍数下含水上升越快。当温度超过 90 ℃后，采收率的增幅减缓（图 4-3-11）。分析原因认为，在较低温度下，升温降黏作用的影响最大，当温度较高时，由于黏度已经较低，降黏作用的影响减小，其他因素（如非均质性等）的作用开始上升。因此根据注热水的成本与增油量的关系选择井底温度为 70~80 ℃。

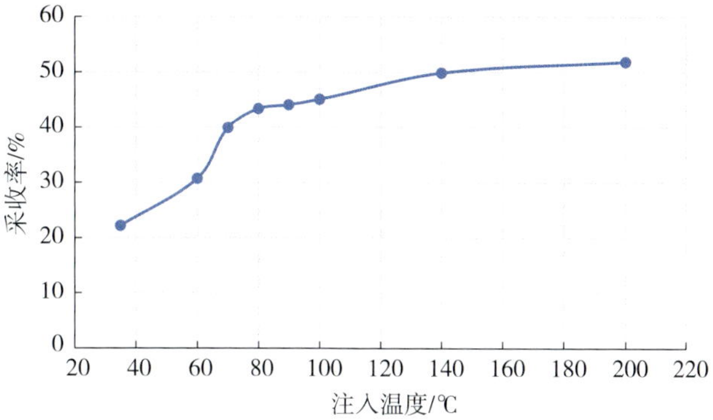

图 4-3-11　不同温度下热水驱采收率结果

（六）注入段塞优化试验

在 90 ℃注水温度条件下，开展不同注入段塞优化试验，结果见图 4-3-12。热水驱替到 0.5 PV 之前，驱油效率增加较为迅速，热水驱 0.5 PV 时驱油效率 33.6%。当注水段塞达到 0.7 PV 以后，驱油效率增加幅度明显减小，注入段塞由 1.0 PV 增大到 2.0 PV 时，驱油效率仅增加了 2.1%。因此，合理的热水驱段塞大小为 0.5~0.7 PV。

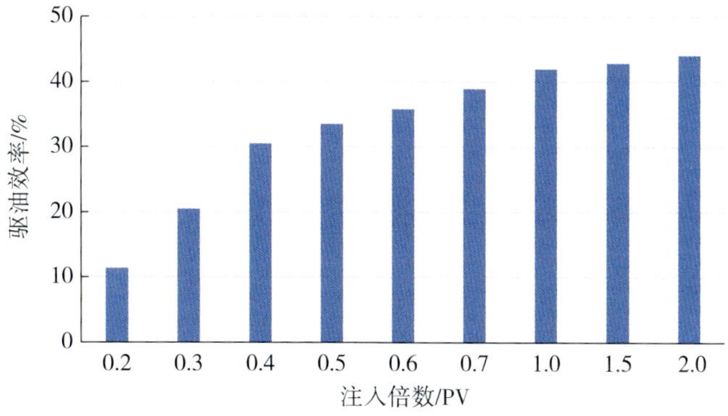

图 4-3-12　不同段塞优化试验结果

（七）注水速度优化试验

注水速度是影响注水开发效果的一项重要参数。室内利用直径 2.5 cm 岩心开展了不同注水速度的驱油效率试验，结果见图 4-3-13。由试验结果，随着注入速度增加，驱油效果先增后降，最佳注入速度在 0.6 mL/min，折合成现场速度为 10.7 m^3/（d·m）。

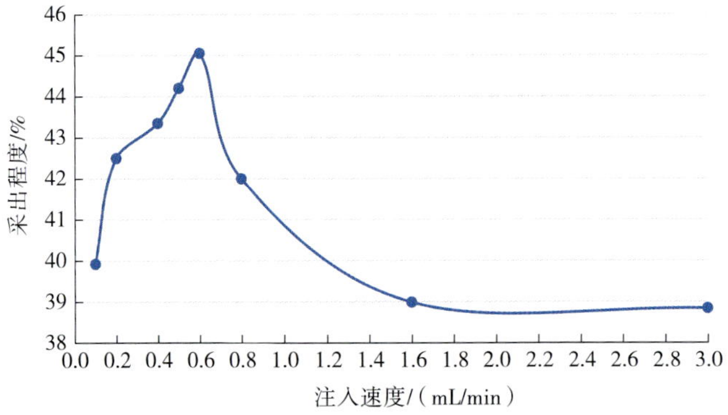

图 4-3-13 不同注入速度下热水驱油效果

三、热水驱方案优化

以面 138-6-X16 井组为例，通过数值模拟进行热水驱注入方式和注入参数优化。

（一）注入方式

根据面 138 区沙四段的油藏、现场工艺和设备等条件，在目前生产状况下，对比了间歇注热水、连续注热水、常规水驱 3 种注入方式，日注入量均为 30 m^3，其中间歇热水驱采用注入 6 个月停注 3 个月的方式；采油井保持目前的生产方式不变，控制各井产液量，确保总产液量为 30 m^3/d 左右，保持注采平衡。从预测结果来看（见图 4-3-14、图 4-3-15），注热水驱比常规水驱日产油量高、稳产期长，驱替后期差距增大；间歇注热水与连续热水驱初期差别小，1 年后间歇注热水产量开始高于连续注热水驱，因此开发方式选择间歇热水驱。

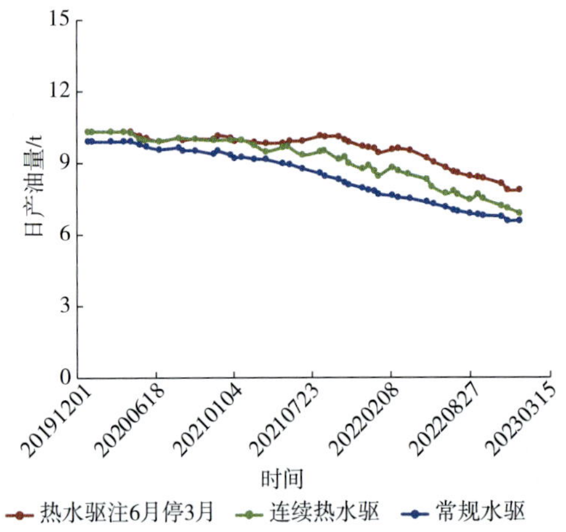

图 4-3-14 注入方式优化结果（日产油量）

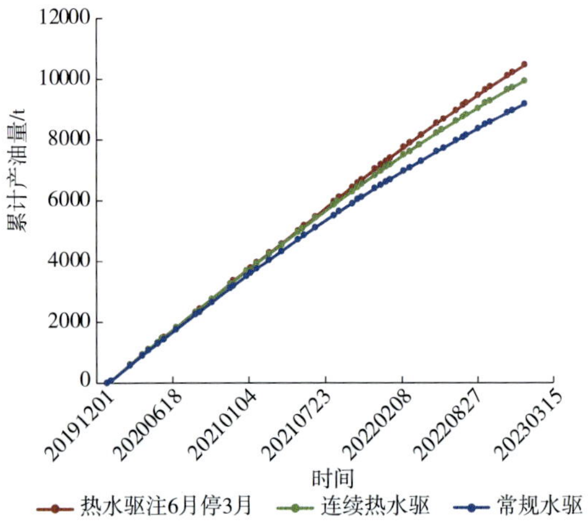

图 4-3-15 注入方式优化结果（累计产油量）

（二）注入速度优化

室内试验注入速度优化结果为 10.7 m³/（d·m），面 138 区沙四段储层比较薄，在 3 m 厚的油层模型中进行数模预测，采用注入 6 个月后停注 3 个月的间歇注入方式，对比了 3 种注入速度下的效果，预测结果见图 4-3-16、图 4-3-17。提高注入速度后，初期日产油量高，但由于指进现象后期递减较快。考虑到低速注入时热损失率高，建议初期选择 30~40 m³/d（根据现场注入压力调整），后期根据注采动态进行优化。

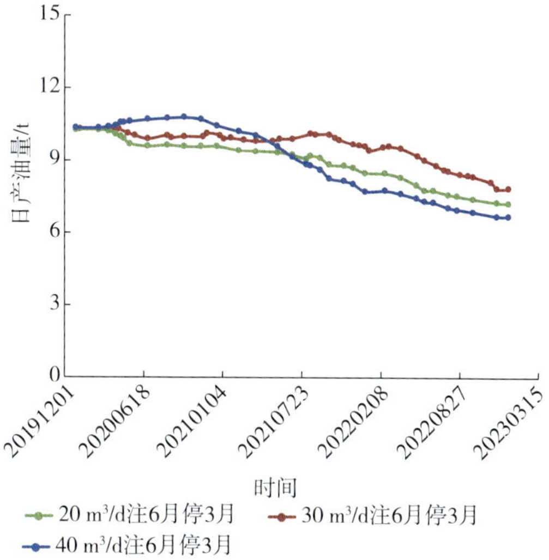

图 4-3-16 注入速度优化结果（日产油量）

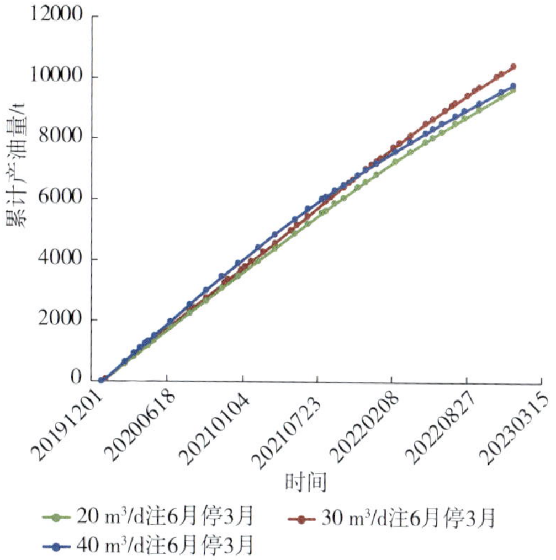

图 4-3-17 注入速度优化结果（累计产油量）

（三）注入周期优化

注入周期优化包含两个方面，一是注入时间段优化，二是间歇时间优化。设计 3 种不同注入周期进行优化，结果见表 4-3-6。从优化结果来看，采用注 9 个月停 3 个月的方式，前期日产油量与注 6 个月停 3 个月的方式相近，后期由于注入时间长，注入水突进更快，造成日产油量有明显下降趋势；而注 6 个月停 6 个月由于间歇时间过长，导致能量补充不足，日产量较低。最优注入周期为注 6 个月停 3 个月。

表 4-3-6 注入周期优化结果

注入周期	平均日产油量 /t	累计产油量 /t	累计增油量 /t
热水驱注 6 月停 3 月	9.6	10471	—
热水驱注 9 月停 3 月	9.2	10117	−355
热水驱注 6 月停 6 月	8.7	9569	−903

（四）试验方案

注热水区选择在八面河油田面 138 区沙四段 2 砂组黏度较低的区域（原注水区），含油面积 0.93 km^2，石油地质储量 55.5×10^4 t，注热水井 2 口，采油井 11 口。注热水前日产液量 42.5 m^3，日产油 13.9 t，综合含水率 67.2%。

1. 配产配注方案

按照参数优化结果，注入井采用间歇注入热水的方式，注 6 个月停 3 个月。采油井保持冷采的生产方式，控制各井产液量，确保实现注采平衡。配产配注量见表 4–3–7。

表 4–3–7 热水驱配产配注量

注入井号	日注量 /m^3	采油井	日产液量 /m^3
M138–8–X16	34	M138–9–X15	10
		M138–9–X17	15
		M138–8–X17	10
M138–6–X16	41	M138–6–X17	15
		M138–5–X17	15
		M138–5–X15	10
M138–6–X12	50	M138–7–X121	10
		M138–6–X101	10
		M138–6–X131	10
		M138–5–X13	10
		M138–5–X11	10

由于注入时在井筒、沿程管线中热损失率较高，为了使注入水到达井底时水温能达到 80 ℃，建议在注入时提高井口水温，同时沿程管线、注水管柱需要采用高效保温措施。

2. 方案效果预测

对热水驱方案进行指标预测，预测期 3 年，并与目前常温注水（井底 35 ℃）开发方式进行对比，预计热水驱方案实施后累产油 7235 t，3 年可增油 311 t。从预测结果来看，由于注入水温相对较低，增油量较小，两种开发方式的剩余油分布也相差不大。

四、热水驱矿场实施效果

在面 138 区实施 3 个井组的热水驱试验，至 2021 年见效油井 6 口（图 4–3–18），单井平均日产液量由 3.5 t 提高到 8.8 t，平均单井日产油量由 0.8 t 提高到 1.2 t，见效特征表现为增液增油，效果较好。

以 M138–7–X121 井为例，该井为注水双向对应，目前已实施各个轮次注水均见效（图 4–3–19），日产油量由见效前的 2 t 左右提高到 10 t 左右，增液增油效果显著。

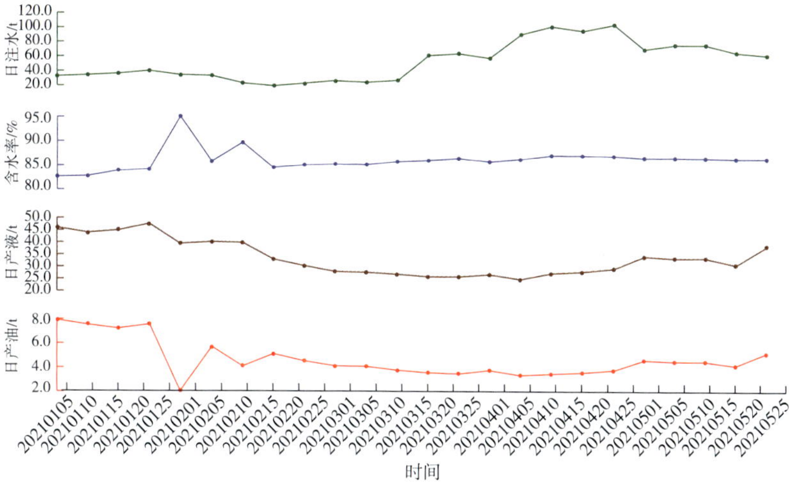

图 4-3-18 热水驱油井生产曲线

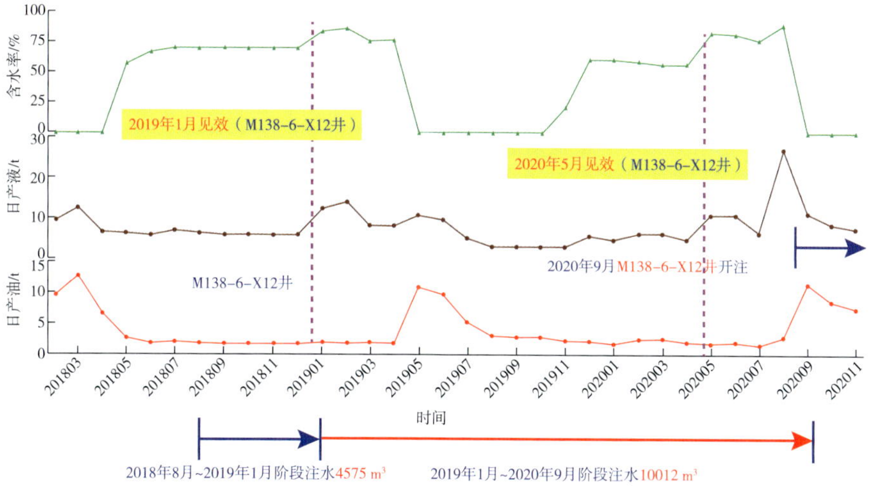

图 4-3-19 M138-7-X121 井生产曲线

第四节 降黏冷采技术

八面河稠油油藏与国内其他油藏相比，具有埋藏深、油层薄等特点，目前采用蒸汽吞吐的方式进行开发，经过 20 年的蒸汽吞吐热采后，老油区普遍进入了高轮次生产阶段，热采油汽比大幅下降，油井含水上升，部分热采单元已不适合继续进行蒸汽吞吐生产，因此亟须探索非热采开发技术。

普通聚合物驱主要靠增加水相黏度、降低流度比来提高采收率，使用范围受原油黏度的影响；表面活性剂驱的低界面张力虽然可以提高洗油效率，但波及系数低，欲获得较好的驱油效果需要提高表面活性剂的浓度，导致成本增加。稠油活化剂是一种在以丙烯酰胺为骨架的大分子链上引入双亲功能单体的化学驱油剂，既能增加水相黏度，改善流度比，又有一定活性乳化原油，降低油相黏度，提高原油流动性，同时活化剂自身可通过聚集体起到调整吸水剖面的作用，从而有效提高稠油采收率。

在八面河普通稠油Ⅱ类热采单元中，面120区沙四段由于隔夹层发育，导致热采开发效果最差；面120沙三中、面37沙三中物性好，边水活跃，目前含水率高。根据水溶性降黏剂的降黏机理，降黏剂适合在含水较高的地层中发挥最佳效果，因此根据地质条件与开发状况，优先选择了含水较高的面120沙三中、面37沙三中等单元开展试验，面138区作为降黏冷采试验推广单元。

一、活性高分子降黏剂性能评价

（一）活性高分子降黏剂作用机理

八面河稠油黏度高的主要原因是胶质间的静电吸引，以及沥青质分子间的 π－π 堆积与T形作用，常规的小分子表活剂降黏作用有限。

为此，依据相似相容原理，选择大分子聚丙烯酰胺作为基体，在分子链上引入双亲功能单体，形成了具有“活性”的自扩散式高分子降黏剂（图4-4-1）。其作用机理主要包括：

（1）增加水相黏度，改善流度比；

（2）乳化原油，降低油相黏度，提高原油流动性；

（3）形成聚集体，起到调整吸水剖面的作用。

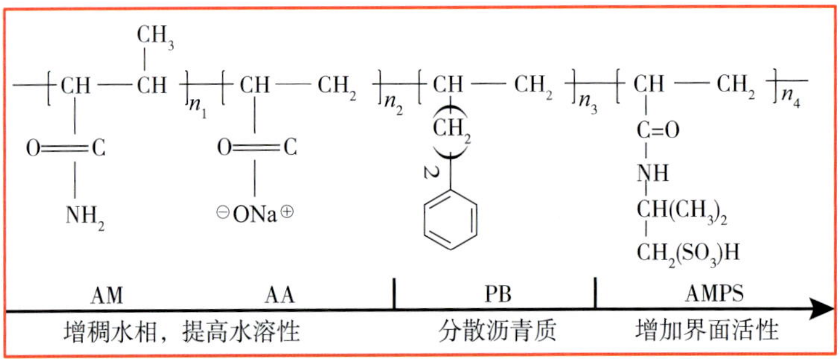

图4-4-1 活性高分子降黏剂分子结构

由于分子结构、分子量与原油重组分相近，活性降黏剂容易侵入稠油内部。在静态条件下，短时间内即可达到自发扩散乳化的效果，即具有良好的“活性”效果。

（二）理化性质评价

在一定的温度、地层水矿化度条件下，对活性高分子降黏剂体系的增加注入水黏度、降低界面张力、降低原油黏度的性能进行试验研究。

活性分子降黏体系由两部分组成：①活性降黏主剂（A 剂）+ ②增效辅剂（B 剂）。其中 A 剂是降黏的主要成分，B 剂起到增加降黏剂在地层中的稳定性、提高降黏效果等作用。现场应用时需要按照固定的质量浓度比例将 B 剂加入 A 剂中，配制成入井液，因此在室内评价中以 A 剂的浓度代表活性降黏剂的体系浓度。

1. 黏浓关系

在 60 ℃、6 r/min 搅拌速率条件下，采用布氏黏度计测量地层水配制的不同浓度降黏剂溶液的黏度，试验结果见图 4–4–2。随着降黏剂溶液浓度的增加，黏度得到明显提高。八面河稠油单元地层水中二价离子含量较高，一般在 1000~1600 mg/L 范围内，对活性降黏剂体系黏度影响较大，因此与国内其他油田应用情况相比黏度偏低。

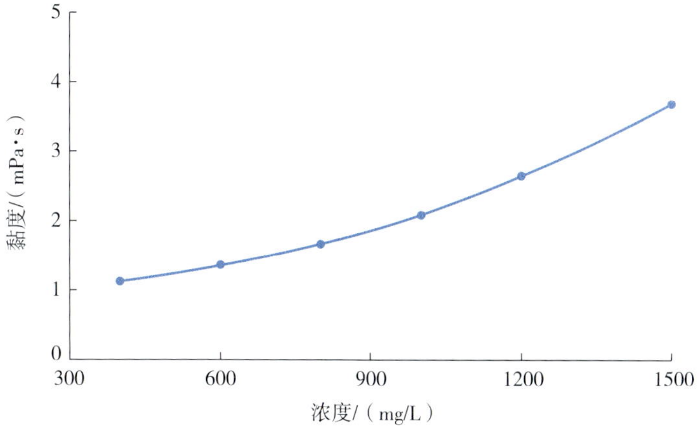

图 4–4–2 降黏剂黏度随浓度变化结果

2. 油水界面张力

试验装置采用 SVT20 型旋转滴界面张力仪测定油水界面张力。试验主要操作步骤包括：①在测定界面张力前彻底清洗样品管，用针管将样品管中注满地层水；②注入一滴原油后迅速抽出针管，注入样品过程中注意液滴上黏附的气泡；③将注好液体的样品管水平放入界面张力仪器中，在转速为 5000 r/min 时调整光源使液滴成像清晰；④测量时拟合曲线连续有利于放大倍数传输，然后进行自动采集界面张力数据，记录界面张力值。重复步骤①～④，完成试验。

测定不同浓度的活性分子降黏剂溶液与原油之间的界面张力，结果表明，油滴在降黏剂溶液中均呈垂直纺锤体分布，油水界面张力值随降黏剂浓度的增加不断降低（图 4–4–3）。

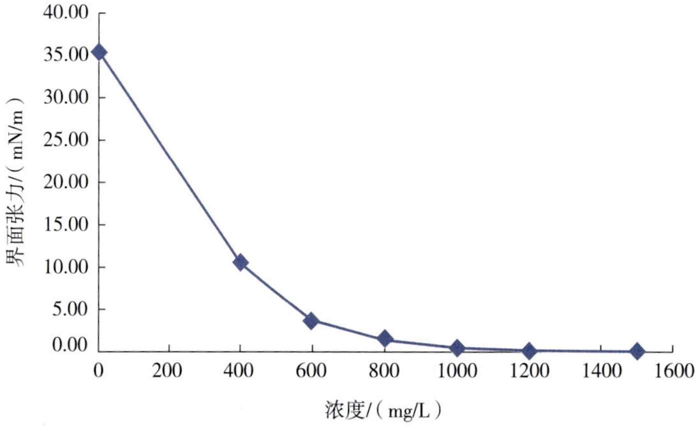

图 4-4-3　不同浓度降黏剂溶液与原油界面张力值

3. 降黏性能

降黏剂溶液能够乳化原油，使原油形成 O/W 型乳状液，从而起到降黏的作用。因此利用脱水原油进行活性分子降黏剂降黏关系测定，试验用油为从八面河油田面 120、面 138 等区块现场取回的原油，将原油自然沉降后进行脱水处理。试验采用高速电搅拌器和 BROOKFIELD 型布氏黏度计进行测试。

试验主要操作步骤包括：①调节水浴锅温度至 60 ℃，以保证在地层温度条件下完成试验；②将原油和降黏剂溶液 1 : 1 倒入烧杯中，用高速电搅拌器 3000 r/min 搅拌 3 min 形成漩涡，使二者混合完全；③将搅拌好的乳状液立即倒入布氏黏度计中测定黏度；④记录乳状液黏度值。重复步骤①～④，完成试验。

采用面 120、面 138 等区块现场原油，在地层条件下测定降黏剂溶液降黏效果。试验结果（表 4-4-1）表明，黏度在 1835~8750 mPa·s 的原油，加入降黏剂后降黏率达到 76.5%~97.9%。试验过程中还可以看到，将原油与 1500 mg/L 降黏剂先后加入试管中，然后在地层温度下静置一段时间，由于密度存在差异，原油逐渐向上扩散，4 h 后两者可以较好地混合。而加入 800 mg/L 降黏剂时，混合程度明显较低。分析认为，当活性降黏剂达到一定浓度值后，其乳化降黏能力会快速上升。

表 4-4-1　降黏性能评价结果

井号	脱气原油黏度 /（mPa·s）	降黏剂浓度 800 mg/L		降黏剂浓度 1500 mg/L	
		降黏后黏度 /（mPa·s）	降黏率 /%	降黏后黏度 /（mPa·s）	降黏率 /%
M138-5-X2	8750	1199	86.3	218	97.5
M138-X8	5280	871	83.5	181	96.6
M120-31-X4	2040	416	79.6	102	95
M138-10-X121	2300	301	86.9	106	95.4
M138-G13	4470	1050	76.5	155	96.5

续表

井号	脱气原油黏度 /（mPa·s）	降黏剂浓度 800 mg/L		降黏剂浓度 1500 mg/L	
		降黏后黏度 /（mPa·s）	降黏率 /%	降黏后黏度 /（mPa·s）	降黏率 /%
M120-32-P3	2850	342	88.0	109	96.2
M14-9-X27	1835	327	82.2	38	97.9

4. 稳定性

利用多重光散射仪（可以在非破坏条件下，短时间内分析样品的稳定性温度以及失稳原因的仪器）测定降黏剂乳状液的稳定性。检测过程中将样品池垂直静止放置，检测器上下移动扫描样品池当中每一个点的背散射光强度和透射光强度，并根据其大小及变化程度，通过 TURBISOFT 软件得出样品的稳定性程度及变化情况。本试验以 TSI 值和透射光光谱图作为参考，观察乳状液的不稳定性变化。

试验结果表明（图 4-4-4），随着降黏剂溶液浓度的增加，TSI 值降低，乳状液逐渐趋于稳定。把不同时刻乳状液透射光 T 值作为参考，透射光随时间推进，强度逐渐增加。浓度为 400 mg/L 的降黏剂溶液配制的乳状液迅速破乳，测量过程中水在底部快速分层，然后逐渐变澄清，油水分界面较高；浓度为 600 mg/L 的降黏剂溶液配制的乳状液破乳变慢，底部逐渐有水析出；浓度为 800 mg/L 的降黏剂溶液配制的乳状液分层缓慢，分层速率变低；浓度为 1000 mg/L 的降黏剂溶液配制的乳状液 T 值降低，底部析出水清澈度逐渐降低；浓度为 1200 mg/L 的降黏剂溶液配制的乳状液析出水厚度明显变小，表明乳状液稳定性变好，脱水率明显降低；浓度为 1500 mg/L 的降黏剂溶液配制的乳状液透射光强度明显降低，乳状液底部析出水清澈度降低。

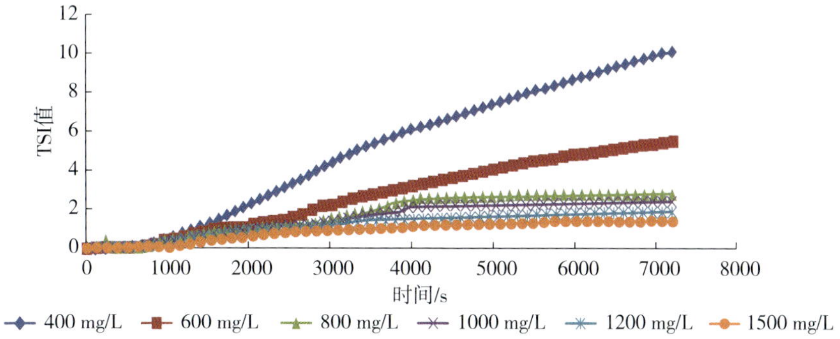

图 4-4-4 乳状液稳定性

图 4-4-5 是不同浓度降黏剂溶液与原油混合后形成的乳状液静置 2 h 后析出水的状态。由图可知，随着降黏剂浓度的增加，乳状液越来越稳定，分层越来越不明显，析出水层的清澈度降低。

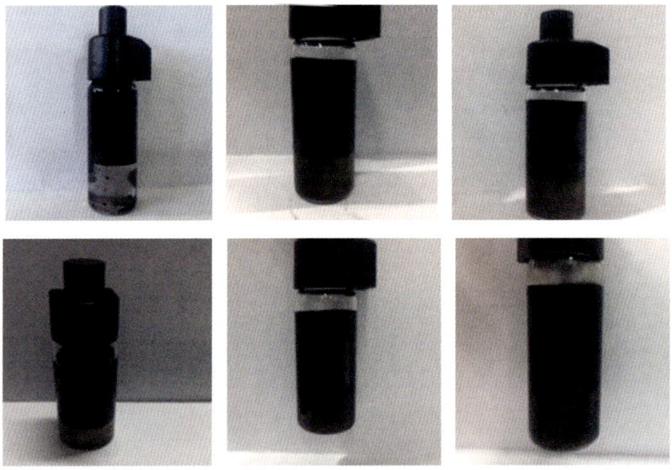

图 4-4-5　不同浓度乳状液静置 2 h 后状态

（三）活性分子降黏剂吸附特性

利用现场油砂，借鉴聚合物浓度的测定方法，利用分光光度计以标准曲线法测定 3 种浓度活性分子降黏剂的静态吸附量随时间的变化关系。

利用油砂和降黏剂溶液在一定温度下进行静态吸附，同时利用浊度法通过分光光度计对聚合物减阻剂溶液吸附前后的浓度进行测定，可通过公式来进行吸附量的定量计算：

$$\Gamma=[(C_o-C)V]/(\omega\times1000) \tag{4-4-1}$$

式中，Γ 为吸附量，mg/g 砂；C_o 为目的溶液吸附前浓度，mg/L；C 为目的溶液吸附后浓度，mg/L；V 为目的溶液体积，cm^3；ω 为油砂质量，g。

在一定条件下，浊度值与聚合物溶液的浓度呈线性关系。

吸附研究表明，油砂与溶液的质量比（固液比）为 1 g∶3 mL~1 g∶10 mL，对吸附量无显著影响，试验选择固液比为 1 g∶5 mL。为了确定吸附达到平衡所需的时间，根据目前研究 8~20 h 即能达到吸附平衡，为确保达到充分的吸附平衡，本试验将平衡时间定为 24 h。

1. 标准曲线

利用浊度法测标准曲线步骤为：

（1）按照试验要求药剂配比，配置 5 mol/L 的醋酸溶液，以及质量分数为 1.3% 的次氯酸钠溶液；

（2）分别取 5 mL（100 mg/L、200 mg/L、300 mg/L、400 mg/L、500 mg/L）的降黏剂溶液加入锥形瓶中，再加入 10 mL 的醋酸溶液，静置 2 min 后加入 10 mL 的次氯酸钠溶液，静置 15 min，再对比色皿进行润湿，并加入待测液体；

（3）打开分光光度计，在 470 nm 时分别测 5 个浓度下的吸光值并进行记录，绘制出标准曲线。

对不同浓度活性分子降黏剂溶液测定吸光值，绘制出一条过原点的标准曲线并拟合出方程。对照标准曲线，即可得出吸附结束后降黏剂的浓度。图 4–4–6 为试验所用降黏剂溶液的标准曲线，其浓度与吸光度的线性方程为 y=952.07x，相关系数 R^2 为 0.9974。

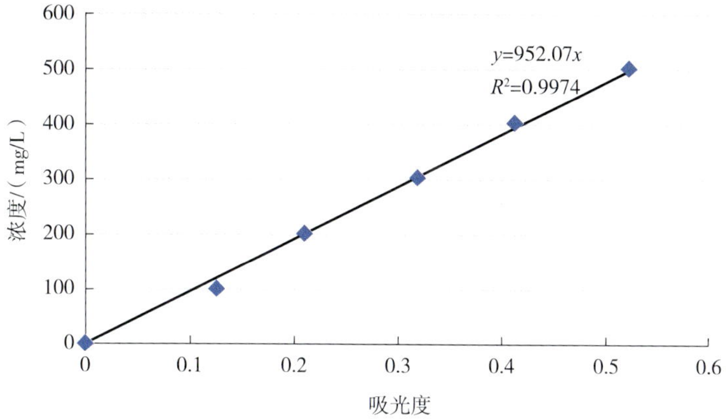

图 4–4–6　试验所用降黏剂溶液的标准曲线

2. 吸附－时间曲线

吸附试验步骤为：

（1）将油砂与降黏剂溶液按照 1∶5 的固液比例加入锥形瓶中（聚合物减阻剂溶液浓度分别为 800 mg/L、1000 mg/L、1200 mg/L），混合摇匀盖好瓶塞，置于 60 ℃的恒温箱中，每隔一段时间振荡锥形瓶；

（2）选择合适的时间点（1 h、2 h…），将锥形瓶中溶液摇晃均匀后倒入离心管中，在 3000 r/min 下离心 30 min；

（3）离心结束后，取离心管中上层清液，通过浊度法测其光度值，并利用已绘制的标准曲线计算吸附结束后的浓度；

（4）利用吸附量公式计算降黏剂溶液的吸附量，并绘制曲线图。

分别在 11 个时间点处，从摇晃均匀的锥形瓶中取出 800 mg/L、1000 mg/L、1200 mg/L 吸附完的溶液，进行离心后，取上层清液，稀释一定的倍数，使其吸光值处于标准曲线的范围内，进行吸光度测量，利用标准曲线的回归方程计算浓度，最后，根据吸附量方程 $\Gamma=[(C\_o-C)V]/(\omega\times1000)$ 计算每个时间点处该浓度的吸附量，即可绘制吸附量与时间的关系曲线图（图 4–4–7）。由图 4–4–7 可知，在 60 ℃下，试验所用降黏剂溶液的吸附量随浓度的升高而降低。

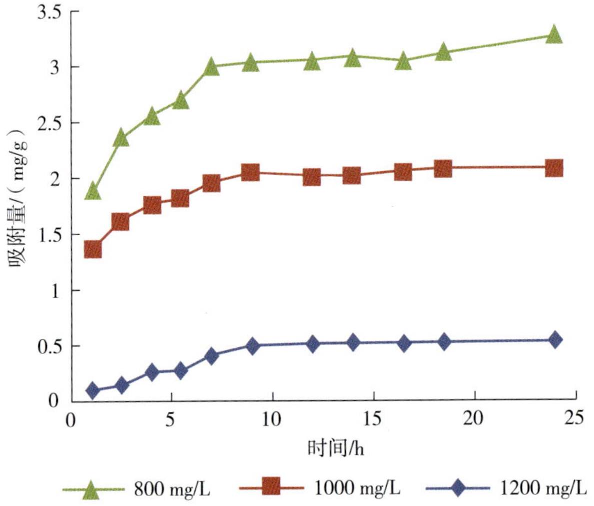

图 4-4-7　降黏剂溶液的吸附－时间曲线

二、活性高分子降黏剂注入性

为研究活性分子降黏剂对不同渗透率油藏的适用性，测定不同浓度活性分子降黏剂的阻力系数和残余阻力系数，以保证活性分子降黏剂不堵塞地层，同时起到良好的流度控制作用。

根据稠油油藏矿场情况，考虑试验模型的可操作性，制作了模拟真实地层情况的长岩心物理模型（ϕ2.5 cm×30 cm）开展室内注入性评价试验。主要考虑注入速度、降黏剂浓度和岩心渗透率 3 个影响因素，分析在上述因素影响下降黏剂溶液降低水相流度的能力，并评价降黏剂注入过程中是否发生堵塞。

试验驱替装置主要由供压系统、岩心夹持器和采集系统组成。供压系统中由恒流泵（ISCO 泵）提供注入地层水和降黏剂溶液的动力；将岩心模型水平放置在岩心夹持器中，注入驱替方向为从左至右；采集系统由压力传感器、压力采集模块、量筒和计算机等组成，实时监测注入压力的变化情况，并采集岩心出口端流出物。通过烘箱控制试验温度为 60 ℃。

试验主要操作步骤包括：①将待测岩心抽真空 12 h，然后饱和地层水 24 h；②在 60 ℃的恒温条件下，把圆柱模型装入岩心夹持器中，加围压至 5 MPa；③设计 V1、V2、V3、V4、V5、V6 等 6 个递增泵速，以不同流速注入地层水，待压力稳定后监测并记录压力 P_{before}（若 3 min 内注入压力变化不超过 5% 则视为压力稳定）；④以不同的流速注入某一浓度的降黏剂溶液中，使岩心充分接触降黏剂溶液，观察其间压力变化；⑤在注入降黏剂溶液完成后，仍以不同流速注入地层水，待压力稳定后记录压力 P_{after}；⑥在试验条件下，根据注入降黏剂溶液前后注入压力的变化来计算阻力系数和残余阻力系数；

⑦依次改变降黏剂浓度，重复步骤①～⑥，计算不同浓度的降黏剂溶液滞留情况下的水相阻力系数及残余阻力系数。

（一）注入速度影响

受压力测量数值的影响，对于岩心渗透率为 0.5 μm² 的圆柱岩心模型，设计 0.05 mL/min、0.1 mL/min、0.2 mL/min、0.4 mL/min、0.8 mL/min 和 1 mL/min 等 6 个注入速度。在相同岩心渗透率、降黏剂浓度条件下，通过改变水的注入流速来分析水相阻力系数和残余阻力系数的变化规律。测定不同注入速度对水相阻力系数和残余阻力系数的影响（图 4-4-8），在低注入流速条件下，随着注入速度的增加，阻力系数和残余阻力系数均呈现出明显的下降趋势。这一方面是由于随着注入流速的增加，越来越多的降黏剂被冲刷出来，从而在充满降黏剂溶液的岩心中形成越来越多的水流通道，使得流体流动阻力降低；另一方面是由于降黏剂的弹性和可塑性，流体流速变化会引起降黏剂分子链的剪切迁移，随流速增大降黏剂吸附层受油水挤压程度增加，边界层逐渐变薄，从而导致岩心中形成的流动通道变大，降黏剂对流体流动影响逐渐减小。在高注入流速下，阻力系数和残余阻力系数逐渐趋于稳定，表明流体在岩心中的流动通道趋于稳定。

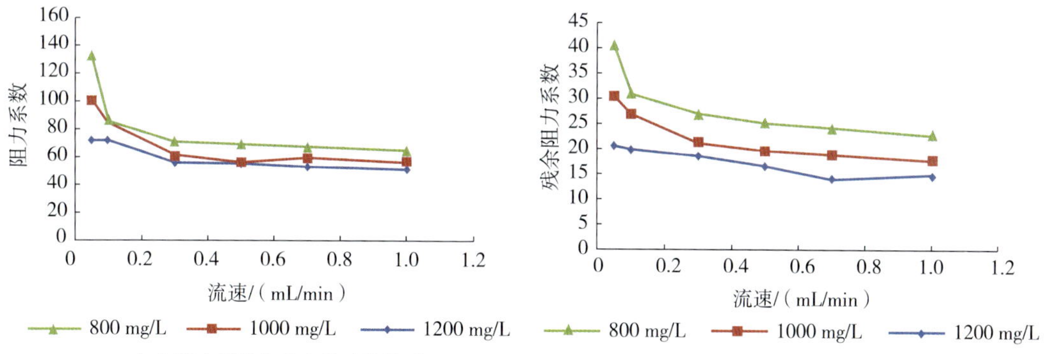

（a）阻力系数与注入流速的关系　（b）残余阻力系数与注入流速的关系

图 4-4-8　阻力系数、残余阻力系数与注入流速的关系

（二）降黏剂浓度影响

为了明确不同浓度降黏剂溶液对阻力系数和残余阻力系数的影响，本文采用岩心渗透率分别为 0.5 μm²、0.9 μm² 的圆柱岩心模型，在相同的试验条件下，配制了浓度分别为 800 mg/L、1000 mg/L、1200 mg/L 的 3 种降黏剂溶液，开展油水注入性评价试验。测定结果（图 4-4-9）表明，阻力系数和残余阻力系数均随着降黏剂浓度的增加而增大。这是由于在相同注入流速下，降黏剂溶液的注入压力越高，降黏剂对岩心基质的滤失性和伤害性越强，滞留在孔隙中的化学残留物越多，并占据岩心中较大部分的流动横截面积，使得流体在岩心中的流动阻力增大，因而导致较高的阻力系数和残余阻力系数。

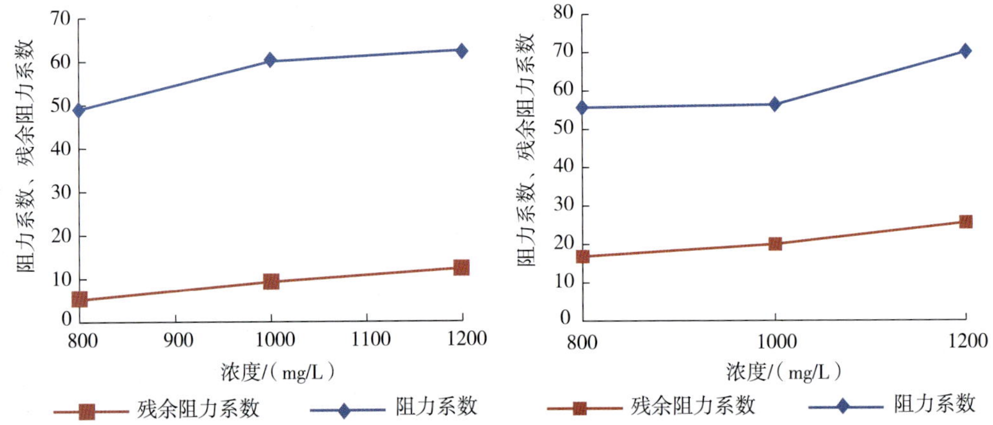

(a) $900\times10^{-3}\mu m^2$　　(b) $500\times10^{-3}\mu m^2$

图 4-4-9　阻力系数、残余阻力系数与降黏剂浓度的关系

(三)岩心渗透率影响

在相同的降黏剂浓度条件下，测定岩心渗透率分别为 0.5 μm^2、0.9 μm^2 模型的注入能力，结果(图 4-4-10)表明，在相同的注入流速条件下，随着岩心渗透率的增加，降黏剂溶液对流体流动的阻力减小，阻力系数和残余阻力系数逐渐减小。在本试验中，在不同岩心渗透率条件下，降黏剂溶液的注入流速均为 0.5 mL/min，注入降黏剂溶液的线速度相对较高，降黏剂的架桥作用增强，因此残留在岩心中的降黏剂溶液更难以被后续的水相冲刷出来，导致较小渗透率的岩心中降黏剂吸附层相对较厚。另外，降黏剂溶液在流动过程中会占据相对较大部分的横截面积，产生较高的流体流动阻力，导致较高的阻力系数和残余阻力系数。

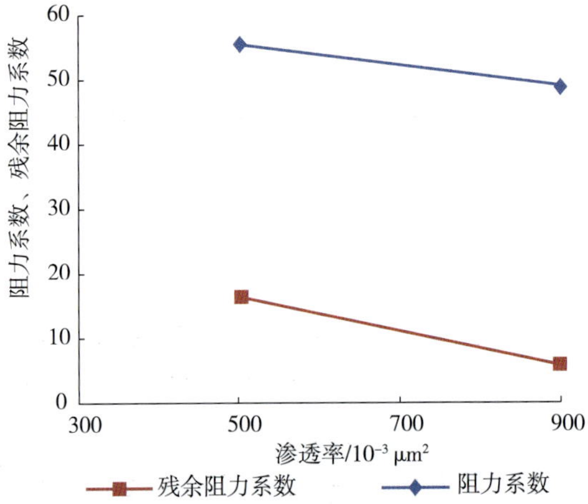

图 4-4-10　阻力系数、残余阻力系数与岩心渗透率的关系

三、活性高分子降黏剂油藏适用性评价

（一）均质岩心降黏剂驱试验

试验中，地层水按照水质分析结果配制而成，注入油为现场脱水原油，原油黏度为730 mPa·s。驱替装置主要由ISCO泵、岩心夹持器和采集系统组成，将岩心模型水平放置在岩心夹持器中，实时监测注入压力的变化情况，并采集岩心出口端流出物。通过烘箱控制试验温度为60 ℃，与油藏温度一致。

试验流程如下：

（1）取试验所需岩心，放入恒温鼓风干燥箱105 ℃烘干。

（2）关闭恒温箱降至室温后，取出烘干的岩心，放入相应的岩心夹持器内，加压5 MPa以夹紧岩心，关闭夹持器出口端阀门，使岩心处于高压密闭状态，抽空饱和模拟地层水，根据饱和水体积计算岩心孔隙度。

（3）打开恒温箱将温度设置至试验温度，开泵水测岩心渗透率，通过压力采集系统计量不同流速下测试压力稳定值，通过渗透率计算公式计算岩心水相渗透率。

（4）饱和模拟地层原油，建立束缚水至35%左右，计算含油饱和度。

（5）待模拟地层油在岩心中老化24 h后打开水中间容器阀门开泵水驱油，直至采出液含水98%以上，关泵。计量采出液含油体积，通过公式计算一次水驱采收率。

（6）水驱结束后注入降黏剂驱，放置高温烘箱中恒温24 h以上老化。

（7）然后进行二次水驱，驱至无明显油滴，计算后续水驱采收率。

采用长岩心模型首先进行水驱油直至采出液含水98%以上，然后选用800 mg/L、1500 mg/L两种浓度的降黏剂溶液进行驱替，最后进行后续水驱至不出油，试验结果见表4-4-2。考虑到注入降黏剂后静置24 h期间可能产生油水重新分布现象，对降黏剂驱实际增油量造成影响，因此设计在注入1500 mg/L降黏剂前，重新进行了二次水驱，消除油水重新分布的影响后，再注入降黏剂，静置24 h后再进行三次水驱（图4-4-11）。

表4-4-2　降黏剂驱试验结果

降黏剂浓度/(mg/L)	水测渗透率/$10^{-3}\mu m^2$	孔隙体积/cm^3	孔隙度/%	含油饱和度/%	一次水驱采出程度/%	二次水驱采出程度/%	降黏剂驱采收率/%	最终采收率/%
800	1039	83.81	35.39	65.37	31.68	—	3.68	35.36
1500	1106	85.02	36.02	65.39	32.03	0.78	7.81	39.84

从试验结果来看，由于原油黏度较高，在相同的试验条件下，一次水驱后采出程度较低，为31.68%~32.03%，注入降黏剂后再次水驱，提高采收率幅度3.68%~7.81%。随着降黏剂浓度的增加，降黏剂与原油之间的流度比下降，驱替效率相应得到提高，因此浓度为1500 mg/L的降黏剂溶液驱油效果最好。另外，从静置后二次水驱试验也可以看出，油水重新分布后再水驱的阶段采出程度较小，仅为0.78%，对降黏剂驱增油的影响

较小，可以认为注入降黏剂后的增油量主要还是受降黏剂驱油性能的影响。

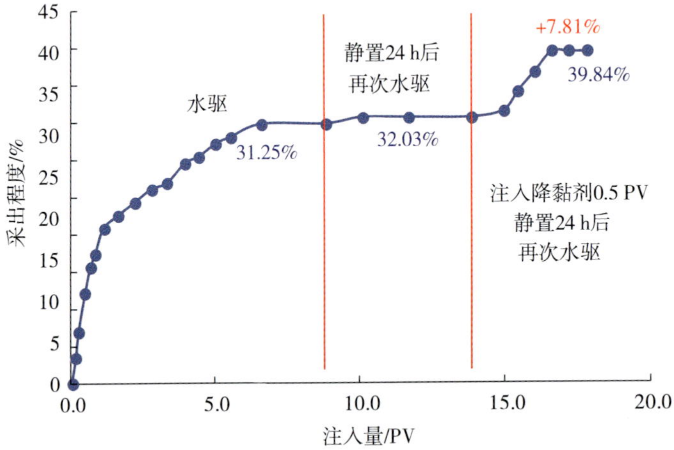

图 4-4-11　1500 mg/L 降黏剂驱试验结果

（二）非均质岩心降黏剂驱试验

选择 1500 mg/L 降黏剂浓度，设计 5、10、20 三个渗透率级差，开展非均质模型驱油试验研究，以分析该降黏剂在非均质条件下的适用性。试验结果见表 4-4-3、图 4-4-12。

表 4-4-3　非均质岩心降黏剂驱试验结果

注入浓度	岩心基础数据					驱替试验结果		
	孔隙体积 /cm^3	孔隙度 /%	含油饱和度 /%	渗透率 /10^{-3} μm^2	渗透率级差	水驱采收率 /%	最终采收率 /%	提高采收率 /%
1500 mg/L	101	16.79	73.26	1500/300	5	27.61	35.51	7.90
	126	20.83	72.79	3000/300	10	27.80	34.10	6.30
	129	21.39	71.28	3000/150	20	26.00	30.10	4.10

由试验结果可知，层内非均质物理模型的水驱采收率为 26%~27.8%，降黏剂驱提高采收率幅度在 4.1%~7.9%。渗透率级差越大，降黏剂驱提高采收率程度越低，这是由于岩心非均质性越强，流体沿高渗层窜流越严重，低渗层波及效率越低，降黏剂虽有一定黏度，可以改善非均质性，但仍然受到一定影响，非均质条件下提高采收率幅度低于均质条件下采收率幅度。

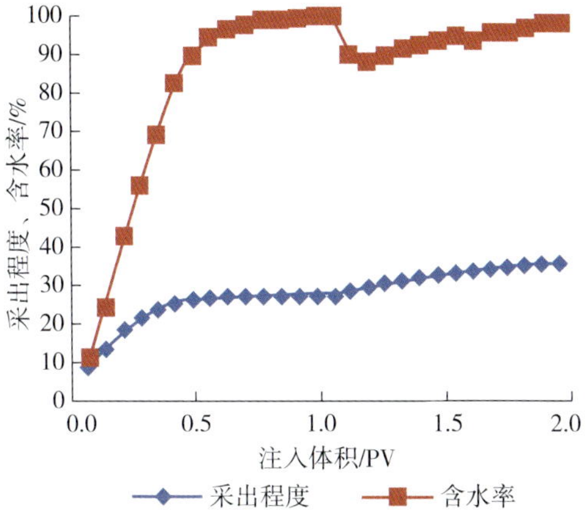

（a）渗透率级差 5含水率、采出程度变化曲线

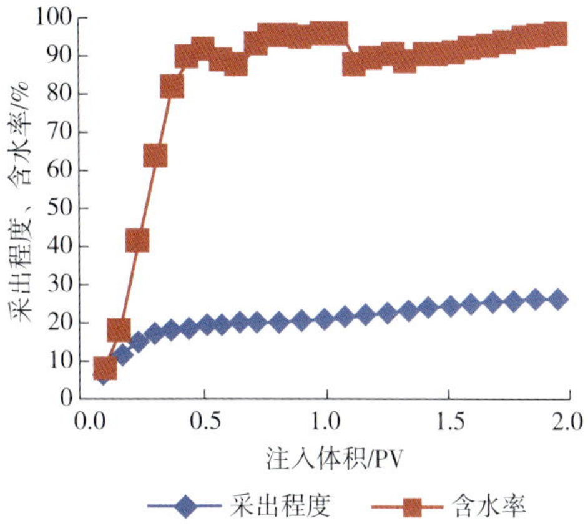

（b）渗透率级差 10含水率、采出程度变化曲线

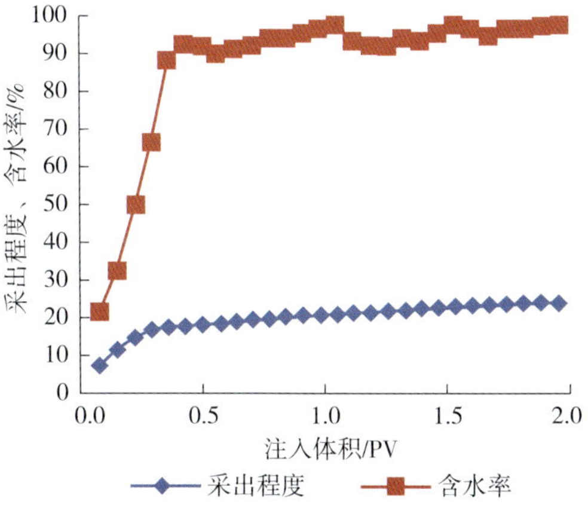

（c）渗透率级差 20含水率、采出程度变化曲线

图 4-4-12　不同渗透率级差非均质降黏剂驱试验结果

四、降黏冷采方案设计

（一）开发方式优选

根据八面河各稠油单元的地质特征与目前开发动态，确定本次降黏剂试验的开发方式为单井吞吐，待吞吐试验成功并推广后再进行降黏剂驱试验，主要依据如下：

（1）目前稠油单元基本上均为单井蒸汽吞吐生产，仅有面 138 区沙四段等局部地区有零星注水井，多数井区没有注采井网，降黏剂驱井组部署难度较大。

（2）降黏剂溶液需要在现场进行配制，目前现场没有固定的配制设备与站点，无法满足长期驱替的条件，仅能满足运用单井吞吐的方式进行生产。

（3）室内试验结果表明，降黏剂可以大幅降低稠油黏度，提高采出程度，同时具有一定改善非均质性的能力，但渗透率级差较大时，提高采收率幅度明显减小，因此开展降黏剂驱可能导致指进现象，存在一定技术风险。

（4）采用降黏剂吞吐的方式一方面是受非均质性的影响较小，可以提高降黏剂的利用率，吨剂换油率高于降黏剂驱；另一方面是吞吐生产方式的注入量较小，投入成本相对较低，可以降低试验风险。

（二）吞吐参数优化

降黏剂吞吐生产主要包括注入、焖井、采油 3 个阶段，因此参数优化主要包括注入浓度、注入量、焖井时间。

1. 注入浓度

根据降黏剂溶液浓度与黏度关系测试结果，随着降黏剂溶液浓度的增加，黏度得到明显提高。由于八面河稠油单元地层水中二价离子含量较高，一般在 1000~1600 mg/L 范围内，对活性剂体系黏度影响较大，当浓度为 1500 mg/L 时，体系黏度达到 3.68 mPa·s，为注入水黏度的 8 倍。

从降黏性能评价结果来看，活性降黏剂要达到较好的降黏效果，需要达到一定的浓度，超过此浓度时，降黏效果会快速上升。当浓度为 800 mg/L 时，对各区块原油的降黏率可以达到 76.5%~88.0%，但是试验也发现，此时的降黏率存在一定波动。静态降黏试验也显示，浓度为 800 mg/L 时，静态乳化能力明显低于 1500 mg/L。考虑到现场采用吞吐降黏的生产方式，降黏剂注入地层后流动性较差，因此需要使用较高的降黏剂浓度，提高静态降黏能力。

从驱油试验结果来看，注入 800 mg/L 降黏剂时；提高采收率幅度为 3.68%，注入 1500 mg/L 降黏剂时，提高采收率幅度为 7.81%。综合考虑降黏率与驱油效率，确定现场试验注入浓度为 1500 mg/L。

筛选出的 10 口试验井综合含水率达到了 92%~100%，除 1 口井外，均超过 95%，地层中含水量较大，降黏剂注入地层后前缘会被稀释，因此需要采用两段式注入的方式，提高前置段塞的浓度，设计前置段塞浓度为主段塞的 2 倍，即 3000 mg/L。

2. 注入量

降黏剂吞吐的主要目的是针对近井地带的残余油，进行化学降黏解堵，降低地层稠油黏度，增加水平段的动用程度，改善油水流度比，提高油井产油量。由于本次选择的试验井均经过数轮次的蒸汽吞吐，井筒附近含油饱和度低，如果降黏剂注入量较小，波及范围内剩余油少，产量低；如果注入量过大，易导致返排不彻底，降黏剂利用率低，影响经济效益。

对于蒸汽吞吐热采井，多周期蒸汽吞吐后，蒸汽的有效波及半径主要受地层吸汽能力的影响。受蒸汽吞吐开发方式影响，在无大孔道或高渗带地层中，蒸汽波及极限半径为 40~70 m（图 4-4-13），波及程度较高的区域一般为 20~35 m。在蒸汽波及半径以外的区域，含水率相对较低，不利于达到降黏剂的最佳性能，因此需要控制降黏剂的注入量，同时考虑到储层非均质性的影响，确定降黏剂注入量应为蒸汽吞吐时注入量的 1/4~1/3

（400~600 m³），确保降黏剂理论波及半径小于 10 m。以 M37 井为例，油层厚度 5.4 m，设计注入降黏剂总量 500 m³，理论波及半径 9.2 m。

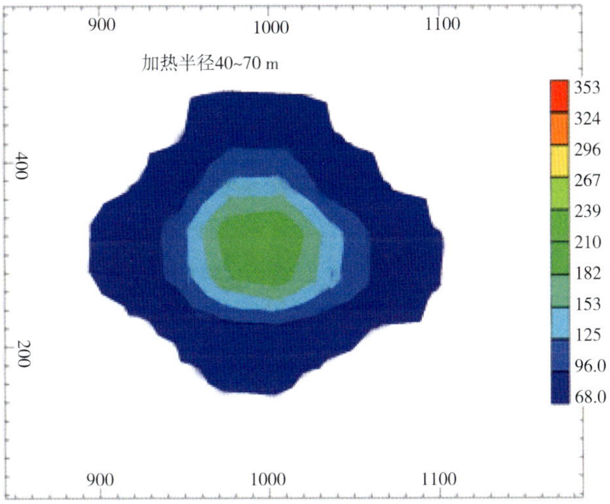

图 4-4-13　注蒸汽后最大极限加热范围（数模）

3. 焖井时间

在降黏剂静态乳化评价试验中可以看到，由于降黏剂乳化能力强，静置 4 h 后原油与降黏剂即可达到均匀混合，乳化速度快，因此不需要过长的焖井时间，注入降黏剂后待套压降至 0 MPa 时（或压力长时间不下降），就可以进行采油。参考国内胜利油田等矿场实践经验，根据注入量、储层渗透率、注入压力等不同因素，确定焖井扩散时间为 2~7 天。

五、降黏冷采实施效果

（一）试验井筛选

降黏剂吞吐对试验井的油藏条件、井筒状况、地面因素等要求相对较低。一般来说，只要地层能量充足、综合含水率在 80% 以上、没有强水淹的正常生产井，均可以进行降黏剂吞吐。因此按照地层条件与动态分析结果，从八面河不同热采区块中筛选出 10 口进行过多轮次吞吐，由于各种原因不具备热采开发潜力，且含水较高的低效井，开展降黏剂冷采吞吐试验（表 4-4-4）。

表 4-4-4　活性降黏剂试验井筛选结果

序号	单元	井号	试验前累产油 /t	试验前含水 /%
1	面 120 区沙三中	M120-31-P1	5281	96.7
2		M120-5-8	6657	92.6
3		M120-33-X5	11169	100

续表

序号	单元	井号	试验前累产油 /t	试验前含水 /%
4	面 37 区沙三中	M37-9-X7	8961	98.9
5		M37-7-X8	4044	98.1
6		M37	2241	95
7	面 120 区沙四段	M120-33-P4	3646	97.5
8	面 3 区沙三上	M4-5-55	637	100
9	面 14 区沙三上	M14-7-X35	186	98.6
10	面 138 区沙三上	M19-X13	8165	97.9

面 120 区沙三中、面 37 区沙三中由于目前含水较高，热采难度大，因此试验井部署较为集中，分别部署 3 口井；另外在面 3 区沙三上、面 14 区沙三上、面 120 区沙四段和面 138 区沙三上这 4 个单元中也分别选择了 1 口高含水井进行降黏剂吞吐试验，主要目的在于评价降黏剂在各区块的适应性。

1. 面 120 区沙三中

面 120 区沙三中先后有 57 口井进行过蒸汽吞吐热采，但近年来由于水淹影响含水上升快，多数井下泵生产后迅速高含水，增油油汽比低。区块整体热采工作量快速下降，2019 年仅进行了 5 井次的吞吐（图 4-4-14），且多为新井热采。

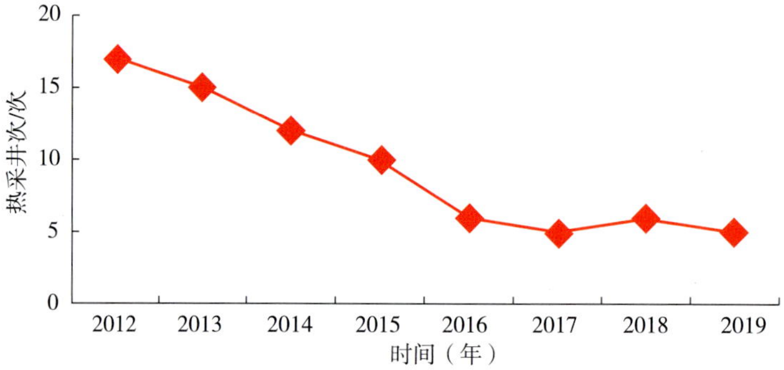

图 4-4-14　面 120 区沙三中 2012~2019 年热采井次变化

沙三中动用地质储量 526×10^4 t，其中水淹区储量 215×10^4 t，占比达到 41%（表 4-4-5），热采风险大，选井难度加大。水淹区油藏热采，油井近井地带含水饱和度高，且水的比热高，注入蒸汽加热后，导致对原油加热效率低，热采效果明显变差，增油油汽比下降幅度达 80.1%。因此选择面 120 区沙三中作为试验区之一。

表 4-4-5　面 120 区沙三中水淹区产量分布情况表

开发单元	动用地质储量 /10^4 t	水淹区				未水淹区储量 /10^4 t
		面积 /km^2	厚度 /m	单储系数	储量 /10^4 t	
面 120 区沙三中 1 砂组	334	1.33	5	20.8	138	196
面 120 区沙三中 3 砂组	192	0.53	7	20.8	77	115
合计	526				215	311

2. 面 37 区沙三中

面 37 区沙三中在各热采单元中水淹程度最高，平均综合含水达到 96%~98%，平均单井日产油仅 0.3~0.5 t（图 4-4-15）。

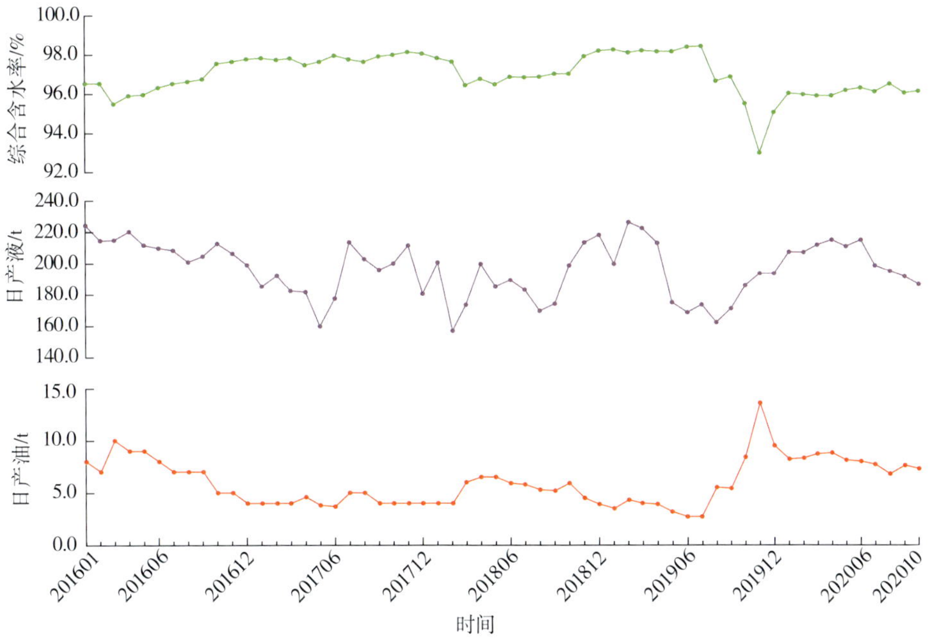

图 4-4-15　面 37 区沙三中综合开发曲线

近年来针对面 37 区沙三中高含水的现状，先后进行过高温泡沫堵剂、耐温固体堵剂的堵水研究与现场试验，取得了一定增油效果，但高温泡沫堵剂耐冲刷能力较弱、强度低，仅能短时间封堵水淹通道，一般适用于弱水淹区或层间调堵，有效期短；在强水淹区使用耐温固体堵剂进行堵水，具有强度高、耐温性好、有效期长的优势，但存在成本高、作用距离较短的缺点，并且固化后无法移动，一旦水或蒸汽绕过封堵带，重新形成渗流通道，封堵效果就会大幅降低。因此上述方式风险高，推广难度大，2016~2019 年面 37 区沙三中仅有 1 口井进行过热采，且增油油汽比仅为 0.18，低于经济极限油汽比，因此选择面 37 区沙三中作为试验区之一。

（二）矿场试验方案

根据筛选出的 10 口试验井地质特征与开发状况，分别制订了降黏剂吞吐试验方案（表 4-4-6）。以 M120-31-P1 井为例，该井 2013 年 8 月热采投产，注降黏剂吞吐前热采 2 轮，累产油 5281 t，含水率 96.7%。降黏剂吞吐试验层位为沙三中 1 砂组，油层有效厚度 66.0 m（水平段长度）。设计注入降黏剂 500 m³，按两段式注入，其中前置段塞浓度 3000 mg/L、注入量 100 m³，主段塞浓度 1500 mg/L、注入量 400 m³，注入完成后再注入地层水 30 m³，预计焖井时间 2~7 d。

表 4-4-6　降黏剂吞吐试验方案汇总

序号	井号	层位	厚度 / 层数	施工参数	理论半径 /m	焖井时间 /d
1	M120-31-P1	$S_3^{中}1_1$	66.0 m/1	前置液 100 m³，浓度 3000 mg/L 处理液 400 m³，浓度 1500 mg/L	2.9	2~7
2	M37-9-X7	$S_3^{中}3_1$	8.8 m/1	前置液 100 m³，浓度 3000 mg/L 处理液 400 m³，浓度 1500 mg/L	7.2	2~7
3	M37-7-X8	$S_3^{中}3_{1+2}$	10.2 m/2	前置液 100 m³，浓度 3000 mg/L 处理液 400 m³，浓度 1500 mg/L	6.7	2~7
4	M19-X13	$S_3^{上}5_2$	9.0 m/1	前置液 100 m³，浓度 3000 mg/L 处理液 400 m³，浓度 1425 mg/L	7.1	2~7
5	M37	$S_3^{中}3$	5.4 m/1	前置液 100 m³，浓度 3000 mg/L 处理液 400 m³，浓度 1500 mg/L	9.2	2~7
6	M14-7-X35	$S_3^{上}3_4 4_2 5_1$	8.2 m/5	前置液 100 m³，浓度 2600 mg/L 处理液 500 m³，浓度 1300 mg/L	8.5	2~7
7	M120-33-X5	$S_3^{中}1_2$	10.0 m/3	前置液 100 m³，浓度 3000 mg/L 处理液 400 m³，浓度 1500 mg/L	6.7	2~7
8	M120-5-8	$S_3^{中}1_{1+2}$	6.6 m/2	前置液 100 m³，浓度 3000 mg/L 处理液 400 m³，浓度 1500 mg/L	8.3	2~7
9	M120-33-P4	$S_4 1_{1+2}$	55.0 m/2	前置液 100 m³，浓度 2600 mg/L 处理液 500 m³，浓度 1300 mg/L	3.2	2~7
10	M4-5-55	$S_3^{上}1_5$	6.2 m/2	前置液 100 m³，浓度 3000 mg/L 处理液 200 m³，浓度 1500 mg/L	6.0	2~7

（三）现场实施效果

1. 整体效果

截至 2020 年 10 月，共计进行了 10 口井的降黏剂吞吐试验，单井注入降黏剂 300~600 m³，单井消耗降黏剂 16~24 t，单井药剂成本 24.6 万 ~37 万元。从试验结果来看，10 口试验井中高效井有 8 口，平均单井增油 445 t，累计增油 3556 t，目前 8 口井仍然继续有效；低效井 M14-7-X35 井为强流线对应油井，含水上升快，已转注；无效井 M120-5-8 井由于邻井采出程度高，降黏后增油量少，判断为无效（表 4-4-7）。10 口井降黏吞吐有效率达到了 90%。

表 4-4-7　降黏剂吞吐试验效果统计表

分类	井号	见油时间	措施前生产情况		第一个月生产情况		2020 年 10 月生产情况		累产油 /t	有效天数 /d	累增油 /t
			日产液量 /t	日产油量 /t	日产液量 /t	日产油量 /t	日产液量 /t	日产油量 /t			
高效	M120-31-P1	2019/6/11	21	0.5	21.1	3.1	32.6	2.2	1100	523	839
	M37-9-X7	2019/8/1	27	0.4	24.2	3.3	33	1	709	463	523
	M37-7-X8	2019/9/28	18.4	0.1	27.4	3.6	18	1.5	616	416	573
	M37	2019/11/4	13.6	0.4	13.1	1.6	20.4	1	616	370	370

续表

分类	井号	见油时间	措施前生产情况		第一个月生产情况		2020年10月生产情况		累产油/t	有效天数/d	累增油/t
			日产液量/t	日产油量/t	日产液量/t	日产油量/t	日产液量/t	日产油量/t			
	M19–X13	2019/11/12	6.3	0.3	25.3	0.6	20.4	1.3	316	362	244
	M120–33–X5	2019/12/2	8	0.2	25.1	2.2	42	0.8	515	341	446
	M120–33–P4	2020/2/1	15.4	0.4	20	4	9.3	0.8	396	283	283
	M4–5–55	2020/6/26	0.5	0	5.8	2.4	4.3	2.5	278	138	278
低效	M14–7–X35	2019/11/26	27.1	0.4	31	1.1	转注		108	135	54
无效	M120–5–8	2020/1/24	13.6	0.6	9.5	1.3	6.9	0.6	26	44	24

2. 典型井例

以 M120–31–P1 井为例，该井 2019 年 6 月开始做降黏剂吞吐试验，首先注入浓度为 3000 mg/L 的前置段塞 100 m^3，排量 0.4 m^3/min，注入过程中泵压由 2.0 MPa 上升到 6.0 MPa；然后注入浓度为 1500 mg/L 的主段塞 400 m^3，排量 0.36 m^3/min，注入泵压由 6.0 MPa 上升到 10.0 MPa；再注入 30 m^3 地层水；注入完成后关井扩散，2 d 后套压由 8.0 MPa 降至 0 MPa，结束焖井，开抽生产。

M120–31–P1 井试验前平均日产油 0.5 t，最高含水 97.0%，试验后日产油量明显上升，最高日产油 4.1 t，含水率最低降至 83.9%，平均日产液量由 17 m^3 上升至平均 27 m^3（图 4–4–16）。截至 2020 年 10 月底，日产油 2.2 t，含水 93.2%，增油有效期 523 d（目前仍然有效），试验期间累计产油 1100 t，累计增油 839 t。

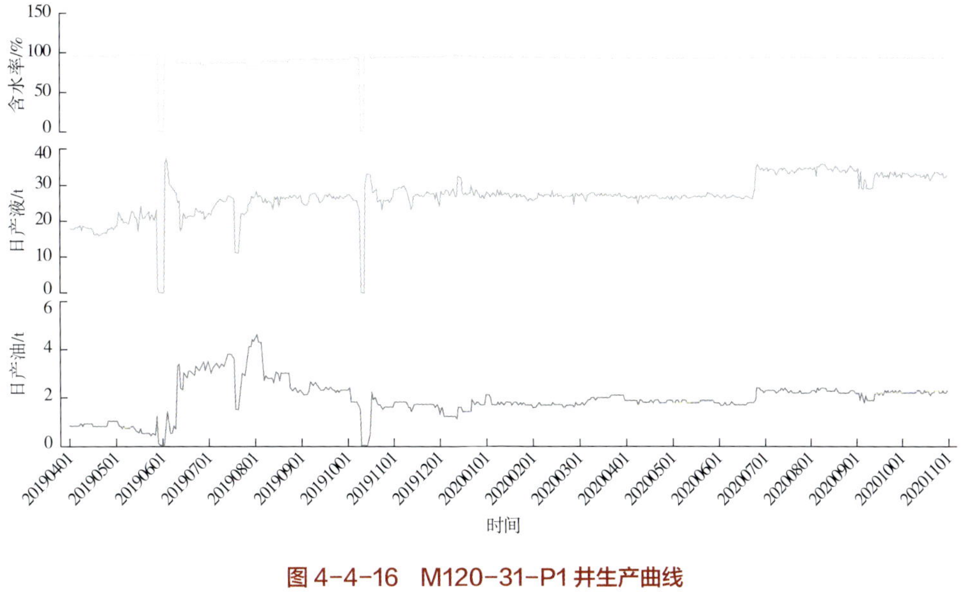

图 4–4–16 M120–31–P1 井生产曲线

3. 矿场效果影响因素分析

对各井的地质条件、开发动态与试验结果进行分析认为，对增油效果影响最大的因素包括储层物性与采出程度。

1）储层物性

从 10 口井的试验结果分析来看，地层系数与产能匹配程度高，其次是渗透率；当地层系数大于 $2500\times10^{-3}\ \mu m^2\cdot m$、渗透率大于 $320\times10^{-3}\ \mu m^2$ 时，第一个月产能大于 2 t/d（图 4–4–17）。

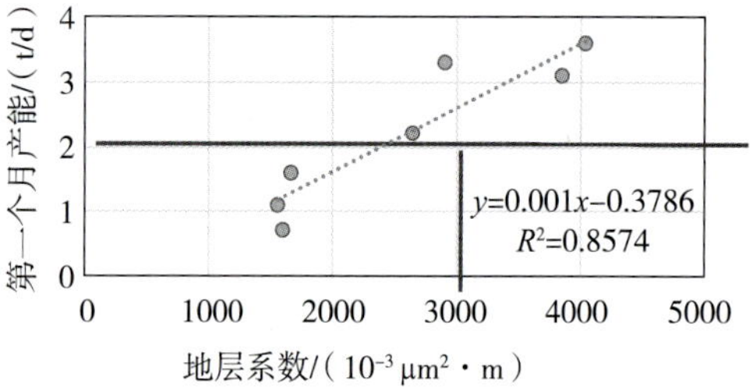

（a）地层系数与第一月产能关系

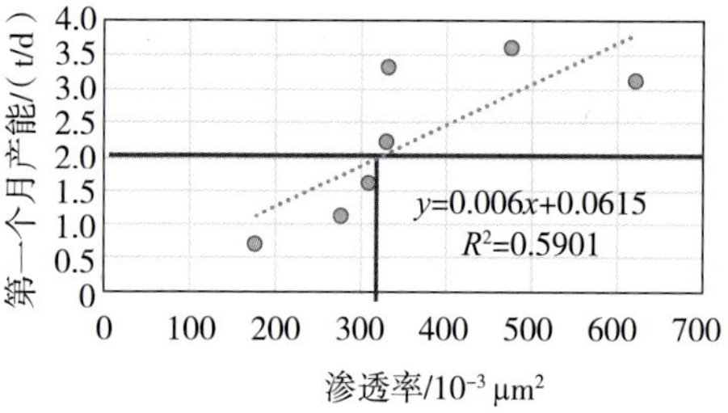

（b）渗透率与第一月产能关系

图 4–4–17　产能影响因素对比图

2）采出程度

降黏剂吞吐在地层中作用范围相对较小，因此注前油井的采出程度越低，降黏剂吞吐效果越好，反之则越差。从试验结果来看，采出程度小于 20% 时，第一个月产能大于 2.5 t/d（图 4–4–18、表 4–4–8）。无效井 M120–5–8 井的邻井 M120–35–X8 井、M120–34–X7 井采出程度分别达到了 22.1%、29.0%，含水 96.9%~99.4%，井距仅 96~130 m，因此降黏剂吞吐效果差。

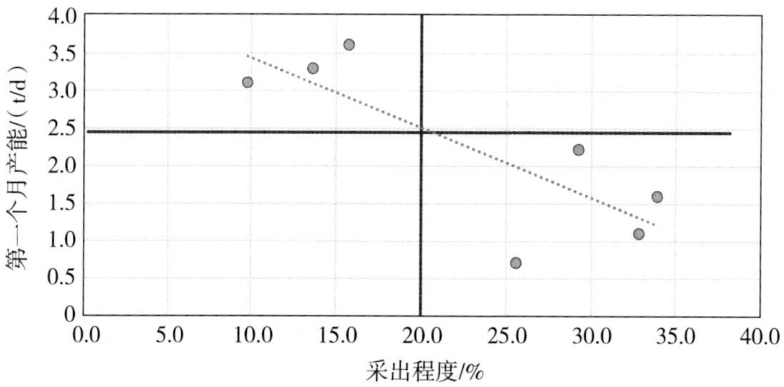

图 4–4–18　单井第一个月产能与采出程度关系

表 4-4-8　降黏剂吞吐第一个月产能与采出程度关系统计

井号	含油面积 /km²	有效厚度 /m	单储系数	地质储量 /10⁴ t	累产油 /10⁴ t	采出程度 /%	第一个月产能 /（t/d）
M120-31-P1	0.173	5.4	20.8	19.4	1.9	9.8	3.1
M37-9-X7	0.036	8.8	20.8	6.6	0.9	13.7	3.3
M37-7-X8	0.052	8.2	20.8	8.9	1.4	15.8	3.6
M19-X13	0.13	8.6	19.2	21	5.5	25.6	0.7
M120-33-X5	0.063	6.8	20.8	8.9	2.6	29.2	2.2
M14-7-X35	0.079	5.7	18.7	8.4	2.8	32.8	1.1
M37	0.037	5.4	20.8	4.2	1.4	33.9	1.6

4. 试验效益分析

现场试验结果表明，降黏剂吞吐的施工工艺较为简单，对油井的要求少，适用于热采含水高、井况较差不适于热采的油井。按每轮次注入降黏剂 500 m³ 左右为例（表 4-4-9），需要新增材料成本约 35 万元，新增操作成本 2 万元，共计 37 万元；目前平均累计增油量已达 363 t（含无效井），以 40 美元 / 桶油价计算，平均阶段增油收入 68 万元，平均增油效益达到 31 万元。

表 4-4-9　降黏剂吞吐成本与效益测算结果表

序号	井号	降黏剂用量 /t	材料成本 / 万元	其他成本 / 万元	累增油 /t	增油收入（40 美元 / 桶）/ 万元	增油效益 / 万元
1	M120-31-P1	24	35.4	2	839	158	120
2	M37-9-X7	24	37	2	523	98	59
3	M37-7-X8	24	37	2	573	108	69
4	M37	24	37	2	370	70	31
5	M19-X13	24	37	2	244	46	7
6	M120-33-X5	24	34.7	2	446	84	47
7	M120-33-P4	22.5	37	2	283	53	14
8	M4-5-55	16	37	2	278	52	13
9	M14-7-X35	22.5	34.7	2	54	10	-27
10	M120-5-8	24	24.6	2	24	5	-22
平均		23	35	2	363	68	31

第五章　断块油藏开发技术

第一节　断块油藏开发历程

断块油藏主要分布于八面河油田主体构造带北部和北部斜坡带，截至2021年包括北一区、北二区、广北区、海滩区等4个开发单元，探明地质储量3720×10^4 t，已动用2696×10^4 t。八面河断块油藏一般采用天然能量和边外注水开发方式，根据产量变化，可分为钻探上产阶段（1988~1998年）、稳产阶段（1999~2008年）、产量递减阶段（2009~2016年）、综合调整阶段（2017~2021年）等四个开发阶段（图5-1-1）。

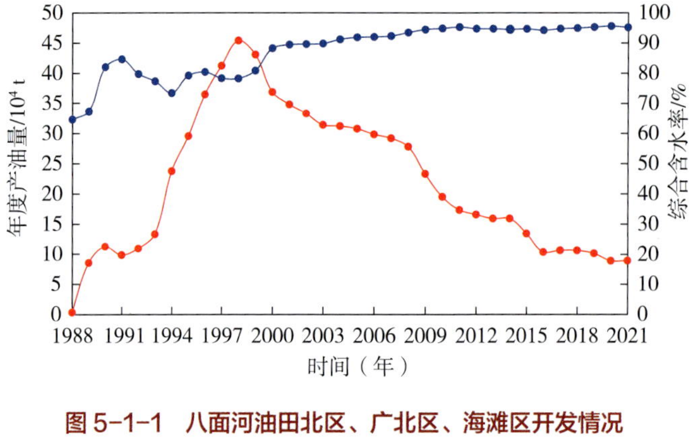

图5-1-1　八面河油田北区、广北区、海滩区开发情况

一、钻探上产阶段

1988~1998年。北区、广北区、海滩区相继开展勘探开发，随着大量新区块、新井的投产，油田产量逐步提高，至1998年达到峰值年产量45.4×10^4 t。

二、稳产阶段

1999~2008年。随着投产新井的减少，油田开发规模逐渐稳定，开发方式上仍以天然能量和边外注水开发为主，适当开展了层系井网调整，年产量保持在 28×10^4 t 以上。

三、产量递减阶段

2009~2016 年。随着大量投产老区进入开发中后期，油田开发形势日益严峻，虽然采取了边水断块油藏层系细分挖潜等调整技术有所缓解，但油田总体产量仍持续递减，至 2016 年产量下降到 10.5×10^4 t 左右。

四、综合调整阶段

2017~2021 年。通过开展系列细致深入的油田潜力调查评价工作，实施产量递减综合调控、潜力分类精细挖潜等综合调整措施，年产量稳定在 9×10^4~10×10^4 t。

第二节　基本开发特征

角 5–23 块是八面河油田边底水一般复杂断块油藏的主力区块之一，且投产时间较长，其生产动态规律代表了八面河断块油田的基本开发特征。因此，本节以角 5–23 块为例，分析断块油藏的主要开发特征。

角 5–23 块位于八面河油田主体构造带北部，工区含油面积 1.21 km^2，地质储量 520×10^4 t，含油层系为新生界下第三系沙河街组的沙三上、沙三中、沙四段，含油小层多（主要含油小层有 15 个）、含油断块小。1990 年投入正式开发，峰值产油量达到 10.3×10^4 t，目前已进入特高含水期（平均含水 95% 以上）。早期钻井钻“高点”、打多层，多为多层合采，后期逐步调整为单层、单一砂体开发。主要依靠油藏天然能量驱动开发，后期辅助点状注水。

一、采油采液能力

（一）采液能力

由相渗曲线计算无因次采油采液指数（图 5–2–1、图 5–2–2）看出，中低含水阶段，采液指数初期有下降过程；后期由于含水率上升，当水相渗流能力大于油相后，采液指数缓慢上升，在含水达到 60% 时接近初始值；含水率在 60% 以后无因次采液指数持续上升，含水率大于 80% 以后无因次采液指数开始快速上升，含水率大于 95% 以后无因次采液指数开始急剧上升，并随含水的升高，采液指数上升幅度增大。

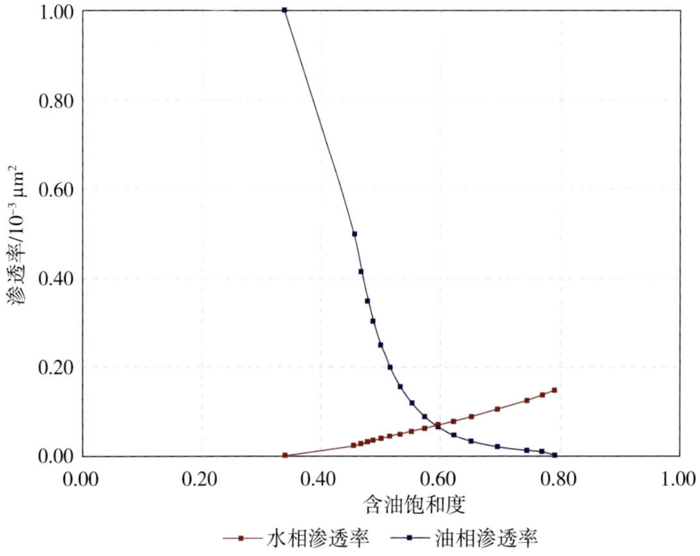

图 5-2-1　数模修正相渗曲线

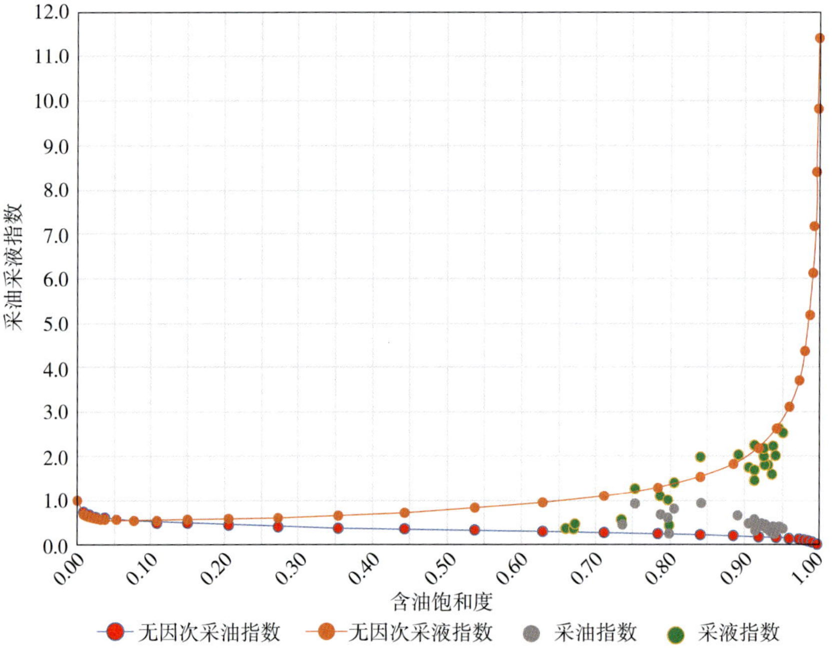

图 5-2-2　角 5-23 块无因次采油采液指数

油藏最佳提液区间是指在这期间开始提液，能使油藏在提液期内具有较高的开采水平，能较合理地利用地层能量，并保证油井具有较高的水驱驱油效率。通过无因次采油采液指数研究，油藏提液从产液指数回升开始逐渐进入可提液阶段，这说明油藏在此时已经具备提液条件，含水大于90%，特别是大于95%以后则进入大幅度提液的最佳时期。

另外，含水率 90% 以后无因次采油指数下降幅度较大，此时提高提液量也是减缓油田产量递减的重要手段。因此，区块可以从含水率达到 90% 时开始提液。

当油相相对渗透率大于水相相对渗透率［(K_{ro}/K_{rw}) >1］时，注入水有效利用率高，开发效果好；而在此平衡点之后，水相渗透率大于油相渗透率，注入水在油层中的运动开始快于原油，出现了水超前于油的现象。在这一阶段，提高产液量主要是提高了水量，开发效果明显变差，虽然在此阶段提高提液量采油比不提高好，但效果将明显减弱。相渗计算结果表明，在特高含水阶段，提液幅度在 2.5~3 倍，在含水达到 98% 时提液幅度可以达到 6 倍，所以油井在进入高含水期后，提液能起到稳产作用，最好在油井含水 94%~96% 区间提液。

从矿场实际提液效果来看，在同一类砂体，J5–X262 在含水达到 95.5% 后提液、G3–X11 在含水达到 92.2% 后提液，液量均大幅增加，但 G3–X11 含水上升更快，导致累积增油效果不明显。反之，J5–X262 在含水大于 95% 后提液，含水上升慢，有效期长（图 5–2–3）。

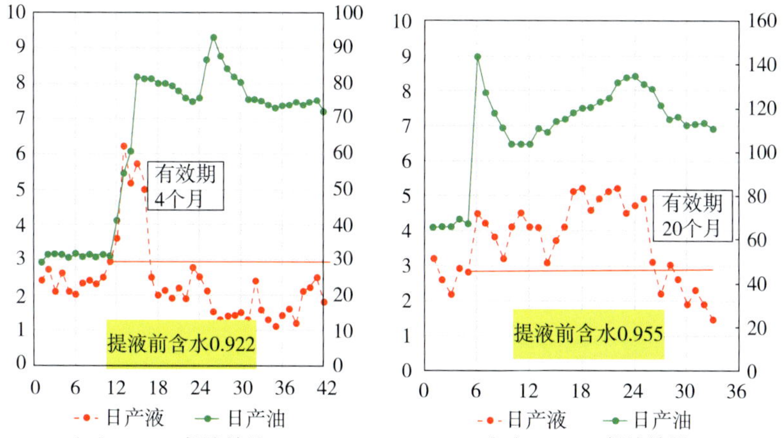

（a）G3–X11提液效果　（b）J5–X262提液效果

图 5–2–3　角 5–23 块提液效果

结合无因次采油采液指数变化规律，在油井含水大于 95% 的一、二类砂体中，可提液稳产。三类砂体由于本身物性较差，储量较小，含油面积小，基本不能满足提液条件。

统计角 5–23 块目前油井平均采液和采油可以看出，目前含水大于 95% 的砂体有 5 个，分别是 S_33_1、S_34_1、S_35_1、S_43_1 和 S_33_3，其中沙四段的两个砂体含水相近，含油面积较小，提液容易水淹。按照相渗曲线、无因次采油采液指数及已实施提液井实际生产数据综合分析，确定在 $S_3^{上}5_1$ 的角 5– 斜 9 井实施提液试验。

（二）采油能力

影响油层采油能力因素较多，客观上主要是油层的油水两相渗流规律。由于角 5–23

块本身没有取心井及相渗资料，所以取扬 5–5 井相渗曲线作为基本相渗曲线，然后结合数值模拟历史拟合结果对相渗的修正曲线来考察角 5–23 块的油水相渗曲线（图 5–2–4）。曲线最终驱油效率为 68.3%，在无水采油期 – 低含水采油期油相渗流能力大幅度下降，中高含水期下降速率减小。

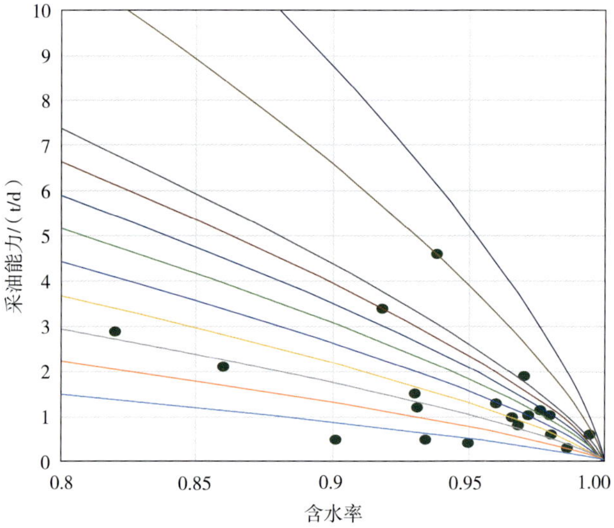

图 5–2–4　采油能力图版

客观上引起油井产量变化的主要是随着含水饱和度增加，油相渗流能力下降，以及油层的有效厚度、原油物性及最大泄油半径等，主观上引起油层采油能力改变的因素主要是生产压差。根据油藏工程原理，油井产量可以表示为：

$$Q=\frac{2\pi K_o h\rho_o}{\mu_o}\bullet\frac{1-\exp[-\alpha_k(p_o-p_{wf})]}{\alpha_k\ln\left(R/r_w\right)} \qquad (5\text{–}2\text{–}1)$$

式中，Q 为油产量；R 为供给半径；r_w 为井半径；p_{wf} 为井底流压；p_o 为油藏压力。

对于同一类砂体而言，假设其原油黏度及砂体渗透率比较接近，纵向上则主要是有效厚度及生产压差的差异，则采油能力主要相关因素为油相渗透率、生产压差及砂体有效厚度。通过相渗曲线可以看出，油相相对渗透率是饱和度的函数：

$$\lg K_{ro}=b\bullet\lg\left(\frac{1-S_W-S_{or}}{1-S_{wi}-S_{or}}\right) \qquad (5\text{–}2\text{–}2)$$

式中，S_W 为含水饱和度；S_{or} 为残余油饱和度；S_{wi} 为束缚水饱和度；K_{ro} 为油相相对渗透率。

因此，通过相渗曲线可以求出不同含水饱和度下的采油能力，在此基础上制作角 5–23 块采油能力理论图版如图 5–2–4 所示。将不同的砂岩有效厚度及生产压差代入产量求解公式可以得出区块产量求解图版。对比相同参数下油井实际采油能力与理论图版的差异，可判断油井是否达到此生产参数下的最大采油能力。目前角 5-23 块油井多处在含水 90%~98% 范围内，对应的采油能力则在 0.31~11.7 t/d，对应初期不含水最高采油能力下降幅度 75%。目前区块产量 72 t/d，与 1997 年 11 月最高产量 330 t/d 相比，下降幅度为 78%，略低于理论产油能力。

二、产量递减规律

角 5-23 块整个产量变化过程经历了上升、稳产、递减、调整后产量再次上升、二次递减的 5 个过程。在 1999 年 12 月达到峰值，随后进入整体递减阶段。由区块产量变化曲线分析，第一阶段递减类型为双曲递减，后期经过调整后第二次递减类型为调和递减（图 5-2-5）。

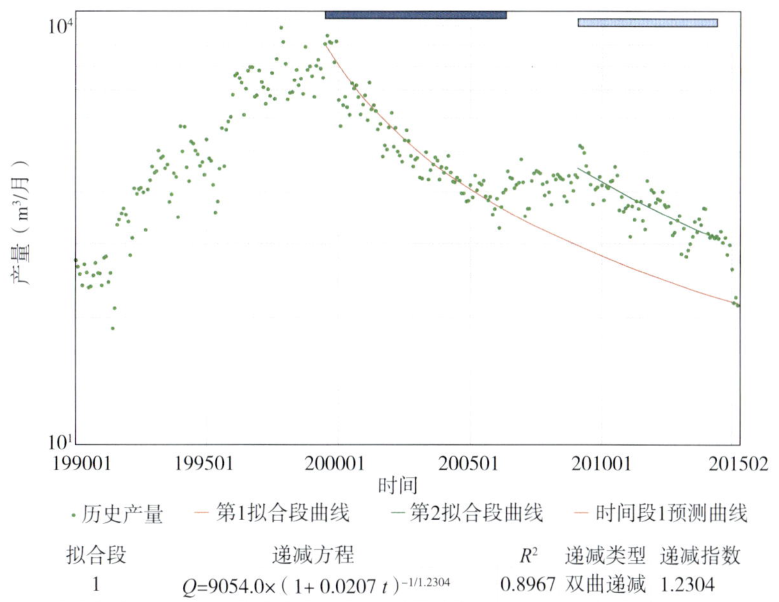

图 5-2-5　角 5-23 块递减分段模型

分两段进行递减方程回归：

第一段，1999 年到 2009 年，月递减率 2.07%，递减方程为：

$$Q = 9054.0 \times (1 + 0.0207t)^{-1/1.2304} \tag{5-2-3}$$

第二段，2010 年到目前，月递减率 0.74%，递减方程为：

$$Q = 4589.34 / (1 + 0.0074t) \tag{5-2-4}$$

选择 3 个具有代表性的不同类型砂体归一化无因次递减模型进行对比，一类砂体递减率小，二、三类砂体递减率逐渐加大（图 5-2-6）。

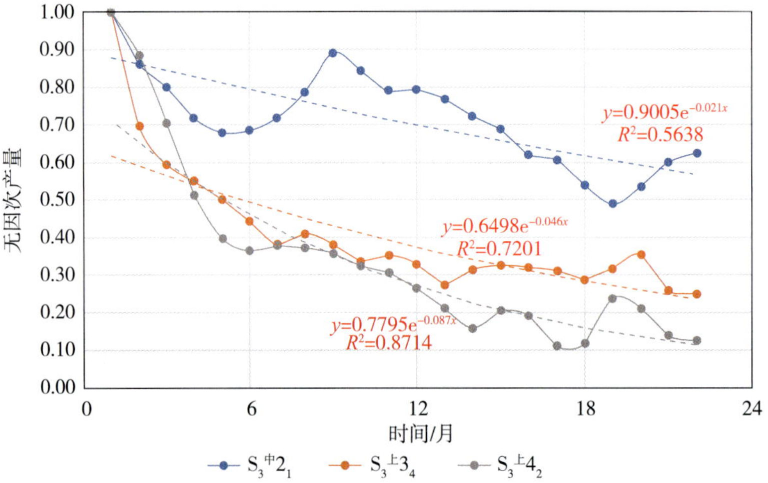

图 5-2-6　不同类型砂体无因次产量递减模型对比

选择不同构造部位油井产量曲线进行递减率（图 5-2-7）分析，结果表明同一砂体构造高部位油井初期产量高、递减快（递减率 14.6%），低部位油井初期产量低、递减稍慢（递减率 10%），这主要是因为低部位油井有边水补充能量。

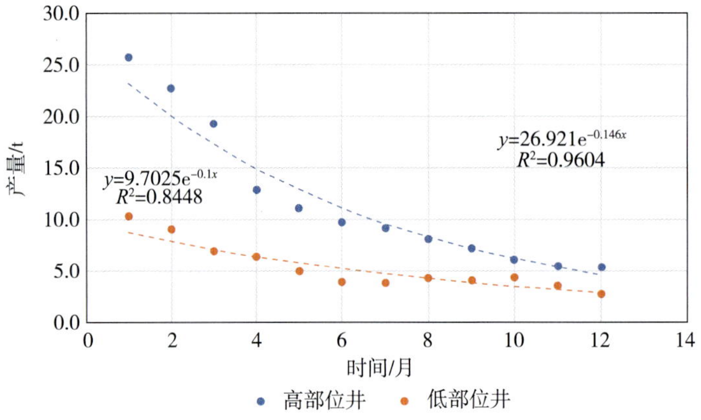

图 5-2-7　同砂体不同部位油井产量递减对比

三、含水上升规律

角 5-23 块标定采收率为 28.8%，可采地质储量 150×10^4 t，目前累计采油 144.5×10^4 t，可采储量采出程度 92.64%。使用童宪章图版及广义翁氏模型进行采收率预测，结果分别为 32.3% 和 32.8%，非常接近。采用 ER=0.33 作为计算采收率，从水驱特征曲线可以看出，开发初期含水实际值高于理论值，在中后期向理论值靠近（图 5-2-8）。

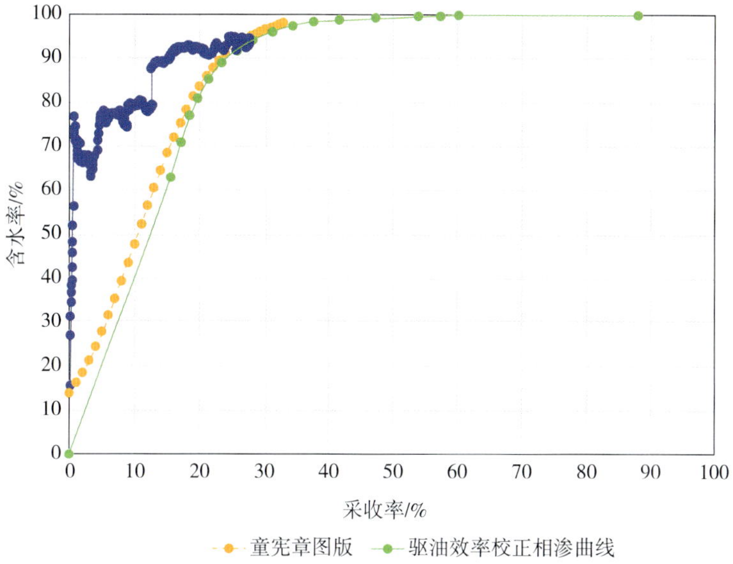

图 5-2-8　理论与校正图版对比

统计不同类型砂体的含水上升规律（图 5-2-9）可以看出，开发初期一、二类砂体含水上升率小于三类砂体，开发 3 年后，3 种类型砂体含水上升率接近。

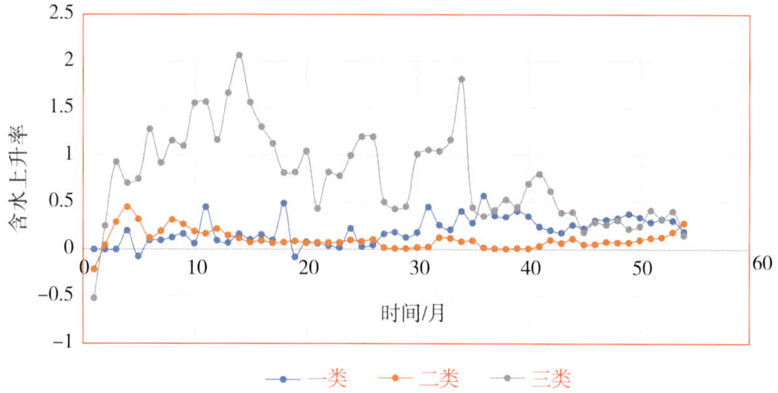

图 5-2-9　不同砂体含水上升率对比

统计不同井型的含水上升规律（图 5-2-10）可以看出，投产初期水平井含水上升率高于定向井，后期逐渐趋于一致。

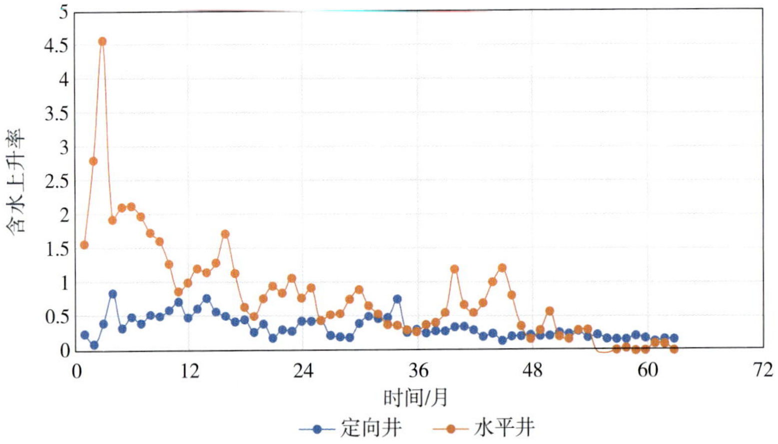

图 5-2-10　不同井型含水上升率对比

第三节　剩余油分布规律

以北二区为例，构造、渗透率级差、层内夹层分布和原油性质为剩余油的主要影响因素。根据这些影响因素，可把剩余油分布形式归纳为 3 类：渗透率级差和原油性质控制的层间剩余油分布、渗透率级差和层内夹层控制的层内剩余油分布、构造因素和物性平面差异控制的平面剩余油分布。

一、剩余油分布研究方法

北二区采用多种方法相结合的方式开展了剩余油分布规律研究，主要包括：油藏数值模拟法定量研究和动态分析法定性研究平面剩余油分布规律，动态监测法和动态分析法相结合研究层间和层内剩余油分布规律。

（一）数值模拟法

油藏数值模拟技术是目前研究油水运动规律和剩余油分布特征的所有方法中效果最好、最全面的方法。选择北二区储量较大的 2 个主力断块角 5–23 块、莱 5–4 块开展油藏数值模拟研究，精确描述油砂体剩余油分布规律。

以角 5–23 块为例，建模过程中重点进行了区域划分：

PVT 区域：根据油水界面深度及各区的 PVT 性质，将角 5–23 块模拟工区分为 13 个 PVT 区域（沙三上 10 个，沙三中 1 个，沙四段 2 个）。

ROCK 区域：根据各区岩石性质，将模拟工区整体为沙三上、沙三中、沙四段 3 个 ROCK 区域。

Volume 区域：根据地质情况，为了便于拟合地质储量与实际地质储量的对比，将模拟工区分为 6 个 Volume 区域。沙三上分为 3_1、4_1、5_1 等 3 个 Volume 区域，沙三中分为 1 个 Volume 区域 2_1，沙四段分为 3_1、4_1 等 2 个 Volume 区域。

生产历史拟合主要拟合区块地层压力、含水率，单井地层压力、含水率等。在历史拟合基础上（图 5-3-1），绘制出角 5-23 块各层砂体目前的含油饱和度图。

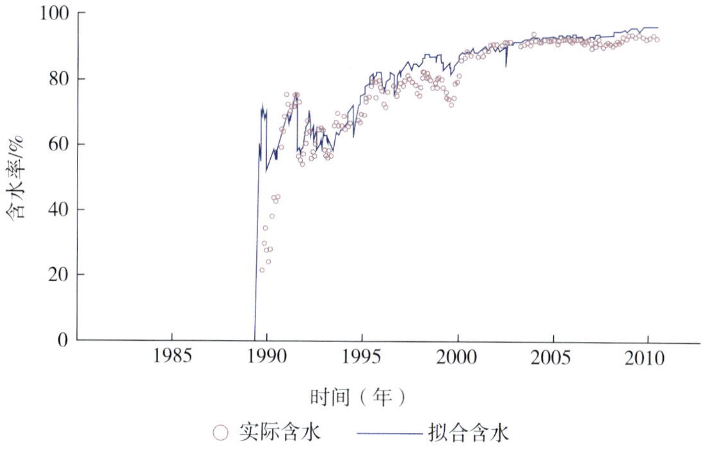

图 5-3-1 角 5-23 块拟合含水与实际含水对比

（二）动态分析法

在油田开发中常用注水主流线图或水淹图直观地反映各小层剩余油分布状况，针对北二区为边、底水油藏的特点，注水主流线图其实是研究边水主流线图。

（1）边水主流线分析法：根据历年新井、老井调层措施效果分析，综合地质特征和水淹规律，结合示踪剂、吸水剖面、产液剖面等其他动态监测资料，作出各小层的边水主流线图，可以直观判断边水的主要流向及平面水淹状况。由于大多数井是多层合采，需要判断各小层的累计采出量，因此要对合采井进行劈产。劈产的依据：一是通过邻近单采井的资料，二是通过动态监测资料如油井的产液剖面资料、饱和度测井资料以及对应注水井的吸水剖面资料等，综合利用各类资料来确定出合采井中各小层的出力状况。

（2）水淹图分析法：在边水主流线图基础上，根据单元单井累计采油、采水量、含水率等参数作出各小层水淹状况图，可以直观反映油层平面上各部位含水率的高低，定性描述油砂体平面剩余油分布规律。对于多层合采，其含水率反映的是主要出力层的含水，因此在作各小层的水淹图时，首先判断各小层的含水状况。判断各小层的含水一是通过邻近单采井的资料，二是通过动态监测资料如油井的产液剖面资料、饱和度测井资料以及对应注水井的吸水剖面资料等，综合利用各类资料来确定出合采井中各小层的含水率。

具体做法是：以油砂体为单元，利用油水井动态生产数据、产液剖面、吸水剖面、剩余油监测和储层物性等资料，对合采井的出力状况进行分析，合理劈产，计算砂体上每口单井的累计油水采出量，根据平面上各区域的累计采油采水量，了解砂体平面剩余油分布状况，结合各生产井的含水率，作出砂体水淹图，确定各砂体剩余潜力的大小。

（三）动态监测法

油田开发中常应用油井产液剖面与注水井吸水剖面、示踪剂测试及剩余油测井资料来判断分层出力状况、水线推进主要方向、剩余油饱和度分布状况。动态监测资料分析法主要应用油井产液剖面、注水井吸水剖面及饱和度测井资料（如硼中子测井、PND 测井、C/O 测井）等来认识剩余油纵向分布特征。根据产液剖面可以直接确定纵向上各小层产液产油及含水状况，根据吸水剖面可以定性判断主要出力层及主要产水层，注水井吸水好的层段对应油井含油饱和度一般低于吸水差的层段。根据饱和度测井资料，一般可以定量计算出全井纵向上含油饱和度值。如 J5-X56 井中子寿命测井解释表明，$S_3^{中}2_1$ 的顶部未进硼，较其他层段水淹程度低，该井采 $S_3^{上}2_1$ 含水高达 97% 以上。因此，根据测井解释成果挤堵高水淹井段 $S_3^{中}2_1$ 下部，复射顶部后含水降到 33.7%，日产油由 1.2 t 上升到 3.8 t（图 5-3-2）。

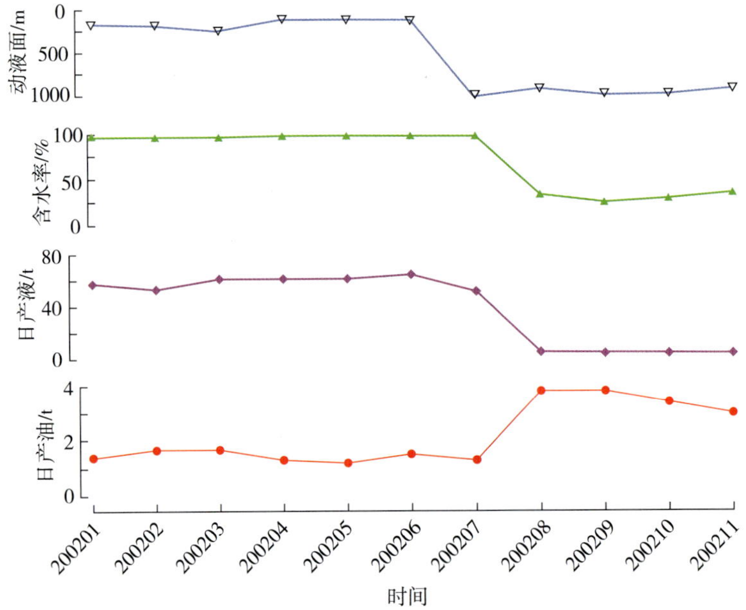

图 5-3-2　J5-X56 井硼中子测井挤堵复射效果

动态监测资料录取过程中受井况等因素影响，资料准确度仍存在一定问题，而动态分析法由于受物性的平面差异和劈产的人为因素影响，也存在一定不确定性，具体应用时需综合多种资料，相互验证。

剩余油研究采取先纵向后平面的顺序分析。分析过程中综合应用动态监测法与动态分析法的研究结果，同时参照数值模拟结果，总结砂体纵向上及平面上剩余油的分布规律。

为了研究的需要，系统收集整理了近年的动态监测资料进行统计。吸水剖面共测了 3 口，产液剖面共测了 4 口，剩余油监测共测了 17 口，这些动态监测资料为剩余油分析提供了依据。

二、层间剩余油分布规律

综合运用动态监测法与动态分析法，研究结果显示，纵向上层间剩余油分布存在明显差异。

（一）动态监测法

统计大量监测资料显示，研究区单元整体水淹较高，但纵向有差异，差油层 $S_3^{上}3_4$ 和 $S_3^{中}1_1$ 动用差，水淹程度较低，剩余油富集，其他层水淹程度较高。

$S_3^{上}3_4$ 和 $S_3^{中}1_1$ 的监测井数分别为 4 口和 5 口，与其他层相比，全部显示为未进硼或低水淹特征。

以 J5-26 为例，图 5-3-3 为 J5-26 井硼中子测井解释结果，可以明显看出 $S_3^{上}3_4$ 未进硼，而 $S_3^{上}3_1$ 显示为高水淹。

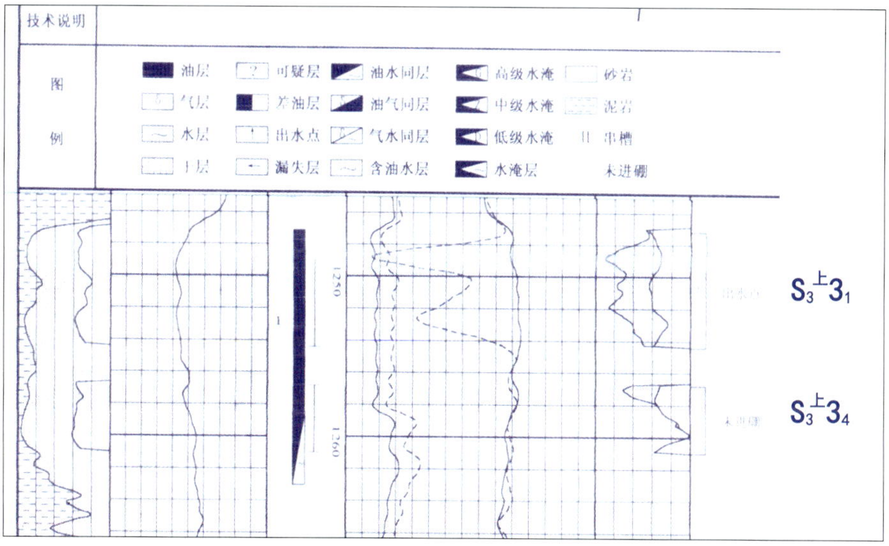

图 5-3-3 J5-26 井硼中子测井解释结果

（二）动态分析法

通过动态分析法计算单井及各断块各砂体的剩余油可采储量（表5-3-1），结合单采油井的生产动态定性分析剩余油的层间分布规律。结果表明，各个断块的层间动用状况差异很大。从整个北二区区域来看，各断块合计剩余可采储量大于 8×10^4 t 的有 S_3上3_1、S_3上3_4、S_3上5_{1+2} 和 S_3中1_1 等4个油层，其中 S_3上3_4 和 S_3中1_1 两个油层，历史上采油井点少，油井单采低液低产，累计采出少，储量动用程度低，边水能量不足，在平面上剩余油较为集中。

表5-3-1　各断块各砂体剩余油可采储量

单位：10^4 t

砂体	角4块	莱5块	莱5-4块	角5-23块	面127块	面10块
S_3上3_1		2.25	6.9（带气顶）	6.37	2.62（带气顶）	1.96（带气顶）
S_3上3_4		3.35	3.13	5.25	0.46	0.63
S_3上4_{1+2}	0.01	0.08	−1.26	−4.63	0.26	0.00
S_3上5_{1+2}	0.57	0.07	1.86	0.44	0.72	7.04
S_3上5_3	4.09	−0.24	0.42	0.24	0.68	0.64
S_3中1_1	0.49	1.19	1.21	6.85	3.07	1.18
S_3中2_{1+2}	0.73	−0.23	1.36	−9.18	3.05	1.50（带气顶）
S_3中2_3	0.37	−0.67	0.24	0.19	0.65	
S_3中3	1.30	−0.68	0.11	−0.91	1.29	1.60
S_41_{1+2+3}	3.70	1.17	0.63			
S_42_1	−1.48	−0.14	−0.93	−0.07	0.62	0.42
S_43_1	−0.69	0.13	−0.05	1.60	0.37	0.05
S_43_3	−0.39			4.29		

通过以上两种方法总结北二区层间剩余油分布规律：剩余油分布于储层物性相对较差的油层 S_3上3_4、S_3中1_1、稠油层 S_43_3 和动用程度较低的主力油层 S_3上3_1、S_3上5_{1+2}。

（三）层内剩余油分布规律

从剩余油的形成机理来看，渗透率级差是影响层内剩余油分布的关键因素，在高渗透正韵律条件下，重力作用对水驱油效率的影响较为明显，这是注入水沿高渗透正韵律油层下部窜流的主要原因。随着渗透率级差的增大，油层上、下渗透率差异引起的流速差异也将增大，级差的影响变得更加突出。正韵律油层渗透率级差越大，水沿下部窜流越严重，开发效果明显变差。

对于反韵律油层，根据渗透率级差大小及分布情况可将渗透率相对较高、级差较小、岩性均匀的反韵律划分为第一亚类反韵律；将渗透率相对较低、级差较大、岩性欠均匀的反韵律划分为第二亚类反韵律。对于第一亚类反韵律，重力作用明显，下部驱油效率较高；而对于第二亚类反韵律，重力作用不易发挥，上部驱油效率较高。

$S_3^{上}5_1$ 为高渗透正韵律的油层，测井曲线显示为上细下粗的粒度特征，最大渗透率 $1348\times10^{-3}\ \mu m^2$，最小渗透率 $620\times10^{-3}\ \mu m^2$，层内渗透率级差 2.2。

$S_3^{中}2_1$ 为渗透率相对较高、级差较小、岩性均匀的第一亚类反韵律油层，储层具有上粗下细的反韵律特征，油层最大渗透率 $660\times10^{-3}\ \mu m^2$，最小渗透率 $520\times10^{-3}\ \mu m^2$，级差 1.3。

从剩余油的形成机理来分析，$S_3^{上}5_1$ 和 $S_3^{中}2_1$ 层内剩余油分布在油层顶部。

运用动态监测法对层内剩余油分布规律进行研究，结果表明，实际的剩余油分布规律与理论分析吻合。

通过对 16 口井的监测资料逐井分析，发现厚度大于 6 m 的主力油层中，$S_3^{上}4_1$、$S_3^{上}5_3$ 整体水淹严重，$S_3^{上}5_1$ 和 $S_3^{中}2_1$ 监层内剩余油差异比较明显。监测总井数均为 9 口，监测井段总厚度分别为 102 m 和 79.8 m。监测结果表明，$S_3^{上}5_1$ 层内剩余油分布在局部有差异，顶部低水淹和未进硼的井数占监测总井数的 33%，中水淹井数占 33%；$S_3^{中}2_1$ 层内剩余油分布差异十分明显，顶部低水淹和未进硼的井数占监测总井数的 78%（表 5-3-2）。

表 5-3-2　剩余油监测汇总表

小层	监测总井数	砂体号	低水淹和未进硼		中水淹		高水淹	
			井数	占比 /%	井数	占比 /%	井数	占比 /%
$S_3^{上}5_1$	9	1	3	33	3	33	3	33
		2					9	100
$S_3^{中}2_1$	9	1	7	78	2	22		
		2			1	10	8	90

以 J5-X97 为例，图 5-3-4 为沙三中 2 砂组的 C/O 测井解释图。由此可以明显看出，底部高水淹，而顶部低水淹，剩余油分布差异大。

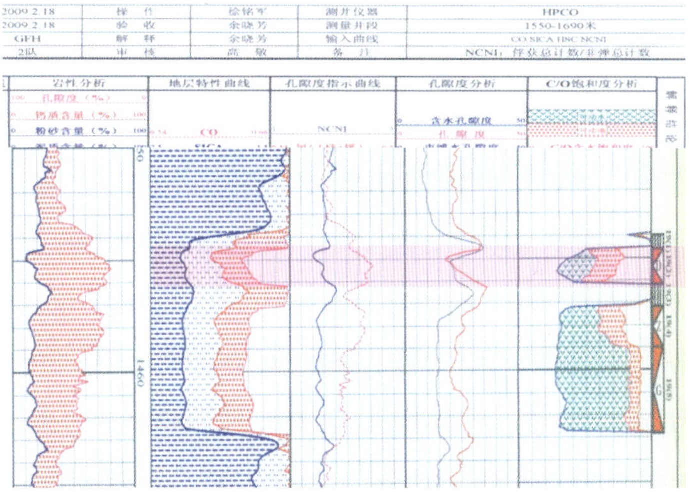

图 5-3-4　J5-X97 井 C/O 测井解释图

通过研究，层内剩余油分布于厚油层 $S_3^{上}5_1$ 和 $S_3^{中}2_1$ 的顶部，$S_3^{上}5_1$ 顶部局部富集，$S_3^{中}2_1$ 顶部整体富集。

三、平面剩余油分布规律

根据层间剩余油分布研究，差油层、稠油层动用程度差，剩余油呈整体富集特征，所以平面剩余油分布规律研究的目标砂体为物性好、动用程度较高的主力砂体。

（一）数值模拟法

1. 角 5–23 块

在角 5–23 块生产历史拟合的基础上，绘制各层砂体目前的含油饱和度图，研究结果表明，平面剩余油主要分布在构造高部位、井间滞留区和井网不完善区域，具体包括：

$S_3^{上}3_1$（1）：西部和中部无井控区域，G3–X12 东部和 G3–X11 南部。

$S_3^{上}3_1$（2）：岩性边界附近、井控不完善区域、西部和中部采出少的区域。

$S_3^{上}3_1$（3）：西部和中部采出少的区域和断层附近。

$S_3^{上}4_1$：沿断层一线、西部无井控区域。

$S_3^{上}5_1$：中部无井控制区。

$S_3^{中}2_1$：厚度相对较大的中西部和断层线附近。

S_42_1：东西部井控不完善地区。

S_43_1：局部无井控制区。

2. 莱 5–4 块

莱 5–4 块数值模拟研究表明，绝大部分油层平面上以边水推进为主，边部基本水淹，剩余油分布主要集中在断层附近构造高部位、断层边角地带，井间滞留区和动用差的局部区域。剩余油分布规律及成因主要有以下几个方面：

1）断层附近剩余油富集

$S_3^{上}4_1$ 地质储量 11.68×10^4 t，累计采油 0.6184×10^4 t，受边水舌进的影响，导致 L5–4 以及 J5–X3 的含水率高而封层，但是靠近断层附近，油层基本没有动用（图 5–3–5）。这主要是因为莱 5–4 为反向屋脊式断鼻构造油藏，由于油砂体采用天然能量开发方式进行开发，在断层附近构造高部位，边水无法波及而形成剩余油富集区。

2）井间剩余油富集

莱 5–4 块的井间剩余油是由于边水舌进造成的剩余油。采用天然能量和边缘注水方式进行开发时，由于注入水、边水沿高渗条带或注采压力梯度最大方向呈舌状、指状突进，即使采油井高水淹，在采油井井间仍有部分剩余油（图 5–3–6）。如 J5–X115 与 J5–X3 井，由于边水突进高含水，但是 J5–X115 和 J5–X3 之间仍有剩余油富集。这是因为边水能量充足、平面非均质性强，导致边水沿渗透率主方向突进，进而导致井间剩余油富集。

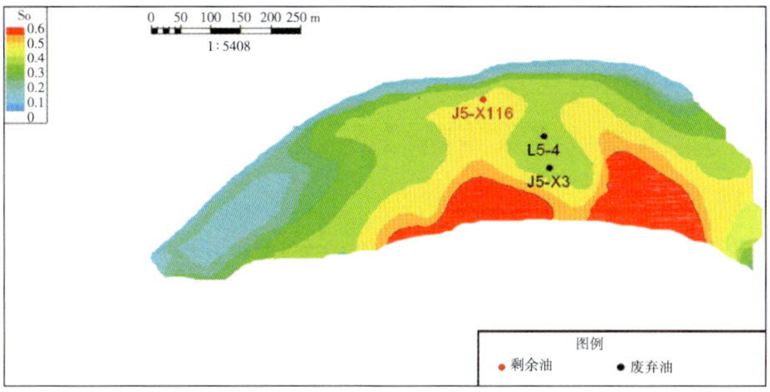

图 5-3-5　莱 5-4 块 $S_3^{上}4_1$ 剩余油饱和度图

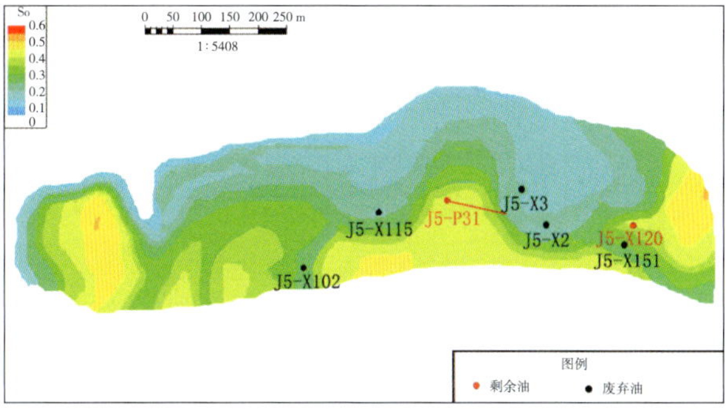

图 5-3-6　莱 5-4 块 $S_3^{上}5_1$ 剩余油饱和度图

3. 油井控制程度低区域剩余油富集

部分区块在无井钻遇或无井生产的区域，油藏基本属于未动用状态，剩余油十分富集（图 5-3-7）。$S_3^{中}2_2$ 原地质储量 9.3×10^4 t，含油面积为 0.24 km^2，而目前只有 J5-X111 和 J5-19 井在生产，导致油井对储量控制程度差，平面上无井控制区剩余油富集。

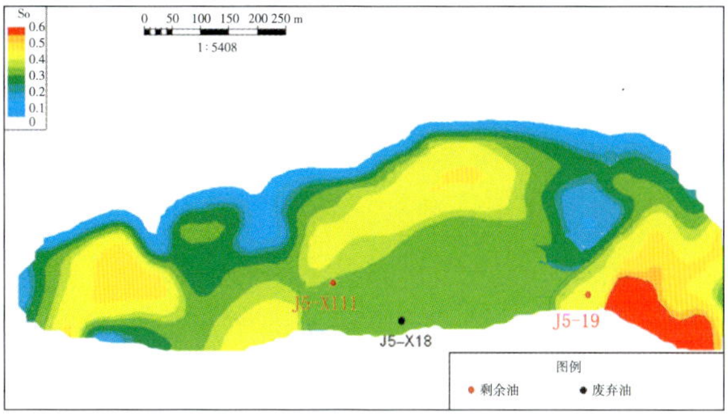

图 5-3-7　莱 5-4 块 $S_3^{中}2_2$ 剩余油饱和度图

（二）动态分析法

以采油井点多的主力油砂体为单元，运用动态分析法绘制砂体水淹图，确定各砂体剩余油分布区域。以角 5-23 块 S_3上4_1 为例，该砂体物性好，老井大部分为单采井，单井累计采油量大部分在 5000 t 以上。平面上各油井的累计采油量柱状图显示西部动用程度较低，剩余油相对富集。绘制该层水淹图结果表明，剩余油主要沿断层一线富集，与数值模拟法研究结果一致。

根据上述层间、层内、平面剩余油分布研究结果，总结出北二区三大类剩余油分布规律：层间剩余油分布于储层物性相对较差的油层 S_3上3_4、S_3中1_1，稠油层 S_1 3_3 和动用程度较低的主力油层 S_3上3_1、S_3上5_1；层内剩余油分布于 S_3上5_1 和 S_3中2_1 厚油层的顶部，S_3上5_1 顶部局部富集，S_3中2_1 顶部整体富集；平面上物性好的主力砂体高水淹，剩余油沿断层一线、井间及动用较差的局部区域富集。

第四节　层系细分挖潜技术

八面河断块油藏主要受断层和边底水控制，属于小断块边底水油藏，边水活跃，驱动类型前期以弹性水驱为主。随着油田含水不断上升、产量不断下降，开发效果日益变差。为此，在精细构造和储层研究基础上，结合剩余油分布特征，形成了边水断块油藏层系细分、分类挖潜调控技术。

一、精细构造研究

以北二区为例，该区为受构造控制的断块油藏，断层是控制剩余油的重要因素。根据前期三维地震解释和目前老井的生产动态与钻井资料，北二区油井生产动态与构造特征无大的矛盾，6 条主控断层的走向、倾角、掉向等特征基本落实，平面展布特征为：走向为近东西向，倾向为南向，断距东部较大，西部较小，断层倾角近 45°。仅在局部存在认识不清的地方，即莱 5 块、莱 5-4 块主控断层西部老井钻遇断点资料欠缺，平面展布特征不够清楚。角 5-23 块 S_3上3_1 油砂体西部存在油水关系矛盾，需要进一步落实构造。

采用新三维高分辨率地震资料，运用纵横剖面解释方法、水平切片解释方法、放大剖面解释方法、老井钻井资料约束等一系列技术和方法，提高了构造解释的精度和准确度。

经过精细构造研究，八面河北二区构造和断裂特征与老资料解释成果基本一致，局部发生变化，利用新资料在小断层的解释上和局部地区断裂特征更加合理。根据新采集的地震资料解释，局部地区断裂特征略有变化，深化了莱 5 块和莱 5-4 块主控断层的展布特征，两条主控断层西部延伸长度变短，莱 5 块断层西部比原来向北偏移，角 5-23 块断层西部与广 3- 斜 1 块连片。

（一）莱 5 块断层解释

莱 5 块的主控断层东部钻遇断点的老井较多，断层比较落实，但 J5–X90 以西的断层由于没有老井钻遇断点，在砂体图上的平面位置不落实（图 5–4–1）。对老井生产动态分析的过程中发现，断层附近高部位 J5–X116 井在主力层 $S_3^{中}1_12_1$ 投产即高含水，生产动态与构造位置不符，需要落实局部构造变化和断层的平面位置。针对上述情况，在断层精细解释中使用了人机联作、时间切片、相干剖面、多线剖面等技术，从而精细刻画了断层展布特征。重新制作构造图（图 5–4–2）后，J5–X116 井位于下降盘，由于低部位老井高含水停产，导致 J5–X116 井补孔初期含水较高，构造与生产动态相吻合。

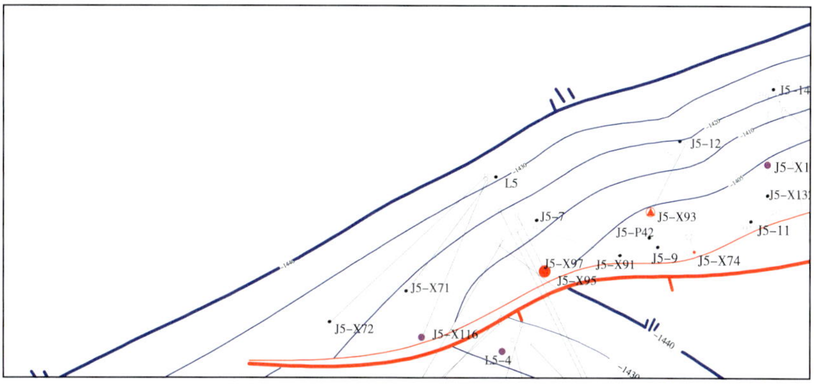

图 5–4–1　研究前断层展布特征

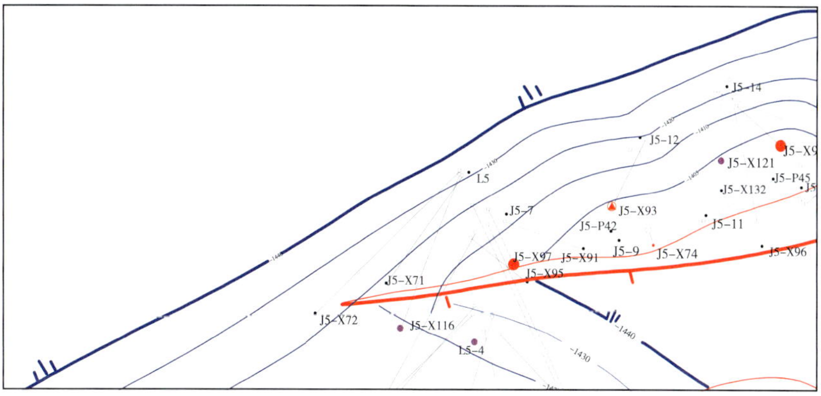

图 5–4–2　研究后断层展布特征

（二）角 5–23 块断层解释

研究前角 5–23 块主要由 2 个主断层控制，根据生产动态分析存在构造上矛盾，处于高部位的 G3-X26 井测井曲线解释为水层，低部位老井解释为油层，与断层控制的油藏有水分布存在矛盾（图 5-4-3）。根据这种现状，采用新三维高分辨率地震资料，运用纵横剖面解释方法、水平切片解释方法、放大剖面解释方法、老井钻井资料约束等一系列技术和方法，进行三维精细地震解释，绘制出构造平面展布图，提高了构造解释的精度和准确度。研究后角 5-23 块和广北 3- 斜 1 块含油连片（图 5-4-4），解决了油藏油水关系矛盾，为下一步调整提供依据。

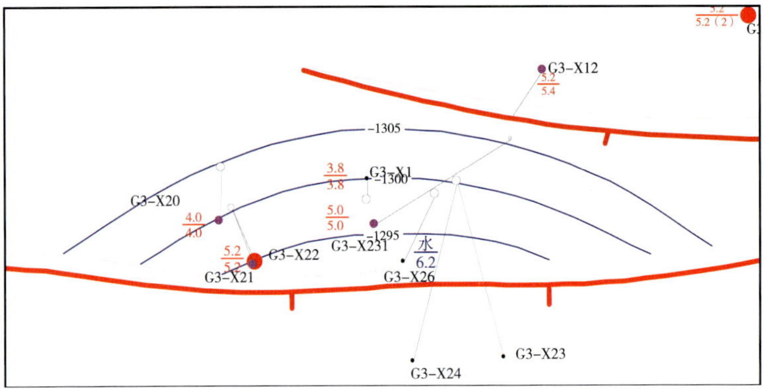

图 5-4-3　研究前构造形态

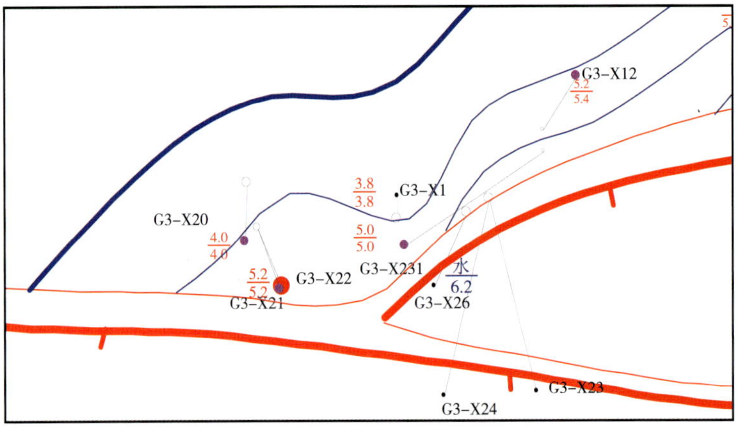

图 5-4-4　研究后构造形态

二、储层精细划分

根据北二区剩余油分布规律研究结果，需要对厚层 $S_3^{上}5_1$ 和 $S_3^{中}2_1$ 进行精细划分，实施细分层开发，提高油层纵向动用程度。

精细划分的思路：以层内剩余油分布有差异和夹层在电性上能够有效划分作为精细划分的原则，然后在原工区地层对比与划分研究基础上选取岩性、电性特征较为明显的单井作为标准井开展精细小层对比，利用小层层内的沉积旋回作为划分与对比的标志重新统层，确定小层的油层顶、底界，从而将厚油层纵向上细分为多个小层。

精细划分的标准：根据细分层提高油层动用状况的开发需要，把层内剩余油分布有差异和夹层在电性上能够有效划分作为储层精细划分的标准。

（一）夹层解释和识别

泥质隔夹层以泥质为主，在测井曲线上主要反映为泥岩特征，具体表现为深感应电阻率低，一般小于 2 Ω·m，微电极曲线平稳幅度低，声波时差高值。泥质夹层在微电极曲线上出现一定程度的返回，在井眼不扩径的情况下，当微电位电阻率小于微梯度电阻率的主体平均值时，扣除夹层。对于厚度大于 0.2 m 的泥质夹层，以自然电位、感应、声波时差为指标，用微电极扣除夹层厚度。夹层扣除指标选用曲线回返百分数，曲线回返百分数是指有效厚度主体平均值与夹层测井值的距离占均匀段值与围岩测井值的距离的百分数。

灰质夹层使微电极曲线表现为明显的高值尖峰，出现正幅度差或无幅度差，感应电导率值变化不明显，自然电位幅度减小及声波时差减小。因此，当微梯度电阻率大于或等于微电位电阻率主体平均值，且声波时差或自然电位二者之一有显示时，即可扣除夹层。有效厚度夹层扣除电性标准见表 5-4-1。

表 5-4-1　八面河电性解释标准

项目	微电极回返 /%	自然电位回返 /%	声波时差回返 /%	备注
泥质夹层	>50	>30	>40	只需满足一项
灰质夹层	尖峰显示	>30	>40	

（二）精细划分方法

根据层内剩余油分布有差异和夹层在电性上能够有效划分的细分原则，最终优选了 8 个砂体作为精细划分的目标砂体（表 5-4-2）。$S_3{}^{上}5_1$ 待细分的砂体 4 个，$S_3{}^{中}2_1$ 待细分的砂体 4 个，砂体储量共计 310.6×10^4 t。

表 5-4-2　目标砂体筛选结果表

断块	油层	含油面积 /km^2	平均砂岩厚度 /m	地质储量 /10^4 t
莱 5-4 块	$S_3{}^{上}5_1$	0.13	15.0	19.6
角 5-23 块	$S_3{}^{上}5_1$	0.25	17.0	48.6
面 127 块	$S_3{}^{上}5_1$	0.19	9.0	20.0
面 10 块	$S_3{}^{上}5_1$	0.29	12.0	50.9
莱 5 块	$S_3{}^{中}2_1$	0.23	10.0	20.2
莱 5-4 块	$S_3{}^{中}2_1$	0.26	12	40.2

续表

断块	油层	含油面积 /km²	平均砂岩厚度 /m	地质储量 /10⁴ t
角 5-23 块	$S_3^{中}2_1$	0.69	10.0	66.2
面 127 块	$S_3^{中}2_1$	0.29	9	44.9
合计	8			310.6

1. $S_3^{上}5_1$ 精细划分

根据测井曲线特征及剩余油监测资料，选取岩性、电性特征较为明显的 J5-5 井为标准井（图 5-4-5），对北二区 $S_3^{上}5_1$ 进行精细划分。选择小层上部的泥质夹层作为划分与对比的标准，对其进行砂岩细分。根据砂岩厚度的解释标准（大于 2 m 的砂岩用自然电位的半幅点解释砂岩的顶界和底界，小于或等于 2 m 的薄层用自然电位最大幅度的 1/3 处划分顶界和底界），确定了 $S_3^{上}5_1$ 1 号和 2 号的油层顶、底界。

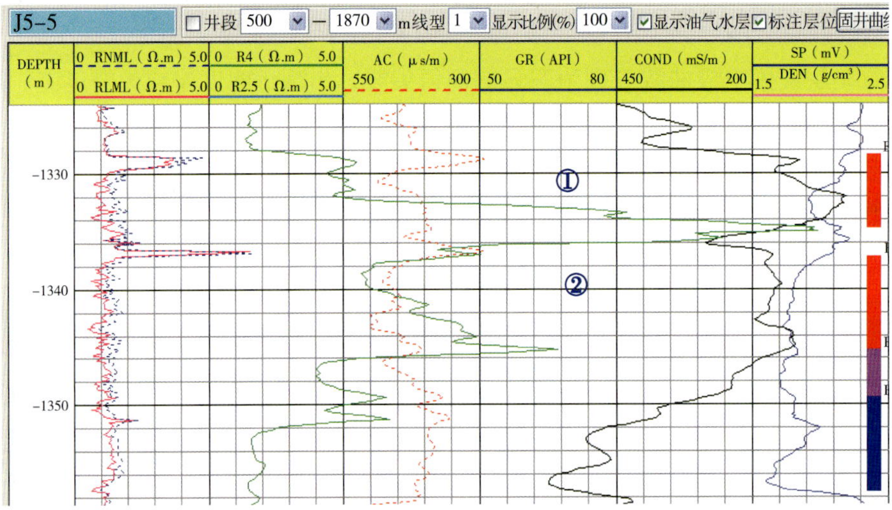

图 5-4-5　标准井 J5-5 测井曲线

在精细小层对比的基础上，对 $S_3^{上}5_1$ 层内的夹层进行研究，发现夹层主要为泥质夹层。用厚层内自然伽马、自然电位回返识别夹层，少数井以微电极和自然伽马划分渗透性明显差异段。夹层厚度的解释方法：采用夹层下部油层的顶界减去上部油层的底界，结合微电位和微梯度重合区的厚度显示。根据夹层厚度解释编制夹层等厚图，对夹层平面展布规律进行描述。研究成果显示，$S_3^{上}5_1$ 沉积时期，发育多期水下分流河道，研究河道展布规律及特征对剩余油的分布认识具有指导意义，针对细分后 1 号砂体，根据大区域性的物源方向和取心资料建立的微相自然电位曲线图（图 5-4-6），对砂体上的井逐井进行测井曲线相应特征分析，结合砂体厚度展布特征，绘制出沉积微相展布图。

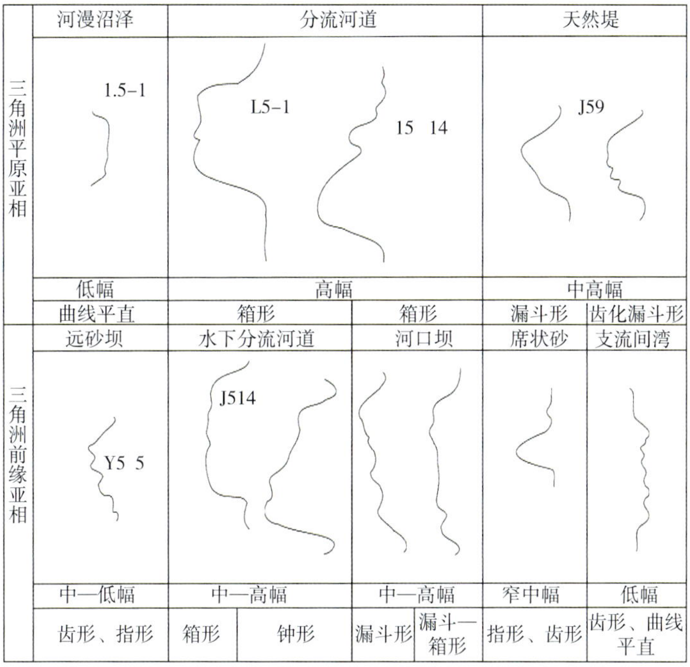

图 5-4-6　微相自然电位曲线

2. S_3中2_1精细划分

以剩余油监测结果为依据，结合夹层分布情况，选取岩性、电性特征较为明显的J5-X97井为标准井（图 5-4-7），选择 S_3中2_1 顶部第 1 个灰岩夹层作为划分 1 号和 2 号层的标准，对其进行砂岩细分，根据砂岩厚度的解释标准，确定了 S_3中2_1 1 号和 2 号油层的顶、底界。

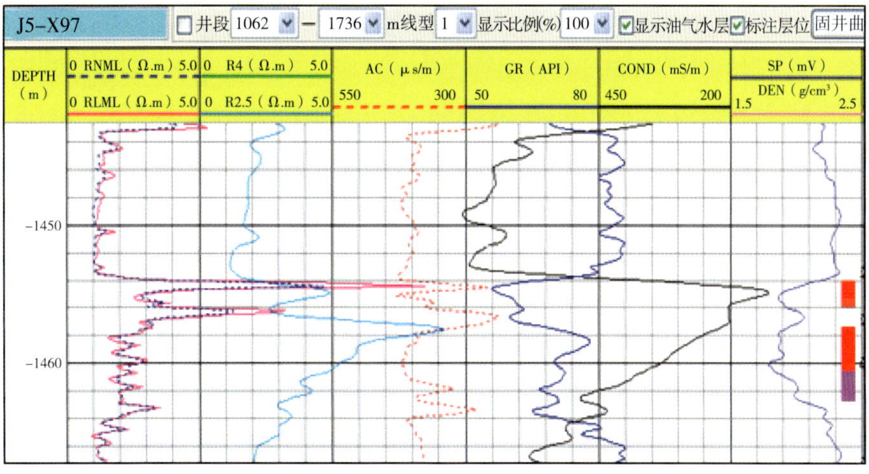

图 5-4-7　标准井 J5-X97 测井曲线

在精细小层对比的基础上，对 $S_3^{中}2_1$ 层内的灰质夹层进行研究，主要用厚层内微电极相对高尖和声波相对高值识别夹层；少数井以微电极及自然电位划分渗透性明显差异段。根据解释标准，声波时差较上下地层明显变小，回返百分数 >40%，微电极高尖峰显示。灰质夹层厚度的解释方法：采用声波曲线的半幅点与微电极高尖峰对应的厚度，根据夹层厚度解释方法编制夹层等厚图，对灰质夹层平面展布规律进行描述。

（三）精细划分结果

根据储层精细对比结果，将原来 8 个砂体细分为 16 个，细分后，储量比原来减少了 9.5×10^4 t（表 5-4-3），原因主要是部分厚层细分后的 2 号砂体面积缩小。

表 5-4-3　储层精细划分结果

断块	油层	细分前			细分后			
		含油面积 /km^2	平均砂岩厚度 /m	地质储量 /10^4 t	小层	含油面积 /km^2	平均有效厚度 /m	地质储量 /10^4 t
莱 5-4 块	$S_3^{上}5_1$	0.13	15.0	19.6	1	0.13	4.8	13
					2	0.07	4.2	3.7
角 5-23 块	$S_3^{上}5_1$	0.25	17.0	48.6	1	0.25	3.6	17
					2	0.18	10	33.6
面 127 块	$S_3^{上}5_1$	0.19	9.0	20.0	1	0.19	2.0	6.7
					2	0.14	5.4	14.3
面 10 块	$S_3^{上}5_1$	0.29	12.0	50.9	1	0.29	4	31.2
					2	0.1	8	14.9
莱 5 块	$S_3^{中}2_1$	0.23	10.0	20.2	1	0.23	1.4	5.2
					2	0.2	7.6	13.8
莱 5-4 块	$S_3^{中}2_1$	0.26	12	40.2	1	0.26	1.6	6.7
					2	0.26	8.4	35
角 5-23 块	$S_3^{中}2_1$	0.69	10.0	66.2	1	0.48	1.8	13.8
					2	0.44	7.6	55
面 127 块	$S_3^{中}2_1$	0.29	9	44.9	1	0.2	0.6	1.9
					2	0.29	7.8	35.3
合计	8			310.6	16			301.1

$S_3^{上}5_1$ 细分后的油层厚度特征：纵向上 1 号砂体较薄，平均有效厚度 4.0 m，2 号较厚，平均有效厚度 9 m。其中 1 号砂体平面上厚度差异大，最小处 1.0 m，最大处有 6.0 m，总体厚度展布规律为东西向薄厚相间，大部分区域厚度在 4~6 m；2 号砂体整体厚度大，差异不大。层内夹层东部比西部分布较稳定，厚度在 0.6~3.0 m。

S_3中2_1细分后的油层厚度特征：纵向上1号砂体较薄，平均有效厚度1.6 m，2号较厚，平均有效厚度7 m。其中，1号砂体有效厚度的平面分布特点为西厚东薄，厚度在0.6~2.6 m。层内灰质夹层平面上分布稳定，厚度在0.4~2.0 m。大部分厚度在1~2 m，分布在莱5–4块和角5–23块的西部，莱5块中部和莱5–4块东部局部发育0.6~1.0 m的夹层。

（四）夹层封堵性

根据层内剩余油分布特点，厚油层层内韵律和物性差异及夹层遮挡等原因，导致小层内部出力不均，甚至局部不出力的现象较为普遍，小层层内动用差的部分仍有一定的剩余油富集。而夹层的有效封堵性是影响层内剩余油分布的关键因素。

采用剩余油监测资料对夹层的封堵性进行了研究。在对研究区内16口监测井的分析基础上进行了夹层封堵性研究，识别了有效夹层，确定了后期精细开发的潜力区。

根据两个厚层的层内夹层类型研究封堵性，方法是利用剩余油监测资料的夹层显示，以无监测曲线显示或基线与监测曲线重合为标准。

1. 泥质夹层的封堵性

在9口监测井中，有8口井解释了泥质夹层，但夹层具有封堵性井只有4口。这4口井的夹层特征与没有封堵性的4口井相比，自然电位回返值较大（回返至泥岩基线），厚度大于2 m，夹层的电性特征说明这类夹层的泥质含量高、封堵性好。

以J5–X46为例，在井距为50 m的临近老井已经高水淹的情况下，该井的监测资料显示油层上部低水淹，下部中水淹到高水淹。层内的夹层厚度大，代表泥质含量的自然电位和自然伽马曲线回返至泥岩基线，显示岩性致密、封堵性良好。而J5–X233和J5–22由于夹层厚度小、自然电位回返幅度小，显示夹层的致密性差，封堵性也差。

根据泥质夹层的封堵性研究结果，S_3上5_1大于2 m的有效夹层分布范围较小，只在东部局部发育。

2. 灰质夹层的封堵性

9口监测井显示，灰质夹层都具有封堵性井，所以参考八面河南区面四区S_3中2_1层内的夹层来对比研究，如4–1–24井，吸水剖面资料显示声波曲线回返值为120 μm/s，封堵性较差。研究区S_3中2_1层内的有效灰质夹层特征声波曲线回返值大于150 μm/s，厚度大于0.6 m（图5–4–8），为此得出有效灰质夹层的标准：声波曲线回返值大于150 μm/s，厚度大于0.6 m。

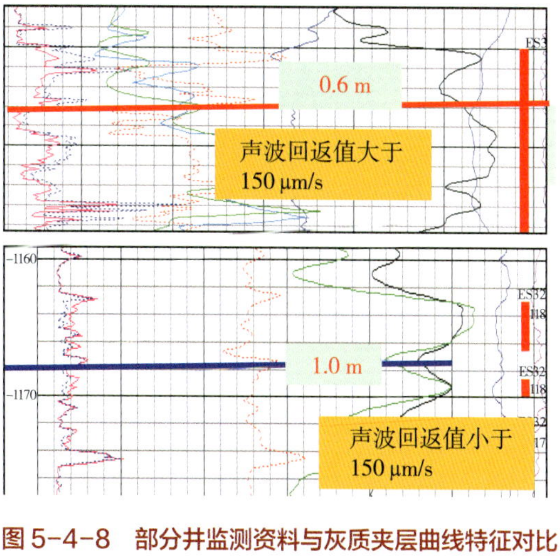

图5–4–8 部分井监测资料与灰质夹层曲线特征对比

根据灰质夹层的封堵性研究结果，$S_3^中 2_1$ 大于 0.6 m 的有效夹层分布范围广、分布稳定（图 5–4–9）。

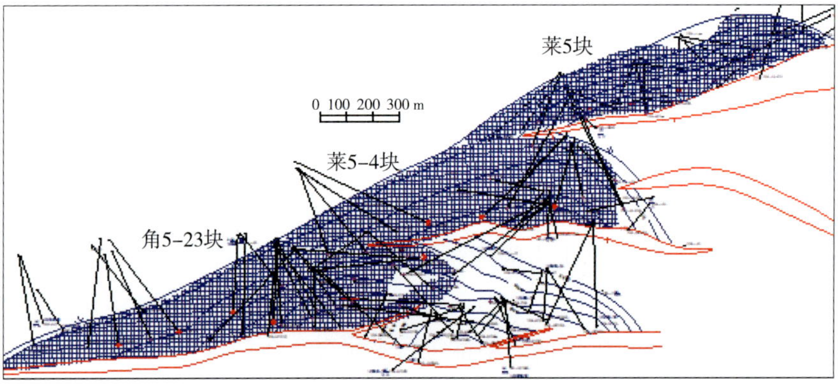

图 5–4–9　$S_3^中 2_1$ 有效夹层分布

根据有效夹层的分布状况，可精细开发的潜力区为莱 5–4 块、角 5–23 块和面 127 块 $S_3^上 5_1$ 的 1 号砂体东部的局部区域；莱 5 块、莱 5–4 块和角 5–23 块的 $S_3^中 2_1$ 的 1 号砂体。

三、层系细分挖潜对策

（一）剩余油挖潜难点

北二区剩余油分布规律可分为 3 种类型，即第一种层间物性差的油层及稠油层整体富集型，第二种有效夹层分布稳定的厚层顶部剩余油富集型，第三种物性好的主力油藏平面上高水淹、剩余油沿断层一线、井间、动用较差的区域局部富集型。

前两种剩余油分布类型常规调整挖潜难度大，主要表现在：

第一种物性差的油层由于层薄、天然能量不足，普通定向井低液低产，动用程度低，开发效果差；稠油层普通定向井常规开采由于油稠射孔生产时不出油，动用程度低，开发效果差，如角 5–23 块 $S_4 3_3$ 油层，历史上共有 8 口井射开生产，其中有 6 口井油稠不出，油砂体储量 27×10^4 t，累计采油仅 1.8×10^4 t，采出程度 6.7%，动用较差。

第二种厚层顶部动用差，细分后的 1 号油层厚度薄，普遍在 2 m 以内，灰质夹层以下为高水淹层。这类剩余油采用定向井缩射或挤堵复射工艺挖潜效果差，一般会出现挤堵复射后低液低产，或酸化后生产层与夹层以下高水淹层管外串槽，不能发挥油层正常的出油能力。以 $S_3^中 2_1$ 顶部挖潜为例，近两年根据监测资料实施老井挤堵复射或缩射工艺 4 口井，其中 J5–X51 井和 J5–X97 井由于夹层上下串槽，采取措施后高含水；J5–X6 井和 J5–X56 井由于挤堵施工中油层有一定堵塞和污染，采取措施后低液，均没有达到理想效果（表 5-4-4）。

表 5-4-4 普通定向井缩射或挤堵复射措施效果

井号	采取措施前			采取措施后			备注
	日产液量 /m^3	日产油量 /t	含水 /%	日产液量 /m^3	日产油量 /t	含水 /%	
J5-X51	58.7	0.4	99.4	46.8	0.9	98.1	补孔酸化
J5-X56	65.3	1.5	98.2	3.1	1.7	45.2	挤堵复射
J5-X97	29.7	1.2	96.1	10.9	1.3	88.1	缩射绕防腐化
J5-X6	36.4	1.2	96.7	4.5	1.6	64.4	挤堵复射

（二）层系细分标准及结果

根据上述 3 种剩余油分布规律的差异和开发中存在的问题，需要把物性差的油层、稠油层和厚层的顶部这些剩余油集中分布的潜力层单独开发，纵向上提高每个油层的储量控制和动用程度，所以提出分层系开发策略，并制定相应挖潜对策。

北二区区域内包括 6 个含油断块，角 5-23 块为北二区最大的产能块，储量约占 40%，2009 年区块产量大幅递减，日产水平从 2009 年初的 327 t 下降到年底的 289 t，递减率 11.6%。考虑到北二区断块多、平面上分布较分散的特点，采用了北二区整体研究、分块治理的总体调整思路，近两年重点调整角 5-23 块。

角 5-23 块纵向含油小层有 15 个，层间非均质性强，最大渗透率 $1355\times10^{-3}\ \mu m^2$，最小渗透率 $74\times10^{-3}\ \mu m^2$，级差 18。其中，渗透率大于 200 μm^2 的物性好的主力油层有 9 个，渗透率小于 200 μm^2 的差油层有 2 个。

针对含油小层多、含油断块小的油藏特点，早期钻井钻“高点”、打多层，多为多层合采，后期逐步调整为自下而上逐层单采。由于含油小层多，油井没有相对固定的开发层位，调层补孔措施频繁，一般以主力砂体为目的、单井零散调整的方式进行开发。目前差油层和厚层顶部动用差，普通定向井挖潜效果差，需要分层系开展针对性的挖潜工作。

按照小断块边水锥进快、单层开采期较短的油藏特点，采用的开采方式仍然为层间轮采，尽可能采用单层开采，保证老井后期留有接替层。

小断块油藏分层系原则为，动用差的潜力层运用水平井或大斜度井单层开发，若与上部油层一套井网能有效兼顾，则组合为一套。

最终，将 15 个含油小层分为 4 套层系。把需要单层开发的 4 个潜力层 $S_3^{上}3_4$、$S_3^{中}1_1$、$S_3^{中}2_1^1$ 和 S_43_3 按照能够兼顾上部油层的标准分为 4 套，$S_3^{上}3_4$、$S_3^{中}1_12_1^1$、$S_3^{上}3_14_15_{1+2}5_3$、$S_3^{中}2_1^2$、$S_3^{中}2_3$ 和 $S_3^{中}3$、$S_42_13_13_3$（表 5-4-5）。

表 5-4-5　层系组合结果表

层系号	砂体	与上部相邻层间隔	地质储量 /10^4 t	平均渗透率 / 10^{-3} μm^2	平均黏度 /（mPa·s）	采出程度 /%
1	$S_3^{上}3_4$	16	22.96	110	1600	8
2	$S_3^{中}1_1$	24	26.5	74	304	3.8
	$S_3^{中}2_1^1$	10	13.8	660	240	7
3	$S_3^{上}3_1$		119.9	1096	1825	20.5
	$S_3^{上}4_1$	38	46.13	1355	450	36.6
	$S_3^{上}5_{1+2}$	18	60.1	851	755	30.7
	$S_3^{上}5_3$	5	20.1	563	700	27.1
	$S_3^{中}2_1^2$	40	73.4	520	260	38.8
	$S_3^{中}2_3$	12	39.6	775	283	28
4	$S_3^{中}3$	80	5.0	1100	220	45.8
	S_42_1	50	7.14	420	255	29.4
	S_43_1	30	18.1	450	209	20.7
	S_43_3	20	26.98	430	7000	6.7

老井层系归位原则为，日产水平大于 1.5 t、生产状况稳定的划分为所在层系，本层高水淹、累计采油多，继续生产潜力不大的井，划分为接替层所在层系。最终层系归位结果为，角 5-23 块老井大部分划分为物性好、动用程度高的第三套层系，井数共 39 口；老井动用效果差的第一套和第二套井数各 3 口；第四套共 6 口井。

（三）各层系挖潜对策

1. 第一套层系

该层系物性差，平均渗透率 110×10^{-3} μm^2，大部分老井低产低液，平均单井日产油 2 t，日产液 10 m^3，通过注水可改善油井生产状况。

地层出砂严重，天然能量不足，油藏埋深 1300 m，平均动液面 1100 m，采油速度低（0.5%），整个砂体动用程度差，采出程度仅 8%，剩余油整体富集。

为此，确定挖潜对策为利用水平井提高单井产能，老井转注形成注采井网，补充地层能量。同时，针对物性差和出砂严重的问题，选择相应的老井高压充填工艺改造和水平井套管完井加预充填的工艺改造。

根据水平井开发需要，对影响产能的关键因素水平段长度进行优化设计，对影响钻遇长度的 A、B 靶点地质设计进行了微构造研究。

在水平井长度优选方面，国内范子菲等提出了由于水平井水平段内摩擦损失，如果水平段内压降和油藏压降相当，导致水平段末端压降很小或者为零。因而研究水平井最优长度设计方法对水平井开发方案设计具有指导意义。范子菲等分 3 种情况（底水油藏、气顶底水油藏、气顶油藏）建立了油藏内流动模型、井筒内流动模型、水平井水平段最优长度数学模型，在建立模型过程中，考虑了水平段内流动状态（层流、紊流）和管壁相对粗糙度对摩擦损失和水平井产能的影响。

流体要从趾端流到根端，如果不存在压差是无法流动的，这样沿水平段井筒内压力的分布将不是相同的，必然影响地层向井筒的供液情况，造成水平井的产能损失，这就是目前在水平井研究领域极为活跃的变质量流理论。从实际开采效果和理论分析来看，水平井的产量也不是随水平段长度的增加而无限增加的，而是到达某一长度后产能增幅逐渐变小，多余的水平段长度将不会对产能提供增益，反而会消耗更多的钻完井费用，增加钻井事故率。

M.Muskat 利用势函数叠加原理得到了顶底为不渗透边界条件下，水平井中间段在垂直于井身的剖面上的势能分布公式和产能公式，分别为：

$$\Phi\left(x,y\right)=\frac{Q}{4\pi L}\ln\left[ch^{2}\frac{\pi x}{h}-2\cos\frac{\pi\left(h-a\right)}{h}\cos\frac{\pi y}{h}ch\frac{\pi x}{h}+\cos^{2}\frac{\pi y}{h}-\sin^{2}\frac{\pi\left(h-a\right)}{h}\right]+C \tag{5-4-1}$$

$$Q=\frac{2\pi kh}{\mu}\frac{P_{\mathrm{e}}-P_{\mathrm{w}}}{\frac{\pi R_{\mathrm{e}}}{L}+\frac{h}{L}\ln\frac{h}{2\pi r_{\mathrm{w}}\sin\frac{\pi\left(h-a\right)}{h}}}=\frac{2\pi kh}{\mu}\frac{P_{\mathrm{e}}-P_{\mathrm{w}}}{\ln\frac{R_{\mathrm{e}}}{r_{\mathrm{w}}}+\frac{\pi R_{\mathrm{e}}}{L}+\ln\left\{\left[\frac{h}{2\pi r_{\mathrm{w}}\sin\frac{\pi\left(h-a\right)}{h}}\right]^{\frac{h}{L}}\frac{r_{\mathrm{w}}}{R_{\mathrm{e}}}\right\}} \tag{5-4-2}$$

上式分母中第一项为外部渗流阻力项（带状平面等厚地层中向有限长垂直裂缝中的线性流动），第二项为内部渗流阻力项（平面上等厚圆形地层中心一口井的流动），供给半径为：

$$R_{\mathrm{e}}=\frac{h}{2\pi\sin\frac{\pi\left(h-a\right)}{h}} \tag{5-4-3}$$

表皮系数为：

$$S=\frac{\pi R_{\mathrm{e}}}{L}+\ln\left\{\left[\frac{h}{2\pi r_{\mathrm{w}}\sin\frac{\pi\left(h-a\right)}{h}}\right]^{\frac{h}{L}}\frac{r_{\mathrm{w}}}{R_{\mathrm{e}}}\right\} \tag{5-4-4}$$

以油藏厚度 $h=2\ \mathrm{m}$、供油半径 $R_{\mathrm{e}}=200\ \mathrm{m}$、井底半径 $r_{\mathrm{w}}=0.1\ \mathrm{m}$ 为例，给出表皮系数

随水平井水平段长度的变化关系（图 5–4–10）。

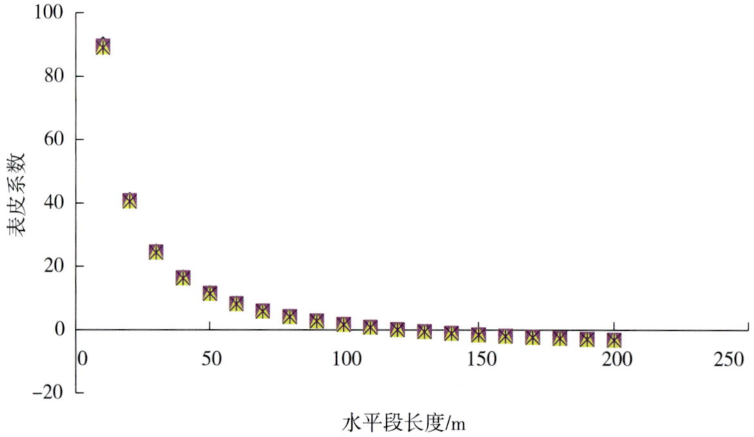

图 5–4–10　水平段长度与表皮系数关系

可以看出，产量随水平段长度线性增加，但只有当水平段的长度大于 100 m 时，水平井的增产效果才显现出来，而水平段距油藏顶部的高度对油井的产能影响不大。此处忽略了水平井水平段端部对产能的贡献，顶底为不渗透边界条件的处理可以认为是将油和底水作为一个渗流场进行处理的。

但是水平段并不是越长效果越好，水平段长度的优化还涉及很多其他因素，如区块面积大小、断层影响等，应该综合考虑。根据实际老井井距和砂体含油面积，该层系水平井部署水平段长 100~150 m。

在储层多层次逐级对比的基础上，逐口井进行补心高校正。在密井网条件下，以 2 m 等深线描绘出小层沉积砂体顶底的形态，在现场往往采用编制小层顶面微构造图的方法进行井网部署，在井网稀疏的欠开发区采用的是人机联作自动追踪成图技术编制微构造图。该部署区井网较密，采用了去补心高的 2 m 等值线绘制了砂体顶面微构造图，精确描述了井间的微小构造起伏，为水平井的开发部署提供了可靠的地层参数。

根据开发技术政策研究结果，确定水平井部署原则：在储量控制程度差的区域，以 100~150 m 的水平段长度部署。最终第一套层系部署工作量 7 口，其中新井 3 口、老井 4 口。

2. 第二套层系

该层系上部油层 $S_3{}^{中}1_1$ 物性差（平均渗透率 $74\times10^{-3}\ \mu m^2$），老井低产低液，日产油 2~3 t，日产液 5 m^3；下部油层 $S_3{}^{中}2_1{}^1$ 为厚层细分后单砂体，油层厚度薄（1.6 m），但物性相对较好（平均渗透率 $660\times10^{-3}\ \mu m^2$），隔层以下井段高水淹、动用程度高，利用水平井单层挖潜效果良好。

$S_3{}^{中}1_1$ 天然能量不足，采油井点少（仅 2 口井），储量控制程度差（控制程度 25%），采油速度低（0.3%），整个砂体动用程度差（采出程度 3.8%），剩余油整体富集。S_3中2_1^1水平井控制井点少（仅 1 口），储量控制程度差（控制程度 22%）。

为此，确定挖潜对策为下部油层增加水平井部署，提高储量控制程度，兼顾上部油层 S_3中1_1；S_3中1_1 充分利用老井，形成注采井网，实施注水开发。同时，S_3中2_1 顶部物性较好，选用水平井裸眼筛管完井工艺；S_3中1_1 物性差，选择老井高压充填工艺改造提高产能。

根据细分层后薄层的开发需要，水平井参数优化主要对极限厚度进行优化。莱 5-4 块数模结果表明，油层厚度大于 1.2 m 可获得较好的开发效果。

极限厚度的确定以经济是否可行为标准。根据不同深度油藏需要的极限可采储量，筛选条件分析时，结合井网，水平井的泄油半径为理想化，对水平井所能控制的泄油范围进行估算。根据不同类型油藏的地质参数，对不同井深的极限有效厚度进行确定（图 5-4-11）。

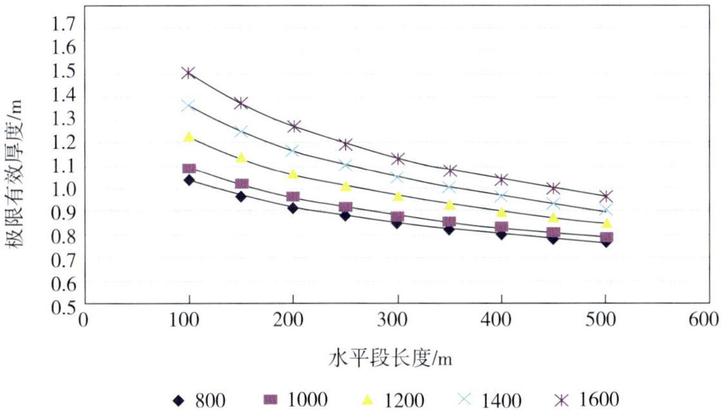

图 5-4-11 不同油藏深度下极限有效厚度与水平段长度关系

油藏参数选取孔隙度 32%，体积系数 1.106，采收率 27.8%，含油饱和度 65%，泄油半径 100 m，油藏深度 1400 m。以 100 m 水平段长度部署时，水平井极限厚度为 1.4 m。因此，水平井的部署原则是在有效夹层分布稳定、有效厚度 1.4 m 以上。

最终，部署工作量 14 口，其中新井 6 口、老井 8 口。

3. 第三套层系

该层系物性好，早期老井生产初期均可获得 8 t 以上高产，但边水能量较充足，含水上升快；高含水期通过提液来实现增产效果；地层胶结程度差，出砂严重，油井均需要防砂生产。

采油井点多，整体采出程度高（采出程度 20%~46%），水淹严重，剩余油沿断层一线，分布狭窄；地层能量充足但利用状况较差，根据数模研究，随着含水升高，油井最低允许流动压力值将逐渐降低，在目前含水率下最低允许流动压力值为 0.7 MPa，目前地层压力为 11.2 MPa，则极限生产压差为 10.5 MPa。用主力砂体平均动液面 500 m 估算目前的流动压力为 8 MPa，则生产压差为 3.2 MPa。所以区块的能量利用水平还不够，可以继续放大生产压差生产，提高排液量；部分老井由于多次冲检作业或防砂工艺影响，未能发挥正常产能。

为此，确定挖潜对策为全部利用老井，运用多种措施提高老井产能：利用补层挖潜高部位剩余油、放大压差提液提高单井产量、酸化释放油井产能等老井措施。同时，针对地层出砂的特点和放差提液的开发需要，在做好防砂工艺的前提下，利用电泵深抽提液的优势，优选井点电泵提液。

根据放差提液和高部位老井补孔的对策思路，需要对影响提液的因素，如提液时机、提液幅度等技术政策进行优化，对老井的合理井距进行研究和优化。

1）提液时机

油藏的最佳提液时机是指在这期间开始提液，能使油藏在提液期内具有较高的开采水平，能较合理地利用注入水能量，并保证油井具有较高的水驱驱油效率。油藏提液从产液指数回升开始即进入逐渐强提，这时说明油藏已经具备提液条件，到油水两相的相对渗透率平衡点所对应的含水率之前即油藏处于水驱油阶段这一期间为油井的最佳提液时期。

由于含水率在 60% 以后，无因次采液指数快速上升，含水率大于 80% 以后无因次采液指数开始急剧上升，并随含水的升高，采液指数上升幅度增大，具备了提高提液量的条件。另外，含水率 60% 以后无因次采油指数下降幅度较大，此时提高提液量也是减缓油田产量递减的重要手段。因此，区块可以从含水率达到 60% 时开始提液。

从相渗曲线（图 5-4-12）可以看出，其油水两相的相对渗透率平衡点所对应的含水率为 96%，即在此平衡点之前，油相相对渗透率大于水相相对渗透率（$K_{ro}>K_{rw}$），油藏处于水驱油阶段，注入水有效利用率高，开发效果好；而在此平衡点之后，水相渗透率大于油相渗透率，注入水在油层中的运动开始快于原油，出现了水超前于油的现象。这一阶段提高产液量主要是提高了水量，开发效果明显变差，虽然在此阶段提高提液量比不提高好，但效果将明显减弱。为此应尽可能在生产井周围储层处于水驱油阶段提高提液量，即区块在含水率达到 96% 之前提高提液量采油的效果最好。

2）提液幅度

为了进一步证实强化采液的效果，研究了不同含水率对强化采液的影响。优选出具有代表性的油井 J5-15 井，运用数值模拟方法对该井在含水达到 60%、70%、80% 时，以提液幅度 1.5 倍、2 倍、2.5 倍、3 倍的提油幅度进行提液，一直生产到油井含水 98% 时关井。提液增产效果详细数据见表 5-4-6，结果表明，在目前特高含水阶段，最佳提液幅度为 2.5~3 倍，油井在高含水期，越早提液效果越好，最好在 96% 之前提液。

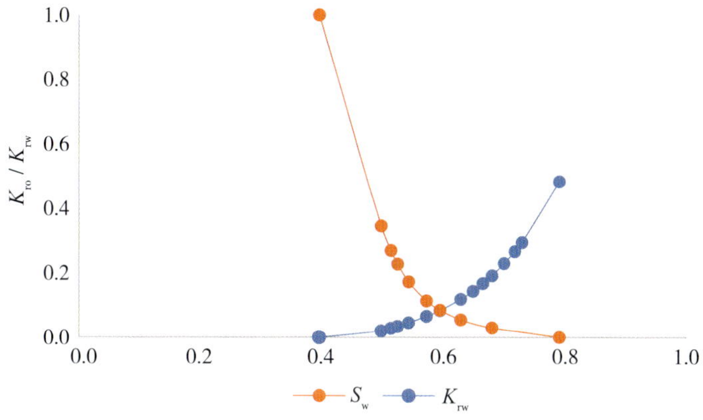

图 5-4-12　莱 5-4 块相渗曲线

表 5-4-6　提液增产效果

井型	井号	原始累计产量 /t	提液前含水 /%	提液幅度	提液后累计产量 /t	增产幅度 /%
直井	J5-15	16519	60	1.5	17194	4.1
				2	18381	11.3
				2.5	18792	13.8
				3	18792	13.8
			70	1.5	17134	3.7
				2	18151	9.9
				2.5	18535	12.2
				3	18535	12.2
			80	1.5	15047	-8.9
				2	18104	9.6
				2.5	18484	11.9
				3	9708	-41.2

3）合理井距

根据历年老井的补孔效果和新井投产效果分析表明，高部位老井以 200 m 以上井距生产时，后期的水淹区为低部位，在高部位井间仍有剩余油存在，说明目前高部位老井合理的井距应为 100 m 左右。

以角 5-23 块的主力砂体 $S_3{}^{上}3_1$ 为例，在中部高部位的老井 J5-X22 井和 J5-X235 井含水高达 92% 的情况下，临近 110 m 井距的老井 J5-X5 和 J5-P2 井补孔和投产时，含水分别为 78% 和 57.3%（图 5-4-13、图 5-4-14），而位于主流线方向低部位的 J5-X202 井则显示为水淹层，说明物性好的主力砂体水淹特征为沿边水方向舌进，距离老井 100 m 左右的井间滞留区仍然存在剩余油。

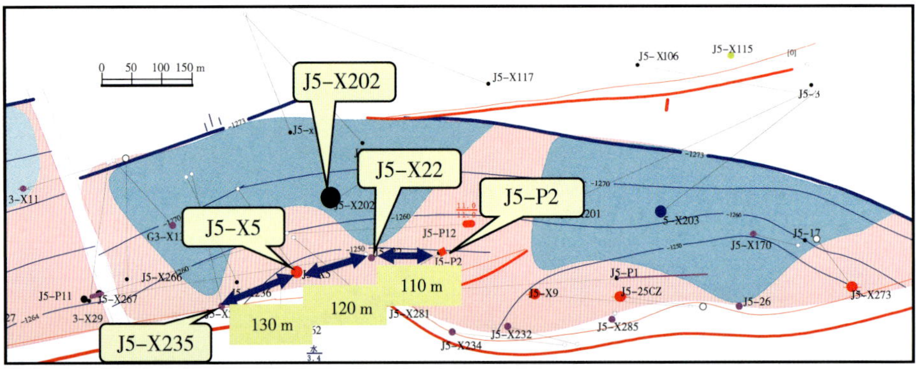

图 5-4-13　$S_3{}^{上}3_1{}^3$ 油砂体水淹图

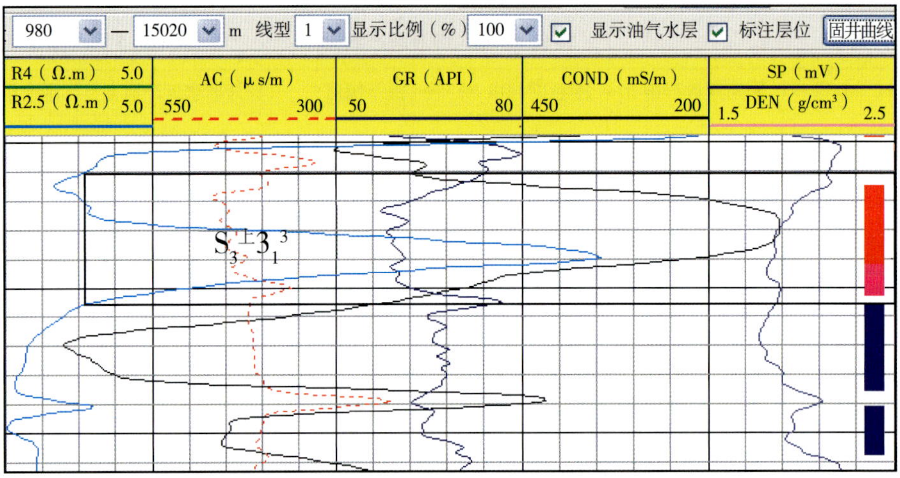

图 5-4-14　J5-X202 井 $S_3{}^{上}3_1{}^3$ 水淹层解释图

以 100 m 左右的井距，利用老井补层控制高部位剩余油；优选含水小于 96% 的老井，以 2~3 倍的提液幅度实施放差提液，最终共部署老井工作量 20 口。

4. 第四套层系

该层系最底部的油层 S_43_3 储量 28.4×10^4 t，砂体中部属于高部位，原油性质相对较稀（黏度 1800 mPa·s），产能较好（日产 5 t）。东、西部油稠，平均黏度 8000 mPa·s，老井生产不出油，动用程度差，剩余油富集，整个油层采出程度为 10.5%，层系上部其他油层物性较好，原油黏度低（平均黏度 230 mPa·s），单采初期可获高产，含水上升快，地层不出砂。

稠油层砂体东、西部无井控制，砂体储量控制程度差（控制程度 30%），动用程度差（采出程度 10.5%）；上部稀油层采油井点少，储量控制程度差（控制程度 21%）。

为此，确定挖潜对策为以稠油层为目的层，部署大斜度井或水平井来增大泄油面积提高产能，兼顾以上油层；上部稀油层利用老井补层或侧钻控制局部剩余油，提高储量的控制程度。同时，针对油稠的特点，采用热采工艺提高采油速度和采收率。

根据稠油区部署大斜度井、实施热采工艺的原则，最终共部署新井 3 口，老井 4 口。

5. 角 5–23 块整体部署结果

根据以上 4 套层系部署，角 5–23 块共部署新井 11 口，其中油井 9 口，水井 2 口；老井工作量 37 口（表 5–4–7）。

表 5–4–7　角 5–23 块调整工作量汇总表

层系序号	层系	部署新井				老井工作						
		合计	油井		水井	合计	油井					水井
			大斜度	水平井			调层	酸化	提液	侧钻	转注	
1	$S_3{}^{上}3_4$	2		2		5	3				2	
2	$S_3{}^{中}1_12_1{}^1$	6		4	2	8	4	2				2
3	$S_3{}^{上}3_14_15_{1+2+3}$，$S_3{}^{中}2_{1+2+3}$					20	10	2	8			
4	$S_3{}^{中}3_1$，$S_42_13_13_3$	3	3			4	3			1		
合计		11	3	6	2	37	17	4	8	1	2	3

四、矿场应用效果

（一）角 5–23 块分层系调整效果

1. 第一套层系

根据工作量部署，实施钻井 3 口，其中水平井 2 口，大斜度井 1 口，老井补孔高压充填改造 1 口，油井转注 2 口。

调整后本层系的开井数由 3 口增加到 6 口，储量控制程度明显提高，由原来的 27.4% 提高到 75.0%，采油速度由 0.5% 提高到 0.78%。

从投产效果来看，J5–P24 井钻遇油层长度长，有水井 J5–X203 井对应，投产效果较好，初期产量达到 15 t，目前日产 6 t，相比周围普通定向井日产 0.7 t 的低液低产水平，产能大幅提高，达到了水平井改善差油层的预期目标。老井 J5–X5 在水井 G3–X13 对应的情况下，实施了补层高压充填工艺改造，也取得了良好的增产效果。具体实施效果见表 5–4–8、表 5–4–9。

表 5–4–8　第一套层系新井投产效果

井号	泵型	投产情况			2011 年 11 月生产情况			钻遇长度 /m	黏度 /（mPa·s）
		油量 /t	水量 /m³	含水 /%	油量 /t	水量 /m³	含水 /%		
J5–P23	44	3.1	1.6	35	2.3	6.3	73.6	28	1509
J5–X277	44	2.3	1.3	35.9	1.3	0.8	36.4	30	2760
J5–P24	56/44 抽稠	15.1	8.1	35	7.8	6.3	45	154	1360

表 5-4-9　第一套层系老井措施效果

井号	措施类型	措施前				措施后			差值
		日产液量 /m³	日产油量 /t	含水率 /%	动液面 /m	日产液量 /m³	日产油量 /t	含水率 /%	日产油量 /t
J5-X5	补层高压充填	78.3	1.2	97.6	427	18.8	3	84	1.8

2. 第二套层系

下部油层 $S_3^{中}2_1^1$ 实施水平井挖潜 3 口；$S_3^{中}1_1$ 钻新水井 1 口，老井补层高压充填工艺改造 1 口，水井增注 1 口。

经过调整该层系的采油速度、储量控制程度和水驱控制储量都明显上升。开井数由 3 口提高到 8 口，储量控制程度由原来的 26.0% 提高到 74.2%，采油速度由 0.8% 提高到 1.8%。由原来的天然能量开发到目前水驱控制储量达到 5.2×10^4 t。

水平井的投产效果显著，初期均达到 8 t 以上高产，目前平均日产水平仍有约 8 t，相比周围普通定向井日产 2 t、含水高达 96% 的生产水平，含水大幅下降，产能大幅提高。充分利用现有老井实施工艺改造措施，J5-22 实施补层高压充填工艺改造，产量由采取措施前的 0.7 t 上升到 5.6 t，取得了良好效果。具体实施效果见表 5-4-10。

表 5-4-10　水平井投产效果

井号	投产情况			2011 年 11 月生产情况		
	油量 /t	水量 /m³	含水率 /%	油量 /t	水量 /m³	含水率 /%
J5-P17	8.4	16.2	66	5.4	10.3	65.7
J5-P18	16.1	8.6	35	3	21	89
J5-P25	14.4	10.9	43.2	14.4	10.9	43.2
合计	38.9	35.7		22.8	42.2	
平均	13.0	11.9	47.8	7.6	14.1	61.8

3. 第三套层系

全部利用老井，共实施老井措施 17 口，其中老井补孔措施 5 口，提液措施 5 口，酸化措施 4 口，大修 2 口，打塞堵水 1 口，均取得增油效果。从提液效果来看，提液幅度大的井效果较好，与前面提液幅度的研究相吻合。具体实施效果见表 5-4-11。

表 5-4-11　第三套层系老井措施效果

序号	井号	措施类型	措施前				措施后			日增油 /t	当年累增油 /t
			日产液量 /m³	日产油量 /t	含水率 /%	动液面 /m	日产液量 /m³	日产油量 /t	含水率 /%		
1	J5-X202	补孔	8.5	0.9	89.7		57.9	2.4	97.1	1.5	116
2	J5-C237		47.9	1	98		10.7	5.1	52	4.1	1909
3	G3-X171		31.1	0.9	97.2	0	32.4	2.8	91.4	1.9	266
4	J5-X232		5.3	0.1	97.3	1169	30.6	2.8	90.8	2.7	344
5	J5-X236		18.7	0.4	98	1127	17.5	3.5	80	3.1	125

续表

序号	井号	措施类型	措施前				措施后			日增油/t	当年累增油/t
			日产液量/m³	日产油量/t	含水率/%	动液面/m	日产液量/m³	日产油量/t	含水率/%		
6	J5-X266	提液	65.8	1.8	97.2	108	275.7	5	98.2	3.2	332
7	G3-X27		25.3	2.2	91.3	112	44.8	3.5	92.2	1.1	80
8	G3-X171		32.6	1.9	94.1	576	48.1	3.5	92.8	1.6	102
9	J5-X268		105	3.9	96.3		225.6	5.4	98.5	1.5	64
10	J5-38		57.5	1.7	97		217.1	4.1	98.1	2.4	401
11	J5-25 CZ	酸化	8.9	0.8	90.9	867	22.9	3.8	83.4	3	420
12	J5-P15		14.7	0.7	95.2	920	31	3.5	88.7	2.8	50
13	G3-X29		20.4	1	95.3		55.1	2	97.3	1	142
14	J5-X296		2	0.8	59		18.1	4.2	77	3.4	1769
15	J5-X255	大修	4.8	0.1	98.7	1187	15.3	1	93.2	0.9	62
16	J5-X289		78.0	4.0	95		124.1	6.8	94.5	2.8	917
17	J5-X262	打塞堵水	105	1.9	98-2	564	62.7	10.5	83.2	8.6	975
合计											8073

4. 第四套层系

稠油层实施水平井挖潜 1 口，大斜度井 2 口，老井补层措施 1 口；上部稀油层实施老井侧钻 1 口。

调整后，稠油层的储量控制程度和采油速度都有明显提高。开井数由 3 口提高到 6 口，储量控制程度由原来的 37.0% 提高到 88.2%，采油速度由 0.5% 提高到 0.7%。

该层系新井投产效果单井差异大，东部 J5-X295 井由于周围老井生产时间长，边水能量较充足，所以投产效果较好，初期日产 8 t，目前日产 6 t。老井未动用区的新井 J5-P26、J5-X265 投产效果较差，低液低产。其中 J5-X265 井投产第二天不出油后，采用电加热杆举升工艺，效果明显改善，达到了日产 18 t 的产量，但由于地层出砂，防砂后产量下降至 2 t，目前 J5-P26 和 J5-X265 井准备实施热采，均有望获得 10 t 以上的高产。具体实施效果见表 5-4-12。

表 5-4-12 第四套层系新井投产效果

井号	投产情况			2011 年 11 月情况			采油工艺	原油黏度/(mPa·s)
	油量/t	水量/m³	含水率/%	油量/t	水量/m³	含水率/%		
J5-X295	8.4	10.4	55.4	6.1	11.7	65.5	抽油泵	8300
J5-X265	18.8	1.2	6	2.7	2.2	45.5	电热杆	6800
J5-P26	3.6	2.1	36	0.1		28.6	螺杆泵	12000
合计	30.8			8.9				
平均	10.3			3.0				

5. 角 5–23 块整体调整效果

经过分层系精细开发调整，角 5–23 块产量递减速度变缓。调整前日产水平从 2009 年 4 月的 171 t 大幅递减至年底的 141 t，总递减率 17.5%；调整后，从 2010 年初到 2011 年 10 月，日产水平由 134 t 上升为 138 t，保持了基本稳产的开发形势，整体调整效果明显（图 5–4–15）。

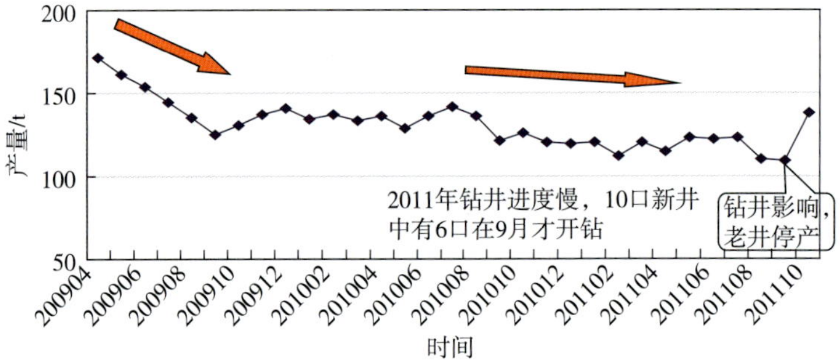

图 5–4–15　角 5–23 块产量变化

（二）北二区调整效果

1. 新井投产效果

2010~2011 年，根据剩余油研究结果北二区共完钻并投产新井 19 口，其中运用水平井、大斜度井挖潜差油层、稠油层、厚层顶部剩余油，共投产油井 12 口，总体效果良好。水平井挖潜厚层顶部剩余油效果显著，初期平均日产 9.6 t、含水 62.5%，目前平均日产 5.2 t、含水 81.5%（表 5–4–13）。

表 5–4–13　2010~2011 年水平井开发厚层顶部挖潜效果

井号	投产情况				2011 年 11 月生产情况			累产油 /t
	层位	油量 /t	水量 /m^3	含水率 /%	油量 /t	水量 /m^3	含水率 /%	
J5–P32	$S_3^{中}2_1$	10.3	26.1	71.7	8.9	25.2	74	4600
J5–P17		6.2	16.6	72.8	4	16.6	80.9	1000
J5–P42		2.8	25.6	90	2.2	16.2	88.2	559
J5–P18		16.1	8.6	35	4.2	23	84.5	275
J5–P25		13	8.7	40	9.6	16.7	63.5	
M127–P1	$S_3^{中}2_1$	9.4	16.3	63.5	2	26.3	93.2	1308
J5–P31	$S_3^{上}5_1$	9.1	10.2	52.8	5.2	34.2	86.9	2504
合计		66.9	112.1	62.6	36.1	158.7	81.5	11185
平均		9.6	16.0	62.5	5.2	22.7	81.5	

2. 老井措施效果

北二区老井共实施补孔、下大泵、酸化、防砂等各类措施 70 井次，有效井次 62，措施有效率 88.6%，提高了 3.1%，累计增油 18156 t。

3. 产量递减趋势

经过研究调整，北二区产量递减速度变缓。调整前日产量由 2009 年 4 月的 339 t 下降到 2009 年 12 月的 289 t，总递减率 14.7%。调整后，日产量由 2010 年 1 月的 268 t 下降为 2011 年 10 月的 264 t，总递减率 1.5%，保持了基本稳产的开发形势，整体调整效果明显（图 5-4-16）。

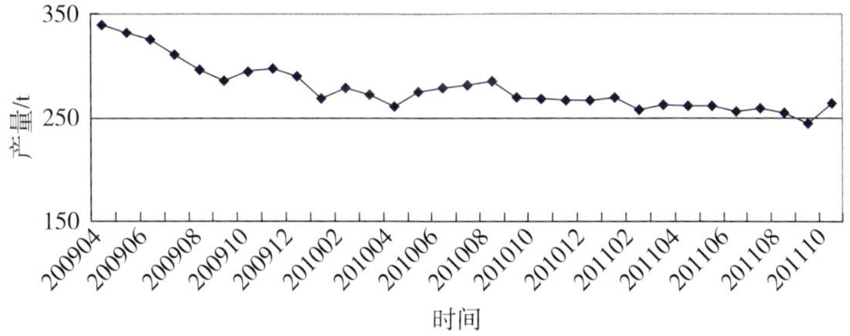

图 5-4-16　北二区产量变化

第五节　产量递减综合调控技术

前期通过细分层系等调整，八面河边水断块油藏开发效果得到改善，但后期再次面临含水持续上升、递减逐年加大、开发效益难以保障的问题。为此，利用动、静态数据，逐块分析递减原因，明晰递减规律和主控因素，建立递减模型，结合典型井区提出针对性的控制递减对策和相应的技术政策，形成了边水断块油藏递减综合调控技术。

一、不同条件下递减规律

以北二区为例，分析不同条件下边水断块油藏开发后期递减规律。

（一）不同构造位置递减规律

统计计算不同构造位置油井产量递减率（图 5-5-1、表 5-5-1），结果表明，构造高部位油井产量递减率为 14.58%，构造腰部位油井产量递减率为 10.48%，构造低部位油井产量递减率为 7.83%，构造高部位递减率相对较高。

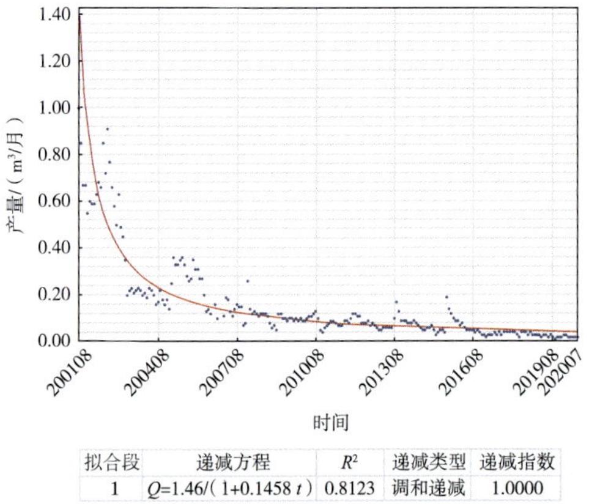

（a）构造高部位

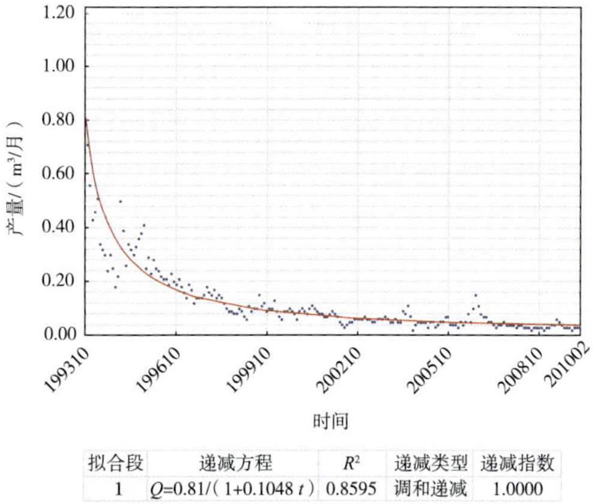

（b）构造腰部位

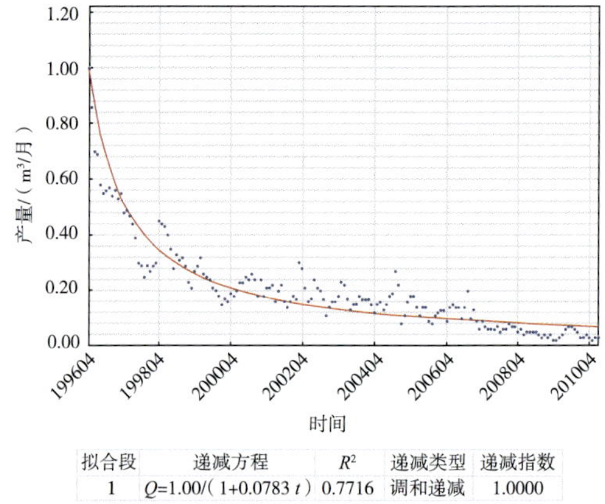

（c）构造低部位

图 5-5-1　八面河北二区不同构造位置油井产量递减曲线

表 5-5-1　八面河北二区不同构造位置油井产量递减统计

构造位置	递减方程	R^2	递减类型	递减指数	递减率 /%
构造高部位	Q=1.46/（1+0.1458 t）	0.8123	调和递减	1	14.58
构造腰部位	Q=0.81/（1+0.1048 t）	0.8595	调和递减	1	10.48
构造低部位	Q=1.00/（1+0.0783 t）	0.7716	调和递减	1	7.83

（二）不同层位递减规律

统计计算不同层位油井递减率（图 5-5-2、表 5-5-2），结果表明，北二区不同层位油藏递减类型以调和递减为主，沙三上油井产量递减率为 6.27%，沙三中油井产量递减率为 7.08%，沙四段油井产量递减率为 15.89%，沙四段递减率相对较大。

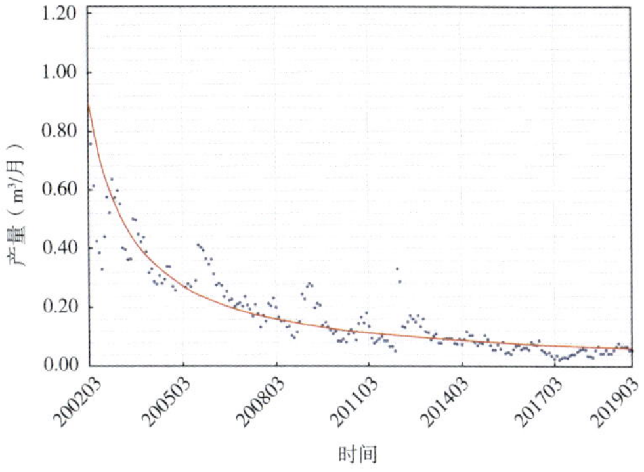

拟合段	递减方程	R^2	递减类型	递减指数
1	Q=0.90/（1+0.0627 t）	0.8127	调和递减	1.0000

（a）沙三上

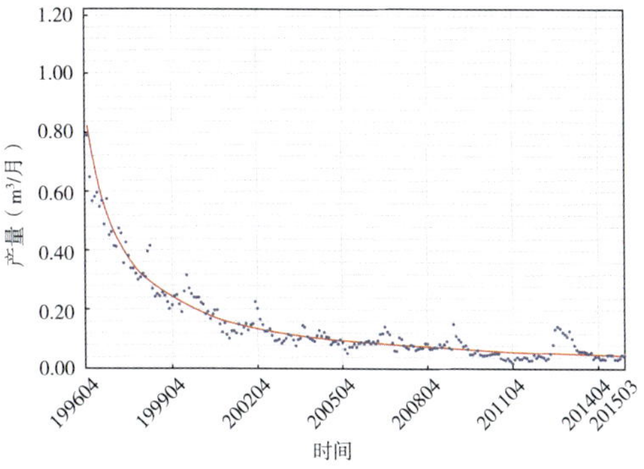

拟合段	递减方程	R^2	递减类型	递减指数
1	Q=0.83/（1+0.0708 t）	0.8458	调和递减	1.0000

（b）沙三中

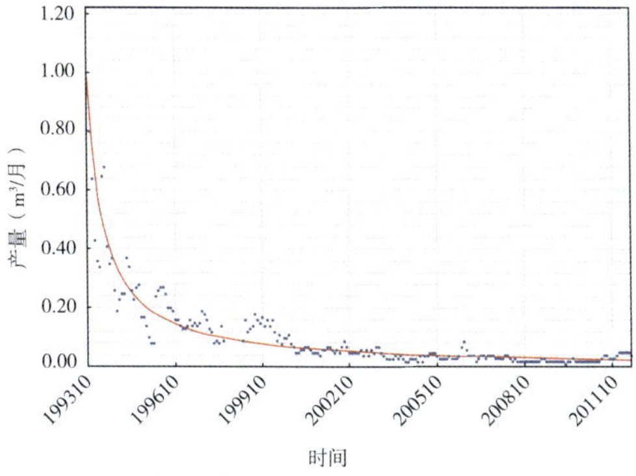

拟合段	递减方程	R^2	递减类型	递减指数
1	Q=0.99/（1+0.1589 t）	0.8120	调和递减	1.0000

（c）沙四段

图 5-5-2　八面河北二区不同层位油井产量递减曲线

表 5-5-2　八面河北二区不同层位油井产量递减统计

层系	递减方程	R^2	递减类型	递减指数	递减率 /%
沙三上	Q=0.90/（1+0.0627 t）	0.8127	调和递减	1	6.27
沙三中	Q=0.83/（1+0.0708 t）	0.8458	调和递减	1	7.08
沙四段	Q=0.99/（1+0.1589 t）	0.8120	调和递减	1	15.89

（三）不同开发方式递减规律

统计计算不同构造位置油井递减率（图 5-5-3、表 5-5-3），结果表明，北二区不同开发方式油藏递减类型均为调和递减，弹性驱油井产量递减率为 14.58%，注水驱油井产量递减率为 4.95%，边水驱油井产量递减率为 7.83%，弹性驱递减率相对较大。

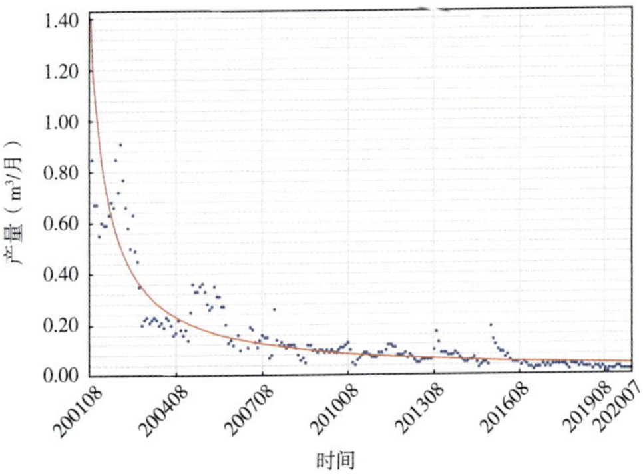

拟合段	递减方程	R^2	递减类型	递减指数
1	Q=1.46/（1+0.1458 t）	0.8123	调和递减	1.0000

（a）弹性驱

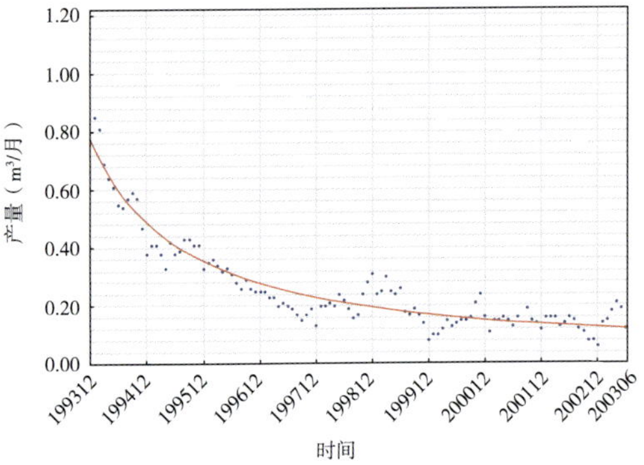

拟合段	递减方程	R^2	递减类型	递减指数
1	Q=0.78/（1+0.0495 t）	0.8060	调和递减	1.0000

（b）注水驱

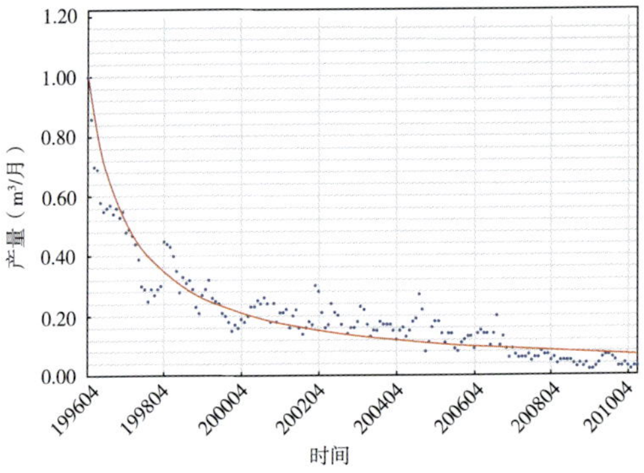

拟合段	递减方程	R^2	递减类型	递减指数
1	Q=1.00/（1+0.0783 t）	0.7716	调和递减	1.0000

（c）边水驱

图 5-5-3　八面河北二区不同开发方式油井产量递减曲线

表 5-5-3　八面河北二区不同开发方式油井产量递减统计

开发方式	递减方程	R^2	递减类型	递减指数	递减率 /%
弹性驱	Q=1.46/（1+0.1458 t）	0.8123	调和递减	1	14.58
注水驱	Q=0.78/（1+0.0495 t）	0.8060	调和递减	1	4.95
边水驱	Q=1.00/（1+0.0783 t）	0.7716	调和递减	1	7.83

二、产量递减主控因素

边水断块油藏产量递减影响因素较多，厘清该类油藏产量递减主控因素对于下步采取针对性的技术对策有着重要意义。传统方法一般固定多个因素，研究其中一个因素对结果指标的作用大小，依次类推进行多个因素的研究，该种方法试验量较大。数理分析上采用正交设计方法，通过采用部分试验来代替全面试验，对部分试验结果的分析，了解全面试验的情况，该种方法能够极大地减少试验次数并不失去试验结果的意义。

正交试验设计就是用于安排多因素试验并考察各因素影响大小的一种科学设计方法。它始于 1942 年，之后在各个领域都得到很快的发展和广泛应用。这种科学设计方法是应用一套已规格化的表格——正交表来安排试验工作。其优点是：适合于多种因素的试验设计，便于同时考察多种因素各种水平对指标的影响，通过较少的试验次数，选出最佳的试验条件，即选出各因素的某一水平组成比较合适的条件。这样的条件就所考察的因素和水平而言，可视为最佳条件。另外，还可以帮助我们在错综复杂的因素中抓住主要因素，并判断哪些因素只起单独的作用，哪些因素除自身的单独作用外，它们之间还产生综合的效果。数理统计上的试验设计还能给出误差的估计。

正交试验设计的方法，首先应根据试验的目的，确定影响试验结果的各种因素，选择这些影响因素的试验点，进而拟出试验方案，之后按所拟方案进行试验并对试验结果做出评估。必要时再拟出进一步的试验方案，使试验工作更趋完善，所得结果也更为可靠。

考察的因素、水平数越多，在试验中所有可能的搭配也越多，要逐个地进行试验显然是不可能的。这就提出了合理设计和安排试验的问题，即要通过少量的试验次数以获得理想的试验条件，取得最佳的试验效果，并对试验结果做出科学评估。为此，试验方案的设计要保证正交性、代表性和综合可比性。

选取北二区典型井组，建立概念模型，基于正交设计原理，全面对地质、开发因素开展系统研究，对模拟结果利用极差和方差进行分析，明确产量递减的主控因素。

（一）数值模拟方案设计

考虑北二区油藏地质参数特征和开发因素，主要选取边水大小、地层倾角、油层厚度、采液速度、距边水大小、油水黏度比等 6 个参数作为研究对象，分别设计 5 组不同水平。通过正交设计方法，选用 L25（56）正交设计表，模拟次数共 25 组。模型选用角 4 块 S_3中1_1 小层作为建立概念模型的基础，通过设计不同因素水平，对北二区的不同断块具有很好的覆盖性和代表性，其结果能够全面反映该类油藏的特征对产量递减的影响。模拟软件选用 CMG 软件 IMEX 模块油水两相渗流模型，模拟结果取值选用中高含水（80% 以上）阶段后产量，利用 PEOFFIC 软件 ProdForecast 模块进行月度产量递减分析，递减类型选用调和递减，回归拟合相关性达到 0.995 以上。

（二）结果分析

利用极差和方差方法对模拟结果进行分析。极差计算结果表明，对结果影响的极差距边水距离为 3.647，边水大小为 4.798，地层倾角为 3.633，油层厚度为 3.559，采液速度为 4.532，油水黏度比为 5.122，即该类油藏对产量递减的主控因素排序为油水黏度比 > 边水大小 > 采液速度 > 距边水距离 > 地层倾角 > 油层厚度。

极差分析法简单明了、通俗易懂，计算工作量少，便于推广普及。但这种方法不能将试验中由试验条件改变引起的数据波动同试验误差引起的数据波动区分开来，即不能区分因素、各水平间对应的试验结果的差异究竟是由因素水平不同引起的，还是由试验误差引起的，无法估计试验误差的大小。此外，各因素对试验结果的影响大小无法给出精确的数量估计，不能提出一个标准来判断所考察因素作用是否显著。为了弥补极差分析的缺陷，可采用方差分析。方差分析基本思想：将数据的总变异分解成因素引起的变异和误差引起的变异两部分，构造 F 统计量，做 F 检验，即可判断因素作用是否显著。方差检验结果表明，F 值距离边水距离为 7.738，边水大小为 9.168，地层倾角为 7.220，油层厚度为 6.483，采液速度为 8.679，F0.05（4，4）临界值为 6.39。上述各因素 F 值均大于 F 临界值，即该类油藏上述因素对产量递减均有影响，影响的大小顺序为油水黏度比 > 边水大小 > 采液速度 > 距边水距离 > 地层倾角 > 油层厚度（表 5–5–4）。

表 5–5–4　产量递减影响主控因素方差分析表

方案	距边水距离	边水大小	地层倾角	油层厚度	采液速度	油水黏度比	月递减率 /%
GASE1	60	10	3	2	4	5	0.73
GASE2	60	20	7	5	12	15	0.92
—	—	—	—	—	—	—	—
GASE25	140	160	11	6	12	5	10.5
方差分析表							
方差来源	SS 平方和	df 自由度	MS 均方	F	F0.05（4，4）临界值	油水黏度比 > 边水大小 > 采液速度 > 距边水距离 > 地层倾角 > 油层厚度	
距边水距离	14.171	4	3.543	7.738	6.39		
边水大小	16.790	4	4.197	9.168			
地层倾角	13.244	4	3.306	7.220			
油层厚度	11.872	4	2.968	6.483			
采液速度	15.895	4	3.974	8.679			

结合开发实践认识，对于北二区这种边水窄条带断块油藏，油水黏度比、边水大小、采液速度对产量递减起到主控作用。因此，抑制区块产量递减应该主要从补充地层能量、合理匹配采液速度入手。

三、递减综合调控技术对策

根据递减主控因素分析，结合北二区的开发现状，北区块控制产量递减的主要技术方向为提高边水能量、挖掘局部剩余油、合理提液等方面。因此，结合区块典型砂体模型和动态数据，实施了人工仿边水驱技术、提液技术、老井回采技术和剩余油挖潜对策 4 个方面的研究，形成了断块油藏递减综合调控技术。

（一）人工仿边水驱技术

人工仿边水驱技术是在断块油藏水体内或者低部位部署新水井和利用老井增加注水

井点，变边内小井距注水为边外大井距注水，变边内控制注水为边外强化注水，模仿天然强边水驱，提高驱油效率和波及系数，进而提高采收率的开发技术。该技术解决了油藏补充能量的需求，有效地处理了地面多余污水，并充分合理地利用了老井。

1. 断块油藏人工仿边水驱技术原理

（1）屋脊断块油藏高部位剩余油“二次富集”。断块油藏油水由于重力作用发生重新运移，在构造高部位、断层附近形成剩余油富集区。含水饱和度、油水密度差越大，竖直方向二次富集速度越快；地层倾角越大，地层方向二次富集速度越快。

（2）变边内小井距为边外大井距注水，提高波及系数。边内注水油水井间主流线阻力小，主流线区域流量远大于非主流线区域流量，水线舌进明显。人工仿边水驱在整个含油条带内渗流阻力均匀、流线分布均匀，平面上各处流量均匀，实现了含油条带内的均匀推进。

（3）变控制注水为强化注水，提高驱油效率。提高注水强度，可增大压力梯度，使参与渗流孔隙体积增加，更多小孔隙原油被驱出，提高驱油效率。

2. 潜力区块筛选

从油藏、地面、工程 3 个层次建立了八面河油田断块油藏仿边水驱潜力区块筛选标准，标准建立原则：油藏开发和地面污水处理有需求，地下、井筒和地面有条件，经济评价有效益。针对八面河油田具有边水的区块，按照标准筛选出不同层次的潜力区块。

1）潜力区块筛选流程

从油藏、地面、工程 3 个层次开展潜力区块的筛选，具体流程（图 5-5-4）：首先在有边水的区块中筛选出符合油藏需求的区块；其次根据污水量标准进一步筛选出符合污水回灌需求的区块，在此基础上依据工程标准进一步筛选出符合工程需求的区块；最后根据边外老井目前可利用的情况，筛选出可实施的区块。

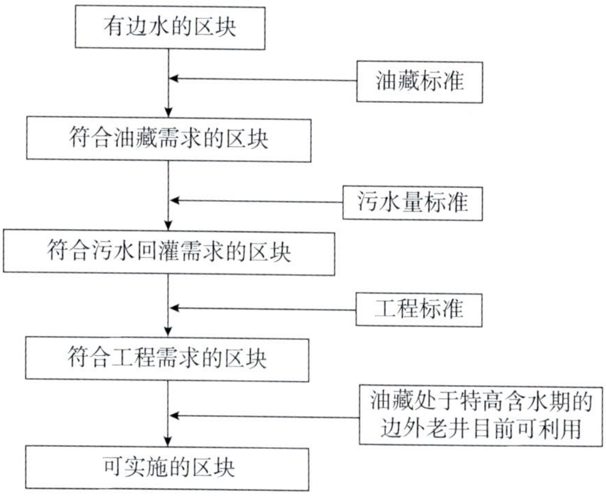

图 5-5-4　区块筛选流程图

2）潜力区块筛选标准

为研究油藏因素对人工仿边水驱开发效果的影响规律，以典型断块油藏为例建立模拟基础模型。该模型参数包括：含油面积为 0.72 km^2，石油地质储量为 79×10^4 t，原始水油体积比为 3，埋深为 2300 m，地层倾角为 10°，孔隙度为 0.22，渗透率为 240×10^{-3} μm^2，油层厚度为 10 m，含油条带宽度为 400 m，地下原油黏度为 7.0 mPa·s。应用黑油模拟器模拟，共设计 2 套方案对不同油藏因素的敏感性进行模拟。方案 1 为常规边缘注水直至区块综合含水率达到 99%，注采井距为 300 m；方案 2 为常规边缘注水直至区块综合含水率达到 97%，然后关闭油井，增大注采井距至 600 m 进行仿边水驱。通过对比两套方案的采收率，进行各影响因素敏感性研究，确定潜力区块筛选标准。

3）潜力区块筛选结果

针对八面河油田北区的 20 个具有边水的区块，根据油藏、污水量、工程的筛选标准以及当前边外老井的状况进行 4 个层次的筛选，结果表明：符合油藏类筛选标准的共有 11 个区块，涉及储量 1082×10^4 t，不符合标准的区块有 9 个，主要原因是油水黏度比高；符合污水量筛选标准的共有 7 个区块，涉及储量 712×10^4 t；由于边外可利用的老井少，没有符合工程筛选标准的区块，目前暂时无法开展仿边水驱试验。综合分析，初步筛选出角 4 块和角 5–23 块进行前期仿边水先导试验。

3. 开发技术政策研究

油田注水开发技术政策对指导油田开发调整具有重要意义。潜力区块的油藏压力保持水平普遍偏低，为确保后期油井提液的需求，由此仿边水驱必须分两步开展：第一阶段通过强注弱采来恢复油藏压力，减缓水线突进；第二阶段采取稳注强采保持油藏压力，提高油藏采出。

对断块油藏的仿边水驱开发技术政策研究采用油藏数值模拟法进行。以不同储层概念模型为基础进行研究，模型根据八面河油田断块油藏储层物性及流体性质设计，长 1800 m，含油条带宽度为 400 m，油水界面深度为 2300 m，地层倾角为 10°，孔隙度为 0.22，渗透率为 240×10^{-3} μm^2，油层厚度为 10 m，地下原油黏度为 7.0 mPa·s。油井井距为 300 m，平行部署在油藏顶部；水井有多套部署方式。利用此概念模型进行合理井网形式、合理注采井距、合理注采方式、合理注采比、合理地层压力保持水平等技术政策研究。以井网井距为例进行说明。

共设计了边外水驱 4 种井网形式（图 5–5–5），以交错、正对等排状方式，油区边外注水，待区块综合含水率达到 98% 时，对比油藏采出程度（图 5–5–6），可知交错排状注采井网为仿边水驱油藏最佳井网形式。

在采取交错排状井网形式下，共模拟 4 种注水井井距，分别为油区腰部、油水边界、水区腰部、水区底部（图 5–5–7），注采井距分别为 205 m、330 m、475 m、715 m，待区块综合含水率达到 98% 时，比对油藏采出程度（图 5–5–8）。模拟结果表明，注水井点距离油水边界越远，其阶段采出程度越高，因此点状注水改仿边水驱时应尽可能选择距离原始油水边界远的井点注水，即尽量拉大注采井距。

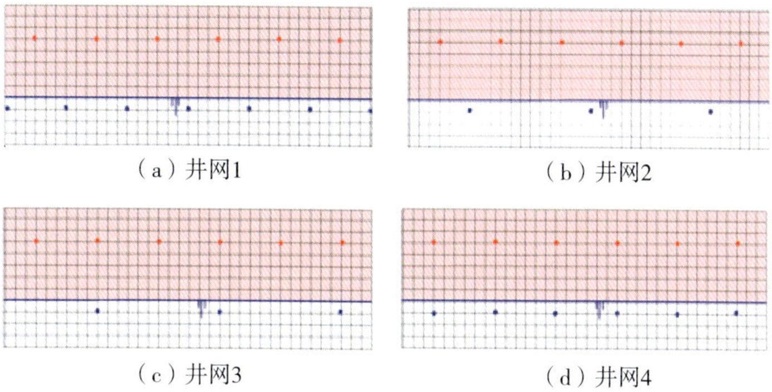

图 5-5-5　4 种边外水驱注采井网形式

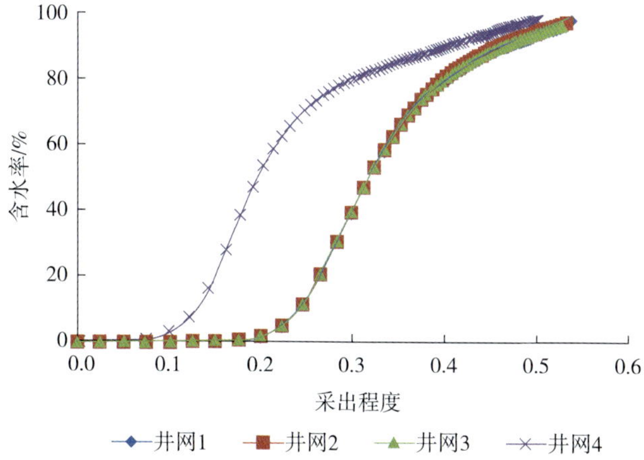

图 5-5-6　4 种注采井网采出程度与含水率关系

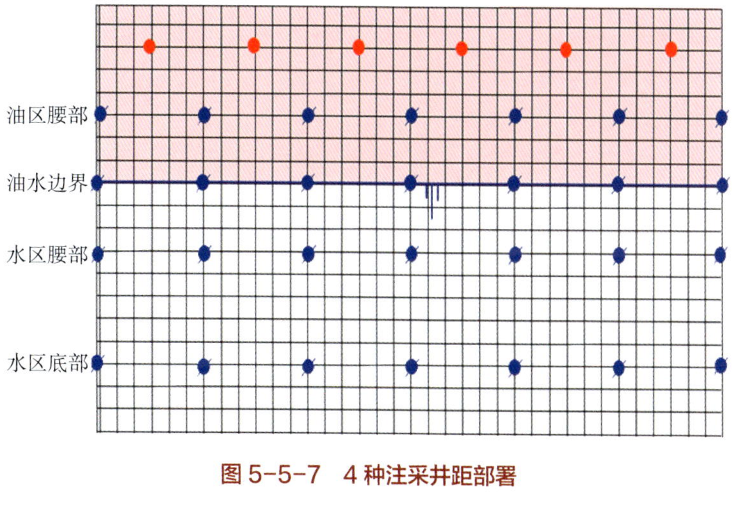

图 5-5-7　4 种注采井距部署

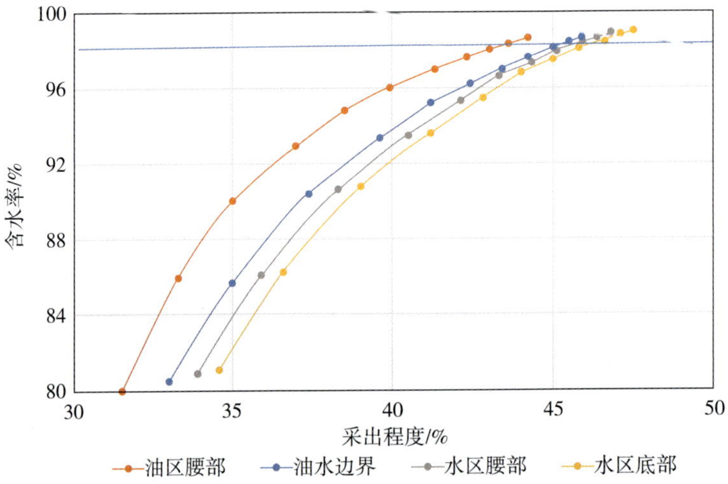

图 5-5-8　4 种注采井距采出程度与含水率关系

（二）提液技术

1. 边水推进规律

边水能量可以分为 3 种类型：活跃型、比较活跃型和不活跃型。其中，活跃型水体较大，水油体积比一般在 100 倍以上；比较活跃型的水油体积比一般在 10~100 倍；不活跃型的水油体积比较小，一般小于 10 倍。边水活跃程度代表油藏整体能量的强弱，其对油井供液能力的影响至关重要，因此研究提液就必须研究边水大小和边水推进规律。采用非稳态法计算水体倍数大小，物质平衡法和非稳态法计算水侵量，具体计算步骤为：

（1）通过物质平衡方程计算累计水侵量；

（2）计算无因次作用时间；

（3）计算阶段压降；

（4）计算无因次水侵量 $Q(t_D)$；

（5）求水侵量大小；

（6）计算无因次水体；

（7）计算水体大小。

计算区块油井初始条件下水侵速度，定义水线推进速度（m/d）为距边水距离与油井含水 5% 所用时间的比值：$V_w = \dfrac{L_{o-w}}{t_{5\%}}$。

利用莱 5 块（$S_3^{上}3_1$）J5-X121 小断块实际三维地质模型，研究不同水体倍数、距离边水距离、渗透率、地层倾角、液量等因素下水线推进速度，模拟方案共计 162 个，绘制相关图版（图 5-5-9）。

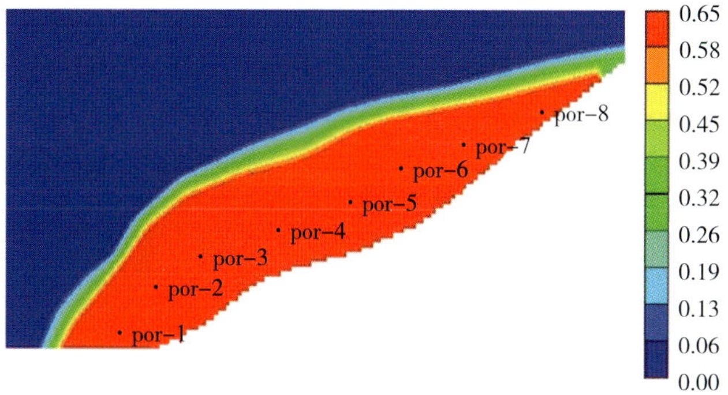

图 5-5-9　J5-X121 小断块地质模型

研究结果表明，水体倍数、渗透率、采液速度、油水黏度比越大，边水推进速度越快；距边水距离、地层倾角越小，边水推进速度越快。

结合具体区块地质参数和相应图版，可以确定合理采液速度等参数，改善边水驱效果。例如，早期投产井 J5-X25 井于 1989 年 10 月投产 $S_3^{上}5_{1+2}$，距离边水 101 m，初期投产不含水，210 天后见水，计算边水推进速度 2.08 m/d。大幅度提液后，推进速度加快，水淹严重，说明该采液速度不合理（图 5-5-10）。

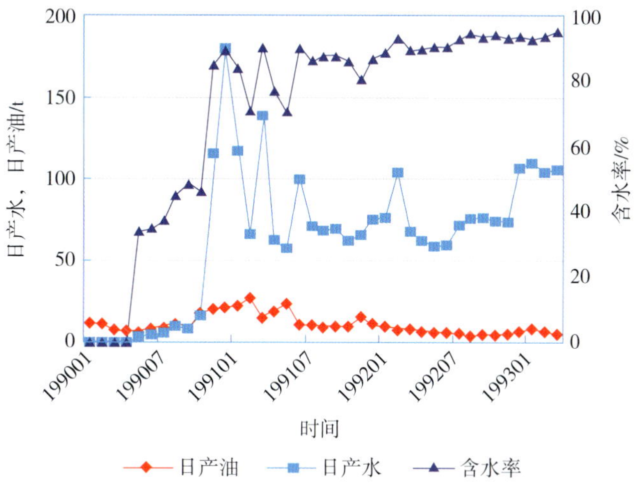

图 5-5-10　J5-X25 井采油曲线

2. 提液技术政策

确定合理液量能够有效抑制含水上升、稳定油量，最终提高采收率。从储层韵律性、提液时机、提液幅度 3 个方面开展了提液技术政策研究，所用地质模型为角 4 块 $S_3^{中}1_1$ 小层模型基础上衍生的三层非均质模型，分别为正韵律、反韵律、复合韵律，层间级差 3 倍，以采收率提高幅度为对比指标。研究结果表明，无论是正韵律、反韵律还是复合韵律，其提液时含水率越低，提高采收率幅度越高，效果越好；高含水期正韵律提液效果较好，特高含水期反韵律、复合韵律提液仍有效；油井提液幅度一般 3~6 倍效果较好（图 5-5-11、图 5-5-12）。

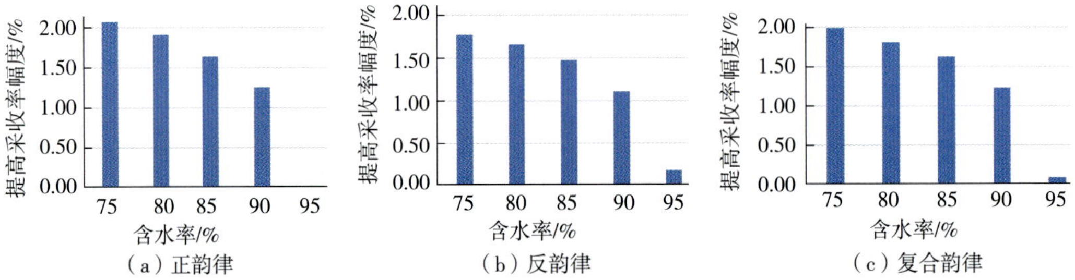

图 5-5-11　不同韵律性和含水条件下提液提高采收率幅度柱状图

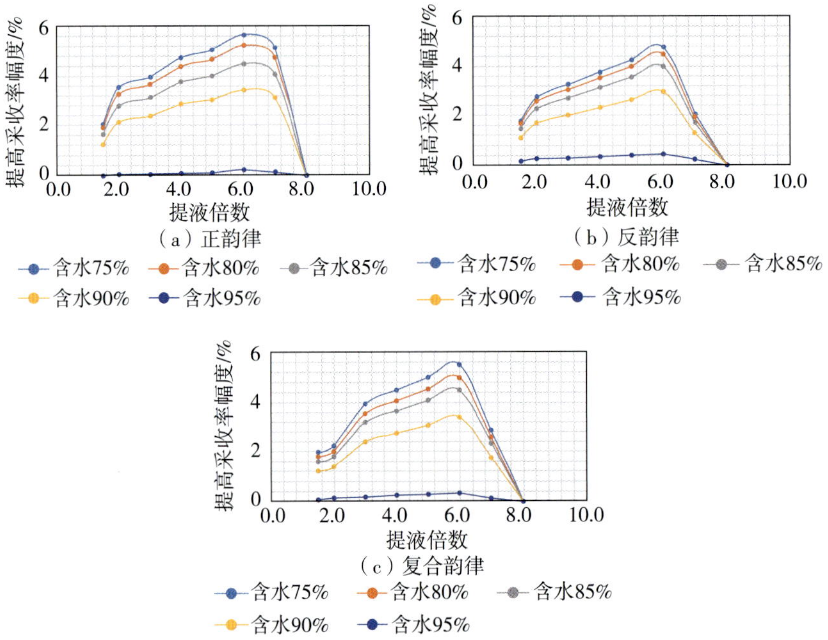

图 5-5-12　不同韵律性和含水条件下合理提液幅度变化曲线

（三）老井回采技术

边水断块油藏受重力分异作用影响，高倾角断块油藏剩余油二次富集现象明显（图 5-5-13）。

利用数值模拟开展特高含水期不同地层倾角条件下油水二次运移规律研究，结果表明，油层厚度越厚、地层倾角越大，油水二次运移越明显，原油重新聚集后的含油高度越具有重新开发的潜力（图 5-5-14）。

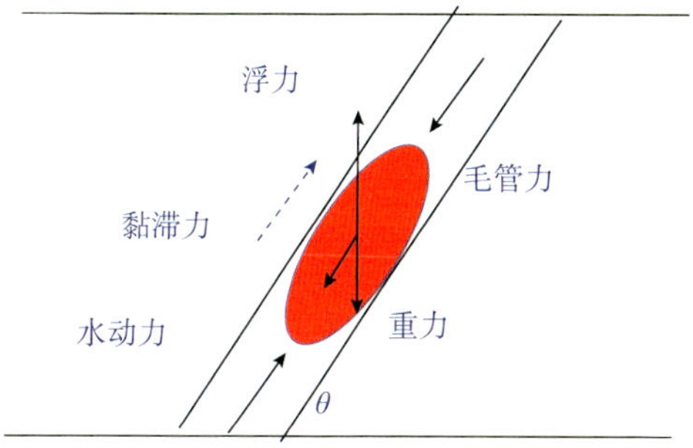

图 5-5-13　油滴受力分析示意图

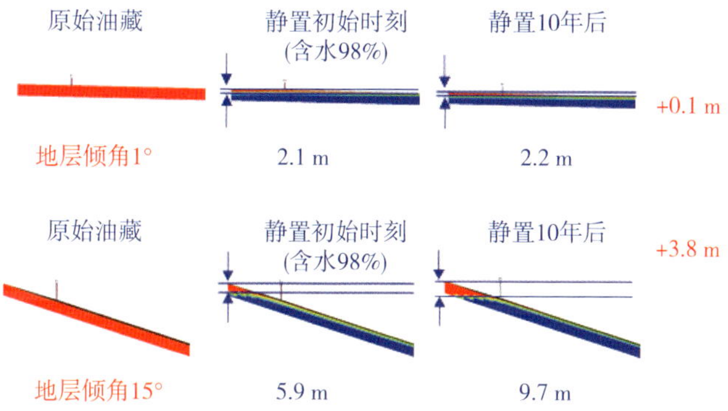

图 5-5-14　不同地层倾角下剩余油二次富集分布

水驱油藏单位体积孔隙中水沿地层倾角方向的渗流速度与含水饱和度的关系式可以表示为：

$$v_{of}=\frac{K\bullet K_{ro}}{\mu_o}\left(\frac{\Delta p}{\Delta l}+\frac{F_d}{\Delta h}\sin\theta-\frac{\Delta p_{cow}}{\Delta l}\right) \qquad (5\text{-}5\text{-}1)$$

式中，v_{of}为原油沿地层方向运移速度；$\frac{\Delta p}{\Delta l}$为驱替压力梯度；$\theta$为地层倾角；$K$为渗透率；$\Delta p_{cow}$为毛管力；$F_d$为重力差；$K_{ro}$为油相渗透率；$\mu_o$为原油黏度。

根据流体势原理与油气运移成藏理论，只要油层中存在低势闭合区，原油和水即会在合力的作用下向低势闭合区运移、滞留及分异，剩余油将在低势闭合区重新聚集，形成新的剩余油聚集区。油田开发实践证实，剩余油再富集成藏周期是最值得关注的指标。对油层而言，剩余油再富集成藏周期取决于再富集成藏的速度，而再富集成藏速度等于油层中原油上浮速度与水下沉速度之和，其中水是否下沉是剩余油再富集成藏的关键因素。根据区块油藏地质参数可以初步绘制不同地层倾角、原油黏度下剩余油运移速度图版（图 5-5-15），根据概念模型模拟结果绘制了不同地层倾角、关井时间下含水下降值图版（图 5-5-16）。结合矿场调整需求，利用以上图版可以开展老井恢复回采对策研究。

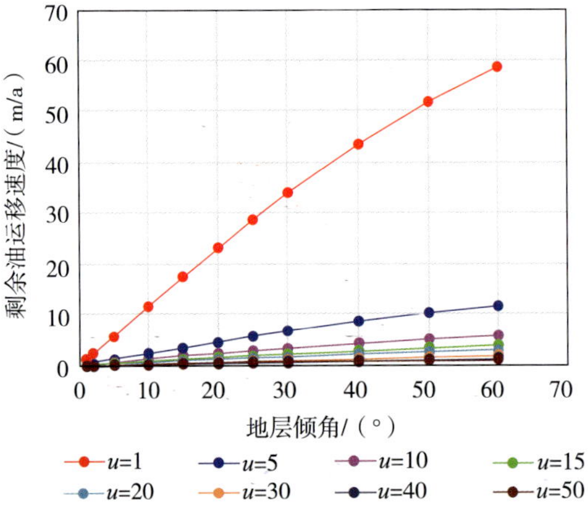

图 5-5-15　剩余油运移速度图版

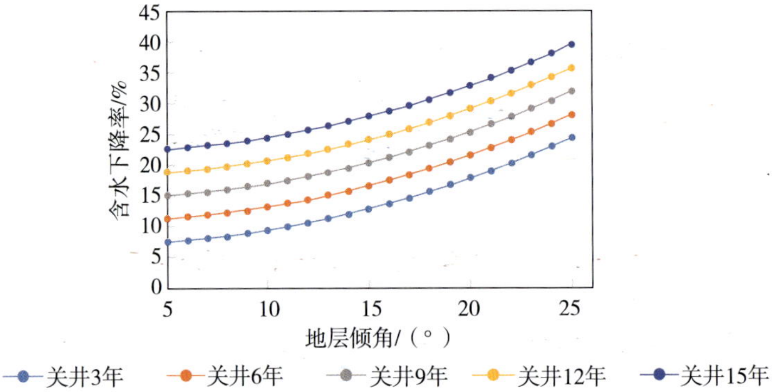

图 5-5-16　含水下降值图版

（四）剩余油挖潜对策

结合北二区油藏地质特征和开发情况，建立 4 种开发条件下高含水期剩余油富集模式，明确下一步剩余油挖潜对策。

（1）单井、双井（多井）在腰部（图 5-5-17）。该种情况下剩余油富集于该井正对的高部位，需要进一步刻画高部位断层要素。

（2）单井在顶部（图 5-5-18）。该种情况为北二区部分小砂体开发中较普遍，剩余油一般富集于该井侧缘、局部微构造附近，此种情况下需要精细刻画侧缘微构造特征。

（3）双井（多井）在顶部。这种情况为北二区普遍现象，剩余油一般富集于该井间、断层附近，因此需要进一步刻画断层。

（4）低续断层切割（图 5-5-19）。此种情况在北部油区也较普遍，由于低续断层的存在，对剩余油具有一定的控制作用，剩余油富集于断层上升盘，下盘的控油能力较弱，需要进一步精细刻画低续断层断距大小和延伸长度。

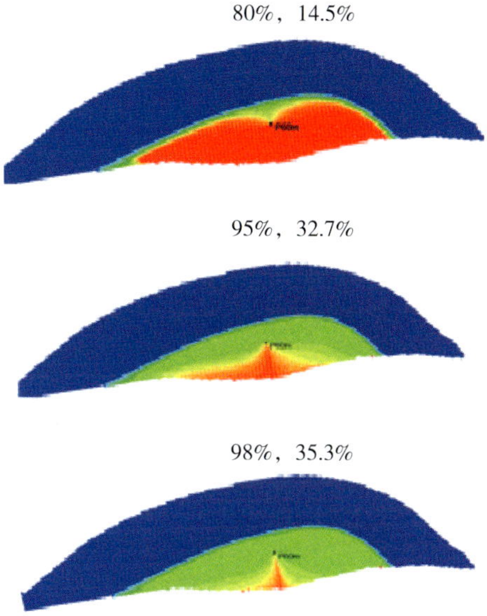

图 5-5-17　单井在腰部不同含水阶段剩余油分布

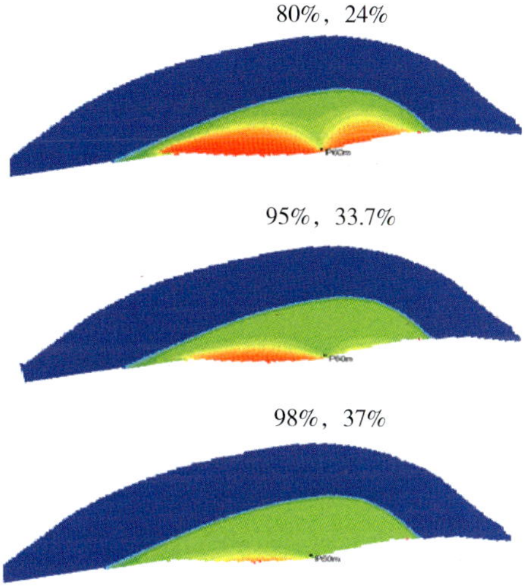

图 5-5-18　单井在顶部不同含水阶段剩余油分布

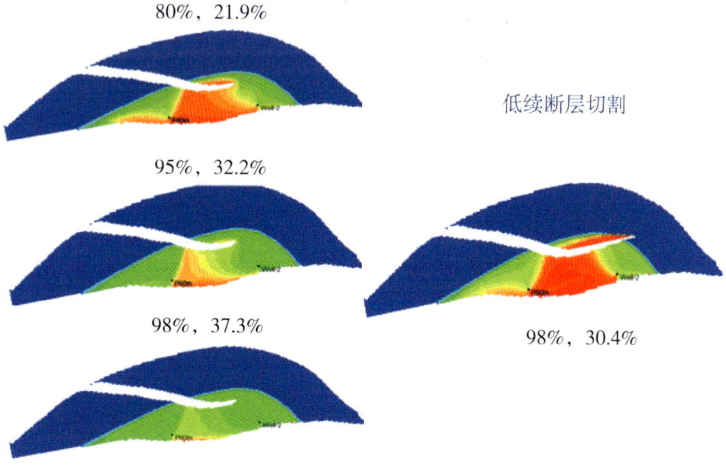

图 5-5-19　低续断层切割下不同含水阶段剩余油分布

四、矿场应用效果

根据北二区动态分析结果，利用边水断块油藏递减调控技术，完成了北二区控制递减方案部署，合计 18 口井（表 5-5-5）。

表 5-5-5　北二区控减工作量汇总

控减对策	区块	井号	备注
剩余油挖潜	角 4 块	J4-X39、J4-X51、J4-X41、J4-X45、J4-X47、J4-X43、J4-X53、J4-X52	已通过 3 口，实施 2 口，其余待汇报
	面 10 块	M10-X9、M10-X11	地面限制，建议再做工作
	面 127 块	J5-X77、J5-X78	地面限制，建议再做工作
人工仿边水	角 5-23 块、莱 5 块	J5-X121、J5-X145、J5-X122	
老井提液	角 4 块	J4-X18、J4-P1	
	角 5-23 块	J5-X266、J5-X232、J5-X268	J5-X232 已实施
合计		20口	

方案实施后，北二区自然递减率由实施前的 17.2% 下降到 2020 年 11 月的 12.4%，自然递减率初步得到有效控制（图 5-5-20）。

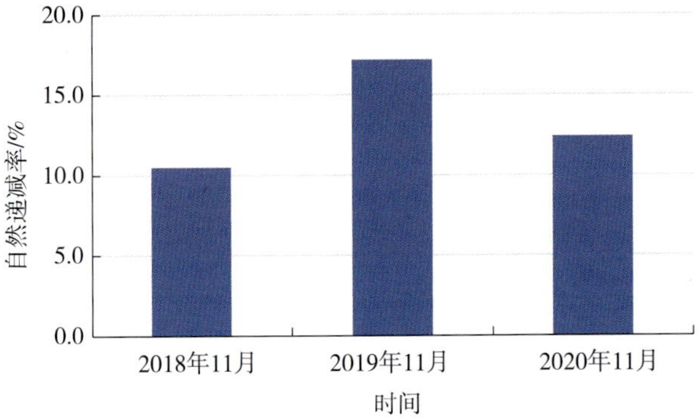

图 5-5-20　北二区 2018 年 11 月、2019 年 11 月和 2020 年 11 月自然递减率柱状图

以角 4 块为例，零散井剩余油挖潜取得良好效果。J4-X51 井、J4-X39 井 2020 年 10 月投产初期日产油 7.0 t 以上，后期日产油量分别稳定在 3.3 t、6.2 t，合计产油近 500 t（图 5-5-21、图 5-5-22）。

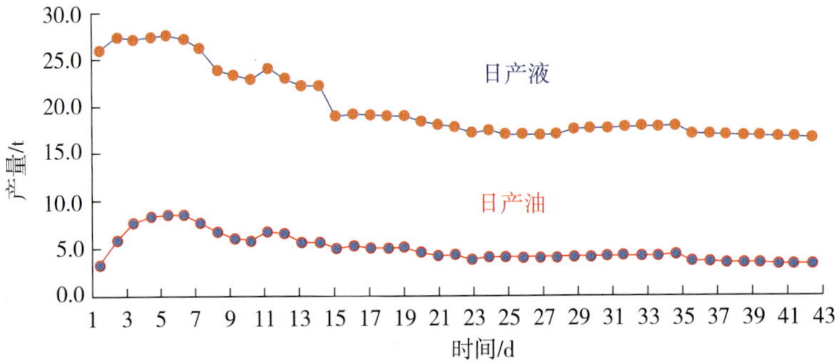

图 5-5-21　J4-X39 井挖潜剩余油生产曲线

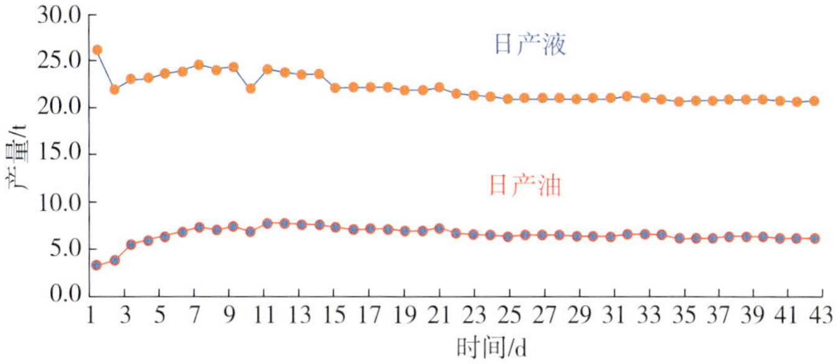

图 5-5-22　J4-X51 井挖潜剩余油生产曲线

第六节　氮气吞吐提高采收率技术

针对断块稠油油藏注水开发后期存在的含水上升快、产量递减率高问题，2005 年在北区、广北区、面 138 区等实施了氮气吞吐提高采收率先导试验。

一、氮气吞吐试验研究

基于目标区地质特征，开展了氮气吞吐参数优化试验。

（一）氮气注入量和注入速度

试验结果表明，随着各周期注入量的增加，采出程度增加，换油率降低，存在一个最佳注入量，试验条件下约为 0.3 PV。

注入速度分别为 1 mL/min、3 mL/min、5 mL/min、7 mL/min、9 mL/min，注入速度越大，采出程度越高（图 5-6-1）。注入速度达到 5 mL/min 以后，采出程度增加速度趋缓，因此吞吐时，在保证不发生气窜的情况下，可以保持较高的注入速度。

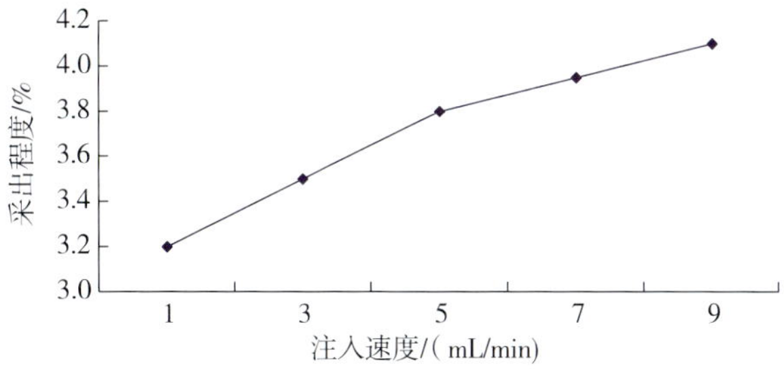

图 5-6-1　注入速度对氮气吞吐采出程度的影响

（二）原油黏度对氮气吞吐效果的影响

试验结果表明，原油黏度对氮气吞吐效果有较大影响。随着黏度的增大，吞吐效果逐渐变差（图 5-6-2），地层原油黏度大于 200 mPa·s 后，氮气吞吐效果明显变差。

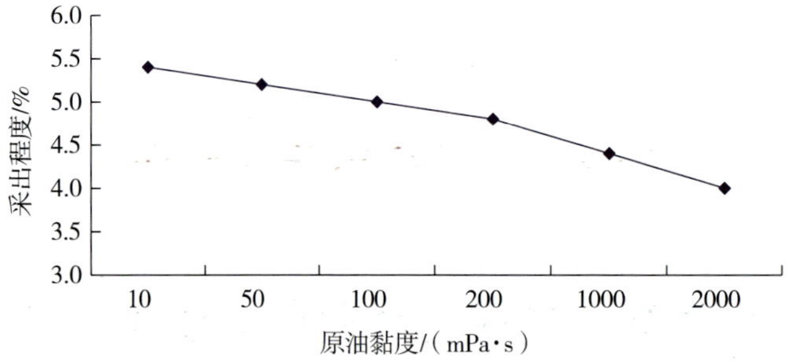

图 5-6-2　原油黏度对氮气吞吐采出程度的影响

（三）吞吐关井时间对氮气吞吐效果的影响

进行一个周期氮气吞吐，注入速度 5.5 mL/min，注入气量 0.35 PV，分别关井反应 1 天、3 天、5 天、7 天、9 天、11 天。试验结果表明，随着关井时间增加，采出程度增加（图 5-6-3），达到 7 天以后采出程度趋于稳定，因此氮气吞吐关井时间至少要达到 7 天。考虑到现场注入氮气量大，现场关井时间预计需要更长时间，目前现场关井时间一般在 15~30 天。

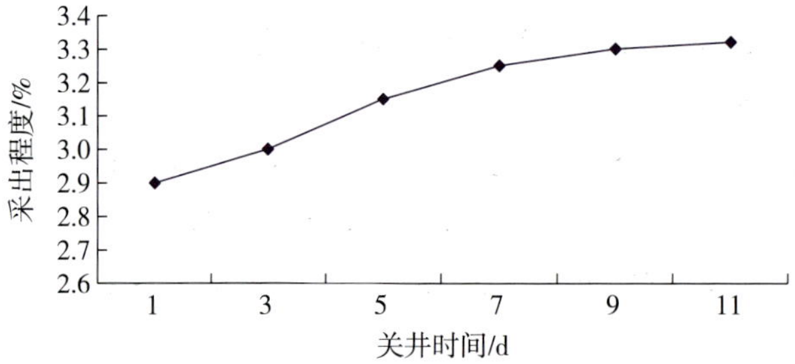

图 5-6-3　关井时间对氮气吞吐采出程度的影响

（四）稠油降黏试验

面 138 块原油地面黏度达到 1825.23~13092.08 mPa·s，为解决稠油黏度高、驱替阻力大问题，根据该块原油特性对降黏剂进行了筛选。主要采用阳离子与非离子表面活性剂进行复配，不仅可以提高体系的界面活性，提高降黏效果，还可以提高体系的抗盐能力。经过室内筛选，选择 SB-4 降黏剂，在 50 ℃、油水比为 7∶3，加药后搅拌条件下，不同加药浓度观察到的现象见表 5-6-1。

表 5-6-1　面 138-2 井原油在 SB-4 降黏剂不同加药现象观察

油样	0.2%SB-4	0.3%SB-4	0.5%SB-4	1.0% SB-4
现象	加入药剂后油变稀，但没有完全乳化，还有块状油存在	加入药剂后油变稀，可完全乳化	加入药剂后油变稀，乳化更完全	加入药剂后油变稀，乳化更完全

经过初步评价，从经济角度出发，选用药剂浓度为 0.3%。由于在注氮气过程中，低温氮气进入油层后，会导致原油黏度增大，引起注入压力的升高，因此在原油含水为 30% 的条件下，进行了温度对降黏效果的影响试验，见图 5-6-4。从图 5-6-4 中可以看出，SB-4 降黏剂适用范围广、降黏效果好，可在 20~80 ℃条件下使用，在同一温度下，与不加降黏剂相比较，降黏率均可保持在 95% 以上。

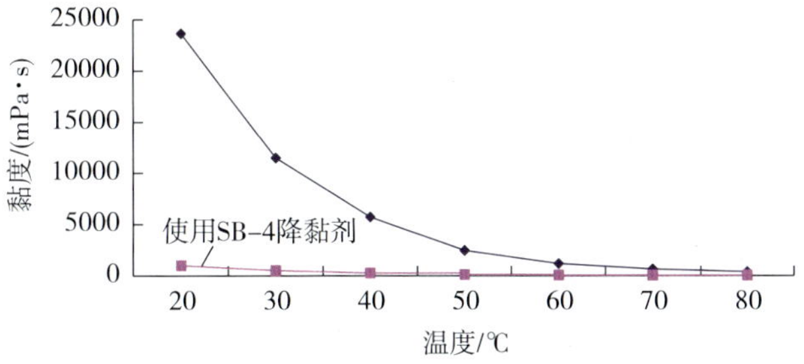

图 5-6-4　在不同温度下加入降黏剂前后原油黏度对比

因此，当地层原油黏度高时，在注入氮气吞吐过程中，可以在前处理中加入降黏剂辅助氮气吞吐，降低原油黏度，改善原油在地层中的流变性，提高流动能力，选用阳离子与非离子复配的 SB-4 降黏剂，使用浓度为 0.3%。

二、矿场应用效果

（一）总体效果

主要针对两类油藏进行了油井氮气吞吐：第一类是针对部分断块高部位剩余油难以采出而边部油井高含水实施压水锥，第二类是对小断块难以实现注水、供液不足的情况补充地层能量。2005 年共实施油井氮气吞吐 8 口井（表 5-6-2），对应油井共计 17 口。

通过 8 口油井氮气吞吐现场试验，共注入氮气 106.3189×10^4 Nm^3，试验共计费用约 270.28 万元，增油 3023 t，新增产值 513.91 万元（按油价 1700 元 /t 计算），新增利润 243.63 万元，投入产出比 1∶1.9，取得较好的经济效益和社会效益，说明八面河油田油井氮气吞吐是可行的、有效的提高采收率的技术。

现场试验表明，地层倾角小于 10° 的构造油藏注氮气也可以提高采收率，扩大了注氮气选井范围（表 5-6-3）。

表 5-6-2　八面河油田油井氮气吞吐见效情况统计

注氮油井									对应油井							
										见效前		见效情况				
序号	井号	层位	射孔井段/m	层数	厚度/m	注氮时间	压力/MPa	氮气量/10^4 Nm^3	井号	时间	基值日产油/t	初期日产油/t	峰值日产油/t	均值日产油/t	预测到年底增油/t	井距/m
1	J12-X72	$S_4 3_3 4_{1+2+3}$	2088.2~2168.2	7	12.6	2005 年 5 月 30 日 ~6 月 13 日	15~17.5	15.1762	J12-X70	05.5	0.3	2.2	6.2	3.5	606	100
									本井	05.4	0.7	0.2	0.8	0.4		
									小计 2 口		1.0	2.4	7.0	3.9	606	
2	M116-2	$S_3{}^{中}3$	1547.4~1550.0	1	2.6	2005 年 6 月 17 日 ~7 月 1 日	13~15.5	11.1160	M116-1	05.6	1.0	3.0	13.8	8.5	1302	250
									M116-X3	05.5	0.0	0.1	1.1	0.5	80	
									小计 2 口		1.0	3.1	14.9	9.0	1382	
3	J12-X56	$S_4 1_2 2_{1+2}$	1948.8~2002.0	3	9.8	2005 年 7 月 17 日 ~8 月 12 日	17~26.5	16.3764	本井	05.6	1.0	2.6	6.3	2.0	68	
									J15-X23	05.8	1.4	1.8	2.6	2.0	97	150
									J12-X32	05.7	1.0	1.0	2.9	2.0	120	100
									J12-X34	05.8	1.4	1.5	2.4	1.8	50	50
									J12-X18	05.8	1.7	1.5	2.4	1.8	35	300
									小计 5 口		6.5	8.4	16.6	9.6	370	
4	J5-X76	$S_3{}^{中}1_1 2_1$	1437.4~1473.4	5	12.5	2005 年 8 月 13~29 日	14.5~21	14.4720	本井	05.8	0	1.1	3.3	1.7	111	
									J5-X74	05.8	3.5	3.5	5.5	4.5	57	100
									J5-X98	05.8	3.5	3.4	5.2	3.8	66	200
									J5-X138							300
									小计 4 口		7.0	8.0	14.0	10.0	234	
5	J12-X45	$S_3{}^{中}2_2$	1791.0~1794.0	1	4	2005 年 8 月 12 日 ~9 月 2 日	13~14.5	12.0000	本井	11 月 26 日焖井结束						
6	J12-X178	$S_3{}^{中}3$	1863.4~1868.4	1	5	2005 年 9 月 7~22 日	11~12.5	15.0093	本井	12 月 25 日焖井结束						
7	L10-X1	$S_4 4_3 5_2$	2839.2~2922.8	5	14.8	2005 年 2 月 8~22 日	7.5	15.1590	本井	05.1	0	3.1	4.7	2.1	318	
8	138-6-X8	$S_4 2_1$	1216.6~1231.2	3	7.4	2005 年 7 月 9~17 日	19	7.0100	本井	05.6	0.6	1.5	1.8	1.5	113	
合计								106.3189							3023	

表 5-6-3　2005 年氮气吞吐井构造倾角统计表

注氮井号	注氮层位	年增油/t	注氮位置	所在砂体地层倾角/(°)
J12-X45	$S_3{}^{中}2_2$	待观察	较高部位	12.8
J12-X46	$S_3{}^{中}3$	1387	高部位	12.9
J12-X56	$S_4 1_2 2_{1+2}$	370	腰部位	7.6
J12-X72	$S_4 4_2$	606	高部位	6.5
J12-X178	$S_3{}^{中}3$	待观察	高部位	9.5
J5-X76	$S_3{}^{中}1_1 2_1$	234	腰部位	15
M116-2	$S_3{}^{中}3$	1382	高部位	8.3
L10-X1	$S_4 4_3 5_2$	318	高部位	6.3

油井氮气吞吐实现压水锥或补充地层能量既经济、快捷，又不污染油层，在油田开发后期的复杂断块稠油油藏，此项技术值得推广。其中，油井氮气吞吐实现压水锥增油

效果更为显著。

（二）北区实施效果

2005 年北区共实施油井氮气吞吐 6 口井，压水锥类型 3 口（M116–2 井、J12–X45 井、J12–X178 井），补充地层能量 3 口（J12–X72 井、J12–X56 井、J5–X76 井），对应油井中 11 口不同程度见到效果，年累增油 2593 t。

1. M116–2 井氮气吞吐压水锥

M116–2 井位于面 10 区，$S_3^中$砂体含油面积 0.15 km²，地层倾角 8.3°，砂体可采储量采出程度 22.87%。2005 年 6 月 17 日 ~2005 年 7 月 1 日对 M116–2 井注氮，累计注氮 11.12×10^4 Nm^3，注氮后本井未生产，对应油井 M116–1 井见效，见效前日产液 37.8 t，日产油 1.0 t，含水率 97.3%，动液面 290 m，见效后日产液 35.0 t，日产油 10.5 t，含水率 70%，动液面 354 m，累计增油 1302 t。M116–X3 井由于套管有漏点，生产不正常，仅增油 80 t。

2. J12–X72 井氮气吞吐补充地层能量

J12–X72 井位于莱 12–3 块，生产层位为 $S_4 3_3 4_{1+2+3}$，射孔井段 2088.2~2168.2 m，有效厚度 12.6 m，于 2003 年 5 月投产，地面原油黏度高达 2295 mPa·s，低液低产。该块因油稠，难于开采。2005 年 3 月采用氮气单井吞吐方式进行驱替补充地层能量，注氮时间 2005 年 5 月 30 日 ~2005 年 6 月 13 日，累计注氮 15.18×10^4 Nm^3。

J12–X72 井注氮前地层能量不足间抽，注氮后日产液 3.0 t，日产油 0.9 t，动液面由 1207 m 上升到 856 m。邻井 J12–X70 井收效明显，井距 100 m，J12–X72 井注氮前日产液 5.0 t，日产油 0.4 t，注氮后日产液 10.7 t，日产油 6.2 t，套压由 0 MPa 上升到 2 MPa，动液面由 1332 m 上升到 798 m，后期日产油量稳定在 3.5 t，累计增油 606 t。

3. J12–X56 井氮气吞吐补充地层能量

J12–X56 井位于 J15 块，生产层位为 $S_4 1_2 2_{1+2}$，射孔井段 1948.8~2002.0 m，9.8 m/3 层，所在砂体含油面积 0.6 km²，氮气吞吐前供液不足计关。注氮时间 2005 年 7 月 17 日 ~ 2005 年 8 月 12 日，累计注氮 16.38×10^4 Nm^3，吞吐后关井 2 个月，开井最高日产油由 1.0 t 上升到 6.3 t，累计增油 68 t。J12–X56 井注氮后，邻井 J15–X23、J12–X32、J12–X34、J12–X18 井套压均由 0 MPa 上升至 2.0 MPa 以内，不同程度见到了增油效果，井组累计增油 370 t，增油效果不显著。分析其主要原因是砂体面积大，注氮量不足，该井每米注氮量仅为 1.7×10^4 Nm^3。

4. J5–X76 井氮气吞吐

J5–X76 井位于莱 5 块，砂体含油面积 0.31 km²，注氮时间 2005 年 8 月 13~29 日，累计注氮 14.47×10^4 Nm^3，注氮前地层能量不足间抽，注氮后连续生产，日产液 4.4 t，日产油 1.7 t，增油 111 t。邻井 J5–X74、J5–X98 井套压由 0 MPa 变为 3 MPa，日产油量稳中有升，累计增油 123 t。

（三）广北区实施效果

2005 年在广北区开展了 L10–X1 井氮气吞吐现场试验，进行了第一周期氮气吞吐。L10–X1 井位于北部斜坡带莱 10 块，地处边远，1998 年 8 月投产 $S_4 4_3 5_2$，由于地层能量差，作业时负压，地层受到明显伤害。2005 年 2 月对该井实施了注氮补充能量现场试验，累计注氮 15.16×10^4 Nm^3，焖井 5 d 放喷不出改抽；注氮前正常生产时日产液 3.2 t，日产油 1.7 t，含水 46.0%，动液面 2461 m，注氮后日产液 5.5 t，日产油 3.6 t，含水率 35.0%，动液面 2124 m，使该井重新恢复了生产，当年增油 318 t。

第六章　配套工艺技术

第一节　常规防砂配套工艺

八面河油田属于疏松砂岩复杂断块普通稠油油藏，地层胶结差，防砂已成为油田维持油水井正常生产的必要手段。依托胜利油田，通过引进、消化、吸收、改进、不断配套和完善，防砂工艺技术从最初单一的机械绕丝筛管防砂工艺，逐步发展到机械防砂与化学防砂相互补充、解堵防砂等多种防砂工艺；从直井防砂发展到水平井、侧钻井防砂，基本满足了油田生产需要。

一、绕丝筛管防砂技术

（一）防砂原理

利用选定缝隙尺寸的绕丝筛管下入油井正对出砂油层，然后在绕丝筛管周围填入一定粒度的砾石，形成一个二级拦截过滤体系。较细的地层砂在充填砾石面上被阻留，而砾石本身比筛缝大又被阻隔在筛管周围，以保证让流体流过而阻挡地层砂进入井中，使油井既能获得产能又可控制出砂。

（二）选井条件及适用范围

（1）不宜用于粉细砂岩和高泥质含量的地层。

（2）不适用于高压井。

（3）套管直径小于 5 in 的小井眼施工困难，应慎用。

（4）对于多层系油藏，若要经常调层开采的油井应慎用。

（5）进行火烧油层开采的特稠油油藏不适合。

（三）工艺特点

（1）防砂强度高。密实的砾石充填体阻止地层骨架砂运移，而绕丝筛管强度很大，渗流面积大，通过筛缝的流动阻力很小。

（2）有效期长。由于不锈钢绕丝筛管耐腐蚀，石英砂化学性质稳定，过滤体系无运动部件，砂粒被阻隔于系统之外，因此有很长的有效期。

（3）适用范围广。经多年的发展，该技术成熟，可供选择的工艺方式很多，因而对地层、油井适应性好。不管井段长短、地层流体特征，无论是直井、斜井、常规井、热采井，单层还是多层，成功率都很高，但粉细砂岩慎用。

（四）参数优化设计

1. 砾石尺寸的选择

砾石尺寸选择，通过砂样（特别是地层钻取的岩心）分析，求出地层砂粒度中值 d_{50}，按索西公式（Saucier）计算出预充砾石尺寸。$D=（5\sim6）d_{50}$。实际使用时若地层砂粒度分布范围广，则采用 $D=（4\sim8）d_{50}$。八面河油田一般砾石直径为 0.4~0.8 mm；若需热采，砾石直径为 0.6~1.2 mm。

砾石的质量应该达到的标准：①超大或过小尺寸的颗粒含量不得超过砾石总质量的 2%；②砾石的圆、球度不低于 0.6；③在标准土酸中的酸溶度小于 1%；④砾石试样水浊度不大于 50 度；⑤显微镜观察不能发现两个或两个以上的颗粒结晶块；⑥抗破碎试验产生的细颗粒砂质量应符合要求。

2. 筛缝尺寸选择

筛缝尺寸是防砂管柱设计最重要的设计尺寸。原则上应能满足挡住最小充填砾石的要求。具体计算应等于最小充填砾石尺寸的 1/2~2/3。根据八面河油田地层砂的粒径分布情况，选用的筛缝尺寸为 0.3 mm，对原油黏度较大的井，可选用 0.35 mm 的缝宽。

设计筛管直径的原则：既要尽可能加大以增加流通面积，又要在套管与筛管之间留出足够的环形空间以保证充填层有足够的厚度，使之具有良好的挡砂能力和稳定性。管内砾石充填的筛管外径应等于或小于套管内径减去 50 mm，即砾石充填环形空间的径向厚度不小于 25 mm。

3. 施工工艺

（1）冲砂、刮管、通井、洗井。

（2）下入防砂管柱。管柱自下而上依次为：丝堵 + 扶正器 + 绕丝筛管 + 扶正器 + 光管 + 信号筛管 + 光管 + 充填工具 + 油管。

（3）正循环充填砾石，砂比控制在 5%~8%，顶替终止压力 13 MPa。

（4）反洗井至返出液无砂为止。

（5）丢手。起出丢手管柱，下泵投产。

（五）配套工艺

1. 地层预充填 + 绕丝筛管砾石充填防砂技术

该技术适合于生产时间长、地层出砂量多、负压严重的井。首先向地层中预充填石英砂，然后再进行井筒内循环充填。这样可以防止筛管与套管环空的充填砂进入地层，导致环空充填不实或防砂管柱下滑等引起出砂。

2. 抑砂 + 绕丝筛管砾石充填防砂技术

该技术适合于出细粉砂的井。由于细粉砂随原油进入井筒，在绕丝管壁上形成致密的滤饼，导致施工压力高，无法完成砾石充填工序，即使完成了绕防施工，细粉砂和原油进入砾石充填层，也将很快堵塞筛管缝隙，造成油流通道减少，致使绕防后低液低产，甚至出细粉砂。

（六）应用情况和适应性分析

2010~2020 年，绕防施工 588 口井，平均成功率达到 99.2%，工作量主要集中在渗透率高、供液能力强的南、北区沙三上，其次是南、北区沙三中，绕防平均有效期为 1529 天。

绕防具有成功率高、有效期长、强度高等特点，适合于渗透性好、供液能力强、存在边底水的油藏，在八面河油田稀油和稠油区均具有较好的适应性。

二、解堵防砂技术

（一）防砂原理

在防砂的同时，采用物理或化学的方法解除地层污染和堵塞，达到增产和防砂的双重目的。目前，八面河油田主要有酸化或解堵+绕丝筛管砾石充填防砂、氮气泡沫混排+绕防、高压砾石充填防砂、压裂防砂一体化技术。

1. 酸化或解堵 + 绕防机理

根据地层不同堵塞原因，可选择在绕防前或绕防后，采用不同的解堵剂进行解堵，无机堵塞主要采用酸液、防膨剂，有机堵塞主要采用稠油增产剂，同时存在无机和有机堵塞，可以使用稠油增产剂和酸液、防膨剂解除，达到解堵和防砂的双重目的。

2. 氮气泡沫混排 + 绕防机理

主要通过氮气泡沫混排，形成可控的井底负压，依靠泡沫强携带能力将近井地带的堵塞物排出地层；同时，利用高速返排流体，由内向外对炮眼进行冲洗，疏通射孔炮眼，达到解除储层堵塞的目的。

3. 高压充填防砂

高压充填防砂是将管外充填与管内充填相结合的一种防砂工艺。利用工具将选定缝隙尺寸的绕丝筛管下入油井正对出砂油层，采用高压、大排量，在高于地层破裂压力的条件下，将工程砂带到油气井产层套管外地层和筛管与套管环形空间，在地层一定深度内形成一定半径的高渗透、大半径的挡砂屏障，进而调整施工参数，使工程砂在油套环空内沉积，完成油套环空充填。工程砂形成的高渗透体系降低了井筒附近流体的压力梯度，从而缓解或避免了对岩石的破坏，即降低了出砂趋势和程度。同时，工程砂对地层砂有较好的桥塞作用，将地层流体携带的地层砂阻挡在工程砂外，而绕丝筛管又挡住工程砂，形成较好的二级挡砂屏障，实现防砂目的。

4. 压裂防砂一体化技术

压裂防砂是采用端部脱砂压裂技术在中高渗透地层中产生高导流能力的短宽裂缝，大大降低井底生产压差及液体流动速度，减少产出流体对地层砂的携带而达到控制地层出砂的目的。该技术是解决油田开发中后期常规油藏防砂问题、地层深度污染问题以及稠油超稠油油藏防砂注汽开采等问题的重要技术手段。其增产与防砂原理如下：

（1）压后地层流体呈现双线性流动模式，减缓流动阻力。地层流体向井底的流动是沿着阻力最小的通道。在均质未压裂地层内，流体流入井底的模式为标准径向流。油井压裂后地层流体流入井底不再遵循径向流模式，而是出现了三个流动阶段：第一阶段是地层深部流体以拟径向或椭圆径向方式流入近裂缝地带；第二阶段是近裂缝地带的流体绝大部分沿着垂直于裂缝面的方向线性流入裂缝；第三阶段是流体沿裂缝直线流入井底。由于高渗透裂缝的解堵作用及双线性流动作用机理，该技术不但可以达到增产目的，而且可以适当降低生产压差，从而避免了岩石骨架的破坏，降低出砂程度。

（2）裂缝支撑带对地层微粒的桥堵作用。裂缝支撑带对地层微粒的桥堵作用类似井底砾石充填层的防砂作用。根据地层微粒的粒径分布规律和砾石充填中选择砾石大小的准则，同样可以选择压裂砂粒径规格。必要时，还可以设计完全充填涂料砂或在近井底的缝口段充填涂料砂，以提高裂缝对地层砂的桥堵作用。

（二）选井条件及适用范围

（1）存在有机或无机堵塞的井。

（2）渗透率较低或稠油井，流动阻力大的井。

（3）其他条件与绕丝筛管砾石充填防砂类似。

（4）施工层与上下水层距离要大于 10 m，边水较近的要慎用高压充填和压裂 + 绕防工艺。

（5）对多层系油藏要慎用，建议防砂层数不超过 4 层。

（三）施工工艺

1. 酸化或解堵 + 绕防

冲砂至人工井底→下入绕丝筛管砾石充填防砂管柱→洗井一周半→挤入解堵液后顶替→再进行绕丝筛管砾石环空循环充填防砂→顶替→丢手→下泵生产。

2. 氮气泡沫混排 + 绕防

射开油层→下入光油管至油层底界→泡沫负压排砂→冲砂至人工井底→下入绕丝筛管砾石充填防砂管柱→洗井一周半→挤入解堵液后顶替→进行绕丝筛管砾石环空循环充

填防砂→顶替→丢手→下泵生产。

3. 高压充填防砂

冲砂至人工井底→下入高压充填防砂管柱→洗井一周半→挤入清洗液后顶替→携砂液压开地层→往地层充填石英砂→降低排量进行环空充填→顶替→丢手→冲砂→下泵生产。

4. 压裂防砂一体化

与高压充填防砂施工工艺相同，携砂液采取交联液体系，充填工具选择具有大通道压裂防砂工具。

（四）应用情况和适应性分析

由于防砂是在地层或井筒中形成有一定渗流能力的人工井壁，不同程度地增加了油流阻力，因此普通的化学防砂和绕防均会不同程度地造成油井产能损失，因此，如何在防砂的同时又提高油井产能，成为工艺追求和目的。解堵防砂工艺很好地解决了这一难题，随着东、西区普通Ⅱ类稠油油藏以及南部油区中低渗普通Ⅰ类稠油油藏的开发，此类工艺得到大规模推广应用，2010~2020 年期间，解堵类防砂共推广应用 723 口井，平均成功率 98.1%，平均有效期 1268 天。

三、水平井防砂完井工艺

水平井完井工艺包括射孔完井、裸眼完井、衬管完井、裸眼砾石充填完井、滤砂管完井 5 类。其中，疏松砂岩油藏防砂完井工艺主要分为裸眼完井和管内射孔完井两大类。裸眼完井一般分为裸眼砾石充填和筛管防砂完井，管内射孔完井分为砾石充填防砂和管内射孔滤砂管防砂两种完井方式。八面河油田主要采用管内射孔完井方式，出砂不严重，地层不易坍塌的井采取裸眼筛管防砂完井工艺。水平井完井方式根据油藏类型、油层状况选择，各种完井方式适应条件见表 6-1-1。

表 6-1-1　水平井完井方式适应性分析

完井方式	优点	缺点	适应地质条件
射孔完井	有效分隔层段，进行生产控制和选择性增产作业	成本高，受水泥浆污染	疏松砂岩油藏，层间差异较大、夹层较多油层
裸眼完井	成本低，完善程度好，污染小，工艺简单	易井壁坍塌，层段易串，不易分层	天然裂缝性碳酸盐岩，致密砂岩，火成岩
衬管完井	成本低，完善程度好，污染小，工艺简单，且较裸眼完井可防井壁坍塌	层段易串，不易分层	天然裂缝性碳酸盐岩，致密砂岩，火成岩
裸眼砾石充填完井	无固井污染，产能大	层段易串，不易分层，工艺复杂	疏松砂岩油藏，热采稠油油藏

续表

完井方式	优点	缺点	适应地质条件
管内砾石充填防砂完井	选择性射开油层，产能较大	受水泥浆污染，不易分层，工艺复杂	疏松砂岩油藏，热采稠油油藏
管内射孔滤砂管防砂完井	有效分隔层段，进行生产控制和选择性增产作业	对泥质含量高、分选性差、黏度高的油层易堵塞	疏松砂岩油藏，层间差异较大、夹层较多的油层

（一）水平井管内射孔滤砂管防砂完井工艺

1. 防砂原理

其防砂原理主要靠在油层段下入的滤砂管防砂，挡砂精度因滤砂管规格而定。

精密复合滤砂管主要由中心基管、不锈钢网过滤层、外保护管 3 部分组成，结构如图 6-1-1 所示。

（a）整体结构

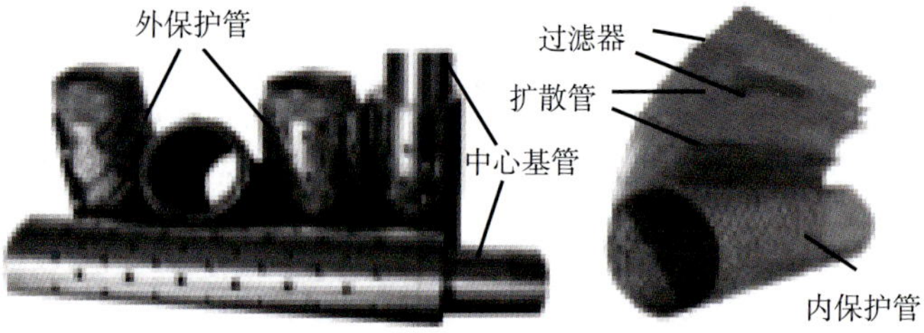

（b）不锈钢复合过滤层结构

图 6-1-1 精密复合滤砂管整体结构示意图

防砂过滤层为不锈钢网组成的微孔复合过滤材料，采用特种焊接工艺，全焊接结构，整体强度高。其防砂机理：4 层不同孔径的过滤层相互叠加，在它们之间形成若干缝隙，利用这些缝隙阻挡底层砂粒通过。通过控制过滤层缝隙的大小达到适应不同油层粒径的防砂目的。此外，由于不锈钢网富有弹性，在一定的驱动力下，小砂粒可以通过缝隙，避免网孔被填死。砂粒通过后，不锈钢网又可以恢复原状而达到自洁的效果。外保护管也是由优质不锈钢材料制成的，耐腐蚀性能好。

2. 优缺点

优点：①射孔完井是最有效的层段分隔，可以完全避免层段之间的串通和干扰，比如，生产中可以选择性地射开不同压力、不同物性的油层，也可以避免夹层水、底水和气顶现象；②可以进行有效的生产控制、生产检测和包括水力压裂在内的任何选择性增产增注作业；③适合于多类型油藏完井。

缺点：①相对较高的完井成本；②储层受水泥浆的损害；③水平井的固井质量难以保证。

3. 选井条件及适应范围

（1）有气顶或有底水，或有含水夹层、易塌夹层等复杂地质条件，因而要求实施分隔层段的储层。

（2）各分层之间存在压力、岩性等差异，因而要求实施分层测试、分层采油、分层注水、分层处理的储层。

（3）不适合于泥质含量较高的地层。

（二）水平井砾石充填防砂完井工艺

1. 工艺原理

单一的滤砂管防砂在生产过程中，较细的地层颗粒很容易透过筛管进入井筒，透过的部分砂随泵采出，部分砂留置在井筒或滤砂管内腔，导致降低产量或砂卡泵，影响采油效果；水平井砾石充填防砂工艺采用水平井充填封隔器封隔套管环空，施工中以高压、大排量向地层亏空带和油套环空内充填支撑剂，使其在炮眼附近形成高渗透、大半径的挡砂屏障。充填砂对地层砂有较好的桥塞作用，将地层流体携带的地层砂阻挡在充填砂外，而精密复合筛管又挡住了充填砂，从而形成较好的二级挡砂屏障，实现了高效防砂。

2. 技术优势

（1）高渗透性的筛管和砾石充填层能够长期保持油井与井筒之间畅通，使油井长期保持高产。

（2）高强度的砾石充填层可以防止井壁坍塌，保持井壁稳定。

（3）高渗透性的筛管和砾石充填层能够形成充填砾石对地层砂、防砂筛管对充填砾石两道稳定的挡砂屏障，从而延长防砂有效期。

3. 施工参数优化

经研究，水平井砾石充填规律受井身结构参数、携砂液性质参数、砾石性质参数、充填施工参数、油藏压力和渗透率参数多种因素影响和控制。上述全部影响参数中，大部分参数是基本不变、不可调整或是根据其他方面的需要而确定的，如口袋长度、井筒或套管直径、筛管缝隙、砾石尺寸、油藏压力和渗透率等。有些参数则可以进行调整，但根据现场实际，可调整的范围十分有限，其中包括携砂液密度、砾石密度等；上述参数可不作为参数设计优化的目标变量。经研究比较，认为可以控制或调整的参数包括充填排量、充填砂比、携砂液黏度、冲筛比和携砂液滤失量等，根据砾石充填机理与固液两相流理论，建立了水平井砾石充填数模，来研究各参数对砾石充填效率的影响，以达到充填防砂施工各参数的最优化的目的。

1）砂浆排量对充填效果的影响

由图 6-1-2 可知，随充填排量的增加，水平井的充填效率大大增加。当排量为 400 L/min 时，充填效率仅为 58%；而当排量为 1000 L/min 时，充填效率达到 97%。可见排量对充填效率影响较大，充填效率随充填排量的增加而增加。但并不是排量越大越好，过高的砂浆排量会使砂床高度变低甚至消失，不利于稳定充填或达不到“平衡堤”充填方式。

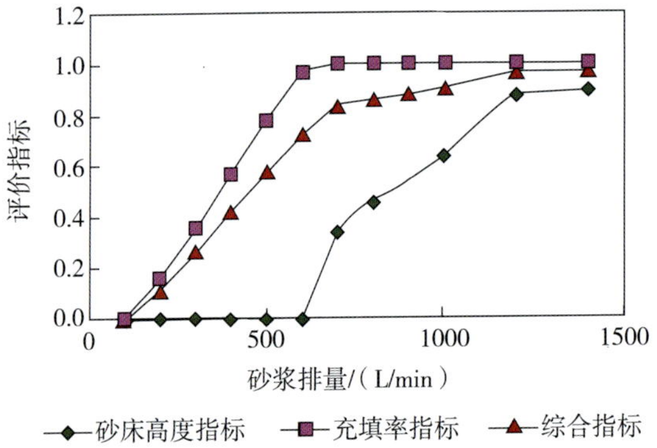

图 6-1-2 评价指标随砂浆排量的变化关系

2）砾石浓度对充填效率的影响

携砂比对水平井砾石充填效果的影响是多方面的。携砂比越高，砾石颗粒越不容易被携带，最终沉积砂床高度会越高。较高的携砂比可能会直接导致提前堵塞，并且携砂比越高，由于携砂液的滤失和砂床高度的不断升高，筛套环空中会越快地达到砾石极限浓度，堵塞位置会越提前。由图 6-1-3 可知，当携砂比高于 12% 时，不但达不到完全充填，而且各指标随携砂比的增大迅速降低。要保证 100% 的充填率和稳定的“平衡堤”充填，携砂比至少应低于 12% 或更小。但应该注意，携砂比并不是越低越好。在砂浆排量一定的情况下，较低的携砂比会大大延长施工时间，增加施工成本；更重要的是，施工时间越长，携砂液向地层的滤失量越大，这增加了地面液体对油层的污染程度。因此，在保证充填效果的前提下，应尽量使用较高的携砂比。

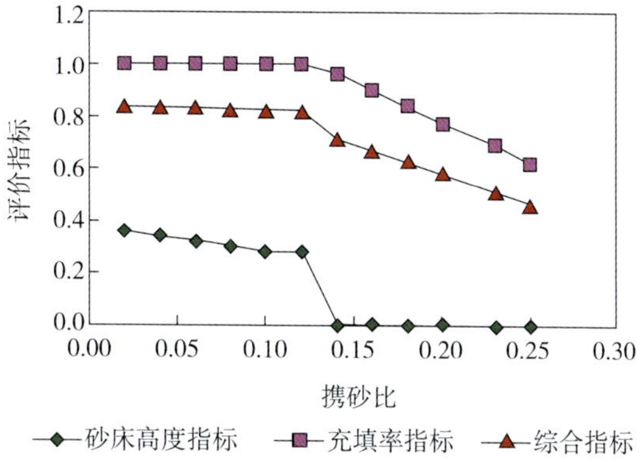

图 6-1-3　评价指标随携砂比的变化关系

3）冲筛比对充填效率的影响

冲筛比即冲管外径与筛管内径的比值。冲筛比增加，充填效率大大增加。主要是因为冲筛比增加使冲管与筛管间的阻力增加，平衡堤上部流速增加，使平衡堤不断向前延伸；反之，平衡堤上部流速过小，不足以携带砾石向前运移，则平衡堤高度很快达到套管顶部，充填长度不再增加，充填效率很低。冲筛比太大不利于充填密实程度的提高，因反向充填时阻力太大、流速太低，砾石会在水平井段上游沉积，而中下游平衡堤的上部空间未得到完全充填（图 6-1-4）。

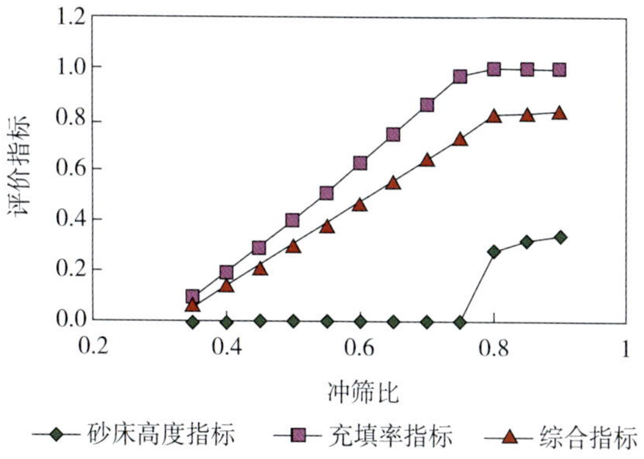

图 6-1-4　评价指标随冲筛比的变化关系

4）携砂液黏度对充填效果的影响

由图 6-1-5 可知，携砂液黏度越大，其携砂能力越强，砾石颗粒越不容易沉积，因此较高的携砂液黏度会得到较低的最终砂床高度，利于得到较高的充填率。结果显示，充填率在较小的携砂液黏度范围内（0~1.5 mPa·s）随着黏度增大而增高；高于这个范围后充填率保持 100%，但携砂液黏度对床高指标及综合指标依然有影响。对于该算例，合理的携砂液黏度大于 3 mPa·s 左右，而不应过大。

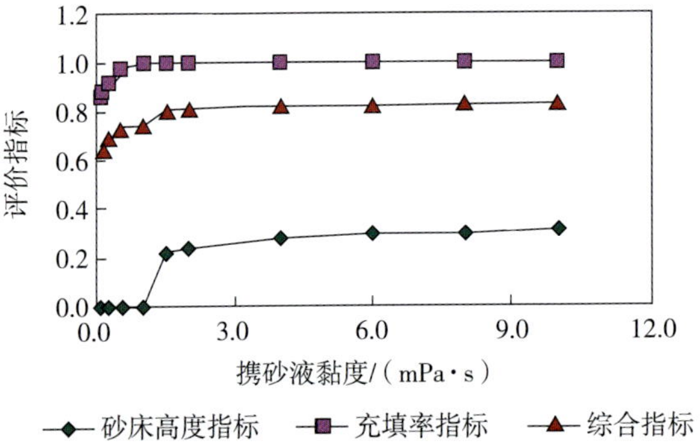

图 6-1-5 评价指标随携砂液黏度的变化关系

5）滤失量对充填效率的影响

由图 6-1-6 可以看出，随着滤失量的增加，充填效率大大降低。滤失量与地层的渗透率有关。随着滤失量的增加，用于携带砾石的平衡堤上部的液流速度降低，从而充填距离减少，充填效率降低。

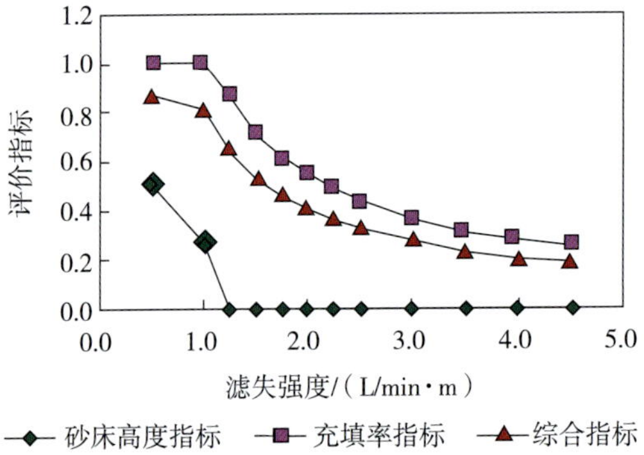

图 6-1-6 评价指标随滤失强度的变化关系

4. 管柱的优化

1）单层水平井挤压充填

防砂管柱组成由下到上为：丝堵、盲管短节、水平井专用筛管、盲管短节、充填封隔器、施工管组。

施工步骤：冲砂至人工井底→下入防砂管柱→反洗井一周半→打压封隔器座封→携砂液压开地层→往地层充填石英砂→降低排量进行环空充填→反洗丢手→冲砂→下泵生产。

2）水平井分段砾石充填防砂

水平井分段挤压砾石充填防砂工艺技术是针对油藏油层多、井段长、层间非均质性严重的疏松砂岩油井的一种分层挤压砾石充填防砂工艺技术，它一次管柱能完成多个油层的分层挤压充填，且在不必关闭套管闸门的情况下，封闭其他层，而选择性地对目的层进行挤压；挤完后，如有必要再环空充填；然后不动管柱反洗井。由于充填口采用单向过滤结构，反洗井时进入地层的砾石不能反吐，液体可以反吐，从而施工更安全。施工完一层后再提到上层施工，避免了层间串通，简化了作业工序，增强了防砂效果。

拖动内管柱式分段充填：分层管柱由顶部主封隔器、中间封隔器、内外充填总成、信号器、绕丝筛管、挤充转换总成、自封封隔器等组成（图 6-1-7）。

投球打滑套式分段充填：分层管柱由顶部主封隔器、中间封隔器、内外充填总成、绕丝筛管、挤充转换总成、自封封隔器等组成。

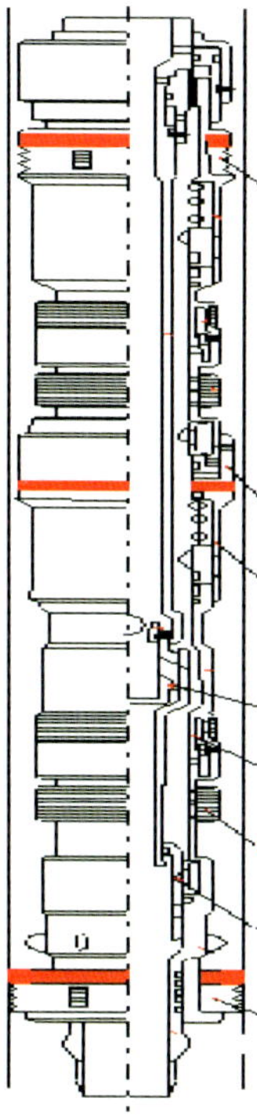

图 6-1-7　水平井分段砾石充填防砂管柱示意图（拖动式）

（三）水平井裸眼充填防砂完井工艺

1. 水平井裸眼完井管柱结构（盲板式）

水平井裸眼充填防砂完井是将造斜段部分注水泥固井与裸眼筛管完井技术结合在一起。其施工工艺是将完井管柱下到设计位置，首先膨胀造斜段下部管外封隔器，然后打开分级箍，对造斜段注水泥封堵干扰层。然后钻固井盲板，最后下入酸洗充填管柱，对油层进行酸洗和充填，解除油层污染，沟通油流通道，实现裸眼充填防砂一体化完井。

（1）压差式分级箍：用于实现造斜段注水泥工艺，一般和套管外膨胀式封隔器配套应用。它是完井内外连通的通道，注水泥时保证畅通无阻，注完水泥后能够可靠关闭。该分级箍主要由本体、碰压座、关闭套、打开套及关闭塞组成。

（2）套管外膨胀式封隔器：套管外膨胀式封隔器是用于卡封水层或气层、分段开采、分段实施增产措施的重要工具。该工具随完井管柱一起下入井中，将流体（钻井液、水或水泥浆）充填到封隔器的胶筒内，使胶筒膨胀，密封完井尾管与裸眼井壁之间的环形空间，达到封隔的目的。封隔器主要由中心管、膨胀阀、胶筒及密封件等组成。

（3）不锈钢精密微孔滤砂管：以标准套管为基管，并按一定相位角度和间距钻孔，然后焊接多层不锈钢精密微孔复合防砂过滤层，外表层设计有防护罩。相比于常规的绕丝筛管，其主要的特点是抗挤压变形、抗弯曲变形能力强，径向变形 40% 时防砂能力不变。

（4）底部酸洗服务器：底部酸洗服务器是酸洗充填管柱的主要部件。它主要由中心插管（与充填酸洗管柱连接）、套管接箍（与防砂完井管柱连接）、密封芯子、阀球、弹簧、套管短节、油管短节、顶杆和引鞋等部件组成。设计的中心插管与密封芯子之间的密封性能良好，其端部的水眼布置合理，满足充填洗井工艺的要求。同时洗井阀结构形式为前置式，只要插管一碰到洗井阀阀球就能打开循环通道，提高工作可靠性和施工成功率。

2. 酸洗配套技术

八面河油田钻开油层及水平井段常采用聚合醇钻井泥浆。采用裸眼筛管完井方式的井，为防止井眼坍塌，不能将井眼内的泥浆替出，筛管在泥浆中下入容易造成堵塞，影响防砂效果，降低油井产能。所以，必须在防砂作业前对油层进行预处理，以解除堵塞，防止原油乳化和生成二次沉淀。对多种酸液进行了溶蚀性对比试验，结果见表 6–1–2。在大量试验的基础上，得出了泥浆滤饼及油层酸洗解堵的配方为：3%HF+12%HCl+2% 缓蚀剂 +2% 黏土稳定剂 +2% 防乳剂 +1% 铁离子络合剂。另外，酸洗时机选择先酸洗后充填，主要因为：一是充填后的水平井采取笼统酸化效果不理想，由于酸液反应速度快，易在个别位置造成突破，不能实现全水平段均匀布酸；二是充填后再酸化，酸液反应的残渣不易返排，易造成筛管的二次堵塞，影响产量。另外，目前均匀布酸工艺仅能做到井筒内均匀布酸，效果不理想。连续油管酸洗费用相对较高。

表 6–1–2　不同酸液对泥浆、泥饼溶蚀对比试验数据

酸液	酸加入量 /mL	反应时间 /h	泥浆 / 泥饼 /（mL/g）	滤纸重 /g	残渣重 /g	溶蚀率 /%
空白（水）	100	1	10 mL	1.8524	2.0567	0
盐酸	100	1	10 mL	1.8263	1.6687	18.9
土酸 1	100	1	10 mL	1.8193	1.4554	29.2
土酸 2	100	1	10 mL	1.8582	0.9058	55.9
土酸 3	100	1	10 mL	1.7758	0.7445	63.8
氟硼酸	100	1	10 mL	1.8152	1.2353	39.9
盐酸	100	1	0.4569 g		0.0716	84.33

注：盐酸 =10%HCl+ 添加剂；土酸 1=10%HCl+1%HF+ 添加剂；土酸 2=10%HCl+2%HF+ 添加剂；土酸 3=10%HCl+3%HF+ 添加剂；氟硼酸 =8%HBF_4+ 添加剂；添加剂 =0.3%JM–3+0.5%IS–129 +2%NH_4Cl+2%QKWT–1。

3. 主要施工步骤

（1）刮管洗井替浆、清洗管柱。

（2）钻盲板、下入充填防砂插管。

（3）反循环一周、替酸、挤酸、反应 1 h 大排量反洗井。

（4）充填防砂施工：关闭套管阀门，挤压充填，待压力上涨或加至设计砂量，降排量开套管阀门循环充填。

（5）循环充填压力上涨后，提出插管，反洗清洗井筒。

4. 免钻塞裸眼筛管防砂完井

免钻塞裸眼筛管防砂完井工艺主要是解决盲板式裸眼筛管完井无法钻净盲板、后续充填施工无法进行的问题，其主要经历以下 3 个过程。

1）钻井

一是开钻达设计井深后，下入表层套管固井；二是直接钻达目的位置，相关测试完成后，下入套管 + 井下工具 + 精密筛管 + 底部充填服务器。井身结构示意图见图 6–1–8。

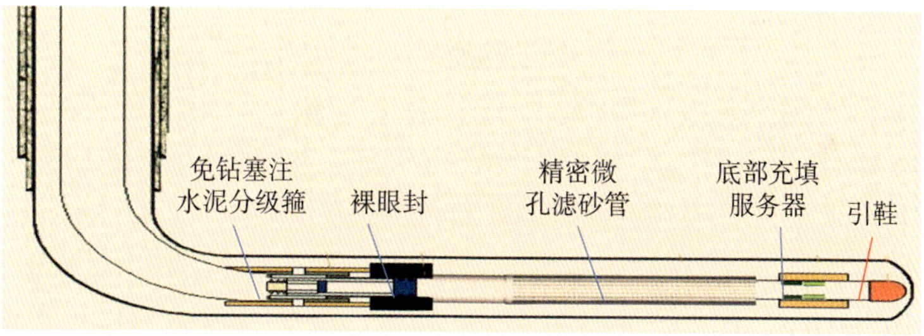

图 6–1–8　免钻塞裸眼筛管防砂完井结构示意图

2）固井

根据封隔器坐封要求，逐级正打压（0~9 MPa），首先使管外套封隔器坐封，继续打压（9~11 MPa），稳压 3~5 min，关闭裸眼封坐封通道，继续打压（12~16 MPa），压力突降打开注水泥通道，建立循环通道；注入计算和配制好的固井水泥浆，打隔离液投放碰压胶塞，泵送碰压胶塞，封堵水泥通道后，压力上升。上提管柱，取出免钻塞注水泥装置内部件。下配套打捞管柱，捞出其余装置内部件。

3）酸洗（充填防砂）投产

下入油管柱替出钻井泥浆，并将井筒清洗干净，替入酸液，关井反应，清除油层泥饼及油层污染，用油层保护液替出残酸，即可下泵生产。

（四）适应性分析与认识

八面河油田稠油油藏水平井以薄层和薄互层稠油热采为主，累计投产 150 余口水平井，稠油油藏水平井占水平井总数的 80% 以上。稠油水平井完井必须有利于注汽热采、防砂、举升和后期挖潜。

油田初期主要采用套管射孔＋挂金属棉滤砂管完井结构，完井方式比较单一，固井射孔完井成本相对较高。随后几年，水平井完井防砂方式逐步多样化，滤砂管改用复合精密筛管，推广应用了逆向充填防砂、水平井分段充填防砂等技术，提高了充填强度和充填效率，能较好地满足稠油油藏的防砂、注汽要求。

面 138 区沙三上 3 砂组、沙四段为中渗薄层油藏，面 120 区沙四段为中渗薄互层油藏，油层垂直平均厚度为 3.7~7.4 m，渗透率在 280×10^{-3}~450×10^{-3} μm^2，钻遇油层多，层间差异较大，部分物性较差，井注汽压力高达 20~22 MPa，注汽热采对水平井的防砂效果存在很大的影响，不能实现全井段均匀注汽，使注汽及放喷过程中高速含砂液流对水平井滤砂管的局部损伤，造成防砂管柱损坏、变形，导致防砂失效。从防砂效果来看，套管完井水平井优于筛管完井水平井，且修井难度低。

面 138 区沙三上 5 砂组为高渗厚层稠油油藏，水下分流河道沉积，油层垂直平均厚度 7.8 m，平均渗透率 1360×10^{-3} μm^2，层间差异小，油层相对单一，油层物性较好，油井冷采热采均可，热采注汽压力一般为 10 MPa 左右，相对较低。从完井后期产液能力对比，筛管完井水平井的产液能力要好于同区的套管完井水平井。

八面河油田南区为浅层、普通稠油 I 类、整装油藏，实施注水开发，水平井部署是以挖掘厚韵律层顶部和增大油层泄油面积为主。从完井后期产液能力对比，固井射孔完井与裸眼防砂一体化完井这两种完井方式产能差别不大。

面 4 区沙四段、面 14 区沙四段为低渗透砂岩油藏，普遍物性较差，储层渗透率一般在 120×10^{-3}~180×10^{-3} μm^2，区块立足于先期注水，整体完善井网，油井实施压裂改造、酸化引效的开发模式基本形成。由于注入水指进现象明显，水平井开采效果好于定向井，沙四段油层压实性较好，不需要防砂生产，完井方式采用固井射孔，便于后期压裂、酸化工艺实施。

北区、广北区为中深层、稀油、复杂小断块油藏，以天然能量开发为主，局部进行了注水开发，水平井部署以挖掘小断块高部位剩余油和细分小层挖潜为主。从完井后期产液能力对比，裸眼完井水平井平均日产液比同区的套管完井高，复杂断块稀油油藏裸眼完井方式在提高水平井产量方面具备一定优势。

四、化学防砂技术

（一）水带干灰砂防砂技术

1. 防砂原理

水带干灰砂防砂是以水泥为胶结剂，以石英砂为支撑剂，按比例在地面搅拌均匀，用携砂液携至井下挤入套管外已出砂地层，凝固后形成具有一定强度和渗透性的人工井壁，防止地层出砂。油井水泥：石英砂 =1：（1.5~2.5）（重量比，根据地层情况而定）。

2. 适用范围及选井条件

（1）适用于已出砂的油、水井防砂。

（2）适用于多油层、高含水油井防砂。

（3）适用于防砂井段在 50 m 以内的油、水井防砂。

（4）适用于低压油、水井后期防砂。

3. 施工工艺

（1）冲砂：下管柱冲砂至人工井底或设计位置。

（2）挤防砂剂：上提管柱至油层顶界以上 0~40 m，洗井一周半，试挤，待压力稳定后，挤入堵水剂，若泵压上升 3~5 MPa，但不超过地层破裂压力时，停止加防砂剂，用顶替液将防砂剂顶出油管，但防砂剂必须将油层埋掉。

（3）关井反应：关井反应 72 h，待防砂剂固化后，冲钻至人工井底或设计位置，恢复注水。

4. 应用情况

水防主要在注水井上使用，油井配合堵水防砂使用。八面河油田注水开发区主要在南区，北区依靠天然能量加注水开发，东区、西区开展了注水先导试验，因此，水防工作量绝大部分在南区。在注水井上采用水防等其他化学防砂，井下不留防砂管柱，一是可以满足注水井分层注水、吸水剖面测试工艺要求；二是满足大排量洗井、携带出注水层出砂、防止砂埋油层影响注水的需要；三是由于注水井腐蚀比油井严重，可以减少大修时拔机械防砂管柱的工作量，缩短作业周期。水防平均成功率达到 97.8%，总防砂平均有效期达到 1058 天。

（二）树脂涂敷砂（涂料砂）防砂技术

1. 防砂原理

树脂涂敷砂（涂料砂）就是在一定粒径的石英砂表面通过物理化学方法均匀涂敷一层树脂，在常温下经过干燥、碾压、过筛等生产过程，成为不发生粘连的稳定颗粒。树脂涂敷砂通过携砂液挤入地层，在地层温度、压力及催化剂等条件作用下，涂料砂外表面的树脂发生软化，使接触的颗粒相互黏结，并逐渐固化，形成具有一定强度和良好渗透性的人工井壁，从而起到防砂作用。

2. 适用范围及选井条件

（1）适用于每米油层出砂量 >50 L 的油、水井早期和中后期防砂，对新射开油层必须先进行吐砂后再防砂。

（2）油层温度高于 50 ℃。

（3）射孔井段小于 40 m，层厚小于 25 m，且射开层中无泥岩夹层，层间差异越小越好（大多数文献推荐处理井段不超过 20 m）。

（4）沉砂口袋不小于 10 m。

树脂涂敷砂防砂具有施工简单、解放井筒、保持地层原始渗透率的特点，尤其适用于早期低含水、含气少的非热采油井，特别是对细粉砂井好于机械防砂工艺。

3. 施工工艺

（1）洗井冲砂至人工井底后，上提管柱（若分层防砂则需起出冲砂管柱，然后下分层防砂管柱）至油层顶界以上 30~50 m，用活性水洗井一周半。

（2）清洗地层：为避免稠油与树脂涂敷砂混合影响胶结强度，先用清洗液将地层孔道内及颗粒表面的稠油胶质、沥青质清洗干净，既解除地层堵塞，又提高树脂涂敷砂防砂成功率。

（3）试挤及加砂：控制排量在 0.5 L/min 以上，进行试挤，待泵压稳定后加砂，用携砂液和固化剂携砂，加砂浓度由 5% 开始逐渐上提，一般在 40% 以内，控制压力不超过地层破裂压力，地层压力上升 2 MPa 以上，降低排量，使树脂涂敷砂在井筒中沉积，并将油层全部埋掉。

（4）视树脂涂敷砂和地层温度，关井候凝 3~5 天，钻开砂面后即可下泵生产。

4. 应用情况

涂防与其他化学防砂同样具有井筒不留防砂管柱、避免大作业的优点，同样也存在强度低的缺点。近年来，施工工作量呈逐年下降趋势，平均有效期在 695 天。工艺主要在南区和北区油井上应用，选择井段小、层数少、均质性好、供液能力强、动液浅、含气低、无须大排量提液生产的井防砂，可以达到提高成功率和延长有效期的目的。

（三）高分子聚合物抑砂技术

1. 防砂原理

储集层可以看作由黏土颗粒固结而成的疏松砂岩层，其强度随颗粒之间的吸引力的增加而增加，储层的稳定性由颗粒之间吸引力的大小决定。存在于水介质中的大多数黏土在其表面上都带有负电荷，颗粒表面上的电荷导致形成双电层组织，进而产生静电斥力。K^+ 的存在中和了黏土表面的负电荷，减小了排斥力，同时，K^+ 可以压缩双电层并使溶液的颗粒絮凝，将带负电荷的黏土的斥力减弱至最低限度。阳离子聚丙烯酰胺对黏土有良好的吸附性，使黏土及颗粒间引力增加，从而起到很好的砂岩稳定作用。

泥质砂岩在水中的崩解源于溶解作用。从微观出发，溶解的机制显然是粉砂颗粒之间接触点的水化作用。水一类的强氢键流体与泥质砂岩表面的接触点上的羟基相互作用。砂岩－水相互作用取代砂岩－砂岩相互作用，在接触点上使砂岩保持稳定的作用力不再存在，砂岩变得不稳定或开始崩解。带侧基的阳离子聚丙烯酰胺，能通过其聚合物长链上的阳离子与砂岩带有负电荷的硅质表面相互作用，长链聚合物可以与多个黏土或粉砂颗粒相互作用而把它们连接在一起。无机盐 KCl 的加入可减弱聚合物在水中的溶解（伸长）。因此，可以把砂岩颗粒连接在一起的阳离子型高分子聚合物与具有盐析性能的钾盐结合，构成能显著稳定水敏性砂岩的砂岩稳定剂。

2. 适用范围及选井条件

（1）采出程度低，原始渗透率高，渗透性能好，日产液量大于 20 m^3。

（2）有注水井补充地层能量，液面高、波动不大。

（3）地层出砂不严重（如沙四段的井），或采取其他防砂措施后，仍出少量细粉砂，造成砂卡现象的，出砂粒径最好小于 0.1 mm。

3. 施工工艺

（1）清洗地层：冲砂至人工井底后，上提管柱至油层顶界 5 m 左右。用清洗液将地层孔道内及颗粒表面的稠油胶质、沥青质清洗干净，使无机 K^+ 和高分子聚合物能很好地与颗粒表面接触，并充分吸附于颗粒表面。

（2）挤无机盐：向地层中挤入 KCl 防膨剂，一方面中和掉一部分黏土表面负电荷，减小颗粒间电斥力；另一方面增加地层水的矿化度，减弱聚合物在地层中的溶解。

（3）挤入聚合物稳定剂：挤入阳离子聚合物，使其充分吸附于黏土颗粒表面，以聚合物 – 颗粒的相互作用取代颗粒 – 水的相互作用，再利用聚合物的长链及多点接触产生聚合物桥接力，以达到稳定砂岩的目的。

（4）关井反应：让无机、有机黏土稳定剂充分反应，使吸附发挥作用。然后下泵生产即可。

4. 应用情况

主要用在南北区水平井、大斜度井、侧钻井上，这类井防砂存在一定风险，比如防砂费用高、钻塞难度大、机械防砂后打捞困难等。为了不影响油井产能，简化井筒，实施了高分子聚合物抑砂，取得了一定效果，平均有效期为 260 天。

（四）脲醛树脂或酚醛树脂地下胶结防砂技术（简称树脂固砂）

1. 防砂原理

树脂具有一定的水溶性，其分子中有极性基团，这些基团的存在使树脂分子在水湿的砂粒表面发生强烈的吸附作用，在偶联剂的作用下，可使树脂分子与砂粒表面吸附力得到提高，在特定的固化剂作用下，具有低温固化特点。挤入树脂溶液，随着时间的推移，树脂从溶液中分离出来，由于自身的表面张力和地层多孔介质的毛细管力吸引到砂粒表面，在固化剂及地层温度等条件下，树脂固化将砂粒黏结形成具有一定强度和渗透率的井壁，从而增加了地层结构强度，达到防砂目的。

利用树脂溶液胶结疏松砂岩地层，一般包括注入前置液、树脂溶液、增孔剂及固化剂等。前置液清洗地层，树脂溶液（包括稀释剂和偶联剂）、硅偶联剂改善砂粒对树脂的润湿性，固化剂使树脂固化将地层砂胶结在一起，增孔剂保证固结后地层渗透性。

2. 适用范围及选井条件

（1）地层出砂量少，黏土含量小于 10%；若地层出砂严重，可先进行预充填石英砂后，再进行树脂防砂。

（2）油层温度大于 40 ℃，射开滑动层厚度小于 10 m，井段小于 20 m，且无泥质夹层。

（3）地层具有一定的吸收能力（大于 100 mL/min），且均质性好。

（4）沉砂口袋不小于 10 m。

3. 施工工艺

（1）下管柱冲砂至人工井底，上提管柱至油层顶界 15~20 m。洗井一周半。

（2）挤前置液、树脂溶液：挤入前置液，再挤树脂溶液（树脂、稀释剂、偶联剂、固化剂、增孔剂等），挤隔离液和顶挤清水，将防砂液顶出油管至油层顶部。

（3）关井反应 72 h，冲钻至人工井底即可下泵生产。

4. 应用情况

无论是酚醛还是脲醛树脂地下胶结防砂技术，均存在防砂有效期短、采液强度低的问题，不宜在高含水期和非均质较强的井上使用。

（五）HY 化学防砂技术

HY 化学防砂，是多种树脂混合 + 固相纤维材料复合而成，固砂剂在一定条件下聚合成长分子链的线型或网状高分子聚合物，在砂粒之间形成一层很薄的胶合物，将砂粒牢固地胶结在一起，提高了胶结强度。对细粉砂地层，细粉砂被牢固地黏结在一起，从而达到防砂的目的。其防砂机理、选井条件和适用范围、施工工艺与树脂防砂类似。

自该工艺引进以来，绝大部分在水井应用，水井注入水从井筒往地层中推进，出砂的概率小，而油井则是由地层往井筒泄压，液体往外流动，由于地层进防砂剂不均，不能形成有效人工井壁，出砂的概率大大增加。

（六）纤维复合防砂技术

采取将纤维复合体挤入井筒附近地层的方式，由于纤维柔软、不易流动，纤维复合体将在套管外形成环形过滤带，达到类似充填筛管防粗砂的效果。其优势是井筒内不留工具、挡砂能力强、有效期长，并且能增加产能，特别是对防细粉砂效果好，也可防治小于 0.03 mm 的粉尘。其机理分两个方面。一方面是软纤维稳砂机理：带有支链、具有正电性的软纤维，带正电支链吸附细粉砂，使之成为细粉砂的结合体，使细粉砂的临界流速增大。另一方面是硬纤维挡砂机理：经过特制的硬纤维一般为弯曲、卷曲、螺旋形，它们互相联结可形成稳定的三维网状结构，将砂粒束缚于其中，形成较为牢固的过滤体，达到类似充填筛管的效果。纤维复合体能够解除储层原有的损害，将径向流变为拟线性流，改善油气的流动条件，减小近井压力梯度和解除近井地带污阻压降，从而达到增产与防砂的双重目的。技术关键是纤维材质的优选和注入纤维长短、粗细，注入浓度的确定。

第二节 暂堵转向压裂技术

八面河中低渗稠油油藏具有埋藏深、物性较差、含油井段长、丰度低等特征，有效动用难度大，前期投产及增产工艺以预充填为主，自 2011 年以来，重复预充填的有效率仅 53.7%，严重影响了开发效果。为此，攻关形成了分层压裂和“造成缝、饱填砂、扩大改造体积”的暂堵转向压裂主导工艺技术，有效提高了开发效果。

一、缝内暂堵转向压裂技术原理

缝内暂堵转向压裂，首先通过计算重复压裂目的层最大和最小水平主应力差，确定能够满足裂缝转向所需的最高限定压力。压裂过程中，在前置液阶段开启初次裂缝后加入水溶性转向剂，转向剂在裂缝或近井地带堆积桥堵产生升压效应，直至井口压力达到限定最高压力后停泵，随后通过多次启泵，瞬间提高缝内压力达到新裂缝开启所需的压力，强制裂缝转向，从而形成新的油气流通道。

压裂裂缝的方位主要取决于储层原始地应力状态，其几何形态受岩石力学性质和施工参数影响。在水力压裂过程中，当裂缝延伸净压力大于 2 个水平主应力的差值与岩石的抗张强度之和时，容易分叉缝，从而形成缝网系统。由最大水平主应力的计算公式推导得到地层 2 个水平主应力差值的计算式为：

$$\Delta\sigma_h=2\sigma_h-p_i-p_f+\sigma_f \tag{6-2-1}$$

式中，σ_h 为地层 2 个水平主应力差值，MPa；σ_h 为地层最小水平主应力，MPa；p_i 为原始地层压力，MPa；p_f 为井底破裂压力，MPa；σ_f 为岩石抗张强度，MPa。

由计算得到地层 2 个水平主应力差值，结合缝扩展模型中的净压力，可得到实现裂缝转向所需要的净压力为 3~5 MPa。

二、压裂工艺参数优化

（一）缝长和导流能力

开展水电模拟试验，模拟不同裂缝半缝长下电势场分布如图 6-2-1 所示。可以看出，圆形边界油藏中间一口垂直裂缝井，在供油半径一定的前提下，随着裂缝长度的改变，油藏中等势线分布有所变化。当裂缝长度较小时，油藏中等势线分为两部分，从供油边界向内某一半径位置处等势线是以圆形分布的，该位置与垂直裂缝井之间的等势线是以椭圆形分布的。当裂缝长度较大时，油藏中等势线为单一的椭圆形分布。因此，当半缝长与供油半径之间的比值小于某一值 C 时，油藏中会出现外围圆形、内部椭圆形的两种等势线分布图形；当半缝长与供油半径的比值大于 C 时，油藏中等势线只是单一的椭圆形分布。该试验条件下，C 值取在 0.25~0.4。

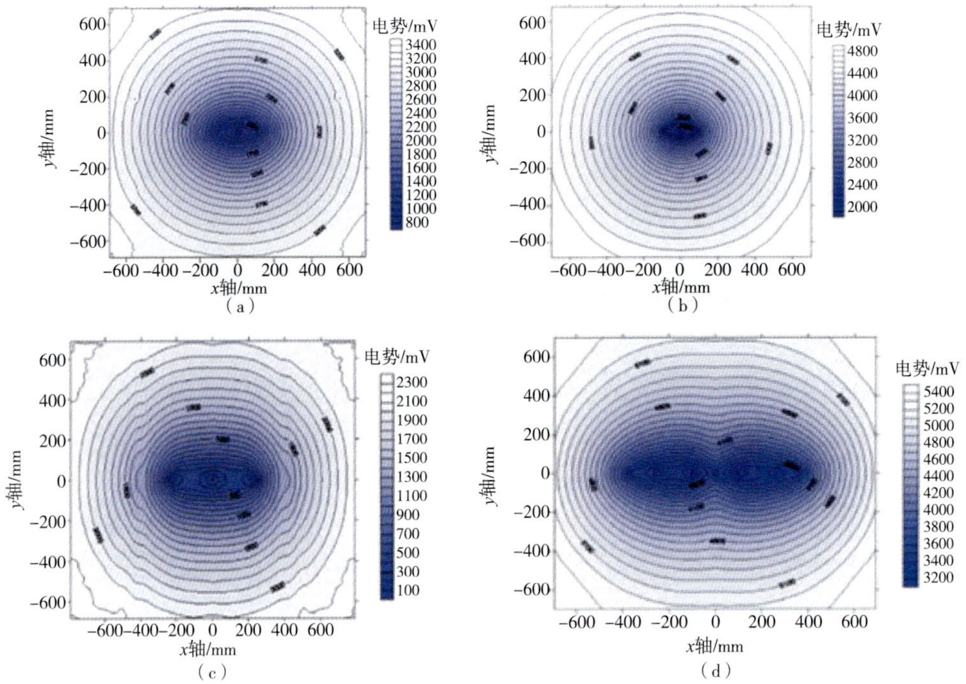

图 6-2-1　不同缝长油藏电势分布平面图

结合水电模型结果，利用产能模型计算不同缝长和累计产油量以及导流能力关系，优化裂缝半缝长为 60~90 m，导流能力为 $980\times10^{-3}\ \mu m^2\cdot m$（图 6-2-2）。

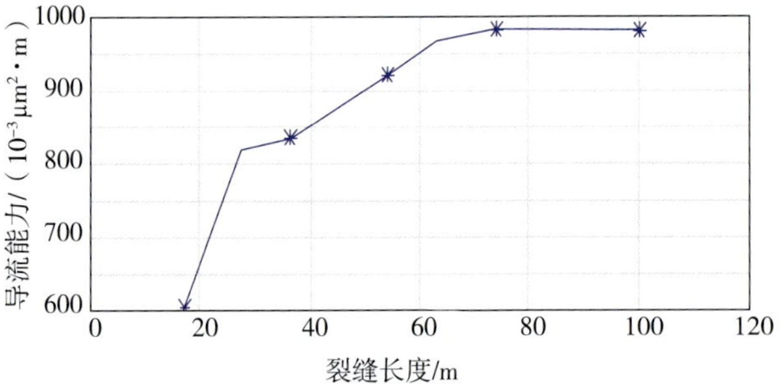

图 6-2-2　导流能力与裂缝长度的关系

（二）施工排量

八面河面 14 区地应力方向不明确，纵向应力剖面反映出上下储隔层之间隔层应力差，裂缝易上下延伸。以面 14 区储层参数，采用 GOHFER 软件建模，考察了不同排量对裂缝高度的影响。研究结果表明，在相同前置液用量及液量条件下，施工排量增加，裂缝缝长变短。但是变短幅度不大，加砂主要在储层层段，从现场施工以及设备综合考虑，确定施工排量为 4~5 m^3/min（图 6–2–3）。

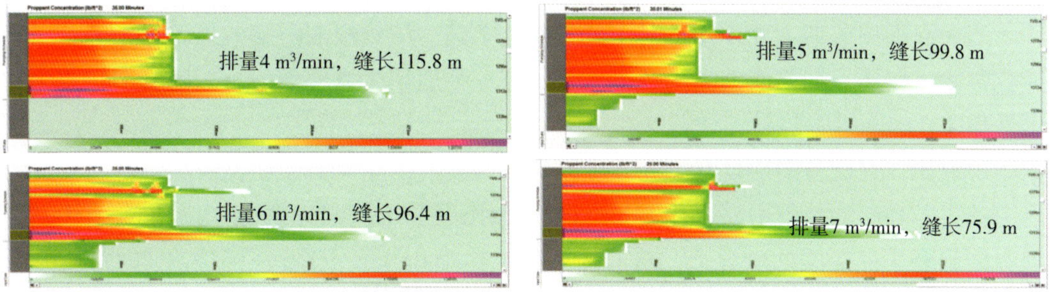

图 6–2–3　不同排量下缝长变化

（三）前置液量

试验表明，前置液百分比越高，所需的压裂液越多，压裂液效率会降低，基于增加缝长目的，结合不同施工井渗透率、液体效率，优化前置液量 40%~45% 时，达到了造长缝、降低储层伤害的目的。

（四）砂量

砂比对产量的影响主要表现在裂缝内的铺砂浓度，而砂比的确定必须满足裂缝导流能力，结合前期优化导流能力为 $980\times10^{-3}\ \mu m^2\cdot m$，以面 14 区储层参数，采用 GOHFER 软件建模优化不同砂比下裂缝导流能力，最终确定砂比大于 30% 就能满足该导流能力需求（图 6–2–4）。

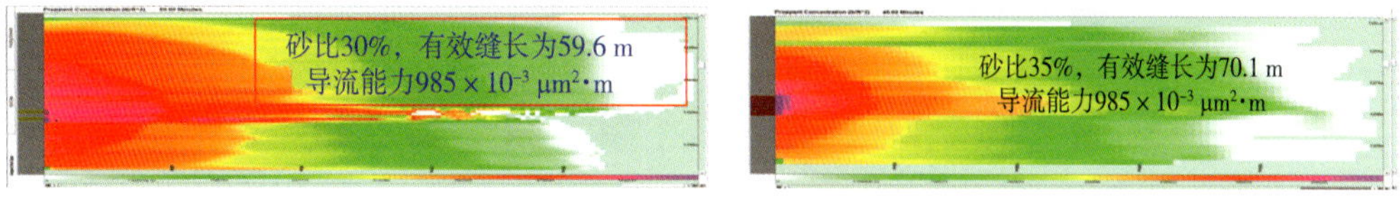

图 6–2–4　不同砂量下导流能力优化

（五）暂堵剂用量

转向压裂过程中暂堵剂的用量大小决定了是否能在裂缝内形成高压环境，从而产生新的支裂缝或沟通更多微裂缝。按照式（6–2–2）计算，暂堵剂用量为 1000~2000 kg。

$$Q=\kappa_1\times\rho\times\omega\times h\times L_f \tag{6–2–2}$$

式中，Q 为暂堵剂质量，kg；κ_1 为参考系数；ρ 为暂堵剂密度，kg/m^3；ω 为老裂缝宽度，m；h 为缝高，m；L_f 为缝长，m。

三、压裂材料研发

（一）多功能压裂液体系

1. 高效防膨剂

八面河油田前期主要采用的黏土稳定剂为 KCl，虽然短期防膨效果较好，但由于耐冲刷性差，属于短期防膨剂。因此，需要研究一种适用于措施液的长效防膨剂，避免水敏性伤害，提高措施效果。

一方面，有机防膨剂具有中和黏土晶层间和表面的负电荷，使晶层和颗粒间的静电斥力减小，晶层收缩且不易水化膨胀分散的作用；另一方面，有机阳离子聚合物可同时被吸附到多个晶层间的微粒上，从而抑制黏土膨胀和分散，起到稳定黏土颗粒的作用。通过大量室内试验研制出了长效防膨剂 JC–NW2。室内评价表明，1%JC–NW2 防膨率为 91.58%，与 2%KCl 的防膨率接近，具有较好的防膨效果，防膨率高；耐水洗率高，达到 91.22%，远高于 2%KCl 的耐水洗性；长期膨胀率稳定在 22.73%，仅次于煤油；对储层没有吸附伤害，通防膨剂后岩心渗透率没有明显下降；岩心长期水洗后渗透率无明显变化，防膨周期长。

采用 CST 毛细管吸收时间试验仪，将沙四段所取岩心磨碎成岩心粉，然后加入不同浓度的防膨剂，通过仪器测试其 CST 值，评选出最优长效防膨剂使用浓度，见图 6–2–5。可以看出，使用 0.8%JC–NW2 时 CST 值最小，因此面 14 区沙四段 6 砂组长效防膨剂使用浓度为 0.8%。

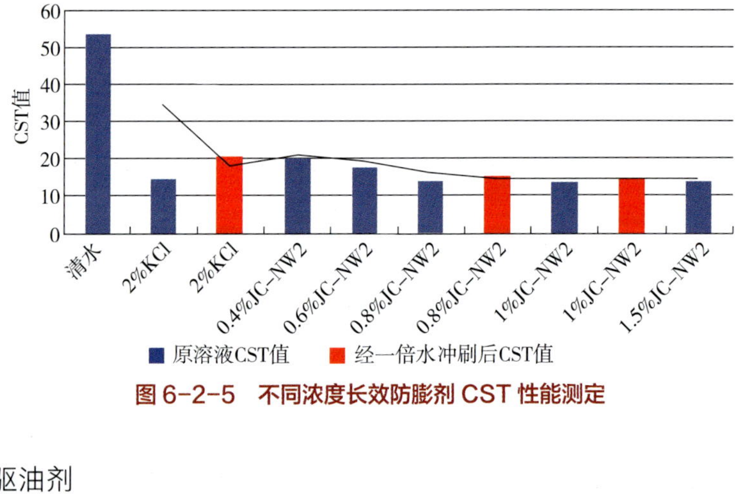

图 6–2–5　不同浓度长效防膨剂 CST 性能测定

2. 高效驱油剂

为了提升压裂液性能，一方面防止压裂液与原油发生乳化反应，另一方面利用单剂的强渗透性，室内优选了高效驱油剂。

测定不同表面活性剂溶液的洗油效率和界面张力，结果表明，表面活性剂 AE1910 洗油效果最好，界面张力最低，穿透能力和剥离老油的能力最强，因此选择 AE1910 为驱油剂同时开展与压裂液的配伍性试验。

将 AE1910 按照质量比 0.4% 加入压裂液体系中，在 25 ℃、170 s^{-1} 条件下采用 RS6000 测基液，观察该剂与压裂液配伍性。从剪切试验可以看出，在 0.4%HPG 基液中加入驱油剂后，基液剪切黏度不受影响，该剂与压裂液配伍性良好（图 6-2-6、图 6-2-7）。

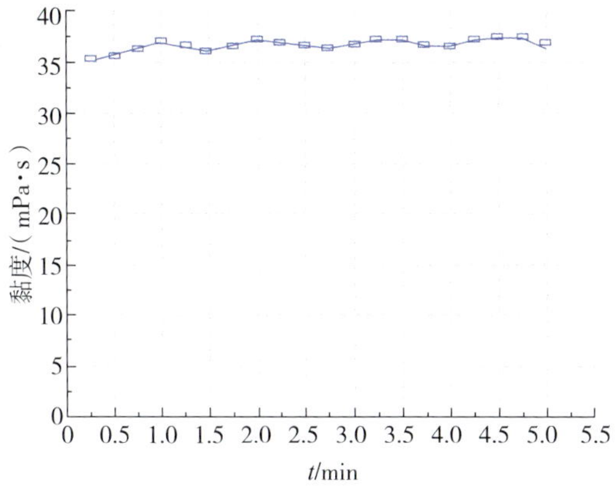

图 6-2-6　加入 0.4% 驱油剂基液黏度

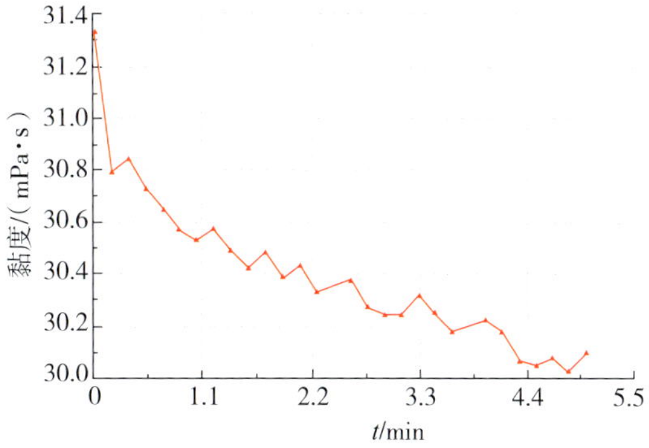

图 6-2-7　不加驱油剂基液黏度

3. 多功能压裂液体系

在室内按配方分别配制 HPG（一级品）浓度为 0.3%、0.35%、0.4%、0.45% 压裂液：

基液：清水+0.3%~0.45%HPG+0.3%JW201+0.8%JC-NW2+0.3%AE1910+0.01%~0.02% NaOH+0.02%JC-SJ2。

交联液：清水 +0.8% 硼砂。

交联比：100 :（4~5）。

1）剪切性能

试验结果表明，在 60 ℃、170 s^{-1} 条件下剪切 1 h，HPG 浓度为 0.4%。在不添加破胶剂的情况下剪切后黏度大于 200 mPa·s，具有较好的耐温剪切性能，可以满足压裂施工造缝和携砂要求。

2）静态破胶性能

按配方配制压裂液破胶剂，在 60 ℃恒温水浴中测定压裂液静态破胶性能及破胶剂性能。结果表明，加入压裂液破胶剂实现彻底破胶，并且均无返胶现象，表明压裂液具有较好的破胶性能。

3）破胶剂残渣含量

测定结果表明，0.3% HPG 压裂液配方残渣含量较低，随着 HPG 浓度的提高，残渣含量提高。

4）防膨性能

在试验温度 60 ℃条件下，对压裂液的防膨性能进行了评价。试验结果显示，防膨体积为 2.6 mL，小于标准值 3 mL，能够满足现场施工要求。

5）破胶剂与地层流体配伍性

（1）与地层水配伍性。与地层水配伍性观察：破胶剂与地层水分别按 1∶2、1∶1、2∶1 的体积比混合，观察结果均无沉淀产生。

（2）与地层原油配伍性。将面 14 区沙四段 6 砂组原油和 0.3% HPG 压裂液破胶剂分别按 3∶1、3∶2、1∶1 的体积比混合，总体积 100 mL，将混合液装入具塞刻度比色管，静置 60 ℃水浴恒温，观察并记录分离出破胶剂体积。结果表明，24 h 后，3∶1、3∶2、1∶1 混合液的破乳率分别为 96%、95%、92%，而标准要求为 95% 以上，所以压裂液破胶剂和面 14 区沙四段 1 砂组原油有较好的配伍性。

6）岩心基质渗透率损害率

利用面 14 区沙四段 6 砂组岩心，开展了压裂液破胶剂滤液岩心伤害率测定。结果表明，该压裂液体系岩心渗透率损害率为 20.69%，具有较低的岩心伤害性能。

综合试验评价结果，优选的压裂液配方为：

基液：清水 +0.4%~0.45%HPG+0.3%JW201+0.8% JC–NW2+0.3%AE1910+0.01%~0.02% NaOH+0.02%JC–SJ2。

交联液：清水 +0.8% 硼砂。

交联比：100∶（4~5）。

（二）支撑剂优选

该区块地层胶结疏松，重复预充填后部分油井出砂，影响单井产能，优选的支撑剂需要具备以下两个方面的特征：一是优选的支撑剂要能形成高导流裂缝，降低原油渗流阻力；二是优选的支撑剂要有防砂能力。因此，室内提出组合支撑剂，即大粒径在缝口、小粒径在缝端的铺砂方式，提高裂缝导流能力的同时进行防砂。

1. 不同类型支撑剂质量、性能检测

通过表 6–2–1 可以看出，低密度陶粒具有较好的质量及性能。

表 6–2–1　不同类型支撑剂质量、性能检测结果

序号	检验项目	标准要求	检验结果				
			陶粒低密 20/40 目	陶粒低密 30/50 目	陶粒低密 40/70 目	20/40 目陶粒	40/70 目石英砂
1	酸溶解度 /%	≤7.0	3.2	5.2	4.2	4.9	5
2	破碎率 /%	≤10.0	8.9	8.3	7.4	9.8	12.2
3	浊度 /NTU	≤100	28.3	55.9	47.8	29.5	30.2
4	视密度 /（g/cm^3）	—	2.78	2.78	2.78	3.52	3.67

续表

序号	检验项目	标准要求	检验结果				
			陶粒低密20/40目	陶粒低密30/50目	陶粒低密40/70目	20/40目陶粒	40/70目石英砂
5	体积密度 / (g/cm^3)	—	1.48	1.5	1.5	1.65	1.68
6	圆度	≥0.8	0.85	0.85	0.84	0.78	0.72
7	球度	≥0.8	0.86	0.85	0.85	0.78	0.73

2. 不同类型支撑剂导流能力测试

对不同类型不同粒径支撑剂进行导流能力试验，在闭合压力较低时，导流能力差别很大，粒径越大，导流能力也就越高。随着闭合压力增加，各种支撑剂导流能力的差距也逐渐减小（图 6–2–8）。这是因为在较低闭合压力下，支撑剂没有破碎，比较完整，大粒径支撑剂的空隙相对较大，流体比较容易通过。陶粒的导流能力大于石英砂的导流能力，导流能力最优的为 20/40 目陶粒。面 14 区中低渗稠油油藏，原油渗流阻力大，需要提高裂缝的导流能力，降低渗流阻力，所以 20/40 目支撑剂为首选。

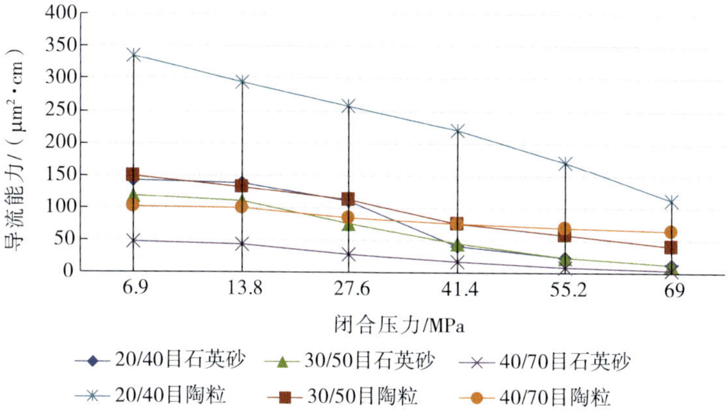

图 6–2–8　不同支撑剂不同闭合压力下的导流能力

3. 不同粒径组合支撑剂导流能力测试

为了在获得更高的导流能力的同时提高裂缝抗地层微粒侵入伤害的能力，室内开展了不同粒径组合支撑剂导流能力测试及不同粒径组合支撑剂在 10%100 目微粒侵入情况下的导流能力测试，以评选最佳的支撑剂组合。测试结果表明，随着裂缝闭合压力的增大，不同比例组合的支撑剂导流能力呈明显的下降趋势。按照大粒径在缝口、小粒径在缝端的铺砂方式，大大提高了支撑剂的导流能力。75%20/40 目 +25%30/60 目陶粒组合的导流能力最高。特别是在低闭合压力下，导流能力高出其他组将近一倍，在 100 目的地层微粒伤害下仍具有较高的导流能力。小陶粒处于裂缝的前端，起支撑微裂缝的作用，且具有防砂的效果；中等粒径的陶粒处于裂缝中部和缝口，起主要的支撑作用和支撑缝口的作用（图 6-2-9、图 6-2-10）。为了达到较长裂缝，又能获得较高导流能力，充分改造储层的目的，建议采用 75% 20/40 目 +25%30/60 目陶粒组合。

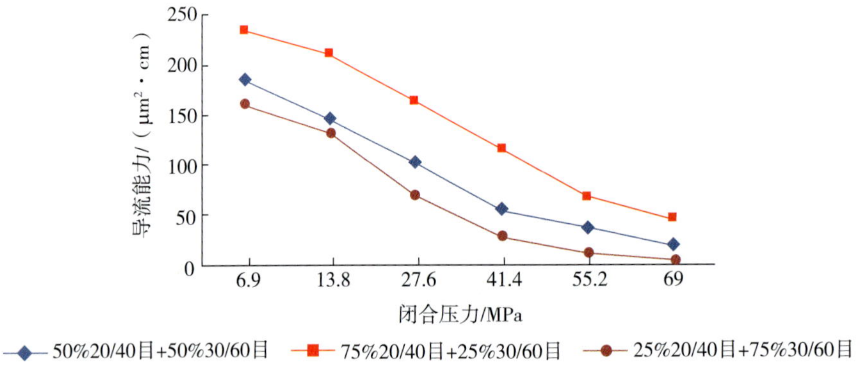

图 6-2-9　不同粒径组合陶粒导流能力

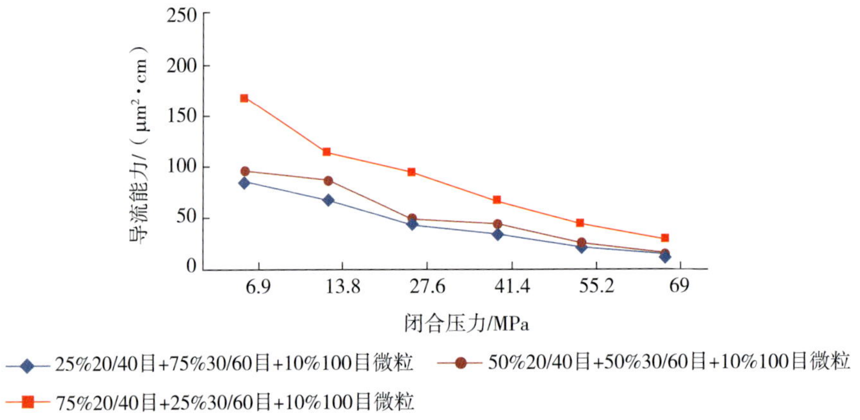

图 6-2-10　不同粒径组合陶粒 + 地层微粒伤害导流能力

（三）暂堵剂优选

1. 暂堵剂性能

根据八面河面 14 区储层物性和充填裂缝尺寸以及地层温度，选择 40 目可调组合暂堵剂开展封堵试验，试验结果见图 6-2-11、表 6-2-2 所示。可以看出，暂堵颗粒承压性能好，承压能力满足 50 MPa；封堵效率高，达到 99%，可有效降低滤失，实现有效封堵。

2. 溶解性能

压裂结束后，需要所有的地层流动通道畅通，因而需要压裂过程中被暂时堵塞的通道恢复流动性，即需要暂堵剂能返排出地层，故要研究溶解性能。室内按照试验步骤 2 研究暂堵剂的溶解性能，该暂堵剂在地层温度 50 ℃（考虑压裂液降温）条件下，2.5 h 后完全溶解，溶解后溶液清澈透明无残渣。

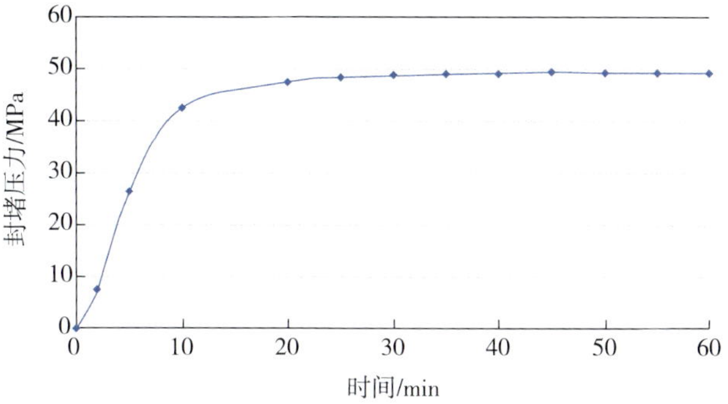

图 6-2-11 组合型暂堵剂封堵能力测试

表 6-2-2 组合型水溶性暂堵剂封堵性能测试结果

样品名称	水测渗透率		突破压力 /MPa	暂堵率 /%
	原始渗透率 $K/10^{-3}\ \mu m^2$	暂堵后 $K_1/10^{-3}\ \mu m^2$		
1	150.67	0.594	25.2	99.6
2	150.67	1.02	25.1	99.3
3	150.67	1.16	24.9	99.2

四、矿场应用效果

（一）面 14 区应用效果

缝内暂堵转向压裂技术在面 14 区共应用 14 井次，其中沙四段 6 砂组 12 井次，沙四段 1 和 5 砂组各 1 井次，施工成功率 100%，措施有效率 92.8%，累计增油量 5216.9 t。以 M14-12-X33 典型井组为例说明应用效果。

1. 井组概况

M14-12-X33 井组储层具体表现为中孔中低渗，泥质含量高，有 3 口油井与水井 M14-12-X33 对应。M14-10-X43 井于 2014 年 12 月 6 日新井投产预充填 S_46_2，2017 年 2 月 10 日重复预充填，初期日产油 5.3 t、水 2.3 m³，含水 27.3%；措施前日产油 0.1 t、水 0.9 m³，含水 91.7%，处于低产低液。M14-12-X31 井于 2011 年 5 月新井投产预充填 S_46_2，2012 年 9 月重复预充填，初期日产油 6.2 t、水 2.2 m³，含水 26.3%；目前日产油 1.4 t、水 1.2 m³，含水 46.1%。M14-12-X35 井于 2011 年 5 月新井投产预充填 S_46_2，2014 年 1 月重复预充填，初期日产油 6.6 t、水 4.0 m³，含水 37.5%；目前停产。

2. 压裂设计思路

从应力剖面来看，3 口井均存在下隔层，有一定的遮挡作用，裂缝易向上延伸，纵向上下部水层较远，纵向沟通水层风险较小，前期采用预充填压裂工艺，取得了一定的增产效果，但是两次压裂规模接近，改造体积有限，增油量受限，存在产量下降快、有效期短的问题，拟采用“缝内暂堵转向压裂技术 + 长效防膨低伤害压裂液体系 + 压后快速返排工艺”，扩大改造体积，增加较远油流通道，提升单井产能。采用 GOHFER 压裂软件优化施工参数，以 M14-10-X43 井为例，前置液量 110 m^3、砂量 70 m^3，总液量为 295.3 m^3，排量 5 m^3/min，暂堵剂 1200 kg。

3. 现场施工情况

以 M14-10-X43 井为例，2019 年 6 月 8 日实施暂堵转向压裂，施工前置液量 120 m^3，总液量 301.7 m^3，30/60 目陶粒 17 m^3，20/40 目陶粒 53 m^3，平均砂比 52.5%，排量 5 m^3/min，破裂压力 18 MPa，施工压力 14~24 MPa，停泵压力 20 MPa。从施工曲线可以得知（图 6-2-12），M14-10-X43 井挤暂堵剂过程中施工压力上升了 1~3 MPa，暂堵后二次破裂压力明显，说明起到暂堵作用，产生了新缝。

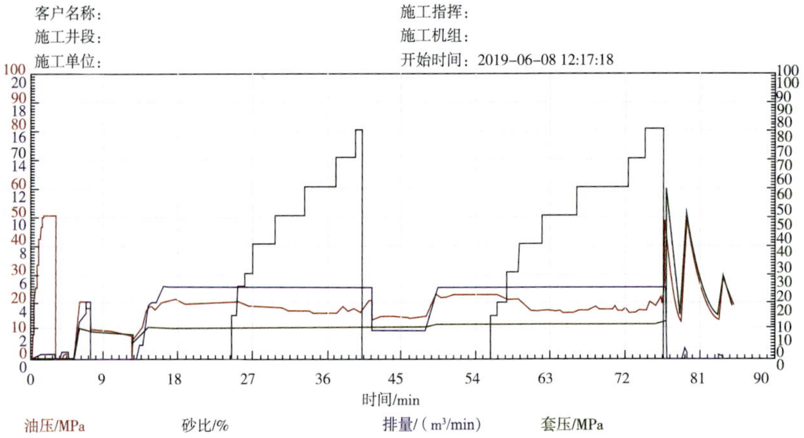

图 6-2-12　M14-10-X43 井压裂施工曲线

4. 压裂效果

以 M14-10-X43 井为例（图 6-2-13），压裂后，初期产量日产油由 0.3 t 提高到 6.8 t，日产液由 3.3 m^3 提高到 17.8 m^3。

从压裂效果分析，暂堵转向压裂与之前压裂工艺相比，达到了扩大改造体积、沟通较远油流通道、提高单井产能的目的，也证实了该项技术在八面河油田中低渗稠油油藏应用的可行性，为后期类似油藏的开发提供了可靠方向。

（二）滩Ⅱ块应用效果

1. 滩Ⅱ块概况

滩Ⅱ块位于八面河油田的东北方向，为一断鼻构造，主要含油层系为沙四段，可划分为 6 个砂组 16 个小层，含油砂体 15 个。共发育了滩主体、坝主体、滩边缘、坝边缘、砂泥混合滩、碳酸盐岩滩和滨浅湖泥坪等 7 种沉积微相。沙四段平均孔隙度 28.4%，平

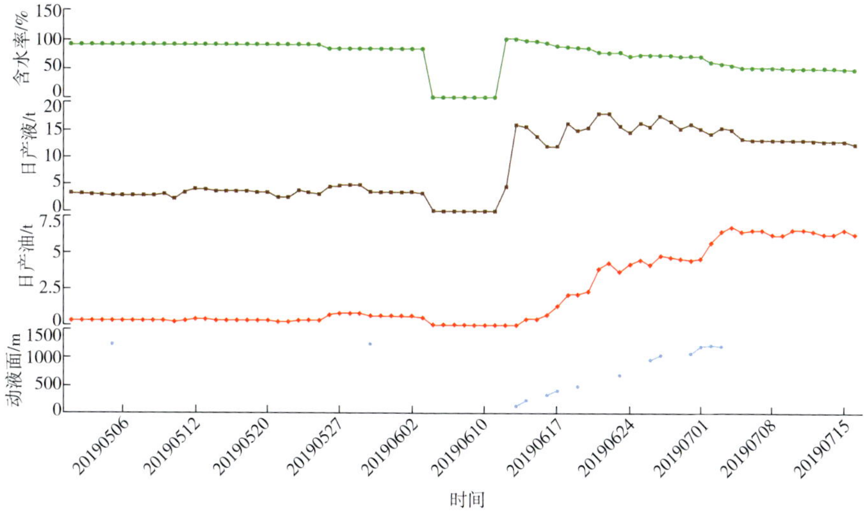

图 6-2-13　M14-10-X43 井日度生产曲线

均渗透率 56.9 × 10^{-3} μm^2，属高孔、中低渗储层。地面原油黏度 467~1058 mPa·s，原始地层压力 17.3 MPa，2 砂组地层温度 69 ℃，压力系数 0.94，地温梯度 4.4 ℃ /100 m，油藏属正常压力、温度系统。主要含油层 1~5 砂组以构造油藏为主，每个砂体有相对独立的油水系统。累计上报探明含油面积 5.16 km^2，储量 6.784 × 10^6 t。

井区沙四段共有试油井 17 口，从统计资料分析来看，有 15 口井出油，单井日产油 0.1~4.0 t，均获工业油流，但试油产能低。1996~1997 年高部位投产 7 口井，由于低产、低液，生产 1~6 个月后停抽，于 2006~2012 年陆续复产；2002~2006 年低部位进行勘探、评价，投产井位 4 口，由于物性较差，2 口井停产；2012 年后投产 6 口井，采注较正常。截至 2021 年底，开油井 14 口、水井 3 口，平均单井日产油 2.2 t，平均含水 68.6%。

主要开采特征表现为以下几点。

1）天然能量下自然产能低

通过统计自然投产的沙四段 2 砂组的 3 口油井，投产后第一个月平均日产油 1.4 t，后期均因低液、低产间抽或停抽，平均单井阶段累产油仅 243 t。说明属于中低渗油藏，物性较差，该区自然投产井大多无法正常生产，需采取油层改造措施提高产能。

2）无注水下压裂能提高产能，但产量递减快

（1）无注水常规压裂（排量≤3.2 m^3/min）。2013 年以前，该区对油井实施压裂措施，由于当时工艺的限制，加砂排量均低于 3.2 m^3/min；同时，2013 年以前油井均为天然能量开发，无注水对应。由统计压裂后正常生产的 7 口油井归一化曲线（图 6-2-14）可知，油井投产初期第一个月日产油可达到 2.7 t，是同砂组自然投产的 1.9 倍，压裂措施能提高单井产能。但因无能量补充，递减速度比较快，投产 8 个月后平均单井日产油降至 1.0 t 以下，平均日产液仅 3.0 m^3。

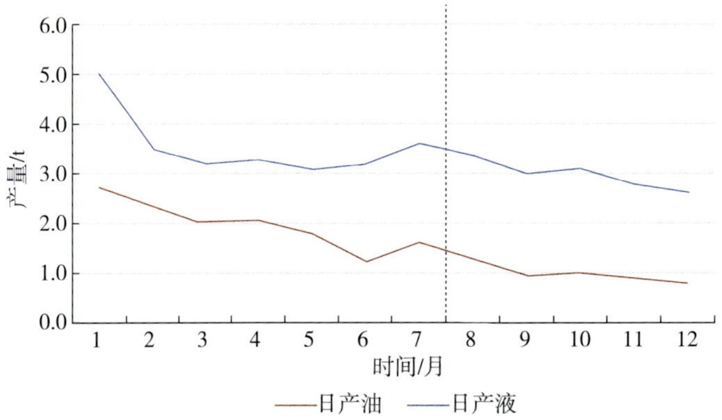

图 6-2-14　常规压裂投产的 7 口油井归一化曲线

（2）无注水大规模笼统压裂（低伤害压裂液 + 排量 3.5~4.0 m³/min）。2013 年后，引进规模压裂措施，加砂排量可达 3.5~4.0 m³/min。统计 4 砂组规模压裂的 3 口油井，羊斜 6 井因物性差、黏度较高，生产较差；另外 2 口井平均日产油大于 3.0 t（图 6-2-15）。

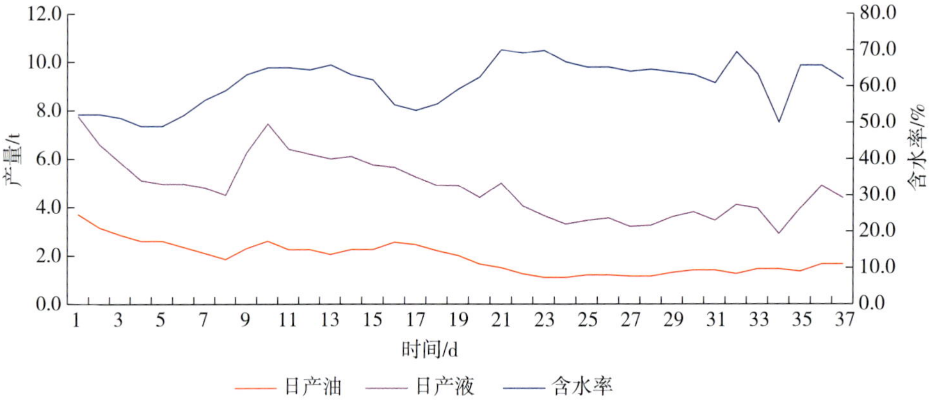

图 6-2-15　压裂投产的 2 口油井归一化曲线

以羊斜 9 井为例，该井于 2006 年 5 月进行常规压裂，2017 年 8 月实施加大规模压裂，通过对比两次压裂效果可以明显看出，在累计产油达 1992 t 情况下加大规模压裂，前 6 个月日产油均在 2.0 t 以上，明显好于常规压裂效果，但也因没有水井补充能量，产量递减较快，6 个月后日产油跌至 1.0 t 以下，见图 6-2-16。

2. 主导工艺

前期矿场试验表明，注水后实施机械分层 + 暂堵转向压裂，初期产量、单井平均年累产油均高于直接投产及无注水常规压裂、注水后大规模笼统压裂。因此，优选注水后机械分层 + 暂堵转向压裂作为投产主导工艺。

图 6-2-16　羊斜 9 井月度采油曲线

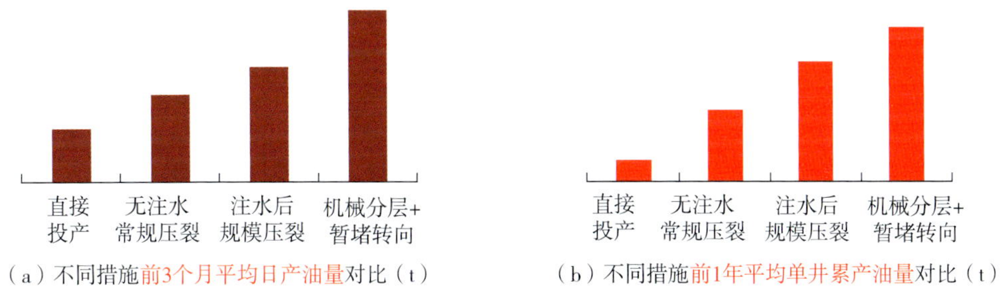

图 6-2-17　不同措施前 3 个月平均日产油和 1 年累产油对比

前期压裂主要存在问题包括：①前期工艺参数在提高排量（>3.5 m^3/min）后，措施效果有一定程度的提升，但区块单井采用多层笼统压裂，小排量施工不易充分改造每个小层；②针对滩Ⅱ块蒙脱石含量高、中等偏强水敏性的特点，早期压裂液体系需进一步强化。

为此，确定压裂改造工艺优化思路为：基于滩Ⅱ区块改造难点分析及储层特征，初步确定了以“细分层充分改造，促进缝长延伸，扩大缝控储量，优化入井液体系，强化全过程的储层保护”为核心的改造思路。一是细分层充分改造，促进缝长延伸，扩大缝控储量：单井层系多而薄，纵向非均质性强，采用机械分层达到各小层均匀改造，裂缝在层内延伸实现造长缝、扩大缝控储量的目的。二是优化入井液体系，强化全过程的储层保护：储层具有中等偏强的水敏性，优化洗井液及采用低伤害、配伍性优良的长效防膨压裂液体系，以提高储层保护的能力。

1~5 砂组油层物性差异较小（除 5 砂组外级差 1.5）、原油性质差异小（级差 1.6）；单砂组产能较低，投产 1 年后 3 个月平均日产油 2.0 t；纵向上砂组间跨度较大（1~4 砂组跨度 140 m），但工艺上可实现分层压裂（图 6-2-18）。

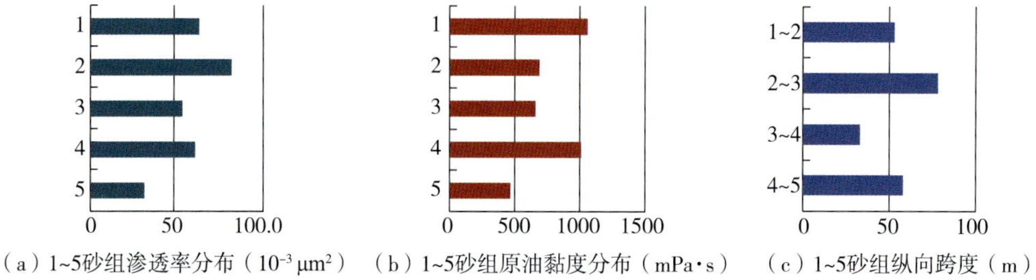

图 6-2-18　沙四段 1~5 砂组油层物性、原油性质纵向分布

因此，采用一套层系开发，但根据目前生产情况，4 砂组为优势区时可立足分压单采，2 砂组、1 砂组作为后期兼顾层；4 砂组为非优势区、2 砂组为优势区时，则 2 砂组、4 砂组组合、分压合采，1 砂组作为兼顾层。

2 砂组与 4 砂组之间采用机械分层，砂组内小层采用层间转向压裂，在主裂缝产生桥堵作用，使主裂缝内产生升压效应，沟通更多微裂缝（图 6-2-19）。

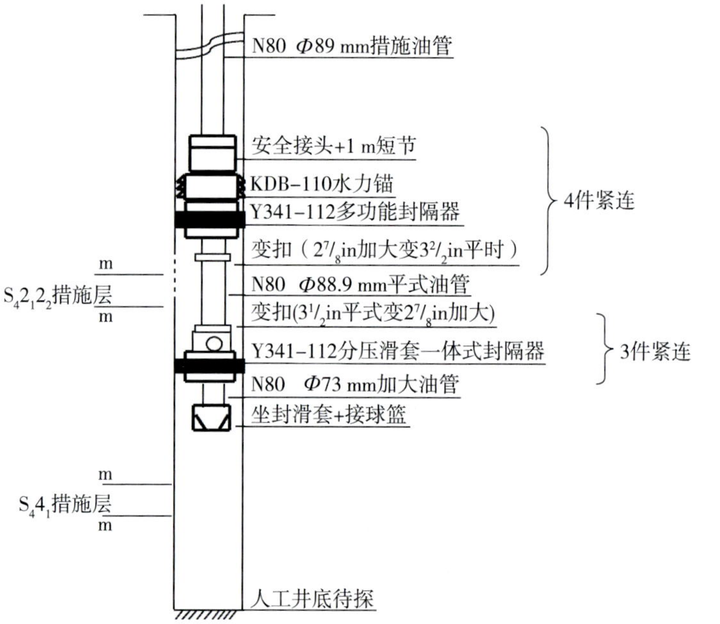

图 6-2-19　分层压裂管柱示意图

3. 各砂组不同压裂工艺产能分析

2013 年以来区块实施了注水开发，共有注水井 4 口。在前期注水基础上，近年来实施了不同压裂工艺的增产措施，取得较好效果。

1）4 砂组

井区注水井 2 口，累计注水 11780 m^3。2013 年选择有注水对应的 2 口油井实施大规模笼统压裂引效措施，压裂后第一个月日产油可达 3.0 t，36 个月单井累产油 2115 t；2021 年对羊 3-6- 斜 28 井井组实施了暂堵转向压裂工艺，压裂后第一个月日产油可达 4.3 t。

从不同压裂工艺生产 1 个月归一化曲线图（图 6-2-20）来看，暂堵转向压裂工艺单井产能情况好于大排量笼统压裂的产能。首先从储层特征来看，羊 3-18- 斜 16、羊 3-17- 斜 14 井厚度、物性相对较好，但整体差异不大；从压裂规模来看，羊 3-18- 斜 16、羊 3-17- 斜 14 井加大了压裂排量（排量 4 m^3）和加砂量（50 m^3、42 m^3），单井产能较高。按照现有油井的递减规律，预计单采 4 砂组前 36 个月可实现累计产油 2850 t，当日产量低于 0.5 t 时实施二次压裂工艺，预计 4 砂组可实现累计产油 5220 t。

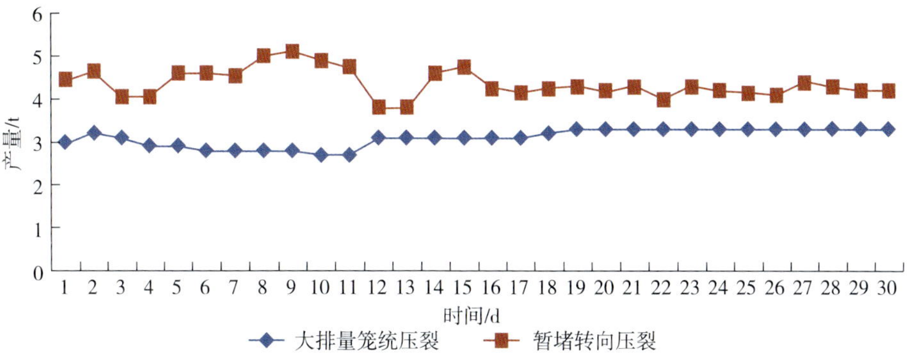

图 6-2-20　先期注水条件下不同工艺生产 1 个月归一化曲线

2）2 砂组

井区注水井 4 口，累计注水 79745 m^3，选择有注水对应的 3 口油井实施规模压裂引效措施，压裂后第一个月日产油可达 3.4 t。从油井归一化曲线（图 6-2-21）可以看出，注水后压裂引效递减趋势减缓，稳产 2.0 t 以上时间达到 20 个月，阶段累产油 1440 t。但后期由于注水井相继停注，日产液、日产油快速下降。因此，完善注采井网后，有注水补充地层能量，油井能实现长期稳产。

以羊 3-6- 斜 28 井为例，单采 2 砂组，截至 2017 年 8 月，对应水井累计注水 42248 m^3，2 砂组分水 33798 m^3，加大规模压裂后，日产液由 1.0 m^3 升至 7.2 m^3，日产油由 0.7 t 升至 4.0 t，稳产 2.2 t 以上时间达 20 个月，2019 年 4 月注水井停注后，日产液随之下降。截至目前，该井措施后 37 个月累计产油 2487 t（图 6-2-22）。

3）2、4 砂组合采

井区注水井 1 口，累计注水 7160 m^3。2+4 砂组投产井 4 口，采取分层 + 暂堵转向压裂投产，投产后初期日产液 15.6 m^3，日产油 4.9 t；目前日产液 11.6 m^3，日产油 3.1 t。其中羊 3-19- 斜 6 井单井日产液量低于平均值，分析主要原因是该井构造位置最高，注水波及速度较慢。

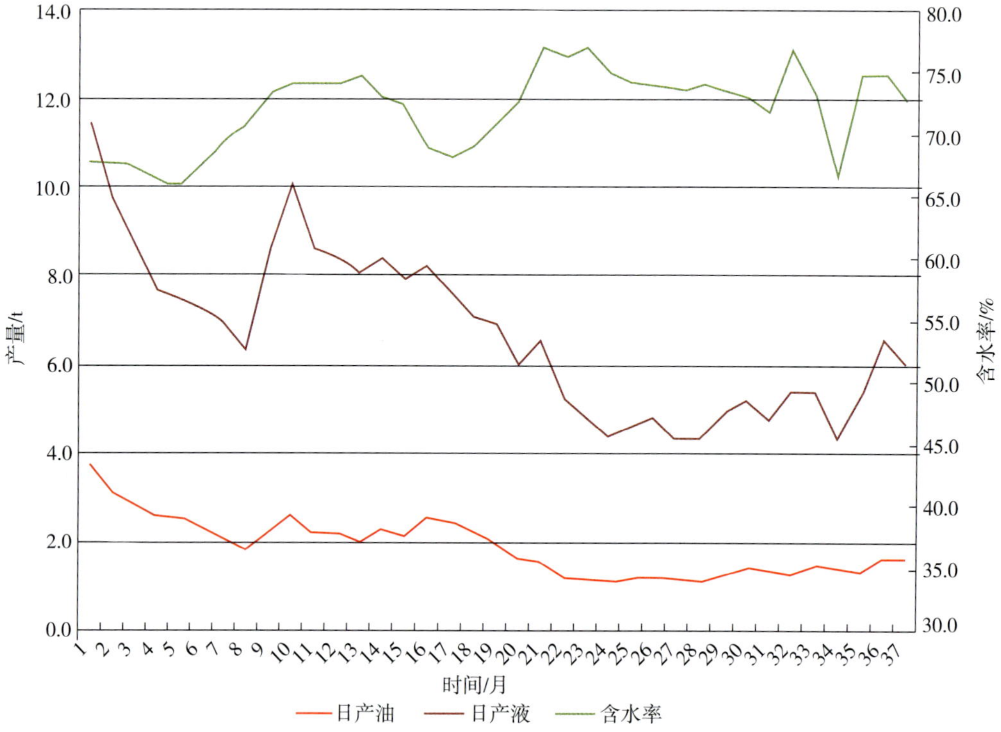

图 6-2-21 注水后实施压裂归一化曲线

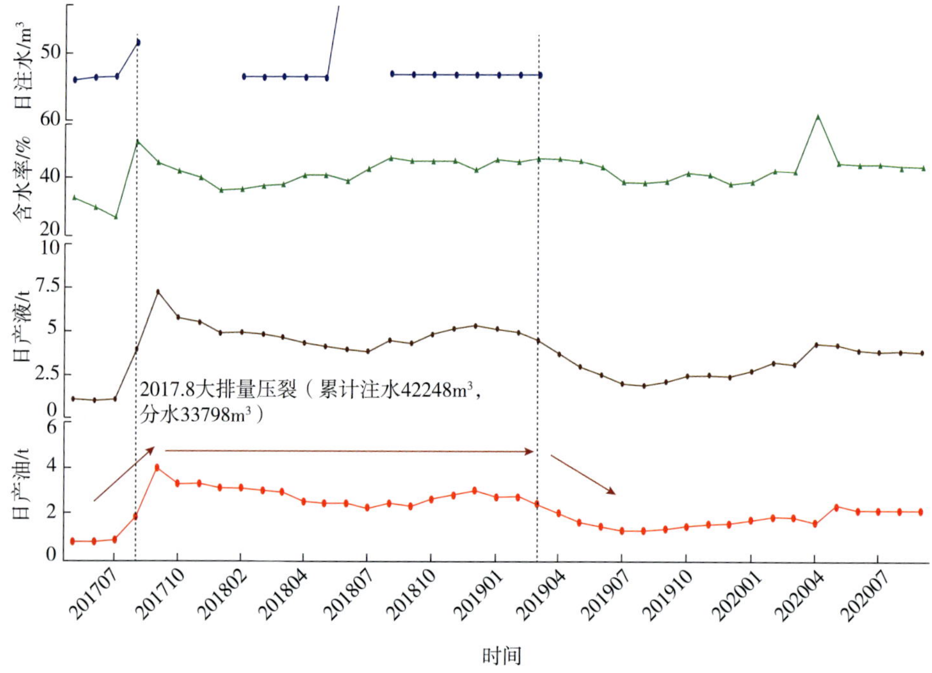

图 6-2-22 羊 3-6-X28 井实施压裂月度采油曲线

4. 整体效果评价

总体来看，2021 年实施的机械分层 + 暂堵转向压裂井单井标定产能高于预期，初期日产油 4.3 t，是规模压裂初期产量的 1.2 倍（3.7 t），主要是对压裂工艺进行了系统优化提升，主要包括：

优化 1：机械分层 + 化学分层实现层间均匀改造。该工艺适用于分压层数≤3、层间间隔距离 >10 m 且层间应力差 >0.8 MPa 的单井。以羊 3–19–X18 井为例，该井 2~3 砂组层间距较大，层间距 75 m，可采用机械分层压裂工艺；3~4 砂组层间距小，不足 10 m，工具分层难度较大，采用层间靶向暂堵工艺。

优化 2：优化携砂液体系，提高地层配伍性。针对八面河滩Ⅱ块储层具有中等偏强的水敏性，室内优选 1.2%JC–NW2，具有较好的长效防膨效果。

优化 3：强化入井液管理，避免储层伤害。针对区块蒙脱石含量高，实行全过程的储层保护，对入井液、射孔液配方进行优化。

优化 4：采用组合支撑剂提高压裂与防砂效果。基于导流能力试验结果及现场应用效果，设计采用陶粒进行压裂施工，保障长期增产效果；使用 75%20/40 目 +25%30/60 目组合陶粒进一步增加裂缝导流能力。

因此，通过“机械分层 + 暂堵转向”达到了多薄层纵向均匀改造目的，主要体现在暂堵后施工压力较之前提升 2~3 MPa，表明压裂过程中实现了新缝开启。通过羊 3–19– 斜 18 井反演结果可知，裂缝反演上层 S_42_1、S_42_2 有效半缝长 60~90 m（设计半缝长 62~100 m），下层 S_43_3、S_41_1 暂堵转向压裂有效半缝长 64~99 m（设计半缝长 68~96 m）；纵向上看 5 个小层均有铺砂，达到充分改造要求。

第三节　热采敏感性储层保护技术

八面河普通稠油Ⅱ类油藏主要采用蒸汽吞吐开发，由于储层泥质含量高、热采敏感性强，普遍存在注汽压力高、关井扩散慢等问题，严重制约了蒸汽吞吐效果。为此，在开展热采过程中的储层伤害机理研究与伤害体系评价基础上，形成了热采敏感性储层伤害预防技术，保障了蒸汽吞吐的顺利实施。

一、热采敏感性相关储层特征

（一）岩石学特征

以面 120、面 138 稠油油藏为例，沙四段碎屑组分主要为陆源碎屑，包括石英、长石及岩屑，岩石类型以岩屑长石砂岩为主。沙四段石英平均含量 42.4%，长石平均含量 32.7%，岩屑平均含量 24.9%。在碎屑组分中，还可见少量的方解石碎屑和白云石碎屑。

填隙物中的杂基主要为泥质，泥质含量平均为 2.00%~12.92%；自生胶结物中主要为方解石，多以孔隙充填的形式存在，其次为白云石，黄铁矿在本区储层含量较少。沙四段储层成分成熟度指数平均值为 0.81，反映矿物成熟度较低、中等结构成熟度的特点。

沙四段黏土矿物含量较高，平均为 8.72%，其中以伊 / 蒙混层为主，占 80.0%；其次为高岭石 11.0%；伊利石和绿泥石含量较少，分别为 5% 和 4%(图 6-3-1、图 6-3-2)。

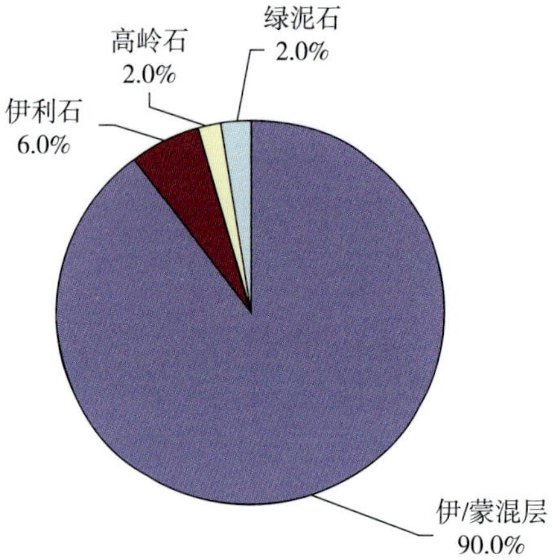

图 6-3-1　面 120 沙四段黏土矿物组成

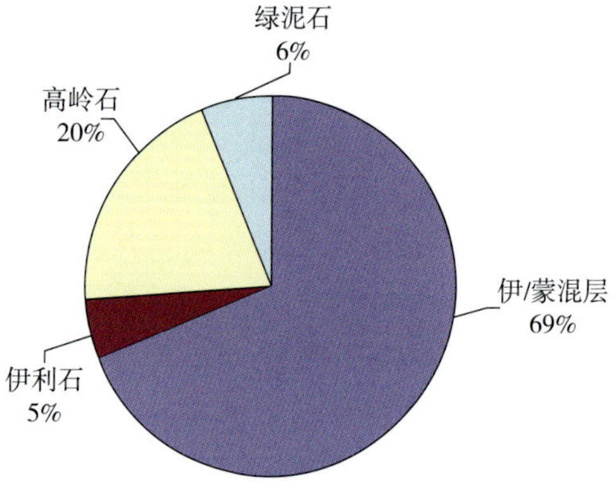

图 6-3-2　面 138 沙四段黏土矿物组成

黏土矿物是产生水敏的主要因素，存在于颗粒表面及充填粒间孔隙的伊 / 蒙混层矿物遇到低矿化度水后，会发生水化膨胀、分散、运移，缩小或堵塞孔道，降低渗流性能（图 6-3-3）。高岭石是产生碱敏的主要因素。水敏和碱敏对储层造成的伤害在油井生产过程中表现为注汽压力升高、油汽比降低。

黏土矿物产状以孔隙充填式为主，其次为薄膜式，搭桥式比较少。孔隙充填式和薄膜式这两种形式对储层的危害较大，搭桥式对储层危害较小。

黏土矿物在纵向上的分布规律为，由浅到深，伊 / 蒙混层黏土（I/S）的含量显著减小，伊利石（I）和高岭石（K）含量明显增大，混层比（S%）由大变小，绿泥石（Ch）的变化趋势不明显。两个区块的横向分布规律均为从东南部到西部伊 / 蒙混层和高岭石逐渐增加，绿泥石和混层比逐渐降低（图 6-3-4）。

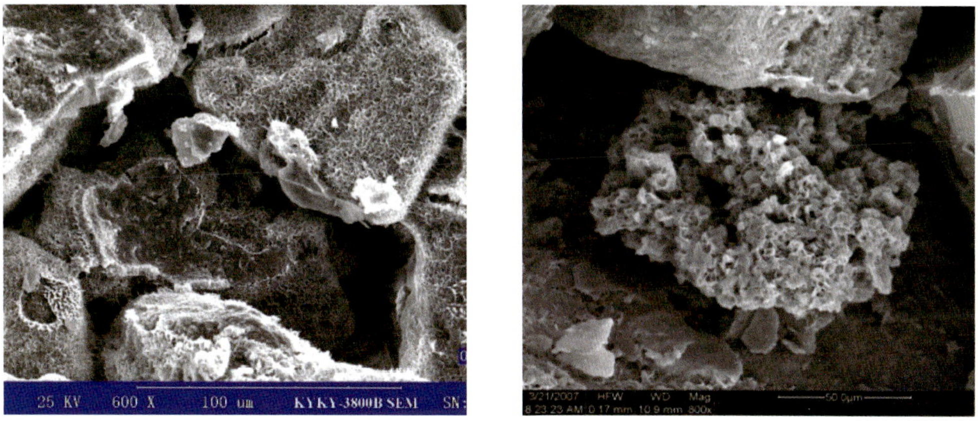

图 6-3-3　镜下伊 / 蒙混层特征

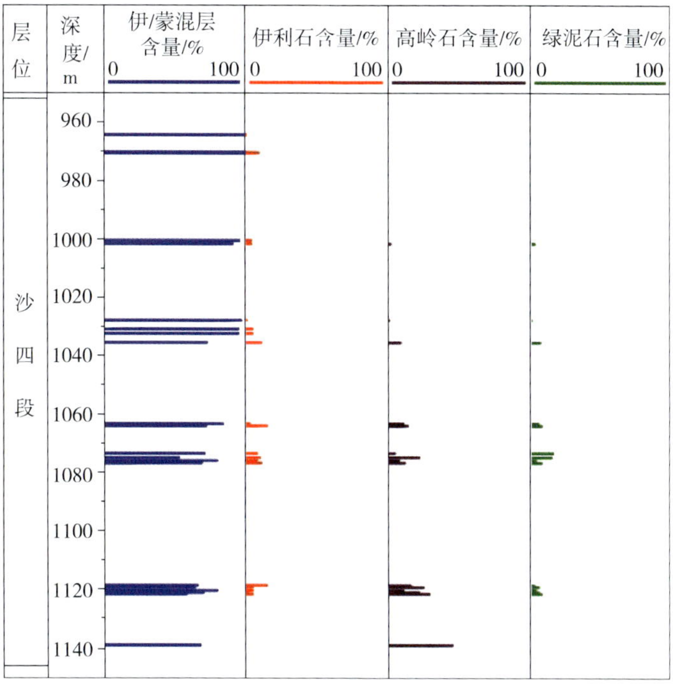

图 6-3-4　沙四段黏土矿物相对含量分布图

从薄片分析结果来看，面 138 区块沙四段的砂岩以细砂岩、极细砂为主，见粗粉砂。薄片分析中分选中等；砂岩颗粒形态多为次棱，接触方式以线 - 点接触为主，占 84%；砂岩分类属于含粉砂细砂岩。据砂岩粒度分析资料，粒度中值 0.144 mm，标准偏差 0.9，偏态 0.245，峰态 1.334。面 120 区沙四段的砂岩以细砂为主，薄片分析中分选中等；砂岩颗粒形态为次棱 - 次圆，接触方式以点、点 - 线接触为主；砂岩分类中以岩屑长石砂岩居多，其次为长石岩屑砂岩。 据面 120-1 井粒度分析资料统计，该区沙四段平均粒径在 0.033~0.702 mm，平均为 0.074 mm；标准偏差在 1.0~2.5，平均为 1.74，分选较差。

（二）物性与孔隙结构特征

沙四段储层物性特征表现为高孔隙度和中、高渗透储层。纵向上沙四段 2 砂组储层物性（平均渗透率 $2051 \times 10^{-3}\ \mu m^2$）好于 1 砂组（平均渗透率 $576 \times 10^{-3}\ \mu m^2$）。平面上面 138 区沙四段好于面 120 区沙四段储层物性。面 120 区沙四段层内夹层数量较多，非均质较严重。面 138 区沙四段非均质性层内和平面上均表现为均质。

面 120、面 138 区沙四段砂岩储层的孔隙类型主要为粒间孔，包括剩余粒间孔和溶蚀粒间孔。储层的毛管压力曲线随渗透性的变化而变化，岩样渗透率高的孔喉为粗歪度、中值压力低，岩样渗透率低的孔喉为细歪度、中值压力高。砂岩储层平均排驱压力为 0.0806 MPa，曲线平坦部分较短，说明孔隙分选较差。孔喉总体上偏小，孔喉半径平均 0.483 μm。孔喉半径分布较宽，其值从 0.02~10.0 μm 均有分布，主要区间为 1.6~6.3 μm。孔喉均质程度差，均质系数平均 0.13。

（三）热物性特征

沙四段油层砂岩导热值和比热都随温度的升高而增大；而泥岩的导热值随着温度的升高而降低，比热随温度的升高而增大。储层中泥质随着温度的增加，导热能力下降，而储热能力增加，会影响热采过程中热效率的有效利用。

二、热采储层伤害评价

为了认清注蒸汽热采对储层的伤害机理，有针对性地进行蒸汽吞吐开发过程的油层保护，选择了八面河油田主要热采区块面 120 区和面 138 区沙四段进行储层伤害室内物模试验评价。

（一）水敏评价

1. 黏土矿物高温特征

岩心在高温水热作用下矿物反应静态热物模试验结果表明，溶液的 pH 值随着温度升高而降低，从 100 ℃的 12.3 降低到 300 ℃的 8.0 左右，说明试验过程中储层岩石与溶液发生了反应，消耗了一部分碱性溶液，使溶液 pH 值趋向于中性。随着温度的升高，矿物溶解量呈上升趋势。在高温试验过程中，矿物学的变化特征表现为试验后的岩石颗粒基本上都受到不同程度的溶蚀，且随温度升高颗粒溶蚀特征加剧；石英、长石、黏土矿物均随着温度的升高而减少，在温度低于 200 ℃时，伊 / 蒙混层开始向伊利石转变，当温度达到 300 ℃时，伊利石大量增加，而伊 / 蒙混层含量减少，此时蒙脱石的膨胀性大大降低（图 6–3–5、图 6–3–6）。

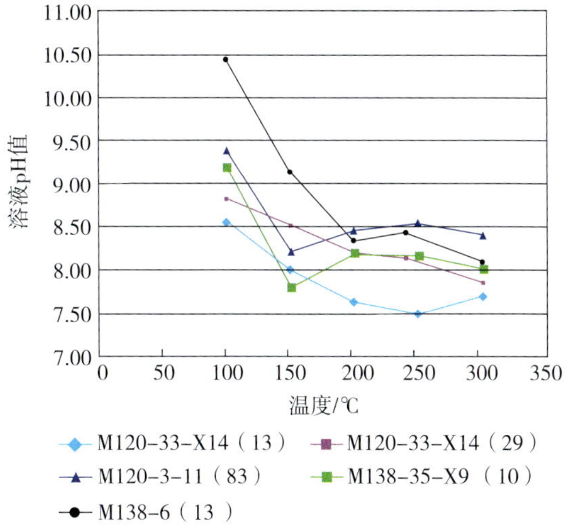

图 6-3-5 试验后溶液 pH 值与温度的关系曲线

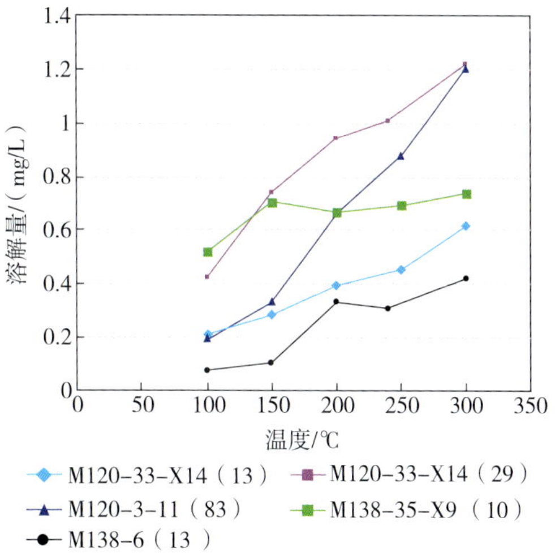

图 6-3-6 岩样溶解量与温度的关系曲线

2. 岩心伤害动态特征

高温高压下岩心伤害动态热物模试验结果表明：岩心热伤害后伊利石含量上升、伊 / 蒙混层有明显下降，黏土矿物在 150~200 ℃这个温度区间伊 / 蒙混层向伊利石转化，表现为渗透率损害率减小。出口端液体中 Ca、Na、Si 等元素含量随着温度的升高逐渐增大，这是由于颗粒脱落和高温导致的部分矿物溶蚀并被流体携带流出岩心，其中被冲出的固体颗粒主要为石英。出口液颗粒浓度、颗粒粒径平均值和颗粒粒径中值的变化分为 3 个阶段：快速上升、峰值和持续下降。出口液颗粒浓度和渗透率的变化与试验温度、作用时间、矿物溶蚀有关。从渗透率损害率试验结果来看，存在一个试验温度临界值（200 ℃），即在井筒周围存在渗透率改善区；临界温度后，在温度一定的情况下，增加试验周期对渗透率有一定程度的改善作用，但随着试验周期的不断延长其增幅越来越有限（图 6-3-7、图 6-3-8）。

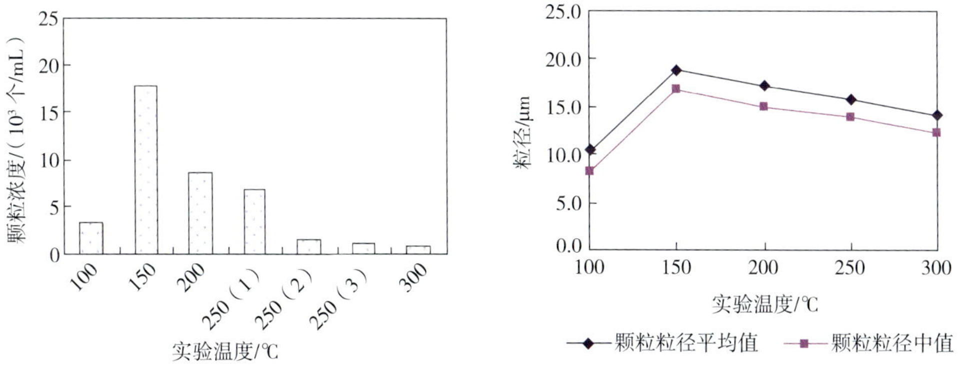

图 6-3-7 29-8 号样出口端颗粒浓度和颗粒粒径变化曲线

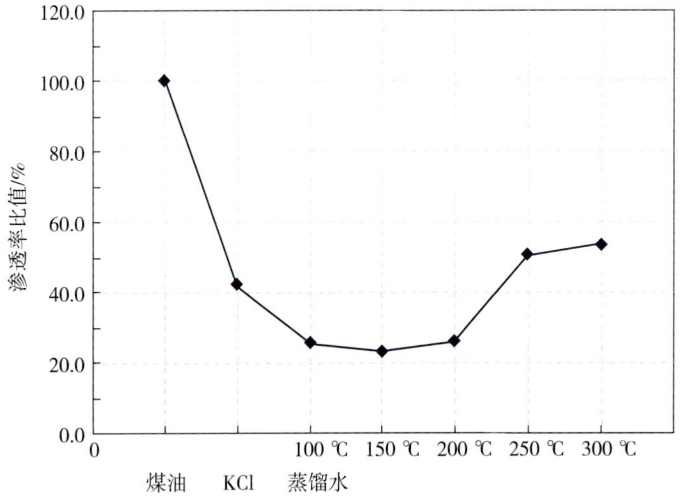

图 6-3-8　高温水敏感性试验曲线（13-7 号样）

3. 高温水敏伤害机理

八面河油田黏土矿物膨胀率总体上表现为随着温度的升高而降低，在地层温度（50 ℃）下膨胀率达到最高 135.18%，180 ℃时为 71.61%。黏土矿物阳离子交换量为 24.25 mmol/100 g，与其他同类型油田相比较高，进一步说明该区黏土膨胀对储层的潜在危害（图 6-3-9、表 6-3-1）。

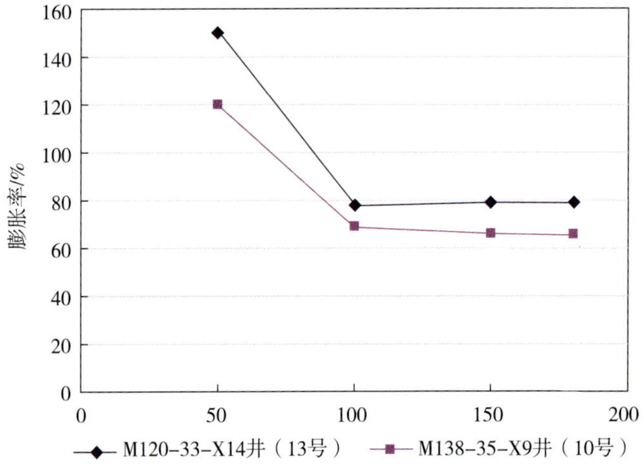

图 6-3-9　储层岩心在蒸馏水中的膨胀率与温度关系

表 6-3-1 八面河油田沙四段油层阳离子交换试验结果

井号	层位	样号	井深 /m	黏土阳离子交换容量 /（mmol/100 g）	黏土矿物 /%	黏土矿物含量 /%			
						伊 / 蒙混层	绿泥石	伊利石	高岭石
M120-33-X14	$S_4$1（1）	13	1018.06	25.71	22	100	0	0	0
M120-33-X14	$S_4$1（3）	29	1025.46	29.30	26	100	0	0	0
M120-3-11	$S_4$1（2）	83	1002.73	27.80	15	100	0	0	0
M138-35-X9	$S_4$1	10	976.09	23.54	20	70	0	15	15
M138-6	$S_4$2（1）	13	1076.0	14.92	15	60	0	20	20
平均	—	—	—	24.25	20	86	0	7	7

岩心渗透率在不同温度段的变化是黏土转变、水敏性变化、矿物溶蚀综合作用的结果。结合静态物模试验结果和动态物模试验结果，在 100~300 ℃区间，水敏性相继经历了水敏性增强阶段、水敏性减弱阶段和水敏性极大减小阶段。温度大于 250 ℃后，水敏性影响很小，渗透率均实现恢复，温度增加对于改善该油田储层的渗透率有利。具体分温度段水敏机理为：

（1）100~150 ℃，水敏性增强阶段：这一温度范围内动态物模试验表现为渗透率快速下降。其原因主要是：①从 100 ℃到 150 ℃这一阶段，伊 / 蒙混层大量膨胀，导致水敏性损害增大，岩心内部的颗粒更易分散、脱落、运移。同时，黏土膨胀后使得对渗透率贡献值最大的那部分孔喉数量明显减少，此时渗流能力最差。②这一阶段处于矿物溶解量增加的阶段，石英和长石从点状溶蚀发展到大片溶蚀，黏土矿物开始有斑点状溶蚀，这是出口液中颗粒的另一个来源。由于没有新矿物生成，因此溶出物没有消耗，导致出口液颗粒浓度增加。

（2）150~200 ℃，水敏性减弱阶段：这一温度范围内动态物模试验表现为渗透率开始恢复。其原因主要是：①在这一阶段，蒙脱石内膨胀性最大，但矿物溶蚀是初始发展阶段，水敏性损害的不利程度超过了矿物溶蚀带来的改善效果，因此表现出出口液颗粒浓度增加而渗透率反而下降。②这一阶段，伊 / 蒙混层开始向伊利石转变，伊 / 蒙混层下降了 28%，此阶段的蒙脱石内膨胀性已经减弱，导致水敏性损害减弱。相应地，岩心内部颗粒分散，脱落和程度减弱，出口液中此来源的颗粒减少。③这一阶段矿物溶解量继续增加，石英和长石从大片溶蚀发展到大面积溶蚀和中心溶蚀，出口液中此来源的颗粒相应增加。但由于有伊 / 蒙混层向伊利石转化和新矿物钠沸石生成，需要消耗部分溶出物，所以来源的出口液颗粒浓度呈稳定趋势。在这一阶段，出口液颗粒的两个来源一个呈稳定态势，一个呈减弱态势，因而此阶段为峰值前后的一个过渡阶段。蒙脱石内膨胀性大大减弱，伊 / 蒙混层开始向伊利石转变，渗透率开始恢复。

（3）200~300 ℃，水敏性极大减小阶段：这一温度范围内动态物模试验表现为渗透率逐渐增大。其原因主要是：①这一阶段，伊利石晶芽普遍出现，大量伊利石产生。温度大于 250 ℃后，蒙脱石已失去膨胀性能，因此水敏性影响已经很小。②这一阶段矿物溶解量仍然继续增加，石英和长石从大面积溶蚀和中心溶蚀发展到严重溶蚀并且骨架遭到破坏，出口液中此来源的颗粒相应增加，但增加幅度已经比较有限。由于此阶段有新生矿物生成如钠沸石，除生成伊利石需要消耗部分溶出物外，随着温度的不断升高，新矿物的生成消耗的溶出物量不断增大，所以来源的出口液颗粒浓度呈持续下降趋势。在这一阶段，蒙脱石内膨胀性消失，在不考虑水敏的情况下，矿物溶解对渗透率的改善效果比较明显地显现出来。

（二）碱敏评价

对面 120 区和面 138 区注汽站的锅炉入口水和出口凝析液（蒸汽干度为 71%）进行了分析测试，结果表明，锅炉出口处凝析液的 pH 值为 12.5，呈强碱性。因此，开展了碱敏评价研究。

1. 碱敏伤害评价试验

常温和高温碱敏试验表明，碱敏的临界 pH 值为 8；在 pH 值相同的条件下，岩石渗透率随着试验温度的升高而下降；在不同 pH 值条件下，低 pH 值渗透率损害值较小（14.52%），而在高温强碱条件下渗透率下降较快，在 300 ℃时（pH 为 12.5）渗透率损害值达到 66.44%，为中等偏强碱敏。在高温碱敏试验过程中，出口端液体的 pH 值由 50 ℃时的 12.49 降低到 300 ℃时的 7.854，说明在试验过程中有新的矿物钠沸石和硅酸盐生成。

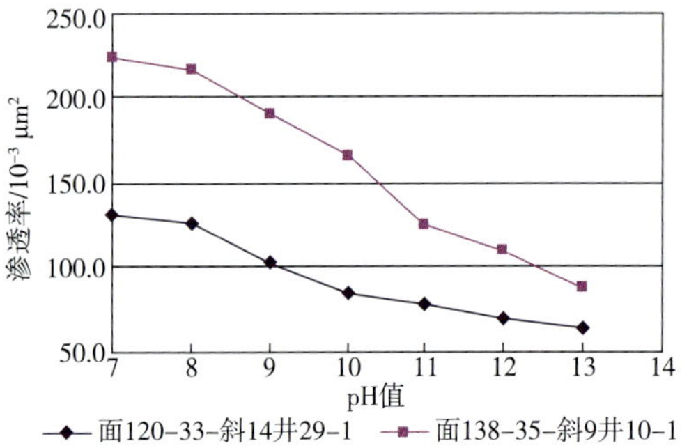

图 6-3-10　常温碱敏试验曲线

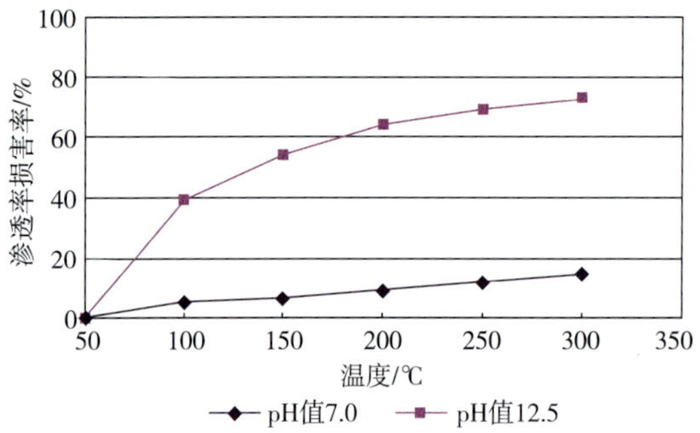

图 6-3-11　不同 pH 值下高温碱敏曲线

2. 碱敏伤害机理

研究区块主要矿物是石英、黏土矿物（伊 / 蒙混层、伊利石、高岭石）和长石，它们与苛性碱反应导致渗透率下降，主要有以下几种方式。

（1）碱性介质导致黏土微粒的分散运移。碱性工作液诱发黏土微结构失稳，有助于分散 / 运移发生。黏土的晶体中由于阳离子的取代具有过剩的负电荷，这种电荷为永久性电荷，而可变电荷的数量受介质 pH 值变化的影响。在碱性溶液中，黏土晶体中 OH 基解离出 H^+，使黏粒带负电；由于黏土断键处和表面都带负电荷，使颗粒间斥力增加，微结构趋于失稳，在很低的流速下就可以产生足够大浓度的地层微粒而堵塞孔喉。

（2）离子交换反应。高矿化度碱性工作液进入储层有利于阳离子交换反应进行。从蒸汽凝析液的水分析来看，Na^+ 浓度在 1500 mg/L 左右，Na^+ 与储层中的伊 / 蒙混层、伊利石等发生阳离子交换，使之膨胀性、分散性加强，促进微结构失稳。

（3）矿物的溶解与沉淀。通过碱与矿物反应的试验研究，知道苛性碱与硅酸盐矿物的反应中硅铝离子起着重要的作用。硅酸盐矿物主要由 SiO_2 和 Al_2O_3 组成。在碱溶液中 SiO_2、Al_2O_3 分别溶解形成了 Si^{4+} 和 Al^{3+} 离子，它们在 pH 值为 9~13 区间以 $H_3SiO_4^-$ 和 $Al(OH)_2^+$ 形式存在，当苛性碱与单一矿物接触时，Si^{4+} 和 Al^{3+} 离子将逐渐增加，直到矿物达到平衡为止。然而苛性碱与储层中多种硅酸盐矿物接触时，各种矿物肯定不会同时达到平衡，最易溶的矿物就溶解，难溶的矿物就沉淀。当溶液中某些离子达到过饱和，便会析出新矿物。新矿物的鉴别依赖于矿物组分中的阳离子如 Na^+、Ca^{2+}、Mg^{2+} 等。由苛性碱液中形成的新矿物常具有 Na^+ 含量高的特点。

（三）速敏性评价

速敏性试验的目的在于认识在不同流速条件下渗透率的变化规律，为现场注汽采油以及各种作业增产措施选择合适的注入速度。

由速敏性试验结果（图 6-3-12、图 6-3-13）可知，面 120 和面 138 两个区块均表现为无速敏，随着注入速度的升高，渗透率呈上升趋势。这是因为研究区内黏土矿物中高岭石和伊利石含量比较低（分别为 10.8% 和 6%），而这两种矿物是速敏的主控因素。

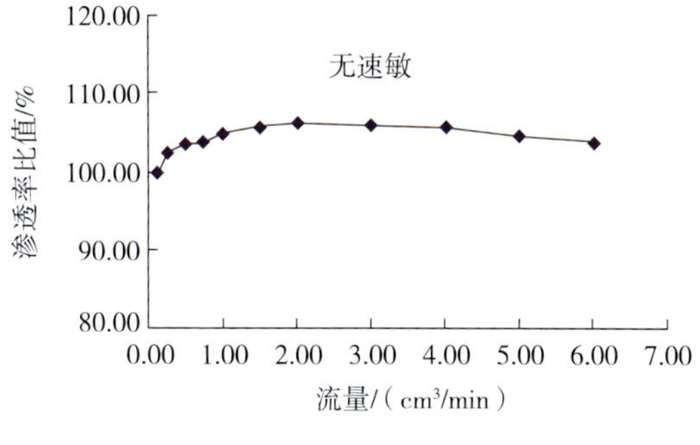

图 6-3-12　面 120-33- 斜 14 井 23-1 号速敏试验曲线

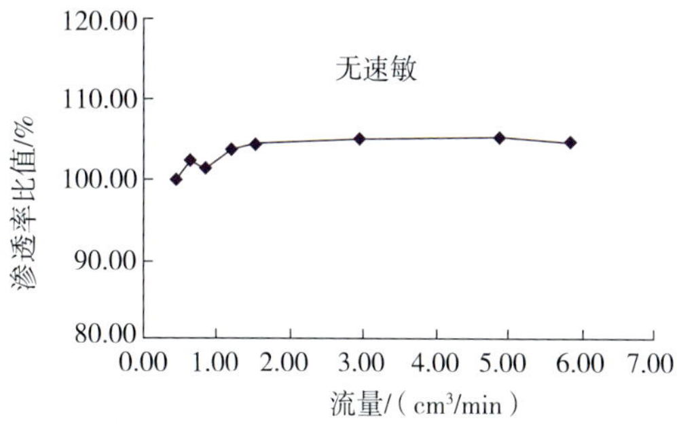

图 6-3-13　面 138-6 井 16-4 号速敏试验曲线

三、新型抗高温有机防膨剂研制与评价

根据热采储层伤害评价结果，水敏性是主要伤害类型，为此攻关研制了新型抗高温有机防膨剂。

（一）新型抗高温防膨剂的合成

在试验室条件下，合成了 3 种不同类型的防膨剂。①防膨剂 F1：网状结构的有机聚季铵盐。②防膨剂 F2：有机阳离子聚合物。③防膨剂 F3：利用单体 AM 和酸性单体 AMPS 加成聚合得到大分子主链，通过其上的 N 原子与环氧氯丙烷聚合形成 N^+ 离子，使其具有稳定岩层、防止黏土膨胀运移的作用。再利用加入的少量特殊单体向链上嵌入一些耐温耐盐基团，提高产品的耐温耐盐特性。

（二）防膨剂性能评价

1. 水溶性和稳定性

所研制防膨剂为水溶性产品，能与水快速互溶形成稳定液体。

2. 配伍性和稳定性

F1、F3 与炉后水的配伍性较好，F2 与炉后水配伍性较差。

3. 常温静态防膨性

通过测定膨润土粉在防膨剂溶液中的膨胀体积评价防膨剂的防膨效果，结果表明，随着浓度的增加，F1、F3 的防膨率均增加，以 F1 效果最好，浓度为 2% 时防膨率为 90.0%，浓度增大到 5% 时防膨率为 91.67%，浓度继续增大到 10% 时防膨率达到 93.33%。从常温耐水洗率试验数据来看，F1 耐水洗能力最好，浓度为 2% 时水洗前防膨率为 90%，水洗后为 88.33%，保持了原来的 98.15%；浓度为 5% 时，水洗前防膨率为 91.67%，水洗后为 90%，保持了原来的 98.18%。

4. 高温静态防膨性

通过测定膨润土粉在高温黏土稳定剂溶液中的膨胀体积评价高温黏土稳定剂的防膨效果，结果表明，高温下 F1 防膨效果最好；随着浓度增大防膨率逐步增大，当浓度为 2% 时，防膨率为 93.33%；浓度增至 5% 时，防膨率可达 95%，并且在高温时 F1 防膨剂的防膨率比常温时更高（图 6-3-14）。

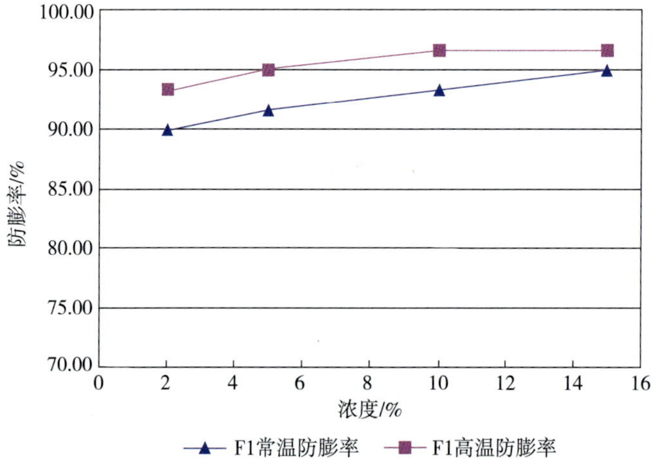

图 6-3-14　F1 防膨剂高温与常温防膨率对比曲线

5. 晶面间距

测定各防膨剂高温下对蒙脱石 001 面晶面间距的影响，结果表明，在 F1 作用下，温度为 200 ℃时晶面间距为 12.47 Å，远小于岩样（15.05 Å）和空白样（15.72 Å）的值。随着温度的升高，晶面间距总体呈现下降趋势，这是由于蒙脱石的晶层水随着温度升高而逐渐脱去（图 6-3-15）。

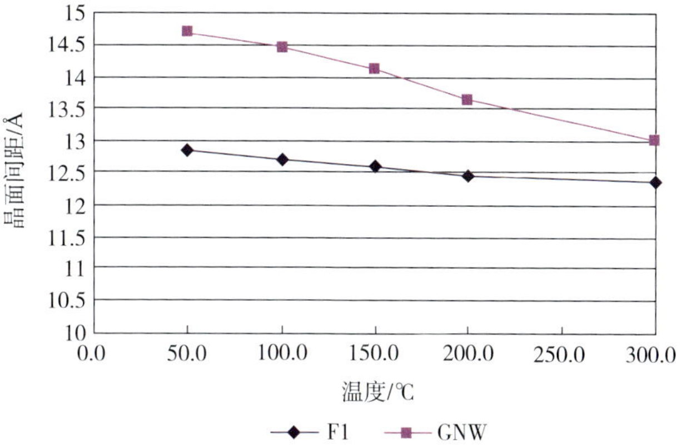

图 6-3-15 防膨剂处理后蒙脱石晶面间距与温度关系曲线

6. 矿物样貌

对合成的防膨剂溶液和炉后水在高温高压条件（300 ℃、10 MPa）下进行了试验，反应结束后进行扫描电镜（SEM）测试，观察在此条件下矿物形貌，防膨剂分子是否发生了分解，还能否在晶层间形成较好的网带，继续起到防止膨胀运移的作用。结果表明，防膨剂溶液样品的颗粒表面均很光滑，受溶蚀作用小，较少有被侵蚀后形成的大的孔隙。样品反应后颗粒表面形貌均为均一的层片状，类似伊 / 蒙混层和片状伊利石。与只加入炉后水的样品相比，可以发现加入的防膨剂分子促进了蒙脱石 001 晶层间水分子和水化离子的脱出，并使形成的矿物变得更为均一，有利于维持岩层的稳定。

7. 使用浓度优化

对筛选出的效果最好的防膨剂 F1 进行浓度试验，确定其最佳投加浓度。如图 6-3-16 中浓度为 0 时晶面间距达到最大值 16.98 Å。经 F1 溶液浸泡后，随着药剂浓度的增加，晶面间距逐渐减小，当浓度增至 5% 时，F1 溶液的晶面间距为 11.6 Å，此后再增加浓度，晶面间距基本上保持不变。因此，推荐最佳使用浓度为 5% 左右。

8. 高温动态膨胀防治效果

由高温动态防膨试验，防膨剂 F1 预处理后岩样渗透率保持了初始渗透率的 90% 以上，其中 M120-33-X14 井处理前渗透率为 $146.9\times10^{-3}\ \mu m^2$，处理后渗透率为 $141.3\times10^{-3}\ \mu m^2$，保持了初始渗透率的 96.2%，高温下的预防膨胀的效果比较好。

对已经伤害的岩心采用伴蒸汽注入防膨剂 F1 后，岩心的渗透率达到水敏后的 2 倍以上，保持了初始渗透率的 75% 以上，表明采用伴蒸汽注入法注入高温黏土防膨剂 F1 起到抑制黏土膨胀的作用。

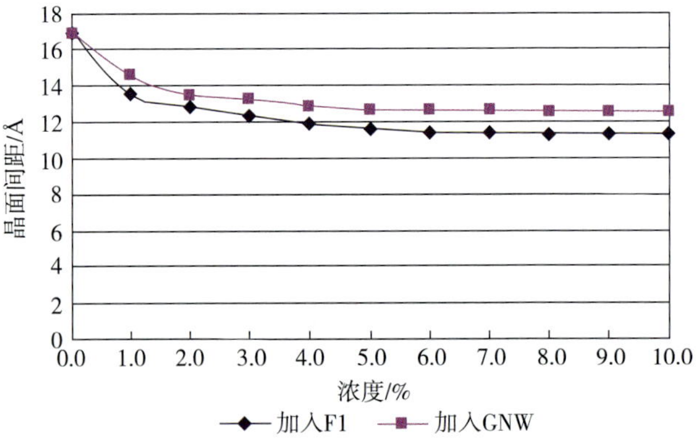

图 6-3-16　加入防膨剂后不同浓度下 X 射线衍射晶面间距

（三）F1 防膨剂作用机理

防膨剂 F1 是乙二胺与马来酸酐的酰基化反应生成的共聚物并复配无机盐类的产品，无机盐通常为 KCl 和 NH_4Cl 等。该类防膨剂具有无机盐和有机聚合物的双重作用，其稳定黏土矿物的机理是：通过阳离子化反应在分子面网或分子链上引入了一定数量的正电荷，具有较大的阳离子电荷密度，能够在黏土矿物晶片表面与负离子结合，形成憎水面，且比表面积大，使得其形成的憎水面包覆性增强，构成非常稳定的体系。阻断了晶片表面硅氧键与氢氧键的偶极对水分子的吸引，从而极大地减弱黏土矿物的水化作用。并且通过防膨剂分子在水化黏土体系中产生的离子间排斥力和絮凝聚结作用，尽可能地使黏土矿物发生聚集，有效地抑制了其分散运移作用。该产品的这种双重作用，不但具有抑制水敏性黏土矿物膨胀效果，而且具有防止黏土矿物颗粒发生分散运移的双重作用。

四、降碱剂筛选与评价

根据热采储层伤害评价结果，碱敏性是重要的伤害类型，为此进行了降碱剂的筛选和评价。

（一）降碱剂性能评价

选择 5 种降碱剂进行性能评价和筛选。

1. 水样配伍性

将 5 种降碱剂分别与锅炉入口水、凝析液和模拟地层水进行了配伍，结果表明，这 5 种降碱剂与以上 3 种液体配伍性均能达到要求。

2. 腐蚀性

试验结果表明，3# 降碱剂在高温条件下有很低的腐蚀率，对 N80 钢片的腐蚀率为 1.64 mg/m²·h，小于 2 mg/m²·h，可以满足现场伴蒸汽注入的要求，可在高温下有效保护井筒管柱及工具。2# 降碱剂比 3# 降碱剂的腐蚀速率高，但可以作为前置液的方式处理地层。

3. 反应时间及反应温度对腐蚀速率的影响

从试验结果来看，随着反应时间的增加，两种浓度不同的降碱剂腐蚀速率均降低，从试片形态来分析，主要是表面形成的腐蚀层阻止了腐蚀的进一步发生。随着温度的升高，腐蚀速率加快；温度降低，腐蚀速率明显减小。说明温度对腐蚀速率影响较大。

4. 降碱剂含量对降碱效果的影响

随着降碱剂含量的增加，pH 值呈下降趋势，其中 3# 降碱剂效果最好，2# 降碱剂次之。3# 降碱剂含量为 0.4% 时就可以取得较好的降碱效果，考虑到现场注入蒸汽的干度一般为 60%~70%，而含量为 0.2% 时，pH 值就低于 9，因此推荐现场使用 3# 降碱剂的用量为 2 kg/t 蒸汽。同时从试验数据还可看出，降碱剂的降碱效果与反应温度没有直接的相关性。

（二）注入方式优化

进行岩心驱替试验，先往饱和岩心中注入 1 PV、浓度为 0.2% 的 2# 降碱剂作为前置液，再用 pH 值为 12.5 的蒸汽凝析液驱替，在驱替过程中连续记录出口液量和压力，并测试不同注入倍数下的 pH 值，观察出口液 pH 值的变化，计算水相渗透率。当注入倍数达到 10 PV 时，伴高温热水注入浓度为 0.2% 的 3# 降碱剂（高温降碱剂），连续测试出口液的 pH 值并记录，观察注入降碱剂的降 pH 值效果，待压力和流量稳定后连测 3 个点，计算水相渗透率，比较注降碱剂前后渗透率的变化情况。

从试验结果（图 6-3-17、图 6-3-18）可以看出，以前置液方式注入 2# 降碱剂后，降碱剂起到中和碱性溶液的作用，从注热水开始到注入量 5 PV 时，pH 值在 9.72 以内，降碱剂在储层中起到了一定的作用，但有效期较短；随着注入量的增加，2# 降碱剂逐渐被顶替，到注入量达到 8.0 PV 时，pH 值升至 11.05 时，岩心渗透率降为初始渗透率的 30% 以下。

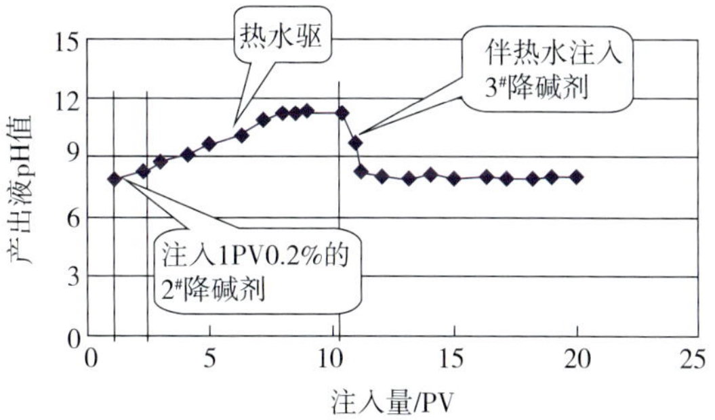

图 6-3-17　产出液 pH 值变化曲线

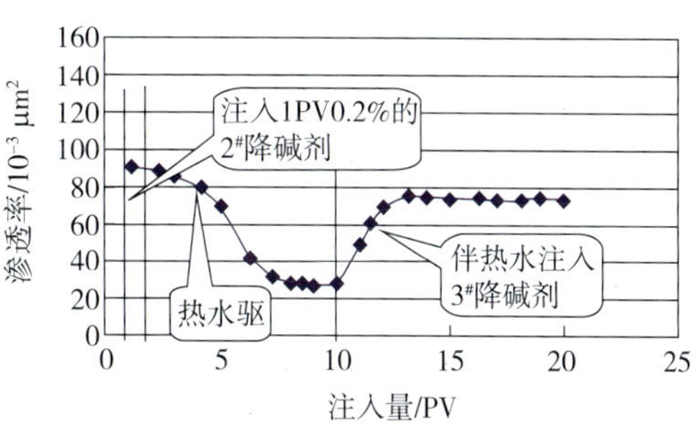

图 6-3-18　加降碱剂后渗透率变化曲线

伴热水注入 3# 降碱剂后产出液的 pH 值迅速下降到 8 左右，渗透率从 28×10^{-3} μm² 上升到 76×10^{-3} μm²，说明该降碱剂在高温下的降碱效果较好。

综上所述，2# 降碱剂由于腐蚀性高，适合于以前置液方式注入，可以降低凝析液 pH 值，但有效期短。3# 降碱剂在高温条件下具有较低的腐蚀性，适合于伴蒸汽注入方式，注入量为 2 kg/t 蒸汽。伴蒸汽注入是最适合于面 120、面 138 区块的降碱敏注入工艺。

五、矿场实施方案与效果

根据降膨剂和降碱剂的室内研究成果，在面 120 区沙四段选 10 口井、面 138 区沙四段选 13 口井进行现场矿场实施试验。

（一）施工参数的确定

1. 施工半径及用量

蒸汽吞吐理论从井筒到加热油层边部为温度漏斗，因为在注蒸汽过程中，油层加热带主要有蒸汽带和热水带这两部分，所以我们只考虑蒸汽带，故其面积内的温度为油层压力下的饱和蒸汽温度。而热水带的温度则由饱和蒸汽温度陡降至初始油层温度。根据经验按注汽量的 1/4 进行计算，目前稠油区块的孔隙度一般在 25%~40%，所以只需将油层处理半径控制在 8~10 m 范围（由于这一段是液体的主要通道，要保证有一定的渗透率）。防膨剂溶液浓度按 5% 取值，降碱剂浓度为 0.2%，使用量按注汽量的 1/4 计算。

2. 排量及压力

注入压力 25 MPa，注入速度 8~9 t/h。

3. 材料及车辆的准备

施工前在室内将现场所需防膨剂和降碱剂按所需比例配制好，放入容器中待用。施工车辆及工具包括：① Φ114 mm 隔热管柱 1000 m；②热采井口一套，井口热胀补偿器一套；③高压活动注汽锅炉和注氮设备各一套；④高架保温罐及流程一套，保温拉油罐车一套；⑤井下补偿器一套（拉伸至最长状态），Y331-150 热敏封隔器一套。

（二）施工工艺

施工前在室内将各种药剂、添加剂等按施工用量配好，施工时拖至井场，施工前将配好的药剂使用泵或计量器置于施工罐中，加清水至设计用量，混合均匀，配制工艺完成。

（三）现场施工步骤

（1）起出原井生产管柱。

（2）下 221 油管（下部接 1.5 冲管 60 m）冲砂至丝堵处。

（3）按注汽管柱示意图中数据下 Φ114 mm 隔热管柱、注前置处理液，注入液量等于油管体积时，关闭套管闸门。

（4）注高温防膨剂（浓度为 5%），注入压力 12 MPa。

（5）装好热采井口，交热采队注汽。

（6）接好注汽管线、注防膨剂降碱剂管线和高压注入泵，从套管返注入。

（7）按参数要求注入蒸汽，在注汽过程中同时伴蒸汽注入防膨剂和降碱剂（防膨剂浓度 5%，降碱剂浓度 0.2%），注汽速度 8~9 t/h。

（8）注完汽后，井口油管、套管安装耐温压力表。关井焖井 4~6 d 或井口压力下降到 3~4 MPa 防喷，现场可根据井口压力适当调整焖井时间。

（9）参考焖井时间和油压，用 3~10 mm 油嘴控制放喷，停喷后起出井内隔热管柱，下泵生产。

（四）矿场应用效果

截至 2011 年 10 月底，已在八面河田面 120 区、面 138 区沙四段 11 口井中进行了防膨剂和降碱剂的处理。从实施效果来看，在注汽量增大或相当的情况下，注汽压力降低了 1~4.6 MPa，在有效期内平均单井增油 364 t。从不同轮次的实施效果来看，1 轮次压力下降值最大，平均下降 4.05 MPa；2 轮次下降次之，平均下降 2.7 MPa；3 轮次及以上压力降低最少，平均为 1.7 MPa。因此，防膨剂和降碱剂在预防效果上比较好，在治理效果上稍差，即储层在热采初期就要加防膨剂才能达到保护储层的目的。截至 2011 年 10 月底，措施井在有效期内已累计增油 3999.3 t，其中面 120 区沙四段 1793.0 t、面 138 区沙四段 2206.3 t，防膨剂和降碱剂应用效果明显。

M120–1–121 井于 2010 年 8 月 17 日开始注汽，注汽过程中在井中进行防膨剂的前期处理，注汽压力从 12.5 MPa 降至 10.5 MPa，注汽压力降了 2 MPa，单井日产从注汽前的 0.3 t 增加到 9.2 t。截至 2011 年 1 月 7 日，有效期结束，比上一次注汽累计增油 355 t。

M138–4–X7 井于 2010 年 4 月 27 日注汽，注汽的同时加了防膨剂和降碱剂，从注汽压力来看，注汽压力降低了 2.0 MPa，同时日产油量从注汽前的 0.3 t 增加到注汽后的 17.7 t（最高日产）。截至 2011 年 10 月底，比上一次注汽累计增油 458 t，达到了降压增油的目的。

第四节　注水系统水质改善技术

2013 年以来八面河油田注入水水质恶化日益严重，综合达标率由 82% 下降到 58%，不仅造成管线压降大、注水系统损失大，而且注入水二次污染对地层造成不可逆伤害。为此，系统分析了注水系统损害的来源、诱导因素及对储层的影响，形成了八面河油田注入水水质改善的技术方案。

一、注水系统损害机理

八面河注水管网的水源为联合站处理完成的采出污水。根据水质监测结果，各注水井入口水质大部分呈恶化状态，水色乌黑。注入水主要为矿化度 2.33×10^4 mg/L 左右的 $CaCl_2$ 型、pH 值略偏酸性，钙离子含量普遍为 900 mg/L，镁离子含量为 310 mg/L，锶离子含量在 135~139 mg/L，钡离子含量在 64~66 mg/L，碳酸氢根含量在 270 mg/L 左右，硫酸根含量在 3~9 mg/L。

（一）结垢物分析

注水管线内部结垢物颜色多呈黄色略偏红色，敲击取样时垢物十分致密，垢物厚度已超 10 mm，50 mm 内径的管线实际流通直径仅 25~30 mm。垢物分析结果表明，主要含油泥质、原油、铁化合物及部分无机盐，以泥质硅酸盐及原油为主，碳酸钙垢含量极少。当联合站水样经多级处理后，输送至过滤器前端时，大量悬浮物及原油已被脱离，因此这里所结垢物以含铁化合物为主，其次还有部分泥质硅酸盐及部分无机物，碳酸钙垢含量略有增加；当注入水输送至井口时，此时垢物组成中铁化合物的含量大量增加至 57.13%，碳酸钙垢含量则有明显下降，垢物中出现硫化亚铁，仍含有部分硅酸盐。图 6-4-1 为 M4-8-X131 井口垢物的能谱分析结果，证明垢物中主要成分为铁氧化合物、硫化亚铁、少量无机盐及微量钙物质。这表明井口结垢主要是以腐蚀产物堆积而成的，碳酸钙垢含量极少。

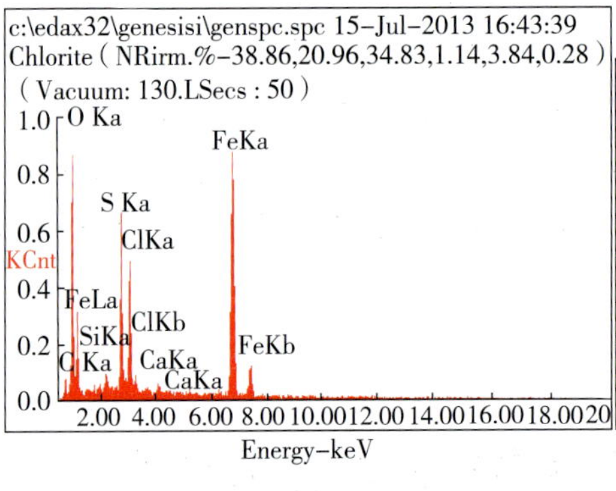

元素	质量百分比/%	原子数百分比/%
C K	06.46	15.25
O K	24.64	43.63
Si K	00.98	00.99
S K	08.30	07.34
Cl K	08.11	06.48
Ca K	00.85	00.60
Fe K	50.66	25.70

图 6-4-1 M4-8-X131 井口垢物分析

（二）腐蚀结垢机理

联合系统三相来水中存在大量铁质，其产物中不溶于水的物质如氢氧化铁等在站内完善的水处理工艺条件下，与悬浮物、油质、细菌残留等易沉积的机械杂质一起被有效去除。注入水中的其余成垢离子在阻垢剂的作用下形成螯合物，也以离子形态溶于水中而未能在站内沉积，并随注水线路输送至各个注水井。在输送过程中，由于缓蚀剂及杀菌剂的浓度逐渐下降，其对注入水的缓蚀、灭菌性能也随之减弱，导致注水干线中的细菌大量滋生，金属管材腐蚀加剧，水中铁含量迅速增加，加之管线长期被污染、井口返油等原因，导致悬浮物含量和含油量也迅速增大。在流动过程中，水中的铁锈、黏土、泥渣等同时受到重力沉降和水流剪切等的相互作用逐步附着在注水管内壁，油含量增加导致水中悬浮物也更加容易吸附在管内壁，从而形成以铁化合物为主，间杂少量油质、泥质硅盐及无机盐的垢。其中，含铁化合物垢样包括 Fe_2O_3、FeS、$Fe(OH)_3$ 和 $FeCO_3$、$Fe(OH)_2$ 等，主要是腐蚀的产物。

（三）结垢影响因素

1. 离子浓度

根据注水井井口水样中离子含量分析数据，注水井垢物组成中应含有大量碳酸钙和硫酸钡，但实际井口垢物中不存在硫酸钡，仅有微量碳酸钙垢，铁垢含量超过 50%。这表明联合系统投加的钡锶阻垢剂仍在有效控制水体中离子的结垢能力。因此，在联合系统保持目前钡锶阻垢剂投加浓度下，水中离子对注水管网结垢影响较小。

2. 药剂

1）阻垢剂

联合系统投加的阻垢剂有效降低了注入水中高浓度的钙、锶及钡离子的成垢能力，且在各个注水井口仍保持阻垢能力，因此联合系统只需保持目前投加浓度即可。

2）杀菌剂

联合系统站内及沿程水质监测数据表明，水中细菌指标处于恶化状态，尽管站内注水罐出口水中细菌指标达标，但是各级注水干线的细菌指标均处于失控状态。细菌的生长繁殖，会导致腐蚀速率明显上升。腐蚀有 70% 是由硫酸盐还原菌（SRB）所造成的，而联合系统沿程管线中的硫酸盐还原菌含量呈明显上升趋势。

根据注水管网现场垢物分析结果，联合系统站内的垢物成分中不存在硫化亚铁（FeS），而注水井口垢物成分中则含有了 7% 的硫化亚铁，这与站内硫酸盐还原菌含量极低及注水干线中硫酸盐还原菌含量极高有着直接关系，因为硫化亚铁是硫酸盐还原菌的腐蚀产物。

根据三相来水的细菌监测结果，早期地层水中的细菌含量很低，随着时间的推移，地层水中的细菌含量明显增加，2010 年后甚至大量出现细菌指标大于 2.5×10^4 个 /mL 的现象，这表明细菌的活性明显增强，由此带来的细菌伤害势必随之增强。

联合系统投加的杀菌剂浓度为 20 mg/L，而根据药剂投加方案要求，杀菌剂浓度应达到 100 mg/L，因此建议联合站加大杀菌剂投加浓度，不仅要保证站内水质合格，亦要抑制注水干线中细菌的繁殖。

3）缓蚀剂

根据联合站内腐蚀情况分析，站内腐蚀长期处于受控状态，水中总铁含量略高于达标值 3.0 mg/L，这表明缓蚀剂投加浓度已基本满足站内要求。但是缓蚀剂的作用机理是在被保护的对象表面形成保护膜，在联合站内，缓蚀剂作用对象成为玻璃钢和少量站内钢制部件。随着输送，缓蚀剂的缓蚀能力衰减，在需要保护的输水管线内失效。在管线腐蚀产物成分中，FeS 占到 30%，其余铁化合物占 70%，因此，管网腐蚀中细菌腐蚀只占了一部分，自身水体腐蚀却是占主要部分。缓蚀剂需要增加投加量，或者更换投加方式，使之更有效作用于管线。

4）液碱

联合站实际污水其 pH 值变化对腐蚀速率的影响趋势预测曲线，可见 pH 值小于 7.0 时，腐蚀速率明显加快；pH 值大于 7.0 时，腐蚀速率明显减小并趋于稳定。建议站内将注入水的 pH 值控制在 7.0，以有效抑制腐蚀（图 6-4-2）。

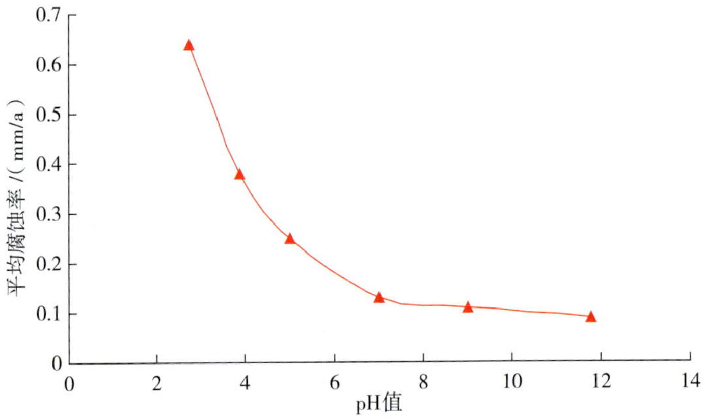

图 6-4-2　pH 值对腐蚀的影响试验曲线

3. 管网影响

1）运行时长

统计表明，1987~1999 年、2000~2008 年、2009~2010 年，3 个时间段铺设的管线结垢井所占的比例比较大，结垢率都达到 45% 以上。这表明越老井的管线因腐蚀、污染等原因，导致结垢越厉害；3 个时间段的年限跨度分别为 13 年、9 年、2 年，也说明管线的污染越来越快，结垢速度越来越快，越来越严重。

2）管线长度

统计表明，随着管线长度减小，结垢所占比例递减，其中大于 500 m 的管线结垢占 51%，说明管线越长越容易结垢。

3）流速

统计表明，流速小于等于 0.5 m/s 的结垢严重井占 79%，比结垢轻微的井多 17%，证明流体的流速可通过机械作用力使结垢受到影响。流速大可阻碍固体颗粒在壁面的沉积，并使晶粒不易附着，从而可减轻结垢，流速太低，容易形成淤泥及垢类等物质沉积。

二、注水系统药剂投加方案

（一）评价药剂列表

根据八面河油田注水系统水质现状，确定了待筛选阻垢剂、缓蚀剂、杀菌剂清单（表 6-4-1）。

表 6-4-1 八面河油田待选药剂列表

药剂名称	药剂编号	药剂性能
阻垢剂	1 号	主要成分为有机磷与聚合物复合物；有效含量≥25%；pH 值（1% 水溶液）≥2.5；与水互溶；凝固点≤-15 ℃
	2 号	由丙烯酸、丙烯酸羟丙酯和 2- 丙烯酰胺 -2- 甲基丙烷磺酸聚合而成，闭口闪点≥30 ℃；pH 值 2~7，凝固点≤-10 ℃
	3 号	经聚合反应后生成的一种聚合物，具有防硫酸钡锶垢、硫酸钡、硫酸锶、硫酸钙等硫酸盐垢性能，pH 值≥7；阻垢率≥85%，与水互溶
缓蚀剂	1 号	主要成分为咪唑啉衍生物；有效含量≥15%；开口闪点≥80 ℃；pH 值（10% 水溶液）6~8；水溶或水分散，无沉淀
	2 号	主要由油酸、松香咪唑啉或相应的咪唑啉阳离子表面活性剂及含 N、S 的小分子增效剂及其他助剂组成，倾点≤-15 ℃；开口闪点≥35 ℃；pH 值 5~8，凝固点≤-10 ℃，无乳化倾向
	3 号	主要以多乙烯多胺为原料，再经复配生成的一种咪唑啉类缓蚀剂；倾点≤-7 ℃；开口闪点≥60 ℃；pH 值 6~10；有效物含量≥13%；与水互溶
杀菌剂	1 号	主要成分：戊二醛、聚烯烃卡巴嘧啶和稳定剂。与水互溶；pH 值 6~8；闭口闪点≥35 ℃，凝固点≤-10 ℃；SRB 菌抑制浓度≤50 mg/L
	2 号	在 1227 基础上改性的产品，闭口闪点≥35 ℃；pH 值 6~8，凝固点≤-10 ℃，水溶性好，对硫酸盐还原菌有特效
	3 号	属有机胍类杀菌剂；凝固点≤-10 ℃；pH 值 5~9；有效物含量≥15%；与水互溶
	4 号	主要成分为硫代氨基化合物，非氧化型广谱杀菌剂；易溶于水；凝固点≤-20 ℃；pH 值 7~10；不能与膦酸系列水稳定剂混用，需间隔流程、分口加药

（二）单剂筛选

1. 结垢预测与阻垢剂防垢性能评价

1）注入水结垢预测

首先用 OLI ScaleChem 软件对注入水进行了结垢预测，垢物类型均是 $CaCO_3$ 垢与 $BaSO_4$ 垢，结垢总量均随注入水温度的升高（地层深度增加）而升高。

2）阻垢剂性能评价与筛选

采用标准溶液测试阻垢剂性能，结果表明，阻垢剂 2 号效果最好，在投加浓度为 10 mg/L 时，阻垢率为 35.75%，投加浓度达到 30 mg/L 时，阻垢率即达到 60.89%，随后增加投加浓度时，阻垢率仅有微量上升。考虑现场阻垢剂投加浓度为 10~30 mg/L，因此选择阻垢剂 2 号进行实际水样测试阻垢剂性能试验。由于缓蚀阻垢剂 6 号在阻垢同时具有缓蚀性能，且缓蚀剂投加浓度略高，因此同时选择该剂进行实际水样测试阻垢剂性能试验。

采用联合系统实际水样进行防 $CaCO_3$ 垢性能测试，结果表明，阻垢剂 2 号可以作为联合站的阻垢剂，浓度选用 30~50 mg/L，阻垢率为 90%~95%。

2. 缓蚀剂筛选

取注入水加药前水样对缓蚀剂进行测试，结果表明，缓蚀剂 3 号作为联合站缓蚀剂，浓度采用 50 mg/L，缓蚀率 76.86%。缓蚀剂 2 号备选。

3. 杀菌剂筛选

采用现场加药前水样对杀菌剂进行性能评价，试验表明，杀菌剂 1 号、2 号和 5 号杀菌效果较好，杀菌率在 96% 以上，可以作为联合站备选杀菌剂。

（三）配伍性评价

经单剂筛选后，南区联合站优选出两套注入水药剂投加方案，见表 6–4–2。

表 6–4–2　南区联合站药剂配伍方案

方案一			方案二		
药剂类别	药剂名称	药剂浓度 /（mg/L）	药剂类别	药剂名称	药剂浓度 /（mg/L）
缓蚀剂	缓蚀剂 3 号	50	缓蚀剂	缓蚀剂 3 号	50
阻垢剂	阻垢剂 2 号	30	阻垢剂	阻垢剂 2 号	30
杀菌剂	杀菌剂 1 号 / 杀菌剂 2 号	100	杀菌剂	杀菌剂 1 号 / 杀菌剂 5 号	100

分别对以上两套方案进行缓蚀、阻垢剂杀菌性能测试，结果见表 6–4–3~ 表 6–4–5。

表 6–4–3　南区联合站复配药剂缓蚀性能评价

药剂名称	加药浓度 /（mg/L）	腐蚀率 /（mm/a）	缓蚀率 /%
空白	—	0.1036	—
方案一	50	0.0298	71.24
方案二	50	0.0313	69.79

表 6-4-4　南区联合站复配药剂阻垢性能评价

药剂名称	加药浓度 /（mg/L）	阻垢率 /%
方案一	30	88.63
方案二	30	80.98

表 6-4-5　南区联合站复配药剂杀菌性能评价

杀菌剂名称	杀菌剂浓度 /（mg/L）	SRB		FB		TGB	
		浓度	杀菌率 /%	浓度	杀菌率 /%	浓度	杀菌率 /%
南区联合站	0	25	—	25000	—	2500	—
方案一	100	0	100	250	99	2.5	99.9
方案二	100	0	100	250	99	95	96.2

建议采用方案一开展现场投加试验。

三、矿场应用效果

（一）矿场实施方案

（1）在实施药剂投加方案前对八面河南区联合站各条干线水质进行一次全面检测，作为空白试验数据。

（2）实施药剂方案一，按技术方案要求投加缓蚀剂、阻垢剂、杀菌剂；一个月后对各注水系统节点水质及各条干线水质进行一次全面检测；将方案一试验数据与空白试验数据进行对比分析，评价方案一试验效果。

（3）同样按顺序实施药剂方案二。

（4）根据现场试验情况，对方案一和方案二水处理效果、经济成本进行综合评价和排序。

（5）对水质稳定技术的实施情况进行综合效果评估。

（6）选择水处理效果好、经济成本低的药剂方案确定为各注水系统的药剂投加方案，调整确定水质稳定技术的各项参数。

（二）实施效果

八面河油田于 2015 年 9 月开始进行污水处理系统“三防”药剂现场投加试验。首先完成单剂投加效果评价，全部合格。在此基础上继续完成复配协同效果的评价，主要药控指标全部合格，水质达标率≥90%。

在现场试验成功后，针对药剂方案开展浓度优化研究，在保持注水水质的前提下，进一步降低药剂投加成本，目前已将联合注水系统药剂投加费用控制在 350 万元以内，实现了降本增效的目的。联合系统药剂投加成本对比见表 6-4-6。

表 6-4-6　联合系统药剂投加成本对比

时间	联合系统投加药剂	每方水处理成本 / 元	水质综合达标率 / %	年节约水处理费用 / 万元
2013 年	缓蚀剂、杀菌剂、阻垢剂、液碱	1.1	80 以上	400
2015 年	仅投加杀菌剂	0.5	80 以上	

水质改善后，地面管网结垢腐蚀情况得到控制，注水井发生套漏、套变的井次明显下降，井下油管有效期延长 1~2 年，每年减少直接费用 1012 万元（图 6-4-3）。

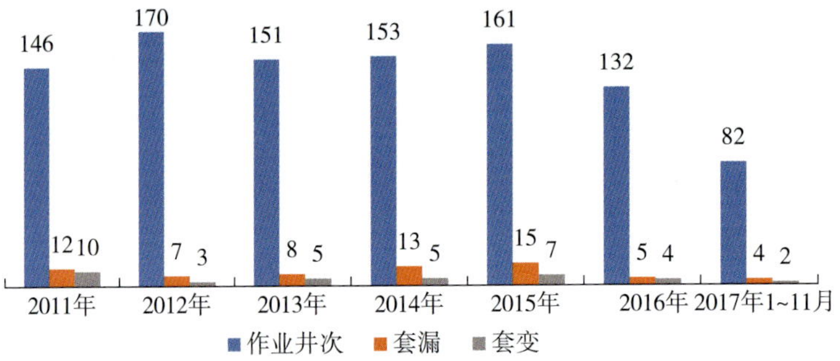

图 6-4-3　水井作业情况调查

第五节　深部低伤害酸化降压增注工艺

八面河中低渗敏感性油藏注水开发过程中逐渐出现欠注井多、水井利用率低、储层能量补充不足等问题，前期采用了酸化压裂以及其他解堵措施，均未达到预期效果。为此，以抑制黏土膨胀、降低毛管阻力、延长酸化有效期为目的，针对水井开展了深穿透低伤害酸化增注工艺研究，形成一套适用于八面河低渗透敏感性油藏的高效增注技术。

一、水井欠注原因分析

（一）前期措施降压增注工艺分析

对于欠注水井，八面河油田初期采用了酸化压裂以及其他解堵措施，酸化体系主要为常规土酸体系，均未达到较好的效果。对前期增注措施效果进行统计，配注合格率逐年下降（图 6-5-1），酸化增注有效期短（图 6-5-2）。

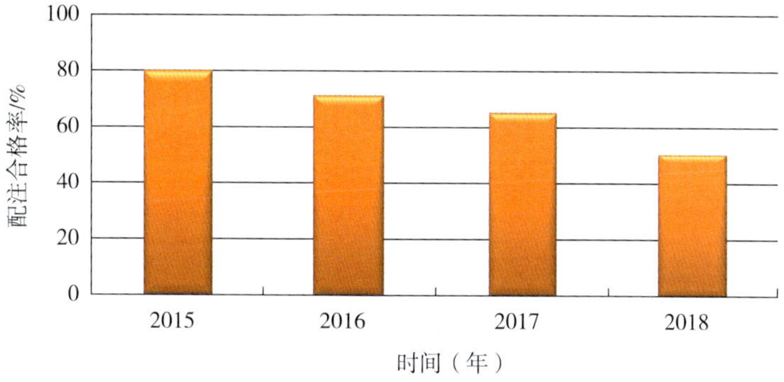

图 6-5-1 2015~2018 年沙四段 6 砂组水井配注合格率

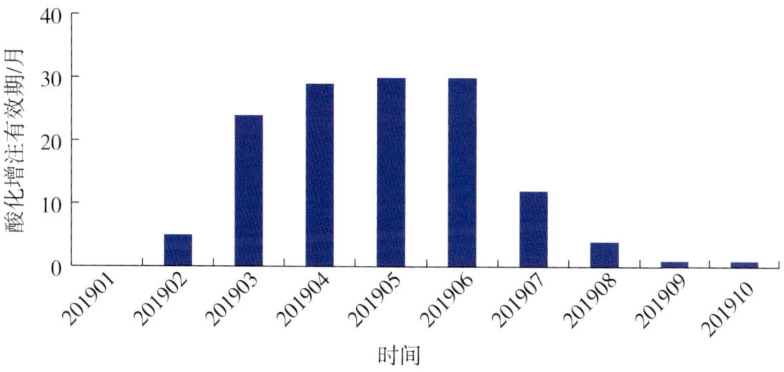

图 6-5-2 水井酸化效果柱状图

2013 年，开展了双子表面活性剂降压增注技术 2 井次，其中 M14-8-51 井注入前，进行油层预处理，处理后，开展降压增注，有效天数达到 381 天；M14-6-X103 井措施有效天数仅为 41 天（表 6-5-1）。

表 6-5-1 2013 年降压增注水井

序号	井号	配注/（m^3/d）	措施前		措施后		有效天数/天	备注
			实注/（m^3/d）	油压/MPa	实注/（m^3/d）	油压/MPa		
1	M14-8-51	50	24	16.5	60	16.5	381	油层经过预处理
2	M14-6-X103	30	0	16.5	28	16.4	41	油层未做预处理

（二）增注效率偏低原因分析

以面 14 区为例，沙四段属于中孔中低渗透岩性－构造层状油藏，区内岩性主要为细砂岩、含粉砂细砂岩，岩石类型以含粉砂岩、细砂岩为主，其次有含粉砂岩、中砂细砂岩和不等粒砂岩等。胶结类型主要为接触－孔隙式胶结，胶结物以方解石和白云石为主，并含有微量的黄铁矿和石英，填隙物主要为泥质和泥晶碳酸盐，泥质含量较高。平均孔隙度 31.2%，平均渗透率 $121.6 \times 10^{-3}\ \mu m^2$。地面原油密度 0.941 g/cm^3，地面原油黏度 650 mPa·s，地层原油黏度 59.1 mPa·s，凝固点 –3.5 ℃。地层水总矿化度为 29935 mg/L，水型均为氯化钙型。

从面 14 区沙四段的储层主要矿物成分和黏土成分上看，对地层的主要潜在危害为：由长石、伊利石、高岭石因胶结疏松、成熟度低而产生的速敏和出砂；由蒙脱石及伊 / 蒙混层而产生水敏；方解石和白云石产生的酸敏。评价试验结果表明，面 14 区沙四段敏感性整体表现主要为水敏，其次是酸敏、碱敏、盐敏，速敏较弱。

当黏土含量较高时，若开发措施不当，黏土矿物容易水化膨胀和分散运移，不仅会堵塞地层孔隙通道，降低储层渗透率，还可能引起出砂，影响油井生产稳定和措施作业效果。

1. 黏土矿物水敏伤害机理

面 14 区黏土矿物总含量 12%~13.5%，其中，以伊利石为主，含量 8%，伊 / 蒙混层比 88%；其次为高岭石和绿泥石，含量均为 2%（表 6–5–2）。蒙脱石、伊利石、高岭石和伊 / 蒙混层是引发水化膨胀和分散运移的主要矿物。黏土矿物多由硅氧四面体和铝氧八面体组成层状结构。其中，蒙脱石由两层硅氧四面体夹一层铝氧八面体组成，层间表面均为氧层，联结力弱，当与水接触时，水可进入晶层之间。晶层表面的可交换阳离子在水中解离扩散，形成扩散双电层，使表面带电，晶层之间相互排斥，产生膨胀，属膨胀型黏土矿物。黏土膨胀可引起地层渗透率降低。高岭石、伊利石和伊 / 蒙混层在层间易形成氢键，联结紧密，水不易进入层间，或因阳离子交换容量很小，水引不起膨胀，一般属非膨胀型黏土矿物。在地层流体冲刷下，非膨胀型黏土可分散成片状微粒而运移，进入地层孔隙，堵塞喉道，降低地层渗透率。

表 6–5–2　八面河面 14 区沙四段黏土矿物含量情况

区块	层系	黏土含量 /%	伊利石含量 /%	伊 / 蒙混层含量 /%	高岭石含量 /%	绿泥石含量 /%
面 14	S_4	12~13.5	8	88	2	2

2. 黏土矿物酸敏伤害机理

八面河黏土矿物中含有绿泥石，绿泥石中含有 Fe^{2+}、Fe^{3+}。在地层酸化处理过程中，酸可破坏绿泥石的晶体结构，使结构中的 Fe^{2+}、Fe^{3+}、Mg^{2+} 等离子出溶，接着在富氧条件下，Fe^{2+} 氧化成 Fe^{3+}。当更多的绿泥石及其他矿物受酸溶蚀时，酸化剂的酸度就会被大量消耗，pH 值上升。当 pH 值 >5.3 时，就会出现 $Fe(OH)_3$ 胶体沉淀，伤害储层。从中可以看出，绿泥石酸敏伤害机理中的两个关键环节：一是 Fe^{2+} 氧化成 Fe^{3+}；二是流体 pH 值升高，导致 Fe^{3+} 以 $Fe(OH)_3$ 的形式沉淀。加之 Mg^{2+} 也可与流体中的 OH^- 结合以 $Mg(OH)_2$

的形式发生沉淀，共同伤害储层。

3. 二次沉淀伤害

砂岩储层酸化使用的酸液体系中含有 HF（氢氟酸），HF 与储层矿物反应后可产生多种沉淀。HF 与储层的方解石和白云石发生反应，产生氟化钙和氟化镁沉淀；HF 与石英及黏土矿物发生反应生成氟硅酸，而氟硅酸又与储层或地层水中的钾、钠离子反应生成 K_2SiF_6 和 Na_2SiF_6 白色沉淀。

4. 油层物性差造成注水井欠注

储层本身低渗透，油藏压力传导慢，容易在水井周围憋压形成高压区，致使注水压力不断提升。近井地带憋压形成高压，使得注水套管各点受力不均，容易发生套管损坏。因注水压力高，目前欠注水井 6 口，日欠注水 180 m^3；套损井 8 口，欠注 6 口，其他原因停注 4 口，水井利用率仅为 55.3%。2012~2017 年水井油压统计如图 6-5-3 所示。

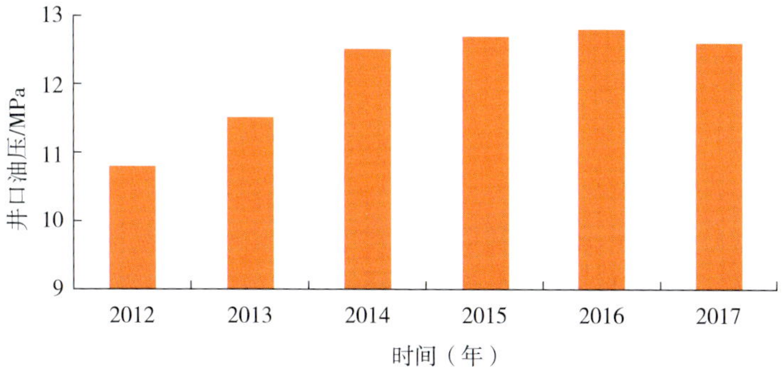

图 6-5-3　2012~2017 年水井油压统计

二、清洁酸酸液体系

酸化增注技术是八面河油田水井增注的主要技术手段，酸液体系前期主要是常规土酸和氟硼酸酸液体系，虽然溶蚀率较高，但反应过于剧烈，有效作用距离短，过量容易破坏地层骨架结构，加剧出砂现象。氟硼酸作为一种缓速酸，在一定程度上实现了深部酸化，但也有溶蚀率偏低、酸化效果差的缺点。同时，由于储层碳酸盐含量较高，常规酸化后残酸易形成 CaF_2 类的沉淀，对储层造成二次伤害，酸化增注效果差。因此，需要研究低二次沉淀的清洁缓速酸化技术。

（一）主体酸酸液体系优选

1. 不同酸液岩心溶蚀试验

采用面 14 的岩心或岩屑，模拟在地层温度（60 ℃）下，计算不同时间内不同酸液对岩心的溶蚀率，评价酸液的溶蚀能力和酸液的缓速性能。盐酸溶蚀率最低，酸化效果最差；浓缩酸初始溶蚀率较低，有利于保护近井地带岩石骨架，4 h 的总溶蚀率与土酸相当，有利于远井地带的深部穿透；浓缩酸和氟硼酸都可以在较长时间保持溶蚀率增长，都具备缓速酸化能力，但氟硼酸最高溶蚀率低，酸化溶蚀效果差。浓缩酸具备长效酸蚀能力的同时，溶蚀率始终高于氟硼酸，酸化溶蚀效果较好（表 6-5-3）。综合考虑，采用浓缩酸作为清洁缓速酸的基本配方。

表 6-5-3　不同时间各种酸液的岩心溶蚀率

酸液类型	溶蚀率 /%				
	0.5 h	1 h	1.5 h	2 h	4 h
盐酸	17.36	18.91	19.11	19.51	19.38
土酸	47.04	45.32	43.67	42.21	41.78
氟硼酸	25.29	27.43	28.59	29.15	28.93
浓缩酸	32.57	36.69	39.13	40.35	41.32

2. 清洁酸酸液体系配方

采用面 14 的岩心或岩屑，模拟在地层温度（60 ℃）下，加入浓度分别为 0、1%、3%、5% 的清洁酸基酸液溶蚀，反应时间 2 h，计算酸液的对岩心的溶蚀率，确定清洁酸配方。浓缩酸的岩心溶蚀率随清洁缓蚀剂 JCB 浓度的增大而增加，当浓度为 3% 时，溶蚀率出现拐点。考虑酸液成本，确定清洁缓速酸配方：8%HCl+8%JPA+1%HF+3%JCB（表 6-5-4）。

表 6-5-4　不同浓度 JCB 的浓缩酸的岩心溶蚀率

酸液类型	时间	溶蚀率 /%			
		0JCB	1%JCB	3%JCB	5%JCB
浓缩酸	2 h	40.38	41.26	42.71	42.95

（二）清洁浓缩酸性能评价

1. 清洁酸酸液岩心溶蚀试验

采用面 14 的岩心或岩屑，模拟在地层温度（60 ℃）下，计算确定配方的清洁浓缩酸在不同时间内对岩心的溶蚀率，评价酸液的溶蚀能力和酸液的缓速性能。清洁浓缩酸岩心酸蚀反应 2 h 后溶蚀率曲线变缓，建议酸化措施反应时间为 2 h；4 h 后溶蚀率仍能增加，说明清洁浓缩酸具备较好的缓速酸化能力（表 6-5-5）。

表 6-5-5　不同时间清洁浓缩酸的岩心溶蚀率

酸液类型	溶蚀率 /%					
	0.5 h	1 h	1.5 h	2 h	3 h	4 h
清洁浓缩酸	33.75	37.42	40.29	42.38	43.26	43.72

2. 清洁浓缩酸配伍性能试验

1）清洁浓缩酸鲜酸溶液配伍性能

在室温和地层温度（60 ℃）下，在清洁浓缩酸鲜酸溶液中加入酸化添加剂以及地层水和前置液、后置液，混合后放置 24 h，观察有无分层、沉淀和悬浮现象。结果表明，清洁浓缩酸鲜酸溶液与各种添加剂、地层水、前置液、后置液的配伍性良好，均没有发现沉淀和分层的现象。

2）清洁浓缩酸残酸溶液配伍性能

在室温和地层温度（60 ℃）下，清洁浓缩酸残酸溶液与地层水混合后放置 24 h，观察结果表明无分层、沉淀和悬浮现象。

3. 清洁浓缩酸抑制二次沉淀试验

酸化施工中主要的伤害产物是 CaF_2 和 MgF_2 等二次沉淀物，清洁缓速剂 JCB 能够大幅度抑制二次沉淀的产生。通过试验，氟化钙沉淀溶液原为乳白色悬浊液，在加入 JCB 后沉淀快速消失，溶液变成无色透明状。采用氟化镁进行试验，试验现象类似。

钙镁离子在不含 JCB 条件下接触 F^-，迅速生成沉淀，在含有 JCB 情况下，钙镁离子即使接触 F^-，也不生成沉淀，这就大大抑制了二次沉淀的产生，使岩心维持较高的渗透率，提高措施效果。

4. 清洁浓缩酸岩心流动试验

取面孔 2 井沙四段的岩心样制作的人工岩心进行酸岩反应流动试验，分别用清洁浓缩酸和常规土酸处理，观察岩心渗透率的变化情况。试验结果表明，挤入土酸和清洁浓缩酸后，岩心渗透率都有一定程度的上升。清洁浓缩酸酸化前岩心的原始水相渗透率为 81.0×10^{-3} μm²，对岩心进行清洁浓缩酸酸化处理后，岩心的平均水相渗透率上升到 192.7×10^{-3} μm²，渗透率提升了 138%，酸液取得了良好的溶蚀效果。处理后岩心渗透率增加的效果优于土酸。

5. 清洁缓速酸残酸表面张力测定试验

采用面 14 的岩心或岩屑，模拟在地层温度（60 ℃）下，计算不同酸液体系的残酸的表面张力，评价残酸的返排性能。结果表明，清洁浓缩酸残酸表面张力为 26.68 mN/m，相对较低（表 6–5–6）。

土酸：10%HCl+2%HF+2%KD–T05+0.5%JW–201+1%KD–GH02+1%JC–NW2。

氟硼酸：8%HBF_4+2%QKWT–1+0.3%JM–3+0.5%IS–129+1%JC–NW2。

浓缩酸：8%HCl+8%JPA+1%HF+2%KD–T05+0.5%JW–201+1%KD–GH02+1%JC–NW2。

表 6–5–6　不同酸液残酸表面张力

酸液类型	残酸表面张力 /（mN/m）
土酸	28.64
氟硼酸	29.80
清洁浓缩酸	26.68

6. 清洁浓缩酸挂片腐蚀试验

在地层温度 60 ℃、相同浓度的酸化缓蚀剂条件下放入挂片，计算不同酸液的挂片腐蚀速率。结果表明，清洁浓缩酸腐蚀速率低于盐酸和土酸。腐蚀速率低于行业标准［5.0 g/（m^2·h）］，可以满足油田酸化作业的需要（表 6–5–7）。

表 6–5–7　不同酸液挂片腐蚀试验表

试验编号	酸液（300 mL）	钢片面积 / mm^2	反应时间 / h	反应温度 / ℃	钢片初始重量 /g	反应后重量 /g	失重 / g	腐蚀速率 /［g/（m^2·h）］
1	10%HCl	12.8809	4	60	10.9879	10.9672	0.0187	3.6294
2	10%HCl+2%HF	12.8572	4	60	10.6879	10.6665	0.0194	3.7722
3	氟硼酸	12.8835	4	60	10.7666	10.7557	0.0109	2.1151
4	清洁浓缩酸	12.8859	4	60	10.9058	10.8957	0.0101	1.9595

三、防膨增注液体系

八面河难注井区黏土矿物含量较高且以水化膨胀型的伊 / 蒙混层为主，结束增注正常注水后，伊 / 蒙混层类黏土矿物会水化、膨胀，一方面缩小了岩石孔喉直径；另一方面使一些地层微粒从孔壁上散落下来，在孔喉中迁移，并产生桥堵，从而降低了储层的导流能力，造成酸化增注有效期缩短。因此，对该类水敏地层，酸化增注后应采用长效防膨工艺处理地层。

筛选防膨增注液配方为 1%JC–NW2+2%JT–202+0.5%HEDP，开展了性能评价试验。

（一）长期防膨效果

取 3 份一级膨润土各 3 g，分别放入比色管中，分别加入清水、2% 的 KCl、防膨增注液，然后加水 50 mL，在常温下静置 2 h，读出其膨胀体积，记录数据，然后倒出上部清液，加入等量清水，不同时间重复一次，清水的膨胀率以 100% 计，统计结果见表 6–5–8。从试验结果可以看出，防膨增注液长期防膨效果最好，膨胀率稳定在 22.73%，优于 2% 的 KCl 溶液。

表 6–5–8　防膨增注液长期防膨效果表

类型	膨胀率 /%				
	2 h	6 h	15 h	22 h	94 h
清水	100.00	100.00	100.00	100.00	100.00
2% KCL	22.73	22.73	40.91	40.91	45.45
防膨增注液	22.73	22.73	22.73	22.73	22.73

（二）耐水洗性能

开展耐水洗性能评价试验，结果表明防膨增注液耐水洗率高于 2% 的 KCl 溶液，达到 91.22%（表 6-5-9）。

表 6-5-9 防膨剂耐水洗试验

黏土稳定剂	膨胀量 /mL			耐水洗率 /%
	2 h	4 h	6 h	
2% KCl	1.25	2.35	3	41.67
防膨增注液	1.35	1.42	1.48	91.22

（三）岩心流动试验

取 M14-6-X109 井岩心粉制作的人造岩心，用防膨增注液处理，试验结果表明，使用防膨增注液处理岩心后，继续注入 200 倍孔隙体积的清水，岩心渗透率无明显下降，起到了较好的长期防膨的作用。

四、工艺参数优化

（一）施工规模

为了实现对近井地带解堵，溶解地层岩石中填隙物和杂基，距离井筒 3ft 外 6in 环伤害程度为 80%，产量降低仅 10%，国外一般以酸化半径 0.5~1.2 m 确定酸化规模（图 6-5-4）。结合储层特征，认为主体酸液的作用范围最低要达到 2 m，即能产生良好的解除污染、增加产量的效果。

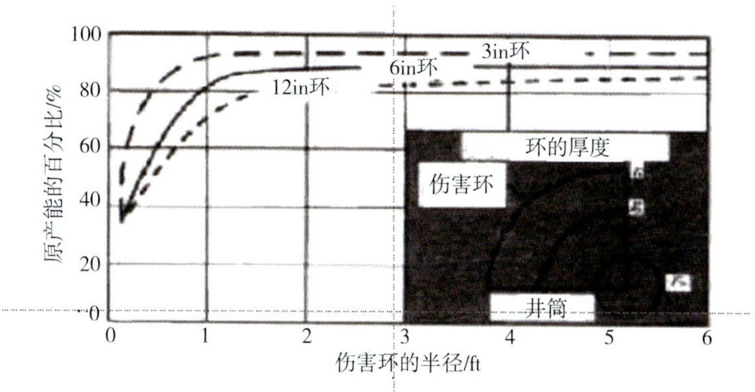

图 6-5-4 伤害环半径示意图

每米油层用量计算公式：

$$V=\pi r^2 h\Phi \tag{6-5-1}$$

式中，Φ 为孔隙度，%；r 为处理半径，m。

（二）酸化排量

通过研究发现，采用 MAPDIR（近破压酸化），储层的表皮系数下降速度最快（图 6-5-5），结合八面河储层特征以及措施要求，在不压破地层的条件下，尽可能提高施工排量，以利于活性酸液向地层深部推进。考虑管柱尺寸、液体摩阻大小、施工安全等因素，通过模拟计算推荐酸化排量为 0.5~1 m³/min。

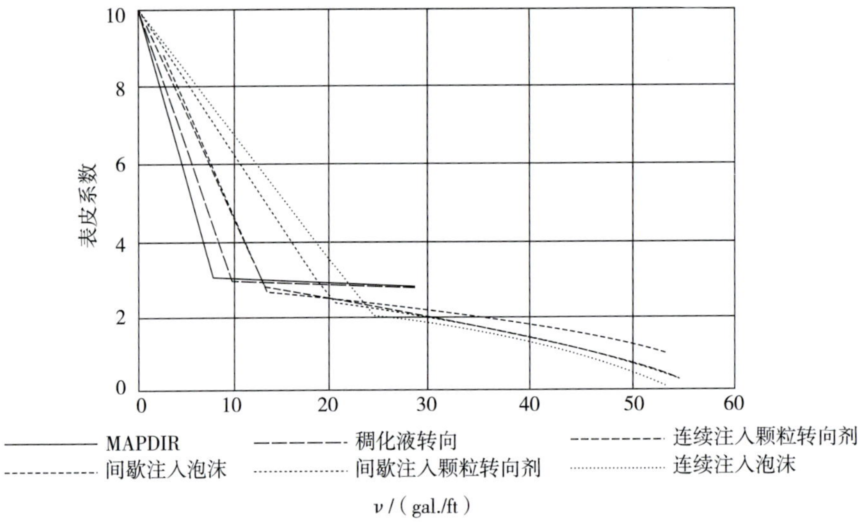

图 6-5-5　不同注入方式表皮系数（1 gal=3.79 kg）

五、矿场应用效果

低伤害深部酸化降压增注工艺在面 14 区沙四段 6 砂组进行现场试验 7 井次，施工顺利，施工成功率 100%，措施有效率 100%。

以 M14-6-X109 井为例，该井 2013 年 5 月 9 日投产 $S_4 6_2$ 1266.8~1279.0 m，2014 年 9 月 23 日预充填，2017 年 6 月 27 日转注。该井日配注 30 m³，施工前日注 20 m³，泵压 17.4 MPa，油压 16.8 MPa，套压 16.8 MPa。待酸化层为面 14 区沙四段 6 砂组，属于高孔中低渗透岩性 – 构造层状油藏，物性较差，需要进行一定程度的深部改造，提高中近井地带导流能力。

预计酸化半径 2.0 m，根据酸量计算公式 $V=\pi r^2 h\Phi$，酸液用量 38.5 m³，考虑酸液配制过程中和酸罐车底有残留，实际拟选用盐酸 15 m³+ 清洁浓缩酸 25 m³。该井套管尺寸为 139.7 mm，施工压力预计 25 MPa 以内，故措施管柱拟定采用 $2^{7}/_{8}$ in 平式措施油管笼统酸化。采用大排量、大酸量施工，以降低酸液在近井地带的消耗，提高酸化作用半径。预计本次酸化措施施工排量 400~600 L/min 时，施工压力 <25 MPa。

最终设计酸液增注措施配方及用量见表 6-5-10。

表 6-5-10　酸液配方及用量

配方		用量 /m³
洗井液	0.3%JW-201+2%NH_4 Cl+ 清水	30
盐酸	10%HCI+2%KD-T05+0.5%JW-201+1%KD-GH02+1%JC-NW2	15
清洁浓缩酸	8%HCI+8%JPA+1%HF +3%JCB+2%KD-T05+0.5%JW-201+1%KD-GH02 +1%JC-NW2	20
防膨增注液	1%JC-NW2+0.5%JW-201+0.5%HEDP	10

该井于 2019 年 12 月 22 日进行酸化降压增注措施，施工压力 14~18 MPa，施工排量 400 L/min，前置盐酸 15 m³，正挤清洁浓缩酸 20 m³，后置防膨增注液 10 m³，施工均按照设计要求顺利完成，施工后该井注水压力由 16.5 MPa 下降至 12.6 MPa，日注水量由 0 上升至 36 m³，超过日配注水量 30 m³。该井采用深穿透低伤害酸化增注工艺后，降压效果显著，提升了单井日注水量，解决了难注井长期注不进的问题。

第六节　聚驱配套工艺技术

为评价高钙镁油藏条件下聚合物驱的适应性，验证绝氧条件下的密闭配注效果，鉴于悬浮微晶体系没有现成经验可供参考，结合“先单井试注，后整体试验”的技术思路，形成了系列注聚工艺技术。

一、注聚工艺流程与设备

（一）注聚工艺流程

为了节约场地，便于后期设备重复利用，注聚设备采用撬装式，由此开展设计。采用配水间的高压污水作为母液配制和稀释的水源，一部分高压污水经过降压装置后进入母液配制撬装配制母液，另一部分高压污水经增压泵增压后与单泵单井模式增压的母液混配稀释，经单井注聚管线输至井场注聚，直接分配到各注入井。注聚方案设计工艺流程见图 6-6-1。

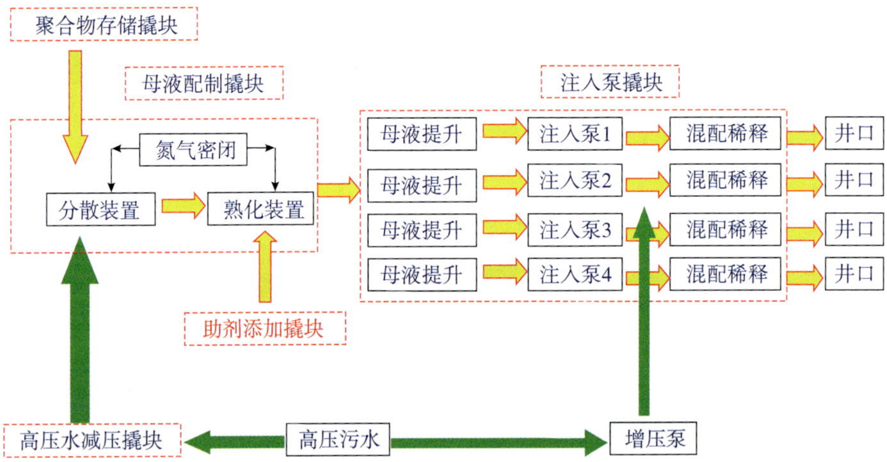

图 6-6-1　方案设计工艺流程

（二）体系配制设备

面 1 区沙三上 5_{1+2} 聚合物驱为悬浮微晶体系，由聚合物 MM2364/4、助剂 GM1200 和联合站净化污水组成。聚合物注入参数统计见表 6-6-1。

表 6-6-1　聚合物注入参数统计表

段塞	段塞尺寸 /PV	注入液量 /10^4 m^3	聚合物			聚合物注入时间 /d
			浓度 /（mg/L）	聚合物干粉 /t	成晶剂 /t	
一前置	0.06	11.94	2000	265	1194	314
二主体	0.42	83.60	1500	1393	8360	2200
合计	0.48	95.54	—	1658	9554	2514

试验区注水井平均吸水指数 61 m^3/（d·MPa），说明注水井吸水能力好，注水压力 5~8 MPa。

注聚装置采取撬装化、模块化。根据流程中设备大小、上下游关系，对各设备进行组撬，选用设备具备高可靠性，采取设备、流程及备件冗余、富余能力的方式，解决应急问题，保证生产的连续性。撬内设备、管线布置在方便操作维修的前提下，尽量紧凑。

试验装置主要由母液配制撬块、注入泵撬块，配套高压水减压撬块（含增压泵）、助剂添加撬块、注聚物存储间等模块组成。氮气绝氧撬装聚合物溶解设备如图 6-6-2 所示。

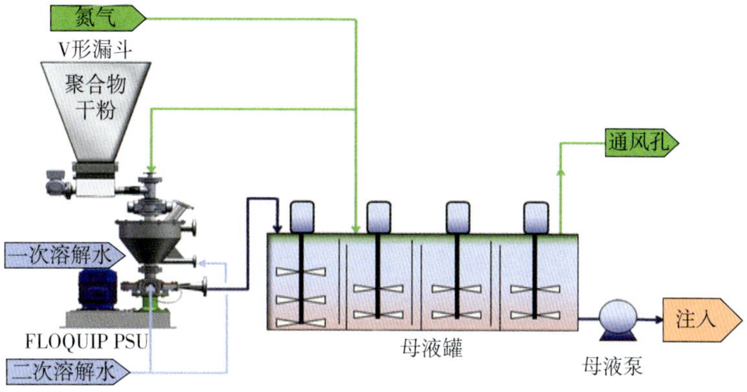

（a）母液配制撬块

（b）母液配制撬块

图 6-6-2　氮气绝氧撬装聚合物溶解设备

二、体系配制工艺

（一）体系配制方法

在聚合物母液中一次性加入助剂，再用现场高压污水稀释至所需浓度后，直接分配到各注入井。

（二）母液配制撬块

干粉上料采用人工投料到料仓，采取常规鼓风机风送系统，将干粉举升入高度 2 m 分散装置料仓。针对试验现场分散装置料仓高度较小情况，试验用料为袋装（25 kg/ 袋）。干粉进入分散装置料仓与低压污水形成相对均匀的悬浮液，然后进入一个带搅拌机构的容器中进一步溶解（熟化），将熟化后的母液通过母液泵外输。撬装总配电功率为 56 kW、尺寸 12.2 m × 2.4 m × 2.9 m。

1. 料仓

日注入干粉用量 4.0 t，设计 10 d 的储备，则为 40.0 t。考虑到劳动强度，上料时间控制在 4 h 之内，则上料速度 >1000 kg/h（约 40 袋 /h）。

2. 分散装置

注入浓度为 1500 mg/L 时，总注入量 380 m^3/d，如果提高分散能力，可以适当减小熟化罐的容积及占地面积。按分散浓度为 15000 mg/L 计算，混配量为 38 m^3/d，降低了分散装置的工作时长，达到两方面的效果，一是可以提高其工作的可靠性，二是可以减少熟化罐进液时间，即适当减小了熟化罐的有效容积。

主要技术参数为：

配液能力：2.0 m^3/h。

配液浓度：15000 mg/L。

高压射流参数：Q=2.0 m^3/h，P=1.0 MPa。

3. 熟化罐

主要技术参数为：

配液能力：2.0 m^3/h。

配液浓度：15000 mg/L。

熟化罐总容积：5 m^3。

熟化时间：1.0 h（通过液位调节）。

4. 母液提升工艺

为注入泵撬块提供低压母液。聚合物母液进注入泵前需要提升、过滤，将母液提升泵（单螺杆泵）、过滤器安装在一个模块上。

主要技术参数为：

母液注入泵：3 m^3/h，0.6 MPa，2 台。

过滤器：滤径≤5 μm，2 座。

5. 制氮工艺

在传统注聚工艺地面流程中，含氧量的增加主要存在于两个环节，一是射流携带干粉的分散环节，二是搅拌熟化形成母液的环节。本次采用氮气密闭熟化注聚工艺设计，主要解决这两个环节带来的母液含氧量问题。

主要技术参数为：

制氮压力：0.15 MPa。

制氮能力：9 m^3/h。

氮气纯度：≥99%。

（三）注入泵撬块

工作时，熟化罐中聚合物母液通过注入泵加压后分输给各井注聚泵，再经各井注聚泵增压后，和高压来水进行稀释混合，经静态混合器后，经外输管线注入井下。正常工作时，由以 PLC 为控制核心的控制柜控制自动运行。撬块尺寸 12.2 m×2.4 m×2.9 m。

主要技术参数为：

注聚泵：Q=4.0 m³/h，P=16 MPa，N=45 kW，4 台。

注入泵撬块见图 6-6-3。

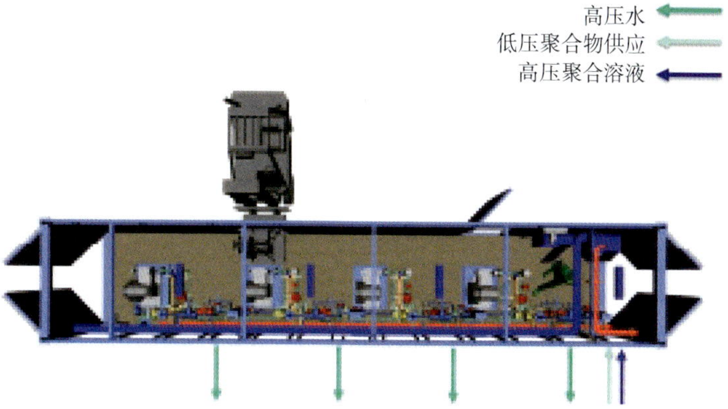

图 6-6-3　注入泵撬块

（四）高压水减压撬块

工作时，从配水间来水分为两路，一路经减压装置给母液配制撬块供水，一路经增压泵增压稀释母液。撬块尺寸 8.0 m × 2.4 m × 2.9 m。

主要技术参数为：

减压装置：Q=6.0 m³/h，$P_{进}$=13 MPa，$P_{出}$=0.10 MPa，N=8 kW，1 台。

增压泵：Q=12.0 m³/h，$P_{进}$=12 MPa，$P_{出}$=16 MPa，N=22 kW，1 台。

高压水减压撬块见图 6-6-4。

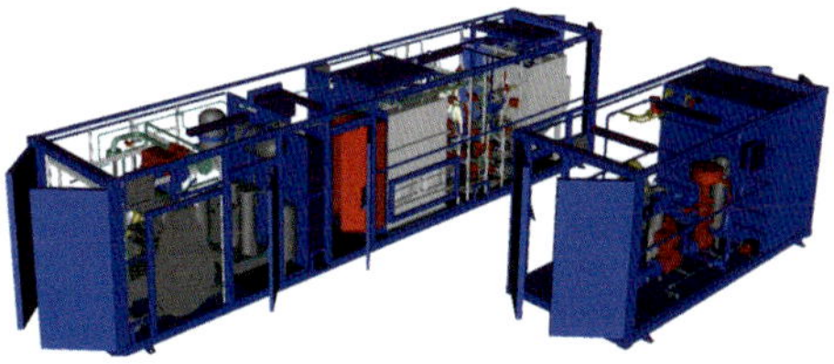

图 6-6-4　高压水减压撬块

（五）助剂添加撬块

加入一定量的助剂到母液熟化罐中，新建 1 座助剂添加撬。撬块尺寸 6.0 m × 2.4 m × 2.9 m。

三、聚驱产出水处理工艺

在开展注聚采油工程中，由于向地层注入大量含聚丙烯酰胺（HPAM）驱替液，井口返排产出水会含有一定量的 HPAM。在通常情况下，自含 HPAM 驱替液注入井口 12~24 周起，可检测到 HPAM 出现在产出水中，HPAM 浓度会随着驱替液注入量增加而增大。

由于注水驱油的产出水中存在大量互不相溶的油和水，所以可以将其看作一类乳化液。而注聚工艺中，HPAM 及其衍生物上含有较多的支链，支链端由于极性作用，会在油水界面处大量聚集，整个链段的叠加使得高分子链对小油滴存在较强吸附能力，并且吸附层还具有较大的黏弹性，因此聚驱产出水比一般水驱产出水的乳状液稳定性更强。聚驱产出水主要具有以下特点。

（1）体系具有较高黏度。聚驱产出水随着注入聚合物增多，会存在着大量的 HPAM，HPAM 链段会在气液固三相交界处大量吸附，造成含有 HPAM 产出水体系黏度为普通产出水的 4~6 倍。

（2）油水乳化程度高，微小油滴在液相中稳定存在。油田进入三采阶段的重要标志为产出水含水量大幅增加。石油乳状液由 W/O 转化为 O/W，这意味着油水乳化程度大幅上升，且油滴粒径尺寸变得更小。HPAM 分子链附着于油水界面处，使得微小油滴在液相中能更稳定存在。

（3）油水难以分离，且产出水含油量增高。聚合物使产出水水相黏度增高，油珠在较黏的水中浮升速率变慢、悬浮固体颗粒不易沉降，在一定的沉降时间条件下不易分离。且经过研究，产出水 HPAM 含量越高，其乳化含油量越高。

（一）聚驱产出水处理技术工艺现状

目前，聚驱产出水处理方法主要包括物理法、化学法和生物法 3 类。

1. 物理法

夏福军等设计了由油滴聚集区与油水分离区相结合的横向流处理器，小油滴通过聚集区逐渐团聚为大油滴，并在分离区油水分离。通过现场试验，该工艺流程对脱出高含油量含聚产出水有较好效果，但出口含油量依然不达标，还需引入其他处理单元。

陈雷等探究了聚结法脱出聚驱产出水中油的可能性，在聚结反应器中添加石英砂、无烟煤、高分子波纹板材料等，并分别探究其效果。试验结果表明，高分子波纹板效果最好，并且反冲洗周期长（2~3 个月）。

Lam 等设计测试了改性聚合物与颗粒状的活性炭填充吸附柱去除碳氢化合物的有效性。结果表明，该吸附设备能使烃和油含量降至无法检测，同时能将有机物苯、甲苯、乙苯和二甲苯含量降至几乎不可测量，但存在需要频繁更换新填料的缺陷。

朱米家等人利用钢铁炼化厂废弃钢渣对注聚产出水进行预处理，其疏松多孔结构可吸附注聚产出水中的 HPAM，降低污水黏度，简化了污水的末端处理。室内试验的聚合物去除率可达 89.31%，但其停留时间长，还需进一步改善。

Yang 等使用改性 PET（聚对苯二甲酸二乙醇）纤维膜探索处理注聚产出水，他们在膜上嫁接 –COOH、=NH、–OH 基团，使其从亲油变为亲水。这种改性纤维膜可用于处理油田注聚产出水，可使含油量降至 2.4 mg/L，SS 低于 2.0 mg/L，水质达到注水要求。

Liu 等提出了“除油 – 过滤”的处理工艺流程，并在现场开展了旋流气浮处理工艺研究。结果表明，气浮与旋流装置的组合可降低出水含油量。在过滤工艺单元，研究者通过改性疏水性纤维球（PET 纤维球），提高滤料亲水性，发现亲水性纤维球滤后除油率可达到 99.4%，较疏水性纤维球的除油率（87.3%）有进一步提高。

2. 化学法

在含聚污水中存在大量的难降解有机物和乳化油，单纯利用物理方法很难完全除去含聚污水中的乳状油。因此，大多数科研人员主要还是利用化学物理相结合的方法去处理聚合物驱产出水。

邓述波等人研究了有机絮凝剂（HPAM）对聚合物驱产出水处理的影响。由于绝大多数注聚驱油所用聚合物同为聚丙烯酰胺，而产出水后处理所用絮凝剂也可为聚丙烯酰胺，HPAM 浓度不同对产出水的作用是不同的。当 HPAM 含量较低时，HPAM 发挥的主要作用依然为抗稀释增黏，因此会降低产出水中油珠上浮速度。而当 HPAM 含量高于 800 mg/L 时，即可发生体系絮凝，产出水中油滴及悬浮物会发生沉降，从而最终达到分离效果。

高宝玉等人对含 HPAM 产出水做了一系列的测定，认为小油滴间的静电排斥力不是阻碍其相互团聚的主要因素，HPAM 的存在也影响了小油滴发生团聚。试验证实，投加 250 mg/L 的醚类破乳剂和阳离子型 HPAM 絮凝剂复合而形成 CHP–O_3 药剂，除油效率可以达到 92% 以上。

李绍文等人利用大庆油田一厂含聚污水筛选了无机絮凝剂铝盐、铁盐和有机絮凝剂聚丙烯酰胺等，探究最优处理药剂配方，将两种絮凝剂复配使用，保证了采油厂出水水质达标。

程聪等人研究了高级氧化法处理油田产出水的可行性。通过比较研究 UV-Fenton、电 Fenton、O_3 氧化工艺，认为 O_3 与 H_2O_2 协同氧化效果更好，可能成为未来趋势。

吴迪等人对含 HPAM 的产出水进行了曝气处理研究，测试了进出水的水质特性。含 HPAM 产出水直接经过曝气处理后，HPAM 可发生降解，出水黏度下降，且油水稳定性变差。试验研究还表明，使用直接曝气处理后的产出水与高浓度聚合物母液混合配制聚驱驱替液，提高采收率的效果更佳。

刘国荣选用 PAC、复合 PAC、PAS 以及 PFS 处理胜利油田某井口含聚产出水。通过比选研究，确定了最佳絮凝剂 PFS，其最优工艺条件为 PFS 投加量 60 mg/L，pH 值为 6.1。

3. 生物法

聚驱采油污水成分复杂，其中含有大量对微生物具有毒害作用的物质，因此，注聚产出水采用生化处理的研究报道总体不多。

聚驱产出水处理工艺以胜利油田和大庆油田为代表。胜利油田实施注聚采油的主要包括孤东、孤岛、胜采等采油厂。以孤东采油厂为例，其东三联合站产出水处理主要采用“重力沉降+化学处理”工艺，其主要流程为：分水器来水—多功能沉降罐—污水一次罐—污水二次罐—缓冲罐—外输泵—注水罐。其中，污水一次罐进行氮气气浮，污水二次罐前投加化学药剂。东四联合站采用分水器来水—多功能沉降罐—污水一次罐—污水二次罐—缓冲罐—压力除油罐—金刚砂滤罐—金属膜滤罐—注水罐的三级沉降二级过滤工艺。联合站的污水处理前段没有将注聚来液与常规来液进行分离，从分水器开始就使用混合处理的方式，导致污水处理难度增加。胜利油田自实施聚驱以来，单井产出液含聚浓度最高已超过 1000 mg/L，为此对聚驱技术进行了旨在减少驱油剂有效用量的研究，并在 2014~2017 年期间，聚驱有效剂用量累计减少了 0.32×10^4 t，产出液见聚浓度也由 2014 年的 433 mg/L 下降为 2017 年的 227 mg/L，下降了 47.6%。

大庆油田注聚产出水处理工艺主要包括三类：（1）普通聚驱采出水（聚合物浓度 <450 mg/L）高渗透地层的典型处理工艺为：自然沉降→混凝沉降→石英砂过滤，其水质控制指标为石油类 20 mg/L，悬浮物 20 mg/L，粒径中值 5 μm。（2）普通聚驱采出水（聚合物浓度 <450 mg/L）低渗透地层的典型处理工艺为：一级气浮沉降→二级气浮沉降→石英砂过滤→石英砂磁铁矿双层滤料→石英砂海绿石双层滤料过滤，其水质控制指标为石油类 5 mg/L，悬浮物 5 mg/L，粒径中值 2 μm。（3）高浓度聚驱采出水（聚合物浓度≥450 mg/L）高渗透地层的典型处理工艺为：气浮除油沉降→混凝沉降→石英砂磁铁矿双层滤料过滤，其水质控制指标为石油类 20 mg/L，悬浮物 20 mg/L，粒径中值 5 μm。

（二）高钙镁悬浮微晶聚驱产出水水质特征

高钙镁悬浮微晶聚合物驱产出水主要成分包含抗盐聚合物 HPAM、钙镁离子和成晶剂，与一般稀油产出水的差异主要是钙镁离子含量高、聚合物含量大，总矿化度为 25338 mg/L，钙镁离子浓度为 1236 mg/L，注入聚合物浓度为 2000 mg/L。这种水质特征将影响产出水的油水固之间的可分离性，增加产出水的含油量和悬浮物含量，提高油水固的分离难度。因此，有必要研究这些组分对高钙镁聚合物驱产出水稳定性、油水固分离性的影响规律，为聚驱产出水处理工艺设计奠定基础。

以模拟产出水为水样，通过测定水样油珠粒径分布、ζ 电位、水相黏度和含油量，对比普通油藏注聚产出水、高钙镁油藏聚驱（不含成晶剂）产出水和高钙镁悬浮微晶聚驱产出水的上述表征物理量的变化，研究高钙镁悬浮微晶聚驱体系产出水的特点，寻求影响其油水分离处理的关键因素。

大庆等油田的油藏注聚开发实践表明，在注聚驱油开发初期，地面污水见聚含量从无到有，并逐渐增大。一般注聚开发前几年（一般为 2~5 年，具体见聚时间与聚合物含量变化与油藏特性和注聚量、规模有关），地面污水见聚浓度较低（200~300 mg/L），因此室内试验配制的污水见聚含量均控制在 300 mg/L 以内。

试验水样包括 3 种：

（1）普通油藏注聚产出水。以低钙镁离子含量、低矿化度自来水进行配制，钙镁离子总含量低于 450 mg/L，矿化度低于 1000 mg/L。

（2）高钙镁油藏注聚产出水。以清河采油厂联合站处理后的产出水为水样进行室内配制，该产出水钙镁离子总含量 1236 mg/L，矿化度高于 2.5×10^4 mg/L；配制时不投加成晶剂。

（3）高钙镁油藏悬浮微晶注聚产出水。以清河采油厂联合站处理后的产出水为水样，加成晶剂分散剂形成悬浮微晶，用以模拟投产后悬浮微晶聚合物驱产出水水样。

主要分析检测内容包括黏度、ζ 电位、含油量、油珠粒径分布等。

1. 油珠粒径分布变化

油田产出水中含油量是产出水油水分离的效果，反映油水分散体系性质的物理量，也是业内常用的监测水质的一项指标，但研究和实践发现，在相同含油量下，不同油水分散体系的油田产出水，其油水分离的难易程度是不同的。因此，描述油水分散特点更可靠的指标应该是油珠粒径的分布。

图 6-6-5~ 图 6-6-7 分别为 PFPW、HPFPW 及 SMPFPW 3 种不同模拟采出水配制水样的油珠粒度分布试验测定结果。可见 3 种产出水的油珠粒度分布随钙镁离子含量、成晶剂与分散剂、聚合物浓度的变化会出现较大差异，油珠粒径分布图的形态明显不同，但其分布也有共性的变化。

由图 6-6-5 可知，PFPW 水样的油粒直径分布在 0.3~700 μm，主要集中分布在 0.3~10 μm 和 50~400 μm 两个区域，其峰值粒径约为 1.6 μm 和 150 μm；由图 6-6-6 可知，HPFPW 水样油珠粒径分布较 PFPW 水样复杂些，基本上呈 3 个集中分布区域，其粒径区间在 1~10 μm、10~80 μm、80~700 μm，其峰值粒径约在 3.5 μm、20 μm 和 150 μm。图 6-6-5 与图 6-6-6 的水样只是钙镁离子浓度有差异，因此钙镁离子含量增加会导致水样油珠粒径的分布变化，使小油珠的粒径变得更大，使大油珠粒径分布范围更复杂、更宽泛，这预示高钙镁油藏聚驱产出水可能比普通油藏聚驱产出水容易处理。由图 6-6-7 可知，SMPFPW 水样的油珠粒径在加入成晶剂后也主要呈现两个分布区，油珠粒径集中在 1~30 μm 和 30~1000 μm 区间，其峰值粒径分别约为 4 μm 和 150 μm，与 HPFPW 水样相比也有明显差异，这说明成晶剂与分散剂对水样油珠粒径分布也有明显的作用，成晶剂与分散剂加入后虽没有明显改变大油珠粒径分布区间的油珠峰值粒径大小（150 μm），但明显改变了小油珠粒径分布区间的峰值粒径（1.6 μm 变为 4 μm），且其分布由 3 个区域又变成 2 个区域。

除了上述明显差异以外，图 6-6-5~ 图 6-6-7 也显示了聚合物对油粒分布有共性的影响。聚合物含量越低，相对大粒径油珠的分布越占主导，而 10 μm 以下的小粒径油珠的占比越小；聚合物含量高时，3 种水样的大小油珠分布占比与前者正好相反。在油珠粒径小于 10 μm 的小粒径分布区间，油珠粒径分布会随聚合物含量的增加而增大，而在油珠粒径大于 50 μm 的大粒径分布区间，油珠粒径分布则会随着聚合物浓度的增高而减少。因此，注聚产出水的油滴尺寸会随着产出水中的聚合物浓度的变化而变化，聚合物浓度越高，产出水含油珠粒径越倾向于小尺寸分布。因此，聚合物含量越高，产出水油水分离越困难。

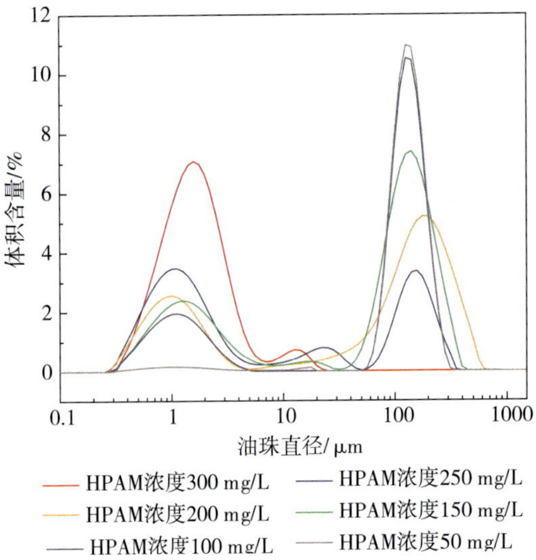

图 6-6-5　普通油藏注聚产出水油珠粒径分布

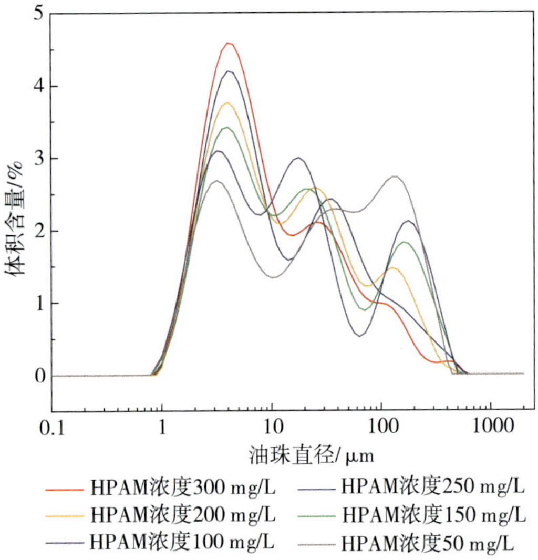

图 6-6-6　高钙镁油藏注聚产出水油珠粒径分布

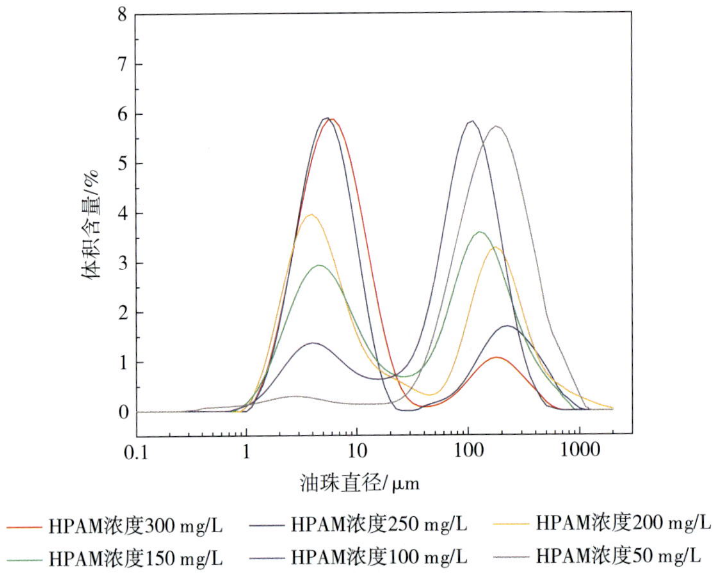

图 6-6-7　高钙镁悬浮微晶注聚产出水油珠粒径分布

2. 含油量变化

图 6-6-8 为聚合物含量为 50~300 mg/L 时，PFPW、HPFPW 及 SMPFPW 3 种水样的含油量与聚合物含量和成晶剂的关系。

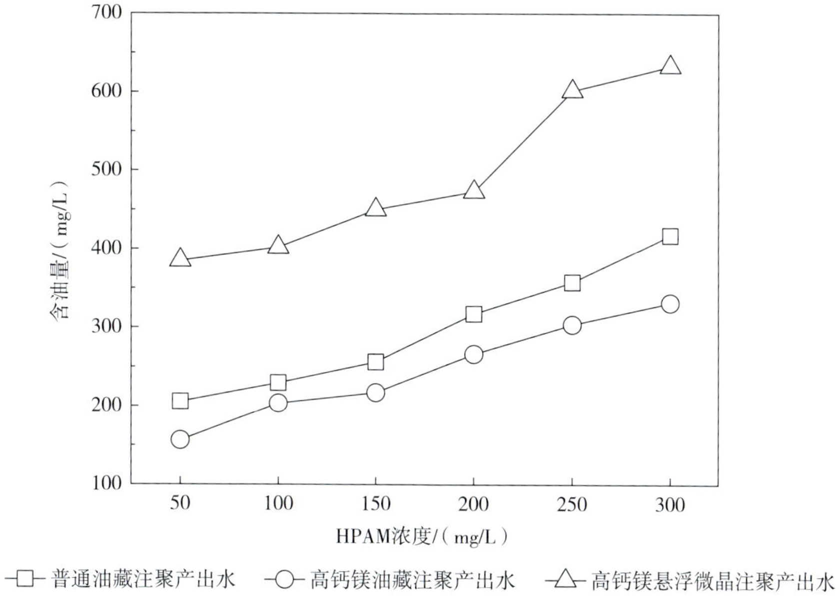

图 6-6-8 聚合物浓度对含油量的影响

由图 6-6-8 可知，随聚合物含量增加，3 种配制含聚污水的含油量都会增大，其中 PFPW、HPFPW 及 SMPFPW 水样的含油量分别由 205.58 mg/L、156.22 mg/L、385.19 mg/L 增至 417.77 mg/L、331.66 mg/L、633.23 mg/L，在不考虑其他因素对含油量的影响时，其含油量随聚合物浓度变化值分别为 0.85 mg/mg、0.70 mg/mg 和 0.99 mg/mg。聚合物浓度提高，产出水含油量必然也会提高，单位聚合物含量提高的含油量以 SMPFPW 为最大。

此外，由图 6-6-8 还可看出，在配制注聚产出水的其他条件相同时，在相同聚合物含量下，SMPFPW 水样的含油量最高，HPFPW 水样的含油量最低，PFPW 水样含油量居中，且 HPFPW 水样和 PFPW 水样含油量虽有差异，但相对更接近。这一试验结果说明，在聚合物含量相同时，注聚产出水含油量主要受成晶剂的影响，钙镁离子浓度对水样含油量的影响为次要因素。

因此，高钙镁悬浮微晶聚驱产出水的含油量主要受聚合物含量和成晶剂的影响，成晶剂的加入会增大聚驱产出水的含油量；而聚合物含量增加后，SMPFPW 水样的油珠分布粒径有变小的趋势，10 μm 以下的小尺寸油珠占比明显增加。由此可知，SMPFPW 受聚合物、成晶剂等主要因素的影响，其含油量和油珠粒径分布均不利于产出水的油水分离，采用相同分离工艺或设备时，油水分离效果会变差，与其他 2 种水样相比，

SMPFPW 的处理相对会更加困难。

3. 黏度变化

聚合物含量为 50~300 mg/L 时，PFPW、HPFPW 及 SMPFPW 3 种水样的黏度与聚合物含量与成晶剂的关系如图 6-6-9 所示。

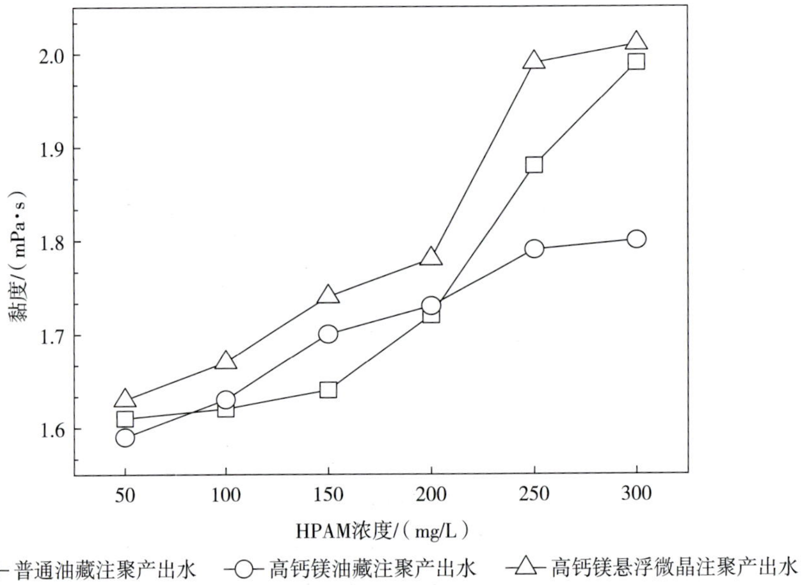

图 6-6-9　聚合物浓度对产出水黏度的影响

由图 6-6-9 可知，3 种注聚产出水，随着聚合物浓度提高，黏度出现增长，但增长趋势不尽相同。在聚合物浓度由 50 mg/L 增加到 300 mg/L 时，PFPW、HPFPW 及 SMPFPW 3 种水样的黏度分别增加 23.6%、13.2% 和 23.3%。未加成晶剂的 HPFPW 水样，由于聚合物性质被高钙镁离子及高盐含量所影响，其黏度随着聚合物浓度的增加上升幅度在三者中最小；但当预先向水中加入成晶剂后，钙镁离子预先形成悬浮微晶，屏蔽了钙镁离子对聚合物性质的影响，对产出水具有增黏效果，且在 50~300 mg/L 的聚合物浓度范围内，黏度上升百分比与普通聚驱产出水基本一致；3 种含聚产出水黏度以 SMPFPW 水样为最高。该试验结果表明，成晶剂的加入会大大提高高钙镁油藏聚驱产出水的黏度，势必会降低产出水油水固的分离速度，不利于产出水的石油类和悬浮物（机械杂质）的分离处理；在有利于提高驱油效率的同时，给地面产出水的处理也增加了难度。

4. ζ 电位变化

图 6-6-10 为聚合物含量 50~300 mg/L 时，PFPW、HPFPW 及 SMPFPW 水样的 ζ 电位与聚合物含量、成晶剂的关系。ζ 电位绝对值可反映小液滴外层电层的厚度（油珠带电情况），进而可反映乳状液的稳定程度，在界面剪切黏度大小相近时，ζ 电位绝对值越大，乳状液越稳定。

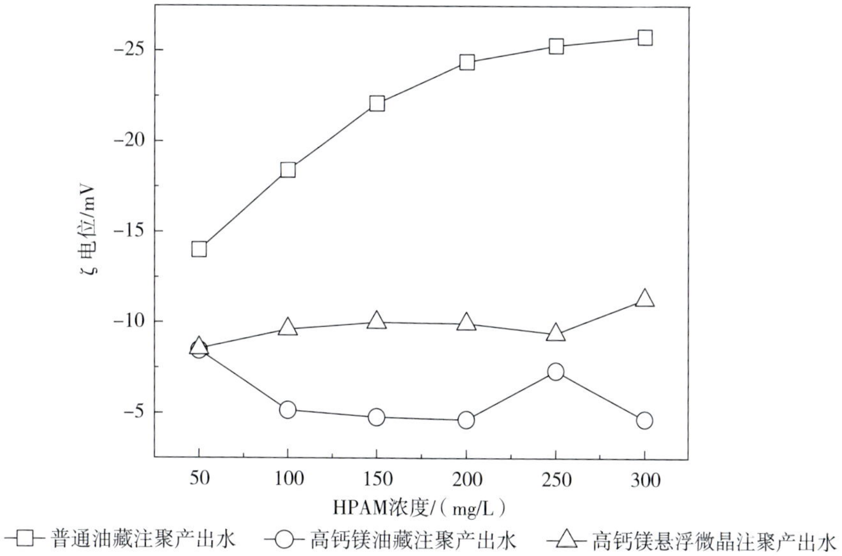

图 6-6-10　聚合物浓度对产出水 ζ 电位的影响

由图 6-6-10 可知，对于 HPFPW 和 SMPFPW 水样，具有高盐、高钙镁离子含量，ζ 电位随聚合物含量增加变化不大，前者 ζ 电位绝对值在 4.5~8.5 mV，后者在 9~11 mV，后者的 ζ 电位更高。这说明对于高钙镁油藏，成晶剂的加入会使产出水的 ζ 电位有所提高，产出水乳状液的稳定性增大。因此，从 ζ 电位的影响角度来分析，成晶剂的加入也不利于产出水的处理。

但是好的一面是，HPFPW 和 SMPFPW 水样的 ζ 电位（4.5~8.5 mV、9~11 mV）都低于 PFPW 水样的 ζ 电位（14~26 mV），无论是否投加成晶剂，高钙镁油藏聚驱产出水的 ζ 电位都低于普通油藏注聚产出水。这可能预示着，仅从 ζ 电位影响来看，虽然成晶剂的加入增加了高矿化度油藏产出水的处理难度，但与普通油藏注聚产出水（如大庆油田注聚产出水）相比，可能其处理难度反而减小了。

综合以上研究，高钙镁油藏悬浮微晶聚驱产出水（SMPFPW）主要有以下特点：

（1）钙镁离子含量和成晶剂会显著影响产出水油珠粒径分布，有增大小油珠粒径的趋势；聚合物含量增加有利于产出水油珠粒径趋向于小尺寸分布，聚合物含量越大，小油珠占比越多。从油珠粒径分布方面来看，聚合物加入不利于油水分离，而钙镁离子和成晶剂的影响似乎不大。

（2）高钙镁悬浮微晶聚驱产出水的含油量主要受聚合物含量和成晶剂的影响，成晶剂的加入会增大聚驱产出水的含油量，势必也会增大产出水的处理难度。

（3）聚合物与成晶剂显著影响高钙镁油藏悬浮微晶聚驱产出水的黏度，其中成晶剂是高钙镁油藏聚驱产出水黏度提高的主要影响因素，这势必会降低产出水油水固的分离速度，不利于产出水的石油类和悬浮物（机械杂质）的分离处理。

（4）从产出水油珠粒径分布和 ζ 电位来看，高钙镁油藏悬浮微晶聚驱产出水较常规油藏聚驱产出水更易处理。从 ζ 电位、黏度和油含量来看，高钙镁油藏悬浮微晶聚驱产出水比高钙镁油藏聚驱产出水更难处理。

5. 钙镁离子对聚驱产出水水质特征的影响

1）钙镁离子浓度配比对聚驱产出水油珠粒径的影响

图 6–6–11 和图 6–6–12 为保持矿化度（参照清河采油厂产出水水质），在改变钙镁离子物质的量浓度比例条件下，钙镁离子对聚合物驱产出水的油珠粒度分布影响情况。

由图 6–6–11 和图 6–6–12 可知，总矿化度一定时，钙镁离子物质的量浓度配比的改变不会影响产出水的总体粒径分布，油珠粒径分布依然集中在粒径峰值约 1.6 μm 和 150 μm 两个主要区间。从图 6–6–11 可知，油珠粒径在小峰值分布区间时，随钙镁离子物质的量浓度比例由 1/2 变化到 1/6，小粒径油珠的占比减少，粒径峰值的体积百分数由 6.16% 下降到 4.05%，而大粒径油珠的占比增加，其粒径峰值的体积百分数由 0.81% 上升到 1.95%。这说明镁离子含量相对增加，有利于增加大油珠的分布比例，减少了小油珠的数量。

从图 6–6–12 可知，在油珠粒径小尺寸分布区间，随着钙镁离子物质的量浓度比例由 2 增大到 6，小油珠分布数量增加，粒径峰值的体积百分数由 5.02% 上升到 6.71%，而大油珠占比减少，其粒径峰值的体积百分数由 1.13% 下降到 0.11%。这说明钙离子含量相对增加，有利于增加小油珠的分布比例，减少大油珠的分布比例。

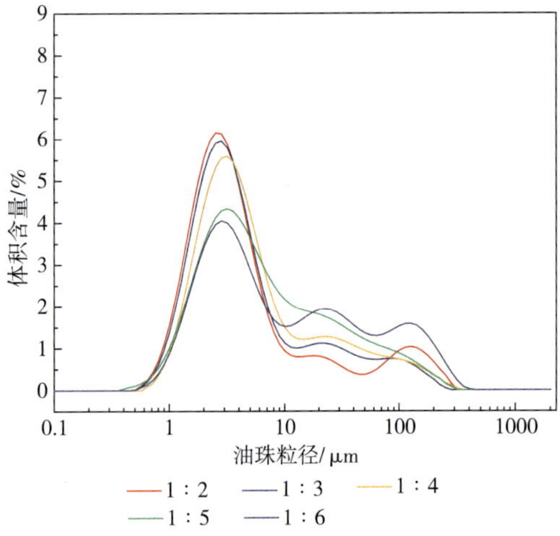

图 6–6–11　钙镁离子比例对配制产出水的油珠粒径分布影响 –1

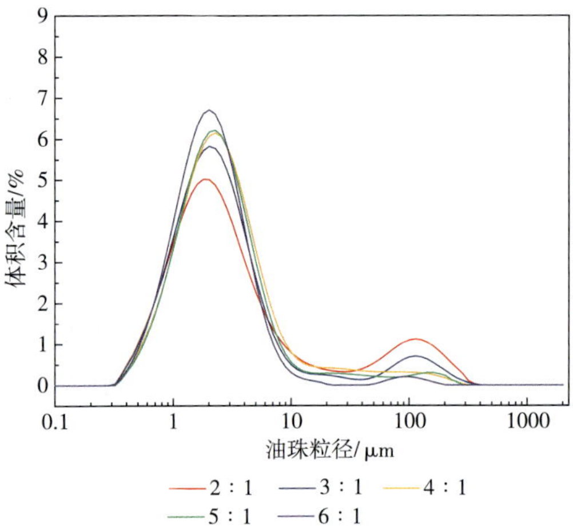

图 6–6–12　钙镁离子比例对配制产出水的油珠粒径分布影响 –2

该试验结果表明，高盐含量与高钙镁离子会使产出水体系油珠粒径分布倾向于小尺寸分布，其在较小尺寸上分布的体积百分数要远高于在大尺寸上分布的体积百分数。因此，对于高钙镁油藏，随钙镁离子物质的量浓度比例上升，注聚产出水的油珠粒径分布倾向于小尺寸分布。

2）钙镁离子物质的量浓度配比对聚驱产出水黏度的影响

图 6-6-13 为改变钙镁离子物质的量浓度比例后，聚合物浓度为 300 mg/L 时产出水的黏度测试结果。由图 6-6-13 的结果可知，产出水在矿化度一定的条件下，随钙镁离子物质的量浓度比例的变化，其产出水的黏度变化不大，分布在 1.57~1.84 mPa·s，基本维持在一个稳定水平。可以认为，高钙镁油藏聚驱产出水的黏度与聚合物含量、成晶剂和钙镁离子总量有关，但与钙镁离子的比例基本无关。

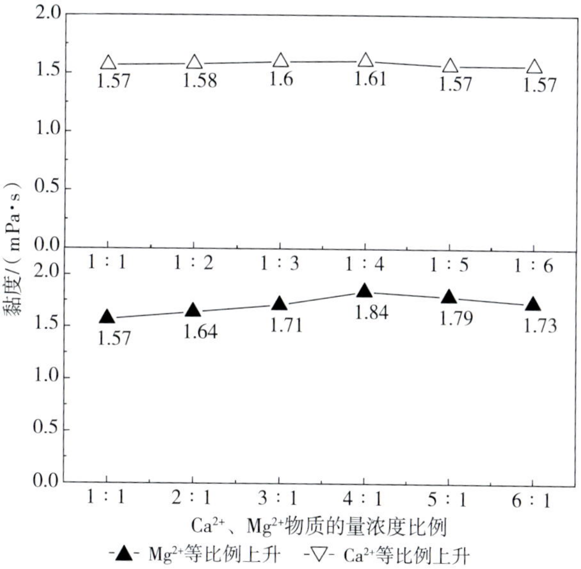

图 6-6-13　钙镁离子物质的量浓度比例对产出水黏度的影响

3）钙镁离子浓度配比对聚驱产出水含油量的影响

图 6-6-14 为改变钙镁离子物质的量浓度比例后，产出水的含油量测试结果。由图可知，当钙离子含量不变而镁离子物质的量浓度比例增高时，产出水含油量呈现先增大后减小的趋势，［Ca^{2+}］/［Mg^{2+}］比由 1∶1 降为 1∶6 时，含油量在 206.58~513.26 mg/L 变化，其中 1∶4 时含油量最大值为 513.26 mg/L；而当镁离子含量不变，改变钙离子物质的量浓度比例时，产出水含油量变化程度不大，［Ca^{2+}］/［Mg^{2+}］比由 1∶1 升为 6∶1 时，产出水的含油量在 162.23~247.11 mg/L 变化。这表明，从含油量来看，镁离子较钙离子对产出水含油量的影响更大。

4）钙镁离子浓度配比对聚驱产出水 ζ 电位的影响

图 6-6-15 为改变钙镁离子物质的量浓度比例后，配制产出水的 ζ 电位测试结果。当钙离子含量不变而镁离子物质的量浓度比例增高时，产出水 ζ 电位绝对值呈现增大趋势，［Ca^{2+}］/［Mg^{2+}］比由 1∶1 降为 1∶6 时，ζ 电位绝对值由 6.13 mV 增至 9.20 mV；而当镁离子含量不变，改变钙离子物质的量浓度比例时，ζ 电位也同样呈增长趋势，［Ca^{2+}］/［Mg^{2+}］比由 1∶1 升为 6∶1 时，产出水的 ζ 电位绝对值由 6.13 mV 增至 13.97 mV，后者的增幅更大。这一结果表明，不论钙离子还是镁离子物质的量浓度比例上升，ζ 电位绝对值整体上呈上升趋势，但钙离子物质的量浓度比例上升对 ζ 电位的影响要高于镁离子物质的量浓度比例上升对 ζ 电位的影响，二者均具有使产出水稳定性提高的趋势。

图 6-6-16~ 图 6-6-19 分别是钙镁离子总浓度对 SMPFPW 的油珠粒径分布、黏度、含油量和 ζ 电位的影响。由图 6-6-16 可知，当［Ca^{2+}］/［Mg^{2+}］为 3∶1（与现场水样钙镁

离子含量比例一致）时，随钙镁离子总浓度上升，产出水油珠粒径在小于 10 μm 的小尺寸上分布的比例越来越高，钙镁离子总浓度越高，产出水油珠粒径越倾向于小尺寸分布。

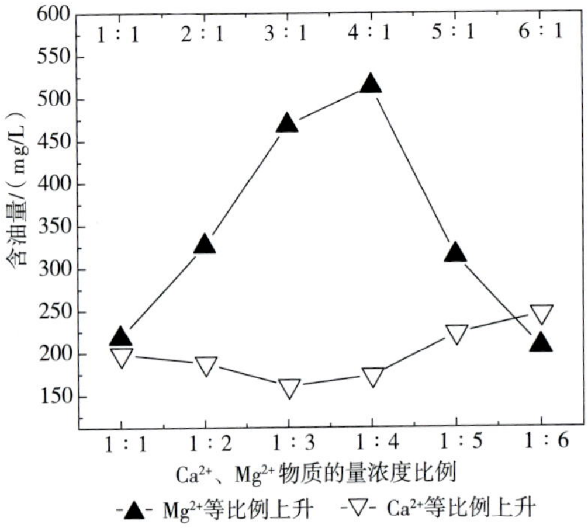

图 6-6-14　钙镁离子物质的量浓度比例对产出水含油量的影响

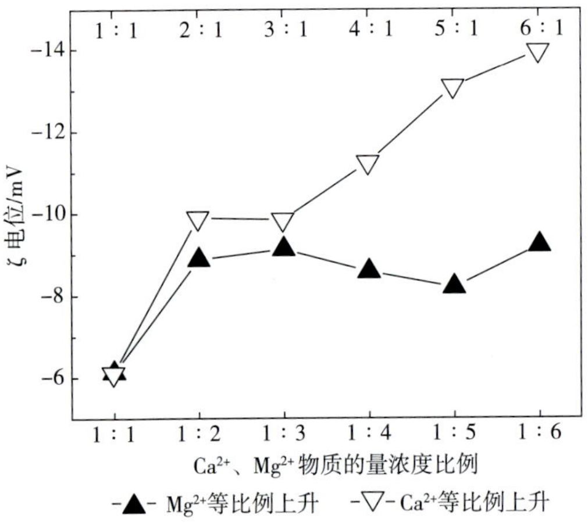

图 6-6-15　钙镁离子物质的量浓度比例对产出水 ζ 电位的影响

由图 6-6-17 可知，产出水总矿化度保持一定时，其黏度随钙镁离子总浓度增加无显著变化，其黏度变化范围 1.47~1.55 mPa·s，说明钙镁离子总浓度也与产出水黏度几乎无关；由图 6-6-18 和图 6-6-19 可知，当钙镁离子总量由 0 mg/L 增加至 2000 mg/L 时，含油量由 550.12 mg/L 下降为 470.28 mg/L，ζ 电位绝对值由 28.60 mV 下降为 20.05 mV，产出水含油量和 ζ 电位绝对值均出现下降趋势。这意味着钙镁离子含量将影响产出水体系的乳化状态，钙镁离子含量越高，体系乳状液稳定性就越差，破乳处理就相对容易。

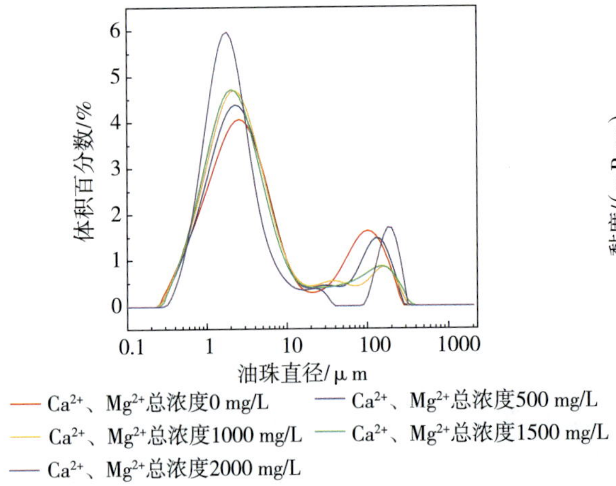

图 6-6-16　钙镁离子总浓度对产出水油珠粒径分布的影响

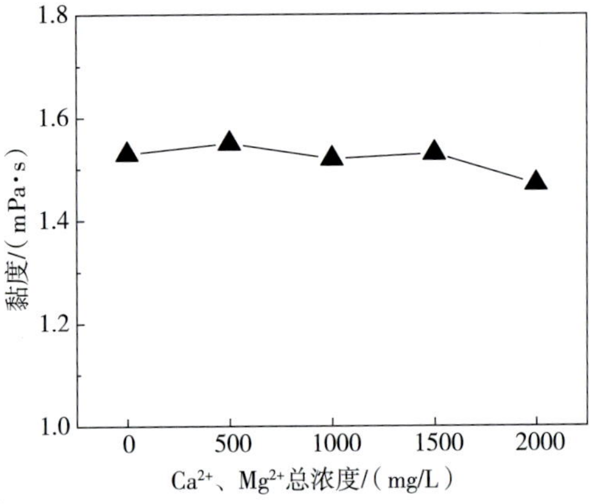

图 6-6-17　钙镁离子总浓度对产出水黏度的影响

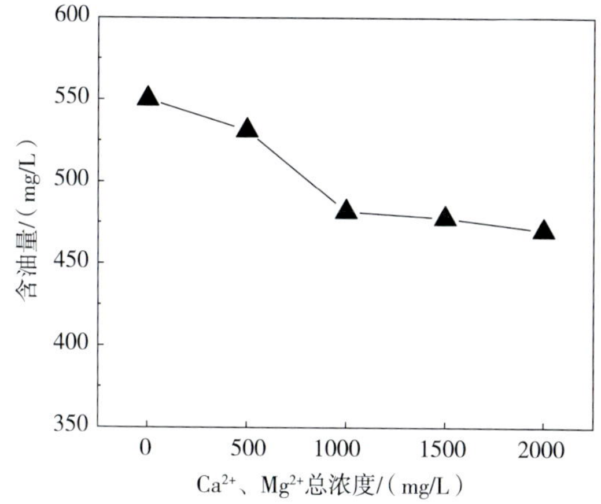

图 6-6-18　钙镁离子总浓度对产出水含油量的影响

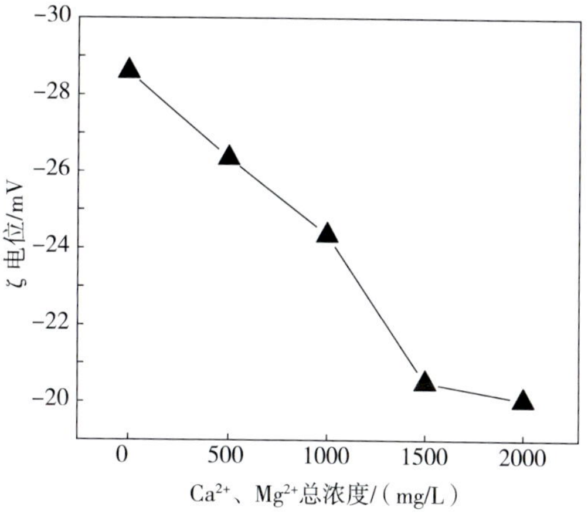

图 6-6-19　钙镁离子总浓度对产出水 ζ 电位的影响

钙镁离子对聚驱产出水水质特点影响试验结果表明，对于 SMPFPW 水样，钙镁离子对产出水的油珠粒径分布有一定影响，其中 Ca^{2+} 有利于油珠趋于更小尺寸分布，Mg^{2+} 有利于油珠趋于大尺寸分布；钙镁离子含量对产出水黏度无明显影响；产出水中 Mg^{2+} 含量对含油量的影响大于 Ca^{2+} 含量的影响；钙镁总含量一致时，改变钙镁离子比例，无论增加钙还是镁离子的含量，ζ 电位绝对值均增大，但钙离子的影响更大；保持钙镁离子含量比例不变而增加钙镁离子总量，其 ζ 电位绝对值降低，产出水稳定性下降。

综合以上研究，以普通油藏聚驱产出水（PFPW）、高钙镁油藏聚驱产出水（HPFPW）、高钙镁油藏悬浮微晶聚驱产出水（SMPFPW）为研究对象，通过聚合物、成晶剂、钙镁离子对产出水的油珠粒径分布、含油量、黏度、ζ 电位的影响试验，明确了影响高钙镁聚驱产出水油水分离的因素。根据试验结果，可得出以下结论：

（1）无论注聚产出水中是否存在较高钙镁离子，产出水随着聚合物浓度的提高，含油量会相应增高；产出水油珠粒径会随聚合物浓度增大而倾向于小尺寸分布，油珠粒径趋于更小，聚合物存在不利于产出水油水分离。

（2）成晶剂能提高产出水乳状液的稳定性，增加油水分离难度；高钙镁油藏成晶剂增加了聚合物的黏度，有利于聚驱采收率提高，但成晶剂的协同作用，使产出水油水分离更为困难。

（3）产出水中 Ca^{2+}、Mg^{2+} 总量和相对含量对产出水的水质影响有其复杂性。当改变 Ca^{2+}、Mg^{2+} 比例时，发现高 Ca^{2+} 物质的量浓度时，产出水油珠粒径更小，ζ 电位绝对值更高，预示着高 Ca^{2+} 将增加产出水乳化稳定性；而钙镁离子总浓度增加会使产出水油珠粒径更小，ζ 电位绝对值也呈下降趋势，说明钙镁离子协同作用会增加水质的复杂性。

（4）高钙镁悬浮微晶聚驱产出水体系的主要组成钙镁离子、聚合物、成晶剂对产出水含油量提高、油珠粒径变小和产出水黏度提高有促进作用，三者的存在都不利于产出水的油水分离，但总体而言，高钙镁油藏悬浮微晶聚驱产出水较普通聚驱产出水更易处理，但较高钙镁油藏聚驱产出水处理更难。

（三）现有污水处理工艺效果评价

清河采油厂联合站污水处理流程为重力沉降除油—双滤料一级过滤，经一级过滤后，主要水质含油量、悬浮固体含量、悬浮物颗粒直径中值满足注入层平均空气渗透率的指标（0.05 μm²< 平均空气渗透率≤0.5 μm²），即含油量≤15 mg/L、悬浮固体含量≤5 mg/L、悬浮颗粒直径中值≤5 mg/L。该站含油污水设计处理能力为 20000 m³/d，目前实际处理含油污水水量为 16000 m³/d，主要用于处理该油田目前的原油注水开发工艺所产生的油田产出水，其处理流程及各段停留时间如图 6-6-20 所示。其中，滤料为金刚砂和无烟煤（两种滤料分层布置，体积比为 1∶1，质量比为 3∶1，无烟煤粒径 1.2~1.6 mm，金刚砂粒径 0.8~1.2 mm）。过滤系统处理量 120 m³/h，24 h 反冲洗一次。

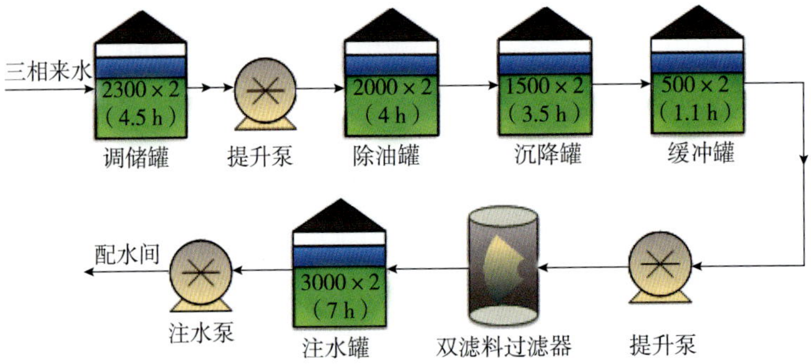

图 6-6-20　联合站污水处理流程图

在一般情况下，当实施注聚采油技术后，由于地层的吸附作用，产出水见聚具有一定滞后性，但聚合物在产出水中含量呈逐年渐增趋势。因此，为评价现有工艺对高钙镁聚驱污水处理的适应性，根据国内聚驱产出水的见聚基本情况，选取见聚浓度 0~300 mg/L 这一区间进行评价研究，以期考察现有工艺处理含聚产出水可适应的聚合物浓度范围。

1. 重力沉降除油试验评价

模拟水样配制以清河采油厂联合站污水处理流程中双滤料过滤器出口水样为基液，配制聚合物含量为 0~300 mg/L、成晶剂与分散剂含量 1500 mg/L 的模拟水样。配制的水样经 24 h 重力沉降分离后，将下清液（分离浮油和分散性油的模拟高钙镁聚驱含油产出水）按一定滤速通过一级过滤柱进行过滤，并检测过滤出水的含油量，记录含油量与操作时间数据；以含油量为纵坐标，操作时间为横坐标，绘制过滤操作曲线，并据此评价聚合物含量、滤料，再配制相应的产出水，评价不同聚合物含量时，重力沉降—一级过滤工艺对高钙镁聚驱产出水处理的适应性。

试验结果见图 6-6-21，聚合物含量越高，相同条件下配制的污水含油量也越高。当聚合物含量分别为 50 mg/L、150 mg/L、300 mg/L 时，污水含油量由 71.79 mg/L 分别增加到 197.85 mg/L、258.49 mg/L 和 316.17 mg/L。由此可以预测，高钙镁悬浮微晶聚驱污水，随聚合物含量增加，其污水的含油量也大幅增加，除油将更困难，而且由于聚合物的存在，聚合物在滤料表面的截留黏附，有可能导致滤料反冲洗再生更困难，再生频率加大。

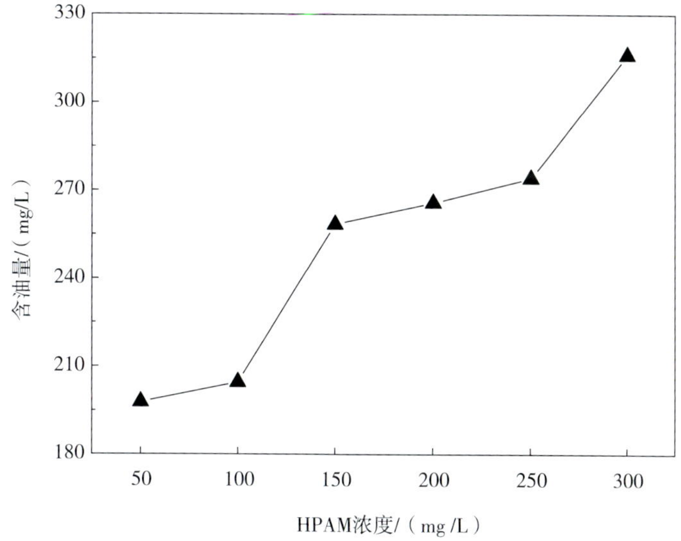

图 6-6-21　聚合物对高钙镁悬浮微晶含油污水含油量的影响

2. 复合滤料除油率试验评价

在聚合物含量为 0~300 mg/L 时，用模拟配制的聚驱产出水经室内评价处理工艺进行除油和过滤处理的评价试验。室内评价处理工艺流程如图 6-6-22 所示，过滤柱装填金刚砂与无烟煤 2 种滤料，其体积比为 1 : 1，构成复合滤料过滤柱。

由图 6-6-22 可知，随聚合物含量增加，过滤出水含油量达到 5 mg/L、10 mg/L 和 15 mg/L 的穿透时间缩短，即随聚合物含量增加，过滤柱出口含油量达到某个设计值的操作时间变短，反冲洗频率增加，甚至难以采用一级过滤进行污水有效处理。

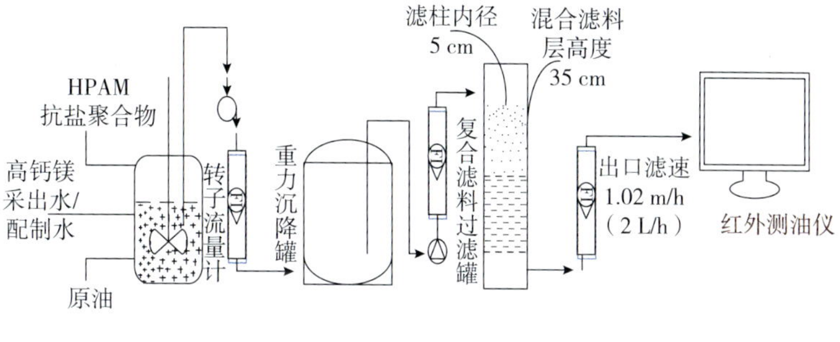

图 6-6-22　现场处理工艺适应性评价流程示意图

聚合物浓度对一级复合过滤器穿透时间的影响见图 6-6-23。

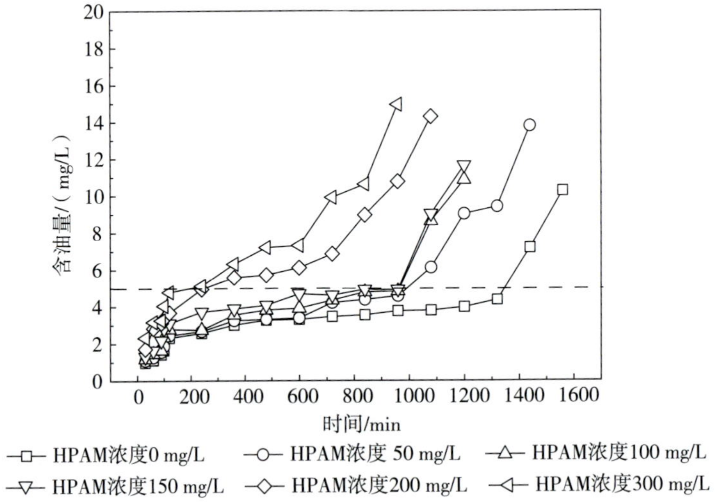

图 6-6-23 聚合物浓度对一级复合过滤器穿透时间的影响

当控制过滤柱出口含油量低于 5 mg/L，聚合物含量为 0 mg/L、50 mg/L、100 mg/L、150 mg/L、200 mg/L、300 mg/L 时，过滤柱的穿透时间分别为 1400 min、1100 min、950 min、950 min、300 min、100 min。聚合物含量在 100 mg/L 时，一级复合过滤柱穿透时间约 15 h，而聚合物含量为 200 mg/L 时，穿透时间仅为 5 h。

当控制过滤器出口含油量低于 10 mg/L，聚合物含量为 0 mg/L、50 mg/L、100 mg/L、150 mg/L、200 mg/L、300 mg/L 时，一级复合过滤柱穿透时间分别为 1600 min、1300 min、1200 min、1100 min、950 min、800 min。聚合物含量为 100 mg/L 时，其穿透时间约为 20 h。

当控制过滤器出口含油量低于 15 mg/L，上述聚合物含量下对应的穿透时间分别为 1650 min、1450 min、1250 min、1250 min、1100 min、950 min。聚合物含量为 100 mg/L 时，一级复合过滤柱穿透时间约为 22 h。

过滤柱的穿透时间与水质、滤速、滤料、滤料床层尺度有关，在滤料、滤速和滤柱规格相同情况下，穿透时间仅与进水水质有关。穿透时间短，意味着反冲洗周期缩短，反冲洗频率增加。如果穿透时间太短，则该聚合物含量下的高钙镁聚驱含油污水已不能采用现有处理工艺进行有效处理。基于对试验结果的综合考虑，为确保一级复合过滤柱出口含油量低于 15 mg/L，现场目前的重力沉降—一级复合滤料过滤流程适用于聚合物含量低于 100 mg/L 的含聚污水处理，其反冲洗周期可控制在每天一次，与现场水驱产出水过滤器反洗周期一致。聚合物含量高于 100 mg/L 时，可以通过增加二级过滤柱或在一级过滤前增加预处理装置实现含油量控制目标。

（四）聚驱产出水处理新工艺

对聚合物浓度高于 100 mg/L 的高钙镁悬浮微晶聚驱产出水处理工艺进行研究。基本思路是：保持原有主体工艺和工艺流程的运行模式（过滤罐 24 h 反冲洗一次、滤速与目前现场过滤器操作一致），对原工艺流程进行完善补充，研究适应较高聚合物含量的高钙镁悬浮微晶聚驱产出水的处理新工艺。

新工艺流程如图 6–6–24、图 6–6–25 所示。该流程是在原流程的基础上，为了提高流程的除油率，在配制高钙镁悬浮微晶聚驱含油污水后，流程中增加了化学絮凝处理单元，增加了不同滤料组合的二级过滤处理工艺，并从中优选出适宜的高钙镁悬浮微晶聚驱含油污水处理工艺。其中图 6–6–24 为重力沉降—化学絮凝—金刚砂无烟煤复合滤料过滤流程，图 6–6–25 为重力沉降—一级金刚砂无烟煤复合过滤—二级金刚砂无烟煤复合过滤或二级金刚砂过滤流程。

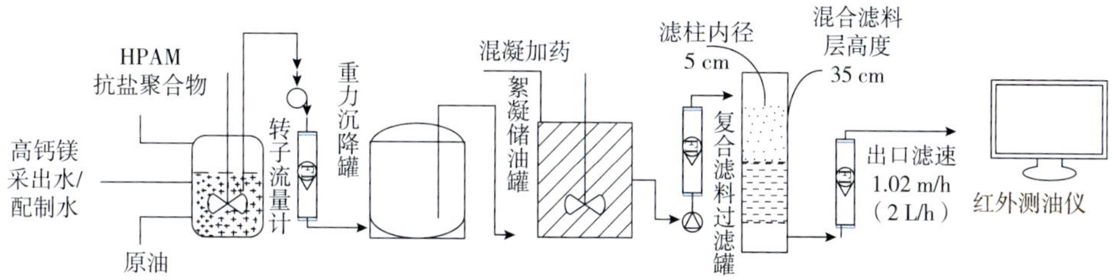

图 6–6–24　组合工艺流程 1

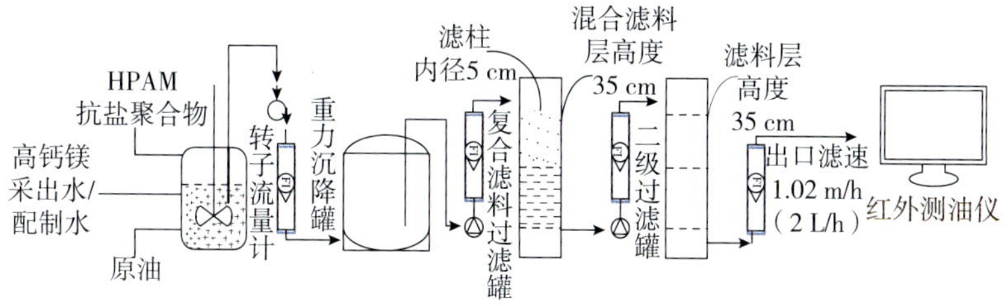

图 6–6–25　组合工艺流程 2

设计的组合工艺包括以下 3 种：

（1）重力沉降—金刚砂无烟煤一级复合过滤—金刚砂无烟煤二级复合过滤。

（2）重力沉降—金刚砂无烟煤一级复合过滤—金刚砂二级过滤。

（3）重力沉降—絮凝沉降—金刚砂无烟煤一级复合过滤。

通过试验对 3 种组合工艺进行了评价，采用的污水为聚合物含量 300 mg/L 的高矿化度含油污水。

1. 重力沉降—金刚砂无烟煤一级复合过滤—金刚砂无烟煤二级复合过滤

图 6-6-26 是该流程试验结果。水样经重力沉降—金刚砂无烟煤一级复合过滤—金刚砂无烟煤二级复合过滤，运行 1400 min 后，一级复合过滤器出水含油量为 70~80 mg/L，二级复合过滤器出水含油量低于 4 mg/L；运行 2400 min 后，虽一级复合过滤器已基本被击穿，出水含油量接近 200 mg/L，但二级复合过滤器出水的含油量仍可以低至 5 mg/L。上述结果说明，对于聚合物含量 300 mg/L 的高矿化度含油污水，采用该流程处理是可行的，能完全满足现场回注水的水质指标要求。

2. 重力沉降—金刚砂无烟煤一级复合过滤—金刚砂二级过滤

图 6-6-27 是重力沉降—金刚砂无烟煤一级复合过滤—金刚砂二级过滤的试验结果，单独采用金刚砂滤料进行二级过滤时，二级过滤器操作 24 h 后，出水含油量将高于 5 mg/L，虽比组合工艺（1）的二级复合过滤效果要差一些，但按现有处理工艺的过滤速度计，在一级过滤器 24 h 再生一次，二级过滤器 36 h 再生一次的情况下，依然可满足回注水含油量指标要求。

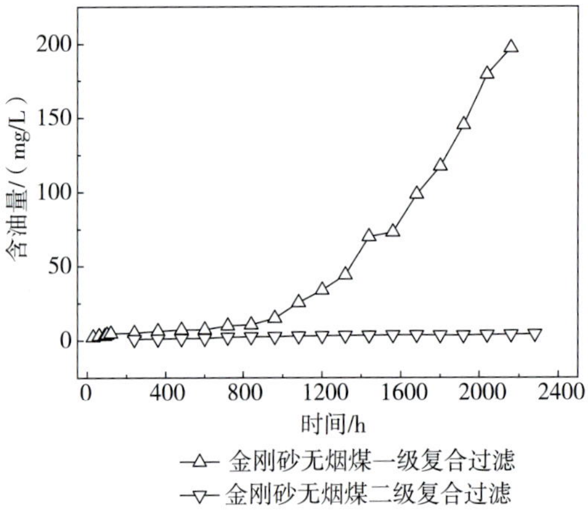

图 6-6-26　重力沉降—金刚砂无烟煤一级复合过滤—金刚砂无烟煤二级复合过滤结果

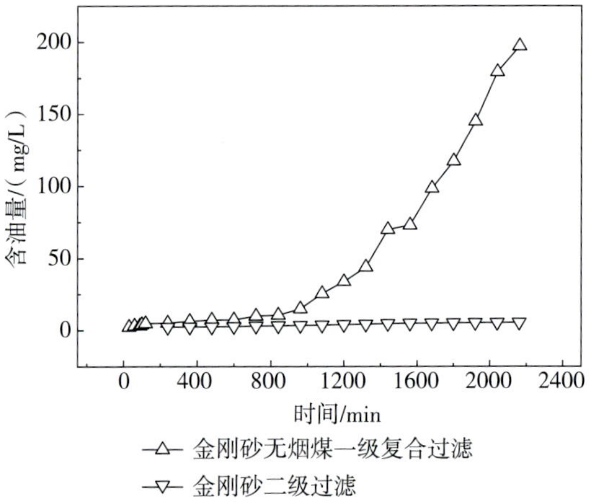

图 6-6-27　重力沉降—金刚砂无烟煤一级复合过滤—金刚砂二级过滤结果

3. 重力沉降—絮凝沉降—金刚砂无烟煤一级复合过滤

图 6-6-28 是重力沉降—絮凝沉降—金刚砂无烟煤一级复合过滤流程的处理结果。将重力沉降后的污水进行絮凝处理，投加 PFS 絮凝剂 500 mg/L 时，含油量可由约 220 mg/L 降低至 46.9 mg/L，该过程的除油率为 78.7%，经絮凝处理后的上清液再进行一级复合滤料过滤处理。经重力沉降—絮凝沉降后，一级金刚砂无烟煤复合滤料的过滤处理在 1000 min 内，其过滤出水水样含油量低于 5 mg/L，1700 min 内出水水样含油量低于 15 mg/L，对比组合工艺（1）和（2）的试验结果，该流程的出水含油量更高，但在 24 h 反冲洗周期内，也可满足出水含油量低于 15 mg/L 的指标要求。

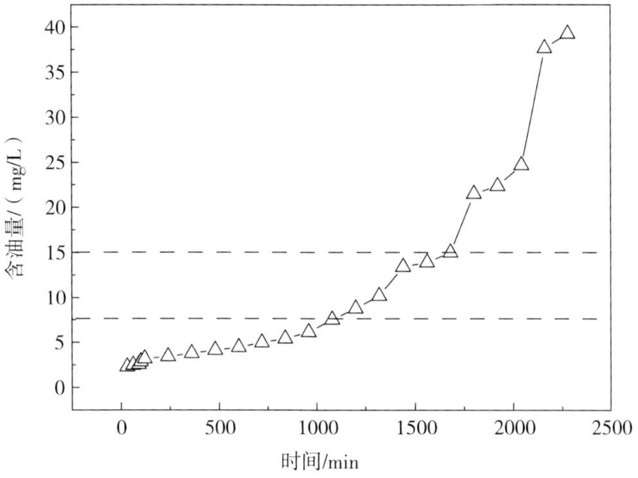

图 6-6-28 重力沉降—絮凝沉降—金刚砂无烟煤一级复合过滤结果

从上述 3 种工艺评价结果分析可知，在符合现有清河采油厂联合站污水处理的过滤操作工艺条件下，3 种工艺均能达到技术指标的要求，从含油量控制指标考虑，组合工艺（1）优于组合工艺（2），而组合工艺（2）又优于组合工艺（3）。在滤速与现有工程一致情况下，如果按 24 h 反冲洗周期操作，三者的出口含油量可分别控制在 5 mg/L、10 mg/L、15 mg/L 以内。综合评价结果与现场实际，选用重力沉降—金刚砂无烟煤一级复合过滤—金刚砂无烟煤二级复合过滤流程为最佳。

第七节 注气配套工艺技术

八面河油田气水交替试验选择的面 1 区和面 12 区沙三段，储层多为疏松砂岩，物性较好，为高孔、高渗储层；氮气吞吐主要是在地层能量低的北区部分小构造上，情况更为复杂，这就给注入工艺提出了新的挑战，必须解决好高渗透层的调剖防气窜、难注入井的解堵等问题，才能确保高渗透油藏注氮气达到提高采收率的预期目的。

一、氮气泡沫调剖工艺

（一）起泡剂筛选

八面河油田联合注水站注入水矿化度为 23000~25000 mg/L，而北区地层产出水矿化度为 50000~80000 mg/L，Ca^{2+} 和 Mg^{2+} 浓度高达 1100~2000 mg/L，起泡剂的筛选评价试验主要针对水中钙镁离子含量较高的特点，筛选适用于本油田注气用抗盐抗二价离子、半衰期长的起泡剂，并进行性能评价。

试验评价了 OCL19 XW、B-18、8908、HFS、JHF、LG-2、HPS、CYF、PCF-1、PCF-2 系列等国内外多种泡沫剂，主要评价在地层温度条件下起泡剂与地层水配伍性、泡沫质量、半衰期等指标。评价结果表明，起泡剂 OCL19 XW 和 PCF-2 抗盐抗二价离子性能好，使用浓度在 0.5%~1.0%。

（二）泡沫封堵试验

试验采用平面非均质模型，试验温度在 70 ℃，考虑到地层吸附损失，起泡剂浓度为 1.0%，气液比为 1 : 1，注入速度为 2 cm^3/min。先将岩心饱和盐水，只注入氮气，注入压力在 0.5 MPa 左右，观察岩心出口流量变化，高渗透的流量为 1.0 cm^3/min，并很快见到氮气，而低渗透的流量为 0.3 cm^3/min；再往岩心中补充注入盐水，注入起泡剂和氮气，然后随着起泡剂和氮气的注入，注入压力逐渐上升至 2.3 MPa，高渗透的流量为 0.8 cm^3/min，而低渗透的流量为 0.5 cm^3/min，再继续往岩心中补充注入盐水，只注入氮气，注入压力逐渐下降，降至 0.6 MPa，再继续注入起泡剂和氮气，注入压力又逐渐上升至 2.2 MPa。

从泡沫封堵试验可以看出：只注入纯氮气，在地层中容易造成氮气突进，导致很快气窜；而将起泡剂和氮气同时注入，泡沫优先占据低压孔道，产生贾敏效应，封堵高渗透层带，迫使氮气进入低渗透层中，达到驱替油的目的，但随着停止加入起泡剂，产生的泡沫逐渐衰弱，压力则呈下降趋势，封堵效果逐渐变差，说明需要及时补充起泡剂，以填补由于泡沫衰退导致的泡沫量减少，提高封堵效果；另外，由于在地层中压力高，泡沫的产生和稳定相对常压要困难一些，但是依然具备调剖能力。

（三）现场起泡剂加入时机

现场施工时，正确掌握好起泡剂加入时机非常重要，否则就会导致气窜后难以控制或注入压力过高的不理想局面，给油水井生产带来不利影响。

（1）对注水井，必须首先了解正常注入压力、渗透率、对应油井生产等情况，如果有示踪剂资料更好，对注水时间长、注入压力较低、渗透率高、油水井对应关系好的井，开始注氮气时即加入起泡剂。若示踪剂资料显示油水井存在高渗透或大孔道，注水压力小于 5 MPa，则需要进行前期调剖施工。

（2）对于油井，必须首先了解区块的渗透率、邻井的井距、作业时试挤压力低、生产时相互的影响关系等情况，对于井距小、邻井多、渗透率高、生产时相互影响的井，开始注入时即注入起泡剂。

二、高渗透层注氮气前调剖工艺

虽然黏土类堵剂价格低廉，但由于其具有水化分散性，注入地层以后在运移过程中存在粒径变小、堵塞效果变差等弊端。更为不利的是，如果水井连通关系好，在油水井之间存在大孔径通道情况下，很容易在施工过程中就使堵剂窜流至油井，轻者导致油层污染，重者导致油井砂埋。因而开展了预交联体膨型颗粒、粉煤灰充填凝胶和复合钙土调剖堵剂的研究。

（一）预交联体膨型颗粒

由于预交联体膨型颗粒粒径可调，吸水膨胀后挤入可变形，地面交联性能可靠，耐温抗盐，对地层无污染，特别适合深部封堵大孔道或特高渗透区域。选择不同聚合条件的三种预交联体膨型颗粒样品 SZJ–1、SZJ–1、SZJ–3，分别对吸水膨胀能力、粒径分布、耐温抗盐性能、岩心封堵效果等性能进行了评价。

1. 吸水膨胀能力

称取 2 g 三种样品，分别置于清水和污水中，定期称量其质量变化情况，计算出其吸水能力，结果见表 6–7–1。

表 6–7–1 SZJ 系列堵剂的吸水量测定结果

时间 /h	SZJ–1		SZJ–2		SZJ–3	
	清水	污水	清水	污水	清水	污水
0.5	5.3	4.8	5.1	5.0	4.6	4.5
1.0	7.7	7.2	7.0	6.9	6.5	6.3
12.0	18.0	17.0	15.6	15.0	17.6	17.0
24.0	25.5	22.1	21.0	20.6	24.6	24.0
48.0	28.9	24.0	22.5	22.2	25.2	24.1
36.0	29.0	24.4	23.0	22.0	25.3	24.0

样品 SZJ–1 在清水中的吸水能力最强，达 13.5 倍，在污水中的吸水为 11.2 倍。吸水 24 h 后，吸水能力趋于平衡。这种性能要求现场施工中，最好能在较短时间内将其注入地层，以利于其在地层内缓慢吸水，避免注入压力快速爬升。

2. 粒径分布

室内分别对 3 种样品的粒径进行了测定，其结果见图 6–7–1。可以看出，SZJ–3、SZJ–2 样品粒径分布范围较窄，粒径中值为 1.4~1.6 mm，粒径低于 1 mm 的含量很低，适合于封堵大孔道地层。SZJ–1 样品粒径分布较宽，粒径中值为 1.0~1.2 mm，适合于深部大孔道封堵。

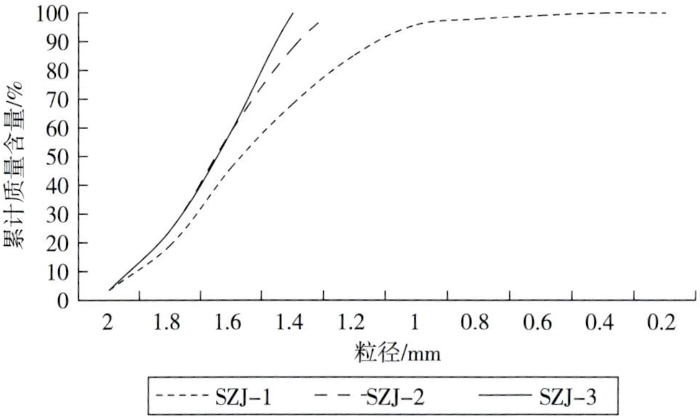

图 6-7-1 不同样品粒径分布

3. 耐温抗盐性

耐温抗盐性是反映堵剂性能的一项重要指标，室内将吸水已达平衡的样品，浸在污水中，60 ℃下，恒温静置，观察样品是否水化、水化时间，其结果见表 6-7-2。可以看出，SZJ-1 耐温抗盐性能最佳，其他样品稍差。

表 6-7-2 SZJ-1、SZJ-2、SZJ-3 耐温抗盐试验

水化时间 /d	SZJ-1	SZJ-2	SZJ-3
1	未水化	未水化	未水化
10	未水化	未水化	未水化
30	未水化	轻微水化	轻微水化
60	未水化	轻微水化	完全水化
90	轻微水化	完全水化	—

4. 封堵效果试验

室内用自制填砂岩心，配制 3%SZJ-1 溶液，挤入 1.0~5.0 PV，挤入前后岩心封堵效果见表 6-7-3。可以看出，小剂量条件下，对填砂岩心的堵塞率均在 90% 以上，同时挤入压力变化平缓，堵后仍保持一定的渗透性，达到堵而不死的效果。

表 6-7-3 SZJ-1 对岩心的封堵效果试验

岩心编号	挤入参数	堵前 $K/10^{-2}\ \mu m^2$	堵后 $K/10^{-2}\ \mu m^2$	堵塞率 /%
TP-1	5 PV0.3 MPa	3550	140	96.0
TP-2	3 PV0.3 MPa	2700	120	95.5
TP-3	1 PV0.3 MPa	1636	98	94.0

综合上述试验，推荐采用粒径分布宽、性能稳定、吸水率高的 SZJ-1 进入现场试验。

（二）粉煤灰充填凝胶

粉煤灰充填凝胶由聚丙烯酰胺、交联剂、粉煤灰及少量特殊添加剂组成。粉煤灰为电厂废料，其余为工业品。粉煤灰的主要成分是氧化硅、氧化铝，还含有硅、钙、铝、铁、钛等多种元素的化合物。但将其与部分水解聚丙烯酰胺、交联剂混合形成调剖剂，它具有凝胶的优点，同时增强了对疏松砂岩大孔道地层的封堵效果，具有很好的适用性。室内按最优配比配制好堵剂，分别进行了可泵性、成胶时间、堵剂强度、热稳定性等项性能评价。

1. 可泵性

配制好的堵剂为深色悬浮液，黏度在 150 mPa·s 左右，放置粉煤灰颗粒 2 h 不下沉，堵剂在 20 ℃下，24 h 基本不增稠。这可以保证粉煤灰与成胶液同步注入地层。

2. 成胶时间

室内配制好不加粉煤灰和加粉煤灰堵剂样品，分别放置在 10~80 ℃水浴锅中加热，堵剂成胶时间见表 6-7-4。可以看出，仅就成胶时间来看，加粉煤灰和不加粉煤灰的堵剂差别很小。当反应温度≥30 ℃时，加入粉煤灰有轻微的促进成胶作用。

表 6-7-4　加粉煤灰和不加粉煤灰堵剂成胶时间对比

温度 / ℃	成胶时间 /h	
	加粉煤灰	不加粉煤灰
10	84	84
20	72	68
30	50	52
40	28	31
50	18	20
60	8	10
70	5	6
80	2	4

3. 堵剂强度

分别配制好加粉煤灰和不加粉煤灰堵剂，放置到 60 ℃水浴锅加热反应后，测定黏度，结果前者黏度为 12540 mPa·s，后者为 8739 mPa·s，表明加入粉煤灰有助于增大堵剂的强度。

4. 热稳定性

将堵剂加热成胶后，放到 60 ℃水浴锅中密闭加热观察 7 天，未出现脱水现象。测定黏度并与加热前比较，下降率小于 2%，说明堵剂有较好的热稳定性。

（三）复合钙土

复合钙土堵剂主要由油井水泥、钙土、膨胀剂组成，具有强度高、封堵效果好的特点。选用 20~40 目的地层砂填制人造岩心，其原始渗透率为 41.433 μm^2，挤入水泥、钙土的混合物 20 mL，挤入压力 1.5 MPa，凝固 24 h 后测其渗透率为 4.49 μm^2，试验结果见表 6-7-5。观察堵剂进入岩心情况，发现端面滞留较多，但堵剂进入岩心约 3 cm，呈锥形，说明堵剂在岩心中是沿高渗透层锥进，首先封堵高渗透层。另外，挤入过程中压力上升较快，表明不适宜大剂量挤入，可用于封口段使用。

表 6-7-5　钙土、水泥的封堵效果

堵前渗透率 /μm^2	封堵后渗透率 /μm^2	封堵效率 /%
41.433	4.49	89.2

（四）调剖剂组合

在前沿段选用中低强度或颗粒型的调剖剂，有利于调剖剂在较低压力下更多地进入高渗透或大孔道，起到封堵高渗透带的作用，也有利于其他后续调剖剂的挤入；强度高的调剖剂在中后段注入，近井地带采用中等强度调剖剂，使注水井既有一定的吸水能力，也不会因压力过高注不进水。

三、现场注入工艺

（一）工艺流程

工艺流程由以下两部分组成：一是氮气系统：氮气的产生、计量、增压、注入都由氮气车完成；二是井口流程：起泡剂配制、增压注入，与氮气的混合，水的注入等。

（二）注入方式

（1）水 - 氮气或水 - 氮气 + 起泡剂交替注入，即采用注一段水，再注一段等体积的氮气或氮气 + 起泡剂，然后再重复注入水 - 氮气或水 - 氮气 + 起泡剂，周期注入水量或氮气（+ 起泡剂）量和注入周期根据设计方案确定。在一般情况下，注水和注氮气或氮气 + 起泡剂均采用连续方式注入，对注水压力高、对应井无气窜的井进行水 - 氮气交替注入，反之则采用水 - 氮气 + 起泡剂交替注入。

（2）氮气或氮气 + 起泡剂方式注入。对于油井，邻井少、井距大、与邻井对应关系不明显的，采用只注氮气方式注入，若邻井多、井距小、与邻井对应关系好的井，则采用氮气 + 起泡剂方式注入，防止气窜。在一般情况下，都是采用连续方式注入。

（3）氮气辅助蒸汽方式注入。利用氮气补充地层能量，放喷后氮气迅速膨胀，具有解堵和提高返排效果的作用，达到提高热采效果的目的。主要分前沿段注氮气再后续注蒸汽、氮气蒸汽同时注入两种方式。前沿段注氮气后续注蒸汽，即前沿段采用连续方式注入氮气，关井一段时间后，再注入蒸汽；氮气蒸汽同时注入方式，即先从套管注入一定量氮气，待注入压力稳定后，再从油管注入蒸汽，一般蒸汽采用连续方式注入，氮气根据设计量采用断续方式注入，以不断补充环空中氮气，起到较好的隔热作用。

（三）氮气注入量

气液比按照试验优选的 1∶1（地下体积比），按公式 $PV=ZRT$ 计算氮气量。式中，P 为压力；V 为体积；Z 为压缩系数；R 为常数；T 为温度。

（四）注入工艺程序

（1）将油水井中生产管柱起出，冲砂至人工井底或防砂鱼顶位置，将注氮管柱下至设计位置。

（2）地层前期处理：如注水井的调剖、油水井的酸化解堵、防膨、降黏等措施。

（3）对应油井或邻井措施，装好装全井高压阀门，油、套压力表，以便注氮气期间每天录取井口压力变化，采取相应措施。如压力过高，可采用停产、盐水压井、改变生产参数等措施。

（4）用制氮机按设计要求，以 400~600 m^3/h 的速度注入氮气或氮气 + 起泡剂，周期注氮气完成后，按照设计段塞进行注水，然后根据设计段塞重复进行注氮、注水工作，直至全部注完为止；并严密监测井口注入压力的变化情况，以便及时调整注入方案。

（5）注氮结束后，注水井改注水；油井则关井待压力扩散，到关井时间或设计压力下，放喷生产。

四、解堵配套工艺

研究表明，氮气 + 起泡剂注入压力上升的主要原因：泡沫注入地层后，由于产生贾敏效应，地层孔喉中同时发生了气锁现象，由于气体进入地层后，驱替一部分残余油，形成“油墙”，降低了水相渗透率，使注入压力大幅度提高。因此，需要配套解堵工艺。

（一）难注井解堵

尽管八面河油田属疏松砂岩油藏，地层渗透率普遍较高，但由于油水井所处的区块、部位不同，渗透率差异较大，部分井存在注入压力高的问题。为了解决这一问题，根据八面河油田储层性质为砂岩油藏、胶结物多为碳酸盐类、黏土矿物含量相对较高等特点，解堵液主要采用盐酸、土酸和防膨液，通过岩心酸化试验，酸化后，渗透率可得到有效改善，渗透率可提高 50%~100%，能有效降低注入压力。

（二）气锁解堵

氮气＋起泡剂注入一段时间后，对应油井见到注气反应，产出一部分氮气，如果管理不当，则可能产生气锁，影响油井产量，因此需要研究解除气锁的方法，通过室内试验，可采用挤入互溶剂或酸化的方法来解除。试验结果表明，挤入互溶剂，岩心渗透率可得到明显提高，配合酸化，则渗透率可提高 150%。

参考文献

REFERENCES

［1］罗群，黄悍东，王保华，等．低序级断层的成因类型特征与地质意义［J］．油气地质与采收率，2007，14（3）：19-21．

［2］李宏义，姜振学，董月霞，等．渤海湾盆地南堡凹陷断层对油气运聚的控制作用［J］．现代地质，2008，24(4)：755-761．

［3］马晓昌，郑有恒，田汉兵，等．八面河油田微型断块圈闭表征技术与应用效果主控因素［J］．石油天然气学报（江汉石油学院学报），2005，27：310-311．

［4］金强，周进峰，王端平，等．断层破碎带识别及其在断块油田开发中的应用［J］．石油学报，2012，33（1）：82-89．

［5］严哲，顾汉明，蔡成国，等．利用方向约束蚁群算法识别断层［J］．石油地球物理勘探，2011，46（4）：614-620．

［6］邹灵．东营凹陷南部缓坡带沙四段滩坝砂储层分布及成藏主控因素［J］．油气地质与采收率，2008，2：34-36．

［7］唐东．断陷湖盆滩坝砂体预测方法——以东营凹陷沙四段为例［J］．工程地球物理学报，2010，7（2）：238-242．

［8］王春梅，同晓山．八面河地区沙四段滩坝砂储层描述技术［J］．江汉石油职工大学学报，2010（5）：31-35．

［9］张运龙，丁峰，尹成，等．基于地震波形结构属性识别河流相砂体叠置区［J］．石油学报，2017（7）：792-801．

［10］张运龙，丁峰，尹成，等．基于楔形模型的波形结构属性特征研究［J］．物探化探计算技术，2018（5）：587-593．

［11］王树刚，李红梅，魏文，等．东营凹陷北带深层砂砾岩体的地震预测方法［J］．石油物探，2009，48（6）：584-590．

［12］于正军，董冬冬，余红，等．浊积岩分序级描述技术及其在东营凹陷油气勘探中的应用［J］．地球物理学进展，2012，27（3）：1086-1093．

［13］谭星宇，解习农，董孝璞．东营凹陷复杂岩性区浊积岩含油性预测方法研

究——以史南—郝家地区为例［J］. 石油物探，2015，54（6）：762-769.

［14］张营革．能量半衰时属性在浊积岩储层预测中的应用研究［J］. 石油物探，2013，52（6）：662-668.

［15］邓传伟，李莉华，金银姬，等．波形分类技术在储层沉积微相预测中的应用［J］. 石油物探，2008，47（3）：262-265.

［16］赵力民，郎晓玲，金凤鸣，等．波形分类技术在隐蔽油藏预测中的应用［J］. 石油勘探与开发，2001，28（6）：53-55.

［17］陈昌．兴隆台构造带沙河街组三段浊积岩优质储层叠前地震预测［J］. 大庆石油地质与开发，2017，36（1）：144-149.

［18］杨涛，乐友喜，吴勇．波形指示反演在储层预测中的应用［J］. 地球物理学进展，2018，33（2）：769-776.

［19］胡玮，齐鹏，杨江峰，等．波形指示反演在超深层致密砂岩薄储层中的应用［J］. 地球物理学进展，2018，33（2）：620-624.

［20］王金铎，许淑梅，于建国，等．用波形分析法预测滨浅湖滩坝砂岩储层：以东营凹陷西部地区沙 -4 上亚段为例［J］. 地球科学（中国地质大学学报），2008，33（5）：627-634.

［21］李素梅，庞雄奇，邱桂强，等. 东营凹陷北部陡坡带隐蔽油气藏的形成与分布［J］. 石油与天然气地质，2004，25（4）：416-421.

［22］邹才能，池英柳，李明，等. 陆相层序地层学分析技术——油气勘探工业化应用指南［M］. 北京：石油工业出版社，2004.

［23］王秉海，钱凯. 胜利油区地质研究与勘探实践［M］. 东营：中国石油大学出版社，1992.

［24］朱光有，金强，戴金星，等. 东营凹陷油气成藏期次及其分布规律研究［J］. 石油与天然气地质，2004，25（2）：219-225.

［25］田景春，陈学华，侯明才，等. 箕状断陷湖盆缓坡带储集砂体特征、演化及控制因素——以胜利油区东营凹陷南缓坡带沙河街组为例［J］. 地球学报，2004，25（3）：331-336.

［26］张林晔，刘庆，张春荣，等．东营凹陷成烃与成藏关系研究［M］. 北京：地质出版社，2005.

［27］孙永壮，张凡芹．东营凹陷南斜坡地层油藏成藏规律研究［M］. 东营：中国石油大学出版社，2006.

［28］曹鉴华，邱智海，郭得海，等．叠后地震数据的谱反演处理技术及其应用浅析［J］. 地球物理学进展，2013，28（1）：387-393.

［29］崔茂蕾，谭中良，海玉芝，等. 江汉油田高钙镁油藏新型聚驱试验研究效率［J］. 科学技术与工程，2014（19）：221-223.

［30］何柳，周玉萍，伊卓，等. 耐盐聚合物HNY-1在高盐油藏中的应用性评价［J］. 油田化学，2016（1）：70-73.

［31］薛新生，郭拥军，冯茹森，等. 渤海SZ36-1油田油藏条件下缔合聚合物溶液黏度老化影响因素［J］. 石油钻采工艺，2007（5）：58-61.

［32］崔茂蕾，吕成远，海玉芝，等. 高钙镁油藏钙镁离子对聚合物溶液黏度的影响［J］. 科技导报，2014（1）：30-33.

［33］荀绍华，尹婷，叶仲斌，等. 耐高温水溶性AM/AA/TC-AP共聚物的合成及性能研究［J］. 化学研究与应用，2013，25（12）：1711-1716.

［34］梁伟，赵修太，韩有祥，等. 油田含聚污水处理与利用方法技术探讨［J］. 工业水处理，2010（10）：1-5.

［35］崔茂蕾，谭中良，海玉芝，等. 江汉油田高钙镁油藏新型聚驱试验研究［J］. 科学技术与工程，2014（19）：221-223.

［36］杜朝阳，杨林，范江涛. 江汉油田产出水净化技术研究［J］. 化学工程与装备，2014（5）：188-190.

［37］郭新江，王小平，靳正平. 现代产量递减曲线自动分析方法［J］. 天然气工业，2002，22（3）：69-71.

［38］张宗达. 油田产量递减率方法及应用［M］. 北京：石油工业出版社，2003.

［39］张宗达. 递减率方法在油田递减分析与规划决策中的应用［D］. 南充：西南石油大学，2002.

［40］吴志良，张勇，蒋永平，等. 薄层疏松砂岩稠油油藏有效开发技术［J］. 西北大学学报（自然科学版），2010，40（3）：503-509.

［41］郭迎春. 低渗透油藏高含水期技术极限井距计算方法［J］. 油气地质与采收率，2015（2）：88-92.

［42］温长云. 东营凹陷滩坝砂低渗透油藏储层改造方法研究及应用［D］. 成都：西南石油大学，2014.

［43］徐亮. 低渗透油藏差异开发技术研究与实践——以济阳坳陷博兴洼陷为例［J］. 油气地质与采收率，2014（4）：107-110.

［44］宋万超. 高含水期油田开发技术和方法［M］. 北京：地质出版社，2003.

［45］袁谋，计兆红，卞松梅，等. 胜坨油田开发技术［M］. 北京：中国石化出版社，2004.

［46］段昌旭. 孤岛常规稠油油藏［M］. 北京：石油工业出版社，1997.

［47］王秉海. 胜利油区开发研究与实践［M］. 东营：中国石油大学出版社，1993.

［48］袁向春，杨凤波. 高含水期注采井网的重组调整［J］. 石油勘探与开发，2003（5）：94-96.

［49］李允. 油藏模拟［M］. 东营：中国石油大学出版社，1999.

［50］张琪 . 采油工程原理与设计［M］. 东营：中国石油大学出版社，2002.

［51］姜汉桥 . 油藏工程原理与方法［M］. 东营：中国石油大学出版社，2000.

［52］王国民，高江取，胡心玲，等 . 强化排液研究及矿场应用［J］. 特种油气藏，2004（4）：78–80+85–127.

［53］杨元亮，沈国华 . 注氮气控制稠油油藏底水水锥技术［J］. 油气地质与采收率，2002，9（3）：83–84+88.

［54］王嘉淮，李允 . 注氮气改善稠油蒸汽吞吐后期开采效果［J］. 西南石油学院学报，2002，24（3）：46–49.

［55］高永荣，刘尚奇，沈德煌，等 . 超稠油氮气、溶剂辅助蒸汽吞吐开采技术研究［J］. 石油勘探与开发，2003，30（2）：73–75.

［56］王进安，等 . 长岩心注二氧化碳驱油物理模拟试验研究［J］. 特种油气藏，2001（2）：75–78，109.

［57］孟科全，唐晓东，邹雯，等 . 稠油降黏技术研究进展［J］. 天然气与石油，2009，27（3）：30–34.

［58］王惠敏，王积龙 . 化学降黏开采技术在小断块稠油油田的应用［J］. 石油规划设计，1996（2）：23–25.

［59］王云峰，张春光，侯万国，等 . 表面活性剂及其在油气田中的应用［M］. 北京：石油工业出版社 .

［60］赵红雨，李美蓉，曲彩霞，等 . 普通稠油降黏剂驱与聚合物驱微观驱油机理［J］. 石油化工高等学校学报，2015（1）：59–64.

［61］周继柱，时武龙，付增华，等 . 一种抗温耐盐型水溶性两亲聚合物稠油降黏剂的合成及性能研究［J］. 应用化工，2014（10）：1843–1846.

［62］艾敬旭，等 . 蒸汽吞吐井注采参数优化设计［J］. 大庆石油地质与开发，2004（2）：66–68，80.

［63］黄善波，等 . 专家系统在蒸汽吞吐中的应用［J］. 油气采收率技术，1997（4）：4+31–35.

［64］侯建，陈月明 . 综合化的蒸汽吞吐注采参数优化设计［J］. 石油大学学报，1997（2）：38–41+117–118.

［65］陈明锋，等 . 超稠油油藏蒸汽吞吐参数优选及合理开发界限的确定［J］. 石油大学学报，2002（1）：9+55–57.

［66］王新海，等 . 敏感性稠油油藏注蒸汽开采的数学模型［J］. 石油天然气学报，2005（10）：8+110–112.

［67］侯建，陈月明 . 基于模糊综合评判模型的蒸汽吞吐注采参数优化设计方法的研究［J］. 特种油气藏，1997（3）：15–21.

［68］王卫红，等 . 稠油油藏蒸汽吞吐井注采参数系统优化［J］. 石油勘探与开发，

2004（4）：106–108+120.

［69］王新宇，等．河南油田特薄层稠油蒸汽吞吐试验综合评价［J］．西部探矿工程，2002（5）：53–55.

［70］马新仿，等．特超稠油油藏蒸汽吞吐数值模拟［J］．新疆石油地质，2006（8）：76–79.

［71］刘慧卿，陈月明，等．洼 38 断块蒸汽吞吐优化设计研究［J］．石油大学学报，1995（1）：47–50.

［72］王秀清，张宝龙．组合式蒸汽吞吐数值模拟优化研究［J］．特种油气藏，2004（6）：52–55+110.

［73］蒲海洋，杨双虎，张红梅．蒸汽吞吐效果预测及注汽参数优化方法研究［J］．石油勘探与开发，1998（6）：5–6+13+68–71.

［74］王经荣，王卫红，等．高周期蒸汽吞吐最佳注汽参数实用图版研究［J］．石油钻采工艺，2005（2）：36–39+86.

［75］余守德．复杂断块砂岩油藏开发模式［M］．北京：石油工业出版社，1998.

［76］马利民，齐玉柱，高尔双．北三区主力油层精细地质研究及剩余油分布探讨［J］．大庆石油地质与开发，2000，19（1）：22–26.

［77］邢维奇，杨林江，杨庆红，等．断块油藏储层精细描述技术［J］．石油学报，2000，21（5）：115–120.

［78］王延章，林承焰，温长云，等．夹层分布模式及其对剩余油的控制作用［J］．西南石油学院学报，2006（10）：5+16–20.

［79］贺其川，杨林海，李栋明，等．八面河油田北区广北区沉积微相的展布与演化［M］．江汉油田论文集，北京：石油工业出版社，2003.

［80］窦松江，周嘉玺．复杂断块油藏剩余油分布及配套挖潜对策［J］．石油勘探与开发，2003（5）：102–105.

［81］顾岱鸿，何顺利．特高含水期油田剩余油分布研究［J］．断块油气田，2004（6）：36–40+92.

［82］沈杨，杨春红．东辛油田辛 50 断块特高含水期剩余油研究［J］．新疆地质，2003（2）：93–96.

［83］何生厚，张琪．油气井防砂理论及其应用［M］．北京：中国石化出版社，2003.

［84］刘北羿．压裂防砂技术进展及存在问题［J］．油气地质与采收率，2008，15（4）：105–107.

［85］吕芬敏，金建国．纤维复合压裂防砂技术研究与应用［J］．吐哈油气，2008，13（2）：130–132.

［86］智勤功，谢金川，吴琼．疏松砂岩油藏压裂防砂一体化技术［J］．石油钻采工

艺，2007，29（2）：57-60.

［87］曲杰，吴建平，常雪峰 . 胜利油区水平井表皮污染及防砂工艺探讨［J］. 油气地质与采收率，2002，9（1）：67-70.

［88］张静 . 压裂防砂技术［J］. 石油钻采工艺，2004，26（B10）：53-54.

［89］周福建，练以锋，杨贤友 . 中高密度黏弹性表面活性剂压裂液的研制与应用［J］. 油田化学，2005，22（2）：136-139.

［90］谢桂学，李行船 . 压裂防砂技术在胜利油田的研究和应用［J］. 石油勘探与开发，2002（3）：99-102.

［91］朱彩虹，孙辉，李贵恩，等 . 疏松砂岩稠油油藏防砂方法优选试验研究［J］. 特种油气藏，2000，7（3）：36-38.

［92］张维申 . 疏松稠油油藏压裂防砂效果分析［J］. 钻采工艺，2008，31（5）：76-78.

［93］常子恒 . 石油勘探开发技术（上）［M］. 北京：石油工业出版社，2004.

［94］顾海洪，李金发，邱锐 . 压裂防砂工艺的研究及应用［J］. 油气地质与采收率，2003，10（3）：76-78.

［95］张锐，等 . 稠油热采技术［M］. 北京：石油工业出版社，1999.

［96］张关龙，陈世悦，王海方 . 稠油热采过程储层中黏土矿物转化研究进展［J］. 矿物学报，2009，29（1）：113-118.

［97］杨华龙 . 八面河油田稠油热采工艺现状及下步建议［J］. 江汉石油职工大学学报，2009，22（6）：50-53.

［98］邓三鸿，徐士进，王汝成，等 . 热采条件下砂岩储层矿物转化的试验研究［J］. 高校地质学报，2000，6（2）：315-323.

［99］李迎春 . 蒸汽吞吐所引起的储层矿物学变化研究［J］. 石油地质与工程，2009，23（4）：109-110+113.

［100］刘文章 . 稠油注蒸汽热采工程［M］. 北京：石油工业出版社，1997.

［101］王红涛 . 稠油油藏注蒸汽储层物性参数变化规律及治理技术研究［D］. 北京：中国地质大学（北京），2009.

［102］李云峰，钱会 . 稠油热采注入水对储层岩石化学破坏作用的研究［J］. 油田化学，1996，3（1）：40-43.

［103］杨春梅，陆大卫，张方礼 . 蒸汽吞吐后期近井地带储层的变化及其对油田开发效果的影响［J］. 石油学报，2005，26（3）：74-77.

［104］胡常忠 . 稠油开采技术［M］. 北京：石油工业出版社，1998.

［105］郭平 . 稠油热采过程中的水 - 岩反应试验研究［J］. 石油勘探与开发，2007，34（2）：222-225.

［106］李相远，郭平，李向良，等 . 疏松砂岩稠油油藏热采储层伤害研究［J］. 油气

采收率技术，2000，7（1）：57-61.

［107］戴宗，孙晗森，张学庆．黏土矿物对油气层的损害及防治研究［J］．矿物岩石，1998，18（1）：74-78.

［108］刘恩新，宋东勇，崔巨师，等．低渗透油田油层伤害机理及保护措施研究［J］．断块油气田，2003，10（6）：39-42.

［109］汪伟英，聂飞朋．草南超稠油油藏注蒸汽热采储层伤害及控制［J］．新疆石油天然气，2005，1（1）：59-62.

［110］王大为，周耐强，牟凯．稠油热采技术现状及发展趋势［J］．西部探矿工程，2008（12）：129-131.

［111］雷昊，郭肖，贾英，等．稠油注蒸汽开采对储层伤害的机理研究［J］．中国西部油气地质，2006，2（2）：212-214.

［112］史宏才，朱江庆，王诗中，等．高温下矿物－水反应的研究［J］．石油报，1998，19（2）：73-79.

［113］薛清潮．低渗透水敏油田回注水添加黏土稳定剂优化方案研究［D］．青岛：中国海洋大学，2009.

［114］尚蕴果．季铵盐型黏土稳定剂的合成研究及防膨性能评价［D］．青岛：中国海洋大学，2009.

［115］孙晓明．主链型黏土防膨剂的研究与应用［D］．大庆：大庆石油学院，2007.

［116］王行信，周书欣．砂岩储层黏土矿物与油层保护［M］．北京：地质出版社，1992.

［117］张德武，冯有良，邱以钢，等．东营凹陷下第三系层序地层研究与隐蔽油气藏预测［J］．沉积学报，2004，22（1）：67-72.

［118］吴楠，刘显凤．油气输导体系研究述评［J］．断块油气田，2007，14（3）：4-6.

［119］刘震．东营凹陷南斜坡输导体系发育特征［J］．石油勘探与开发，2003，30（3）：84.

［120］孙海龙．东营凹陷南斜坡沙四段高分辨率层序地层格架研究［J］．特种油气藏，2004，11（4）：19.

［121］吕延防，等．断层对油气的输导与封堵作用［M］．北京：石油工业出版社，2013.

［122］张学才．东营凹陷南坡沙四段沉积相与油气分布［M］．北京：石油工业出版社，2008.

［123］徐义卫，等．陆相成熟盆地油气控潜勘探理论与实践——以渤海湾盆地八面河探区油气成藏研究与应用为例［M］．北京：石油工业出版社，2006.

［124］查明，等．断陷盆地油气输导体系与成藏作用［M］．东营：中国石油大学出

版社，2008.

［125］蔡希源.成熟探区油气精细勘探理论与实践［M］. 北京：地质出版社，2014.